MATHEMATIQ

&

APPLICATIONS

Directeurs de la collection:
J. M. Ghidaglia et P. Lascaux

16

T0237525

MATHEMATIQUES & APPLICATIONS
Comité de Lecture / Editorial Board

Directeurs de la collection:
J. M. GHIDAGLIA et P. LASCAUX

Instructions aux auteurs:

Les textes ou projets peuvent être soumis directement à l'un des membres du comité de lecture avec copie à J. M. GHIDAGLIA ou P. LASCAUX. Les manuscrits devront être remis à l'Éditeur *in fine* prêts à être reproduits par procédé photographique.

Daniel Bouche   Frédéric Molinet

Méthodes asymptotiques en électromagnétisme

Springer-Verlag

Paris Berlin Heidelberg New York
Londres Tokyo Hong Kong
Barcelone Budapest

Daniel Bouche
CEA-CESTA DAA Système
B.P. No. 2
33114 Le Barp, France

Frédéric Molinet
MOTHESIM Centre d'affaires «La Boursidière»
RN 186
92357 Le Plessis-Robinson, France

Mathematics Subject Classification:
78A45, 78A05, 78A10, 35C20, 35C05, 35J05

ISBN 3-540-58229-0 Springer-Verlag Berlin Heidelberg New York

© Springer-Verlag Berlin Heidelberg 1994
Imprimé en Allemagne

SPIN: 10472966   41/3140 - 5 4 3 2 1 0 - Imprimé sur papier non acide

L'étude de la diffusion d'une onde par un obstacle a fait l'objet de nombreuses études. Parmi celles-ci, il faut citer le livre de LAX et PHILIPS "Scattering theory" (Academic Press), l'adaptation des méthodes d'analyse micro-locale à la diffraction haute fréquence en particulier par MM. LEBEAU et BARDOS et pour les méthodes numériques, le livre de MM. GODLEWSKI et RAVIART "Hyperbolic systems of conservation laws".

Bien que le problème soit linéaire et d'une grande généralité, le calcul effectif de l'onde diffusée se heurte à de grandes difficultés dans de nombreux cas. Celui où la longueur d'onde de l'onde incidente est très petite par rapport à l'obstacle et ses longueurs caractéristiques bute sur la puissance de l'ordinateur employé. C'est pourquoi des méthodes dites asymptotiques ont été développées.

Les méthodes asymptotiques en électromagnétisme permettent de calculer la diffraction d'ondes à haute fréquence par des obstacles métalliques, éventuellement recouverts de matériaux diélectriques. Les travaux importants réalisés ces dernières années pour estimer avec précision la Surface Equivalente Radar d'objets complexes, et comprendre les mécanismes physiques contribuant à la diffraction, ont suscité un grand nombre de travaux. Les industriels, notamment le CEA et MOTHESIM, ont conçu et réalisé des codes de calcul opérationnels fondés sur les méthodes asymptotiques. C'est dans cette perspective que se situe cet ouvrage.

La plus ancienne des méthodes asymptotiques est l'optique géométrique. Elle a été étendue pour prédire les champs en zone d'ombre par J. KELLER, père de la Théorie Géométrique de la Diffraction. Cette théorie construit heuristiquement le champ diffracté par des objets complexes à partir des solutions de problèmes "canoniques" exactement solubles. Les universités américaines, en particulier l'Ohio, l'Illinois, et le Michigan, ont amélioré cette théorie, en vue des applications, surtout à des objets parfaitement conducteurs, mais sans chercher à la justifier mathématiquement.

Indépendamment, les mathématiciens spécialistes des équations aux dérivées partielles ont développé, depuis une trentaine d'année, des outils puissants de résolution des problèmes de diffraction à haute fréquence. L'école russe a d'une part, adapté les méthodes de couche limite inventées en mécanique des fluides au problème de diffraction des ondes acoustiques. Elle a d'autre part élaboré des généralisations de l'optique géométrique valide sur les caustiques, c'est à dire les enveloppe des rayons.

Le livre de D. BOUCHE et F. MOLINET fait le lien entre ces deux approches. Il présente les fondements mathématiques des méthodes asymptotiques, en insistant sur les liens et la cohérence des différentes méthodes. De plus, il généralise les résultats établis pour le conducteur parfait aux objets revêtus, et donne un grand nombre de formules explicites. Il devrait donc intéresser aussi bien les théoriciens que les ingénieurs engagés dans les applications.

Il reste à présenter les auteurs Daniel BOUCHE, après un début de carrière dans le nucléaire, s'est consacré aux problèmes de diffusion d'ondes électromagnétiques cités au début de cette préface. Il a su donner une cohérence et une solidité à l'ensemble des méthodes analytiques et numériques nécessaires pour traiter des problèmes concrets.

Frédéric MOLINET a d'abord travaillé sur la physique des plasmas à l'Institut Henri Poincaré. Il a ensuite dirigé le département de modélisation du laboratoire central des télécommunications, avant de fonder la société MOTHESIM, spécialisée dans les problèmes de diffusion acoustique et électromagnétique.

Robert DAUTRAY
Haut Commissaire à l'Energie Atomique
Membre de l'Académie des Sciences

Méthodes asymptotiques en électromagnétisme

Appendices   **371**

Index   **415**

Introduction

Nous traitons de la diffraction d'ondes électromagnétiques haute fréquence par des objets, conducteurs ou revêtus de matériaux. Depuis 1950, ce domaine a fait l'objet de recherches intensives, en grande partie tournées vers la prédiction du champ diffusé par une cible illuminée par une onde radar. Ces recherches ont débouché sur des méthodes pratiques et précises de calcul du champ diffusé, largement utilisées par les ingénieurs. Plusieurs méthodes, assez différentes en apparence, ont été élaborées : la Théorie Géométrique de la Diffraction de J.B. Keller, la Théorie Physique de la Diffraction de P.Y. Ufimtsev, les théories uniformes, et la théorie spectrale de la diffraction.

En parallèle, les mathématiciens spécialistes des équations aux dérivées partielles ont mis au point des outils puissants d'étude des problèmes de diffraction. V. M. Babitch et ses élèves ont adapté à ces problèmes les méthodes de développements asymptotiques raccordés initialement développées en mécanique des fluides, en leur donnant un solide fondement théorique. V. Maslov, L. Hörmander, ont établi la théorie des opérateurs de Fourier-Maslov-Hörmander, qui permet d'obtenir des représentations intégrales du champ diffracté. Toutefois, ces développements n'ont pas été poussés jusqu'à l'obtention de résultats explicites.

Nous nous proposons, dans cet ouvrage, d'exposer les méthodes de calcul du champ diffracté les plus efficaces, de faire apparaître l'unité des principes, et d'expliciter leurs fondements mathématiques.

Nous considèrons donc la diffraction d'un champ électromagnétique harmonique incident $\vec{E}^{\text{inc}}$, $\vec{H}^{\text{inc}}$, (une onde plane pour nos applications), dont la dépendance en temps est exp(-i ωt), où ω est la pulsation du champ, par des obstacles bornés, réguliers par morceaux, conducteurs ou revêtus de matériaux diélectriques ou magnétiques, de permittivité ε et de perméabilité μ. Si on appelle Ω l'obstacle, il s'agit plus précisément de résoudre le problème aux limites suivant :

trouver les champs diffractés $\vec{E}$ et $\vec{H}$ vérifiant :

-les équations de Maxwell $\overrightarrow{rot}\,\vec{E} = i\omega\mu\,\vec{H}$, $\overrightarrow{rot}\,\vec{H} = -i\omega\varepsilon\vec{E}$

-les conditions de transmission aux interfaces de matériaux : continuité des composantes tangentielles des champs totaux $\vec{E} + \vec{E}^{\text{inc}}$ et $\vec{H} + \vec{H}^{\text{inc}}$, et des composantes normales des déplacements électriques et magnétiques $\varepsilon(\vec{E} + \vec{E}^{\text{inc}})$ et $\mu(\vec{H} + \vec{H}^{\text{inc}})$

-l'annulation de composantes tangentielles du champ électrique total sur les conducteurs parfaits

-la condition de radiation de Silver Müller.

Cette condition impose, à la distance r très grande de l'objet diffractant, aux champs diffractés $\vec{E}$ et $\vec{H}$ de décroître comme 1/r et de ressembler à des ondes planes, plus précisément $\vec{E} + \hat{r} \wedge \vec{H}$ et $\vec{H} - \hat{r} \wedge \vec{E}$ doivent décroître plus vite que 1/r. Elle s'obtient aisément en considérant les champs $\vec{E}$ et $\vec{H}$ rayonnés à très grande distance de courants bornés à support borné.

C'est un problème bien posé de la théorie des équations aux dérivées partielles pour des champs incidents convenables, i.e. dans des espaces d'énergie locale finie. Il est possible de démontrer que, dans un espace fonctionnel approprié, qui dépend de la régularité des surfaces frontières, comprenant les interfaces diélectriques et le noyau conducteur de O, la solution du problème existe et qu'elle est unique [1]. Le choix de l'espace fonctionnel, qui revient en général à imposer que l'énergie de la solution est localement finie, est important, car il conditionne l'existence et l'unicité de la solution, et délicat, tout particulièrement quand les surfaces frontières ont des arêtes ou des pointes [2].

Nous considèrerons également l'équation des ondes acoustiques, car la diffraction d'une onde électromagnétique par un cylindre infini se ramène à un problème d'acoustique. Dans le cas d'une onde en incidence normale, le problème à résoudre est le suivant :

trouver le champ diffracté u vérifiant

-l'équation des ondes acoustiques $(\Delta+k^2)u=0$

-les conditions de continuité aux interfaces de u et de sa dérivée normale

-l'annulation de $u+u^{inc}$ (resp. $\partial(u+u^{inc})/\partial n$) total sur les surfaces parfaitement molles (resp. dures)

-la condition de radiation de Sommerfeld : à la distance r très grande de l'objet diffractant, le champ diffracté u est $O(1/\sqrt{r})$, $\partial u/\partial r - iku$ est $o(1/\sqrt{r})$ en dimension 2.

Ce problème admet, comme le précédent, une solution unique dans un espace d'énergie localement finie.

La démonstration de l'existence et de l'unicité ne fournit pas la solution explicite du problème. On peut alors soit avoir recours à des méthodes d'éléments finis de volume ou de surface pour calculer numériquement la solution. Ces méthodes imposent de mailler l'objet suivant un pas qui est une fraction de la longueur d'onde $\lambda = 2\pi\omega/c$, variable suivant la forme et la taille de l'objet, la nature des éléments finis employés, et la précision recherchée. $\lambda/10$ est une valeur souvent citée, mais il est possible de se satisfaire de $\lambda/5$, dans certaines applications, comme il peut être nécessaire de mailler en $\lambda/20$, pour calculer le champ diffracté dans des directions où il est très faible. En tout état de cause, le nombre de degrés de liberté croît avec la fréquence et les méthodes d'éléments finis, si performantes soient elles, sont limitées à haute fréquence par des problèmes de temps calcul et de place mémoire.

Les méthodes asymptotiques permettent d'obtenir, non pas la solution, mais son développement asymptotique, en pratique très souvent limité au premier terme dans les applications, en puissances inverses, entières ou fractionnaires, du nombre d'onde k. En pratique, nous traiterons de revêtements à pertes. Dans ce cas, il est possible de remplacer le problème avec conditions de transmission par un problème plus simple. L'objet est décrit par une condition aux limites, dite d'impédance, reliant les champs électriques et magnétiques tangentiels à la surface extérieure de l'objet. Nous utilisons cette condition dans l'ensemble de l'ouvrage.

La première méthode asymptotique inventée pour décrire l'interaction des ondes électromagnétiques avec des objets est l'Optique Géométrique. Elle a été établie bien avant les équations de Maxwell, et même avant la notion d'équation aux dérivées partielles. L'Optique Géométrique (OG) est fondée sur la notion, très intuitive physiquement, de rayons. Les rayons sont déterminés suivant les lois de la réflexion et de la réfraction, qui découlent du principe de Fermat : ce sont les trajectoires qui minimisent le chemin optique. Le principal inconvénient de cette théorie est de prévoir des champs nuls dans les zones d'ombre géométrique, où ne pénètre aucun rayon, ce que contredit l'expérience. Par exemple , l'OG est incapable de décrire les interférences produites dans l'expérience des trous d'Young. La Théorie Géométrique de la Diffraction (TGD) est une méthode inventée par J.B. Keller dans les années 60 pour pallier ce défaut de l'OG. Elle consiste à ajouter aux rayons de l'OG des rayons "diffractés", notamment par des arêtes, pénétrant dans les zones d'ombre. Ces rayons sont déterminés par un principe de Fermat généralisé. Le champ diffracté apparaît , comme en Optique Géométrique, comme la somme des contributions de divers rayons. La TGD garde l'aspect intuitif de l'OG et permet, dans la majorité des cas, de calculer le champ diffracté par des objets, même complexes. Elle est fondée sur des principes, non démontrés, mais très intuitifs. La phase varie linéairement le long d'un rayon et la puissance se conserve dans un tube de rayons, comme en Optique Géométrique dans un tube de rayons. Le champ diffracté porté par un rayon ne dépend que des propriétés locales du champ incident et de l'objet au point d'intersection de l'objet et du rayon. Ce postulat est appelé principe de localité. Il permet pour chaque contribution à la diffraction, de remplacer l'objet réel par un objet simple, dit canonique, localement équivalent à l'objet réél, mais exactement soluble. La partie difficile de la TGD réside dans la résolution des problèmes canoniques, et plus encore, dans l' interprétation des solutions obtenues en termes de rayons. Cette interprétation permet de calculer le rapport du champ sur le rayon diffracté au champ sur le rayon incident, appelé coefficient de diffraction. Ce travail a été réalisé par Keller et ses continuateurs. La TGD se ramène donc, du point de vue de l'utilisateur, à une recherche, purement géométrique, des rayons contribuant au champ diffracté, et au calcul du champ le long de chaque rayon à l'aide des principes énoncés plus haut et d'une bibliothèque préétablie de coefficients de diffraction. L'utilisateur peut donc résoudre son problème sans même savoir qu'il s'agit, en définitive, d'un problème aux limites difficile de la Physique Mathématique. Nous avons voulu préserver cet aspect séduisant de la TGD, et nous en donnons au chapitre 1 une présentation intuitive, suivant la démarche de Keller. Après assimilation de ce chapitre, le lecteur est en mesure de résoudre un grand nombre de problèmes de diffraction et de se forger une intuition physique sur les mécanismes d'interaction d'un champ incident avec un objet.

L' inconvénient majeur de la TGD est qu'elle prédit, dans certaines zones, comme les enveloppes de rayons, appelées caustiques, des résultats infinis. D'autre part, ses fondements mathématiques ne sont pas explicites. Pour les comprendre, il faut considérer le problème de diffraction par un obstacle comme un problème aux limites sur les équations de Maxwell, où intervient, comme petit paramètre, la longueur d'onde λ, ou l'inverse du nombre d'onde k. Ce problème peut être résolu analytiquement par la méthode des développements asymptotiques, par rapport à ce petit paramètre. Nous la présentons au chapitre 2. L'idée est toujours de postuler, à partir d'une connaissance partielle du comportement de la solution, une forme particulière, appelée Ansatz, de la solution. Cet Ansatz prend la forme du produit d'une exponentielle, rapidement variable, d'une phase par une amplitude A(x) lentement variable, écrite sous la forme d'un développement asymptotique en puissances inverses de k. L'Ansatz le plus simple s'écrit sous la forme exp(ikS(x))A(x). Nous verrons au chapitre 2 qu'il permet de déduire toutes les lois de l'OG. En particulier, les rayons seront retrouvés comme les courbes caractéristiques de l'équation eikonale, elle même obtenue comme première approximation des équations de Maxwell. De plus, d'autres Ansatz un peu plus généraux permettent de comprendre les fondements de la TGD, et d'en cerner les limites de validité : la TGD ne s'applique que dans les zones où le champ est un "champ de rayons", c'est à dire est bien représenté localement par une onde plane, se propageant dans la direction du gradient de la phase, comme exposé au paragraphe 2.2.

Dans certaines zones, cette hypothèse n'est pas vérifiée : l'amplitude du champ varie rapidement perpendiculairement au gradient de la phase. Ces zones sont appelées, par analogie avec la mécanique des fluides, couches limites. Leur épaisseur tend vers 0 avec la longueur d'onde. Elles sont en général situées au voisinage de la surface de l'objet, ou sur les frontières ombre-lumière, ou encore au voisinage des caustiques. La phase et l'amplitude dans ces couches limites dépendent de fonctions a priori arbitraires de coordonnées étirées, c'est à dire multipliées par une puissance fractionnaire $k^{p/q}$ du nombre d'onde k, adaptées à l'objet diffractant et à la physique du problème.

Le choix de la puissance p/q des étirements de coordonnées, ainsi que la forme possible du développement asymptotique, est obtenue à partir d'un problème canonique, ou bien par étude directe des équations à résoudre. A l'aide d'un Ansatz bien choisi , on parvient à satisfaire les équations de Maxwell, la condition de radiation, et les conditions aux limites sur l'objet. On dispose donc du développement asymptotique (au moins de son premier terme) de la solution du problème de diffraction. La méthode de la couche-limite permet en particulier de calculer le champ dans les zones où la TGD ne s'applique pas. Elle fournit de plus un fondement mathématique solide à la TGD. Elle permet enfin de déterminer les coefficients de diffraction sans recourir aux problèmes canoniques. Les bases de cette méthode et sa mise en oeuvre pratique sur de nombreux exemples notamment les caustiques, les frontières ombre-lumière, le voisinage d'un obstacle lisse dans la zone d'ombre, sont détaillées au chapitre 3.

Les méthodes précédentes doivent être adaptées quand le champ incident n'est plus un champ de rayons, ou quand des champs de couche-limite sont rediffractés par l'obstacle La Théorie Spectrale de la Diffraction (TSD), décrite au chapitre 4, est une technique efficace et générale de traitement de l'interaction de ces champ complexes avec des structures. Elle consiste à les représenter par une superposition, ou plus précisément un spectre d'ondes planes. Le champ diffracté s'écrit alors, puique notre problème est linéaire, comme la superposition des champs diffractés par l'obstacle éclairé par les ondes planes du spectre incident.

La méthode de la couche-limite présentée au chapitre 3 donne en général la solution sous des formes différentes dans les couche-limite et hors de ces couches. Le but des méthodes uniformes est de donner une formule unique, valide à l'intérieur comme à l'extérieur des couche-limite. Les théories uniformes sont fondamentales pour les applications pratiques et ont fait l'objet de nombreux travaux. Il n'existe pas de méthode univoque pour obtenir des solutions uniformes, si bien que plusieurs théories uniformes concurrentes ont été développées en électromagnétisme. D'autres méthodes d'uniformisation des solutions obtenues par la techniques des développements asymptotiques raccordés ont aussi été mises au point en mécanique des fluides. Après une définition précise de la notion d'uniformité, nous présentons de manière unifiée les théories uniformes, en particulier l'UAT (Uniform Asymptotic Theory), l'UTD (Uniform Theory of

Diffraction) et leur liens avec la TSD au chapitre 5. Enfin, nous donnons dans ce chapitre la plupart des solutions uniformes utiles : diffraction par une arête, par une surface courbe, par une discontinuité de la courbure, par un dièdre à faces courbes, solution au voisinage d'une caustique.

La méthode des développements asymptotiques raccordés permet en principe de calculer le champ dans tout l'espace. Toutefois, sa mise en oeuvre devient très technique dans les zones où se chevauchent de multiples couche-limite. Il est alors plus commode d'utiliser une représentation intégrale de la solution. La seule condition à imposer sur cette représentation intégrale est que, lorsqu'on lui applique la méthode de la phase stationnaire, on retrouve le résultat d'une méthode de rayons. L'utilisateur a donc le choix de la représentation intégrale la plus commode. Les mathématiciens spécialistes des équations aux dérivées partielles ont accompli sur ce sujet un important travail, qui a débouché sur la théorie des opérateurs intégraux de Fourier-Maslov -Hörmander. Nous présentons au chapitre 6 la version Maslov de cette méthode. Nous présentons également une méthode pour obtenir une représentation intégrale de la solution à partir du champ d'optique géométrique sur le front d'onde. Nous montrons enfin comment l'évaluation asymptotique des intégraux obtenues par l'une ou l'autre de ces méthodes permet d'obtenir le champ sur les caustiques à l'aide de fonctions universelles, dont la plus simple et la plus connue est la fonction d'Airy.

Une autre manière d'obtenir une représentation intégrale du champ diffracté est de passer par l'intermédiaire du champ de surface et de calculer le champ dans l'espace en faisant rayonner les courants de surface: on obtient la Théorie Physique de la Diffraction et ses généralisations, décrites au chapitre 7.

Le chapitre 8 donne les fondements de la condition d'impédance de surface, utilisée pour représenter des couches de matériaux, et ses généralisations.

Nous avons enfin regroupé en appendice un condensé des techniques les plus utilisées dans l'ouvrage : diffraction par des cibles canoniques, géométrie différentielle, développements asymptotiques d'intégrales, ainsi que quelques résultats utiles sur des sujets connexes : rayons complexes, fonctions de Fock, principe de réciprocité.

[1] A. Bendali, Thèse, "*Approximation par éléments finis de surface des problèmes de Diffraction d'ondes électromagnétiques,*" Ecole Polytechnique., 1986.
[2] J. Van Bladel, "*Singular Electromagnetic Fields and Sources,*" Oxford University Press, 1991.

Chapitre 1

Théorie Géométrique de la Diffraction

1.1 Introduction

Les méthodes de rayons décrivent, de manière simple et physique, la diffraction d'un champ électromagnétique par un obstacle. Elles sont fondées sur un certain nombre de principes, non rigoureusement démontrés sur le plan mathématique, mais très utiles pour décrire physiquement les phénomènes de diffraction. Nous allons tenter d'énoncer ces différents principes et d'en dégager les implications.

1.1.1. Principe de localisation

a) Nature physique des rayons

A haute fréquence, le champ diffracté, au sens du champ créé par la présence de l'obstacle, ne dépend pas, en un point d'observation donné, du champ en tout point de la surface de l'obstacle, mais seulement du champ au voisinage de certains points de l'objet, appelés **points de diffraction**. La diffraction à haute fréquence apparaît donc essentiellement comme un **phénomène localisé** autour des points de diffraction.

Un exemple familier est le point de réflexion spéculaire, observé couramment lorsqu'une source lumineuse ponctuelle se réfléchit sur une surface métallique polie : il apparaît sur la surface un "point brillant" (Fig. 1). Un autre exemple, moins familier, est celui de la source lumineuse cachée par un disque opaque : le bord du disque paraît brillant (Fig. 2). On a donc dans les deux cas un phénomène local, concentré au voisinage d'un point spéculaire, dans le premier cas, et d'une arête, dans le second cas.

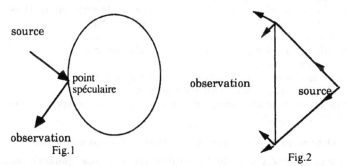

source

point
spéculaire

observation

observation
Fig.1

observation

source

Fig.2

On appellera **rayon**, la trajectoire entre un point de diffraction et le point d'observation. Le long d'un rayon, le champ "ressemble" à une onde plane, c'est-à-dire que sa phase varie essentiellement comme celle d'une onde plane se propageant dans la direction du rayon, et que son amplitude et sa phase perpendiculairement au rayon varient suffisamment lentement (Fig. 3). Chaque fois qu'un champ vérifiera cette condition, ou sera la somme d'un nombre fini de champs vérifiant cette condition, on dira que ce champ est un champ de rayons.

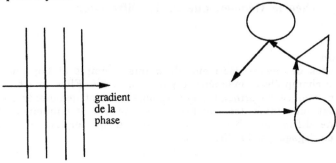

gradient
de la
phase

Plans équiamplitude

Fig .3

Fig.4

Il est clair qu'un champ diffracté une première fois par un obstacle peut être à nouveau diffracté, et ainsi de suite... On obtient alors des rayons subissant plusieurs diffractions (Fig. 4). En final, le champ diffracté par l'objet peut être considéré comme la somme de contributions distinctes associées à des rayons simplement ou multiplement diffractés par l'obstacle. Notons que le mot diffracté inclut ici tous les types d'interactions possibles, y compris la réflexion spéculaire.

b) Traitement local des diffractions

Le principe de localisation va à nouveau servir pour relier simplement l'amplitude du champ diffracté à celle du champ incident. La diffraction d'un champ, incident ou diffracté, par l'objet, dépend uniquement des propriétés électromagnétiques et de la géométrie locale de la surface diffractante, et de la configuration locale du champ au voisinage du point de diffraction. Il est donc possible de traiter localement chaque phénomène de diffraction.

En résumé, le principe de localisation nous a permis de ramener notre problème de diffraction global à trois problèmes plus simples :
   - déterminer les rayons
   - calculer le champ se propageant suivant un rayon
   - résoudre des problèmes de diffraction locaux.

Nous allons maintenant commenter les trois points, respectivement aux paragraphes 1.1.2, 1.1.3 et 1.1.4.

1.1.2. Détermination des rayons, principe de Fermat généralisé

La Théorie Géométrique de la Diffraction est une généralisation de l'Optique Géométrique, conçue pour traduire notamment la pénétration du champ dans les zones d'ombre. Elle va adjoindre, aux rayons de l'Optique Géométrique, des rayons diffractés. Les rayons de l'Optique sont déterminés par le **principe de Fermat** : les rayons sont les trajectoires de longueur minimale entre deux points. Dans l'espace libre, le principe de Fermat impose donc aux rayons d'être des droites, et de se réfléchir suivant la loi de Descartes, comme on le verra au paragraphe 1.2.

Les rayons diffractés sont déterminés par le **principe de Fermat généralisé**, énoncé par Keller [K1,K2] : les rayons diffractés sont les trajectoires de longueur minimales entre deux points, mais parmi une classe de trajectoire restreinte, vérifiant des contraintes. Le fait de chercher des minima avec contraintes va engendrer de nouvelles solutions, donc de nouveaux rayons. On verra au paragraphe 1.2 qu'aux rayons de l'Optique Géométrique, s'ajoutent des **rayons diffractés par les arêtes et discontinuités** et des **rayons rampants à la surface de l'objet**. Ces deux types de rayons rendent compte de la pénétration du champ dans la zone d'ombre.

Une fois les rayons connus, il faut calculer la phase, l'amplitude, et la polarisation du champ suivant ces rayons. On postule que tous les rayons vérifient les lois de l'Optique Géométrique, exposées au paragraphe 1.1.3.

1.1.3.   Les lois de l'Optique Géométrique

Considérons un ensemble de rayons dans l'espace à trois dimensions. C'est une famille (ou congruence) de droites à deux paramètres. Cette congruence de droites a une surface enveloppe, appelée surface caustique, dont la géométrie sera étudiée au chapitre 6. Les lois de l'Optique géométrique permettent, comme nous allons le voir, de calculer le champ en tout point d'un rayon dès qu'on le connaît en un point de ce rayon.

a) Propagation de la phase
La variation de la phase le long d'un rayon entre deux points est égale au produit du nombre d'onde $k = \omega/c$ (ω est la pulsation, c la vitesse de la lumière) par la distance entre ces deux points. La phase est de plus continue au point de diffraction. Enfin, la phase présente des sauts au point de contact du rayon avec son enveloppe, c'est à dire sur la caustique.

b) Conservation de la puissance
Le flux de puissance, est égal au flux du vecteur de Poynting. Dans le cas d'une onde plane, et donc d'un champ de rayon, ce flux est proportionnel au carré du module du champ. Ce flux se conserve dans un tube de rayon. Le module du champ sera donc inversement proportionnel à la racine carrée de la section du tube de rayons.

c) Conservation de la polarisation
La polarisation se conserve le long d'un rayon.

Les lois de l'Optique Géométrique permettent le calcul de la phase, du module et de la polarisation, donc du champ **en tout point** d'un rayon dès qu'on le connait **au point de diffraction**. D'autre part, les équations de Maxwell étant linéaires, le champ diffracté au point de diffraction est le produit d'une matrice 2×2, par le champ incident. Il ne reste plus qu'à déterminer cette matrice, appelée coefficient de diffraction, pour achever le calcul du champ.

1.1.4.   Détermination du coefficient de diffraction

Le coefficient de diffraction est calculé en remplaçant l'objet, en vertu du principe de localisation, par un objet "canonique" de forme voisine de celle de l'objet réel près du point de diffraction, et pour lequel le problème de diffraction est exactement soluble. La procédure précise de détermination des coefficients de diffraction et les coefficients les plus usuels sont donnés au 1-5.

1.1.5.   Conclusions : la TGD vue comme une méthode de rayon

Grâce **au principe de localisation**, il est possible de ramener le problème global de la diffraction d'un champ incident, à un calcul de contributions distinctes associées à des rayons diffractés. Ces rayons sont déterminés par le **principe de Fermat généralisé**. L'amplitude et la phase le long de ces rayons sont calculés en suivant les lois de l'**Optique Géométrique**. Les coefficients de diffraction, qui relient l'amplitude des champs incidents et diffractés sont obtenus, conformément au **principe de localisation**, en remplaçant l'objet au voisinage du point de diffraction par un **objet canonique**.

L'intérêt de la TGD vue comme une méthode de rayon est de donner une image intuitive des phénomènes de diffraction : on visualise bien les mécanismes de diffraction. Sur des objets assez simples, elle fournit de plus des formules explicites, qui peuvent être assez précises. Elle présente par contre quelques inconvénients : les "principes" évoqués ne sont pas universels, en particulier, le champ n'est pas, en tout point de l'espace, un champ de rayon. Toutefois, même dans ces zones, la TGD donne au moins quelques indications qu'il faudra bien sûr compléter par d'autres techniques plus sophistiquées pour obtenir la vraie valeur du champ.

Nous allons donc présenter, dans ce chapitre, la mise en oeuvre de la TGD vue comme une technique de rayons.

1.2   Tracé des rayons. Le principe de Fermat généralisé

1.2.1.   Condition pour qu'un chemin L soit un rayon

Considérons un objet Ω dans l'espace. Ω est supposé régulier (C^∞) par morceaux. Plus précisément, le bord Γ de Ω est un ensemble de surfaces régulières, raccordées entre elles suivant des lignes. Sur ces lignes, Γ peut présenter des discontinuités, du plan tangent, de la courbure, ou de dérivées d'ordres plus élevés. Nous supposerons que Γ peut aussi avoir des points singuliers isolés, par exemple des pointes. Les lignes et points de discontinuités de Γ vont être autant d'éléments diffractants.

Le principe de Fermat généralisé peut être formalisé de la façon suivante. On considère un chemin T reliant deux points M_0 et M_{N+1}. T est composé de N tronçons réguliers T_i, connectés entre eux aux points M_i, $i = 1, N$. Les points M_i sont les points où la direction (ou la courbure) de T change. Les tronçons T_i sont tracés soit dans l'espace extérieur à l'objet, soit sur la surface. Les points M_i sont situés sur la surface Γ, soit sur une partie régulière, soit sur des arêtes, soit sur des pointes de Γ (voir Fig.5). N est le nombre d'interactions du chemin T avec Ω.

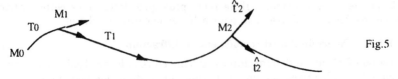

Fig.5

On appelle $\hat{t}_i$ la tangente en M_i au tronçon T_i et $\hat{t}'_i$ la tangente en M_i au tronçon T_{i-1}. En général, on peut avoir $\hat{t}_i \neq \hat{t}'_i$.

On appelle chemin optique l'intégrale curviligne :

$$L(T) = \int n\, ds .$$

où ds est l'élément d'arc sur la courbe T.

n est l'indice de réfraction. Comme l'objet est placé dans le vide, n est constant et vaut 1. Le chemin optique est donc simplement la longueur du chemin T.

$$L(T) = \int_T ds . \tag{1}$$

C'est une fonctionnelle définie sur l'ensemble des chemins T compatibles avec les connexions sur la surface, c'est-à-dire reliant les points M_0 et M_{N+1} tels que les points intermédiaires M_i situés sur Γ (resp. sur une arête ou une pointe de Γ) restent sur Γ (resp. l'arête ou la pointe), et tels que les tronçons T_i situés sur Γ restent sur Γ.

Le principe de Fermat généralisé s'énonce ainsi :

"T est un rayon si et seulement si T est de longueur stationnaire parmi les chemins C^1 par morceaux respectant les connexions sur la surface". On applique ensuite les techniques du calcul variationnel pour calculer la variation infinitésimale $\delta(L(T))$ lorsque chacun de ses points subit un déplacement infinitésimal $\overrightarrow{\delta M}$ compatible avec les connexions sur la surface.

La variation δ de L s'écrit, pour une variation $\overrightarrow{\delta M}$ (s) du point M :

$$\delta(L(T)) = \int_T \hat{t} \cdot d(\overrightarrow{\delta M}) \tag{2}$$

où $\hat{t}$ est la tangente à T au point M.

Intégrant (2) par parties, on obtient :

$$\delta(L(T)) = \sum_{i=1}^{N} (\hat{t}'_i - \hat{t}_i) \cdot \overrightarrow{\delta M_i} - \sum_{i=1}^{N} \int_{T_i} \overrightarrow{\delta M} \cdot d\hat{t} . \tag{3}$$

T est un rayon si $\delta(L(T)) = 0$, quelque soit $\overrightarrow{\delta M}$ compatible avec les connexions. On obtient donc les deux types de conditions suivantes :

$N+1$ conditions caractérisant les $N+1$ tronçons élémentaires T_i

$$\int_{T_i} \overrightarrow{\delta M} \cdot d\hat{t} = 0 \tag{4a}$$

N conditions de transition relatives aux points de diffraction :

$$(\hat{t}'_i - \hat{t}_i) \cdot \overrightarrow{\delta M_i} = 0 . \tag{4b}$$

Les conditions (4) contiennent toutes les lois permettant de déterminer les rayons d'optique ou diffractés, comme nous allons le voir au sous-paragraphe suivant.

1.2.2.   Lois pour les rayons diffractés (Fig.6)

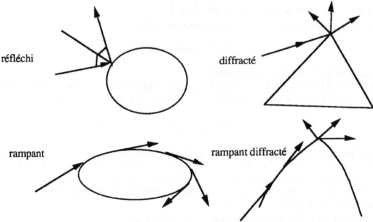

réfléchi   diffracté

rampant   rampant diffracté

Fig.6 : Différents types de rayons diffractés

1.2.2.1. *Tronçons en espace libre*

$\overrightarrow{\delta M}$ est ici arbitraire, avec trois degrés de liberté.
(4a) donne alors $d\hat{t} = 0$ soit $\hat{t} = cte = \hat{t}_i = \hat{t'}_{i\,+1}$
(4b) est donc également satisfaite.
On obtient la règle de l'Optique Géométrique.
En espace libre, les rayons sont des droites.

1.2.2.2. *Réflexion sur une surface régulière*

Les rayons de part et d'autre du point de réflexion M sont des droites.
$\hat{t}'_i = \hat{\imath}$, vecteur unitaire sur le rayon incident, et $\hat{t}_i = \hat{r}$, vecteur unitaire sur le rayon réfléchi. Le point de réflexion M est astreint à rester sur la surface S.
$\overrightarrow{\delta M}$ est donc un vecteur quelconque du plan tangent P au point de réflexion M.
(4b) impose donc à $\hat{\imath} - \hat{r}$ d'être normal à S en M :

$$\hat{\imath} - \hat{r} = \lambda\,\hat{n} \tag{5}$$

où λ est un scalaire, $\hat{n}$ est le vecteur normal extérieur à S en M_1.
Désignons par θ_i l'angle d'incidence :

$$\hat{\imath} \cdot \hat{n} = -\cos\theta_i \quad . \tag{6}$$

Compte-tenu de (5) et de ce que $\hat{r}$ est unitaire, on obtient :

$$\hat{r} = \hat{\imath} + 2\cos\theta_i\,\hat{n} \quad . \tag{7}$$

(7) est la loi de la réflexion. Elle est souvent formulée comme suit :
    - le rayon réfléchi est dans le plan d'incidence, défini par la normale et le rayon incident,
    - l'angle de réflexion est égal à l'angle d'incidence.
Les deux lois précédentes, i.e "les rayons sont des droites", et la loi de la réflexion, sont les lois de l'Optique Géométrique. Nous allons maintenant nous intéresser aux rayons diffractés.

1.2.2.3. *Diffraction par une arête*

Les rayons de part et d'autre du point de diffraction M sont des droites. La connexion impose à $\overrightarrow{\delta M}$ d'être suivant la tangente $\hat{s}$ à l'arête diffractante. La formule (4b) impose donc, en notant $\hat{d}$ le vecteur unitaire sur le rayon diffracté

$$(\hat{\imath} - \hat{d}) \cdot \hat{s} = 0 . \tag{8}$$

La condition (8) définit un cône de rayons diffractés. L'axe du cône est la tangente à l'arête, le demi-angle au sommet β du cône est l'angle de $\hat{\imath}$ avec $\hat{s}$. **C'est le cône de Keller.** On obtient la loi de la diffraction par une arête : **le rayon diffracté est sur le cône de Keller.** Cette loi est bien sûr valide également pour une ligne quelconque (de la courbure, par exemple), de discontinuité.

1.2.2.4. *Diffraction par une pointe ou un point singulier*

La connexion impose $\overrightarrow{\delta M} = 0$, et donc (4b) est satisfaite quelque soit la direction du rayon diffracté. **"Une pointe ou un point singulier diffracte dans toutes les directions".** Cette règle est aussi valide pour une intersection de deux discontinuités linéiques.

1.2.2.5. *Rayon de surface*

Si T_i est un rayon de surface, $\overrightarrow{\delta M}$ est dans le plan tangent à la surface. (4a) impose à $d\hat{\imath} \cdot \overrightarrow{\delta M}$ d'être nul, donc :

$$\frac{d\hat{\imath}}{ds} = \lambda \, \hat{n} . \tag{9}$$

La normale au rayon de surface coïncide avec la normale à la surface. C'est une propriété caractéristique des géodésiques. On obtient donc la règle suivante : **"les rayons de surface suivent les géodésiques de la surface".** On appelle les rayons de surface rayons rampants.

1.2.2.6. *Rayon rampant initié par un rayon d'espace sur une surface régulière*

Le point M, jonction des deux rayons, peut se déplacer dans le plan tangent à la surface.

$\hat{t}'_i = \hat{\imath}$ est le vecteur unitaire du rayon d'espace (i.e. se propageant dans l'espace), $\hat{t}_i = \hat{r}$ celui du rayon rampant.

(4b) impose, comme dans le cas de la réflexion

$$(\hat{\imath} - \hat{r}) = \lambda \, \hat{n} \tag{10}$$

mais $\hat{r} \cdot \hat{n} = 0$ d'où $\theta_i = \pi/2$ d'après (6) et (7), i.e. $\hat{\imath}$ est en incidence rasante et le point M est donc sur la frontière ombre-lumière.

D'autre part $\hat{\imath} = \hat{r}$: le rampant part dans la direction du rayon d'espace. Il est également possible, suivant la loi de la réflexion, d'avoir un rayon d'espace réfléchi dans la direction d'incidence : l'énergie du rayon incident se répartit donc entre un rayon d'espace, prolongement du rayon incident, et un rayon de surface.

On obtient donc la règle suivante :

"Les rayons d'espace génèrent des rayons rampants aux frontières ombre-lumière, la tangente au rayon rampant est suivant le rayon d'espace incident".

1.2.2.7. *Emission d'un rayon d'espace par un rayon rampant*

C'est la réciproque de la situation précédente. Le rayon rampant émet des rayons d'espace suivant sa tangente. L'énergie du rayon rampant se divise en deux : une partie continue suivant la géodésique, le reste est émis en rayon d'espace.

On obtient la règle suivante :

"Les rayons rampants génèrent des rayons d'espace suivant leur tangente".

Cette règle implique en particulier que les rampants s'atténuent en perdant de l'énergie par rayonnement.

1.2.2.8. *Rayons rampants émanant d'une arête*

(4b) impose, comme pour la diffraction par une arête, que la projection du rayon émis sur la tangente à l'arête soit égale à la projection du rayon incident. On obtient donc la règle suivante :

"Les rayons incidents génèrent, sur les arêtes constituées de surfaces courbes, des rampants dans la direction du cône de Keller".

1.2.2.9. *Rayons rampants diffractés en rayon d'espace*

C'est la réciproque de la situation précédente. Les rayons d'espace diffractés sont sur le cône de Keller défini par la tangente à l'arête diffractante et la tangente au rayon rampant incident.

1.2.2.10. *Rayons rampants émanant d'une pointe*

Des rayons rampants sont émis suivant chaque génératrice du cône tangent à la pointe.

1.2.2.11. *Diffraction d'un rampant à une pointe*

Le rayon rampant diffracte dans toutes les directions de l'espace extérieur à la pointe.

1.2.2.12. *Rayon suivant une arête ou un fil*

$\overrightarrow{\delta M_i}$ est dirigé suivant la tangente au fil. Utilisant (4b), on montre que $\hat{t}_i = \hat{t'}_i$. Ces rayons s'attachent et se détachent donc tangentiellement au fil (resp. à l'arête). Il peuvent également se diffracter à une extrémité du fil (resp. un coin sur l'arête). Dans le cas du fil, on parlera d'ondes progressives (travelling waves) et d'ondes d'arête dans le cas de l'arête.

1.2.3 . Conclusions

Le principe de Fermat généralisé permet d'obtenir, de façon simple et uniforme, toutes les lois gouvernant la propagation des rayons, d'Optique Géométrique ou diffractés. Son application va déterminer l'ensemble des rayons. Il faut maintenant calculer la phase, l'amplitude et la polarisation du champ le long de ces rayons.

Les lois de l'Optique Géométrique, exposées au paragraphe suivant, nous permettront, connaissant tous ces paramètres en un point d'un rayon, de les déterminer en tout point du rayon.

1.3 Calcul du champ le long d'un rayon

La Théorie Géométrique de la diffraction postule que tous les rayons d'espace suivent les lois de l'Optique Géométrique : ces lois vont permettre de déterminer, connaissant le champ en un point d'un rayon d'espace, c'est-à-dire réfléchi ou diffracté, le champ en tout point de ce rayon.

Le cas des rampants est particulier. Nous avons vu que ces rayons émettent, tout au long de leur parcours, des rayons d'espace suivant leur tangente, et s'atténuent donc par rayonnement. La phase de ces rayons doit donc comporter une partie complexe rendant compte de cette atténuation (1-3-1-2). De plus, les rayons rampants sont des rayons de surface, ce qui conduira à une formulation particulière de la conservation de la puissance. Enfin et surtout, il faut bien comprendre que le champ calculé par la GTD le long d'un rayon rampant sur l'objet n'est pas le champ réel, mais un **champ fictif,** que nous appellerons champ fictif de rayon de surface. Nous reviendrons sur ce point au paragraphe 1.3.4.

Nous allons étudier au paragraphe 1.3.1 la propagation de la phase, au §.1.3.2 la conservation de la puissance dans un tube de rayons, au §.1.3.3 l'évolution de la polarisation le long d'un rayon. Dans chacun de ces paragraphes, nous distinguons, pour les raisons que nous venons d'évoquer, le cas des rampants. Enfin, nous donnons au 1-3-4 les formules explicites pour les différents types de rayon.

1.3.1. Propagation de la phase le long d'un rayon

1.3.1.1. *Rayon d'espace*
Le gradient de la phase est dirigé, selon l'approximation de l'Optique, dans la direction du rayon. Les surfaces orthogonales aux rayons sont les surfaces de phase constante. Selon les lois de l'Optique Géométrique la variation de la phase le long d'un rayon est $k\,ds$, où k est le nombre d'onde, et s l'abscisse curviligne sur le rayon. La différence de phase ΔS entre le point O d'abscisse 0 et le point M d'abscisse s sur le rayon est donc simplement ks :

$$\Delta S = S(M) - S(0) = ks \qquad (1)$$

1.3.1.2. *Rayon rampant*
L'étude du problème canonique du cylindre montre que les rampants s'atténuent, et ont une vitesse un peu inférieure aux rayons d'espace. La phase d'un rayon rampant sera donc la somme :

- d'un terme ks, s étant l'abscisse curviligne sur le rampant. Ce terme, purement géométrique, est analogue à celui obtenu pour les rayons d'espace,

- d'un terme à valeur complexe. On fait appel, pour déterminer ce terme, au principe de localisation, i.e. on remplace localement la surface par un objet canonique. On obtient, pour l'incrément de phase entre l'abscisse s et l'abscisse $s + ds$, $\alpha(s)ds$. La partie réelle de α , positive, s'ajoute à la phase ks.

La vitesse de phase du rayon rampant est donc localement $\dfrac{k}{k+Re\alpha(s)}\,c$. La partie imaginaire de α , positive, est responsable de l'atténuation du rayon rampant.

La variation de phase totale entre 0 et M est $ks + \displaystyle\int_0^s \alpha(s)\,ds$.

Cette variation de phase contient une atténuation :

$$exp\,(-\ \int_0^s Im\ \alpha(s)\,ds)\,.$$

$\alpha(s)$ est une quantité locale qui ne dépend que des paramètres locaux de S et de la nature du rampant. $\alpha(s)$ dépend plus précisément :

- des paramètres géométriques de la surface (principalement le rayon de courbure de la géodésique suivi par le rampant),
- des propriétés électromagnétiques de cette surface,
- de la polarisation de l'onde rampante,
- de l'ordre de cette onde rampante.

Nous verrons en effet qu'il existe une infinité dénombrable de rampants différents, repérés par un ordre $p\in\mathbb{N}$. En pratique, l'atténuation augmente rapidement avec l'ordre du rampant, et il suffit de prendre en compte le premier terme de la série.

1.3.1.3. *Déphasage au passage des caustiques*

Nous nous contentons d'énoncer la règle de déphasage qui sera justifiée au chapitre 3 (au passage d'une caustique, la phase du champ subit un saut de $-\pi/2$, pour une convention $exp\,(-i\ \omega t)$.

On notera que la caustique, contrairement à l'intuition, semble raccourcir le chemin parcouru : la variation de phase entre deux points sur un rayon distant de s, mais séparé par une caustique, est $(iks - i\pi/2)$.

Cette règle est valide pour les points ordinaires de la caustique, i.e. pour les points où un seul rayon de courbure du front d'onde change de signe (voir paragraphe 1.3.2.1). Pour les points exceptionnels où les deux rayons changent de signe simultanément, le déphasage est de π.

Nous reviendrons sur cette règle au paragraphe 1.3.2.1, où nous en donnerons une justification heuristique, et aux chapitres 3 et 6 où nous la démontrerons.

La règle de déphasage aux caustiques est appliquée à tous les types de rayons, d'espace ou de surface.

1.3.2. Conservation du flux de puissance dans un tube de rayons

1.3.2.1. *Rayon d'espace*

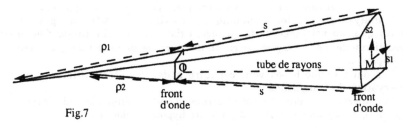

Fig.7

Selon l'Optique Géométrique, le flux de la puissance, proportionnelle au carré du champ, se conserve dans un tube de rayons. Considérons un tube infinitésimal de rayons, représenté sur la figure 7 ; et choisissons l'origine des abscisses en un point 0 du rayon. Le front d'onde au point 0 est une surface $F(0)$ dont la normale est dirigée suivant le rayon. Au voisinage de 0, supposé être un point ordinaire de $F(0)$, c'est-à-dire ni un point méplat, ni un ombilic, les lignes de courbure de $F(0)$ constituent un système de coordonnées orthogonales (s_1, s_2). Soient ρ_1 et ρ_2 les rayons de courbure de $F(0)$ au point 0. Le tube infinitésimal de rayons découpe sur $F(0)$ un rectangle curviligne infinitésimal, de côtés δs_1 et δs_2, et d'aire $\delta s_1 \delta s_2 = \delta A(0)$. Considérons maintenant un point M d'abscisse s sur le rayon, et le front d'onde correspondant $F(M)$. Le tube infinitésimal de rayons découpe sur $F(M)$, au voisinage de M, un rectangle curviligne infinitésimal, de côtés $\dfrac{\rho_1+s}{\rho_1}\,\delta s_1$ et $\dfrac{\rho_2+s}{\rho_2}\,\delta s_2$ et d'aire $\dfrac{(\rho_1+s)(\rho_2+s)}{\rho_1\rho_2}\,\delta s_1\,\delta s_2 = \delta A(M)$.

La conservation de l'amplitude dans un tube de rayons entraîne :

$$|\vec{E}(M)|^2\,\delta A(M) = |\vec{E}(0)|^2\,\delta A(0)\,.$$

Soit la formule bien connue d'Optique Géométrique :

$$|\vec{E}(M)| = |\vec{E}(0)|\,\sqrt{\dfrac{\rho_1\rho_2}{(\rho_1+s)(\rho_2+s)}}\,. \tag{3}$$

(3) va nous donner une justification heuristique de la règle de déphasage aux caustiques donnée au paragraphe 1.3.1.3.

Les caustiques sont situées à $s=-\rho_1$ et $s=-\rho_2$.

Au passage de la caustique située à $-\rho_1$, $s+\rho_1$ change de signe, et sa racine est donc multipliée par $\pm\,i$. Le rayon subit un déphasage de $\pm\,\pi/2$. Le choix du signe demande une argumentation plus fine.

Au point "générique" (ou plus simplement ordinaire) de la caustique $\rho_1 \neq \rho_2$, et les deux caustiques sont passées successivement par le rayon. Par contre, si $\rho_1 = \rho_2$, alors les deux nappes caustiques ont un point commun et le rayon passe simultanément les deux caustiques, ce qui engendre un déphasage de $-\pi$.

1.3.2.2. *Rayon rampant*

Le rayon rampant peut être considéré :
- soit comme un rayon de surface sans épaisseur,
- soit comme un rayon volumique, avec une petite épaisseur.

L'analyse du problème canonique du cylindre, traité en appendice 1, montre que, au voisinage de la surface, existe une couche limite d'épaisseur proportionnelle à $\rho^{1/3}$, où ρ est le rayon de courbure de la géodésique suivie par le rampant.

Ces deux hyphothèses vont conduire à des résultats différents pour la conservation de l'amplitude.

Considérons un pinceau infinitésimal d'ondes rampantes, de largeur $d\eta$ au point 0, et $d\eta'$ au point M. La première hypothèse donne :

$$|\vec{E}(M)| = |\vec{E}(0)| \left(\frac{d\eta}{d\eta'}\right)^{1/2} \tag{4}$$

La seconde hypothèse donne :

$$|\vec{E}(M)| = |\vec{E}(0)| \left(\frac{d\eta}{d\eta'}\right)^{1/2} \left(\frac{\rho}{\rho'}\right)^{1/6} \tag{4 bis}$$

où $\rho = \rho(0)$ et $\rho' = \rho(M)$.

Ces deux formules ne sont pas contradictoires : la première s'applique au champ fictif porté par le rayon de surface, alors que la deuxième s'applique au champ de surface réel sur l'objet. Dans les calculs pratiques, on utilisera le champ fictif porté par le rayon de surface, plus commode à manipuler, et donc la formule (4).

1.3.3. Conservation de la polarisation

Dans le vide, la polarisation des rayons d'espace se conserve, c'est-à-dire que le trièdre formé par $\vec{E}$, $\vec{H}$ et la direction du rayon se conserve.

De même, la polarisation des rayons rampants se conserve, en un sens que nous allons expliquer ci-dessous.

On distingue (voir Figure 8) :
- un rampant "électrique", dont le champ électrique est suivant la binormale à la géodésique, et le champ magnétique suivant la normale à la surface,
- un rampant "magnétique", avec un champ magnétique suivant la binormale, et un champ électrique suivant la normale.

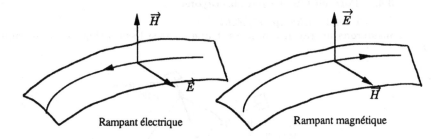

Fig.8   Rayons rampants sur une surface

On notera que, pour le cas conducteur parfait, il est particulièrement évident que le champ porté par le rampant électrique est fictif, puisque le champ électrique tangent est nul à la surface d'un conducteur parfait. Pour une impédance suffisamment différente de 1, les rampants électrique et magnétique se propagent indépendamment l'un de l'autre. Le champ électrique (resp. magnétique) du rampant électrique (resp. magnétique) reste donc suivant la binormale à la géodésique. La polarisation se conserve donc, au sens où les champs tangents sont transportés parallèlement le long de la géodésique.

Les lois de propagation de la phase, de conservation de l'amplitude dans un tube de rayon et de conservation de la polarisation, nous ont permis de calculer le champ en tout point M d'un rayon à partir du champ au point de diffraction O, et des rayons de courbure principaux du front d'onde au point de diffraction O. De manière générale, le champ au point M sera relié au champ au point O par une formule. Elle prend, pour le cas des rayons d'espace, la forme suivante :

$$\vec{E}^d(M) = \vec{E}^d(O) \sqrt{\frac{\rho_1 \rho_2}{(\rho_1+s)(\rho_2+s)}} \; e^{iks} \tag{5}$$

où ρ_1 et ρ_2 sont les rayons de courbure principaux au point O. Pour les rayons rampants, la forme est plus complexe, mais $\vec{E}^d(M)$ est toujours le produit de $\vec{E}^d(0)$ par un coefficient de transmission de O à M, calculé en appliquant les lois de ce paragraphe.

Il ne reste plus, pour calculer $\vec{E}^d(M)$, qu'à relier $\vec{E}^d(O)$, champ diffracté au point O, à $\vec{E}^i(O)$, champ incident au point 0, par l'intermédiaire d'un coefficient de diffraction $\underline{D}$, qui ne dépend, selon le principe de localisation, que de la géométrie de la surface au voisinage du point O, soit $\vec{E}^d(M) = \vec{E}^i(O)\underline{D}$.

Nous allons maintenant appliquer la procédure ci-dessus au cas des rayons réfléchis, diffractés, rampants et diffractés rampants. Nous donnerons pour chaque cas des formules explicites.

1.3.4.   Formules finales pour les rayons

1.3.4.1. *Champ réfléchi*

Considérons un rayon rencontrant une surface lisse S (Figure 9) au point 0.

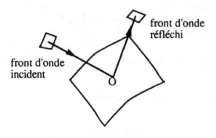

front d'onde réfléchi

front d'onde incident

Fig.9

Le rayon engendre, suivant la loi de la réflexion (7) du paragraphe 1.2, un rayon réfléchi. La formule (5) permet d'écrire le champ réfléchi $\vec{E}^r(M)$ sous la forme :

$$\vec{E}^r(M) = \vec{E}^r(0) \sqrt{\frac{\rho_1^r \rho_2^r}{(\rho_1^r+d)(\rho_2^r+d)}}\ e^{ikd} \tag{6}$$

où :

- $\vec{E}^r(M)$ est le champ réfléchi au point M
- d est la distance $0M$
- ρ_1^r et ρ_2^r sont les rayons de courbure principaux du front d'onde réfléchi au point 0. Ils sont donnés au paragraphe 1-4.

$\vec{E}^r(0)$ est ensuite, conformément au principe de localisation, relié au champ incident $E_i(0)$ par :

$$\vec{E}_r(0) = \vec{E}_i(0) \cdot \underline{R} \tag{7}$$

et donc

$$\vec{E}_r(M) = \vec{E}_i(0) \cdot \underline{R} \sqrt{\frac{\rho_1^r \rho_2^r}{(\rho_1^r+d)(\rho_2^r+d)}}\ e^{ikd}\ . \tag{8}$$

$\underline{R}$ est un coefficient de réflexion dyadique, donné par :

$$\underline{R} = R_{TE}\ \hat{e}^i_{/\!/}\hat{e}^r_{/\!/} + R_{TM}\ \hat{e}_\perp\ \hat{e}_\perp \tag{9}$$

le trièdre direct $(\hat{i}, \hat{e}_\perp, \hat{e}^i_{/\!/})$ (resp $(\hat{r}, \hat{e}_\perp, \hat{e}^r_{/\!/})$) est attaché au rayon incident (resp. réfléchi). $\hat{i}$ (resp $\hat{r}$) est suivant le rayon, $\hat{e}_\perp$ est le vecteur normal au plan d'incidence, défini par $\hat{i}$ et la normale $\hat{n}$ à la surface. Nous utilisons la notation dyadique de la littérature anglo-saxonne. C'est simplement une notation commode pour une matrice [Fr].

R_{TE} et R_{TM} dépendent de l'impédance de S en 0. Ils sont calculés à partir du problème canonique de la réflexion d'une onde plane sur un plan infini (voir paragraphe 1.5), conformément au principe de localisation. On les note aussi parfois R_h et R_s , pour des raisons exposées à la fin du paragraphe suivant.

1.3.4.2. *Champ diffracté par une arête* (*figure* 10)

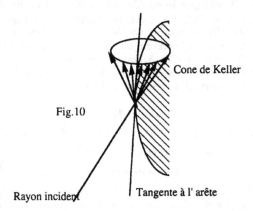

Cone de Keller

Fig.10

Rayon incident

Tangente à l' arête

Considérons un rayon rencontrant une arête au point 0. Le rayon engendre, suivant la loi de la diffraction par une arête (voir 1-2-2-3), un cône de rayons diffracté appelé cône de Keller. Tous les rayons diffractés émanent de l'arête, qui est donc une caustique de rayons diffractés. Un des rayons de courbure du front d'onde diffracté est donc la distance à l'arête, l'autre est noté ρ_d . On ne peut pas appliquer directement la formule (5) au point 0. Appliquons-la à un point P, situé à une distance σ de 0, sur le rayon diffracté.

$$\vec{E}^d(M) = \vec{E}^d(P) \sqrt{\frac{\sigma}{d+\sigma}} \sqrt{\frac{\rho_d+\sigma}{\rho_d+\sigma+d}} \ e^{ik(d-\sigma)}.$$

(10)

On peut montrer que $\lim\limits_{\sigma \to 0} \vec{E}^d(P) \sqrt{\sigma}$ existe et on définit le coefficient de diffraction $\underline{D}$ par :

$$\lim\limits_{\substack{\sigma \to 0 \\ P \to O}} \vec{E}^d(P)\sqrt{\sigma} = \vec{E}^i(O) . \underline{D} . \tag{11}$$

Finalement, on obtient :

$$\vec{E}^d(M) = \vec{E}^i(O) . \underline{D} \sqrt{\frac{\rho_d}{d(\rho_d+d)}} \ e^{ikd} \tag{12}$$

On appellera, par abus de langage, la quantité $\vec{E}^i(O) . \underline{D}$ "**champ diffracté au point O**".

$\underline{D}$ est un coefficient de diffraction dyadique donné, **pour le cas conducteur parfait**, où les problèmes TE et TM sont découplés, par :

$$\underline{D} = -\hat{\beta}' \ \hat{\beta} \ D_s - \hat{\Phi}' \ \hat{\Phi} D_h \ . \tag{13}$$

Le trièdre direct $(\hat{\imath}, \hat{\Phi}', \hat{\beta}')$ (resp. $\hat{d}$, $\hat{\Phi}$, $\hat{\beta}$) est attaché au rayon incident (resp. diffracté). $\hat{\imath}$ (resp. $\hat{d}$) est dirigé suivant le rayon incident (resp. diffracté) $\hat{\beta}'$ (resp. $\hat{\beta}$) est dans le plan $(\hat{\imath}, \hat{t})$ (resp. $\hat{d}, \hat{t}$), $\hat{\Phi}'$ (resp. $\hat{\Phi}$), lui est perpendiculaire. $\hat{t}$ est la tangente à l'arête en 0.

Les formules précédentes s'appliquent également à une ligne quelconque de discontinuité. D_s désigne le coefficient de diffraction du dièdre tangent à l'arête en polarisation TM, i.e. avec le champ magnétique orthogonal (ou transverse) à l'arête. D_h désigne le coefficient de diffraction du dièdre tangent en polarisation TE, i.e. avec le champ électrique orthogonal à l'arête. On emploi l'indice s pour soft (resp. l'indice h pour hard) dans le cas TM (resp. TE) car, dans le cas d'un dièdre conducteur, le problème TM (resp. TE) se ramène à un problème scalaire de Dirichlet (resp. Neuman), pour une inconnue scalaire P, à savoir :

Problème TM : $(\Delta + k^2)p = 0 \quad dans \quad \mathbb{R}^2 - \Omega \quad et \quad p = 0 \quad sur \quad \partial \Omega = \Gamma$

Problème TE : $(\Delta + k^2)p = 0 \quad dans \quad \mathbb{R}^2 - \Omega \quad et \quad \dfrac{\partial p}{\partial n} = 0 \quad sur \quad \partial \Omega = \Gamma$.

En acoustique, p est la pression. La condition $p = 0$ correspond à une surface "molle" ou "soft", d'où l'indice s. La condition $\dfrac{\partial p}{\partial n} = 0$ impose l'annulation de la composante normale de la vitesse et correspond donc à une surface "dure" ou "hard", d'où l'indice h. Cette notation, en provenance de l'acoustique, est fréquemment utilisée dans les articles.

Notons que tous les résultats de ce paragraphe s'appliquent au cas d'une ligne de discontinuité quelconque : discontinuité de la courbure par exemple.

Dans le cas d'une surface définie par une condition d'impédance, le coefficient de diffraction n'est plus donné par l'expression (13). En effet, dans ce cas, il est connu que les problèmes TE et TM sont couplés, contrairement à ce qui se passe en conducteur parfait. $\underline{D}$ n'est donc plus diagonal. (13) est donc remplacé par :

$$\underline{D} = -\hat{\beta}' \ \hat{\beta} \ D_s - \hat{\Phi}' \ \hat{\Phi} \ D_h - \hat{\Phi}' \hat{\beta} \ D_{sh} - \hat{\beta}' \hat{\Phi} D_{hs} \tag{13 bis}$$

D_{sh} et D_{hs} donnent les termes de polarisation croisée : ils tiennent compte de la diffraction de rayon TE (resp. TM) en rayon TM (resp. TE). (13 bis) est quelque peu formel dans la mesure où, comme nous le verrons au paragraphe 1.5, on ne connaît pas d'expression analytique générale des coefficients D_s, D_h, D_{sh} et D_{hs}, pour le dièdre avec une impédance en incidence oblique.

1.3.4.3. *Champ diffracté par une pointe (figure 11)*

Fig.11

Tous les rayons diffractés émanent de la pointe. Toujours selon les mêmes principes, on a :

$$\vec{E}^d(M) = \vec{E}^i(0) \cdot \underline{D}^p \frac{e^{ikd}}{d} \qquad (14)$$

où $\underline{D}^p$ est le coefficient de diffraction dyadique de la pointe. (14) s'applique également à toute singularité ponctuelle : discontinuité de la dérivée par exemple, ainsi qu'aux intersections de discontinuités linéiques.

1.3.4.4. *Champ diffracté par une surface lisse – rayon rampant (Figure 12)*

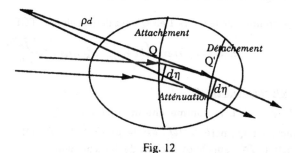

Fig. 12

Nous avons considéré jusqu'ici des processus où le champ incident subissait une seule interaction avec l'objet. Dans le cas de la diffraction par une surface lisse, la TGD décompose le processus de diffraction en trois étapes : attachement au point Q , propagation d'un rayon de surface, détachement au point Q'. Nous allons appliquer les principes de la TGD pour calculer le champ diffracté final. Considérons, pour simplifier, que le champ électrique incident est dirigé suivant la normale $\hat{n}$ à la surface en Q, soit

$\vec{E}^i(Q) = E^i(Q)\,\hat{n}$. Dans ce cas, seuls des rampants magnétiques seront excités.

Attachement au point Q

D'après le principe de localisation, le champ diffracté en Q, suivant le rampant d'ordre p est :

$$\vec{E}(Q) = E^i(Q)\,A_h^p(Q)\,\hat{n}. \tag{15}$$

$A_h^p(Q)$ est un coefficient de diffraction scalaire, appelé coefficient d'attachement.

On notera que $\vec{E}(Q)$ est un champ fictif, porté par le rayon de surface.

Propagation de Q à Q'

La connaissance du champ de rayon de surface $\vec{E}(Q)$, et les lois de propagation de la phase de conservation de l'amplitude, et de la polarisation, vont nous permettre de calculer le champ de rayon de surface $\vec{E}$.

La variation de phase du champ entre Q et Q' est la somme (voir paragraphe 1.3.1.2) :

- du terme $k\ell$, où ℓ est la longueur QQ'

- du terme $\displaystyle\int_Q^{Q'} \alpha_h^p(s)\,ds$, correspondant à la phase $\alpha(s)$.

La puissance se conserve dans un tube de rayon de surface (voir paragraphe 1.3.2.2). La section du tube de rayon de surface est $d\eta(Q)$ en Q et $d\eta(Q')$ en Q'. Donc, le champ sera à multiplier par : $\sqrt{\dfrac{d\eta(Q)}{d\eta(Q')}}$.

Selon le paragraphe 1.3.3, le champ $\vec{E}$ reste normal à la surface, et sera donc dirigé suivant la normale $\hat{n}'$ en Q'.

Le champ sur le mode 1 en Q' est donc, selon la TGD:

$$\vec{E}(Q') = E(Q)\,exp\ i\!\left(k\ell + \int_Q^{Q'}\alpha_h^p(s)\,ds\right)\sqrt{\frac{d\eta(Q)}{d\eta(Q')}}\ \hat{n}'. \tag{16}$$

Détachement en Q'

$\vec{E}(Q')$ est pris comme champ incident en Q'. Le champ sur le rayon diffracté en Q', noté $\vec{E}^d(Q')$ est le produit de $\vec{E}^d(Q)$ par un coefficient de diffraction D_h^p appelé coefficient de détachement :

$$\vec{E}^d(Q') = \vec{E}(Q')\,D_h^p(Q').$$

(N.B. - On commet le même abus de langage que pour la diffraction par une arête).

Le champ diffracté au point M est ensuite calculé à partir de $\vec{E}^d(Q')$ par la formule (12). La surface de l'objet est une caustique pour les rayons diffractés et un des rayons de courbure du front d'onde est nul en Q'. On obtient donc :

$$\vec{E}^d(M) = D_h^p(Q')\,\vec{E}(Q')\sqrt{\frac{\rho_d}{d(\rho_d+d)}}\ e^{ikd}. \tag{17}$$

ρ_d est, comme dans le cas de la diffraction par une arête, le rayon de courbure principal non nul du front d'onde diffracté, ou encore la distance du point Q' à la deuxième caustique.

En utilisant (15), (16) et (17) on obtient le champ diffracté au point M en fonction du champ incident au point Q :

$$\vec{E}^d(M) = E^i(Q) A_h^p(Q) \, expi \left(k\ell + \int_Q^{Q'} \alpha_h^p(s) ds \right) \sqrt{\frac{d\eta(Q)}{d\eta(Q')}} \, D_h^p(Q') \sqrt{\frac{\rho_d}{d(\rho_d+d)}} \, e^{ikd} \, \hat{n}' \quad (18)$$

↑	↑	↑	↑	↑	↑	↑
champ incident	attachement en Q	propagation, avec atténuation, de Q à Q'	divergence géométrique du rayon de surface	détachement en Q'	divergence géométrique du rayon d'espace	propagation du rayon d'espace

Le cas où le champ électrique incident est suivant $\hat{b}$, vecteur binormal ($\hat{b} = \hat{t} \, \overline{n}$), se traite de manière similaire. On obtient une formule analogue à (18), mais avec des coefficients de diffraction différents, notés A_s^p , D_s^p et α_s^p , correspondant aux rampants électriques.

Dans le cas général, le champ incident, orthogonal à la direction $\hat{t}$ de propagation du rayon est dans le plan $\hat{n}$,$\hat{b}$. On le projette sur ces deux vecteurs. $\vec{E}^i(Q) = (\vec{E}^i(Q) . \hat{n}) \, \hat{n} + (\vec{E}^i(Q).\hat{b}) \, \hat{b}$, puis on suit chaque composante. Le résultat final s'écrit :

$$\vec{E}^d(M) = \vec{E}^i(Q) . (\hat{b} \, \hat{b}' \, T_s^p + \hat{n} \, \hat{n}' \, T_h^p) \, e^{ik(\ell+d)} \sqrt{\frac{d\eta(Q)}{d\eta(Q')}} \sqrt{\frac{\rho_d}{d(\rho_d+d)}} \quad (19)$$

où

$$T_s^p = A_s^p(Q) \, exp \left(i \int_Q^{Q'} \alpha_s^p(s) ds \right) D_s^p(Q') \quad (20)$$

et

$$T_h^p = A_h^p(Q) \, exp \left(i \int_Q^{Q'} \alpha_h^p(s) ds \right) D_h^p(Q') \quad (21)$$

Les formules (19), (20) et (21) appellent les commentaires suivants :

- la GTD est une sorte de "Mécano" séduisant : on construit le champ diffracté en appliquant les lois de l'Optique Géométrique le long des rayons, et en multipliant, à chaque interaction, le champ local par un coefficient de diffraction. Il faut toutefois bien se souvenir que l'on travaille non pas sur le **champ réel**, mais sur un **champ fictif** porté par le rayon. Pour un rayon d'espace, le champ réel est égal au champ fictif, loin des singularités : caustiques, frontières d'ombre, etc... Pour un rayon de surface, il n'en va pas de même. C'est particulièrement évident pour le cas du rampant électrique sur un conducteur parfait : le champ électrique réel suivant $\hat{b}$ est nul, alors que le champ électrique fictif suivant $\hat{b}$ n'est pas nul, comme le montre (19) (20) et (21). Nous verrons au paragraphe 1.3.4.5 comment retrouver le champ de surface réel à partir du champ de surface fictif.

- Dans la plupart des articles de GTD, on dit que D_s^p (resp. D_h^p) est égal à A_s^p (resp. A_h^p), par réciprocité. Cela n'est pas tout à fait exact. Appliquons le théorème de réciprocité aux deux problèmes de rayonnement d'une source ligne unité, en présence d'un obstacle, représentés figure 13 :

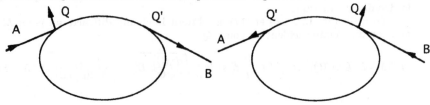

Fig.13

(19) (20) (21), appliqués à ces cas bidimensionnels, donnent pour l'amplitude E du champ électrique due au rayon rampant, dirigé suivant la normale aux rayons :

Problème (1) :

$$E(B) = \frac{e^{ikr_1}}{\sqrt{8\pi kr_1}} \; e^{i\pi/4} A_h^p(Q) \, exp\left(i \int_Q^{Q'} \alpha_h^p(s)\,ds \right) D_h^p(Q') \frac{e^{ik(\ell+r_2)}}{\sqrt{r_2}} \qquad (22)$$

Problème (2) :

$$E(A) = \frac{e^{ikr_2}}{\sqrt{8\pi kr_2}} \; e^{i\pi/4} A_h^p(Q') \, exp\left(i \int_Q^{Q'} \alpha_h^p(s)\,ds \right) D_h^p(Q) \frac{e^{ik(\ell+r_1)}}{\sqrt{r_1}} . \qquad (23)$$

Le théorème de réciprocité (voir Appendice 5) nous dit alors que $E(A)=E(B)$ et on obtient, puisque (22) et (23) ne diffèrent que par l'échange de Q et Q' :

$$A_h^p(Q) \; D_h^p(Q') = A_h^p(Q') D_h^p(Q) \qquad (24)$$

ou encore :

$$\frac{D_h^p(Q')}{A_h^p(Q')} \; = \; \frac{D_h^p(Q)}{A_h^p(Q)} = C \;\; (où \; C \; est \; une \; constante) \qquad (25)$$

D_h^p et A_h^p sont donc proportionnels. Le choix de C est arbitraire. Keller [Ke2], et la majorité des auteurs, prennent $C = 1$. Pour des problèmes 2D, Albertsen et Christiansen [AC] décomposent le processus de détachement en un processus équivalent à l'attachement et un processus d'émission par une source. On a donc $D_h^p = CA_h^p$, où C est le coefficient reliant le champ (fictif) au point d'émission à l'intensité I de la source.

Le champ à la distance r du point d'émission est donné, si kr est grand par :

$$E(r) = E(0) \frac{e^{ikr}}{\sqrt{r}} = C I \frac{e^{ikr}}{\sqrt{r}} . \qquad (26)$$

C est calculé à partir du problème canonique de l'émission d'une source linéique en espace libre et vaut $e^{i\pi/4}\sqrt{8\pi k}$, dans les articles d'Albertsen et Christiansen.

- D_h^p, D_s^p, α_s, α_n sont obtenus, comme on le verra au paragraphe 1.5, en résolvant des problèmes canoniques. L'objet canonique le plus simple est le cylindre circulaire tangent. Il respecte la courbure de la géodésique suivie par le rampant. Toutefois, on s'attend à obtenir un résultat plus précis si, en plus, on respecte par exemple la torsion de la géodésique, la courbure transverse de la surface dans la direction orthogonale à la géodésique, ou encore la dérivée de la courbure de la géodésique suivant l'abscisse curviligne. Il n'existe pas de problème canonique respectant toutes ces quantités, par contre, il existe des problèmes canoniques respectant une de ces quantités en plus de la courbure du rayon rampant. Ce sont :
- le cylindre en incidence oblique pour la torsion de la géodésique,
- la sphère pour la courbure transverse,
- le cylindre parabolique ou elliptique, pour la dérivée de la courbure.

On arrive donc à la notion de problème canonique "partiel", au sens de respectant partiellement la géométrie de la surface. On peut espérer remonter à la solution générale pour une surface quelconque à partir des problèmes canoniques partiels, en additionnant les divers effets. Au début de la GTD, le problème canonique de base de la GTD pour les surfaces lisses a été le cylindre en incidence normal. Ensuite, l'étude, notamment par Pathak et son école, de problèmes canoniques partiels plus fins (essentiellement   le cylindre en incidence oblique et la sphère), ont permis d'affiner le calcul des coefficients de diffraction et de mettre en évidence de nouveaux effets physiques.

- (19) (20) et (21) donnent le champ diffracté dû au rayon rampant d'ordre p. Le résultat total est obtenu en sommant sur les p. Toutefois, en pratique, on peut souvent se contenter de calculer seulement le premier mode, car les autres sont très rapidement atténués.

1.3.4.5. *Diffraction d'un rayon rampant par une arête*

Lorsqu'un rayon rampant arrive sur une arête à faces courbes, il génère, comme vu au paragraphe 1.2, un cône de rayons diffractés. La GTD fournit, au point de diffraction, un champ, mais c'est un champ fictif, et il ne faut pas le faire diffracter comme s'il s'agissait d'un champ réel. Physiquement, l'arête "voit" arriver un champ, se propageant essentiellement suivant la géodésique suivi par le rampant, et dont la variation normale est décrite par une fonction spéciale, comme on le verra au chapitre 3. Ce champ n'est pas un champ de rayons. Toutefois, le principe de localisation s'applique : le champ diffracté au point 0 est le produit d'un champ de surface fictif porté par le rampant au point 0 par un coefficient de diffraction "hybride" noté, suivant [AC] , $D_{sr,r}$. L'indice sr désigne le champ fictif de rayon de surface, l'indice r le champ de rayon d'espace. Le calcul de $D_{sr,r}$ est fondé sur les deux idées "physiques"suivantes :

-le rampant ressemble, de part sa propagation en exp(iks), à une onde plane en incidence rasante.

- comme il vérifie les conditions aux limites sur la surface, il comprend un champ incident, et un champ réfléchi par la face courbe. Pour calculer la diffraction du rampant par une arête, il ne faut considérer que le champ incident, puique les coefficients de diffraction relient le champ diffracté au champ incident et non au champ total sur l'arête.

Limitons-nous pour l'instant, pour simplifier, à des problèmes bidimensionnels. On va traiter le rampant comme un rayon particulier, arrivant en incidence rasante sur l'arête. L'amplitude du champ incident est estimée comme suit : on commence par calculer le champ de surface, noté avec l'indice s , à partir du champ fictif du rayon de surface, noté, suivant [AC] , avec l'indice sr .

Ces deux champs sont proportionnels :

$$E_s = D_{sr,s} \ E_{sr} \ . \tag{27}$$

$D_{sr,s}$ est un coefficient de diffraction. Il dépend de la polarisation électrique ou magnétique du rampant incident s (rampant électrique) ou h (rampant magnétique). Il permet de passer du champ fictif de rayon de surface E_{sr} au champ réel E_s. Le champ de surface E_s est la somme du champ incident et du champ réfléchi égal à R fois le champ incident, où R est le coefficient de réflexion. Il faut donc diviser le champ de surface par $1 + R$, pour obtenir le champ incident sur l'arête.

En définitive, le champ incident à prendre en compte est donc, en omettant pour l'instant l'indice s ou h de polarisation,

$$E^i = \frac{D_{sr,s}}{(1+R)} \ E_{sr} \ . \tag{28}$$

E_{sr} , champ fictif porté par le rayon de surface est calculé par la TGD suivant la méthode du paragraphe 1.3.4.4. Dans le cas d'un rampant magnétique sur une surface parfaitement conductrice, $R = 1$, et le champ incident est la moitié du champ de surface. Pour une surface d'impédance Z , en polarisation TE (resp. TM) : $R = \frac{sin\theta - Z}{sin\theta + Z}$, (resp. $R = \frac{Z sin\theta - 1}{Z sin\theta + 1}$) où θ est l'angle du vecteur d'onde incident avec le plan tangent à la surface. On notera que $1 + R \rightarrow 0$ quand θ tend vers l'incidence rasante ; on reviendra sur cette question un peu plus loin.

(28) donne E^i, il reste à le faire diffracter. Pour cela, on utilise la notion de problème canonique représentatif d'un phénomène de diffraction. Dans notre cas, nous avons choisi comme problème canonique représentatif de la propagation sur la face courbe de l'arête une surface courbe sans arête (par exemple le cylindre ou la sphère). Il nous faut maintenant un problème canonique représentatif de la diffraction par une arête. Nous utiliserons le dièdre à faces planes, qui est exactement soluble.

On fait donc diffracter le champ E^i par un dièdre à faces planes. Le champ diffracté au point 0 (avec l'abus de langage introduit précédemment) est donc : $E^i D$ où D est le coefficient de diffraction du dièdre à faces planes (D_s ou D_h selon la polarisation).

Reportant la valeur de E^i donnée par (28), on obtient le champ diffracté au point 0 :

$$E^d(0) = D_{sr,s} \ \underset{\theta \to 0}{lim} \left(\frac{D}{1+R} \right) E_{sr}(0) \ . \tag{29}$$

$D_{sr,s}$ désigne, suivant la polarisation $D_{sr,s}^s$ ou $D_{sr,s}^h$. On a vu que, dans (29), $1 + R \to 0$ quand $\theta \to 0$, mais on montre que $D \to 0$ quand $\theta \to 0$, et que le rapport $\dfrac{D}{1+R}$ a une limite finie quand $\theta \to 0$.

En définitive, le champ diffracté au point 0 est donc relié au champ de surface fictif incident au point 0 par un coefficient de diffraction "hybride" $D_{sr,s}$. On adopte toujours la même convention d'indice : sr signifie que le champ incident est un champ fictif de rayon de surface, r que le champ diffracté est un champ de rayon d'espace.

D'après (29), $D_{sr,r}$ est donné par :

$$D_{sr,r} = D_{sr,s} \; \lim_{\theta \to 0} \left(\frac{D}{1+R} \right). \tag{30}$$

Ce résultat s'étend aisément au cas tridimensionnel. $\underline{D}_{sr,r}$ est, en 3 D, un coefficient de diffraction dyadique calculé à partir des coefficients de diffraction scalaires $D_{sr,r}^{s}$ et $D_{sr,r}^{h}$ précédents.

Le coefficient de diffraction dyadique reliant le champ électrique de sur-face fictif au champ électrique de surface est :

$$\underline{D}_{sr,s} = \hat{b} \, \hat{b} \, D_{sr,s}^{s} + \hat{n} \; \hat{n} \; D_{sr,s}^{h} \, . \tag{31}$$

Les vecteurs $\hat{\beta}'$ et $\hat{\Phi}'$, définis au paragraphe 1.3.4.2 pour exprimer le coefficient de diffraction dyadique $\underline{D}$ du dièdre à faces planes sont très simples dans le cas particulier de l'incidence rasante. $\hat{\beta}'$ est orthogonal à $\hat{t}$, dans le plan $(t, \hat{t})$ c'est donc le vecteur binormal au rayon rampant incident au point de diffraction. $\hat{\Phi}'$ est le vecteur normal au rayon rampant incident (et donc aussi à la face courbe, puisque le rampant suit une géodésique) au point de diffraction.

Il y a donc coïncidence du trièdre lié à l'arête défini au paragraphe 1.3.4.2 et du trièdre de Frenet lié au rayon rampant au point de diffraction.

Le coefficient de diffraction dyadique reliant $\vec{E}_{sr}(0)$ à $\vec{E}^{d}(0)$ noté $\underline{D}_{sr,r}$ est donné par (30), comprise cette fois comme un produit de dyade. On obtient :

$$\underline{D}_{sr,r} = -\hat{\beta}' \, \hat{\beta} \, D_{sr,s}^{s} \; \lim_{\theta \to 0} \frac{D_s}{1+R_s} \; - \hat{\Phi}' \hat{\Phi} \, D_{sr,s}^{h} \; \lim_{\theta \to 0} \frac{D_h}{1+R_h} \; -$$

$$- \hat{\Phi}' \hat{\beta} \, D_{sr,s}^{s} \; \lim_{\theta \to 0} \frac{D_{sh}}{1+R_s} \; - \hat{\beta}' \hat{\Phi} \, D_{sr,s}^{h} \; \lim_{\theta \to 0} \frac{D_{hs}}{1+R_h} \; . \tag{32}$$

Le raisonnement précédent doit être modifié pour la composante rampant électrique sur une surface parfaitement conductrice. Le champ de surface suivant $\hat{b}$ est, dans ce cas, nul. Par contre, sa dérivée normale, proportionnelle au courant, ne l'est pas. Plutôt que la dérivée normale usuelle $\dfrac{\partial}{\partial n}$ il est commode d'introduire la dérivée normale par rapport à la variable adimensionnelle kn , $\dfrac{\partial}{\partial kn}$, qui a la même dimension que le champ. Nous appellerons "dérivée normale" cette quantité. Revenons, pour simplifier, au problème bidimensionnel. On considère un rampant électrique se propageant sur une des faces d'un dièdre à faces courbes.

Appelons toujours avec les notations de [AC] $D_{sr,s}$ le coefficient de diffraction reliant le champ fictif porté par le rayon de surface à la dérivée normale du champ de surface,

$$\frac{\partial E}{\partial(kn)} = D_{sr,s'} \, E_{sr} \ .$$

(33)

La dérivée normale du champ de surface comprend, comme dans le cas traité plus haut, une partie incidente, et une partie réfléchie. Le coefficient de réflexion sur le champ est - 1, mais celui sur la dérivée normale est + 1. Il faut donc diviser par 2 la dérivée normale donnée par (33) pour ne conserver que la partie incidente :

$$\left(\frac{\partial E}{\partial(kn)}\right)^i = \frac{1}{2} \, D_{sr,s'} \, E_{sr} \ .$$

(34)

Il faut ensuite faire diffracter ce champ incident sur le dièdre à faces courbes. On utilise le problème canonique de la diffraction par un dièdre à faces planes d'un champ incident nul sur l'arête, mais dont la dérivée normale sur l'arête n'est pas nulle. Le coefficient de diffraction reliant cette dérivée normale au champ sur le rayon diffracté au point O, appelé parfois coefficient de diffraction de pente, est :

$$i \, \frac{\partial D_s}{\partial \theta} \ .$$

(35)

On obtient finalement, pour le champ diffracté au point 0, en utilisant (34) et (35) :

$$E^d(0) = \frac{D_{sr,s'}}{2} \, i \, \frac{\partial D_s}{\partial \theta} \, E_{sr} \ .$$

(36)

La généralisation au 3D peut être formellement faite comme dans le cas avec impédance de surface. Le coefficient de diffraction dyadique $\underline{D}_{sr,r}$ s'écrit :

$$\underline{D}_{sr,r} = -\hat{\beta}' \, \hat{\beta} \, \frac{i}{2} \, D_{sr,s'} \, \frac{\partial D_s}{\partial \theta} - \hat{\Phi}' \hat{\Phi} \, \frac{1}{2} \, D_{sr,s}^h \ .$$

(37)

$D_{sr,s'}$ est, dans (36), le coefficient de diffraction permettant de passer du champ fictif de rayon de surface à la dérivée normale du champ électrique de surface porté par le rampant électrique. Nous verrons au chapitre 3 que cette dérivée normale est essentiellement, au voisinage de la surface, dirigée suivant la binormale au rayon rampant, donc dans la même direction que le champ de surface fictif. $D_{sr,s'}$ est donc simplement le coefficient de diffraction obtenu sur le problème bidimensionnel. Toutefois, un problème apparaît : nous verrons au chapitre 3 que le champ magnétique de surface porté par un rampant électrique a une composante suivant la binormale au rayon, proportionnelle à $\tau\rho$, où τ est la torsion et ρ le rayon de courbure de la géodésique suivi par le rayon. La dérivée normale du champ de surface ne caractérise donc pas complètement le champ du rampant incident. (37), qui ne prend en compte que cette dérivée normale, ne rend sans doute pas compte de l'effet de la torsion du rampant incident sur le champ diffracté.

En pratique toutefois, ce point n'est pas très grave, car les rampants électriques sont fortement atténués pendant leur propagation. Le deuxième terme de (37), correspondant à la diffraction de la composante rampant magnétique du rampant incident, est donc prédominante.

On notera d'autre part que tous ces raisonnements, largement utilisés dans la littérature, n'ont rien de rigoureux. Ils seront partiellement justifiés au chapitre 4, et sont d'autre part étayés par la solution exacte de problèmes canoniques[AC].

Nous allons maintenant traiter du problème réciproque de l'excitation de rayons rampants par un champ incident sur une arête courbe.

1.3.4.6. *Excitation d'ondes rampantes sur une arête à faces courbes*

En 2D, le champ du rayon de surface sur l'arête est, selon le principe de localisation:

$$E^{sr}(0) = E^{i}(0) \, D_{r,sr} \; . \tag{38}$$

$D_{r,sr}$ est un coefficient de diffraction reliant, au point 0, le champ incident sur le rayon d'espace incident $E^{i}(0)$ au champ de surface fictif porté par un (des deux) rampants diffractés.

Grâce au théorème de réciprocité, on montre [AC] que $D_{r,sr}^{s(resp.h)}$ est le quotient du coefficient de diffraction $D_{sr,r}^{s(resp.h)}$ du paragraphe précédent par le coefficient d'émission C défini au paragraphe 1.3.4.4.

Le passage au cas tridimensionnel est immédiat. $\underline{D}_{r,sr}$ est donné, dans le cas, d'une surface avec impédance, par (32), après division par C, et, dans le cas parfaitement conducteur, par (37), après division par C. On notera que $\hat{\beta}$ concorde avec le vecteur binormal et $\hat{\Phi}$ avec le vecteur normal au rampant diffracté.

Une fois connu E^{sr}, le champ de surface fictif sur le rampant diffracté se calcule exactement comme pour un rampant usuel initié sur une surface lisse. En définitive, la seule différence est que le coefficient d'attachement $\underline{A} = \hat{b}\,\hat{b}\,A_s^p + \hat{n}\,\hat{n}\,A_h^p$ est remplacé par le coefficient de diffraction hybride $\underline{D}_{r,sr}$.

Notons enfin que la méthode de ce paragraphe n'est probablement pas valide pour l'excitation des rampants électriques, dans le cas où la torsion de ces rayons au point de diffraction est importante.

1.3.4.7. *Passage d'un rayon rampant sur une arête à faces courbes*

C'est une combinaison des deux cas précédents. On obtient deux rayons rampants diffractés, un sur la même face, l'autre sur l'autre face. Le rapport $D_{sr,sr}$ du champ de surface fictif sur le rayon incident au champ de surface fictif sur un des deux rayons diffractés vaut [AC] :

$$D_{sr,sr} = \lim_{\substack{\theta_i \to 0 \\ \theta_d \to 0}} \frac{D_{sr,s}}{1+R(\theta_i)} \frac{D_{sr,s}}{1+R(\theta_d)} \frac{D(\theta_i,\theta_d)}{C} \tag{39}.$$

Si la face sur laquelle progresse le rayon incident, polarisé en TM, est parfaitement conductrice, (39) est remplacé par :

$$D_{sr,sr} = \lim_{\theta_d \to 0} \frac{D_{sr,s}'}{2} \; i \frac{\partial D_s}{\partial \theta_i} \frac{D_{sr,s}}{1+R(\theta_d)} \frac{1}{C} \; . \tag{40}$$

On a une formule analogue si la face sur laquelle progresse le rampant diffracté est parfaitement conductrice, toujours en TM. Enfin, si les deux faces sont parfaitement conductrices, toujours en polarisation TM :

$$D_{sr,sr} = -\frac{D_{sr,s'}}{2} \; \frac{D_{sr,s'}}{2} \; \frac{\partial^2 D_s}{\partial\theta_i\partial\theta_d} \; \frac{1}{C} \; E^i_{sr}(0) \; . \tag{41}$$

On passe aisément du cas 2D au cas 3D, comme dans les paragraphes précédents. Notons avec un indice s (resp. h) les coefficients de diffraction scalaires en polarisation TM (resp. TE). Le coefficient de diffraction dyadique s'écrit, en conducteur parfait :

$$\underline{D}_{sr,sr} = \hat{b}\,\hat{b}'\,D^s_{sr,sr} + \hat{n}\,\hat{n}'\,D^h_{sr,sr} \; .$$

Le passage d'un rayon rampant sur une arête à faces courbes se traduit donc par l'application d'un coefficient de diffraction sur le champ de surface fictif.

Dans le cas avec impédance, des termes croisés apparaissent.

1.3.4.8. *Lancement et diffraction d'ondes rampantes par une pointe à faces courbes*

La méthode de calcul des coefficients de diffraction hybrides peut s'entendre formellement au cas des pointes.

Une onde rampante incidente sur une pointe génère des ondes diffractées dans tout l'espace extérieur à la pointe.

Le champ diffracté à une distance r de la pointe est donné par :

$$\vec{E}^d(M) = \vec{E}_{sr}(O) \; \underline{D}_{sr,s} \; \lim_{\theta \to 0} \left(\frac{D}{1+R}\right) \frac{e^{ikr}}{r} \tag{42}$$

où $\underline{D}$ est le coefficient de diffraction de la pointe pour l'incidence rasante dans la direction du rampant et l'observation en direction de M.

Cette formule est obtenue en raisonnant comme dans le cas du dièdre. Un cas important en pratique est celui où la pointe est un cône circulaire d'angle petit parfaitement conducteur et le rampant incident est un rampant magnétique. C'est un des rares cas où on connait le coefficient de diffraction. Il peut être élevé dans certaines directions, si bien que le champ diffracté peut être important. Dans ce cas (42) se simplifie et devient :

$$\vec{E}^d(M) = \vec{E}_{sr}(O) \cdot \underline{D}_{sr,s} \; \frac{D}{2} \; \frac{e^{ikr}}{r} \; . \tag{42 bis}$$

Nous nous limiterons à ce cas dans la suite de ce paragraphe.

Par réciprocité, une onde incidente sur une pointe à faces courbes génère des ondes rampantes sur la pointe. Nous calculerons seulement le champ de surface fictif dû aux ondes rampantes magnétiques sur la pointe. Il s'obtient à partir de (42 bis) par réciprocité :

$$\vec{E}_{sr}(O) = \vec{E}^{inc}(O) \cdot \underline{D}_{sr,s} \; \frac{D}{2C} \; . \tag{43}$$

$\underline{D}$ est le coefficient de diffraction de la pointe pour la direction de l'onde incidente et la direction d'observation rasante suivant le rayon rampant. On ne prend en compte dans $\underline{D}$ que le champ magnétique parallèle à la surface, puisque les ondes rampantes électriques sont négligeables.

Enfin, une onde rampante incidente sur une pointe à faces courbes génère des ondes rampantes diffractées. Toujours en se limitant au cas des ondes rampantes magnétiques sur une pointe parfaitement conductrice. Le champ de surface fictif diffracté sur la pointe est :

$$\vec{E}_{sr}(O) = \vec{E}^{inc}(O) \cdot \frac{D_{sr,s}^2}{4} \frac{D}{C} .$$ (44)

$\underline{D}$ est le coefficient de diffraction de la pointe pour une incidence et une observation rasante, pour une onde incidente avec un champ magnétique parallèle à la surface.

On notera, que dans (42 bis) (resp. 43), pour une pointe conique circulaire, D dépend des deux paramètres caractérisant la direction du rayon diffracté (resp. incident) par rapport à la direction du rampant incident (resp. diffracté). Dans (44), D dépend de l'écart angulaire entre le rampant incident et le rampant diffracté.

Dans tout ce qui précède, nous avons considéré que l'objet était éclairé par un champ incident. Dans certains problèmes, le champ incident est remplacé par une source sur la surface. Cette source émet des rayons d'espace et lance des rayons rampants. Les rayons d'espace interagissent avec l'objet comme un champ incident, et relèvent donc des méthodes exposées plus haut. Le lancement des rampants est traité au paragraphe suivant.

1.3.4.9. *Excitation d'ondes rampantes par une source sur la surface*

Nous avons toujours considéré, jusqu'à présent, que le champ incident était un champ de rayon. Le cas d'un champ général n'est pas traitable directement par la GTD, et fait appel par exemple à la Théorie Spectrale de la Diffraction (chapitre 4). Toutefois, le cas où la source est située directement sur la surface est traitable par la GTD, toujours en vertu du principe de localisation : le coefficient de lancement des ondes rampantes par la source n'est fonction que de la géométrie de la surface au voisinage de la source. Le champ de surface fictif sur le rayon rampant au point S où est située la source est, pour une source dipolaire magnétique $\vec{S}$ dans le plan tangent à la surface

$$\vec{E}(S) = \frac{ik}{4\pi} \vec{S} \cdot [(\hat{b}\,\hat{n})L_h + (\hat{b}\,\hat{b})L + (\hat{t}\,\hat{b})L_s + (\hat{t}\,\hat{n})L'] .$$ (45)

$\dfrac{ik}{4\pi}$ est appelé facteur de source. On retrouve le facteur de rayonnement d'une source en espace libre. Le premier terme donne l'intensité du rampant magnétique lancé par une source dirigée suivant la binormale au rayon rampant ; le troisième terme l'intensité du rampant électrique lancé par une source dirigée suivant la tangente au rayon rampant. Le deuxième terme a été omis des articles de TGD jusqu'à la fin des années 70. Il donne l'intensité du rampant électrique lancé par une source dirigée suivant la binormale. En conducteur parfait, le premier terme est dominant, le deuxième et le troisième terme sont d'ordre $k^{-1/3}$ par rapport à ce terme. Il existe également un rampant magnétique lancé par une source dirigée suivant la tangente au rayon rampant. Il correspond au terme $(\hat{t} . \hat{n}) L'$ du coefficient de diffraction dyadique. Toutefois, il est d'ordre $k^{-2/3}$ par rapport au premier et nous le négli-gerons en général.

Dans le cas d'une source dirigée suivant la normale à la surface $\vec{S} = S\hat{n}$, le champ de surface fictif est donné par :

$$\vec{E}(S) = \frac{ik}{4\pi} Z_0 S \left(\hat{n} M + \hat{b} N\right).$$ (46)

On passe du champ fictif au point S au champ fictif en un point quelconque du rayon rampant comme pour un rayon rampant classique (voir paragraphe 1.3.4.4). La seule différence est le facteur géométrique introduit par la conservation de la puissance dans un tube de rayon. Dans le cas de la source, la puissance se conserve dans un pinceau infinitesimal de rayons, caractérisé par son ouverture angulaire initiale $d\psi$. Après propagation sur la surface, la largeur de ce pinceau est $d\eta$. Le facteur géométrique à prendre en compte est donc $\sqrt{\dfrac{d\psi}{d\eta}}$.

Illustrons sur un exemple l'application des considérations précédentes. Soit à calculer le champ rayonné par une source dipolaire magnétique unité tangente à la surface, dans une direction telle que le rampant initié soit parallèle à la source, i.e. $\vec{S} = S\,\hat{t}$.

(45) donne le champ initial en S :

$$\vec{E}(S) = \frac{ik}{4\pi} L_s \,\hat{b}.$$ (47)

Ce champ se propage ensuite en s'atténuant, jusqu'au point de détachement Q'.

$$\vec{E}(Q') = \frac{ik}{4\pi} L_s \, exp\, i(k\ell + \int_Q^{Q'} \alpha_s ds) \sqrt{\frac{d\psi(S)}{d\eta(Q')}} \,\hat{b}'.$$ (48)

Il se détache ensuite pour arriver au point M.

$$\vec{E}(M) = \vec{E}(Q') . D_s(Q') \sqrt{\frac{\rho_d}{s(\rho_d + s)}} \, e^{iks}.$$ (49)

On notera que la procédure de calcul est exactement la même que dans le cas d'un rampant initié par un champ incident.

1.3.4.10. *Lancement et diffraction d'ondes progressives et d'ondes d'arête*

On a vu, au paragraphe 1.2.2.12, que le principe de Fermat généralisé prédit l'existence d'ondes se propageant suivant les discontinuités linéiques en général, et en particulier suivant les fils et les arêtes.

Nous appelons onde progressive toute onde se propageant suivant un fil ou, plus généralement, suivant un corps élancé, c'est-à-dire dont une dimension est très grande par rapport aux deux autres. Les ondes progressives sont bien connues en théorie des antennes : on distingue les antennes à ondes progressives des antennes à ondes stationnaires. Il est en principe possible d'intégrer les ondes progressives à la GTD, mais assez peu de travail a été accompli sur le sujet, si bien qu'on ne connait pas tous les coefficients de diffraction et d'atténuation nécessaires. Les ondes progressives les plus connues et les mieux comprises sont les ondes se propageant le long de fils rectilignes. On citera en particulier l'onde de Sommerfeld [St]. Ces ondes s'atténuent lentement avec la distance.

Les ondes progressives se propagent également le long de corps élancés, par exemple une ogive, en suivant les géodésiques. Il s'agit alors de limite d'ondes rampantes quand la courbure transverse à la direction de propagation devient très grande par rapport à la courbure dans le sens de la propagation. La transition entre ondes rampantes et ondes progressives n'a pas été étudiée à ce jour. La théorie des ondes progressives est aujourd'hui trop fragmentaire pour être intégrée systématiquement à la TGD.

Nous allons donner quelques indications sur deux cas qui ont été partiellement traités dans la littérature : les ondes se propageant le long des fils, et les ondes d'arête.

a) Ondes de fil

Ces ondes peuvent être, selon le principe de Fermat généralisé, engendrées par une source de tension sur le fil, par une onde incidente dont le vecteur d'onde est suivant la tangente au fil, ou bien à une extrémité de fil. Elles se détachent tangentiellement au fil, ou se diffractent à une extrémité de fil. Tous les problèmes canoniques relatifs à ces ondes ne sont pas résolus, en particulier, on ne connaît pas les constantes d'atténuation de ces ondes sur un fil courbe. Le cas du fil droit est un peu mieux étudié, sans qu'il y ait de consensus sur les coefficients de diffraction à employer. Nous renvoyons à l'article de Shamansky et al.[SD] pour plus de détail sur une interprétation haute fréquence de la diffraction par un fil droit .

b) Ondes d'arête

Ces ondes se propagent en suivant les arêtes des dièdres. Elles peuvent être engendrées par un dipôle situé au voisinage de l'arête [Bu] , par une onde incidente dont le vecteur d'onde est suivant la tangente à l'arête, ou bien à une discontinuité (par exemple un coin) sur l'arête. Elles se détachent tangentiellement à l'arête, ou se diffractent sur les coins. Ces ondes peuvent jouer un rôle important, particulièrement sur des arêtes droites. Elles décroissent, dans ce cas, en $r^{-\pi/\gamma}$, où γ est l'angle extérieur du dièdre [Bu] . En particulier, si le dièdre est un demi-plan $\gamma = 2\pi$ et l'onde d'arête ne décroît que comme $r^{1/2}$, alors qu'une onde d'espace émise par un dipôle décroît en $1/r$. Les coefficients d'atténuation de ces ondes d'arête ne sont pas connus, faute de savoir résoudre analytiquement le problème canonique du dièdre à arête courbe. Les coefficients de diffraction de ces arêtes par des coins ne sont pas connus exactement. Des techniques d'approximation ont toutefois été proposées, pour le quart de plan [Ha1,Ha2] , et pour le coin polyhédrique [I]. Il n'est donc à ce jour, pas possible d'intégrer ces ondes d'arêtes à la TGD, même si elles peuvent jouer un rôle important, en particulier pour la diffraction par des structures polyhédriques.

En conclusion, les ondes progressives, suivant une ligne ou un corps élancé, sont pour l'instant les "parents pauvres" de la TGD. Elles devraient, dans l'avenir, fair l'objet d'études plus approfondies, car elles apportent parfois une contribution non négligeable au champ diffracté.

1.3.5. Récapitulatif

Nous avons montré, dans ce paragraphe, comment déduire, des postulats de la TGD, les règles de calcul de la phase (1.3.1) de l'amplitude (1.3.2) et de la polarisation (1.3.3) le long d'un rayon. Nous avons ensuite appliqué ces règles et le principe de localité, au paragraphe 1.3.4, pour calculer effectivement les différents types de rayons diffractés. Au prix d'un abus de langage, nous avons défini un "champ diffracté au point de diffraction". Cette notion est commode, en particulier pour les interactions multiples. Elle permet de calculer systématiquement le champ (fictif) le long d'un rayon. Le champ diffracté final est obtenu à partir du champ au dernier point de diffraction, et des paramètres géométriques du champ diffracté : rayons de courbure du front d'onde, réfléchi ou diffracté. Nous allons maintenant, au paragraphe 1.4, montrer comment calculer ces différents paramètres géométriques. Nous donnerons, au paragraphe 1.5, les coefficients de diffraction les plus utilisés.

1.4   Calcul des facteurs géométriques

Les formules données au paragraphe 1.3 pour le champ diffracté dépendent d'un certain nombre de facteurs géométriques : rayon de courbure du front d'onde réfléchi ρ'_1 et ρ'_2 définis au paragraphe 1.3.4.1, rayon de courbure ρ_d du front d'onde diffracté (1.3.4.2), rapport $\dfrac{\delta\eta(Q)}{\delta\eta(Q')}$ des largeurs d'un pinceau infinitésimal de géodé-siques entre le point d'attachement et le point de détachement d'un rayon rampant (1.3.4.3), rapport $\dfrac{\delta\psi(S)}{\delta\eta(Q')}$ de l'angle au point d'examen à la largeur au point de détachement d'un pinceau infinitésimal de rayons rampants émis par une source sur la surface.

Ces quantités caractérisent l'évolution du front d'onde. Elles varient lors de la propagation du rayon, dans l'espace ou sur la surface, et se transforment lorsque le rayon rencontre la surface.

Nous traiterons, au paragraphe 1.4.1, de l'évolution des paramètres géométriques le long d'un rayon. Nous distinguerons le cas des rayons d'espace (1.4.1.1), caractérisés par la matrice de courbure du front d'onde, et le cas des rayons de surface (1.4.1.2). Pour ces derniers, nous suivrons l'évolution de la largeur et de l'ouverture angulaire d'un pinceau infinitésimal de rayons de surface lors de sa propagation.

Les transformations des paramètres géométriques lors des interactions seront détaillées, pour chaque type d'interaction au paragraphe 1.4.2.

Tous les calculs de ce paragraphe ne font intervenir que des notions simples de géométrie différentielle, mais peuvent être assez lourds. Aussi nous contenterons nous d'exposer la méthode, en renvoyant à des références pour le détail des calculs.

1.4.1.   Evolution des paramètres géométriques le long d'un rayon

1.4.1.1. *Evolution des paramètres géométriques le long d'un rayon*

Un front d'onde est toujours décrit par une approximation à l'ordre 2, c'est-à-dire par ses rayons de courbure principaux ρ_1 et ρ_2, et l'orientation du repère des directions principales. En pratique, on utilisera, plutôt que le repère des directions principales, des repères liés à l'objet diffractant : par exemple le repère $(\hat{t}, \hat{e}_\perp, \hat{e}^i_{\shortparallel})$ pour le champ incident sur une surface réfléchissante (voir 1.3.4.1), ou le repère $(\hat{t}, \hat{\Phi}', \hat{\beta}')$ pour le champ incident sur une arête.

Dans ces axes, le front d'onde est défini par une matrice de courbure symétrique, mais non diagonale, notée Q. Plus précisément, l'approximation à l'ordre 2 du front d'onde est, si s est la coordonnée le long du rayon, et b le vecteur à 2 composantes de coordonnée perpendiculaire au rayon :

$$s = -\frac{1}{2}\,{}^t b\,Q\,b\ . \tag{1}$$

La phase au point de coordonnées s, b est donc, avec la même approximation, si la référence de phase est prise en $s = 0$ et $b = 0$.

$$s + \frac{1}{2}\,{}^t b\,Q\,b\ . \tag{2}$$

Si Q est diagonale, i.e. si le front d'onde est rapporté à ses axes principaux (1) devient simplement :

$$s = -\frac{1}{2}\left(\frac{b_1^2}{\rho_1} + \frac{b_2^2}{\rho_2}\right)\ . \tag{3}$$

Lorsque l'on se déplace de s sur le rayon, les axes principaux du front d'onde sont conservés, et les rayons de courbure ρ_1 et ρ_2 deviennent respectivement $\rho_1 + s$ et $\rho_2 + s$. Autrement dit, si on appelle P la matrice de passage du repère choisi pour écrire Q au repère principal :

$$P^{-1}Q^{-1}(s)\,P = P^{-1}Q^{-1}(0)\,P + s\,I \tag{4}$$

d'où la formule :

$$Q^{-1}(s) = Q^{-1}(0) + s\,I\ . \tag{5}$$

(5) donne l'évolution de Q le long d'un rayon d'espace, qu'il s'agisse d'un rayon réfléchi, diffracté, ou rampant. Nous allons maintenant traiter le cas d'un rayon de surface. Dans ce cas, le front d'onde est décrit simplement par son rayon de courbure ρ. Par contre, la loi d'évolution de ρ sera moins simple que dans le cas des rayons d'espace.

1.4.1.2. *Largeur infinitésimale et courbure du front d'onde d'un pinceau de rayon de surface*

Considérons un pinceau infinitésimal de rayon de surface délimité par deux géodésiques infiniment voisines (voir Fig. 14). Ce pinceau est caractérisé
- par sa largeur $d\eta$, i.e. la distance entre les deux géodésiques,
- par l'angle $d\psi$ entre les tangentes aux deux géodésiques.

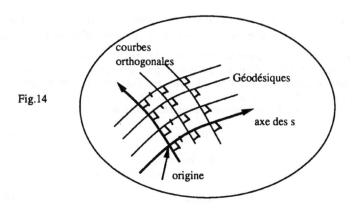

Fig.14

Utilisons le système de coordonnées géodésiques défini par le pinceau. La propriété essentielle de ce système (voir Fig.15) est que les abscisses curvilignes entre deux courbes orthogonales sont égales sur toutes les géodésiques, et donc que l'abscisse curviligne s peut être prise sur une géodésique arbitraire. $d\eta$ et $d\psi$ sont des fonctions de s .

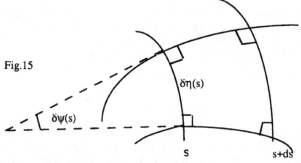

Fig.15

On peut montrer qu'elles sont régies par le système différentiel suivant [Bo] :

$$\frac{d(d\eta)}{ds} = d\psi \tag{6}$$

$$\frac{d(d\psi)}{ds} = -K\,d\eta \tag{7}$$

où K est la courbure gaussienne de la surface.

Le rayon de courbure du front d'onde ρ , qui est aussi le rayon de courbure géodésique de la trajectoire orthogonale, est simplement le rapport $\dfrac{d\eta}{d\psi}$:

$$\rho = \frac{d\eta}{d\psi} \ . \tag{8}$$

Dans le système de coordonnées choisi, la première forme quadratique fondamentale I de la surface est diagonale et s'écrit, si α est la coordonnée suivant la courbe orthogonale aux géodésiques choisie comme axe de coordonnée α .

$$I = d^2 l = d^2 s + g_{\alpha\alpha}\, d^2\alpha \ . \tag{9}$$

$g_{\alpha\alpha}$ caractérise l'élargissement (ou le resserrement) du pinceau entre l'axe des α ($s = 0$) et le point d'abscisse s, et $d\eta$ est proportionnel à $\sqrt{g_{\alpha\alpha}}$. Les relations (6) et (7) impliquent :

$$\frac{d^2\sqrt{g_{\alpha\alpha}}}{ds^2} + K(s)\,\sqrt{g_{\alpha\alpha}} = 0 \tag{10}$$

qui est l'équation de Jacobi [Stru]. Nous retrouverons ce paramètre $\sqrt{g_{\alpha\alpha}}$ au chapitre 3. (6) et (7) nous permettent, connaissant les conditions initiales de $d\eta(0)$ et $d\psi(0)$ de calculer $d\eta(s)$ et $d\psi(s)$. Toutes ces quantités sont bien sûr définies à un facteur près. Les facteurs géométriques intervenant dans les calculs sont en effet des rapports de quantités infinitésimales : $\dfrac{d\eta(Q)}{d\eta(Q')}$, $\rho_d = \dfrac{d\eta(Q')}{d\psi(Q')}$, définis au paragraphe 1.3.4.2, et $\dfrac{d\psi(S)}{d\eta(Q')}$, défini au 1.3.4.9. Il suffit donc d'une condition initiale pour calculer tous les facteurs géométriques. Pour les rayons rampants (resp. diffractés rampants), cette condition initiale est la donnée du rayon de courbure ρ au point d'attachement (resp. de diffraction). Pour les rayons émis par une source, cette condition initiale est $\dfrac{d\eta(S)}{d\psi(S)} = 0$.

Pour une surface générale, le système (6) (7), équivalent à l'équation (10), ne peut être résolu que numériquement. Par contre, si K est constante, il se résoud analytiquement. Nous prenons l'exemple de la diffraction d'une onde plane par une sphère pour illustrer le calcul sur un exemple simple. La courbure gaussienne vaut $K = 1/R^2$, où R est le rayon de la sphère. L'onde incidente étant plane, le rayon de courbure au point d'attachement est infini. La condition initiale s'écrit donc $\dfrac{d\psi}{d\eta} = 0$, ou encore

$$\left.\begin{aligned} d\psi(0) &= 0 \\[4pt] d\eta(0) &= d\eta(Q) \ . \end{aligned}\right| \tag{11}$$

(6) et (7), associés à (11) impliquent, au point courant M sur la géodésique QQ'

$$d\eta(M) = \cos\left(\frac{s}{R}\right) d\eta(Q) \tag{12}$$

$$d\psi(M) = \sin\left(\frac{s}{R}\right) \frac{d\eta(Q)}{R} \tag{13}$$

on en déduit :

$$\rho = \frac{d\eta(M)}{d\psi(M)} = R\,\cotg\left(\frac{s}{R}\right) \tag{14}$$

et

$$\frac{d\eta(Q)}{d\eta(Q')} = \frac{1}{\cos\left(\frac{s}{R}\right)} \ . \tag{15}$$

On notera que ce facteur devient infini pour $s = \pi/2\,R$, c'est-à-dire au pôle dans l'ombre de la sphère, qui est un foyer d'ondes rampantes.

Nous avons vu, aux deux paragraphes précédents, comment calculer l'évolution des paramètres géométriques le long d'un rayon. Nous allons maintenant voir comment ils se transforment lors des divers types d'interaction avec la surface.

1.4.2.   Transformation des paramètres géométriques lors des interactions

1.4.2.1. *Calcul de la matrice de courbure du front d'onde réfléchi au point 0*

La matrice de courbure Q^r du front d'onde réfléchi au point 0 dépend :

- de la matrice de courbure Q^i du front d'onde incident,
- de la matrice de courbure de la surface réfléchissante,
- de l'angle de réflexion θ .

Diverses méthodes de calcul sont possibles. Celle qui mène le plus rapidement au résultat consiste à écrire que la phase du front d'onde réfléchi et la phase du front d'onde incident, ou plus exactement les approximations quadratiques de ces termes, sont égales sur la surface réfléchissante [Ja].

On utilise les trièdres définis au paragraphe 1.3.4.1. La matrice de courbure du front d'onde réfléchi s'écrit, en prenant la première coordonnée selon $\hat{e}_\perp$ et la deuxième suivant $\hat{e}^i_{''}$:

$$Q^i = \begin{pmatrix} Q^i_{11} & Q^i_{12} \\ Q^i_{12} & Q^i_{22} \end{pmatrix} . \tag{16}$$

La matrice de courbure de la surface, s'écrit, avec la première coordonnée suivant $\hat{e}_\perp$, et la deuxième suivant $\hat{n} \wedge \hat{e}_\perp$, où $\hat{n}$ est la normale à la surface au point de réflexion 0

$$C = \begin{pmatrix} C_{11} & C_{12} \\ C_{12} & C_{22} \end{pmatrix} . \tag{17}$$

En d'autres termes, le paraboloide osculateur à la surface réfléchissante est, si on appelle n (resp. x_1, x_2) la coordonnée suivant $\hat{n}$ (resp. $\hat{e}_\perp, \hat{n} \wedge \hat{e}_\perp$)

$$n = - \frac{1}{2} (C_{11} x_1^2 + 2C_{12} x_1 x_2 + C_{22} x_2^2) . \tag{18}$$

La phase du front d'onde incident (resp. réfléchi) s'écrit, dans le trièdre $(\hat{\imath}, \hat{e}_\perp, \hat{e}^i_{''})$ (resp. $(\hat{r}, \hat{e}_\perp, \hat{e}^r_{''})$), à l'aide de la formule (2), dans les coordonnées (i, x^i_1, x^i_2) (resp. (r, x^r_1, x^r_2))

$$\varphi^i = i + x^i \; Q^i \; x^i \tag{19}$$

$$(resp. \; \varphi^r = r + x^r \; Q^r \; x^r). \tag{20}$$

On fait ensuite un changement de repère pour ramener (19) et (20) dans le repère $(\hat{n}, \hat{e}_\perp, \hat{n} \wedge \hat{e}_\perp)$ lié à la surface. L'égalité de (19) et (20) sur la surface permet alors d'obtenir la matrice Q^r. Les calculs sont donnés dans [Ja] , dont nous reprenons les notations. On obtient pour la matrice Q^r, dans les coordonnées x_1^r, x_2^r :

$$Q^r = \begin{pmatrix} 2C_{11}\sin\theta + Q_{11}^i & 2C_{12} - Q_{12}^i \\ 2C_{12} - Q_{12}^i & 2C_{22}(\sin\theta)^{-1} + Q_{22}^i \end{pmatrix} \tag{21}$$

Les rayons de courbure principaux ρ_1^r et ρ_2^r et les directions principales, sont obtenues en diagonalisant la matrice Q^r.

1.4.2.2. *Calcul du rayon de courbure ρ_d du front d'onde diffracté par une arête*

Nous renvoyons au paragraphe 1.3.4.2 pour la définition de ρ_d. ρ_d est le rayon de courbure principal non nul au point 0, dans la direction $\hat{\beta}$. L'autre rayon de courbure principal, dans la direction $\hat{\Phi}$, est nul. A une distance s du point de diffraction 0, la matrice de courbure, rapportée aux axes $\hat{\beta}$, $\hat{\Phi}$ est donc, selon (5) :

$$\begin{pmatrix} \dfrac{1}{\rho_d + s} & 0 \\ 0 & \dfrac{1}{s} \end{pmatrix}$$

ρ_d est obtenu comme précédemment, en écrivant que les phases de l'onde incidente et de l'onde diffractée sont égales sur l'arête. On obtient [Ja]

$$\frac{1}{\rho_d} = Q_{11}^i + \frac{1}{\rho_a \sin^2\beta}(\hat{\imath}.\hat{n}_a - \hat{d}.\hat{n}_a) \tag{22}$$

où $\hat{\imath}$ et $\hat{d}$ sont comme au paragraphe 1.3.4.2, les vecteurs unitaires portés respectivement par le rayon incident et le rayon diffracté, β l'angle entre $\hat{\imath}$ (ou $\hat{d}$) et la tangente à l'arête, $\hat{n}_a$ le vecteur normal à l'arête, dirigé vers le centre de courbure, et ρ_a le rayon de courbure de l'arête, toutes ces quantités étant prises au point de diffraction 0.

Q_{11}^i est l'élément 11 de la matrice de courbure du front d'onde incident, dans les coordonnées liées au rayon incident, i.e. première coordonnée suivant $\hat{\beta}'$, deuxième suivant $\hat{\Phi}'$. C'est simplement la courbure de la section normale du front d'onde par le plan défini par le vecteur incident $\hat{\imath}$ et la tangente à l'arête $\hat{\imath}$.

1.4.2.3. *Diffraction par une pointe*

Comme vu au paragraphe 1.3.4.3, le front d'onde diffracté est sphérique, centré sur le point de diffraction. Il n'y a donc aucun paramètre géométrique à calculer.

1.4.2.4. *Rayon rampant initié sur une surface lisse*

Le rayon de courbure géodésique initial du front d'onde du rayon rampant est simplement le rayon de courbure de la section normale du front d'onde incident par le plan tangent à la surface au point d'attachement. Ce rayon donne les conditions initiales pour le système (6), (7). On peut donc, comme vu au paragraphe 1.4.1.2, calculer $d\eta$ et $d\psi$ en tout point du rayon, et donc l'élargissement $\dfrac{d\eta(Q')}{d\eta(Q)}$ entre le point d'attachement Q et le point de détachement Q'. ρ_d , rayon de courbure non nul du front d'onde diffracté est simplement :

$$\rho_d = \frac{d\eta(Q')}{d\psi(Q')} . \qquad (23)$$

ρ_d est le rayon de courbure de la section normale du front d'onde diffracté par le plan tangent à la surface, i.e. le rayon de courbure suivant la binormale au rayon rampant. L'autre rayon de courbure est nul. A la distance s du point de diffraction, la matrice de courbure du front d'onde diffracté est, dans les axes $\hat{b}$, $\hat{n}$:

$$\begin{pmatrix} \dfrac{1}{\rho_d + s} & 0 \\[2mm] 0 & \dfrac{1}{s} \end{pmatrix}$$

comme pour le rayon diffracté par une arête.

1.4.2.5. *Rayon rampant diffracté par une arête*

On obtient le rayon de courbure du front d'onde diffracté à partir des résultats sur la diffraction par une arête, en considérant l'incidence rasante. (22) devient :

$$\frac{1}{\rho_d} = \frac{1}{\rho} + \frac{1}{\rho_a sin^2\beta} \, (\hat{\imath} . \hat{n}_a - \hat{d} . \hat{n}_a) . \qquad (24)$$

ρ est le rayon de courbure du front d'onde de surface au point de diffraction. $\dfrac{\hat{n}_a}{\rho_a}$ s'écrit :

$$\frac{\hat{n}_a}{\rho_a} = \frac{\hat{b}_a}{\rho_g} + \frac{\hat{N}}{\rho_n} . \qquad (25)$$

$(\hat{t}_a , \hat{b}_a , \hat{N})$ est le trièdre de Darboux de l'arête ($\hat{t}_a$: tangente à l'arête, $\hat{N}$: normale à la surface)

$$\frac{\hat{\imath} . \hat{n}_a}{\rho_a} = \frac{\hat{\imath} . \hat{b}_a}{\rho_g} = -\frac{sin\beta}{\rho_g} . \qquad (26)$$

1.4.2.6. *Excitation d'ondes rampantes sur un dièdre à faces courbes*

On obtient le rayon de courbure géodésique du front d'onde de surface à partir des résultats sur la diffraction par une arête, en considérant l'observation rasante. (22) donne donc directement la courbure géodésique du front d'onde du raayon rampant $\dfrac{1}{\rho}$.

1.4.2.7. *Passage d'un rayon rampant sur une arête à faces courbes*

Dans ce cas, l'incidence et l'observation sont simultanément rasantes. En utilisant (22) et (25), on obtient aisément, en notant ρ_i (resp. ρ_r , ρ_t), le rayon de courbure géodésique du front d'onde incident (resp. réfléchi, transmis), ρ_{g_1} (resp. ρ_{g_2}) le rayon de courbure géodésique de l'arête calculé sur la face 1 (resp. 2) :

$$\frac{1}{\rho_r} = \frac{1}{\rho_i} - \frac{2}{\rho_{g_1} sin \beta} \qquad (27)$$

$$\frac{1}{\rho_t} = \frac{1}{\rho_i} - \frac{1}{sin\beta} \left(\frac{1}{\rho_{g_1}} - \frac{1}{\rho_{g_2}} \right) . \qquad (28)$$

On notera que (27) s'obtient simplement en considérant le problème bidimensionnel de la réflexion par un cylindre de rayon ρ_g .

1.4.2.8. *Lancement et diffraction d'ondes rampantes par une pointe à faces courbes*

Un rampant incident sur une pointe génère un front d'onde diffracté sphérique. La condition initiale à prendre en compte pour l'émission de rayons rampants par une pointe est la même que pour une source, i.e. $d\eta$ (0) = 0.

1.4.2.9. *Excitation d'ondes rampantes par une source sur la surface*

Comme vu au paragraphe 1.4.1.2, le facteur géométrique $\sqrt{\dfrac{d\psi}{d\eta}}$ se calcule à partir du système formé des équations (6) et (7) et de la condition initiale $d\eta(S) = 0$.

1.4.2.10. *Ondes de fil et onde d'arête*

Il n'y a pas de facteurs géométriques à calculer : les rayons représentant les ondes progressives et les ondes d'arête ne divergent pas, les rayons d'espace diffractés ont des fronts d'ondes sphériques.

1.4.3 .   Conclusions

Les résultats du paragraphe 1.4.1 permettent de suivre l'évolution des paramètres géométriques des fronts d'onde le long des rayons, les résultats du paragraphe 1.4.2, de calculer les transformations de ces paramètres lors des interactions. Il est donc possible de calculer récursivement les paramètres géométriques pour un rayon subissant un nombre quelconque d'interactions. Il ne reste plus, pour calculer le champ, qu'à déterminer les coefficients de diffraction intervenant dans les formules du paragraphe 1.3.4. C'est ce que nous allons faire au paragraphe suivant.

1.5   Calcul des coefficients de diffraction

Comme nous l'avons vu au paragraphe 1.1, le coefficient de diffraction relie le champ incident au champ diffracté au point de diffraction. Suivant le principe de localité, le coefficient de diffraction ne dépend que de la géométrie locale de la surface au voisinage du point de diffraction. On va donc remplacer cette surface au point de diffraction par un objet canonique, aussi proche que possible de la surface exacte, mais suffisamment simple pour que le problème de la diffraction d'un champ incident par cet objet soit exactement soluble. L'objet canonique n'est pas défini de manière univoque : par exemple, comme nous l'avons vu au paragraphe 1.3.4.4, on peut choisir, comme problème canonique pour la diffraction par une surface lisse, le cylindre, en incidence droite ou oblique, la sphère, le cylindre elliptique. C'est souvent par une combinaison de problèmes canoniques, représentant chacun une propriété de l'objet, que l'on arrive à approcher au plus près la diffraction par l'objet réel. Il existe une importante littérature sur les problèmes canoniques. Nous allons donc nous contenter, pour chaque cas, de donner l'interprétation physique des résultats du problème canonique, et les coefficients de diffraction. Nous renvoyons à la littérature, et aux Appendices, pour un traitement détaillé du problème.

Enfin, rappelons que le principe de localité s'applique également au champ incident : si ce dernier est un champ de rayons, on peut le remplacer par une onde plane. Nous considèrerons donc toujours que l'onde incidente est plane. Le cas où le champ incident n'est plus un champ de rayons est traité au chapitre 7. Après ces remarques préliminaires, nous allons donner les coefficients de diffraction les plus usuels.

1.5.1. Coefficient de réflexion

Les coefficients R_{TE} et R_{TM} sont obtenus en résolvant le problème canonique de la réflexion d'une onde plane incidente par un plan. Le champ réfléchi est une onde plane. Le coefficient de réflexion s'obtient simplement en imposant la vérification par le champ total de la condition d'impédance sur la surface. On obtient, pour une impédance Z , et un angle θ du vecteur d'onde incident par rapport au plan ($\theta = 0$ en incidence rasante)

$$R_{TE} = \frac{sin\theta - Z}{sin\theta + Z} \qquad (1)$$

$$R_{TM} = \frac{Zsin\theta - 1}{Zsin\theta + 1} \qquad (2)$$

Pour le conducteur parfait, $Z = 0$, on a simplement $R_{TE} = 1$ et $R_{TM} = -1$ c'est-à-dire que l'amplitude de l'onde plane réfléchie est la même que celle de l'onde incidente.

1.5.2 . Diffraction par une arête ou une ligne de discontinuité

La diffraction par une ligne de discontinuité quelconque se traite comme la diffraction par une arête. Seuls changent les coefficients de diffraction D_s et D_h. Nous allons traiter de la diffraction par une arête, puis de la diffraction par d'autres types de discontinuité.

1.5.2.1. *Diffraction par une arête*

Le problème canonique représentatif de la diffraction par une arête est la diffraction d'une onde plane par un dièdre infini. Dans le cas parfaitement conducteur, la solution est obtenue par exemple par séparation des variables

[BS]. Les modes TE et TM sont découplés. En TE (resp. TM), il suffit de résoudre le problème avec la condition $u = 0$ dite s (resp. $\frac{\partial u}{\partial n} = 0$ dite h) en incidence normale. La solution en incidence oblique s'obtient simplement à partir des solutions précédentes [BS].

Le cas avec impédance est plus difficile. Une solution a été obtenue, pour le dièdre dont chaque face vérifie une condition d'impédance, par Maliuzhinets en 1958 [Ma], pour l'incidence normale. Le cas de l'incidence oblique n'a pas été complètement résolu à ce jour, sauf pour des angles de dièdre ou des impédances particulières.

Une fois la solution obtenue, soit sous forme d'une série de fonctions spéciales, soit sous forme intégrale, il reste à l'interpréter. En pratique, il faut obtenir un développement asymptotique de la solution exacte aisément interprétable en termes de rayons.

Le développement asymptotique dépend du point d'observation. La solution optique géométrique du problème du dièdre permet de distinguer trois zones, suivant les valeurs des champs incident u^i et réfléchi au sens de l'O.G. u^r (Fig. 16)

$$\text{Zone 1} : u^r \neq 0 \quad \text{et} \quad u^i \neq 0$$
$$\text{Zone 2} : u^r = 0 \ , \quad u^i \neq 0$$
$$\text{Zone 3} : u^r = u^i = 0 \ .$$

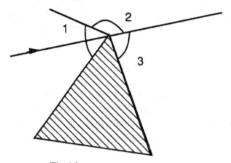

Fig.16

Le développement asymptotique du champ dans les trois zones est donné par :

$$\text{Zone 1} : u \approx u^r + u^i + u^d$$
$$\text{Zone 2} : u \approx u^i + u^d$$
$$\text{Zone 3} : u \approx u^d \ .$$

Le champ diffracté u^d est d'ordre $k^{-1/2}$ par rapport aux champs incident et réfléchi. Les termes résiduels sont $O(k^{-3/2})$.

Le champ diffracté décroît en $\dfrac{1}{\sqrt{kr}}$. Il s'écrit, en polarisation TM, ou "soft" (resp. TE, ou hard)

$$u = e^{ikr} D_s / \sqrt{r} + O(k^{-3/2})$$

$$(resp. \ u = e^{ikr} D_h / \sqrt{r} + O(k^{-3/2}) \ .$$

D_s et D_h sont les coefficients de diffraction recherchés.

En conducteur parfait, le cas de l'incidence oblique se déduit [BS] à partir de l'incidence normale. On obtient :

$$D_h^s = \frac{e^{i\pi/4} \sin \frac{\pi}{n}}{n\sqrt{2\pi k} \sin\beta} \left(\frac{1}{\cos\frac{\pi}{n} - \cos\left(\frac{\Phi-\Phi'}{n}\right)} \mp \frac{1}{\cos\frac{\pi}{n} - \cos\left(\frac{\Phi+\Phi'}{n}\right)} \right) \qquad (3)$$

$n = \frac{\gamma}{\pi}$, où γ est l'angle extérieur du dièdre.

β est l'angle entre la tangente à l'arête et le vecteur d'onde incident. Projetons sur le plan orthogonal à la tangente à l'arête. Φ (resp. Φ') est l'angle par rapport à la face éclairée du dièdre du vecteur d'onde diffracté (resp. incident) (voir Fig. 17).

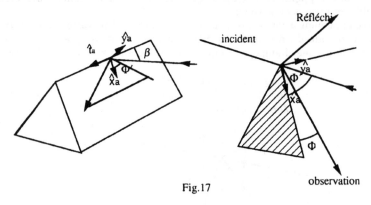

Fig.17

Autrement dit, soit $\hat{t}_a$ la tangente à l'arête, $\hat{x}_a$ le vecteur du plan tangent à la face éclairée, pointant du côté de cette face, et orthogonal à $\hat{t}_a$. Considérons le trièdre direct $T = (0,\ \hat{x}_a,\ \hat{y}_a, \hat{t}_a\ )$. β et Φ (resp. β, Φ') sont les angles d'Euler du vecteur diffracté (resp. de l'opposé du vecteur incident) par rapport au trièdre T .

D_h^s devient infini lorsque :

$(\Phi - \Phi') = \pi$, i.e. sur la frontière d'ombre du champ incident
$(\Phi + \Phi') = \pi$, i.e. sur la frontière d'ombre du champ réfléchi.

Ces singularités ne sont pas trop surprenantes : au voisinage de ces frontières, le champ n'est plus la simple somme d'un champ d'Optique Géométrique et d'un champ diffracté. Dans une "couche limite" autour de la frontière, il faut recourir à une autre description pour le champ. La correction de ce premier problème d'infini est l'objet des théories dites uniformes. Cela sera vu au chapitre 5. D_h^s devient également infini lorsque $\beta = 0$, i.e. dans la région d'incidence paraxiale. Dans cette zone, apparaît un lancement d'ondes d'arête, et la description en termes de rayons diffractés n'est pas non plus adéquate.

Pour le cas où la face éclairée $\Phi = 0$ est caractérisée par une impédance Z_0, et la face à l'ombre $\Phi = n\pi$ par une impédance Z_n, le coefficient de diffraction en incidence normale est donné, en TE (champ magnétique suivant l'arête) par :

$$D_h = \frac{e^{i\pi/4}}{\sqrt{2\pi k}} \; \frac{1}{\Psi\left(\Phi' - \frac{n\pi}{2}\right)} \left(\frac{\Psi\left(\Phi - \frac{n\pi}{2} - \pi\right)}{\cos\left(\frac{\pi+\Phi}{n}\right) - \cos\frac{\Phi'}{n}} - \frac{\Psi\left(\Phi - \frac{n\pi}{2} + \pi\right)}{\cos\left(\frac{\pi-\Phi}{n}\right) - \cos\frac{\Phi'}{n}} \right) \qquad (4)$$

Le cas TM s'obtient en remplaçant les impédances Z_0 et Z_n par leurs inverses. ψ est une fonction spéciale plutôt compliquée, dépendant, outre de son argument, des impédances des faces et de l'angle du dièdre. Son expression est donnée par :

$$\Psi(\alpha) = \Psi_n\left(\alpha + \frac{n\pi}{2} + \frac{\pi}{2} - \theta_0\right) \Psi_n\left(\alpha + \frac{n\pi}{2} - \frac{\pi}{2} + \theta_n\right)$$

$$x \quad \Psi_n\left(\alpha - \frac{n\pi}{2} + \frac{\pi}{2} - \theta_n\right) \Psi_n\left(\alpha - \frac{n\pi}{2} - \frac{\pi}{2} - \theta_0\right) \qquad (5)$$

où Ψ_n est une fonction spéciale méromorphe introduite par Maliuzhinets [Ma]. Des expressions (relativement) simples de Ψ_n ont été obtenues par Molinet [Mo]

$$\Psi_n(u) = \sqrt{\cos\left(\frac{u}{2n}\right)} \exp\left(\frac{n}{\pi} \int_0^1 \frac{Log\left(1 + w^2 tg^2\left(\frac{u}{2n}\right)\right) dw}{(1 - w^2) ch(2n Argthw)} \right) \qquad (6)$$

et par Volakis et Senior [VS] et Bernard [Be1].
   θ_0 (resp. θ_n) est l'angle de Brewster de la face 0 (resp. n). Plus précisément, pour la polarisation s (ou TM)

$$sin\, \theta_0 = 1/Z_0 \quad , \quad sin\, \theta_n = 1/Z_n$$

alors que pour la polarisation h (ou TE) :

$$sin\, \theta_0 = Z_0 \quad , \quad sin\, \theta_n = Z_n .$$

θ_0 et θ_n sont donc les angles donnant un coefficient de réflexion nul sur chacune des faces.
   En général, la solution comprend également des ondes de surface, mais elles ne sont importantes que lorsque l'une des impédances Z est presque imaginaire pure négative. Nous ne considèrerons pas ce cas avant le chapitre 4.
   Le cas de l'incidence oblique n'a pas été à ce jour résolu. Seuls quelques cas particuliers ont été traités :
   - plan : on a alors une discontinuité d'impédance [Va]
   - demi-plan [BF,Se1]
   - dièdre d'angle droit dont une des faces est un conducteur électrique ou magnétique parfait [Va, Se3,SV]
   - dièdre d'angle quelconque avec une impédance relative de 1 [Be2].
   Syed et Volakis ont extrapolé, à partir de ces solutions particulières, une solution approchée dans le cas général. Les équations fonctionnelles auxquelles aboutissent les méthodes de Vaccaro [Va] ou Bernard [Be2] pour la solution exacte du problème n'ont pas été résolues dans le cas général .

1.5.2.2. Diffraction par une discontinuité de courbure
   Le problème a été résolu, dans le cas parfaitement conducteur, par Weston [W], Senior [Se3], et dans le cas d'une impédance de surface, par Kaminetzky et Keller [KK]. Weston et Senior utilisent une résolution approchée de l'équation

intégrale sur deux demi cylindres paraboliques joints avec continuité de la tangente. Kaminetzky et Keller utilisent une méthode de couche limite. Les coefficients de diffraction D_s et D_h sont, en notant :

$$A = e^{-i\pi/4} \sqrt{\frac{2}{\pi k}} \left(\frac{1}{ka_1} - \frac{1}{ka_2} \right) \tag{7}$$

où : a_1 désigne le rayon de courbure de la face $\Phi = 0$, sur laquelle arrive le champ incident (même notation que pour le dièdre),
a_2 désigne le rayon de courbure de la face $\Phi = \pi$, donnés par les formules suivantes :

$$D_s = A \frac{sin\Phi' sin\Phi}{(cos\Phi' + cos\Phi)^3 sin^2\beta} \tag{8}$$

$$D_h = -A \frac{1 + cos\Phi' cos\Phi}{(cos\Phi' + cos\Phi)^3 sin^2\beta} \tag{9}$$

pour le conducteur parfait.

On notera que D_s et D_h divergent, comme pour le dièdre, sur la frontière d'ombre du champ réfléchi : $\Phi + \Phi' = \pi$ et à $\beta = 0$.

La frontière d'ombre du champ incident est, dans ce cas, à l'intérieur de l'obstacle. La divergence, en $(\pi - (\Phi + \Phi'))^3$, est plus rapide que pour le dièdre :

Dans le cas avec impédance de surface, pour le cas acoustique

$$D_h = -A \frac{sin\Phi' sin\Phi (sin^2\beta (1 + cos\Phi' cos\Phi) - Z^2)}{(sin\beta sin\Phi' + Z)(sin\beta sin\Phi + Z)(cos\Phi' + cos\Phi)^3 sin^2\beta} \tag{10}$$

$$D_s(Z) = D_h(1/Z). \tag{11}$$

Z est, comme précédemment, l'impédance relative par rapport au vide de la surface diffractante.

La diffraction par une discontinuité de courbure est un processus plus faible que la diffraction par une arête : les coefficients de diffraction sont en $k^{-3/2}$, au lieu de $k^{-1/2}$ pour le dièdre.

Kaminetzky et Keller ont étudié d'autres discontinuités faibles, des dérivées supérieures de la surface et des dérivées de l'impédance. Nous donnons les résultats obtenus au paragraphe suivant.

1.5.2.3. Diffraction par des discontinuités d'ordre supérieur
Kaminetzky et Keller utilisent la même méthode de couche limite que pour les discontinuités de courbure. Les coefficients de diffraction (en acoustique) sont donnés, pour une discontinuité $[f^{(j)}]$ de la dérivée $j^{ème}$ de la surface, et une discontinuité $[Z^{(j-1)}]$ de la dérivée $(j-1)^{ème}$ de l'impédance de surface, avec $j \geq 2$, par :

$$D_h(Z) = \frac{(-1)^{j+1} e^{-i\pi/4}}{i^{j-2} k^{j-1/2}}$$

$$\sqrt{\frac{2}{\pi}} \frac{sin\Phi' sin\Phi \{(sin^2\beta(1 + cos\Phi' cos\Phi) - Z^2) [f^{(j)}] + sin\beta(cos\Phi' + cos\Phi)[Z^{(j-1)}]\}}{(sin\beta sin\Phi' + Z)(sin\beta sin\Phi + Z)(cos\Phi' + cos\Phi)^{j+1}(sin\beta)^j} \tag{12}$$

et

$$D_s(Z) = D_h\left(\frac{1}{Z}\right).$$ (13)

(12) et (13) sont les formules générales. Elles contiennent les cas particuliers du paragraphe précédent. On notera :
- que D_s et D_h divergent, sur la frontière d'ombre du champ réfléchi, et à $\beta = 0$, d'autant plus vite que j est grand,
- que les coefficients de diffraction sont en $k^{-j+1/2}$, donc deviennent très faibles quand j est grand.

Pour ces deux raisons, les coefficients donnés par (12) et (13) sont en pratique peu utilisés pour $j > 2$.

Un cas particulier intéressant est celui du biseau linéaire de matériau fort indice, placé sur un conducteur. C'est une discontinuité de la dérivée de l'impédance. On obtient, pour $\beta = \pi/2$:

$$D_h = -\frac{e^{-i\pi/4}}{k^{3/2}} \sqrt{\frac{2}{\pi}} \frac{[Z']}{(\cos\Phi + \cos\Phi')^2}$$ (14)

$$D_s = \frac{e^{-i\pi/4}}{k^{3/2}} \sqrt{\frac{2}{\pi}} \frac{\sin\Phi \sin\Phi' [Z']}{(\cos\Phi + \cos\Phi')^2}$$ (15)

où $[Z']$ désigne le saut de la dérivée de l'impédance de surface.

Nous avons maintenant donné tous les coefficients de diffraction nécessaires au traitement des discontinuités linéiques sur une surface : discontinuité du plan tangent et de l'impédance de surface au paragraphe 1.5.2.1, discontinuité de la courbure au paragraphe 1.5.2.2, discontinuité des dérivées de l'impédance et des dérivées supérieures de la surface au paragraphe 1.5.2.3. Il nous reste à traiter des fils, qui peuvent être également considérés comme des discontinuités linéiques.

1.5.2.4. Diffraction par un fil métallique

Nous supposerons que le produit du rayon du fil b par le nombre d'onde k est petit, et négligerons les termes $O((kb)^2)\ell n\,(kb))$.

Dans cette approximation, on obtient [KA] :

$$D_s = e^{i\pi/4} \left(\frac{\pi}{2k\sin^2\beta}\right)^{1/2} \frac{1}{\left(\gamma + \log\left(\frac{kb\sin\beta}{2i}\right)\right)}$$ (16)

$$D_h \approx 0$$ (17)

où γ est la constante d'Euler $\gamma \approx 0,577$.

Des résultats plus précis sont donnés par Keller [KA]. On notera que la diffraction par un fil est, comme la diffraction par une arête, en $k^{-1/2}$, et peut donc être élevée, même à haute fréquence.

Nous avons recensé les coefficients de diffraction les plus usuels pour les discontinuités linéiques. Il existe bien entendu d'autres coefficients de diffraction dans la littérature, et la bibliothèque disponible s'enrichit constamment. Nous ne chercherons donc pas à être exhaustifs.

Nous allons maintenant traiter du cas des pointes.

1.5.3. Diffraction par une pointe

Les résultats sont beaucoup moins complets dans le cas des pointes que dans le cas des discontinuités linéiques. La pointe est approximée par son cône tangent. Le problème canonique à résoudre est donc la diffraction d'une onde électromagnétique par un cône.

Si la forme du cône est absolument quelconque, le problème canonique est insoluble. Si le cône est elliptique, et conducteur, une solution par séparation des variables existe, mais il n'a pas été possible d'en extraire un coefficient de diffraction. Si le cône est circulaire parfaitement conducteur, il est possible, en établissant un développement asymptotique de la solution exacte, de déterminer le coefficient de diffraction. Pour un cône d'angle quelconque, ce coefficient s'exprime sous forme d'une intégrale [BS] , non calculable analytiquement. Le résultat n'est obtenu sous forme simple que pour des cônes d'angle grand ou petit. Nous nous limiterons au cas du cône de petit angle, traité au paragraphe 1.5.3.1.

Un autre problème de pointe exactement soluble est celui du fil rectiligne semi infini. Le coefficient de diffraction est donné au paragraphe 1.5.3.2.

Il n'existe pas, à notre connaissance, d'autres coefficients de diffraction exacts et disponibles sous forme analytique. La nécessité de prédire la SER de structures à facettes planes a conduit à développer des coefficients approchés, basés sur diverses approximations pour les courants (voir paragraphe 1.5.3.3).

Enfin, des résultats ont été obtenus par Kaminetzky et Keller pour des singularités ponctuelles faibles, i.e. dues à des dérivées de l'impédance, ou à des dérivées supérieures de la surface et pour des singularités sur des lignes de discontinuité [KK] , dans le cas acoustique (voir paragraphe 1.5.3.4).

1.5.3.1. *Diffraction par un cône circulaire parfaitement conducteur de petit angle*

Le problème a été résolu par Felsen [Fe1]. Le coefficient de diffraction dyadique est donné par [Fe2] (voir Fig. 18)

$$\underline{D}_p = k^{-1}(D_{\theta\theta} \, \hat{\theta} \, \hat{\theta}_0 + D_{\theta\varphi} \hat{\theta} \, \hat{\varphi}_0 + D_{\varphi\theta} \, \hat{\varphi} \, \hat{\theta}_0 + D_{\varphi\varphi} \hat{\varphi} \, \hat{\varphi}_0) \tag{18}$$

avec

$$D_{\theta\theta} = \frac{i}{\log \sin^2 \frac{\delta}{2}} \; \frac{tg \frac{\theta}{2} \, tg \frac{\theta_0}{2}}{\cos\theta + \cos\theta_0} \tag{19}$$

$$-D_{\theta\varphi} = D_{\varphi\theta} = \frac{4i \sin^2 \frac{\delta}{2} \sin(\Phi - \Phi_0)}{(\cos\theta + \cos\theta_0)^2} \tag{20}$$

$$D_{\varphi\varphi} = \frac{-2i \sin^2 \frac{\delta}{2}}{(\cos\theta + \cos\theta_0)^3} \; (\sin\theta \sin\theta_0 + 2\cos(\Phi - \Phi_0)(1 + \cos\theta \cos\theta_0)) \tag{21}$$

où (θ_0, Φ_0) (resp. (θ, Φ)) sont les angles d'Euler de la direction d'incidence (resp. d'observation), et δ le demi-angle au sommet du cône.

Ces formules ont été établies pour $\theta + \theta_0 < \pi - 2\delta$ [Fe2] , c'est-à-dire hors de la zone des rayons réfléchis par le cône, représentée fig. 18.

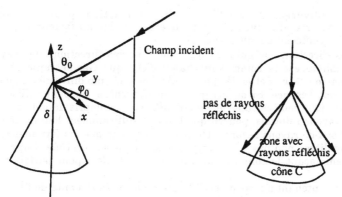

Fig.18   Fig.19

On notera que $D_{\theta\varphi}$, $D_{\varphi\theta}$ et $D_{\varphi\varphi}$ sont petits pour un cône d'angle au sommet δ petit, puisqu'ils sont en k^{-1} et de plus proportionnels à $sin^2 \dfrac{\delta}{2}$, ou à $\dfrac{\delta^2}{4}$, en première approximation. On retrouve ce comportement en δ^2 du champ diffracté en supposant que les courants sur le cône sont les courants de l'optique physique. $D_{\theta\theta}$ a un comportement différent. Sa dépendance en δ est seulement logarithmique, et il peut être grand. De plus sa dépendance en θ, i.e.

$\dfrac{tg\dfrac{\theta}{2} \, tg\dfrac{\theta_0}{2}}{(cos\theta + cos\theta_0)}$ se trouve être la même que celle de la diffraction par un fil (voir paragraphe suivant). $D_{\theta\theta}$ est donc représentatif d'effets physiques particuliers, notamment le lancement d'ondes progressives sur le cône. $D_{\theta\theta}$ devient grand, à cause du facteur $tg \, \theta/2 \, tg \, \theta_0/2$, pour une direction d'inci-dence ou d'observation $\theta \approx \pi$, c'est-à-dire l'incidence (ou l'observation) arrière.

Intéressons-nous maintenant à la zone où existent des rayons réfléchis. On montre [Sh] , en excluant le cas des rayons rasant l'obstacle, que le champ diffracté par un cône quelconque C en un point d'observation lointain (c'est-à-dire $kr \rightarrow +\infty$) est la somme du champ d'Optique Géométrique et d'un champ diffracté, en $1/r$, sauf dans un ensemble de directions singulières. Cet ensemble de directions singulières est simplement le cône S séparant la zone où il y a des rayons réfléchis de la zone où il n'y en a pas. Ce cône S est obtenu, pour un cône régulier, comme suit : on fait réfléchir, à la pointe du cône diffractant C, le rayon incident. On obtient, pour chaque génératrice du cône diffractant, caractérisé par son vecteur normal, un vecteur réfléchi. Le cône S est la réunion de ces vecteurs réfléchis (voir Fig 19.). Une manière simple de construire la trace du cône séparateur sur la sphère unité est donnée dans [Sh]. Soit M_0 la trace sur la sphère unité de la direction d'incidence. On trace le grand cercle allant de M_0 jusqu'à la trace ∂C du cône C sur la sphère. Considérons le grand cercle "réfléchi", i.e. faisant avec la normale à C le même angle que le grand cercle précédent. La trace $\partial\delta$ est l'ensemble des points tels que la somme des angles des deux grands cercles vaut π. Dans le cas où on néglige le demi angle δ du cône $\mathbb{C}$, et où on l'assimile à un fil, le cône δ est simplement le cône de sommet O et de demi angle au sommet θ_0. On s'attend donc à voir diverger le coefficient de diffraction pour un angle $\theta = \pi - \theta_0$. On observe effectivement cette divergence, due au facteur $1/(cos\theta + cos\theta_0)$, dans le coefficient de diffraction D.

Hors des directions singulières du cône S et des directions des rayons rasants, le champ est la somme du champ d'Optique Géométrique et d'un champ diffracté en $1/r$. Felsen [Fe] a postulé que le champ diffracté a la même forme dans tout l'espace. Si on accepte cette hypothèse, on peut utiliser les formules (18) - (20) pour calculer le champ diffracté, y compris dans la zone où existent des rayons réfléchis, pourvu que l'on soit suffisamment loin du cône S, et des directions de rayons rasants. On notera toutefois que les formules (18) - (20) sont singulières non pas sur le cône S exact, mais sur un cône S approché obtenu en remplaçant le cône diffractant par un fil. Cela peut parfois poser problème.

Passons maintenant au cas de la diffraction par une extrémité de fil.

1.5.3.2. *Diffraction par une extrémité de fil*

Une expression approchée est donnée par Ufimtsev [U]. Cette expression est obtenue à partir d'un courant approché dans le fil. Le coefficient de diffraction est (voir Fig.18) :

$$D = k^{-1}\hat{\theta}\,\hat{\theta}_0 \frac{i}{2\ell n\frac{2i}{\gamma kbsin\theta_0}\ell n\frac{2i}{\gamma kbsin\theta}}\; \ell n\left(\frac{i}{\gamma kbsin\frac{\theta_0}{2}sin\frac{\theta}{2}}\right)\frac{tg\frac{\theta_0}{2}tg\frac{\theta}{2}}{(cos\theta+cos\theta_0)}\;. \qquad (21)$$

Comme au paragraphe 1.5.2.4, b est le rayon du fil, γ la constante d'Euler. θ_0 est l'angle d'incidence, θ l'angle d'observation. On notera la présence du facteur $\dfrac{tg\frac{\theta_0}{2}tg\frac{\theta}{2}}{(cos\theta+cos\theta_0)}$, comme dans le coefficient $D_{\theta\theta}$ du cône circulaire mince.

Les deux processus de diffraction se ressemblent quelque peu : géométrie voisine, lancement d'ondes progressives à la pointe. (21) est valide hors du cône $\theta = \pi - \theta_0$, qui est le cône S pour le fil, et hors de l'incidence (resp. observation) rasante θ_0 (resp. θ) $= \pi$. Dans ces directions, le champ est dominé par les ondes progressives qui ne décroissent pas en $1/r$, et D devient infini.

Nous allons maintenant donner quelques résultats approchés sur une pointe quelconque.

1.5.3.3. *Calcul approché du coefficient de diffraction par une pointe quelconque*

a)   *Cône régulier*

Pour un cône régulier, l'approximation la plus naturelle est d'approcher les courants sur le cône par le courant d'optique physique $J = 2\hat{n} \wedge \vec{H}_i$, $\hat{n}$ étant la normale au cône et $\vec{H}_i$ le champ incident. Le champ diffracté par les courants d'Optique Physique situés sur une génératrice du cône s'exprime exactement. Le champ diffracté par le cône s'obtient comme une intégrale sur l'angle de la génératrice [TP].

Gorianov a comparé, dans le cas du cône circulaire illuminé suivant son axe, le résultat de l'Optique Physique au résultat exact [Go]. En rétrodiffusion, le coefficient de diffraction obtenu par l'Optique Physique coïncide avec le résultat exact. Dans les autres directions, l'erreur n'excède pas 10 %. Aucune étude systématique n'a été effectuée pour une incidence quelconque. En incidence périaxiale, le coefficient de diffraction de l'Optique Physique reste une bonne approximation. Toutefois, nous avons vu au paragraphe 1.5.3.1 que le coefficient $D_{\theta\theta}$ était représentatif d'autres effets que l'Optique Physique. On peut donc s'attendre à des différences entre le coefficient de diffraction approché et le coefficient de diffraction exact à certaines incidences. La figure 20 compare, pour un cône de demi-angle au sommet 12°5 et un champ électrique incident suivant $\hat{\theta}$, la SER calculée par l'Optique Physique à celle obtenue avec le coefficient de diffraction de Felsen (formules (18)-(20)), au voisinage de l'incidence arrière. La différence est importante dans ce cas.

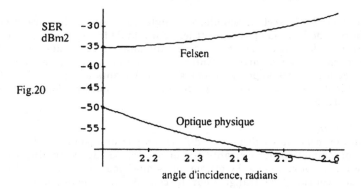

Fig.20

angle d'incidence, radians

En conclusion, l'approximation de l'Optique Physique est une bonne approximation en périaxial. Toutefois, les résultats se dégradent quand l'incidence augmente, et l'erreur peut devenir importante pour l'incidence arrière.

b) *Cône non régulier*

Lorsque le cône n'est pas régulier (par exemple un coin de polyèdre), le courant sur le cône est assez bien représenté par la superposition (voir Fig. 21).

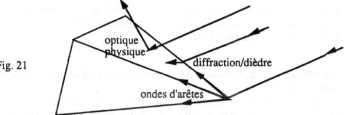

Fig. 21

- du courant de l'Optique Physique
- des courants dits de frange lancés par les arêtes, assimilés à des dièdres infinis
- des courants dus aux ondes d'arêtes lancées par la pointe.

Une étude numérique a été menée par Hansen [Ha] pour le quart de plan. Hansen montre que les courants dûs aux ondes d'arête sont, comme on peut s'y attendre, concentrés au voisinage des arêtes et décroissent en $r^{-1/2}$. Hansen donne des formules explicites pour les différentes composantes du coefficient de diffraction. Le courant de diffraction dû aux courants de l'Optique Physique est calculé exactement. Celui dû aux courants de frange, calculés sur les demi plans dont l'intersection forme le quart de plan, est évalué approximativement, en utilisant les courants équivalents de frange de Michaeli [Mi]. Cette approximation est celle de la Théorie Physique de la Diffraction (Chapitre 7). Hansen donne une expression approchée, basée sur les résultats numériques, du coefficient de diffraction dû aux ondes d'arête. Il montre que la prise en compte de cette composante du coefficient de diffraction est essentielle : son omission conduit à des erreurs allant juqu'à 7dB sur le coefficient de diffraction.

Hill [Hi] a étudié le secteur angulaire d'angle quelconque. Elle prend en compte le courant de l'optique physique et les courants de frange lancés par les arêtes. Le travail de Hill est surtout intéressant dans le cadre des théories uniformes, abordées au Chapitre 2. Enfin, Ivrissimtzis a étudié le coin de polyhèdre, avec les mêmes approximations sur les courants que celles de Hill [I]. L'inconvénient des deux approches précédentes est l'omission des courants dus aux ondes d'arête.

c)   *Conclusion*

Le calcul approché du coefficient de diffraction par une pointe quelconque passe par l'approximation des courants sur la pointe. Les approximations les plus naturelles : courants de l'Optique physique pour le cône régulier, augmentés des courants de frange pour le coin de polytrièdre, donne un résultat parfois bon, mais dont la précision ne saurait être garantie. La prise en compte des courants lancés par la pointe est donc essentielle. Elle demande l'utilisation de méthodes numériques.

1.5.3.4. *Singularités faibles*

Elles ont été étudiées par Kaminetzky et Keller [KK] dans le cas acoustique seulement, mais la méthode de couche limite utilisée pourrait s'étendre au cas électromagnétique. Kaminetzky et Keller ont notamment étudié des discontinuités ponctuelles, et des intersections des dérivées de discontinuités supérieures de la surface linéique et des dérivées de l'impédance. Kaminetzky a également étudié la diffraction par une discontinuité de courbure sur l'arête d'un dièdre. Ces singularités faibles conduisent à des coefficients de diffraction très faibles et sont en général négligeables.

1.5.4. Coefficient d'attachement, de détachement, et d'atténuation des rayons rampants

Considérons le problème canonique de la diffraction d'une onde plane *TM* $E^{inc} = exp.(ikx)$ par un cylindre circulaire conducteur. Le développement asymptotique de la solution exacte dans la zone d'ombre peut se mettre sous la forme [Ja] (voir Fig. 22)

$$E(\rho, \varphi) = \sum_{p=1}^{P} (D_s^p)^2 \{exp\,(ika + i\alpha_s^p)\,\theta_1 + exp\,(ika + i\alpha_s^p)\,\theta_2\}\,\frac{exp\,(iks)}{\sqrt{s}} \qquad (22)$$

ce qui permet d'identifier les coefficients de diffraction "soft" définis au paragraphe 1.3.4.4. On obtient les coefficients "hard" à partir du problème canonique de la diffraction d'une onde plane TE.

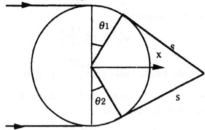

Fig.22

Comme mentionné au paragraphe 1.3.4.4, le cylindre circulaire n'est pas le seul problème canonique possible pour le calcul des différents coefficients de diffraction. Voltmer [Vo] a également étudié la diffraction par une sphère, pour évaluer l'effet du rayon de courbure transverse au rayon rampant ρ_t .

L'effet d'une courbure non constante a été étudiée par Keller et Levy [KL] et Franz et Klante [FK]. Keller et Levy utilisent des objets canoniques à courbure non constante, comme le cylindre ellyptique. Franz et Klante résolvent approximativement l'équation intégrale en champ magnétique pour un cylindre en polarisation TE (hard).

Enfin, Hong [Ho] a résolu approximativement l'équation intégrale en champ magnétique pour un objet de révolution convexe. Cette technique permet de prendre en compte simultanément l'effet du rayon de courbure transverse et la variation de courbure.

Tous ces travaux, limités au cas du conducteur parfait, ont permis un calcul plus précis des coefficients de diffraction. En pratique, l'effet de courbure variable n'est pas très important. Il n'est, de plus, valide que pour des variations lentes de la courbure, et son emploi dans d'autres conditions peut détériorer la précision du résultat [Mo]. Par contre, la prise en compte du terme de courbure transverse peut significativement améliorer la précision des calculs. Nous nous contenterons donc d'inclure ce terme dans les formules.

Nous donnons ci-dessous les coefficients de diffraction, avec la convention $A = D$ (ou $C = 1$) de Keller.

Coefficients d'atténuation α :
Conducteur (rampant électrique) :

$$\alpha_s^p \approx q_s^p \,\frac{m}{\rho}\, e^{i\pi/3}\left(1 + \frac{1}{m^2}\,\frac{q_s^p}{60}\right) \qquad (23)$$

Conducteur (rampant magnétique) :

$$\alpha_h^p \approx q_h^p \frac{m}{\rho} e^{i\pi/3} \left(1+ \frac{1}{m^2}\left(\frac{q_h^p}{60}+\frac{1}{(q_h^p)^2}\left(\frac{1}{10}-\frac{\rho}{4\rho_t}\right)\right)\right) \qquad (24)$$

Impédance (rampant magnétique) :

$$\alpha_h^p(Z) \approx q_h^p \frac{m}{\rho} e^{i\pi/3} \qquad (25)$$

Impédance (rampant électrique) :

$$\alpha_s^p \approx \alpha_h^p\left(\frac{1}{Z}\right) \qquad (26)$$

$m\cdot$, appelé paramètre de Fock, vaut $\left(\frac{k\rho}{2}\right)^{1/3}$; q_s^p (resp. q_h^p) désigne l'opposé du pième zéro de la fonction d'Airy (resp. de la dérivée de la fonction d'Airy). $q_h^p(Z)$ est l'opposé du pième zéro de l'équation :

$$Ai(-q_h^p(Z)) - mZ\, e^{-i\pi/6}\, Ai(-q_h^p(Z)) = 0 . \qquad (27)$$

En faisant $Z=0$ (resp. $Z=\infty$) dans (27), on retrouve le rampant magnétique (resp. électrique) sur un conducteur.

Coefficients de détachement

$$(D_s^p)^2 \approx (2\pi k)^{-1/2} m\, \frac{e^{i\pi/12}}{[A_i'(-q_s^p)]^2}\left(1+\frac{1}{m^2} q_s^p\left(\frac{1}{30}+\frac{\rho}{4\rho_t}\right)\right) \qquad (28)$$

$$(D_h^p)^2 \approx (2\pi k)^{-1/2} m\, \frac{e^{i\pi/12}}{q_h^p[A_i(-q_h^p)]^2}\left(1+\frac{1}{m^2}q_h^p\left(\frac{1}{30}+\frac{\rho}{4\rho_t}\right)-\frac{1}{[q_h^p]^2}\left(\frac{1}{10}-\frac{\rho}{4\rho_t}\right)\right) \qquad (29)$$

$$(D_h^p(Z))^2 \approx (2\pi k)^{-1/2} m\, \frac{e^{i\pi/12}}{q_h^p A_i^2(-q_h^p)+A_i'^2(-q_h^p)} \qquad (30)$$

où $q_h^p = q_h^p(Z)$

$$D_s^p(Z) = D_h^p(1/Z). \qquad (31)$$

Les formules précédentes appellent les commentaires suivants :

- En pratique, seul le premier mode rampant, i.e. celui qui correspond au premier zéro de l'équation (27) est important pour des impédances pas trop proches d'une impédance imaginaire pure négative.

- Le rampant électrique sur conducteur est beaucoup plus atténué que le rampant magnétique : $q_s^1 \approx 2,338$ alors que $q_h^1 \approx 1,019$.

- Au vu des deux remarques précédentes, pour des objets assez grands et conducteurs, on obtiendra de bons résultats en ne considérant que le premier mode de rampant magnétique.

- L'impédance Z modifie les coefficients d'atténuation et de détachement. C'est donc un contrôle sur l'amplitude des ondes rampantes. La résolution de (27) est donnée avec les résultats essentiels, en appendice 1.

- L'effet principal de la courbure transverse est de diminuer l'atténuation du rampant magnétique à cause du terme $-\dfrac{1}{m^2(q_h^p)^2}\ \dfrac{\rho}{4\rho_t}$ dans l'équation

(24). Ce terme reste valide si $\dfrac{\rho}{\rho_t}$ n'est pas trop grand.

Les formules (24) à (31) donnent tous les coefficients de diffraction nécessaires aux calculs des ondes rampantes. Nous allons maintenant donner les coefficients de diffraction $D_{sr,s}$, permettant de passer du champ fictif sur le rayon de surface au champ de surface. Ces coefficients, associés aux coefficients de diffraction par des discontinuités, permettent, comme vu au paragraphe 1.3.4.5 de calculer des processus de diffraction hybride.

1.5.5.   Calcul des coefficients $D_{sr,s}$

Le problème canonique est toujours la diffraction d'une onde plane par un cylindre. Dans la zone d'ombre, le champ de surface s'écrit comme une superposition d'ondes rampantes. Le coefficient $D_{sr,s}$ est simplement le rapport du champ de surface vrai au champ de surface fictif. On obtient en conducteur parfait, pour un rampant magnétique :

$$(D_{sr,s}^h)^2 = \frac{1}{mq^h}\ e^{-i\pi/12}\ (2\pi k)^{1/2}. \tag{32}$$

Pour une surface d'impédance Z , (32) est remplacée par :

$$(D_{sr,s}^h)^2 = \frac{1}{m}\ \frac{A_i^2(-q^h)}{A_i'^2(-q^h)+q^h A_i^2(-q^h)}\ e^{-i\pi/12}\ (2\pi k)^{1/2} \tag{33}$$

$$= \frac{1}{m}\ \frac{1}{m^2 Z^2 exp(-i\pi/3)+q^h}\ e^{-i\pi/12}\ (2\pi k)^{1/2} \tag{33 bis}$$

Rappelons que $D_{sr,s}^h$ est le coefficient par lequel il faut multiplier le champ électrique normal porté par le rayon de surface pour obtenir le champ électrique normal sur la surface.

La différence entre (32) et les résultats d'Albertsen [AC] vient de ce que Albertsen prend $C = \dfrac{e^{i\pi/4}}{\sqrt{8\pi k}}$ au lieu de $C = 1$: on retrouve le coefficient d'Albertsen pour le conducteur parfait en multipliant par $C^{1/2}$. D'autre part, dans le cas de l'impédance, Albertsen a considéré le cas $Z = \mathcal{O}(1)$, alors que nous avons pris dans (33) $mZ = \mathcal{O}(1)$. On retrouve le résultat d'Albertsen en négligeant q^h devant $m^2 Z^2$ au dénominateur de (33 bis). L'intérêt du choix $mZ = \mathcal{O}(1)$ est de donner un résultat uniforme quand $Z \to 0$: (33) se réduit effectivement à (32) quand $Z = 0$.

Pour une surface avec impédance, $D_{sr,s}^s$, qui relie le champ électrique tangent porté par le rayon de surface au champ électrique tangent sur la surface est donné par :

$$D_{sr,s}^s(Z) = D_{sr,s}^h(1/Z). \tag{34}$$

Enfin, dans le cas conducteur parfait, $D_{sr,s}$ qui relie le champ électrique tangent porté par le rayon de surface à la dérivée normale $\partial/\partial kn$ du champ électrique tangent sur la surface est donné par :

$$D_{sr,s'} = e^{-3i\pi/8} \sqrt{\frac{2}{ka}} \ (2\pi k)^{1/4} . \tag{35}$$

Les formules (32) à (35) donnent les coefficients de diffraction permettant de passer du champ fictif sur le rayon de surface au champ de surface. Ils permettent donc notamment de calculer, par la TGD, le champ de surface. Nous avons vu, de plus, dans les paragraphes 1.3.4.5 à 1.3.4.8 qu'ils permettent, associés aux coefficients de diffraction par des discontinuités, donnés aux paragraphes 1.5.2 et 1.5.3, de calculer les coefficients de diffraction hybrides, c'est-à-dire faisant intervenir la diffraction ou le lancement d'ondes rampantes sur des arêtes ou pointes à faces courbes. Il nous reste maintenant à donner les coefficients d'excitation d'ondes rampantes par une source placée sur une surface.

1.5.6. Calcul des coefficients de lancement d'ondes rampantes par une source située sur la surface

C'est le problème réciproque du précédent : les coefficients du type $D_{sr,s}$ permettent de calculer le champ de surface dû à une source lointaine. Les coefficients de lancement type L_h, L_s permettent de calculer le champ lointain rayonné par une source sur la surface. Ils se déduisent des précédents par le théorème de réciprocité. On obtient, pour une surface avec impédance :

$$L_h = D^h_{sr,s} = \frac{1}{m^{1/2}} \ \frac{1}{(m^2 Z^2 exp(-i\pi/3)+q_h)^{1/2}} \ e^{-i\pi/24} \ (2\pi k)^{1/4} \tag{36}$$

$$L_s = \frac{1}{Z} \ D^s_{sr,s} = \frac{1}{m^{1/2}} \ \frac{1}{(m^2 exp(-i\pi/3)+Z^2 q_s)^{1/2}} \ e^{-i\pi/24} \ (2\pi k)^{1/4} \tag{37}$$

quand $Z \to 0$, (36) et (37) se réduisent aux formules connues [Pa] pour le conducteur parfait,

$$L_h = e^{-i\pi/24} \left(\frac{2}{ka}\right)^{1/6} (2\pi k)^{1/4} \ (q_h)^{-1/2} \tag{38}$$

et

$$L_s = e^{i\pi/8} \sqrt{\frac{2}{ka}} \ (2\pi k)^{1/4} . \tag{39}$$

On notera que L_s est d'ordre $1/m$ (on rappelle que $m = \left(\frac{ka}{2}\right)^{1/3}$) par rapport à L_h dans le cas du conducteur parfait. Rappelons d'autre part que les ondes rampantes électriques sont nettement plus atténuées, toujours pour le conducteur parfait, que les ondes rampantes magnétiques. En définitive, le processus dominant est donc le lancement d'ondes rampantes magnétiques par la composante du dipôle magnétique perpendiculaire à la géodésique.

Dans le cas de l'impédance de surface, le lancement des rampants magnétiques (resp. électriques) par la composante perpendiculaire (resp. parallèle) du dipôle magnétique domine aux faibles (resp. fortes) impédances. Aux fortes impédances, i.e. $|Z| \to +\infty$, L_h et L_s tendent vers 0, ce qui est logique, puisque l'on tend vers un conducteur magnétique.

Le cas du dipôle électrique parallèle à la surface se déduit aisément du cas précédent, en faisant les substitutions $\vec{E} \rightarrow \vec{H}, \vec{H} \rightarrow -\vec{E}, \vec{J} \rightarrow \vec{M}, \vec{M} \rightarrow -\vec{J}, Z \rightarrow 1/Z$. On obtient alors bien sûr des coefficients de lancement nuls pour le conducteur parfait.

Le terme L mérite quelques commentaires. Si on choisit comme problème canonique la diffraction par un cylindre en incidence normale, on obtient :

- en polarisation TE, c'est-à-dire, dans ce cas, avec le champ magnétique parallèle aux génératrices du cylindre, un champ magnétique de surface parallèle aux génératrices, donc perpendiculaire à la géodésique (dans ce cas un cercle), suivant laquelle se propage le rayon rampant,

- en polarisation TM, un champ magnétique de surface perpendiculaire aux génératrices, donc parallèle à la géodésique suivant laquelle se propage le rayon rampant.

Il est donc tentant de conclure que le champ magnétique de surface transporté par un rayon rampant magnétique (resp. électrique) est orthogonal (resp. parallèle) à la géodésique, et que, par réciprocité, $L = L' = 0$. C'est ce qui est fait dans les articles sur le sujet jusqu'à 1980.

Si on considère, toujours en conducteur parfait, le problème canonique du cylindre en incidence oblique, les géodésiques sont maintenant des hélices. En polarisation TE, le champ magnétique dans la zone d'ombre est toujours principalement dirigé suivant la géodésique (une hélice dans ce cas), suivie par le rayon rampant[Iv], mais en polarisation TM, le champ magnétique reste, par définition, perpendiculaire aux génératrices. Il a donc une composante perpendiculaire $H_\perp$(resp.parallèle $H_{,,}$ à l'hélice. Le rapport $H_\perp/H_{,,}$

est simplement, dans le cas du cylindre, la cotangente de l'angle de l'hélice avec la génératrice du cylindre. Cette cotangente se trouve être égale au produit de la torsion τ par le rayon de courbure ρ de l'hélice. Toujours suivant le principe de localité, on en conclut que, pour une surface quelconque, le rapport $H_\perp/H_{,,}$ est égal au produit $\tau\rho$. Ce résultat sera confirmé au chapitre 3. Par réciprocité, on déduit que un dipôle magnétique orthogonal à une géodésique lance un rampant électrique et que, pour le conducteur parfait

$$L = \tau\rho L_s \qquad (40)$$

L_s étant donné par (39). Il est également possible d'obtenir le résultat à partir du problème canonique du dipôle magnétique placé sur un cylindre.

Pour le cas de la surface avec impédance Z, suffisamment différente de 1 pour que les rampants électriques et magnétiques soient indépendant (chapitre 3), nous avons obtenu, par une méthode de couche limite :

$$L = (\tau\rho) \frac{1}{1-Z^2} L_s \qquad (41)$$

Quand $Z \simeq 1$, il n'est plus possible comme on le verra au chapitre 3, de distinguer les deux types d'ondes rampantes et le formalisme précédent n'est plus applicable. Quand $Z = 0$, on retrouve le résultat conducteur parfait. Quand $Z \rightarrow \infty$, $L \rightarrow 0$ puisque l'on est sur un conducteur magnétique. Les coefficients M et N se calculent de la même façon que L_h, L_s et L, à partir du problème canonique de la diffraction d'une onde plane par un cylindre et du théorème de réciprocité. On obtient :

$$M = L_h \qquad (42)$$

$$N = L \ . \tag{43}$$

Le cas du dipôle magnétique perpendiculaire à la surface se déduit par les substitutions $\vec{E} \to \vec{H}, \vec{H} \to -\vec{E}, \vec{J} \to \vec{M}, \vec{M} \to -\vec{J}, Z \to 1/Z$.

1.5.7. Coefficients de diffraction pour les ondes progressives et les ondes d'arête

Pour mémoire, ils ne sont pas connus à ce jour.

1.5.8. Conclusion

Nous disposons maintenant de tous les éléments pour résoudre un problème de diffraction. La résolution effective du problème comporte les étapes suivantes :

- Recherche des rayons suivant le principe de Fermat généralisé (paragraphe 1.2). Pour un obstacle de forme simple, la recherche des rayons peut se faire analytiquement. Pour un obstacle complexe, il faut utiliser des programmes informatiques de recherche de rayon.

- Détermination des rayons les plus significatifs. Il est délicat de donner des règles universelles et précises. Pour des obstacles simples, le choix des rayons à prendre en compte dépend de la précision recherchée : plus on intègre de phénomènes de diffraction et plus le résultat est précis.

- Calcul du champ suivant chaque rayon : on utilisera les formules générales du paragraphe 1.3, avec les facteurs géométriques du paragraphe 1.4, et les coefficients de diffraction du paragraphe 1.5.

- Sommation pour avoir le champ total diffracté par l'obstacle.

Avant de passer au paragraphe 1.7, à quelques exemples simples, il est important de préciser les limites des méthodes de rayon. C'est ce que nous allons faire au paragraphe suivant.

1.6. Quelques limites des méthodes de rayons

La théorie Géométrique de la Diffraction, et plus généralement, toutes les méthodes de rayon, présentent un certain nombre de limites, que nous allons développer dans les paragraphes suivants :

- elles prédisent des sauts non physiques de la solution sur les frontières ombre-lumière (paragraphe 1.6.1).

- elles prédisent des résultats infinis sur les caustiques, i.e. les enveloppes des rayons (paragraphe 1.6.2) et un résultat nul dans la zone d'ombre de la caustique (paragraphe 1.6.3).

La méthode des développements asymptotiques, exposée au chapitre 2, permet en même temps de donner un fondement plus solide à la TGD, et de calculer le champ dans les zones où la TGD échoue. Toutefois, avant d'exposer cette méthode, nous allons donner quelques exemples, et des moyens simples de pallier, au moins dans quelques cas, les insuffisances de la TGD.

1.6.1. Les sauts aux frontières ombre-lumière

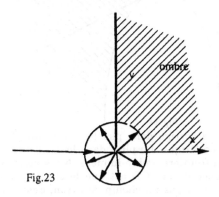

Fig.23

Considérons par exemple un demi plan éclairé en incidence normale par une onde plane (voir Fig.23). La représentation en rayon de l'onde plane incidente est un ensemble (plus précisément une congruence) de droites. Le quart de plan $x > 0$, $y > 0$ est la zone d'ombre optique, la frontière ombre-lumière du champ incident est la demi-droite $y = 0$, $x > 0$. Dans ce cas simple, le cône de Keller se réduit à un plan. Par tout point de la zone d'ombre optique passe un rayon diffracté et la TGD prédit un champ dans la zone d'ombre

$$u\,(r,\,\theta) = D(\theta)\;\frac{e^{ikr}}{\sqrt{r}} \qquad (1)$$

$(r,\,\theta\,)$ sont les coordonnées polaires du point d'observation.

$D(\theta)$ est donné au paragraphe 1.5 et vaut (le demi plan est un dièdre d'angle extérieur égal à 2π), en polarisation TM (u désigne alors H)

$$D(\theta) = \frac{e^{i\pi/4}}{2\sqrt{2\pi k}}\;(\frac{1}{sin\,(\theta/2)} - \frac{1}{cos\,(\theta/2)}). \qquad (2)$$

Pour un point légèrement au-dessus de la frontière ombre-lumière $\theta = 0$, le champ total est donné par (1) et (2).

Pour un point légèrement au-dessous, il faut rajouter à ce champ le champ incident de l'onde plane. Il apparaît immédiatement deux problèmes :

- au-dessus de la frontière ombre-lumière, l'amplitude décroît en $1/\sqrt{r}$, au-dessous, elle est constante,

- le coefficient de diffraction devient infini à $\theta = 0$, sur la frontière ombre-lumière.

Considérons maintenant un cylindre parabolique éclairé en incidence normale par une onde plane (voir Fig.24.). Légèrement au-dessus de la frontière ombre-lumière le champ est dû à un rayon rampant et décroît en $1/\sqrt{r}$ alors que légèrement au-dessus, elle est constante.

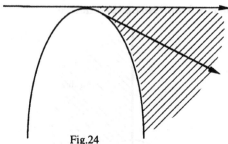

Fig.24

La TGD classique ne corrige donc pas les sauts aux frontières ombre-lumière de l'Optique Géométrique. De plus, dans le cas d'une arête, elle prédit un résultat infini sur la frontière ombre-lumière. Nous verrons au chapitre 2, que la raison de cet échec de la TGD est que le champ au voisinage d'une frontière ombre-lumière n'est pas un champ de rayon, c'est-à-dire ne peut pas être approché par une (ou quelques) onde plane. Nous introduirons au chapitre 5 les théories dites uniformes, qui permettent de pallier cette déficience de la TGD. Enfin, la Théorie Physique de la Diffraction, exposée au chapitre 4, permet également de résoudre ce problème des frontières ombre-lumière. Le choix de la méthode dépendra du problème à résoudre. Passons maintenant au problème des caustiques.

1.6.2. Résultats infinis sur les caustiques

Les caustiques sont les enveloppes des rayons. Elles ont été ainsi désignées parce que la lumière concentrée "brûle" sur les caustiques. L'exemple de la figure ci-dessous permet de comprendre très simplement pourquoi la TGD donne des résultats infinis aux caustiques. L'énergie se conserve, selon les lois de l'Optique Géométrique (voir paragraphe 1.2), dans un tube de rayons. Sur une caustique circulaire par exemple (voir Fig. 25) on va concentrer sur une section d'ordre $(d\theta)^2$ un tube de rayon de section initiale d'ordre $d\theta$. Le champ calculé par la méthode de rayon devient infini.

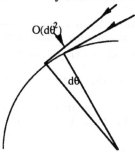

$O(d\theta^2)$

$d\theta$

Fig.25

Tout rayon passe par deux caustiques, situées, comme on l'a vu au paragraphe 1.3.2.1, aux points d'abscisse $-\rho_1$ et $-\rho_2$, où ρ_1 et ρ_2 sont les deux rayons de courbure du front d'onde. La formule (3) du paragraphe 1.3.2.1 :

$$|E(M)| = |E(0)| \sqrt{\frac{\rho_1 \rho_2}{(\rho_1+s)(\rho_2+s)}}$$

donne effectivement un résultat infini aux points $s = -\rho_1$ et $s = $ ρ_2 .... .ur la caustique.

La contribution à la SER du point de réflexion spéculaire calculée par la formule précédente vaut $\pi \rho_1 \rho_2$. Un cas particulièrement gênant pour les applications SER est le cas où ρ_1 ou ρ_2 devient infini. La SER prédite est alors infinie. On parle alors de "caustique à l'infini". Ce cas se produit en particulier lorsqu'une onde plane se réfléchit sur une surface dont un des rayons de courbure est nul, ou se diffracte sur un bord suivant la direction de la binormale au bord (voir Fig. 26).

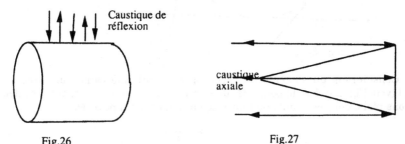

Fig.26   Fig.27

Un cas fréquent dans les applications est la diffraction par un objet de révolution éclairé suivant son axe. L'axe est alors une caustique de rayons et la TGD prédit un résultat infini dans l'axe. On parle de caustique axiale (voir Fig. 27).

La TGD prédit des résultats infinis aux caustiques toujours pour la même raison : le champ au voisinage d'une caustique n'est pas un champ de rayon. Nous verrons au chapitre 2 comment calculer le champ au voisinage des caustiques en général, grâce aux méthodes de développement asymptotique. La méthode de Maslov (chapitre 6) et la TPD (chapitre 7) permettent également de calculer le champ au voisinage des caustiques. Il y a donc plusieurs méthodes, qui se différencient essentiellement par leur facilité d'emploi, de calculer le champ aux caustiques. Ces méthodes permettent en particulier de calculer le champ sur la partie ombrée de la caustique, où n'arrive aucune rayon réel. Toutefois, dans ce dernier cas, la TGD fournit une réponse grâce à la méthode des rayons complexes. Nous allons donner sur l'exemple très simple de la caustique circulaire, un exemple d'application de la méthode des rayons complexes au calcul du champ du côté ombré de la caustique.

1.6.3.   Calcul du champ dans la zone d'ombre de la caustique

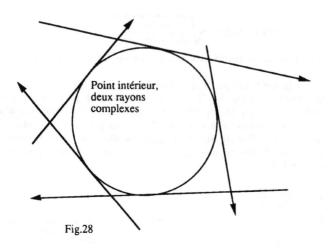

Point intérieur,
deux rayons
complexes

Fig.28

Considérons un système de rayons présentant une caustique circulaire [K1] (voir Fig. 28). Par le point M de coordonnées (r, θ) passent, si $r > a$, deux rayons réels, dont les points de tangence ont pour angles polaires :

$$\theta_\pm = \theta \pm cos^{-1} \frac{a}{r} \qquad (3)$$

La distance du point M à l'un des points de tangence est $\sqrt{r^2-a^2}$.

Si le point M est à l'intérieur de la caustique, il ne passe plus de rayons réels. Par contre, il passe par M deux rayons complexes, dont les points de tangence ont pour angles polaires :

$$\theta_\pm = \theta \pm ich^{-1} \frac{a}{r} \, . \qquad (4)$$

La distance du point M à l'un des points de tangence est $i\sqrt{r^2-a^2}$. On peut donc calculer le champ en un point intérieur à la caustique en considérant ces deux rayons complexes. Le problème de la caustique n'est bien sûr pas résolu puisque la solution diverge, du côté ombre comme du côté illuminé de la caustique, comme $(r^2 - a^2)^{-1/4}$. Toutefois, assez loin de la caustique, il est possible d'utiliser le formalisme des rayons. Du côté éclairé de la caustique, si la solution se met sous la forme :

$$u = (r^2 - a^2)^{-1/4} \left(A(\theta_+)e^{ik\sqrt{r^2-a^2}} -iA(\theta_-)e^{ik\sqrt{r^2-a^2}} \right) \qquad (5)$$

où A est une fonction analytique, $\theta_\pm$ étant donnée par (3).

La solution du côté ombré de la caustique s'obtiendra par prolongement analytique, en remplaçant $\theta_\pm$ par l'expression (4), et $\sqrt{r^2-a^2}$ par $i\sqrt{a^2-r^2}$ dans la formule 5.

Il est donc possible dans ce cas simple, d'obtenir la solution du côté ombré de la caustique par la technique des rayons complexes. Le champ du côté ombré de la caustique est un champ de rayon, au sens où il ressemble localement à la somme de deux ondes planes, inhomogènes en l'occurence. Nous retrouverons dans la suite de l'ouvrage des méthodes de rayons complexes.

Ce premier exemple montre déjà les avantages et les limites de ces techniques : les rayons complexes fournissent, quand la géométrie considérée est simple, une solution élégante du problème.

Par contre, dès que la géométrie devient compliquée, le prolongement analytique de la solution réelle devient délicat, sinon impossible, et la méthode n'est plus applicable.

1.6.4. Conclusion

Dans les zones où le champ est un champ de rayon, c'est-à-dire où il est bien (en un sens à préciser) représenté localement par une (ou quelques) onde plane, la TGD est un outil efficace de calcul du champ. Lorsque le champ n'est plus un champ de rayon, c'est-à-dire au voisinage des frontières ombre-lumière et des caustiques, la TGD donne des résultats inexacts, et il faut passer à d'autres méthodes, que nous décrirons aux chapitres 2, 3 et 4. Nous allons maintenant donner quelques exemples simples d'application de la TGD.

1.7 Exemples

Nous allons, dans ce paragraphe, illustrer les développements précédents par quelques exemples concrets.

La section 1.7.1 donne les ordres de grandeur des différents phénomènes contribuant à la SER d'un objet. Rappelons que la SER est

$\lim_{d \to \infty} 4\pi d^2 \vec{E}^d . \vec{E}^{*d} / \vec{E}^i . \vec{E}^{*i}$, où $\vec{E}^d$ est le champ diffracté, et $\vec{E}^i$ le champ incident. Pour des obstacles bidimensionnels, on définit la LER

$\lim_{d \to \infty} 2\pi d \, \vec{E}^d . \vec{E}^{*d} / \vec{E}^i . \vec{E}^{*i}$, en polarisation TM, et $\lim_{d \to \infty} 2\pi d \, \vec{H}^d . \vec{H}^{*d} / \vec{H}^i \, \vec{H}^{*i}$,

en polarisation TE. Cette section doit aider le lecteur, confronté à un problème pratique, à choisir les rayons les plus importants.

La section 1.7.2 donne la SER de quelques objets. Nous nous limiterons à des exemples simples, où l'essentiel des calculs peut être mené analytiquement. Nous renvoyons le lecteur à la littérature, en particulier à [Ja], pour d'autres applications.

1.7.1. Ordre de grandeur des contributions à la SER

1.7.1.1. Point spéculaire

Les points spéculaires, c'est à dire les points où les rayons se réfléchissent, contribuent fortement à la SER des obstacles lisses. Le champ réfléchi par le point spéculaire S est donné par (8) du 1.3.4.1. Les rayons de courbure ρ_1^r et ρ_2^r du front d'onde réfléchi sont donnés par (21) du 1.4.2.1. L'onde incidente étant plane, la matrice de courbure du front d'onde incident est nulle, si bien que (21) donne, pour la matrice de courbure du front d'onde réfléchi.

$$Q^r = 2\underline{C} \qquad (1)$$

où $\underline{C}$ est la matrice de courbure de la surface au point de réflexion. Les rayons de courbure du front d'onde réfléchi sont donc simplement

$$\rho_1^r = \rho_1 \ /2 \ et \ \rho_2^r = \rho_2 \ /2 \tag{2}$$

ρ_1 et ρ_2 sont les rayons de courbure de l'obstacle au point S.

En réflexion spéculaire, le vecteur d'onde incident est suivant la normale à l'objet, si bien que le plan d'incidence n'est défini qu'à une rotation près.

D'autre part, les coefficients de réflexion sont d'après (1) et (2) du 1.5.2

$$-R_{TE} = R_{TM} = \frac{Z-1}{Z+1} \tag{3}$$

d'autre part $\hat{e}_n^i = -\hat{e}_n^r$, si bien que (9) du 1.3.4.1 devient simplement

$$\underline{R} = \frac{Z-1}{Z+1} \ \underline{I} \tag{4}$$

où $\underline{I}$ est la matrice identité.

On obtient donc, au point M à très grande distance d du point spéculaire

$$\vec{E}^d(M) = \frac{(\rho_1 \rho_2)^{1/2}}{2d} \ \frac{Z-1}{Z+1} \ \vec{E}^i(S) \tag{5}$$

et pour la SER due au point spéculaire

$$SER = \pi \ \rho_1 \ \rho_2 \ \left| \frac{Z-1}{Z+1} \right|^2 \tag{6}$$

Cette SER est indépendante de la fréquence. Elle croît comme le carré des dimensions caractéristiques de l'objet. Pour des rayons de courbure de 1 cm et un conducteur parfait $Z = 0$, on obtient une SER de -27 dB/m^2. Cette SER est de -7 dB/m^2 pour des rayons de courbure de 10 cm. Si l'objet, au point diffractant a une impédance de 0.9, soit un coefficient de réflexion en énergie d'environ 1/100, ces SER sont abaissées de 20 dB. On comprend aisément la raison de l'élimination des points spéculaires pour les objets discrets. On notera que la SER calculée devient infinie quand un des deux rayons de courbure est nul. On parlera de caustique à l'infini. La méthode la plus efficace pour calculer le champ sur ce type de caustique est la Théorie Physique de la Diffraction, exposée au chapitre 7.

Nous avons vu dans ce paragraphe que la SER d'un point spéculaire est une contribution importante. Passons maintenant au calcul de la contribution à la SER, en général plus faible à haute fréquence, d'un point diffractant sur une ligne de discontinuité .

1.7.1.2. Diffraction par un point sur une ligne de discontinuité

En rétrodiffusion, les points contribuant à la diffraction sont ceux où la tangente à la ligne de discontinuité est perpendiculaire à la direction d'incidence. La formule (12) du 1.3.4.2 donne le champ diffracté. On notera que ce champ est dans la direction $\vec{E}^i \ \underline{D}$, donc pas en général dans la direction du champ incident. La diffraction par une arête, contrairement à la réflexion spéculaire, modifie la polarisation du champ incident. Supposons le champ électrique incident dirigé suivant l'arête. La SER due au point diffractant est

$$SER = 4\pi D^2 \rho^d \tag{7}$$

où $D = D_s$ est le coefficient de diffraction de la ligne de discontinuité en polarisation TM. Si le champ électrique incident est perpendiculaire à l'arête, la SER est toujours donnée par (7), mais $D = D_h$ est le coefficient de diffraction en polarisation TE. ρ^d est le rayon de courbure non nul du front d'onde diffracté, donné par (22) du 1.4.2.1.

$$\frac{1}{\rho^d} = \frac{1}{\rho^a} \, (\hat{\imath} \, . \, \hat{n}_a - \hat{d} \, . \, \hat{n}_a) \qquad (8)$$

soit

$$\rho^d = \rho^a / 2 \, \hat{\imath} \, . \, \hat{n}_a \qquad (9)$$

donc une SER

$$SER = 4\pi D^2 \, \rho^a / 2 \, \hat{\imath} \, . \, \hat{n}_a \qquad (10)$$

Les dépendances en k des coefficients de diffraction donnés au 1.5 donnent la variation en k de la SER. Pour une arête vive, D décroît en $k^{-1/2}$, donc la SER en 1/k. La SER croît comme la dimension caractéristique de l'objet. Quelques valeurs numériques sont données au 1.7.2. Pour une discontinuité de courbure (voir 1.5.2.2), la SER est en k^{-3}, pour une discontinuité de la dérivée d'ordre n en k^{-2n+1}. La contribution à la SER décroît d'autant plus vite avec la fréquence que la discontinuité porte sur une dérivée plus élevée. En pratique, sauf pour des objets à très basse SER, les contributions des discontinuités d'ordre supérieur à 4 sont négligeables.

On notera que la SER donnée par (10) diverge si le rayon de courbure ρ^a de l'arête au point de diffraction est infini, ou si la direction d'incidence est perpendiculaire au plan osculateur de l'arête. Cette situation se produit notamment pour le calcul du champ diffracté par un cône à bord vif pour une onde incidente suivant l'axe. On parle de caustique à l'infini de rayons diffractés. La méthode la plus efficace pour calculer la SER sur ces caustiques est la méthode des courants équivalents, décrite au chapitre 7. Passons maintenant à un phénomène de diffraction plus faible que la diffraction par une arête, i.e. la diffraction par une pointe.

1.7.1.3. *Diffraction par une pointe*
Le champ diffracté est donné par (14) du 1.3.4.3. La SER est donc

$$SER = 4\pi | \vec{E}^i \, . \, \underline{D} |^2 / | \vec{E}^i |^2 \qquad (11)$$

Le coefficient de diffraction d'une pointe conique circulaire est , comme vu au 1.5, en k^{-1}, donc la SER en k^{-2} . Ce résultat reste vrai pour une pointe quelconque. Ce résultat est une application simple de l'analyse dimensionnelle. La SER est en m^2, une pointe n'a pas de dimension, le nombre d'onde est en m^{-1}. Pour obtenir des m^2, la seule possibilité est une SER en k^{-2}. La contribution à la SER d'une pointe est donc rapidement décroissante avec la fréquence. Elle est en général faible, sauf dans les directions où le coefficient de diffraction est grand. Pour un cône circulaire de petit angle parfaitement conducteur, nous avons vu au 1.5 que ce coefficient devient grand en incidence presque rasante. On notera que la SER ne dépend pas des dimensions caractéristiques de l'objet. Nous avons passé en revue les principaux phénomènes de diffraction par des singularités. Passons maintenant à l'évaluation de la SER due à un rayon rampant sur l'objet.

1.7.1.4. *Rayon rampant*
En conducteur parfait, le rampant magnétique s'atténue en

$(sin(\pi/3)m/\rho)q_h^1$, d'après (24) du 1.5 où q_h^1, opposé du premier zéro de la dérivée de la fonction d'Airy, vaut environ 1,02, alors que le rampant électrique s'atténue en $(sin\ (\pi/3)m/\rho)q_s^1$, où q_s^1 est le premier zéro de la fonction d'Airy, vaut environ 2,34. Seul le rampant magnétique contribue donc en pratique à la SER. Supposons le champ électrique dirigé suivant la normale à l'objet au point d'attachement du rampant. Le champ diffracté est alors donné par (18) du 1.3. La SER due au rampant est alors, d'après (24) et (29) du 1.5.

$$SER = 2mm'k^{-1}\rho_d\,(q_h^1\,Ai^2(-q_h^1))^{-2}exp\,(-\int_Q^{Q'} 2(sin\ \pi/3)(m/\rho)q_h^1 ds) \qquad (12)$$

Le calcul de cette contribution des rayons rampants demande une intégration numérique sur l'objet. Pour une évaluation très grossière de la SER due à ce rampant, on assimilera le trajet QQ' à un demi cercle de rayon R, où R est une dimension caractéristique de l'objet, et les différents paramètres géométriques apparaissant dans (12) à R. On obtient :

$$SER \approx 2^{1/3}k^{-1/3}R^{5/3}\,(q_h^1\,Ai^2(-q_h^1))^{-2}exp(-2(sin\ \pi/3)q_h^1\pi(kR/2)^{1/3}) \qquad (13)$$

$$avec\ q_h^1 \approx 1,019,\ et\ Ai(-q_h^1) \approx 0.536.$$

Cette SER est plus rapidement décroissante que toute puissance de kR, si bien que les rampants contribuent peu pour les très grands objets. En pratique, elle n'est toutefois pas négligeable pour des objets même grands, s'il n'y a pas de point spéculaire ni d'arêtes vives.

Nous avons terminé l'évaluation des différentes contributions de rayons subissant un seul type d'interaction avec l'objet. Nous allons conclure cette section par quelques observations sur les rayons subissant des interactions multiples.

1.7.1.5. *Rayons subissant des interactions multiples*
Les diffractions par des arêtes introduisent, hors effet de caustique, un facteur 1/k dans la dépendance en k de la SER. Ainsi, on peut souvent négliger les diffractions multiples. C'est encore plus vrai si ces diffractions se produisent sur des pointes (facteur $1/k^2$) ou des discontinuités de courbure (facteur $1/k^3$). De même, la reptation sur l'objet introduit, comme vu au paragraphe précédent, une décroissance rapide avec la fréquence. En règle générale, on pourra négliger les rayons subissant plus de quelques diffractions ou reptations sur l'objet. La situation est différente pour les réflexions. En effet, les réflexions ne modifient pas la dépendance en k. Il faut donc à priori considérer que les rayons subissant un nombre arbitraire de réflexions peuvent avoir la même importance que ceux subissant une ou pas de réflexion. Si ces réflexions se produisent sur des surfaces convexes, les rayons de courbure du front d'onde augmentent à chaque réflexion, si bien que les rayons subissant un nombre assez grand de réflexions peuvent être négligés. Cela n'est plus vrai si elles ont lieu sur des surfaces concaves (par exemple à l'intérieur d'une cavité). Il faut alors prendre en compte les réflexions d'ordre arbitraire.

1.7.1.6. *Conclusions*
La diffraction par un obstacle fait intervenir différents type de rayons : réfléchis, diffractés, rampants, et subissant toutes les combinaisons possibles de ces interactions élémentaires. Nous avons donné ci-dessus quelques ordres

de grandeur et quelques règles qui devraient aider le lecteur à acquérir une intuition sur les rayons à prendre en compte. Nous allons maintenant présenter quelques exemples pour illustrer les considérations précédentes. Tous les exemples choisis sont simples. Il est clair que, pour des objets complexes, le calcul ne peut se faire qu'à l'aide de codes de calcul informatiques.

1.7.2.   Quelques exemples de calcul de diffraction

1.7.2.1. *Diffraction par un ruban*

Considérons un ruban infini éclairé par une onde plane TM d'amplitude unité sous une incidence $\theta \neq \pi/2$; *i.e.* $\vec{E}^{inc} = exp\,(ik(xcos\theta - ysin\theta))$ *(Fig.29)*.

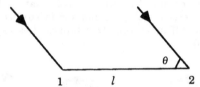

Fig.29 : diffraction par un ruban

Il n'existe pas de rayons réfléchis. Les contributions essentielles sont les rayons diffractés. Dans cette polarisation, les rayons doublement diffractés contribuent très peu, car le champ diffracté est nul sur l'objet. La double diffraction n'apparaît que par le coefficient de diffraction de pente et peut être négligée. On obtient donc un résultat précis en se limitant aux rayons simplement diffractés par chaque bord. Le coefficient de diffraction est donné par (3) du 1.5 ; l'angle extérieur au demi-plan vaut 2π, donc n=2, si bien que cette formule s'écrit

$$D_s = -\frac{e^{i\pi/4}}{2\sqrt{2\pi k}}\,(1 - \frac{1}{cos\,\Phi})\tag{14}$$

avec $\Phi = \pi - \theta$, pour le bord 1, $\Phi = \theta$, pour le bord 2.

Le champ diffracté par le bord 1 est donc

$$E^d{}_1 = -\,e^{ikr}\,\frac{e^{i\pi/4}}{2\sqrt{2\pi kr}}\,(1 + \frac{1}{cos\theta})\tag{15}$$

Le champ diffracté par le bord 2 est

$$E^d{}_2 = -\,e^{ikr + 2iklcos\theta}\,\frac{e^{i\pi/4}}{2\sqrt{2\pi kr}}\,(1 - \frac{1}{cos\theta})\tag{16}$$

d'où la LER

$$\text{LER} = \frac{1}{k}\,(cos^2\,(klcos\theta) + cos^{-2}\,(\theta)sin^2\,(klcos\theta))\tag{17}$$

On constate que cette LER ne diverge pas bien que les champs (15) et (16) divergent pour $\theta = \pi/2$, i.e. quand la frontière ombre-lumière du champ réfléchi coincide avec la direction d'observation . Il y a compensation des divergences. On peut donc dans certains cas employer la TGD pour le calcul de la SER, même sur les caustiques. Toutefois, cette compensation ne se produit que si les deux rayons diffractés dont les contributions deviennent infinies sont de même nature : deux diffractions par des arêtes, ou deux diffractions par des discontinuités de courbure, par exemple. Si les diffractions sont de nature différentes, la compensation n'a plus lieu. D'autre part, la compensation de deux quantités grandes est très instable numériquement. Pour ces deux raisons, les théories uniformes, exposées au chapitre 5, et la Théorie Physique de la Diffraction, présentée au chapitre 7, sont les plus utilisées dans le calcul industriel de la SER d'objets complexes. Nous allons maintenant passer à l' exemple un peu plus compliqué de la poutre triangulaire.

1.7.2.2. *Diffraction par une poutre à section triangulaire*
Nous considérons maintenant la polarisation TE, pour mettre en évidence les effets de diffraction double. En effet, en polarisation TM, le coefficient de diffraction pour une direction d'observation sur la surface est nul, si bien que les rayons doublement diffractés sont très faibles. Les rayons pris en compte sont représentés Fig.30.

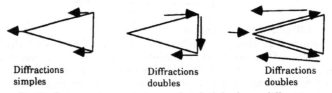

Diffractions   Diffractions   Diffractions
simples   doubles   doubles

Fig.30 : Rayons pris en compte pour le calcul du champ diffracté

Nous avons pris en compte les rayons simplement et doublement diffractés. Les calculs n'utilisent que l'expression du champ diffracté par un dièdre en deux dimensions,(l'origine des phases est sur l'arête du dièdre).

$$H^d = H^i \frac{D^h}{\sqrt{d}} \qquad (18)$$

et l'expression de D^h donnée par (3) du 1.5. Ils sont laissés en exercice au lecteur.
Nous avons, pour évaluer la précision de la TGD, comparé les résultats obtenus à ceux calculés par le code équations intégrales SHF2D, développé par P. Bonnemason et B. Stupfel au CEA-Limeil. Pour une poutre d'angle au sommet 30°, on note, en début de bande, des différences importantes, puis un bon accord à plus haute fréquence (Fig.31). Pour une poutre à section triangle équilatéral, l'accord est bon sur toute la bande de fréquence(Fig.32) . La différence à basse fréquence dans le premier cas vient de ce que nous avons appliqué sans précaution les formules de la TGD aux rayons diffractés par la pointe, puis par le fond (Fig.30, à droite). On est encore, à ces fréquences, dans la zone de transition du champ réfléchi. Une solution plus précise demanderait l'emploi de la Théorie Spectrale de la Diffraction, exposée au chapitre 4. Passons maintenant au cas du cylindre ogival , qui fait intervenir de rayons rampants diffractés.

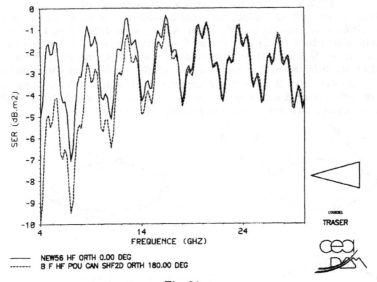

Fig. 31

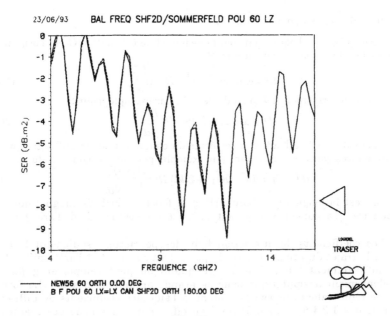

Fig. 32

1.7.2.3. *Diffraction par un cylindre ogival*

Nous avons pris en compte les contributions suivantes à la LER (Fig.33) : rayon réfléchi en S (1), rayon diffracté en A (2) , rayon diffracté en B (7) ou rayon rampant s'attachant en Q_1 diffracté en B se détachant en Q_1 (3), rayon rampant s'attachant en Q_2 diffracté en B se détachant en Q_2 (4), rayon rampant s'attachant en Q_1 diffracté en B se détachant en Q_2 (5). La dernière contribution doit être multipliée par 2 pour tenir compte du chemin inverse. Les rayons contribuant à la SER sont dessinés sur la figure 33, les contributions de chaque rayon au champ diffracté sont présentées sur la figure 34.

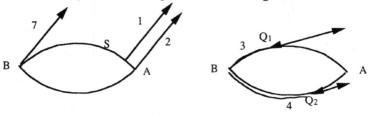

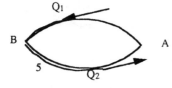

Fig. 33 : rayons pris en compte
dans le calcul du cylindre ogival

Ils sont calculés, en polarisation TE

- pour (1), avec l'équivalent bidimensionnel de (5), soit, si O est l'origine des phases, et ρ le rayon de courbure en S.

$$H^d = exp\,(2i\vec{k}.\overrightarrow{OS}\,)\,H^i\,\sqrt{\frac{\rho}{2d}} \tag{19}$$

- pour les rayons 2 et 7, à l'aide de (18), par exemple, pour 2

$$H^d = exp\,(2i\vec{k}.\overrightarrow{OS}\,)\,H^i\,\frac{D^h}{\sqrt{d}} \tag{20}$$

- pour 3, 4 et 5, à l'aide des résultats du chapitre 4 sur la diffraction par un dièdre à faces courbes. On obtient par exemple, pour la contribution du rayon 7

$$H^d = exp\,(2i\vec{k}.\overrightarrow{OQ}_1\ + 2ikl)\,H^i\,\frac{g^2(x)}{4}\,\frac{D^h}{\sqrt{d}} \tag{21}$$

où l est la longueur de l'arc Q_1B, g la fonction de Fock magnétique (voir Appendice) ; l'argument x de g vaut $(k\rho/2)^{1/3}\theta$, où θ est l'angle de l'arc Q_1B, égal l/ρ.

Les coefficients de diffraction hybrides permettent seulement le calcul quand le trajet du rampant entre le point d'attachement et l'arête diffractante est suffisamment long, c'est à dire quand on peut remplacer g par son développement asymptotique pour de grands arguments positifs. La formule (21) se réduit alors au résultat obtenu à l'aide des coefficients de diffraction hybride des 1.3.4.5 et 1.3.4.6. On a en effet, par la méthode des coefficients hybrides.

$$H^d = exp\,(2i\,\overrightarrow{k}\,.\,\overrightarrow{OQ}_1 + 2ikl)H^i\{exp(-2e^{i\,\pi/6}q_h^1\theta(k\rho/2)^{1/3})(D^h_{sr,s}\,)^2\,(D^1_h\,)^2\}\,\frac{D^h}{4\sqrt{d}} \quad (21bis)$$

où $(D^h_{sr,s}\,)^2$ et $(D^1_h\,)^2$ sont respectivement donnés par les formules (29) et (33) du
1.5. On vérifie que l'expression entre accolade dans (21 bis) est bien le carré du
développement asymptotique de la fonction de Fock g(x), donc que (21bis) est
équivalente à (21) pour x grand. En polarisation TM, la méthode est la même,
mais (voir 1.3.4.5 et chapitre 4) les diffractés rampants, décrits par une
fonction de Fock électrique et des coefficients de diffraction de pente, sont
beaucoup plus faibles.

La solution TGD a été comparée, lors d'un workshop JINA (Journées
internationales d'antennes) de Nice, à des solutions par équations intégrales.
On obtient une concordance des résultats à quelques fractions de dB près. Nous
allons terminer cette série d'exemples par le problème, tridimensionnel, de la
diffraction par un cylindre circulaire fini. Nous partirons, pour cet exemple, de
la réponse impulsionnelle obtenue à partir de résultats équations intégrales.
Nous allons montrer comment la TGD permet d'interpréter cette réponse
impulsionnelle. L'ensemble des calculs a été réalisé par M. Santini.

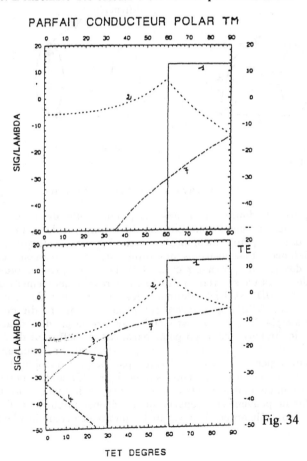

PARFAIT CONDUCTEUR POLAR TM

Fig. 34

1.7.2.4   *Diffraction par un cylindre circulaire fini*

Nous avons calculé la SER du cylindre, illuminé par une onde plane sous une incidence de 45°, dans la bande de fréquence [4GHz, 16GHz] à l'aide du code par équations intégrales développé au CEA-CELV par P. Bonnemason et B. Stupfel. Nous avons ensuite réalisé une réponse impulsionnelle, pour séparer les différentes contributions à la SER. Les positions des différents pics donnent la longueur des rayons, leur hauteur l'amplitude, moyennée sur la fréquence. La figure 35 représente les rayons significatifs.

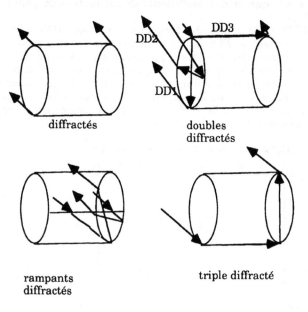

Fig.35 : rayons contribuant à la SER

La figure 36 donne la réponse impulsionnelle du résultat équations intégrales, pour les deux polarisations du champ incident, i.e. para (champ électrique dans le plan d'incidence) et ortho (champ électrique orthogonal au plan d'incidence). Les positions des différents pics correspondent bien aux longueurs des rayons prévues par la TGD. Les trois pics les plus importants correspondent aux trois rayons diffractés. Les rayons doublement diffractés sur la face avant (DD1 et DD2) donnent des pics proches de ceux des rayons diffractés. Seul DD2 apparaît en polar para, à droite du dernier pic de diffraction simple. Le pic DD3 est visible derrière ce pic de diffraction. DD2 et DD3 n'ont de l'importance qu'en polar para, car le coefficient de diffraction est nul en obsevation rasante dans l'autre polarisation. Les rampants diffractés sont de deux types : l'un est symétrique par rapport au plan d'incidence, les deux autres (un seul est représenté sur la figure 35) sont symétriques l'un de l'autre. Les longueurs des trajets de ces deux types de rayons sont très voisines, si bien qu'ils ne peuvent être séparés sur la réponse impulsionnelle. Ces rayons ne jouent aucun rôle en polar para, car le champ électrique incident est dans le

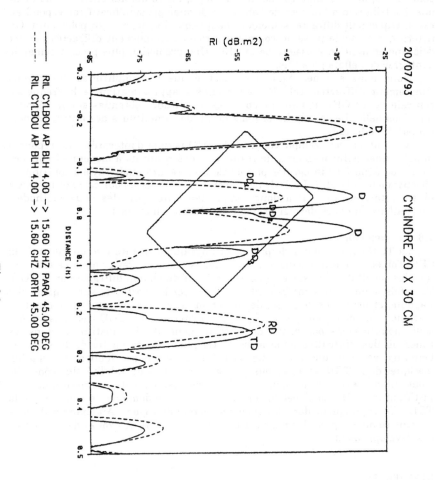

Fig. 36

plan tangent à l'objet aux points d'attachement des rampants, si bien que seul des rampants électriques fortement atténués sont alors excités . Par contre, en polar ortho, où ce champ est normal à l'objet, les rampants diffractés donnent une contribution à l'arrière de l'objet. Le dernier pic significatif correspond au rayon triplement diffracté, seulement de quelque importance en polar para. On notera que la seule prise en compte des rayons simplement diffractés permet déjà une estimation grossière de la SER. Une prédiction plus précise demande d'intégrer des effets plus fins.

Nous nous sommes également assuré que les amplitudes des rayons simplement diffractés, calculés, en première approximation, à la fréquence centrale de 10 GHz, étaient proches des amplitudes obtenues sur la réponse impulsionnelle. Le calcul, direct mais lourd, des amplitudes des autres rayons, n'a pas été effectué.

On voit sur cet exemple comment la TGD permet d'interpréter les réponses impulsionnelles.Inversement, le traitement des résultats à moyenne fréquence d'un code équations intégrales permet de comprendre quels rayons contribuent effectivement à la SER. La TGD peut ensuite être utilisée pour calculer la SER à plus haute fréquence. Il a donc complémentarité entre les deux méthodes. Nous allons, après ce dernier exemple conclure le chapitre 1.

1.8 Conclusions

La TGD est une méthode précise et physiquement intuitive de calcul de la SER d'objets à haute fréquence. Nous avons passé en revue dans ce chapitre tous les résultats nécessaires au calcul effectif du champ diffracté par la TGD. Toutefois, nous nous sommes contenté d'énoncer les postulats sur lesquels elle s'appuie, et les règles de calcul des différents rayons, sans justification mathématique. De plus, si nous avons noté que la validité de la TGD n'est pas universelle, nous n'avons pas donné de méthode générale de substitution dans les zones où des difficultés apparaissent. La plus grande partie de la suite de l'ouvrage va être consacré d'une part à l'exposition des fondements mathématiques de la TGD, et à l'établissement de résultats de validité plus générale. Nous allons exposer, au chapitre 2, les développements asymptotiques qui justifient la TGD. Ces développements ont le même domaine de validité que la TGD : ils s'appliquent dans les zones de champ de rayon . Au chapitre 3, nous verrons comment procéder pour calculer le champ hors des zones de validité de ces développements.

RÉFÉRENCES

[AC] N.C.Albertsen and P.L. Christiansen, *Hybrid Diffraction coefficients for first and second order discontinuities of two–dimendionnal scatterers*, SIAM J.Appl. Math, 34, pp 398-414, 1978.

[Be2] J.M. Bernard, *Diffraction by a metallic wedge covered with a dielectric material*, J. Wave Motion, 9, pp 543-561, 1987.

[Be2] J.M. Bernard, *On the Diffraction of a an electromagnetic skew incident field by a non perfectly conducting wedge*, Annales Telecomm., vol 45, n°.1-2, pp. 30-39, (Erratum 9-10, p.577), 1990.

[BF] O.M.Bucci , G. Franceschetti, *Electromagnetic scattering by an half plane with two face impedances*, RadioScience, Vol 11, n°.1, pp 49-59, Jan. 1976.

[Bo] D. Bouche, *GTD et réciprocité*, Annales des Tél., 7-8, pp 382-387, 1991.

[BS] J.J.Bowman, T. B. A. Senior, P.L. Uslenghi *Acoustic and electromagnetic scattering by simple shapes*, Hemisphere, 1987.

[Bu] O. Buyakdura, *Radiation from sources near the edge of a perfectly conducting wedge*, Thèse P.H.D., Université de l'Ohio,1984.

[De] G. A. Deschamps , *Ray techniques in electromagnetics* , Proc. IEEE, Vol. 60, pp. 1022-1035, 1972.

[Fe1] L. B. Felsen, *Backscattering from wide–angle and narrow angle cones*, J. Appl. Physics. 26, 138-151,1955.

[Fe2] L. B. Felsen, *Plane wave scattering by small angle cones*, IRE Trans. Ant. Prop. 5, pp. 121-129,1957.

[FK] W. Franz et K. Klante , *Diffraction by surfaces of variable curvature*, IRE Trans.Ant. Prop., AP-7, pp. S68-S70, Dec.1959.

[Fr] B. Friedman, *Principles of applied Mathematics*, Dover.

[Go] Gorianov , *An Asymptotic solution of the diffraction of a plane electromagnetic wave by a conducting cylinder*, Radio Eng Elec Phys 3, n°5, pp 23-39, 1958.

[Ha1] T.B. Hansen, *Diffraction of electromagnetic waves by corners on perfect conductors*, Ph. D. Dissertation, The Tech. University of Denmark, 1991.

[Ha2] T.B. Hansen, *Corner Diffraction Coefficients for the Quarter Plane*, IEEE Trans. Ant. Prop., Vol. AP-39, pp.976-984 , July 1991.

[Hi] K.C. Hill, *A UTD solution to the scattering by a vertex of a perfectly conducting plane angular sector*, Ph.D Dissertation, Ohio State Univ., 1990.

[Ho] S.Hong , *Asymptotic theory of electromagnetic and acoustic diffraction by smooth convex surfaces of variable curvature*, J. Math. Phys., vol 8, n°6, pp.1223-1232, 1967

[IM] L.P. Ivrissimtzis and R.J. Marhefka, *A uniform ray approximation of the scattering by polyhedral structures including high order terms*, IEEE Trans. Ant. Prop., Vol. AP-10, pp. 1150- 1160, Nov. 1992.

[Iv] V. I.Ivanov, *Diffraction of short plane electromagnetic waves with oblique incidence on a smooth convex cylinder*, Radiotechnika et Electronika 5, N°3, 524-528 1960

[Ja] G.L.James, *Geometrical Theory of Diffraction for Electromagnetic Waves*, 3rd Ed., Peter Peregrinus, London, 1986.

[K1] J.B. Keller, *A Geometrical Theory of Diffraction,"*, in *Calculus of variations and its applications*, Mc Graw Hill, NewYork, 1958

[K2] J.B.Keller, *Geometrical Theory of Diffraction*, J. Opt. Soc. Amer., Vol. 52, pp. 116-130, 1962.

[KA] J.B. Keller, D.S. Ahluwalia , *Diffraction by a curved wire*, SIAM J. Appl. Math., Vol. 20, no. 3 pp. 390-405, 1971.

[KK] L. Kaminetzky. and J.B. Keller , *Diffraction coefficients for higher order edges and vertices*, SIAM J. Appl. Math., Vol. 22, no. 1, pp. 109-134, . 1972.

[KL] J.B. Keller et B.R. Levy , *Decay exponents and diffraction coefficients for surface waves on surfaces of nonconstant curvature*,IRE Trans.Ant. Prop., AP-7, pp. S52-S61, Dec.1959.

[Ma] G.D. Maliuzhinets , *Excitation , reflection and emission of surface waves from a wedge with given face impedances*, Sov. Phys. Dokl. 3, pp.752, 1958.

[Mi] A. Michaeli, *Elimination of Infinities in Equivalent Edge Currents*, IEEE

Trans. Ant. Prop, Vol AP-34, pp 912-918, July 1986 and PP. 1034-1037, Aug. 1986.

[Mo]   F. Molinet, *Geometrical Theory of Diffraction*, IEEE APS Newsletter, part I pp.6-17, Aug.87 ; part II pp 5-16, Oct. 1987.

[Pa]   P.H. Pathak, *Techniques for High Frequency Problems*, in Antenna Handbook, Theory, Application and Design, Y.T. Lo and s.W. Lee, Eds, Van Nostrand Rheinhold, 1988.

[SD]   T.Shamansky, A.Dominek, L. Peters, *Electromagnetic Scattering by a straight thin wire*, IEEE Trans. Ant. Prop. AP-37, pp. 1019-1025, 1989.

[Se1] T.B.A. Senior, *Diffraction by an imperfectly conducting half–plane at oblique incidence*, Appl. Sci. Res, Sec B, 8, pp 45-61,1960 .

[Se2] T.B.A Senior, *The Diffraction matrix for a discontinuity in curvature*, IEEE Trans Ant Prop, Vol AP-20, pp 326-333, 1972.

[Se3] T.B.A. Senior, *Solution of a class of imperfectly wedge problems for skew incidence*, Radio Science, vol 21, no.2, pp 185-191, March-April 1986.

[Sh]   V.P. Shmyshlaev, *Diffraction of waves by conical surfaces at high frequencies*, Wave Motion 12, pp. 329-339, 1992.

[St]   J.A. Stratton, *Electromagnetic theory*, New york, Mac Graw Hill, 1941,pp. 527.

[Stru] D.J. Struik , *Lectures on classical differential geometry*, Dover, 1986.

[SV]   T.B.A. Senior and J. Volakis, *Scattering by an impedance right–angled wedge*, IEEE Ant Prop, Vol AP-34, pp 681-689, May 1986.

[TP]   K.D Trott., P.H. Pathak, and F.A. Molinet, *A UTD type analysis of a plane wave scattering by a fully illuminated perfectly conducting cone*, IEEE Trans. Ant. Prop., Vol. AP-38, N 8, pp. 1150-1160, Aug. 1990.

[U]   P.Y. Ufimtsev, *Diffraction of plane electromagnetic waves by a thin cylindrical conductor*, Radio Eng. Elec. Phys., vol 7, pp.241-249, 1962.

[Va]   V.G.Vaccaro, *The Generalized Reflection Method in Electromagnetism*, AEU Band 34, Heft 12, pp 493-500, 1980.

[Vo]   D.R. Voltmer , *Diffraction by doubly curved convex surfaces*, PhD dissertation, Ohio State University,1970.

[VS]   J. Volakis, T.B.A. Senior , *A simple expression for a function occuring in diffractiontheory*, IEEE-AP, vol 33, n°11, pp. 678-680

[W]   V.H. Weston, *The effect of a discontinuity in curvature in high frequency scattering*, IRE Trans.Ant. Prop., AP-10, pp. 775-780, Nov.1962.

Chapitre 2

Recherche de solutions sous forme de développements asymptotiques

La Théorie Géométrique de la Diffraction a été initialement développée à partir des concepts généraux présentés au chapitre 1 : principe de localité, principe de Fermat généralisé, variation linéaire de la phase le long d'un rayon, conservation de la puissance dans un tube de rayons, conservation de la polarisation. Elle s'appuie sur les solutions asymptotiques connues des problèmes canoniques qui interviennent à un double titre : elles donnent d'une part une justification des principes énoncés et permettent d'autre part de déterminer les coefficients de diffraction. Nous avons vu au chapitre 1 que cette approche permet de calculer effectivement le champ diffracté par un obstacle, dans la grande majorité des cas. Elle offre de plus une interprétation physique très utile du résultat en terme de rayons.

Cette approche présente toutefois l'inconvénient de procéder du cas particulier vers le cas général, ce qui nécessite une certaine intuition qui n'est d'ailleurs pas à l'abri d'une erreur . Nous allons dans ce chapitre et dans les deux suivants, présenter une autre approche, plus systématique. Elle consiste à rechercher directement des solutions des équations de Maxwell sous forme de développements asymptotiques. Nous verrons que cette méthode permet de retrouver de manière plus déductive tous les principes de laTGD énoncés au chapitre 1, à l'exception du principe de localité. Au paragraphe 2.1, nous donnons un aperçu général sur les méthodes de perturbations et leur application au calcul du champ diffracté par des obstacles. La lecture de ce paragraphe permet de comprendre les idées essentielles et d'avoir un premier aperçu des notions développées dans la suite de l'ouvrage : développements asymptotiques (2.1.1), séries asymptotiques représentant des champs de rayons (2.1.2 et 3), couche-limite (2.1.4), solution uniforme(2.1.5). Les calculs et les résultats effectifs pour les champ "de rayons", c'est à dire les champ analysables à l'aide de la TGD classique, sont présentés dans la deuxième partie du chapitre. La méthode de la couche-limite et les solutions uniformes sont développées respectivement aux chapitres 3 et 5.

2.1 Les méthodes de perturbation appliquées aux problèmes de diffraction

2.1.1. Notion de développement asymptotique

Les développements asymptotiques interviennent couramment dans la résolution des équations différentielles ou aux dérivées partielles de la physique mathématique. L'application de la méthode des perturbations donne généralement une solution sous la forme d'une série de puissances entières d'un petit paramètre η qui, par construction même, vérifie la propriété : .

$$f(\eta) - \sum_{n=0}^{N} a_n \eta^n = o(\eta^N) \tag{1}$$

où f(0) est la solution du problème non perturbé et o le symbole de Landau "petit o". Par définition, o(u) tend vers 0 plus vite que u. On notera que la fonction $f(\eta)$, ainsi que la quantité $o(\eta^N)$, dépendent du point r. Les méthodes de développements asymptotiques ont été développées plutôt par des physiciens, qui n'ont pas précisé en quel sens $o(\eta^N)$ tend vers 0.En général, cette convergence vers 0 est une convergence ponctuelle, et n'est pas uniforme en r.

   Un développement du type (1), limité à un nombre fini de termes est appelé "développement asymptotique". Quand η tend vers 0, il tend vers la solution exacte du problème et constitue de ce fait une approximation de celle-ci pour η petit, mais non nul. On montre à partir de (1) que, pour une valeur donnée de η, il existe une valeur optimale de N pour laquelle la différence entre la solution exacte et son développement asymptotique est minimum. Il n'existe pas de règle générale qui permette de prédire la position de cet optimum et une certaine expérience est nécessaire pour fixer le nombre de termes dans un développement asymptotique.

   Notons qu'un développement asymptotique n'a a priori de sens que pour un nombre fini de termes : la question de la convergence de la série asymptotique lorsque n tend vers l'infini ne se pose donc pas. La série peut aussi bien être convergente que divergente.

   Nous allons maintenant introduire l'exemple important de la série de Luneberg-Kline [Lu, Kl] et ses liens avec l'Optique Géométrique. Nous nous limiterons à une exposition des principes. Des résultats détaillés seront présentés   au 2.2.1.

2.1.2. Série de Luneberg-Kline et Optique Géométrique
   En appliquant la méthode des perturbations aux équations de Maxwell avec comme petit paramètre l/k, on obtient la série de Luneberg-Kline

$$U(r) = e^{ikS(r)} \sum_{n=0}^{N} (ik)^{-n} u_n(r) + o(k^{-N}) \qquad (2)$$

où $U(r)$ désigne soit le champ électrique, soit le champ magnétique au point d'observation r et $S(r)$ sa fonction de phase, réelle, en ce point. $S(r)$ vérifie l'équation eikonale de l'Optique Géométrique (OG) ; les amplitudes vectorielles $u_n(r)$ vérifient des équations de transport couplées par leurs seconds membres. Ces équations se réduisent à un système d'équations différentielles le long d'un rayon. L'équation eikonale permet de retrouver la loi de propagation de la phase. L'équation de transport à l'ordre n = 0 permet de retrouver la conservation de l'a puissance dans un tube de rayons. La série de Luneberg-Kline est donc le support de l'Optique Géométrique Son premier terme , approximation à l'ordre 1/k du champ, donne le résultat de l'OG. Les termes suivants ont deux fonctions . D'une part, ils donnent une idée de la limite de validité de l'OG : si, à une fréquence donnée, le deuxième terme de la série est supérieur au premier, il est à peu près certain que l'OG ne constitue plus une approximation valide de la solution . D'autre part, il permettent, dans certains cas, d'obtenir des résultats plus précis que l'OG.

En considérant un champ incident de la forme (2) interceptant un objet dont la surface extérieure n'a pas de singularité, on obtient, par application des conditions aux limites sur la partie éclairée de la surface, un champ réfléchi, ayant la même forme. Nous entendons ici par champ réfléchi le champ, dû à la présence de l'obstacle, qui s'ajoute au champ incident pour donner le champ total. Il comprend le champ réfléchi au sens usuel de l'O.G., mais aussi le champ, opposé au champ incident, responsable de la formation de la zone d'ombre. A l'ordre n = 0, on trouve le champ réfléchi de l'O.G., avec un coefficient de réflexion identique à celui donné par l'approximation du plan tangent qui trouve ainsi sa justification. A l'ordre 1, le coefficient de réflexion dépend de la courbure de la surface et du front d'onde incident au point de réflexion et aux ordres n > 1, il dépend des dérivées d'ordre supérieur de ces surfaces.

L'exemple de la série de Luneberg-Kline illustre bien l'apport des méthodes de perturbations. Elle permet

-de retrouver l'OG comme le premier terme du développement asymptotique de la solution du problème en puissances de 1/k

-de retrouver, de manière déductive, les principes de l'OG

-de cerner les limites de validité et d'affiner l'approximation de l'OG.

Toutefois, cette série ne décrit correctement le champ que dans les régions de validité de l'O.G.. Nous allons maintenant introduire des séries plus générales, afin de décrire les phénomènes de diffraction.

2.1.3. Séries asymptotiques générales, rayons diffractés

La série de Luneberg Kline n'est qu'un cas particulier de série asymptotique. En effet, dans la méthode des perturbations, il est possible d'utiliser, pour représenter une fonction f , plutôt qu'une série de puissances comme dans (1), une suite plus générale de fonctions réelles et positives $v_n(\eta)$, du paramètre de perturbation η, soumises à la condition :

$$v_n(\eta)=O(v_{n-1}(\eta)) \tag{3}$$

Une telle suite est appelée "séquence asymptotique". On généralise ainsi (1) en appelant développement asymptotique d'une fonction f(η) donnée, par rapport à une séquence asymptotique $v_n(\eta)$ donnée, une expression de la forme

$$f(\eta)= \sum_{n=0}^{N} a_n v_n(\eta) +O(v_N(\eta)) \tag{4}$$

où les coefficients a_n sont indépendants de $v_n(\eta)$ et s'obtiennent en considérant les limites suivantes :

$$a_0 = \lim_{\varepsilon \to 0} \frac{f(\eta)}{v_0(\eta)}$$

$$a_p = \lim_{\varepsilon \to 0} \frac{f(\eta)- \sum_{n=0}^{p-1} a_n v_n(\eta)}{v_p(\eta)} \tag{5}$$

Cette définition n'a de sens que si les limites définies par les relations (5) existent, ce qui implique des restrictions dans le choix de la séquence asymptotique $v_n(\eta)$. Il est facile de voir que, si on désigne par b_n les coefficients de (5) qui ne sont pas nuls, la séquence $v_n(\eta)$ sera compatible avec la fonction f(η) si elle contient la séquence $\mu_n(\eta)$ définie par :

$$Ord[\mu_0(\eta)]= Ord \, [f(\eta)]$$

$$Ord[\mu_n(\eta)]=Ord[f(\eta)- \sum_{n=0}^{N}b_n v_n(\eta)].$$

En pratique, on ne connaît pas la fonction $f(\eta)$ lorsqu'on applique la méthode des perturbations, puisque cette fonction est la fonction inconnue du problème. Mais, comme on connaît la solution $f(0)$ de l'équation non perturbée, on peut toujours poser $v_0(\eta)) = 1$, ce qui donne $a_0 = f(0)$. Le choix des autres termes de la séquence asymptotique nécessite par contre des informations complémentaires. Elles vont être obtenues à partir des solutions asymptotiques des problèmes de diffraction dits "canoniques" (demi-plan, dièdre, sphère), pour lesquels $f(\eta)$ est connu. L'étude de ces solutions montre qu'il existe une correspondance biunivoque entre un phénomène de diffraction et la séquence asymptotique compatible définissant le développement asymptotique du champ diffracté associé à ce phénomène. Par exemple, on trouve que la séquence asymptotique compatible avec le champ réfléchi est k^{-n} avec n entier tandis que celle compatible avec le champ diffracté par une arête vive est $k^{-n-1/2}$. Les séquences asymptotiques correspondant à d'autres phénomènes de diffraction ont également pu être identifiées au moyen d'approches indirectes telles que la résolution par une méthode de perturbation de l'équation intégrale vérifiée par les courants de surface [Ho] ou par la méthode de la couche limite décrite au chapitre 3. Le tableau suivant donne, en dimension 3, la correspondance entre les principaux phénomènes de diffraction par des singularités de surface et leurs séquences asymptotiques.

Phénomène de diffraction	Séquence asymptotique $v_n(1/k)$ $n = 0, 1, 2$
- réflexion par une surface lisse	k^{-n}
- diffraction par une arête vive	$k^{-n-1/2}$
- diffraction par une ligne de discontinuité de la courbure	$k^{-n-3/2}$
- diffraction par une pointe ou un coin	k^{-n-1}

A une classe de rayons on peut par conséquent associer un développement asymptotique et, au lieu d'étendre le concept de rayons de l'O.G., on peut aussi généraliser la séquence asymptotique k^{-n} et écrire le champ diffracté sous la forme :

$$U^d(r)=exp(ikS^d(r)) \sum_{n=0}^{N}v_n(1/k)u^d_n \qquad (7)$$

où $v_n(1/k)$ est une séquence asymptotique vérifiant (3) avec $\eta = 1/k$, $S^d(r)$ une fonction de phase réelle.

Pour que (7) puisse représenter le champ diffracté, il faut que $v_n(1/k)$ soit une séquence compatible avec la solution du problème de diffraction à résoudre. Comme cette dernière n'est pas connue, il est nécessaire de faire ce qu'on appelle un "Ansatz". Celui-ci est suggéré par la nature des singularités présentes sur la surface de l'objet diffractant, suivant les prescriptions du tableau ci-dessus.

La série (7) n'est pas la forme la plus générale rencontrée dans les problèmes de diffraction. Les solutions exactes du cylindre circulaire et de la sphère montrent que la série asymptotique représentant le champ diffracté dans l'ombre profonde ne peut pas être exprimée à l'aide d'une fonction de phase strictement réelle. On observe en effet une atténuation exponentielle de l'onde dans la direction perpendiculaire au rayon rampant. L'onde est alors proche localement d'une onde plane inhomogène (voir section 4.2, pour une définition de ces ondes), i.e. se propage dans une direction complexe. Dans ce cas, on peut ,

   - soit étendre (7) aux ondes complexes définies par une fonction de phase S (r) et des amplitudes $U^d(r)$ complexes (voir appendice "Rayons complexes")

   - soit conserver des ondes réelles et modifier le facteur de phase $exp(ikS^d(r))$ par un terme d'atténuation exponentiel. En adoptant cette dernière méthode, la solution du cylindre dans l'ombre profonde, loin de la surface $(r \rightarrow \infty)$, suggère de poser, cette fois pour le champ total :

$$U(r) = exp(ikS(r)+ik^{1/3}\varphi(r)) \sum_{n=0}^{N}(ik)^{-n/3}u_n(r) + O(k^{-N/3}) \qquad (8)$$

où φ est une phase complexe

Ce type de développement a été postulé pour la première fois par Friedlander et Keller [FK].

   En injectant (7) ou (8) dans les équations de Maxwell et en ordonnant les termes par rapport aux puissances de $1/k$, on montre que l'eikonale S (r) vérifie l'équation eikonale de l'Optique Géométrique. En outre, en milieu homogène, on trouve que les surfaces d'égales phases de (8) sont orthogonales aux surfaces d'égales amplitudes $Im\varphi(r) = C$. Ces dernières sont par conséquent générées par les rayons qui sont les droites orthogonales aux surfaces S $(r) = C$. Ce résultat signifie aussi que, loin de la surface de l'objet diffractant, les rayons sont des chemins de phase selon la terminologie de Felsen [Fe].

   Les amplitudes $u^d{}_n$ vérifient un système d'équations de transport séparé pour chaque phénomène de diffraction. Cette propriété est une conséquence de (3). En intégrant ces équations le long des courbes caractéristiques (ou rayons) de l'équation eikonale, elles se réduisent à un système d'équations différentielles linéaires couplées. En particulier, le premier terme de la série vérifie la même équation de transport que celle obtenue avec la série de Luneberg-Kline; autrement dit, la puissance se conserve dans un tube de rayons diffractés. Tous ces points seront démontrés au 2.2.

On déduit donc des considérations précédentes que les rayons   diffractés vérifient les lois de l'OG, à savoir variation linéaire de la phase le long d'un rayon, conservation de la puissance dans un tube de rayons. De même que la série de Luneberg-Kline est le fondement de l'Optique Géométrique, les séries (7) et (8), plus générales, contituent le fondement de la Théorie Géométrique de la Diffraction.

   Ainsi, les développement asymptotiques permettent de démontrer les lois de la TGD postulées au chapitre 1. Comme nous l'avons vu au chapitre 1, ces lois permettent, connaissant le champ en un point d'un rayon, de le calculer en tout point de ce rayon. Il reste donc, pour calculer le champ, à calculer le champ en un point de chaque rayon

Pour déterminer les coefficients de diffraction dyadiques, nous avons utilisé, au chapitre 1, la méthode des problèmes canoniques. Elle consiste à remplacer, en s'appuyant sur le principe de localité, l'objet au voisinage de la singularité diffractante par un objet plus simple exactement soluble par séparation des variables. C'est la méthode des problèmes canoniques. On trouvera en Appendice 1 les solutions des problèmes canoniques de la diffraction par un plan, un cylindre circulaire, et un dièdre.

Il est également possible de calculer ces coefficients de diffraction en utilisant la théorie de la couche limite, qui sera détaillée au chapitre 3. Celle-ci est plus générale que la méthode des problèmes canoniques et en fournit la justification mathématique.

Une autre application importante de la méthode de la couche limite est d'établir des solutions dans les zones ou les méthodes de rayon échouent. Nous allons exposer brièvement les idées physiques essentielles de cette méthode.

2.1.4. Méthode de la couche limite

Le domaine de validité des développements (7) ou (8) est limité aux régions de l'espace entourant l'objet diffractant où la solution non perturbée (ici l'Optique Géométrique) et la perturbation, c'est à dire le terme négligé dans l'OG, explicité au paragraphe 2.2.1, sont réguliers. Les domaines où ces conditions ne sont pas vérifiées sont les frontières d'ombre et les caustiques des courbes caractéristiques (ou rayons) correspondant à chaque phénomène de diffraction. Nous avons vu au 1.6 que, dans ces domaines, la TGD donne des résultats soit infinis, soit discontinus. Ces résultats ne sont bien sûr pas physiques : il viennent simplement d'un mauvais choix du développement asymptotique. Ces domaines sont aussi appelés des couches limites par analogie avec la mécanique des fluides. D'une manière générale, une couche limite est une couche mince à l'intérieur de laquelle une fonction varie rapidement. Son épaisseur et le taux de variation de la fonction dans la couche, dépendent d'un paramètre qui, dans le cas présent, est le nombre d'onde k. Lorsque ce paramètre tend vers une valeur limite (ici $k \longrightarrow \infty$), l'épaisseur de la couche tend vers zéro et la fonction tend vers une forme limite. La couche limite de caustique autour de l'arête d'un dièdre à faces planes par exemple, est un cylindre circulaire de rayon $O(1/k)$ ayant l'arête du dièdre pour axe. Lorsque k tend vers l'infini, le rayon de ce domaine tend vers zéro. Une caustique linéique est par conséquent la limite d'un domaine cylindrique circulaire. À l'intérieur de ce domaine, la solution atteint, si la composante du champ électrique le long de l'arête est nulle, une valeur dépendant de k, grande, mais finie, si k est fini, et tendant vers l'infini lorsque k tend vers l'infini. De même, une frontière d'ombre définit une couche limite dans laquelle l'amplitude du champ varie rapidement dans une direction perpendiculaire à la surface délimitant la zone d'ombre. Des exemples de couches limites sont illustrées sur les figures 1a, b, c ci-dessous :

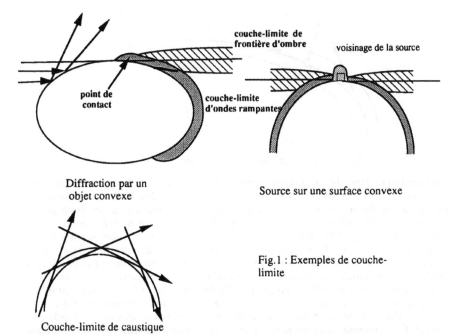

Diffraction par un
objet convexe

Source sur une surface convexe

Fig.1 : Exemples de couche-
limite

Couche-limite de caustique

On voit que dans certaines régions, deux ou plusieurs courbes de transition ou surfaces, se coupent et forment des couches limites multiples.

La méthode de la couche limite est aussi appelée la méthode des développements raccordés. Elle est bien connue en mécanique des fluides et a été appliquée pour la première fois à un problème de diffraction par Buchal et Keller [BK]. Elle consiste à déterminer les coefficients de diffraction dyadiques du développement extérieur à la couche limite en raccordant celui-ci à un développement intérieur à la couche limite. Ce raccordement est effectué dans le domaine intermédiaire où les deux développements sont simultanément valides. La détermination du développement interne passe par deux étapes : une dilatation des coordonnées, et le choix d'une forme particulière de la solution, ou Ansatz.

Physiquement, la dilatation des coordonnées va rendre compte de la variation rapide de la solution à l'intérieur de la couche limite. Mathématiquement, elle permet de transformer les équations de Maxwell au voisinage de la couche limite de façon à faire apparaître un terme de perturbation régulier par rapport au petit paramètre l/k et la mise en oeuvre de la méthode des perturbations sur l'équation ainsi transformée. Les coordonnées sont dilatées dans une direction orthogonale à la surface limite S à laquelle se réduit la couche limite quand $k{\longrightarrow}\infty$. Soit (X_1, X_2, X_3) un système de coordonnées curvilignes dans la couche limite avec X_3 orthogonal à S (Fig.2)

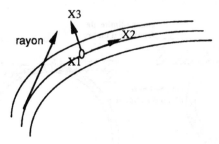

Fig.2 : Coordonnées dans la couche-limite

La transformation de dilatation s'écrit : $X'_3 = k^\alpha X_3$, $\alpha > 0$. Nous verrons au 2.2.1 que l'O.G. revient à négliger, dans l'équation des ondes, un terme de perturbation de la forme $k^{-2}\Delta v$. Pour déterminer l'exposant α, on applique la condition de dilatation qui consiste à choisir l'exposant α de telle facon que la perturbation, singulière dans les coordonnées d'origine, se décompose en un terme dont l'ordre en k est égal ou inférieur au terme d'ordre le plus élevé de l'équation non perturbée et en un terme de perturbation régulier. Il est également possible d'extraire la condition de dilatation de la solution asymptotique d'un problème canonique. Enfin, un critère heuristique simple a été proposé : la couche limite est la zone où les rayons perdent leur individualité, i.e. où la différence de phase entre deux rayon est de l'ordre de l'unité. Correctement appliquées, les trois méthodes donnent bien sur le même résultat, comme nous le verrons sur les exemples du chapitre 3.

        Une fois cet exposant déterminé, on choisit un Ansatz de la solution. Cet Ansatz est le plus souvent du type (7) ou (8), mais les amplitudes u dépendent maintenant, non plus de la coordonnée X_3, mais de la coordonnée dilatée X'_3. Les paramètres de l'Ansatz sont déterminés en lui imposant de vérifier les équations de Maxwell, les conditions aux limites, et le raccordement au développement extérieur. La mise en œuvre de la méthode demande une certaine pratique. Nous l'illustrerons par quelques exemples au chapitre 3. La méthode de la couche-limite fournit des solutions valides dans tout l'espace, mais les formules obtenues pour le champ dans les couche-limite diffèrent de celles obtenues hors de ces couches. D'un point de vue pratique, il est préférable de disposer de résultats valides simultanément à l'intérieur et en dehors des couche-limite, appelés "uniformes" dans la littérature. Nous allons mainte-nant présenter brièvement les méthodes d'obtention de résultats uniformes. La définition précise de la notion d'uniformité, ainsi que la plupart des résultats uniformes établis à ce jour, seront exposés en détail dans le chapitre 5.

2.1.5. Solution asymptotique uniforme

Un autre problème ayant une grande importance pratique est la recherche d'une solution asymptotique uniforme. On a vu que le raccordement entre les développements asymptotiques intérieur et extérieur à une couche limite permet en général de déterminer les coefficients de diffraction. Il est important de remarquer que, dans cette procédure, on identifie les termes de même origine, mais qui n'ont pas forcément des valeurs numériques très proches. En général, l'application stricte de la méthode de raccordement de développements asymptotiques ne conduit pas à une solution asymptotique uniforme. Une des raisons est que les termes de phase des développements internes et externes ne sont identiques qu'à l'ordre zéro, dans le domaine de validité commun aux deux développements . En effet, les phases provenant du développement extérieur vérifient exactement l'équation eikonale alors que celle provenant du développement intérieur ne la vérifie qu'approximativement. Par un choix approprié des coordonnées, il est cependant possible de réaliser l'uniformité des termes de phase. En principe les courbes des coordonnées doivent être basées sur les systèmes de courbes intervenant dans le développement extérieur. Les rayons du développement extérieur jouent ce rôle. En exprimant les termes de phase dans la couche limite par rapport aux coordonnées liées à ces rayons, il est possible de réaliser l'uniformité des phases. Mais, en général, les amplitudes diffèrent également dans les termes dominants. A l'intérieur de la couche limite, l'amplitude s'exprime à l'aide d'une fonction spéciale. En modifiant convenablement l'argument de cette fonction et en la multipliant par un facteur de correction qui tend vers l'unité, sur la surface limite de la couche, il est possible de réaliser l'uniformité des amplitudes. Cette méthode a été appliquée par Ivanov [Iv], qui a construit de cette façon une solution uniforme entre la couche limite d'un cylindre convexe quelconque et la région extérieure. Une variante de cette méthode a également été appliquée avec succès au dièdre 3D à faces courbes par Kouyoumjian et Pathak [KP]. Ces auteurs sont partis de la solution asymptotique uniforme du problème canonique (dièdre à faces planes). Ils ont réalisé l'uniformité à travers la zone de transition en remplaçant la fonction de phase et le facteur de divergence de l'onde diffractée par leurs expressions exactes et en modifiant l'argument de la fonction de transition de telle sorte que le champ total, comprenant le champ incident, le champ réfléchi et le champ diffracté, soit continu. Les solutions uniformes obtenues par l'une des méthodes qui viennent d'être citées ne sont pas uniques. En général, elles diffèrent par des termes d'ordre supérieur en l/k qui aux fréquences élevées sont négligeables. Ces différences peuvent provenir des approximations utilisées dans les termes de phase pour exprimer les coordonnées de la couche limite en fonction des coordonnées liées aux rayons du développement extérieur, mais aussi des conditions imposées à l'amplitude : continuité de la fonction ou continuité de la fonction et de sa dérivée première, par exemple. Lorsque la solution uniforme d'un problème de diffraction est construite à partir de celle du problème canonique associé, elle dépend du type de solution uniforme choisi pour le problème canonique. Dans le cas du dièdre, deux solutions uniformes ont été construites s'appuyant sur deux formes différentes du développement asymptotique uniforme d'une intégrale de rayonnement dont l'intégrant a un pôle près d'un point stationnaire de la phase : la solution UTD (Uniform Theory of Diffraction) de Kouyoumjian et Pathak, basée sur le développement de Pauli-Clemmow et la solution UAT (Uniform Asymptotic Theory) de Lee et Deschamps issue du développement de Oberhettinger et Van der Waerden. On aura compris à la lecture de ce paragraphe que la détermination de solutions uniformes est un domaine délicat, et encore non complètement formalisé. Les solutions uniformes les plus utiles seront détaillées au Chapitre 5.

En conclusion, nous avons passé en revue, dans ce paragraphe, les idées essentielles à l'établissement de solutions sous forme de développements asymptotiques. Nous allons maintenant mettre en œuvre les idées exposées sur un certain nombre d'exemples.

2.2   Champ de rayons

2.2.1. L'Optique Géométrique

L'Optique Géométrique est la plus ancienne des méthodes asymptotiques. Elle a même existé bien avant d'être identifiée comme une méthode asymptotique. Considérons d'abord l'équation d'Helmholtz scalaire,

$$(\Delta + k^2)u = 0$$

On recherche la solution de l'équation de Helmholtz scalaire, dans un milieu d'indice 1, vérifiant la condition de radiation de Sommerfeld, et prenant sur le bord Γ d'un ouvert Ω, que nous supposerons borné, une valeur donnée u_0. On cherche donc à résoudre le problème suivant, par une méthode de perturbation.

$$(\Delta + k^2)u = 0 \text{ dans } \mathbb{R}^3\text{-}\Omega$$
$$u = u_0 \, sur \, S_0$$
$$u = O(1/r) \, et \, \frac{\partial u}{\partial r} - iku = o(1/r), \, quand \, r \to \infty.$$

Ce problème est résolu sur le plan mathématique : on sait que la solution existe et est unique. Le rôle de la méthode de perturbation est de fournir une approximation explicite de la solution.

Si on divise par k^2 l'équation d'Helmholtz, on obtient

$$(\frac{1}{k^2}\Delta + 1)u = 0$$

le terme $\frac{1}{k^2}\Delta u$ pourrait être pris comme terme de perturbation, mais la solution de l'équation non perturbée est alors simplement $u = 0$. Il faut donc trouver une transformation afin de mettre l'équation sous une forme permettant l'application de la méthode de perturbation.

On sait que la solution de P tend en un certain sens vers l'Optique Géométrique, quand le nombre d'onde k tend vers l'∞. Nous recherchons donc une transformation donnant une équation non perturbée dont la solution est l'OG. L'idée consiste à écrire la solution sous forme du produit d'une fonction de phase rapidement variable par une amplitude lentement variable. Sommerfeld et Runge introduirent en 1911, la transformation suivante

$$U = exp(ikS(r))v(r)$$

où S est une phase réelle, v une amplitude complexe, qui transforme l'équation des ondes en l'équation suivante

$$(1 - \vec{\nabla}S^2)v + \frac{i}{k}(\Delta S + 2\vec{\nabla}S.\vec{\nabla}v) + \frac{1}{k^2}\Delta v = 0, \tag{1}$$

où on a ordonné suivant les puissances du paramètre $1/k$, supposé petit.

Si on néglige maintenant le dernier terme, on obtient l' équations eikonale

$$\vec{\nabla}S^2 = 1 \tag{2}$$

et l'équation du transport

$$v\Delta S + 2\vec{\nabla}S . \vec{\nabla}v = 0 \tag{3}$$

Nous allons montrer que ces équations contiennent toutes les lois de l'Optique Géométrique pour les ondes scalaires et permettent d'obtenir une approximation de la solution dans une partie de l'espace.
Considérons d'abord l'équation eikonale.

2.2.1.1. *Résolution de l'équation eikonale*

C'est une équation aux dérivées partielles du premier ordre, dite d'Hamilton Jacobi, $F(x_i, p_i) = 0$, où $p_i = \dfrac{\partial S}{\partial x_i}$. Elle se résout donc par la méthode des caractéristiques. Les courbes caractéristiques sont appelées rayons, et coincident avec les rayons de l'O.G. introduits au chapitre 1. En milieu homogène, les équations paramétriques des courbes caractéristiques s'écrivent [CH]

$$\frac{dx_i}{ds} = p_i , \ \frac{dp_i}{ds} = 0, \ \frac{dS}{ds} = 1.$$

La première équation montre que la tangente à un rayon est dirigée suivant le gradient de la phase. La seconde nous dit que cette tangente est constante le long du rayon. Les rayons sont donc des droites dirigées suivant le gradient de la phase. La troisième équation montre que S est, à une constante additive près, l'abcisse sur le rayon.
On peut également utiliser le raisonnement suivant :
Définissons les rayons comme les courbes intégrales du gradient de la phase, et supposons a priori que les rayons ne soient pas des droites. Considérons un rayon entre deux points A et B. La variation de S le long du rayon est

$$S(A) - S(B) = \int_A^B \vec{\nabla}S . \vec{ds}$$

Elle est égale à la longueur du rayon l(A,B), puisque $\vec{\nabla}S$. et $\vec{ds}$ sont colinéaires, et que $\vec{\nabla}S$ est de norme 1, donc$\vec{\nabla}S . \vec{ds} = \| \vec{ds} \|$.
Considérons maintenant le segment de droite AB. La variation $S(A)-S(B)$ de S est inférieure ou égale à la longueur l AB l du segment de droite AB, puisque $\vec{\nabla}S.\vec{ds} \leq \| \vec{ds} \|$. Il faut donc que l(A,B) soit égale à l AB l, ce qui ne peut se produire que si le rayon est confondu avec le segment AB. Les rayons sont donc des droites, en milieu homogène. Au chapitre 1, ce résultat avait été obtenu par le principe de Fermat.
La variation $S(A)-S(B)$ de S est simplement la longueur l AB l.
On retrouve ainsi, en résolvant l'équation eikonale, le principe de variation linéaire de la phase postulé au chapitre 1.
L'équation eikonale permet de calculer la différence d'eikonale entre deux points situés sur un même rayon. Pour déterminer l'eikonale S, il faut la connaitre sur la surface "initiale" Γ. Cette eikonale sur Γ est obtenue à partir

des données initiales u_0 , supposées écrites comme le produit d'une fonction de phase $exp(ikS_0)$ par une amplitude lentement variable. Il est clair que cette hypothèse est restrictive, et ne permet pas de traiter des champs quelconques. La projection du vecteur unitaire porté par le rayon sur Γ est égale au gradient de surface de S_0. Il faut distinguer, suivant la norme de ce gradient, trois cas (Fig.3) :

(i) Si cette norme est inférieure à 1, et vaut sin(q), le rayon pointe dans une direction dont la projection sur Γ est suivant le gradient de surface de S_0, et fait avec la normale à la surface un angle q. Il existe deux directions solutions, on choisit la direction sortante, c'est à dire pointant vers l'extérieur de Γ. On construit la solution en suivant les rayons.La solution de l'équation eikonale est alors unique dans un voisinage de Γ.

(ii) Si cette norme vaut 1 sur Γ, les rayons sont tangents à Γ., qui fait donc partie de l'enveloppe des rayons, appelée surface <u>caustique</u>. Il existe du côté convexe de la surface deux solutions, et aucune de l'autre côté.

(iii) Enfin, si cette norme est supérieure à 1, l'équation eikonale ne peut être vérifiée pour des valeurs réelles de S . Il est possible de construire une solution en rayon en interprétant q comme un angle complexe, ce qui conduit à des valeurs complexes de S et des coordonnées. Nous reviendrons sur ce sujet dans l'Appendice "Rayons complexes".

Nous verrons dans la suite de ce chapitre que, dans les problèmes de diffraction d'ondes planes homogènes par des obstacles, la phase du champ diffracté est égale à la phase du champ incident sur l'obstacle. Le gradient de surface est donc de norme inférieure à 1, en tout point où le champ incident n'est pas rasant. Sur la séparatrice ombre- lumière, où ce champ est rasant, le gradient de surface est de norme 1. Ainsi, on se trouve dans le cas (i) hors de la séparatrice, et dans le cas (ii) sur la séparatrice.

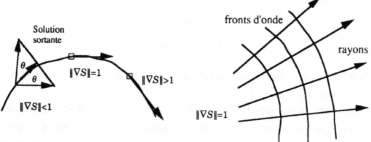

Fig.3 : Eikonale sur une surface

Fig.4: Rayons et fronts d'onde

Introduisons maintenant quelques définitions importantes (Fig.4).

Les rayons, dirigés suivant le gradient de S, forment une famille de droites à deux paramètres, notés a et b (ou encore une congruence de droites). Les surfaces orthogonales à cette congruence, c'est à dire au gradient de S, sont les surfaces S= constante, aussi appelées <u>front d'onde.</u> Elles forment une famille à un paramètre, qui est simplement l'eikonale S caractérisant le front d'onde. Appelons W_0 , le front d'onde de référence où S=0. Soient (a, b) des coordonnées surfaciques sur W_0, S sera simplement l'abcisse curviligne s le long d'un rayon, comptée à partir de l'intersection de ce rayon avec W_0. Les coordonnées (a, b, s) sont appelées <u>coordonnées de rayon.</u>

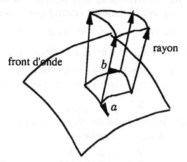

front d'onde   rayon   b   a

Fig.5

Les coordonnées de rayons sont régulières dans un voisinage de Γ dans le cas (i). Elles deviennent singulières sur l'enveloppe des rayons, i. e. la caustique.

La caustique limite la zone de l'espace où la solution de l'équation eikonale correspondant aux données initiales imposées existe. Du côté ombré de la caustique, aucun rayon réel ne pénètre.Bien entendu, la solution du problème (P) existe aussi du côté ombré de la caustique, mais elle n'est pas donné par l'OG., simplement parce que nous nous sommes limité à des valeurs réelles de S. La caustique, enveloppe des rayons, est également la surface des centres des fronts d'onde. Nous étudierons sa géométrie dans la section 6.2.

Nous savons résoudre l'équation eikonale. Passons maintenant à l'équation du transport (3).

2.2.1.2. *Résolution de l'équation du transport*
Multiplions (3) par v, on obtient

$$\nabla . (v^2 \vec{\nabla} S) = 0 \tag{4}$$

D'après cette équation, $v^2\vec{\nabla} S$ a une divergence nulle, et par conséquent, le flux de $v^2\vec{\nabla} S$ dans un tube de lignes de force se conserve . Appliquons ce résultat à un tube de rayons (Fig.5) . Le flux sur les parois formées par les rayons est nul, puisque $v^2\vec{\nabla} S$ est parallèle aux rayons; le flux sur les parois formées par les fronts d'onde W_1 et W_2 vaut simplement

$$\int_{W_1} (v^2 ds') - \int_{W_2} (v^2 ds') \tag{5}$$

et on obtient la conservation du flux du carré du champ. En particulier, le flux du carré du module du champ, donc le flux de la puissance dans un tube de rayons, se conserve. On retrouve donc le deuxième postulat de l'Optique Géométrique. On notera que ce résultat peut être obtenu directement en multipliant (3) par le conjugué de v.

L'équation du transport se résoud également en passant en coordonnées de rayon. Dans ces coordonnées, elle se ramène à une simple équation différentielle le long d'un rayon. Rapportons le front d'onde W_0 origine des eikonales au système de coordonnées surfaciques formé par les lignes de courbure. Choisissons ces coordonnées surfaciques comme paramètres a,b permettant de repérer un rayon. Dans ce sytème de coordonnées, le terme $2\vec{\nabla}S.\vec{\nabla}v$ de l'équation du transport s'écrit simplement $2\dfrac{dv}{ds}$.

On peut d'autre part calculer, par des méthodes simples de géométrie différentielle, le laplacien de s en coordonnées de rayon. On obtient [BS]

$$\Delta S = \frac{1}{\rho_1 + s} + \frac{1}{\rho_2 + s} \qquad (6)$$

où ρ_1 et ρ_2 sont les rayons de courbure de W_0 au point d'intersection du rayon et de W_0. L'équation (3) devient donc simplement

$$2\frac{dv}{ds} + (\frac{1}{\rho_1 + s} + \frac{1}{\rho_2 + s})v = 0 \qquad (7)$$

Donc

$$\frac{v(s)}{v(0)} = \sqrt{\frac{\rho_1 \rho_2}{(\rho_1 + s)(\rho_2 + s)}} \qquad (8)$$

On écrit souvent les équations précédentes en introduisant le jacobien J des coordonnées de rayons. $\dfrac{J(s)}{J(0)} = \dfrac{(\rho_1 + s)(\rho_2 + s)}{\rho_1 \rho_2}$

$$2\frac{dv}{v} + \frac{dJ}{J} = 0$$

(7bis)

$$\frac{v(s)}{v(0)} = \sqrt{\frac{J(0)}{J(s)}}$$

(8bis)

Comme vu au chapitre 1, ce résultat s'obtient également de manière directe en appliquant la conservation de la puissance dans un tube de rayon, exprimée par (5), mais nous aurons besoin de la forme (7) de l'équation du transport un peu plus loin. (7) et (8) permettent de calculer l'amplitude du champ le long d'un rayon dès qu'on la connait en un point de ce rayon.
En conclusion, l'équation eikonale et l'équation de transport contiennent toutes les lois de l'OG. L'équation eikonale montre que les rayons, identifiés aux caractéristiques de cette équation, sont des droites en milieu homogène, et permet le calcul de la phase, à partir de la phase initiale sur Γ; l'équation de transport permet le calcul de l'amplitude, à partir de l'amplitude initiale sur Γ.

2.2.1.3. *Limite de validité et amélioration de la solution Optique Géométrique*

Les formules précédentes ne donnent pas partout une bonne approximation de la solution :
- (7) et (8) donnent un résultat infini, qui n'est bien sûr pas physique, pour $s = -\rho_1$ ou $s = -\rho_2$, c'est à dire sur la caustique.

- quand r, donc s —>∞, la solution décroît en $1/r$, et vérifie de plus $\frac{\partial u}{\partial r}$ − $iku = o(1/r)$, donc la condition de radiation, tant que ρ_1 et ρ_2 sont finis. Il n'en va pas de même si l'un de ces rayons de courbure est infini.: v donné par (8) décroît alors comme $r^{-1/2}$. Dans ce cas, la solution de l'O.G. n'est plus valide : on parlera de caustique à l'infini.

Les mauvais résultats de l'OG dans ces zones s'expliquent :

Pour établir les lois de l'OG, nous avons négligé, dans (1), la perturbation $\frac{1}{k^2}\Delta v$. Il s'agit d'une perturbation singulière, et on peut donc s'attendre à quelques difficultés. L'Optique Géométrique est donc valide si et seulement si ce terme est effectivement négligeable. Elle n'est en particulier pas valide dans les zones où les dérivées du champ sont grandes, i. e. les zones où l'amplitude varie beaucoup sur des distances de l'ordre de la longueur d'onde, ce qui se produit au voisinage des caustiques. Plus précisément, la valeur de v donnée par l'O.G. au voisinage de la caustique est proportionnelle à $s^{-1/2}$, si s est la distance à la caustique le long du rayon, ou à $n^{-1/4}$, si n est la distance normale à la caustique . $\frac{1}{k^2}\Delta v$ sera donc proportionnel à $(kn)^{-2}$. On ne pourra le négliger près de la caustique. Plus généralement, comme dans tout problème de perturbation singulière, on distinguera une zone, appelée zone de champ de rayon, où ce terme est petit, et les couche-limite, ou il devient du même ordre que les autres termes. Hors de ces couches, le troisième terme de (1) est petit et peut être de ce fait traité comme une perturbation. Comme il ne fait intervenir que l'amplitude, et ne contient pas la phase, la perturbation modifie seulement la fonction v, qui peut donc s'écrire formellement comme une série en puissance du petit paramètre $1/k$

$$v(r)= \sum_{n=0}^{N}(ik)^{-n}v_n(r) + o(v_N) \qquad (9)$$

On reconnait la série de Luneberg-Kline . Insérons (9) dans (1), et ordonnons suivant les puissances de $1/k$. Nous obtenons une série en $1/k$., dont chaque terme doit être nul. Le terme en k^0 donne l'équation eikonale (2), qui reste inchangée. Le terme en $1/k$. donne l'équation du transport (3), qui reste également inchangée. Par contre, les termes d'ordre supérieur donnent des équations du transport, mais cette fois avec second membre

$$v_n\Delta S + 2\vec{\nabla}S. \vec{\nabla}v_n = -\Delta v_{n-1} \qquad (10)$$

Ces équations peuvent être résolues récursivement si le premier terme v_0, donné par l'OG, est connu. Elles se ramènent en effet à des équations différentielles suivant les rayons

$$2\frac{dv_n}{ds} + \frac{v_n}{J}\frac{dJ}{ds} = \frac{2}{\sqrt{J}}\frac{d}{ds}(\sqrt{J}\,v_n) = -\Delta v_{n-1} \qquad (11)$$

qui s'intègrent par quadrature

$$v_n(s) = \sqrt{\frac{J(0)}{J(s)}}\,v_n(0) - \frac{1}{2\sqrt{J(s)}}\int_0^s \sqrt{J(t)}\Delta v_{n-1}(t)dt \qquad (12)$$

Cette procédure montre que l'OG est le premier terme du développement perturbatif (ou de la séquence asymptotique) de Luneberg-Kline en puissances de 1/k de la solution.On notera que les lois de l'OG ne s'appliquent pas aux termes supérieurs : il n'y a pas conservation de la puissance dans un tube de rayons, à cause du second terme du membre de droite de (12).

Ces résultats valides pour l'équation des ondes scalaires, s'étendent sans difficulté aux équations de Maxwell, comme nous allons le voir au paragraphe suivant.

2.2.1.4. *Cas des équations de Maxwell*

En milieu homogène et isotrope, l'équation des ondes scalaire est remplacée par l'équation d'Helmholtz vectorielle

$$(\Delta + k^2)\vec{E} = 0 \quad \text{dans } \mathbb{R}^3 \text{-}\Omega \tag{13}$$

où $\vec{E}$ désigne le champ électrique, à l'extérieur de l'obstacle diffractant Ω

$\vec{E}$ doit de plus être de divergence nulle

$$\nabla \vec{E} = 0 \tag{14}$$

On se donne de plus le champ électrique tangent sur le bord $\partial\Omega$, et on impose à la solution de vérifier la condition de radiation de Silver-Müller.

Utilisant la même transformation que pour l'équation des ondes scalaires

$$\vec{E} = exp(ikS(r))\vec{e}(r) \tag{15}$$

on obtient, substituant (15) dans (13) et (14), les équations suivantes

$$(1 - \vec{\nabla}S^2)\vec{e} + \frac{i}{k}(\Delta S + 2\vec{\nabla}S . \vec{\nabla})\vec{e} + \frac{1}{k^2}\Delta\vec{e} = 0, \tag{16}$$

et

$$\vec{\nabla}S . \vec{e} + \frac{1}{k}\nabla .\vec{e} = 0 \tag{17}$$

Les équations précédentes s'appliquent également à $\vec{H}$. Négligeons, dans (16), le troisième terme, et dans (17), le deuxième terme. (16) est similaire à (1), S vérifie, comme pour l'équation des ondes scalaire, l'équation eikonale.

L'équation du transport est la même que (3) pour chaque composante du champ. Il y a donc en particulier conservation dans un tube de rayon du carré du module champ électrique (resp. magnétique), et donc du flux de puissance.

(17) donne une information sur la polarisation : au premier ordre, $\vec{E}$ (resp. $\vec{H}$), est orthogonal au rayon . Enfin, si on reporte (15) dans une quelconque des équations de Maxwell, par exemple

$$\vec{\nabla} \wedge \vec{E} = ikZ\vec{H} \tag{18}$$

où Z est l'impédance du vide, on obtient

$$\vec{\nabla}S \wedge \vec{e} - Z\vec{h} - \frac{i}{k}\vec{\nabla} \wedge \vec{e} = 0 \tag{19}$$

Le troisième terme de (19) est d'ordre inférieur, donc $Z\vec{h} \approx \vec{\nabla}S \wedge \vec{e}$. A l'ordre 0, les champs $\vec{E}$ et $\vec{H}$ sont donc orthogonaux entre eux, orthogonaux au rayon, et le rapport des modules E/H est égal à l'impédance du vide. Le vecteur de Poynting est dirigé suivant le rayon. On voit sur cet exemple en quoi le champ d'O.G. ressemble localement à une onde plane.

D'autre part, le carré de chaque composante des champs se conservant dans un tube de rayon, la polarisation se conserve le long d'un rayon.

Nous avons donc retrouvé, en négligeant les termes d'ordre le plus élevé, toutes les lois de l'OG pour les équations de Maxwell. Ces lois permettent, comme nous l'avons vu au chapitre 1, de déterminer la solution en tout point d'un rayon dès qu'on la connait en un point du rayon. Dans notre cas, la donnée initiale est le champ électrique tangent $\vec{E_t}$ sur Γ. Comme dans le cas scalaire, cette donnée initiale est supposée mise sous la forme $exp(ikS_0) \cdot \vec{E_t}$. Le gradient de S_0 permet de déterminer la direction du rayon, $\vec{E_t}$ permet de déterminer le champ transverse au rayon en tout point de Γ.

Comme pour l'équation des ondes scalaires, l'OG n'est valide que si les termes négligés sont petits. Tous ces termes font intervenir de dérivées du champ, et la condition de validité est toujours une variation faible du champ sur une distance de l'ordre de la longueur d'onde.

De plus, appliquant la méthode de perturbation précédente, on trouve que le champ de l'OG est le premier terme d'une série perturbative par rapport à la séquence asymptotique $(1/k)^n$.

$$\vec{E}(r) = exp(ikS(r)) \sum_{n=0}^{N} (ik)^{-n} \vec{e_n}(r) + o(k^{-N}) \tag{20.1}$$

$$\vec{H}(r) = exp(ikS(r)) \sum_{n=0}^{N} (ik)^{-n} \vec{h_n}(r) + o(k^{-N}) \tag{20.2}$$

Introduisant ces expressions dans les équations (16), (17), (19), on obtient en effet

$$\vec{\nabla}S^2 = 1 \tag{21}$$

$$(\Delta S + 2\vec{\nabla}S \cdot \vec{\nabla})\vec{e_n} = -\Delta \vec{e_{n-1}} \tag{22}$$

$$\vec{\nabla}S \cdot \vec{e_n} = -\nabla \vec{e_{n-1}} \tag{23}$$

$$\vec{\nabla}S \wedge \vec{e_n} - Z\vec{h_n} = -\nabla \wedge \vec{e_{n-1}} \tag{24}$$

Comme $\vec{e_{-1}} = 0$, on obtient bien, pour le premier terme $\vec{e_0}$, les résultats de l'OG .

L'équation (21) est l'équation eikonale et, d'après (22), chaque composante du champ vérifie l'équation du transport, sans second membre pour $\vec{e_0}$, avec second membre pour les composantes supérieures. (23) permet de calculer la composante du champ dirigé suivant la direction de propagation. Elle est nulle à l'ordre 0, mais ne l'est pas aux ordres supérieurs. De même, (24) montre que les composantes des champs $\vec{e}$ et $\vec{h}$ d'ordre supérieur ne sont pas orthogonales. Comme pour l'équation des ondes scalaires, on voit que seule la partie dominante du champ vérifie les lois de l'O. G. .

La série de Luneberg-Kline permet d'obtenir une approximation de la solution lorsque le champ électrique (ou magnétique) tangent est donné sur une surface Γ. Nous allons maintenant étudier la réflexion d'un champ incident par un obstacle.

2.2.1.5. *Champ réfléchi par un obstacle régulier*

On considère un champ incident $\vec{E}^i$ sur un obstacle régulier Ω parfaitement conducteur, ou vérifiant une condition d'impédance de surface $\vec{E} - \hat{n}(\hat{n}\vec{E}) = Z\,\hat{n} \wedge \vec{H}$. On cherche une solution $\vec{E}^t$ des équations de Maxwell dans l'espace extérieur W . $\vec{E}^t$ doit vérifier la condition de radiation de Silver-Müller, $(\vec{E}^t + \vec{E}^i)_{tg}$ doit être nul dans le cas conducteur parfait, ou vérifier la condition d'impédance de surface. $\vec{E}^t$ (resp. $\vec{H}^t$) est représenté par son développement asymptotique

$$\vec{E}^r(r) = exp(ikS^i(r)) \sum_{n=0}^{N}(ik)^{-n}\vec{e^i}_n(r) + o(k^{-N}) \qquad (25.1)$$

$$\vec{H}^t(r) = exp(ikS^i(r)) \sum_{n=0}^{N}(ik)^{-n}\vec{h^i}_n(r) + o(k^{-N}) \qquad (25.2)$$

S^i vérifie l'équation eikonale, les amplitudes $\vec{e^i}_n$ et $\vec{h^i}_n$ les équations (22) à (24). Une partie des rayons incidents intercepte la surface de l'objet et divisent l'espace en une région illuminée et une région à l'ombre séparé par une surface S appelée séparatrice (Fig.6), dont la trace sur $\partial\Omega$ est la frontière ombre-lumière C.

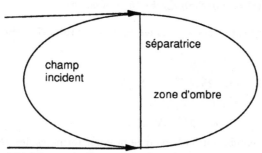

Le champ réfléchi est également recherché sous la forme d'une série de Luneberg-Kline.
Dans le cas où Ω est parfaitement conducteur, la condition d'annulation du champ tangent total sur $\partial\Omega$ fournit directement le champ réfléchi tangent sur $\partial\Omega$, et on se ramène donc au problème du paragraphe précédent. L'eikonale S^r du champ réfléchi est égale à l'eikonale du champ incident sur $\partial\Omega$. Le gradient de surface de l'eikonale est simplement la projection du vecteur directeur $\hat{i}$ du rayon incident sur le plan tangent à la surface. La direction $\hat{r}$ du rayon réfléchi est la direction sortant de la surface et ayant la même projection sur le plan tangent à la surface que $\hat{i}$. On obtient

-dans la zone éclairée : $\hat{r} = \hat{i} - 2\,\hat{n}\,(\hat{n}.\hat{i})$ \qquad (26)

et on retrouve la loi de la réflexion

-dans la zone d'ombre : $\hat{r} = \hat{i}$ \qquad (27)

Le champ réfléchi est donc l'opposé du champ incident, et le champ total à tous les ordres est nul en zone d'ombre .

Sur C, $\hat{r}$ est tangent à $\partial\Omega$, on est donc sur la caustique du champ réfléchi.

Dans le cas où l'obstacle est décrit par une condition d'impédance $\vec{E}^t - \hat{n}(\hat{n}.\vec{E}^t) = Z \, \hat{n}_\sim\vec{H}^t$, on remplace, dans cette équation, $\vec{E}^r$, $\vec{H}^i$, $\vec{H}^r$, $\vec{H}^i$ par leur développement asymptotique, et on ordonne en puissances de $1/k$. L' eikonale du champ réfléchi est, comme en conducteur parfait, égale à celle du champ incident, et (26),(27) sont valables. On obtient d'autre part, pour le premier terme du champ réfléchi,

$\vec{e}^r{}_0 = \vec{e^i}_0 \, \underline{\underline{R}}$, dans la zone éclairée, où $\underline{\underline{R}}$ est la dyade de réflexion, obtenue en considérant le problème canonique du plan tangent, définie au chapitre 1. On retrouve donc en zone éclairée, l'approximation du plan tangent. Aux ordres supérieurs, cette approximation n'est plus valide : en particulier, le terme dépend de la courbure locale de l'objet. Toutefois, le résultat reste local : le champ ne dépend que du champ incident et de la géométrie de l'objet au point considéré. Dans la zone d'ombre, $\vec{e}^r{}_0 = -\vec{e^i}_0$ à tous les ordres, et le champ total est nul.

Une fois connu le champ réfléchi sur $\partial\Omega$, on obtient, comme précédemment, le champ réfléchi dans l'espace en appliquant les lois de l'O.G., pour le premier terme, et en résolvant récursivement les équations différentielles du transport le long des rayons

La solution obtenue a les limites de validité définies au paragraphe précédent :

(i) elle n'est pas valide sur les caustiques . On notera que, si l'objet est convexe, la caustique du champ réfléchi est entièrement intérieure à l'objet, et qu'elle est tangente à l'objet sur la frontière d'ombre. Le premier terme de la série de Luneberg-Kline reste borné sur la frontière d'ombre. Par contre, on obtient un deuxième terme proportionnel à $\cos^{-3}\theta$, où θ est l'angle d'incidence. Il devient donc infini sur cette frontière [BS].

(ii) elle n'est pas valide dans les zones de variation rapide du champ, ni sur les frontières d'ombre, à travers lesquelles le champ et ses dérivées présentent des sauts. Elle ne vérifie pas la condition de radiation si un des rayons de courbure du front d'onde réfléchi s'annule. De plus, si le champ incident est une onde plane (ou plus généralement ne vérifie pas la condition de radiation) , le champ réfléchi, égal, dans la zone d'ombre, à l'opposé du champ incident, ne vérifie pas la condition de radiation .

La série de Luneberg-Kline fournit une approximation de la solution du problème de la diffraction d'un champ incident par un obstacle. Le premier terme de cette approximation est le champ d'Optique Géométrique, dans la zone éclairée.Elle permet de retrouver, de manière déductive

- l'annulation du champ en zone d'ombre

- la loi de la réflexion et l'approximation du plan tangent.

En conclusion, comme nous l'avions annoncé au 2.1 la série de Luneberg-Kline permet, dans son domaine de validité,

-de retrouver l'OG comme le premier terme du développement asymptotique de la solution du problème en puissances de $1/k$

-de retrouver, de manière déductive, tous les principes de l'OG

-de cerner les limites de validité et d'affiner l'approximation de l'OG.
Il reste maintenant à introduire les développements asymptotiques
correspondant aux rayons diffractés, pour calculer le champ en zone d'ombre.

2.2.2. Champ diffracté par une arête

Nous avons vu au 2.1 que le développement asymptotique représentant le
champ diffracté par une arête est de la forme (équation (7) du 2.1)

$$\overrightarrow{E^d}(r) = exp(ikS^{\,d}(r))\sum_{n=0}^{N} v_n(1/k)\overrightarrow{E^d}_n(r) + o(v_n(1/k)) \tag{28}$$

avec $$v_n(1/k) = (1/k)^{-n-1/2} \tag{29}$$

La séquence asymptotique v_n se déduit du problème canonique du dièdre: dans
la zone d'ombre du dièdre, le champ diffracté peut en effet s'écrire sous forme
d'un développement du type (28). On notera au passage que l'on peut très
simplement obtenir au moins le premier terme de la série asymptotique. En
effet, le champ décroît, pour un problème bidimensionnel, en $1/\sqrt{r}$, pour r
suffisamment grand. Le dièdre n'a aucune dimension caractéristique, donc le
champ diffracté ne peut dépendre que de la quantité adimensionnelle kr. On en
déduit que le premier terme du développement asymptotique du champ
diffracté ne peut être que $1/\sqrt{kr}$.

Injectons, comme au paragraphe précédent, (28) dans les équations de
Maxwell. L'expression (28) est le produit d'une série de Luneberg-Kline par
$k^{-1/2}$. On obtient par conséquent exactement les mêmes équations eikonale et de
transport que pour la série de Luneberg-Kline. Les équations (21) à (24)
s'appliquent donc au champ diffracté. On retrouve ainsi le postulat de Keller :
les rayons diffractés par une arête se comportent comme les rayons de L'OG.
De plus, ce résultat est valide, non seulement pour le premier terme mais pour
tous les termes du développement asymptotique du champ diffracté.

Considérons maintenant un objet dont la surface présente une ligne de
discontinuité du plan tangent formant une arête vive qui peut être droite ou
courbe. Hormis cette discontinuité, la surface est supposée lisse, avec des
rayons de courbure grands devant la longueur d'onde. Le champ incident sur
l'objet va générer un champ réfléchi $\overrightarrow{E^r}(r)$ comme au paragraphe précédent, et
un champ diffracté par l'arête $\overrightarrow{E^d}(r)$, si bien que le champ total s'écrira

$$\overrightarrow{E^s}(r) = \overrightarrow{E^r}(r) + \overrightarrow{E^d}(r) \tag{30}$$

Tous les rayons diffractés proviennent de l'arête, car tous les rayons
émanant de la partie régulière de la surface sont déjà pris en compte dans
$\overrightarrow{E^r}(r)$. Il suffit donc, pour connaitre la phase sur un rayon, de la connaitre sur
l'arête. L'arête est une caustique de rayon diffractés, et le champ n'est pas un
champ de rayon dans une petit tube de rayon $O(1/k)$ centré sur l'arête. En toute
rigueur, le calcul de la phase sur l'arête demande d'utiliser une méthode de
couche limite, et de raccorder la solution dans la couche limite au voisinage de
l'arête à la solution en rayon donné par (28), comme exposée au 2.1. Ce calcul

est réalisé au chapitre 3. On obtient, par cette technique, le principe très simple de raccordement :

$$S^d(r) = S^i(r) \qquad (31)$$

L'équation eikonale est la même pour $\vec{E^d}$ (r) que pour $\vec{E^r}$ (r), mais, alors que la condition initiale était imposée sur une surface régulière pour le champ réfléchi, elle est maintenant imposée sur la courbe suivant l'arête. Ce cas a également été étudié dans la littérature. L'équation eikonale se résoud toujours par la méthode des caractéristiques. Toutefois, pour la surface régulière, la projection du gradient de l'eikonale sur la surface est connu, ce qui conduit à deux directions possibles. Dans le cas de l'arête, (31) ne fournit que la projection du gradient de l'eikonale, donc du vecteur unitaire $\hat{d}$ porté par un rayon diffracté sur la direction de la tangente à l'arête.

$$\vec{\nabla}S^d(r).\hat{t} = \hat{d} \, . \, \hat{t} = \vec{\nabla}S^i(r).\hat{t} = \hat{i}. \, \hat{t} \qquad (32)$$

On retrouve donc que les rayons diffractés doivent se trouver sur le cône de Keller. On notera que l'on obtient une congruence (famille à deux paramètres) de rayons diffractés. La spécificité de cette congruence est d'avoir une de ses caustiques réduite à une ligne.

L'amplitude sur le rayon diffracté n'est pas déterminable par une méthode de rayon. Elle sera obtenue en raccordant le résultat dans la couche-limite au voisinage de l'arête, à la solution des équations de Maxwell obtenue dans ce paragraphe.

2.2.3. Champ diffracté par une discontinuité linéique

Le développement asymptotique du champ diffracté est le produit d'une fonction de k , donné par le tableau du 2.1, par une série de la même forme que la série de Luneberg-Kline. Les résultats sont donc exactement les mêmes que pour une arête.

2.2.4. Champ diffracté par une pointe ou un coin

Le développement asymptotique du champ diffracté est le produit de 1/k par une série de la même forme que la série de Luneberg-Kline. Le champ diffracté est donc un champ de rayon, et les termes du développement vérifient les équations (21) à (24). L'eikonale est donnée au point de diffraction : comme précédemment, on démontre, en raccordant la solution dans une couche limite au voisinage de la pointe à la solution champ de rayon dans l'espace extérieur, qu'elle est égale à celle du champ incident. La seule condition imposée au gradient de l'eikonale à la pointe est d'être de norme 1, si bien que des rayons partent dans toutes les directions de l'espace extérieur à l'objet diffractant. L'amplitude du champ diffracté est également déterminé par méthode de couche limite.

2.2.5. Champ dans la zone d'ombre d'un obstacle lisse

Comme vu au 2.2.1.5, l'OG prédit un champ nul dans la zone d'ombre d'un obstacle lisse. Le développement asymptotique de Luneberg-Kline n'est en effet pas adapté à cette zone, où le champ décroît comme $exp(-\alpha k^{1/3})$, donc plus vite que toute puissance de k. Nous avons annoncé au 2.1) que le développement asymptotique du champ total dans la zone d'ombre profonde d'un obstacle lisse est

$$U(r)=exp(ikS(r)+ik^{1/3}\varphi(r))\sum_{n=0}^{N}(ik)^{-n/3}u_n(r) \qquad \text{(8) du 2.1}$$

Introduisons ce développement dans l'équation des ondes, et ordonnons suivant les puissances croissantes de $k^{1/3}$. On obtient, à l'ordre k^2

$$\vec{\nabla}S^2 = 1 \qquad (33)$$

donc l'équation eikonale.

Considérons pour simplifier un objet cylindrique convexe. La TGD classique suppose que le champ dans la zone d'ombre se propage le long de rayons rampants, qui suivent la génératrice de l'objet, et se détachent tangentiellement (voir Fig.7).

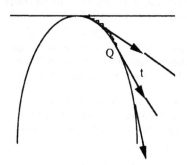

Fig.7 : Rayons rampants

Introduisons les coordonnées de rayons, définies comme suit : s est l'abcisse curviligne sur la génératrice, l est la longueur totale du rayon, c'est à dire la somme de s et de la longueur t du rayon diffracté. C'est l'eikonale obtenue en appliquant la loi de propagation usuelle de la phase le long des rayons rampants. Un point M sur le rayon est donc défini par

$$\overrightarrow{OM} = \overrightarrow{OQ} + (l-s)\,\hat{t} \qquad (34)$$

où $\hat{t} = \dfrac{d\overrightarrow{OQ}}{ds}$ est le vecteur tangent au cylindre, $\dfrac{\partial \overrightarrow{OM}}{\partial s} = -(l-s)\dfrac{\hat{n}}{\rho}$, où $\hat{n}$ est le vecteur normal extérieur au cylindre, $\dfrac{\partial \overrightarrow{OM}}{\partial l} = \hat{t}$, les coordonnées de rayons sont donc orthogonales. En calculant le gradient dans ces coordonnées, on obtient

$$\vec{\nabla}l^2 = 1 \qquad (35)$$

On retrouve donc la longueur totale l du rayon rampant comme solution de l'équation eikonale. Pour achever la détermination de l'eikonale, il suffit de la connaitre en un point. On utilise toujours le principe de raccordement de la phase, appliqué au point C sur la frontière d'ombre. On postule que la phase en ce point est égale à la phase du champ incident : $S^i(C) = S^d(C)$. La démonstration de ce résultat se fait par des techniques de couche limite, comme on le verra au chapitre 3.

A l'ordre $k^{5/3}$, on obtient

$$\vec{\nabla}S \cdot \vec{\nabla}\varphi = 0 \qquad (36)$$

Les lignes d'égale phase S = cte sont donc orthogonales au lignes φ = cte, qui sont tout simplement les rayons.

A l'ordre suivant, on obtient l'équation du transport : au premier ordre, la puissance est donc conservée dans un tube de rayons rampants. On notera que la surface de l'objet est une caustique pour les rayons rampants. Il faut donc utiliser une technique de couche limite pour calculer l'amplitude sur ces rayons.

Nous avons donc déduit du développement asymptotique (8) du 2.1) que les rayons rampants vérifient toutes les lois de l'OG, au premier ordre. Aux ordres suivants, on obtient une série d'équations du transport. Toutefois, ces équations ne sont pas les mêmes que celles obtenues pour le champ diffracté. Par exemple, on obtient pour le terme u_1

$$\vec{\nabla}u_1 \cdot \vec{\nabla}S + u_1\Delta S = i\,u_0\,\vec{\nabla}\varphi^2 \qquad (37)$$

Toutefois, ces équations de transport permettent, comme pour les autres types de rayons de calculer le champ par intégration le long des rayons, et raccordement à la solution dans la couche limite de surface.

Tous les résultats précédents, obtenus pour l'équation des ondes scalaires, se transposent aisément aux équations de Maxwell. Chaque composante des champs vérifie les équations du transport précédentes. La condition de divergence nulle donne, comme pour les rayons de l'OG, la polarisation, qui reste contante le long d'un rayon. On retrouve donc les lois de l'OG.

2.2.6. Conclusion

En conclusion, la méthode des développements asymptotiques permet de comprendre les fondements des méthodes de rayons, de retrouver les lois de l'OG et de la TGD : variation linéaire de la phase le long des rayons, conservation de la puissance dans un tube de rayons, conservation de la polarisation. D'autre part, elle permet d'établir les lois de la réflexion. Enfin, les lois de la diffraction, déduites au chapitre 1 du principe de Fermat généralisé, se déduisent de l'équation eikonale et du principe d'égalité, au point de diffraction, des phases du champ diffracté et du champ incident. La démonstration de ce principe, ainsi que le calcul de l'amplitude sur les rayons diffractés, fait appel à des méthodes de couche limite, car les points de diffraction sont situés dans des zones où les développements précédents ne sont pas valides. Nous allons aborder ces questions au chapitre 3.

RÉFÉRENCES

[BK] R.N.Buchal and J.B. Keller, *Boundary layer problems in diffraction theory*, Comm. Pure Appl. Math., 13, pp. 85-114, 1960.

[BS]   J.J.Bowman, T. B. A. Senior, P.L. Uslenghi, *Acoustic and electromagnetic scattering by simple shapes*, Hemisphere, 1987.

[CH]   R. Courant, D. Hilbert , *Partial differential equations*, Wiley, 1962.

[Fe]   L.B Felsen, *Evanescent waves*, J. Opt. Soc. Amer., 66, pp. 751-760,1976.

[FK]   F.C. Friedlander, and J.B. Keller, *Asymptotic Expansions of Solutions of* $(\Delta+k^2)U = 0$, Comm. Pure and Appl. Math., Vol. 8, pp.387-394, 1955.

[Ho]   S.Hong , *Asymptotic theory of electromagnetic and acoustic diffraction by smooth convex surfaces of variable curvature*, J. Math. Phys., vol 8, n°6, pp.1223-1232, 1967.

[Kl]   M.Kline, *An asymptotic solution of Maxwell's equations*, Comm. Pure Appl. Math., Vol. 4, pp. 225-262, 1951.

[Lu]   R.M. Luneberg, *Mathematical Theory of Optics*, Brown Univ. Press, 1944.

Chapitre 3

Méthode de la couche-limite

Nous avons vu au chapitre 2 comment l'introduction de séries formelles plus générales que la série de Luneberg-Kline permet de retrouver les rayons diffractés. Nous avons vu également que ces séries formelles ne permettent d'obtenir le champ que dans les zones où le champ est un champ de rayon. Nous allons, dans ce chapitre, aborder le calcul du champ dans les couches limites. Comme expliqué au paragraphe 2.1, ce calcul se décompose en trois étapes :

• Calcul du champ dans la couche limite, en coordonnées étirées. Le champ ainsi calculé vérifie les équations de Maxwell et les conditions aux limites sur l'objet.

• Calcul du champ à l'extérieur de la couche limite : ce champ dépend de coefficients de diffraction à déterminer.

• Raccordement : détermination des coefficients de diffraction.

Nous allons d'abord illustrer la première étape sur les couches limites les plus classiques - couche limite au voisinage de la surface en 2D (3.1) et en 3D (3.2), pour les ondes rampantes :
- couche limite des modes de galerie-écho (3.3)
- voisinage d'un point régulier de caustique (3.4)
- voisinage d'une frontière ombre-lumière (3.5)
- voisinage d'une pointe de dièdre (3.6).

Toutes ces couches limites sont "simples" ; il n'y a pas de chevauchement de zone de transition et seule la coordonnée orthogonale à la couche limite, sera étirée.

Nous traiterons ensuite du problème du voisinage du point de contact du rayon rasant sur une surface lisse aux (3.7) et (3.8) et donnerons quelques résultats pour une surface présentant un point d'inflexion (3.9).

Les couche-limite traitées au 3.7 et 3.8 sont plus complexes que les précédentes, car deux zones de transitions se chevauchent, ce qui conduit à des étirements différents des deux coordonnées.

Nous passerons ensuite au problème du raccordement. Après avoir énoncé le principe de raccordement (3.10), nous traitons le cas simple du raccordement de la solution au voisinage du point de contact à la solution dans la couche limite au voisinage de la surface (3.11), qui nous permettra de calculer le champ dans la couche limite. Nous poursuivrons par le raccordement de la couche limite et de la zone des rayons rampants, ce qui permet de calculer les coefficients de diffraction D_h^p du chapitre 1 (3.12). De même, le raccordement de la couche limite au voisinage de la pointe d'un dièdre à la zone de rayons permet de calculer le coefficient de diffraction d'un dièdre (3.13). Nous traiterons ensuite le problème de la caustique (3.14) et nous terminerons sur l'exemple, plus délicat, du raccordement au voisinage du point de contact (3.15).

3.1 Couche limite d'ondes rampantes sur une surface cylindrique (Fig.1)

Nous commençons par traiter le cas d'une surface cylindrique, pour lequel les équations de Maxwell se réduisent à l'équation des ondes scalaires. Les calculs sont beaucoup plus simples, mais toutes les étapes importantes sont les mêmes que pour le cas général. Nous avons volontairement, dans cette section, détaillé toutes les étapes du calcul pour permettre au lecteur de se familiariser avec la méthode de la couche limite. Nous allons rechercher des solutions du problème homogène, i.e. des modes (impropres) du problème. Ces solutions seront donc obtenues à une constante multiplicative arbitraire près. Elles seront ensuite utilisées pour construire la solution au voisinage de la surface de l'objet en zone d'ombre en présence d'une onde plane incidente. Les constantes seront déterminées au 3.11 par raccordement au voisinage du point de contact du rayon incident avec l'objet.

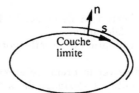

Fig.1 : coordonnées s,n

3.1.1. Conditions vérifiées par u

On recherche u vérifiant, dans l'espace extérieur au cylindre :
- l'équation des ondes : $(\Delta + k^2)\, u = 0$,
- une condition aux limites sur la surface Γ du cylindre.

Dans la zone d'ombre, le champ u recherché est le *champ total*, la condition aux limites sera donc homogène.

Pour une onde incidente polarisée magnétiquement (TE), et un cylindre décrit par une condition d'impédance, elle s'écrit :

$$\frac{\partial u}{\partial n} + i\, k\, Z u = 0 \; sur \; \Gamma$$

où Z est l'impédance relative de l'objet par rapport au vide.

Ces deux conditions doivent être complétées par une condition à l'infini.

Cette condition à l'infini est une forme de la condition de radiation. On l'exprime sous la forme $\lim_{r \to +\infty} u(r) = 0$ lorsque le milieu a des pertes, i.e. si k a une partie imaginaire strictement positive.

Ces conditions imposent $u = 0$, si l'on considère l'espace usuel extérieur au cylindre, et les solutions d'énergie finie. Pour un cylindre fini, on considère en fait la solution dans une "copie multiple" de l'espace extérieur au cylindre. Pour le cylindre circulaire, cela revient à étendre l'angle θ de $[0, 2\pi]$ à $]-\infty$, $+\infty[$, en admettant donc des solutions non périodiques en θ . Pour le cylindre quelconque, cela revient à rechercher une solution sous la forme d'onde "faisant le tour" du cylindre, sans retrouver leur valeur après un tour complet. Les solutions obtenues seront exponentiellement décroissantes avec θ . Elles ne resteront d'énergie finie que sur un intervalle $[a, +\infty[$. En pratique, on ne considère ces solutions que dans la zone d'ombre, i.e. $\theta > 0$. Pour un cylindre quelconque, de la même manière, les solutions obtenues ne seront considérées que pour la partie à l'ombre du cylindre, c'est-à-dire les abscisses curvilignes positives (l'origine des abscisses est prise sur la frontière d'ombre).

3.1.2.   Choix de la forme postulée de la solution

La solution est construite afin de retrouver, dans le cas particulier du cylindre circulaire, le développement asymptotique de la solution exacte (voir Appendice 1). Pour le cylindre circulaire de rayon ρ , dans la zone d'ombre, les rayons se propagent le long du cylindre, ou bien, en termes plus précis, le terme dominant de la phase est e^{iks} .

Ces rayons s'atténuent en $exp \, \alpha \, (k\rho)^{1/3} \theta$, où θ est l'angle repérant le point sur le cylindre circulaire et α une constante complexe. Il est donc naturel de rechercher la phase sous la forme :

$$ks + k^{1/3} \varphi(s)$$

où s est l'abscisse curviligne du point courant sur le cylindre quelconque et $\varphi(s)$ une phase complexe.

Revenant au cylindre circulaire, on constate que, au voisinage de la surface du cylindre, la solution se comporte comme une fonction d'Airy :

$$w_1 \left(\xi - \left(\frac{2k^2}{\rho} \right)^{1/3} n \right)$$

ξ est une constante qui dépend de l'impédance à la surface du cylindre. Pour le cylindre circulaire $n = r - \rho$ est la distance du point à la surface du cylindre.

Pour le cylindre général, il est donc logique d'introduire la distance mesurée le long de la normale au cylindre à partir de sa surface, et d'étirer cette coordonnée, c'est-à-dire de définir :

$$v_1 = k^{2/3} n$$

Plusieurs choix sont alors possibles :
- soit rechercher l'amplitude sous la forme :

$$w_1 \left(\sum_{j=0}^{M} \beta_j(s, v_1) k^{-j/3} \right) \text{ où } M \text{ est un entier arbitraire}$$

et introduire un développement en $k^{-1/3}$ de la phase :

$$ks + k^{1/3} \varphi(s) + \sum_{j=0}^{M} \alpha_j(s, v_1) k^{-j/3} \ ,$$

c'est ce qui est fait par exemple dans $[BB]$;
- soit d'introduire un développement en $k^{-1/3}$ de l'amplitude sous la forme :

$$\sum_{j=0}^{M} u_j(s, v_1) k^{-j/3} ,$$

c'est la méthode utilisée dans $[BK]$.

On remarquera qu'il est inutile de postuler simultanément un développement de la phase et un développement de l'amplitude jusqu'à l'ordre

M , puisqu'il est possible de développer $exp \left(i \sum_{j=1}^{M} \alpha_j(s, v_1) k^{-j/3} \right)$ en série de Taylor, et que l'on retrouve un développement de l'amplitude en $k^{-1/3}$.

Le choix qui conduit aux calculs les plus simples est celui donné dans [BK] . On suppose :

$$u(s, v_1) \approx e^{i(ks+k^{1/3}\varphi(s))} \sum_{j=0}^{M} u_j(s, v_1) k^{-j/3} . \qquad (D)$$

On va ensuite calculer les coefficients $u_j(s, v_1)$ pour satisfaire :
- l'équation des ondes
- les conditions aux limites, c'est-à-dire :
    - la condition d'impédance sur le cylindre
    - la condition de radiation.

Nous suivons, en la détaillant, la démarche de [BK] , qui considère un problème de Neuman, c'est-à-dire une impédance $Z = 0$.

Elle consiste à reporter le développement asymptotique supposé de u dans l'équation des ondes en coordonnées (s, n) et dans les conditions aux limites.

3.1.3.   Equation des ondes en coordonnées (s, n)

Rappelons que :
s est l'abscisse curviligne sur le cylindre, étendue de 0 à $+\infty$,
n est la distance au cylindre mesurée suivant la normale.

Pour un cylindre convexe et C^∞ , le système de coordonnées s, n est C^∞ et orthogonal. Dans ce système, la forme métrique s'écrit $dl^2 = h_s{}^2 ds^2 + h_n{}^2 dn^2$.

Les coefficients de Lamé sont $h_s = 1 + \dfrac{n}{\rho(s)}$, où $\rho(s)$ est le rayon de courbure du cylindre au point d'abscisse s , et $h_n = 1$.

Le laplacien s'écrit alors, en coordonnées s, n :

$$\Delta = \frac{1}{h_s h_n} \left\{ \frac{\partial}{\partial s} \left(\frac{h_n}{h_s} \frac{\partial}{\partial s} \right) + \frac{\partial}{\partial n} \left(\frac{h_s}{h_n} \frac{\partial}{\partial n} \right) \right\}$$

donc l'équation d'Hemholtz s'écrit :

$$\frac{1}{(1+n/\rho)} \left\{ \frac{\partial}{\partial s} \left(1 + \frac{n}{\rho} \right)^{-1} \frac{\partial u}{\partial s} + \frac{\partial}{\partial n} \left(1 + \frac{n}{\rho} \right) \frac{\partial u}{\partial n} \right\} + k^2 u = 0 . \qquad (1)$$

Passant à la coordonnée étirée v_1 , reportant le développement asymptotique (D) dans l'équation précédente, et ordonnant suivant les puissances décroissantes de $k^{1/3}$, on obtient, en supposant que $v_1 = 0$ (1) :

$$k^{4/3} \left[\frac{\partial^2 u_0}{\partial v_1^2} + \left(\frac{2v_1}{\rho} - 2\varphi'(s) \right) u_0 \right] +$$

$$+ k \left[2i \frac{\partial u_0}{\partial s} + \frac{\partial^2 u_1}{\partial v_1^2} + \left(\frac{2v_1}{\rho} - 2\varphi'(s) \right) u_1 \right] \qquad (2)$$

$$+ ... + k^{-j/3} (L_0 u_j + L_1 u_{j-1} + ... L_j u_0) + ... = 0$$

où les L_j sont des opérateurs différentiels, en particulier :

$$L_0 = \frac{\partial^2}{\partial v_1^2} + \left(\frac{2v_1}{\rho} - 2\varphi'(s) \right) \tag{3}$$

et

$$L_1 = 2i \, \frac{\partial}{\partial s} \tag{4}$$

ont une forme très simple.

L'équation des ondes fournit donc les équations suivantes :

$$L_0 u_0 = 0 \tag{5}$$

$$L_0 u_1 + L_1 u_0 = 0 \tag{6}$$

$$L_0 u_j \, ... + L_j u_0 = 0 \, . \tag{7}$$

3.1.4. Calcul de u_0

(5) se réduit, en introduisant la nouvelle variable :

$$v = \left(\frac{2}{\rho(s)} \right)^{1/3} v_1 \quad \text{et en posant} \quad \xi = 2\varphi'(s) \left(\frac{\rho(s)}{2} \right)^{2/3} \tag{8}$$

à l'équation

$$\frac{\partial^2 u_0}{\partial v^2} + (v - \xi) u_0 = 0 \tag{9}$$

qui est l'équation d'Airy si l'on prend $\xi - v$ comme variable.

On impose alors la condition de radiation, en faisant tendre v vers $+\infty$.

Comme solution de l'équation d'Airy, u_0 s'écrit :

$$u_0 = A(s) \, w_1(\xi - v) + B(s) \, w_2(\xi - v) \, . \tag{10}$$

On impose que $u_0 \to 0$ lorsque $v \to +\infty$ et lorsque le milieu a des pertes. Pour un milieu à pertes k a une petite partie imaginaire positive, $\xi - v$ sera donc en dessous de l'axe réel négatif, i.e. $Argt = \Pi + \varepsilon$. L'étude des fonctions w_1 et w_2 et, plus précisément leurs développements asymptotiques pour de grands arguments, montre que :

$$|w_2(t)| \to +\infty \quad lorsque \quad |t| \to +\infty \quad avec \quad Argt = \Pi + \varepsilon$$

$$|w_1(t)| \to +0 \quad lorsque \quad |t| \to +\infty \quad avec \quad Argt = \Pi + \varepsilon \, .$$

Donc, seule la fonction w_1, permet de satisfaire la condition de radiation. On a donc :

$$u_0(s, v) = A(s) \, w_1(\xi - v) \, . \tag{11}$$

La condition d'impédance s'écrit, en coordonnées v, s :

$$\frac{\partial u}{\partial v} + i \left(\frac{k\rho}{2} \right)^{1/3} Zu = 0 \quad \text{pour} \quad v = 0 \, . \tag{12}$$

Posons :

$$m = \left(\frac{k\rho}{2} \right)^{1/3} \, . \tag{13}$$

Le paramètre qui intervient est mZ. Pour retrouver le problème de Neuman quand Z tend vers zéro , nous allons considérer que mZ est $O(1)$. Le choix $Z = O(1)$ est également possible, mais conduità considérer le problème avec impédance de surface comme une perturbation du problème de Dirichlet, et à des résultats non uniformes quand Z tend vers 0 [BB]. En reportant le développement asymptotique de u dans la condition d'impédance, on obtient :

$$\frac{\partial u_j}{\partial v} + imZu_j = 0 \quad \forall j \quad pour \quad v = 0 . \tag{14}$$

Au premier ordre $u_0(s, v) = A(s) w_1(\xi - v)$, l'équation (13) devient :
$$w_1'(\xi) = imZw_1(\xi). \tag{15}$$

Cette équation admet une infinité de racines $\xi_p(Z)$; p est un entier. Notons simplement ξ une de ces racines. Dans le cas général, ξ est une fonction de s puisque Z et ρ peut dépendre de s.

ξ est défini par (8) , soit
$$\xi = 2\varphi'(s) \left(\frac{\rho(s)}{2} \right)^{2/3}$$

donc
$$\varphi(s) = 2^{-1/3} \int_0^s \frac{\xi ds}{(\rho(s))^{2/3}} + \varphi(0) \tag{16}$$

$\varphi(0)$ est une constante qui peut être prise égale à 0 .

3.1.5. Calcul de $A(s)$

Il reste à calculer $A(s)$. Pour cela, nous utilisons l'équation (6) donnée par l'annulation du terme en k. Cette équation s'écrit $L_0u_1 = -L_1u_0$. Elle n'a de solution que si le deuxième membre $-L_1u_0$ est orthogonal (au sens du produit scalaire dans l'espace L²) aux solutions de l'équation homogène. Cela fournit une condition nécessaire et suffisante de compatibilité qui permet de calculer $A(s)$.

3.1.6. Ecriture de la condition de compatibilité

En multipliant l'équation (6) par la solution de l'équation homogène $w_1(\xi - v)$ et en intégrant de $v = 0$ à $v = +\infty$, on obtient :
$$\int_0^{+\infty} w_1(\xi - v) L_o u_1 dv + \int_0^{+\infty} w_1(\xi - v) L_1 u_0 dv = 0 . \tag{17}$$

Les intégrales convergent parce que l'on a supposé que le milieu a des pertes (i.e. k a une partie imaginaire positive). En effet, u_o est proportionnel à $w_1(\xi - v)$, donc L_1u_o est une combinaison linéaire de $w_1(\xi - v)$ et $w_1'(\xi - v)$. La fonction u_1, solution de $L_0u_1 = -L_1u_0$ est donc une combinaison linéaire de $w_1(\xi - v)$ et $w'_1(\xi - v)$ multipliés par des puissances de v. Donc, sous les signes intégraux, on a uniquement des termes de la forme : $w_1^2(\xi - v)$ et $w_1(\xi - v) w_1'(\xi - v)$. Tous ces termes sont exponentiellement décroissants si le milieu a des pertes et toutes les intégrales convergent donc. Intégrant par parties le premier terme, on obtient :

$$\int_0^{+\infty} w_1(\xi-v)L_o u_1 \, dv =$$

$$\int_0^{+\infty} (L_o w_1(\xi-v))u_1 \, dv + \left(\frac{2}{\rho}\right)^{2/3}\left[w_1(\xi-v)\frac{\partial u_1}{\partial v} - u_1\frac{dw_1(\xi-v)}{dv}\right]_0^{+\infty} \tag{17}$$

mais
$$\left[w_1(\xi-v)\frac{\partial u_1}{\partial v} - u_1\frac{dw_1(\xi-v)}{dv}\right]_0^{+\infty} =$$

$$\left[w_1(\xi-v)\left(\frac{\partial u_1}{\partial v}+imZu_1\right) - \left(\frac{dw_1(\xi-v)}{dv}+imZw_1(\xi-v)\right)u_1\right]_0^{+\infty} \tag{18}$$

la condition aux limites en $v = 0$ fournit pour tout $s \in \mathbb{R}$:

$$\frac{\partial u_1}{\partial v} + imZu_1 = 0 \tag{19}$$

et
$$\frac{dw_1(\xi-v)}{dv} + imZw_1(\xi-v) = 0 . \tag{20}$$

D'autre part, du fait de la présence de pertes

$$\lim_{v\to+\infty} w_1(\xi-v) = 0 \quad et \quad \lim_{v\to+\infty} w_1'(\xi-v) = 0$$

donc la limite de tous les termes quand $v \to +\infty$ est nulle, donc :

$$\left[w_1(\xi-v)\frac{\partial u_1}{\partial v} - u_1\frac{dw_1(\xi-v)}{dv}\right]_0^{+\infty} .$$

D'autre part : $L_0 w_1(\xi-v) = 0$ (5), donc :

$$\int_0^{+\infty} w_1(\xi-v)L_0 u_1 \, dv = 0 . \tag{21}$$

On en déduit :

$$\int_0^{+\infty} w_1 L_1 u_0 \, dv = 0 \tag{22}$$

avec $L_1 = 2i \frac{\partial}{\partial s}$. C'est la condition de compatibilité, i.e. d'orthogonalité du deuxième membre à la solution w_1 de l'équation homogène vérifiant la condition d'impédance et la condition de radiation.

$$L_1 u_o = 2i \frac{d}{ds} A(s) w_1(\xi-v) =$$

$$2i\left[A'(s)w_1(\xi-v)+\frac{1}{3}\frac{\rho'(s)}{\rho(s)} vA(s)w_1'(\xi-v)+\xi'(s)A(s)w_1'(\xi-v)\right] \tag{23}$$

donc

$$\int_0^{+\infty} w_1(\xi-v)\, L_1 u_o\, dv = 2i\left\{A'(s)\int_0^{+\infty} w_1^2(\xi-v)\, dv + \frac{1}{3}\frac{\rho'(s)}{\rho(s)}A(s)\int_0^{+\infty} v\, w_1'(\xi-v)\right.$$

$$\left. w_1(\xi-v)\, dv + \frac{1}{2}\xi'(s)A(s)w_1^2(\xi)\right\} \tag{24}$$

En intégrant par parties et en utilisant l'équation d'Airy, on obtient :

$$\int_0^{+\infty} w_1^2(\xi - v) = -(w{'}_1^2(\xi) - \xi w_1^2(\xi)) \tag{25}$$

$$\int_0^{+\infty} v\, w_1(\xi - v)\, w{'}_1(\xi - v)\, dv = -\frac{1}{2}\,(w{'}_1^2(\xi) - \xi w_1^2(\xi)). \tag{26}$$

Toutes ces intégrales ne sont convergentes que si l'on considère que le milieu a des pertes, ce qui assure une décroissance exponentielle de tous les intégrants, donc, d'après (22), (24), (25) et (26) :

$$\frac{A'(s)}{A(s)} + \frac{1}{6}\frac{\rho'(s)}{\rho(s)} - \frac{1}{2}\,\xi'(s)\,\frac{w_1^2(\xi)}{w{'}_1^2(\xi) - \xi w_1^2(\xi)} = 0 \tag{27}$$

mais en posant $d(s) = w{'}_1^2(\xi) - \xi w_1^2(\xi)$ on a, pour $\xi = \xi(s)$:

$$d'(s) = -\xi'(s)\, w_1^2(\xi(s)) \tag{28}$$

donc (27) devient :

$$\frac{A'(s)}{A(s)} + \frac{1}{6}\frac{\rho'(s)}{\rho(s)} + \frac{1}{2}\frac{d'(s)}{d(s)} = 0 \tag{29}$$

donc

$$\frac{A(s)}{A(0)} = \left(\frac{\rho(0)}{\rho(s)}\right)^{1/6}\left(\frac{d(0)}{d(s)}\right)^{1/2}. \tag{30}$$

3.1.7. Résultat final pour le premier terme u_0 du développement de u

On obtient finalement :

$$u(s,v) \approx A(0)\left(\frac{\rho(0)}{\rho(s)}\right)^{1/6}\left(\frac{d(0)}{d(s)}\right)^{1/2} w_1(\xi - v)\, exp\left(iks + ik^{1/3}\,2^{-1/3}\int_0^s \frac{\xi ds}{\rho(s)^{2/3}}\right) \tag{31}$$

expression valide pour $v = O(1)$, donc au voisinage de la surface.

Par rapport au cas du problème de Neumann traité dans [BK], les points nouveaux sont :

- la modification de la constante de propagation, qui vérifie $w{'}_1(\xi) = imZ(s)\,w_1(\xi)$, au lieu de $w{'}_1(\xi) = 0$ pour le problème de Neumann .

- l'apparition du facteur multiplicatif $\left(\dfrac{d(0)}{d(s)}\right)^{1/2}$. Ce facteur multiplicatif vaut 1 si $mZ(s)$ est constant, c'est-à-dire si le produit $\rho^{1/3}Z$ est constant. C'est le cas traité en général dans la littérature, bien qu'il ne soit guère physique.

Cette expression fournit notamment, pour $v = 0$ le champ à la surface de l'obstacle. Compte tenu de $w{'}_1(\xi) = im\,Zw_1(\xi)$, on obtient :

$$u(s,v) \approx A(0)\,w_1(\xi(0))\left(\frac{\rho(0)}{\rho(s)}\right)^{1/6}\left(\frac{e(0)}{e(s)}\right)^{1/2} exp\left(iks + \frac{ik^{1/3}}{2^{1/3}}\int_0^s \frac{\xi ds}{\rho(s)^{2/3}}\right) \tag{33}$$

où $e(s) = \xi(s) + m^2 Z^2(s)$. La dépendance en $\left(\dfrac{\rho(0)}{\rho(s)}\right)^{1/6}$ est facile à retrouver à l'aide du problème canonique du cylindre elliptique parfaitement conducteur, celle en $\left(\dfrac{e(0)}{e(s)}\right)^{1/6}$ demande la résolution de problèmes plus complexes (le cylindre elliptique avec impédance par exemple), qui n'ont pas à notre connaissance été traités. La méthode permet donc d'obtenir des résultats nouveaux par rapport à la méthode des problèmes canoniques. Nous avons donc obtenu des solutions dans la zone d'ombre. Ces solutions dépendent, pour chaque détermination de $\xi(s)$, racine de (14), d'une constante arbitraire $A(0)$. Nous verrons dans la section 3.11 que le raccordement à la solution en zone de transition permet de déterminer $A(0)$.

Enfin, on notera que l'analyse précédente justifie partiellement le principe de localité : u ne dépend en chaque point que de quantités locales.

Le résultat précédent est exprimée en coordonnées (s,n). Nous allons maintenant réécrire ce résultat en coordonnées de rayon, afin de faciliter le raccordement à la solution interne.

3.1.8.   Résultat en coordonnées de rayon (Fig.2)

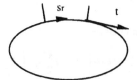

Fig.2 : coordonnées de rayons

Nous avons, par souci de simplicité, utilisé les coordonnées (s, n). On a vu au paragraphe 2.1 qu'il est théoriquement préférable d'utiliser les coordonnées de rayons. Les calculs dans ces coordonnées sont du même type qu'en coordonnées (s, n). Nous allons donc nous limiter à exposer les principaux résultats, pour faire comprendre l'influence du choix des coordonnées.

Rappelons que les coordonnées de rayon, dans le cas du cylindre, sont définies ainsi : s^r est maintenant l'abscisse curviligne jusqu'au point de tangence du rayon, t est la longueur du rayon diffracté, ℓ est la longueur totale du rayon. Les coordonnées (s^r, ℓ) sont orthogonales. Dans la couche limite au voisinage de la surface $t \approx \sqrt{2\rho n}$. Nous avons précédemment étiré en $k^{2/3}$ la coordonnée n. Il est donc logique d'étirer en $k^{1/3}$ la différence de coordonnées $t = \ell - s^r$. Les calculs dans ces coordonnées, directs mais lourds, ont été menés par Buslaev [Bu] et Ivanov [Iv], dans le cas $mZ = cte$. Le résultat final pour le premier terme de le développement, généralisé à mZ variable, est :

$$u \approx A\left(\frac{\rho(0)}{\rho(s^r)}\right)^{1/6}\left(\frac{d(0)}{d(s^r)}\right)^{1/2} w_1(\xi{-}Y)\,exp\,(ik\ell - i\frac{2}{3}\,Y^{3/2})$$

$$exp\left(i\xi\sqrt{Y} + i\frac{k^{1/3}}{2^{1/3}}\int_0^{s^r}\xi\frac{ds}{\rho(s)^{2/3}}\right) \tag{34}$$

où Y est la coordonnée étirée

$$Y = \left(m \, \frac{t}{\rho} \right)^2 \tag{35}$$

ξ est pris au point de détachement.

On peut montrer, (voir appendice géométrie différentielle), que, dans la couche limite

$$\left.\begin{aligned}
& Y = v + 0(k^{-1/3}) \\[2mm]
& \ell = s + \frac{2}{3k} Y^{3/2} + 0(k^{-4/3}) \\[2mm]
& \xi(s^r)\sqrt{Y} = \frac{k^{1/3}}{2^{1/3}} \int_{s^r}^{s} \xi(s) \frac{ds}{\rho(s)^{2/3}} + 0(k^{-1/3}) \\[2mm]
& \rho(s^r) = \rho(s) + 0(k^{-1/3}) \\[2mm]
& \xi(s^r) = \xi(s) + 0(k^{-1/3})
\end{aligned}\right\} \tag{36}$$

Reportant (36) dans (34), on obtient :

$$u = A(0) \left(\frac{\rho(0)}{\rho(s)} \right)^{1/6} \left(\frac{d(0)}{d(s)} \right)^{1/2} w_1(\xi - v) \, exp \left(iks + i \frac{k^{1/3}}{2^{1/3}} \int_0^s \xi \frac{ds}{\rho(s)^{2/3}} \right) + 0(k^{-1/3}). \tag{37}$$

Soit la formule (31).

On obtient donc logiquement le même résultat que précédemment. L'avantage est que (34) est exprimé directement dans les mêmes coordonnées que le développement externe, ce qui facilite considérablement la procédure de raccordement. L'inconvénient est que les calculs sur le développement interne conduisant à (34) sont nettement plus laborieux que ceux conduisant à (31). En pratique, les coordonnées de rayon ont été utilisées d'abord, jusqu'au début des années 60, puis l'Ecole de Léningrad, notamment Babitch et ses associés, ont plutôt utilisé les coordonnées (s, n), d'un maniement plus aisé.

Nous allons passer maintenant au cas 3D général, en équations de Maxwell. Nous utiliserons les coordonnées (s, n).

3.2 Couche-limite d'ondes rampantes sur une surface générale

3.2.1. Introduction

Les ondes rampantes peuvent être initiées sur une surface par une onde incidente (Fig.3) ou par une source (Fig.4).

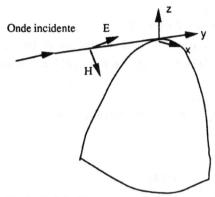

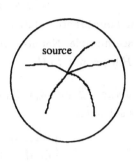

Fig. 3 : Onde incidente sur un objet convexe   Fig. 4 : Source sur un objet convexe

Nous allons suivre exactement la même procédure que dans le cas du cylindre traité au § 3.1 : choix d'un Ansatz, écriture des équations en coordonnées (s, n), introduction de l'Ansatz dans les équations, résolution des équations à chaque ordre. Faisons toutefois une remarque préliminaire.

Sur une surface, la généralisation du développement (D) du paragraphe précédent pourrait a priori comporter un terme de phase $exp(ikS)$ où S est une eikonale sur la surface. Toutefois, les équations de Maxwell imposent alors que la norme du gradient de surface de l'eikonale soit égale à 1. L'équation eikonale sur la surface se résoud, comme l'équation eikonale dans l'espace traité au chapitre 2, par la méthode des caractéristiques. Définissons les rayons de surface comme les courbes intégrales du gradient de surface de la phase. On montre, exactement comme au chapitre 2, que ces courbes minimisent le chemin entre deux points sur la surface. Ce sont donc les géodésiques de la surface. Le terme de phase sera donc simplement $exp(iks)$, où s est l'abscisse le long d'une géodésique. On retrouve donc par ce raisonnement simple un des postulats de la TGD : les rayons de surface sont les géodésiques de la surface. Passons maintenant au calcul effectif des solutions.

3.2.2. Equations et conditions aux limites

On recherche une solution des équations de Maxwell, vérifiant la condition d'impédance $\vec{E} - (\vec{n}.\vec{E}) = Z_a \, \vec{n} \wedge \vec{H}$ sur la surface où Z_a est l'impédance absolue, et, à l'infini, la condition de radiation de Silver-Müller. Z_a est un nombre complexe. Les équations de Maxwell s'écrivent, dans le vide, en convention $exp(-i\omega t)$

$$\begin{cases} \vec{rot}\,\vec{E} = \ i\omega\mu \ \vec{H} \\ \vec{rot}\,\vec{H} = -i\omega\varepsilon \ \vec{E} \end{cases}$$

ou encore

$$\begin{cases} \vec{rot}\,\sqrt{\varepsilon}\,\vec{E} = \ i\omega\,\sqrt{\overline{\mu\varepsilon}}\,\sqrt{\mu}\,\vec{H} \\ \vec{rot}\,\sqrt{\mu}\,\vec{H} = -i\omega\,\sqrt{\overline{\mu\varepsilon}}\,\sqrt{\varepsilon}\,\vec{E} \end{cases}$$

et la condition d'impédance s'écrit :

$$\sqrt{\varepsilon}\ \vec{E} - (\vec{n}\ \sqrt{\varepsilon}\vec{E})\,\hat{n} = Z\,\hat{n}\wedge\sqrt{\mu}\,\vec{H}$$

où Z est l'impédance relative, c'est-à-dire l'impédance absolue divisée par l'impédance du vide. Notons, comme dans l'ouvrage de Fock [F]$\vec{E}$ le produit $\sqrt{\varepsilon}\ \vec{E}$ et $\vec{H}$ le produit $\sqrt{\mu}\ \vec{H}$.

Comme $\omega\ \sqrt{\mu\varepsilon} = \dfrac{\omega}{c} = k$, $Z_a = ZZ_0 = Z\ \sqrt{\dfrac{\mu}{\varepsilon}}$, on obtient, suivant Fock (voir F), les équations suivantes :

$$(1)\qquad\begin{cases} \vec{\text{rot}}\ \vec{E} = ik\ \vec{H} \\ \vec{\text{rot}}\ \vec{H} = -ik\ \vec{E} & \quad dans\ \Omega' \\ \vec{E} - (\hat{n}.\vec{E})\,\hat{n} = Z\,\hat{n}\wedge\vec{H} & \quad sur\ \Gamma \end{cases}$$

$\vec{E}$ et $\vec{H}$ doivent, de plus, vérifier la condition de radiation de Silver-Müller qui s'écrit :

$$quand\ r \to +\infty$$

$$\vec{E}\ \ et\ \ \vec{H} = O\left(\frac{1}{r}\right)$$

$$\vec{E} + \hat{r}\wedge\vec{H}\ \ et\ \ \vec{H} - \hat{r}\wedge\vec{E} = o\left(\frac{1}{r}\right)$$

où r est la distance du point d'observation à l'objet, $\hat{r}$ le vecteur unitaire dans la direction d'observation.

3.2.3.   Forme du développement asymptotique

La forme du développement asymptotique nous est suggéré par les résultats de [Za1] pour l'équation des ondes scalaires. [Zauderer] introduit un système de coordonnées géodésiques (figure 5).

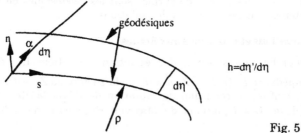

Fig. 5

Dans ce système de coordonnées géodésiques
- s désigne l'abscisse curviligne le long d'une géodésique arbitraire
- α désigne l'abscisse curviligne le long de la courbe orthogonale sur Γ, axe de coordonnées du système de coordonnées semi-géodésiques considéré
- n désigne la distance à la surface.

Le développement asymptotique de la solution est recherché sous la forme :
$$exp\,(iks + ik^{1/3}\varphi(s,\alpha))\,(u_0 + u_1\,k^{-1/3} + ... + u_j\,k^{-j/3})$$

le premier terme du produit est un facteur de phase, le second terme une amplitude.

– $\varphi(s,\alpha)$ est une fonction de phase complexe, sa partie imaginaire donne l'atténuation des ondes rampantes,

– les u_i sont les coefficients du développement de l'amplitude en puissances –1/3 du nombre d'onde k. Les u_i sont des fonctions à valeurs complexes de la coordonnée étirée $v_1 = k^{2/3}n$ et de la coordonnée α. v_1 est de l'ordre de l'unité, n est donc de l'ordre de $k^{-2/3}$.

Le choix de ces ordres de grandeur découle du problème canonique de la diffraction d'une onde électromagnétique par un cylindre ou une sphère. On fait donc l'hypothèse qu'ils restent inchangés pour un obstacle général.

Pour les équations de Maxwell, nous proposons un développement analogue pour les champs électrique $\vec{E}$ et magnétique $\vec{H}$. Nous posons :

$$(2)\qquad \begin{cases} \vec{E} = exp\,(iks + ik^{1/3}\,\varphi(s,\alpha))\,(\vec{E}_0 + \vec{E}_1\,k^{-1/3} + \vec{E}_j\,k^{-j/3}\,...) \\ \vec{H} = exp\,(iks + ik^{1/3}\,\varphi(s,\alpha))\,(\vec{H}_0 + \vec{H}_1\,k^{-1/3} + \vec{H}_j\,k^{-j/3}\,...) \end{cases}$$

Les $\vec{E}_j$ et $\vec{H}_j$ sont des fonctions vectorielles de α, v_1 et s.

Afin de calculer $\varphi(s,\alpha)$ et les $\vec{E}_j$ et $\vec{H}_j$, nous allons reporter les développements (2) dans les équations de Maxwell, et la condition d'impédance ((1)). On obtiendra ainsi, pour chaque ordre, des équations et des conditions aux limites qui, associées à la condition de radiation, nous permettrons de déterminer les $\vec{E}_j$ et $\vec{H}_j$. Dans la pratique, nous nous limiterons au premier ordre, c'est-à-dire au calcul de $\vec{E}_0$ et $\vec{H}_0$.

Les résultats vérifieront, à un certain ordre, les équations de Maxwell et les conditions aux limites, ce qui permet de les considérer comme des solutions approchées de notre problème à haute fréquence. Toutefois, nous n'avons pas obtenu de majoration des termes négligés.

3.2.4.   Expression des équations de Maxwell en coordonnées(s,α,n)

Les coordonnées s, α, n ne sont ni orthogonales, ni normées. Pour exprimer l'opérateur différentiel *rot*, dans ce système de coordonnées, il faut introduire (voir par exemple [Go]) les composantes covariantes et contravariantes des vecteurs $\vec{E}$ et $\vec{H}$ et considérés. Dénotant par (V^s, V^α, V^n) les composantes d'un vecteur (contravariantes), $\vec{E}$ ou $\vec{H}$ et par (V_α, V_s, V_n) celles de la forme linéaire associée (covariante), l'expression du rotationnel en coordonnées s, α, n est : (voir[Go])

$$
\begin{cases}
rot^s V = \dfrac{1}{\sqrt{g}} \, (\partial_\alpha V_n - \partial_n V_\alpha) \\[2mm]
rot^\alpha V = \dfrac{1}{\sqrt{g}} \, (\partial_n V_s - \partial_s V_n) \\[2mm]
rot^n V = \dfrac{1}{\sqrt{g}} \, (\partial_s V_\alpha - \partial_\alpha V_s)
\end{cases}
\tag{3}
$$

où
$$
\begin{pmatrix} V_s \\ V_\alpha \\ V_n \end{pmatrix} = g_{ij} \begin{pmatrix} V^s \\ V^\alpha \\ V^n \end{pmatrix}
$$

g_{ij} est la matrice caractérisant la métrique du système de coordonnées. Elle s'écrit (voir Appendice 2) en négligeant les termes $0(n^2)$,

$$
g_{ij} = \begin{pmatrix}
1 + 2b_{ss}n & 2b_{s\alpha}n & 0 \\[2mm]
2b_{s\alpha}n & g_{\alpha\alpha} + 2b_{\alpha\alpha}n & 0 \\[2mm]
0 & 0 & 1
\end{pmatrix} + 0(n^2)
$$

où b_{ss}, $b_{s\alpha}$, $b_{\alpha\alpha}$ sont les opposés des coefficients de la 2ème forme quadratique en coordonnées (s, α) *.
g est le déterminant de cette matrice, V_s, V_α et V_n s'écrivent donc :

$$
\begin{aligned}
V_s &= (1 + 2b_{ss}n)V^s + 2b_{s\alpha}n\,V^\alpha + 0(n^2) \\
V_\alpha &= (g_{\alpha\alpha} + 2b_{\alpha\alpha}n)V^\alpha + 2b_{s\alpha}\,V^s + 0(n^2) \\
V_n &= V^n \qquad\qquad\qquad\qquad + 0(n^2)
\end{aligned}
\tag{4}
$$

On sait d'autre part (Appendice 2) que $b_{ss} = 1/\rho$, $b_{s\alpha} = -h\tau$, $b_{\alpha\alpha} = h^2/\rho_t$, $g_{\alpha\alpha} = h^2$, ρ, τ, ρ_t sont respectivement le rayon de courbure de la géodésique, la torsion de la géodésique, le rayon de courbure normal de la surface dans la direction orthogonale à la géodésique, et h mesure le resserrement (ou l'élargissement) d'un pinceau infinitésimal de géodésique entre le point de coordonnées (s, α) et l'axe des α.

Nous nous limitons aux termes d'ordre n et négligeons les termes d'ordre n^2. Après extension, ces derniers donneront des termes en $k^{-4/3}$, puisque n est d'ordre $k^{-2/3}$, et après multiplication par k, des termes en $k^{-1/3}$.

Les termes en $k^{-1/3}$ sont donc négligés dans l'analyse et nous limiterons en conséquence le développement aux termes en k^0, c'est-à-dire de l'ordre de l'unité.

La première équation de Maxwell $rot\,\vec{E} = ik\vec{H}$ va nous fournir 3 équations scalaires. Chaque équation scalaire donne 4 équations, i.e. des équations à l'ordre k, $k^{2/3}$, $k^{1/3}$ et k^0, ou au total 12 équations. La deuxième équation de Maxwell $rot\,\vec{H} = -ik\vec{E}$ nous fournit 12 autres équations que l'on obtient à partir des précédentes en faisant la substitution $\vec{E} \to \vec{H}$, $\vec{H} \to -\vec{E}$.

---

* On introduit les opposés des coefficients plutôt que les coefficients eux-mêmes pour avoir des signes + partout dans g_{ij}.

On obtient finalement le tableau d'équations suivant :

Ordre k

$$H_0^s = 0 \tag{1.1}$$

$$E_0^n = -h \, H_0^\alpha \tag{1.2}$$

$$H_0^n = h \, E_0^\alpha \ . \tag{1.3}$$

Ordre $k^{2/3}$

$$H_1^s = i \, h \, \frac{\partial E_0^\alpha}{\partial v_1} \tag{2.1}$$

$$E_1^n = -h \, H_1^\alpha \tag{2.2}$$

$$H_1^n = h \, E_1^\alpha \ . \tag{2.3}$$

Ordre $k^{1/3}$

$$H_2^s = i \, h \, \frac{\partial E_1^\alpha}{\partial v_1} - \frac{\partial \varphi}{\partial \alpha} H_0^\alpha \tag{3.1}$$

$$h \, H_2^\alpha + E_2^n = h \left(\varphi_s' H_0^\alpha - v_1 \left(\frac{1}{\rho} + \frac{1}{\rho_t} \right) H_0^\alpha - \frac{\partial^2 H_0^\alpha}{\partial v_1^2} \right) \tag{3.2}$$

$$h \, E_2^\alpha - H_2^n = h \left(-\varphi_s' E_0^\alpha + v_1 \left(\frac{1}{\rho} - \frac{1}{\rho_t} \right) E_0^\alpha \right) \tag{3.3}$$

Ordre k^0

$$H_3^s = i \, h \, \frac{\partial E_2^\alpha}{\partial v_1} - \frac{\partial \varphi}{\partial \alpha} H_1^\alpha + 2 \, \frac{ih}{\rho_t} \, E_0^\alpha - ih \left(\frac{1}{\rho} - \frac{1}{\rho_t} \right) v_1 \, \frac{\partial E_0^\alpha}{\partial v_1} \tag{4.1}$$

$$h \, H_3^\alpha + E_3^n = h \left(\varphi_s' H_1^\alpha - v_1 \left(\frac{1}{\rho} + \frac{1}{\rho_t} \right) H_1^\alpha - \frac{\partial^2 H_1^\alpha}{\partial v_1^2} \right) + \tag{4.2}$$

$$+ 2ih\tau \, E_0^\alpha + 2iv_1 \ h\tau \ \frac{\partial E_0^\alpha}{\partial v_1} - i \frac{\partial}{\partial s} \left(h \, H_0^\alpha \right) + i \frac{\partial \varphi}{\partial \alpha} \ \frac{\partial E_0^\alpha}{\partial v_1}$$

$$h \, E_3^\alpha - H_3^n = h \left(-\varphi_s' E_1^\alpha + v_1 \left(\frac{1}{\rho} - \frac{1}{\rho_t} \right) E_1^\alpha \right) \tag{4.3}$$

$$- 2iv_1 \, h\tau \, \frac{\partial H_0^\alpha}{\partial v_1} + \frac{i}{h} \, \frac{\partial}{\partial s} \left(h^2 \, E_0^\alpha \right) - i \frac{\partial \varphi}{\partial \alpha} \ \frac{\partial H_0^\alpha}{\partial v_1} \ .$$

Le tableau précédent doit être complété par un tableau "dual". Les équations (i.4), (i.5), (i.6), où i=1,2,3 , ou 4 de ce tableau sont respectivement obtenues à partir des équations (i.1), (i.2), (i.3) ci -dessus en transformant E en H et H en $-E$. Nous n'écrivons pas ce s équations par souci de concision.

Nous allons maintenant interpréter les équations obtenues aux différents ordres et calculer, à partir de ces équations, des conditions aux limites, et de la condition de radiation, les fonctions φ, $\vec{E}_0$ et $\vec{H}_0$.

3.2.5.   Interprétation des équations obtenues aux trois premiers ordres $(k, \; k^{2/3}, \; k^{1/3})$

L'examen du tableau permet de tirer les conclusions suivantes :

3.2.5.1.   *Equations à l'ordre* k

- les équations à l'ordre k, i.e 1.1 à 1.6 montrent que H_0^n s'exprime en fonction de E_0^α, et E_0^n en fonction de H_0^α (équations (1.3) ou (1.5) et (1.2) ou (1.6)),
- que les composantes en s, c'est-à-dire suivant la direction de propagation du mode rampant cherché, sont nulles à l'ordre 0.

On peut donner une interprétation de ces résultats cohérente avec la théorie géométrique de la diffraction. Pour les équations de Maxwell, il existe deux types de rayons rampants :

- un rayon rampant que nous appellerons électrique, car, à l'ordre 0, $\vec{E}$ et $\vec{H}$ vont s'exprimer en fonction des composantes suivant α du champ électrique E_0^α . Les composantes à l'ordre 0 de ce rampant "électrique" sont :

$$E_0^\alpha$$
$$H_0^n = h\, E_0^\alpha \qquad\qquad (1.3) \text{ ou } (1.5)$$
$$H_0^s = E_0^s = 0 \qquad\qquad (1.1) \text{ ou } (1.4)$$
$$E_0^n = H_0^\alpha = 0$$

il faut se souvenir que le repère $(\vec{e}_s , \vec{e}_\alpha , \vec{e}_n)$ n'est pas normé. L'équation (1.5) signifie donc simplement que H_0^n et E_0^α ont la même longueur. Pour le rampant "électrique" les deux composantes dominantes (c'est-à-dire d'ordre le plus élevé en k) sont E_0^α et H_0^n , c'est-à-dire que, à l'ordre dominant, le rampant "électrique" se propage comme une onde plane (voir figure 6),

- un rayon rampant "magnétique" dont les champs $\vec{E}$ et $\vec{H}$, à l'ordre 0 et 1, s'expriment en fonction de H_0^α et H_1^α . Les composantes à l'ordre 0 de ce rampant "magnétique" sont :

$$H_0^\alpha$$
$$E_0^n = -h\, H_0^\alpha \qquad\qquad (1.2) \text{ ou } (1.6)$$
$$H_0^s = E_0^s = 0 \qquad\qquad (1.1) \text{ et } (1.4)$$
$$H_0^n = E_0^\alpha = 0$$

(1.6) signifie simplement que E_0^n et H_0^α ont la même longueur. Pour le rampant "magnétique", les deux composantes dominantes sont H_0^α et E_0^n. En première approximation, le rampant magnétique se propage comme une onde plane (voir figure 6).

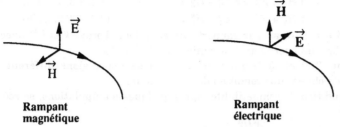

Fig.6 : Rampants électriques et magnétiques, composantes d'ordre 0

A l'ordre dominant, les rampants "électrique" et "magnétique" se propagent donc comme des ondes planes, le rampant "électrique" est polarisé avec son vecteur champ électrique parallèle à la surface, le rampant magnétique avec son vecteur champ magnétique parallèle à la surface.

3.2.5.2. *Equations à l'ordre* $k^{2/3}$

Les équations 2.1 à 2.6 montrent que :

- à l'ordre 1 (i.e. $k^{-1/3}$), il apparaît, contrairement à l'onde plane, des composantes suivant la direction de propagation. Plus précisément, le rampant "électrique" (respectivement magnétique) a une composante d'ordre 1 du champ magnétique (respectivement électrique) non nulle suivant la direction de propagation. En effet,

- pour le rampant "électrique" $H_1^s = i\, h\, \dfrac{\partial E_0^\alpha}{\partial v_1}\ \neq 0$ (2.1)

- pour le rampant "magnétique" $E_1^s = -i\, h\, \dfrac{\partial H_0^\alpha}{\partial v_1}\ \neq 0$ (2.4)

Là aussi, les h sont dus à ce que la norme de $\vec{e}_\alpha$ vaut h .

Les équations 2.2, 2.3, 2.5, 2.6 sont les homologues des équations 1.2, 1.3, 1.5, 1.6, i.e elles donnent E_1^n et H_1^n en fonction de H_1^α et E_1^α respectivement.

A l'ordre 1, comme à l'ordre 0, toutes les composantes de $\vec{E}$ et $\vec{H}$ s'expriment donc en fonction de E_0^α , H_0^α , E_1^α , H_1^α . Il est donc naturel de choisir E^α et H^α comme des potentiels. (Remarque : on pouvait également prendre comme potentiels les composantes normales des champs $\vec{E}$ et $\vec{H}$). Il reste maintenant à calculer E_0^α et H_0^α .

3.2.5.3. *Equations à l'ordre* $k^{1/3}$

Les équations 3.1 et 3.4 donnent H^s_2 et E^s_2 en fonction de E^α_0 et H^α_0 respectivement, et des dérivées par rapport à des composantes d'ordre 1.

Les équations 3.2, 3.3, 3.5, 3.6 peuvent s'écrire comme des expressions de $h\, H_2^\alpha + E_2^n$ et $h\, E_2^n - H_2^\alpha$ en fonction de H_0^α et E_0^α . Elles sont le pendant des équations précédentes

$$h\, H_0^\alpha + E_0^n = h\, E_0^\alpha - H_0^n = 0 \qquad\qquad (1.2,\ 1.3,\ 1.5,\ 1.6)$$

et
$$h\, H_1^\alpha + E_1^n = h\, E_1^\alpha - H_0^n = 0 \qquad\qquad (2.2,\ 2.3,\ 2.5,\ 2.6)$$

mais, et ceci est nouveau par rapport aux équations d'ordre k et $k^{2/3}$ avec, au second membre, un opérateur différentiel sur H_0^α ou E_0^α .

Utilisant (3.2) et (3.6) qui fournissent deux expressions différentes de $h\, H_2^\alpha + E_2^n$, on obtient une condition de compatibilité.

Cette condition de compatibilité, après quelques manipulations, se réduit à l'équation (5)

$$\frac{\partial^2 H_0^\alpha}{\partial v_1^2} + 2\left(\frac{v_1}{\rho} - \varphi_s'\right) H_0^\alpha = 0 . \qquad\qquad (5)$$

De même, utilisant (3.3) et (3.5), qui donnent deux expressions différentes de h $E_2^\alpha - H_2^n$ on obtient la condition de compatibilité donnée par l'équation (6)

$$\frac{\partial^2 E_0^\alpha}{\partial v_1^2} + 2\left(\frac{v_1}{\rho} - \varphi_s'\right) E_0^\alpha = 0 . \qquad\qquad (6)$$

(5) et (6) sont identiques à l'équation obtenue, au paragraphe 3.1. dans le cas du cylindre. La dépendance normale de E_0^α et H_0^α sera donc déterminée, comme au 3.1. par la fonction w_1.

Pour résoudre les équations (5) et (6) et achever de déterminer la dépendance normale de la solution, il faut écrire les conditions aux limites sur la surface. Nous allons le faire au paragraphe suivant. Cela nous permettra de calculer $\varphi = \varphi(s, \alpha)$. Il nous restera alors à calculer la variation de l'amplitude avec s, ce que nous ferons au 3.2.7, à l'aide des équations 4.1 à 4.6 .

Avant de conclure cette section, notons que (3.2), (3.6), et (3.5) permettent d'autre part d'obtenir E_2^n comme une fonction de H_0^α et H_2^α , et H_2^n comme une fonction de E_0^α et E_2^α . A l'ordre 2, comme aux ordres précédents, toutes les composantes de $\vec{E}$ et $\vec{H}$ s'expriment donc en fonction des seules composantes de $\vec{E}$ et $\vec{H}$ suivant la direction α .

3.2.6.   Conditions aux limites-détermination de φ

Nous allons maintenant écrire les conditions aux limites sur la surface, en commençant par le cas simple du conducteur parfait.

3.2.6.1.   *Conducteur parfait*

Le champ électrique tangent à la surface d'un conducteur parfait est nul, donc

$$E^\alpha = 0 \qquad\qquad (7)$$

et
$$E^s = 0 \quad pour \quad v_1 = 0 . \qquad\qquad (8)$$

Développant (7) et (8) suivant les puissances de $k^{-1/3}$ on obtient :

$$E_0^\alpha = \dots E_j^\alpha = 0 \quad pour \quad v_1 = 0 \qquad\qquad (9)$$

et
$$E_0^s = \dots E_j^s = 0 \quad pour \quad v_1 = 0 . \qquad\qquad (10)$$

On notera que $E_0^s = 0$ est vérifié $\forall v_1$, la première condition donnée par (10) porte donc sur E_1^s .

3.2.6.1.1. *Conditions aux limites sur* E_0^α *et* H_0^α

La condition aux limites sur E_0^α est immédiate à partir de (9), celle sur H_0^α est obtenue à partir de (10) et de l'expression de E_1^s en fonction de :

$$E_1^s = - ih \frac{\partial H_0^\alpha}{\partial v_1} \quad (2.4)$$

E_0^α et H_0^α vérifient donc les conditions aux limites suivantes :

$$E_0^\alpha = 0 \quad \text{pour} \quad v_1 = 0 \tag{11}$$

et
$$\frac{\partial H_0^\alpha}{\partial v_1} = 0 \quad \text{pour} \quad v_1 = 0 \,. \tag{12}$$

Le rampant électrique, en conducteur parfait, conduit donc à un problème de Dirichlet, alors que le rampant magnétique conduit à un problème de Neumann.

3.2.6.1.2. *Calcul de* φ

Suivant [B,K], nous introduisons pour résoudre (5) et (6) la variable

$$v = \left(\frac{2}{\rho(s,\alpha)} \right)^{1/3} v_1 \tag{13}$$

et nous posons

$$\xi = 2\varphi_s' \left(\frac{\rho(s,\alpha)}{2} \right)^{2/3} . \tag{14}$$

$\rho(s, \alpha)$ est (voir figure 5) le rayon de courbure de la géodésique (il est égal à b_{ss}^{-1}).

Les équations (5) et (6), réécrites avec la variable v, deviennent respectivement :

$$\frac{\partial^2 E_0^\alpha}{\partial v^2} + (v - \xi)\, E_0^\alpha = 0 \tag{15}$$

et
$$\frac{\partial^2 H_0^\alpha}{\partial v^2} + (v - \xi)\, H_0^\alpha = 0 \,. \tag{16}$$

E_0^α vérifie donc :
          - l'équation (15)
          - la condition de radiation
          - la condition aux limites de Dirichlet (11)
H_0^α vérifie :
          - l'équation (16)
          - la condition de radiation
          - la condition aux limites de Neumann (12)

(15) et (16) sont des équations d'Airy. E_0^α et H_0^α sont donc des fonctions d'Airy. Le choix de la "bonne" fonction d'Airy nous est dicté comme dans le cas du cylindre, par la condition de radiation, exprimée sous forme du principe d'absorption limite . Plus précisément, nous recherchons une solution, qui, quand le milieu a des pertes, c'est-à-dire quand $Im\ k > 0$, décroît quand $v \to +\infty$ c'est-à-dire quand le point d'observation s'éloigne de la surface. Toute fonction d'Airy est une combinaison linéaire de w_1 et w_2, mais $w_1\ (\xi - v) \to 0$ quand $v \to +\infty$ avec $Im\ v > 0$, alors que $w_2(\xi - v) \to +\infty$ dans les mêmes conditions.

Le principe d'absorption limite nous impose donc de choisir la fonction d'Airy w_1 :

$$E_0^\alpha (s, \alpha, v) = h^{-1} A(s, \alpha)\, w_1\, (\xi_E - v) \tag{17}$$

et

$$H_0^\alpha (s, \alpha, v) = h^{-1} B(s, \alpha)\, w_1\, (\xi_M - v) \tag{18}$$

où $A(s, \alpha)$ et $B(s, \alpha)$ sont des fonctions à déterminer. Le facteur h^{-1} a été introduit pour simplifier les calculs du paragraphe 3.2. 7.

Le report de (17) (resp. 18) dans la condition aux limites (11) (resp 12) donne

$$w_1\, (\xi_E) = 0 \tag{19}$$

$$(resp.\ w_1'(\xi_M)) = 0 . \tag{20}$$

ξ_E est donc un zéro de w_1, ξ_M un zéro de la dérivée de w_1. Mais ξ est donné par (14) ; on en déduit la valeur de φ_s' .

On obtient

$$\varphi_s' = \xi_E\, /\, 2^{1/3}\, \rho^{2/3} \tag{21}$$

et

$$\varphi_s' = \xi_M\, /\, 2^{1/3}\, \rho^{2/3} . \tag{22}$$

Les deux équations (21) et (22) sont incompatibles car la fonction w_1 n'a pas de zéros doubles, donc $\xi_E \neq \xi_M$.

Donc, $H_0^\alpha = 0$ partout ou bien $E_0^\alpha = 0$ pour tout v .

Dans le premier cas, on obtient un <u>rampant électrique</u>, dont toutes les composantes se calculent à partir de E_0^α. Il se propage avec une phase

$$ks + k^{1/3}\, \varphi_E\, (s, \alpha)$$

où

$$\varphi_E\, (s, \alpha) = 2^{-1/3} \int \frac{\xi_E\, ds}{\rho^{2/3}} \tag{23}$$

avec

$$w_1\, (\xi_E) = 0 .$$

Dans le deuxième cas, on obtient un <u>rampant magnétique</u>, dont toutes les composantes se calculent à partir de H_0^α. Il se propage avec une phase

$$ks + k^{1/3}\, \varphi_M\, (s, \alpha)$$

où

$$\varphi_M\, (s, \alpha) = 2^{-1/3} \int \frac{\xi_M\, ds}{\rho^{2/3}} \tag{24}$$

avec

$$w_1'\, (\xi_M) = 0 .$$

Les rampants électrique et magnétique se propagent avec des vitesses et des atténuations différentes. Ce résultat est bien connu en TGD, où il est obtenu par exemple à partir du problème canonique de la sphère. L'intérêt de la méthode des développements asymptotiques est de l'obtenir de manière plus déductive.

Nous avons donc déterminé φ pour les rampants électriques et magnétiques en conducteur parfait. La détermination E_0^α et H_0^α va demander d'écrire les équations à l'ordre k^0 d'une part, ce qui sera fait au paragraphe 3.2.7, et les conditions aux limites sur E_1^α et H_1^α ce qui est fait ci-dessous.

3.2.6.1.3. Conditions aux limites sur E_1^α et H_1^α

Pour E_1^α (et pour E_j^α de manière générale) (9) donne

$$E_1^\alpha = 0 \quad \text{pour} \quad v_1 = 0 \ . \tag{25}$$

La condition aux limites sur H_1^α est obtenue à partir de $E_2^s = 0$ et de l'expression (3.4) de E_2^s en fonction de H_1^α. On obtient

$$E_2^s = -\frac{\partial \varphi}{\partial \alpha} E_0^\alpha - i\, h \frac{\partial H_1^\alpha}{\partial v_1} \tag{26}$$

pour le conducteur parfait, en $v = 0$, $E_0^\alpha = 0$, la condition aux limites est donc simplement

$$\frac{\partial H_1^\alpha}{\partial v_1} = 0 \tag{27}$$

donc une condition de Neumann homogène.

Dans le cas du conducteur parfait E_1^α et H_1^α vérifient donc respectivement des conditions de Dirichlet et de Neumann homogènes. Nous passons maintenant au cas général de la surface décrite par une condition d'impédance.

3.2.6.2. Conditions d'impédance

Condition d'impédance isotrope

La condition d'impédance s'écrit :

$$\vec{E}_{tg} = Z(\vec{n} \wedge \vec{H}_{tg}) \tag{28}$$

où $\quad \vec{E}_{tg} = E^s\, \vec{e}_s + E^\alpha\, \vec{e}_\alpha, \vec{H}_{tg} = H^s\, \vec{e}_s + H^\alpha\, \vec{e}_\alpha$.

Compte tenu que, sur la surface, le repère $(\vec{e}_s, \vec{e}_\alpha, \vec{e}_n)$ est orthogonal, mais non normé

$$\vec{n} \wedge \vec{e}_s = 1/h\, \vec{e}_\alpha$$
$$\vec{n} \wedge \vec{e}_\alpha = -1/h\, \vec{e}_s$$

donc (28) s'écrit

$$E^s = -Z\, h\, H^\alpha \tag{29}$$

et $\qquad\qquad h\, E^\alpha = Z\, H^s \tag{30}$

ou encore compte tenu que $E_0^s = H_0^s = 0$

$$k^{-1/3} E_1^s \ldots + k^{-j/3} E_j^s \ldots = - Zh\, [H_0^\alpha + k^{-1/3} H_1^\alpha \ldots + k^{-j/3} H_j^\alpha] \tag{31}$$

$$k^{-1/3} H_1^s \ldots + k^{-j/3} H_j^s \ldots = \frac{1}{Z} h\, [E_0^\alpha + k^{-1/3} E_1^\alpha \ldots + k^{-j/3} E_j^\alpha] \tag{32}$$

(32) peut aussi être directement obtenue à partir de (31) en effectuant les transformations

$$E \to H \quad H \to -E \quad Z \to 1/Z \; .$$

3.2.6.2.1. *Conditions aux limites sur E_0^α et H_0^α*

Il faut maintenant décider de l'ordre de grandeur de l'impédance. Dans [Bo], nous avons testé l'hypothèse $Z = O$ (1). Elle conduit à une condition aux limites de Dirichlet pour tout Z sur E_0^α et H_0^α. Cette solution n'est pas uniforme en Z : en effet, lorsque $Z \to 0$, H_0^α continue à vérifier une condition aux limites de Dirichlet, alors que pour $Z = 0$ (cas conducteur parfait) il vérifie une condition de Neumann.

Ce point a été noté au 3.1 dans le cas du cylindre avec impédance. Nous allons donc, pour éviter ces problèmes, et obtenir une solution uniforme en Z quand $Z \to 0$, appliquer des étirements sur l'impédance. On pose

$$Z = k^{-1/3} Z_H \quad \text{dans l'équation (31)}$$

$$Z = k^{1/3} Z_E \quad \text{dans l'équation (32)}$$

où Z_H et Z_E sont supposées d'ordre 1, ce qui revient à considérer que l'impédance est petite pour (31), et qu'elle est grande dans (32).

Annulons ensuite les coefficients des puissances de $k^{-1/3}$, on obtient au 1er ordre :

$$(31) \Rightarrow - Z_H\, h\, H_0^\alpha = E_1^s = - i\, h\, \frac{\partial H_0^\alpha}{\partial v_1}$$

soit, en introduisant la variable v et la quantité $m = \left(\dfrac{k\rho}{2} \right)^{1/3}$

$$\frac{\partial H_0^\alpha}{\partial v} + im\, Z H_0^\alpha = 0 \quad \text{pour} \quad v = 0 \; . \tag{33}$$

De même, (32) implique, au premier ordre :

$$\frac{\partial E_0^\alpha}{\partial v} + i\, \frac{m}{Z}\, E_0^\alpha = 0 \quad \text{pour} \quad v = 0 \tag{34}$$

qui est le pendant de (33) en substituant E à H et $1/Z$ à Z.

De même que pour le conducteur parfait, (17) et (18), associées aux conditions aux limites (33) et (34), permettent de calculer ξ_E et ξ_M donc φ_s' .

E_0^α est proportionnel à $w_1\, (\xi_E - v)$ où ξ_E vérifie l'équation

$$w_1'(\xi_E) = i\, \frac{m}{Z}\, w_1\, (\xi_E\,) \; . \tag{35}$$

H_0^α est proportionnel à $w_1\, (\xi_M - v)$ où ξ_M vérifie l'équation

$$w_1'(\xi_M) = imZ\, w_1\, (\xi_M\,) \; . \tag{36}$$

ξ_E et ξ_M ne peuvent, comme dans le cas du conducteur parfait, être égaux (sauf si $Z = 1$), car w_1 et w'_1 ne s'annulent pas simultanément.

On définit donc, comme pour le conducteur parfait, deux modes :
- <u>un mode rampant électrique</u>, avec $E^\alpha_0 \neq 0$, mais $H^\alpha_0 = 0$ partout ce qui implique la satisfaction de (5) et (33).

(14) et (34) permettant le calcul de φ_E. On obtient les mêmes expressions (23) et (18) que pour le conducteur parfait.

$$\varphi_E\,(s,\,\alpha) = 2^{-1/3} \int \xi_E\,\frac{ds}{\rho^{2/3}} \qquad (23')$$

et
$$E^\alpha_0\,(s,\,\alpha,v) = \frac{A(s,\alpha)}{h}\,w_1\,(\xi_E - v) \quad (17')$$

mais cette fois ξ_E dépend de Z.

ξ_E est déterminé par l'équation $w'(\xi_E) - i\,\dfrac{m}{Z}\,w_1\,(\xi_E) = 0$ (35)

- <u>un mode rampant magnétique</u>, avec $H^\alpha_0 \neq 0$, $E^\alpha_0 = 0$.

On obtient les mêmes équations qu'en conducteur parfait

$$H^\alpha_0\,(s,\,\alpha,v) = \frac{B(s,\alpha)}{h}\,w_1\,(\xi_M - v) \quad (18')$$

et
$$\varphi_M\,(s,\,\alpha) = 2^{-1/3} \int \xi_M\,\frac{ds}{\rho^{2/3}} \qquad (24')$$

ξ_M est ici déterminé par l'équation $w'(\xi_M) - imZw_1\,(\xi_M) = 0$ (36).
(35) et (36) s'obtiennent l'une à partir de l'autre en permutant $Z \Leftrightarrow 1/Z$.

On vérifie a posteriori que les hypothèses (31) et (32) ne sont pas contradictoires. (31) revient à supposer que l'impédance est petite ($0(m^{-1})$) pour le rampant magnétique, (32) que l'impédance est grande pour le rampant électrique, qui sont découplés. De plus ces hypothèses doivent donner de bons résultats même en dehors de leur domaine initial. En effet si on fait tendre Z vers l'infini dans (33) (alors qu'elle est a priori petite), on retrouve une condition aux limites de Dirichlet pour H^α_0, qui correspond au cas du conducteur magnétique. On obtient donc la bonne limite pour $Z \to +\infty$. De même, si on fait tendre Z vers 0 dans (35) (alors qu'elle est supposée grande), on retrouve une condition aux limites de Dirichlet pour E^α_0, donc le cas du conducteur électrique parfait. On obtient donc la bonne limite quand $Z \to 0$. La solution avec impédance contient donc le cas conducteur.

3.2.6.2.2. *Conditions aux limites sur* E^α_1 *et* H^α_1

Nous aurons également besoin de conditions aux limites sur E^α_1 et H^α_1 pour déterminer E^α_0 et H^α_0.

Pour le rampant magnétique, on obtient, au 2ème ordre, à partir de (31) et (32) une condition homogène sur H^α_1

$$\frac{\partial H^\alpha_1}{\partial v} + im\,ZH^\alpha_1 = 0 \quad pour \quad v = 0 \qquad (37)$$

une condition inhomogène sur E^α_1

$$\frac{\partial E_1^\alpha}{\partial v} + i \frac{m}{Z} E_1^\alpha = - ih^{-1} \frac{\partial \varphi}{\partial \alpha} \left(\frac{\rho}{2}\right)^{1/3} H_0^\alpha \quad pour \quad v = 0. \tag{38}$$

Pour le rampant électrique, on obtient, de la même façon, une condition homogène sur E_1^α

$$\frac{\partial E_1^\alpha}{\partial v} + i \frac{m}{Z} E_1^\alpha = 0 \quad pour \quad v = 0 \tag{39}$$

et une condition inhomogène sur H_1^α

$$\frac{\partial H_1^\alpha}{\partial v} + im\, ZH_1^\alpha = - ih^{-1} \frac{\partial \varphi}{\partial \alpha} \left(\frac{\rho}{2}\right)^{1/3} E_0^\alpha . \quad pour \quad v = 0 \tag{40}$$

Ces conditions aux limites vont nous permettre de déterminer plus complètement E_0 et H_0.

3.2.7. Détermination complète de E_0 et de H_0
3.2.7.1. *Equations à l'ordre k^0*

Les équations 1.1 à 1.6, 2-1 à 2.6, 3.1 à 3.6 et les conditions aux limites sur Γ nous ont permis de calculer $\varphi(s)$ et de démontrer que la variation des champs en fonction de v est décrite par une fonction d'Airy. Il reste à calculer les facteurs $A(s, \alpha)$ et $B(s, \alpha)$ déterminant l'amplitude des champs E_0^α et H_0^α sur la surface. Pour cela, nous allons utiliser les conditions aux limites précédentes et les équations d'ordre k^0.

- 4.2 et 4.6 donnent deux expressions différentes de $h\, H_3^\alpha + E_3^n$
- 4.3 et 4.5 donnent deux expressions différentes de $h\, E_3^\alpha - H_3^n$.

On obtient donc à partir de ces équations :
- deux conditions de compatibilité
- l'expression de E_3^n et H_3^n en fonction de E_3^α et H_3^α, E_0^α et H_0^α, E_1^α et H_1^α.

Les équations 4.1 et 4.4 donnent les expressions de E_3^s et H_3^{ns} en fonction des mêmes quantités.

On obtient donc toutes les composantes des champs, comme précédemment, en fonction des seules composantes en α.

Pour simplifier les notations, on pose : $E_0 = h\, E_0^\alpha$, $H_0 = h\, H_0^\alpha$, E_0 et H_0

représentent les champs par rapport à un vecteur unitaire $\hat{\alpha} = \dfrac{\vec{e}_\alpha}{\|\vec{e}_\alpha\|}$. On

introduit de même E_1 et H_1.

Les conditions de compatibilité s'écrivent :

$$- i \left[\frac{\partial^2 H_1}{\partial v_1^2} + 2(\frac{v_1}{\rho} - \varphi_s')H_1\right] - 2\tau\, E_0 + \frac{2\partial H_0}{\partial s} + h^{-1}\left(\frac{\partial h}{\partial s}\right)H_0 = 0 \tag{41}$$

$$- i \left[\frac{\partial^2 E_1}{\partial v_1^2} + 2(\frac{v_1}{\rho} - \varphi_s')E_1\right] + 2\tau H_0 + \frac{2\partial E_0}{\partial s} + h^{-1}\left(\frac{\partial h}{\partial s}\right)E_0 = 0 . \tag{42}$$

Après changement de variable , on reconnaît l'opérateur

$$L_0 = \frac{\partial^2}{\partial v^2} + (v - \xi) \; .$$

(41) devient donc

$$\left(\frac{2}{\rho}\right)^{2/3} i \, L_0 \, H_1 = \frac{2}{h^{1/2}} \; \frac{\partial}{\partial s} \; (h^{1/2} H_0) - 2\tau E_0 \; . \tag{43}$$

et (42) devient

$$\left(\frac{2}{\rho}\right)^{2/3} i \, L_0 \, E_1 = \frac{2}{h^{1/2}} \; \frac{\partial}{\partial s} \; (h^{1/2} E_0) + 2\tau H_0 \; . \tag{44}$$

rappelons la convention choisie pour la torsion $\frac{d\hat{n}}{ds} = -\frac{1}{\rho} \; \hat{s} + \tau \; \hat{b}$ où $(\hat{s}, \hat{n}', \hat{b}) =$ $(\hat{s}, -\hat{n}, \hat{\alpha})$ est le trièdre de Frenet de la géodésique.

3.2.7.2. *Résolution des équations précédentes*

Pour le rampant magnétique, $E_0 = 0$ et (43) devient

$$\left(\frac{2}{\rho}\right)^{2/3} i \, L_0 \, H_1 = \frac{2}{h^{1/2}} \; \frac{\partial}{\partial s} \; (h^{1/2} H_0) \tag{45}$$

avec les conditions aux limites

$$\frac{\partial H_0}{\partial v} = 0 \quad (12), \quad \frac{\partial H_1}{\partial v} = 0 \quad (27) \text{ pour le conducteur parfait}$$

$$\frac{\partial H_0}{\partial v} + imZH_0 = 0 \quad (33), \; \frac{\partial H_1}{\partial v} + imZH_1 = 0 \quad (37) \text{ pour l'impédance}$$

H_0 s'écrit (voir 18)

$$H_0 = B(s, \alpha) \, w_1 (\xi_M - v) \; .$$

(45) va nous permettre de déterminer $B(s, \alpha)$. Nous suivons la même méthode qu'au 3.1 pour le cylindre. (45) est une équation de Sturm-Liouville, et n'a de solution que si et seulement si son second membre est orthogonal aux solutions de l'équation homogène. La condition d'orthogonalité va nous donner une équation sur $B(s, \alpha)$. En pratique, on obtient cette condition en multipliant (45) par $w_1(\xi_M - v)$ solution de l'équation homogène, et on intègre de 0 à $+\infty$ sur la variable v . On obtient, après des calculs similaires à ceux du 3.1.6 l'équation différentielle (46) ci-dessous, valide le long d'une géodésique, c'est-à-dire pour α constant. Nous n'avons pas fait apparaître dans (46) la dépendance en α des fonctions B, h, ρ et d_M , pour simplifier l'écriture,

$$\frac{B'(s)}{B(s)} + \frac{1}{2} \frac{h'(s)}{h(s)} + \frac{1}{6} \frac{\rho'(s)}{\rho(s)} + \frac{1}{2} \frac{d_M'(s)}{d_M(s)} = 0 \tag{46}$$

où $B(s)$, est l'amplitude du mode rampant $B(s, \alpha)$ pour α , i.e. sur un rayon rampant fixé.

Rappelons que $h(s)$ représente l'élargissement (ou le resserrement) du pinceau géodésique par rapport à l'axe des α . C'est le rapport $d\eta' / d\eta$ de la TGD (voir figure 5), où $d\eta'$ est pris au point courant, et $d\eta$ sur l'axe des α .

$\rho(s)$ est le rayon de courbure de la géodésique suivant s (voir figure 5)

$$d_M(s) = w_1'^2(\xi_M) - \xi_M w_1^2(\xi_M)$$

où ξ_M vérifie l'équation (36).

Pour le conducteur parfait $\xi_M = cte$ et $d_M(s)$ est constant. (46) donne

$$B(s) = B(s, \alpha) = B(\alpha)\, h^{-1/2}(s)\, \rho^{-1/6}(s)\, d_M^{-1/2}(s)\,. \tag{47}$$

Reportant (47) dans (18), on obtient H_0. (24) donne la phase $\varphi_M(s,\alpha)$.

On reporte l'ensemble des résultats dans le développement asymptotique (2), et on obtient, à des termes $0\,(k^{-1/3})$ près

$$H(s, \alpha, v) \approx B(\alpha)\, h^{-1/2}(s)\, \rho^{-1/6}(s)\, d_M^{-1/2}(s)\, w_1\,(\xi_M - v)$$

$$exp\left(iks + i\frac{k^{1/3}}{2^{1/3}}\quad \int_{p(\alpha)}^{s} \frac{\xi_M\, ds}{\rho^{2/3}}\right) \tag{48}$$

Les résultats sont similaires pour le rampant électrique, à savoir :

$$E(s, \alpha, v) \approx A(\alpha)\, h^{-1/2}(s)\, \rho^{-1/6}(s)\, d_E^{-1/2}(s)\, w_1\,(\xi_E - v)$$

$$exp\left(iks + i\frac{k^{1/3}}{2^{1/3}}\quad \int_{p(\alpha)}^{s} \frac{\xi_E\, ds}{\rho^{2/3}}\right) \tag{49}$$

où $d_E(s) = w_1^2(\xi_E) - \xi_E\, w_1^2(\xi_E)$.

Chaque mode rampant H (ou E) dépend donc en définitive
- de la détermination de la racine ξ de l'équation (36) (ou (35)).
- d'une fonction $B(\alpha)$ (ou $A(\alpha)$) donnant l'amplitude sur chaque géodésique
- d'une fonction $p(\alpha)$, borne inférieure de l'intégration de la phase φ

Chaque détermination de ξ conduit à un mode spécifique, repéré dans le chapitre 1 par son indice p. Dans le cas de la diffraction par un obstacle, les fonctions A, B et p du paramètre α sont déterminées au paragraphe 3.11 par le raccordement des solutions en ondes rampantes, que nous venons d'établir, à la solution au voisinage de la séparatrice ombre-lumière. La solution dans la zone d'ombre sera alors entièrement déterminée.

(48) et (49) donnent le champ due à une onde rampante au voisinage de la surface. On obtient les champs de surface en faisant $v = 0$ dans ces formules. Le cas du rampant électrique en conducteur parfait est particulier, car (49) se réduit alors sur la surface à $E_0 = 0$. Par contre, le champ magnétique tangent n'est pas nul et il est calculé au paragraphe 3.2.7.4. Auparavant nous donnons une interprétation physique de (48) et (49).

3.2.7.3.   *Interprétation physique des résultats*
3.2.7.3.1.   *Vérification de la condition d'impédance*

Les formules (48) et (49) paraissent quelque peu étranges car la seule composante d'ordre 0 est suivant α. On peut alors se demander comment la condition d'impédance, qui fixe un rapport entre les composantes tangentielles orthogonales de $\vec{E}$ et $\vec{H}$, peut être vérifiée ! La réponse est que, à l'ordre 1, les champs ont des composantes suivant la direction de propagation.

Ainsi, pour le rampant magnétique, il existe une composante E_s^1 le long de la direction de propagation. Le champ E_s vaut, à l'ordre dominant $- ZH_0$.

De même, pour le rampant électrique, le champ H_s vaut, à l'ordre dominant, $1/Z\, E_0$.

Ces champs sont d'ordre 1 dans l'analyse, car on considère que Z est d'ordre $k^{-1/3}$ pour le rampant magnétique et d'ordre $k^{1/3}$ pour le rampant électrique.

La figure 7 représente la propagation des modes rampants sur la surface. Chaque mode vérifie intrinsèquement la condition d'impédance. On notera que la prise en compte des champs d'ordre 1 conduit à une interprétation différente de celle donnée à la figure 6.

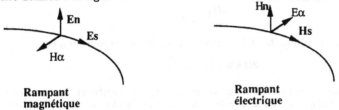

Fig.7 : Rampants électriques et magnétiques, avec prise en compte des composantes d'ordre 1

3.2.7.3.2. *Interprétation des facteurs géométriques*

Le facteur $h^{-1/2}(s)$ a une interprétation physique simple en TGD. La section d'un rayon de surface est proportionnelle à $h(s)$. La puissance se conserve dans un tube de rayon de surface. Elle est proportionnelle au produit de $h(s)$ par le carré du champ, donc $E_0^2 h = H_0^2 h = cte$.

On peut donner une interprétation moins classique, mais plus globale, en considérant l'épaisseur de la couche limite, proportionnelle à $k^{-2/3} \rho^{1/3}$. L'onde rampante peut être vue comme un tube de rayons volumiques de "largeur" proportionnelle à h (tangentiellement à la surface), et de "hauteur" proportionnelle à $k^{-2/3} \rho^{1/3}$ (suivant la normale). La conservation de la puissance dans ce tube de rayons conduit à la loi $E_0^2 h \rho^{1/3} = H_0^2 h \rho^{1/3} = cte$, et permet donc de retrouver le facteur $\rho^{-1/6}(s)$.

Le facteur $d_M^{-1/2}(s)$ (ou $d_E^{-1/2}(s)$) peut être interprété comme l'effet d'un indice de réfraction. Pour des rayons ordinaires, l'amplitude est en effet proportionnelle à $n^{-1/2}$, si n est l'indice du milieu. On retrouve donc le facteur $d_M^{-1/2}(s)$ en assimilant d_M à une sorte d'indice équivalent.

Enfin, la borne inférieure $p(\alpha)$ dans l'intégrale fixe le point du rampant où commence l'atténuation. On s'attend, bien entendu, à ce que ce point soit l'intersection du rampant et de la séparatrice ombre-lumière.

Tous les facteurs géométriques apparaissant dans (48) et (49) ont donc une interprétation physique qui s'appuie sur des analogies de comportement des rayons rampants avec les rayons d'espace.

3.2.7.3.2. *Cas particulier du conducteur parfait Z=0*

Le rampant électrique à la surface du conducteur parfait est un cas singulier, car le champ électrique donné par (49) est nul à la surface. Le champ magnétique à la surface du conducteur est nul à l'ordre 0 en k. Les premières composantes non nulles sont H_1^s et H_1 , à l'ordre $k^{-1/3}$

$$H_1^s = i\frac{\partial E_0}{\partial v_1} = i\left(\frac{2}{\rho}\right)^{1/3}\frac{\partial E_0}{\partial v} = -i\left(\frac{2}{\rho}\right)^{1/3}Aw_1'(\xi_E - v) \tag{50}$$

où $E_0 = Aw_1(\xi_E - v)$, où A est défini par (49). H_1 vérifie l'équation (43)

$$\left(\frac{2}{\rho}\right)^{2/3} L_0 H_1 = 2i\tau E_0 \quad \text{avec} \quad L_0 = \frac{\partial^2}{\partial v^2} - (\xi_E - v)$$

et la condition aux limites (12)

$$\frac{\partial H_1}{\partial v} = 0 .$$

Une solution particulière de (43) vérifiant la condition de radiation est :

$$2i\tau A\, w_1'(\xi_E - v)\left(\frac{\rho}{2}\right)^{2/3}.$$

La solution générale de l'équation homogène vérifiant la condition de radiation est $w_1(\xi_E - v)$, donc la solution générale de (43) vérifiant la condition de radiation est $2i\tau A\, w_1'(\xi_E - v)\left(\frac{\rho}{2}\right)^{2/3} + C\, w_1(\xi_E - v)$ où C est une constante que l'on détermine grâce à la condition aux limites (12). On obtient $C = 0$, donc

$$H_1 = 2i\tau A\, w_1'(\xi_E - v)\left(\frac{\rho}{2}\right)^{2/3} \tag{51}$$

ou encore avec $m = \left(\frac{k\rho}{2}\right)^{1/3}$

$$\vec{H} = k^{-1/3} H_1\ \hat{\alpha} + k^{-1/3} H_1^s \hat{s}$$

$$\vec{E} = -\frac{i}{m}\, A\, w_1'(\xi_E - v)\,[-(\tau\rho)\,\hat{\alpha} + \hat{s}] \tag{52}$$

Le champ magnétique à la surface est donc dirigé suivant le vecteur $[-(\tau\rho)\,\hat{\alpha} + \hat{s}]$. Dans le cas particulier du mode rampant électrique sur un cylindre circulaire, la géodésique est une hélice. Le produit $\tau\rho$ vaut $cotg\beta$ où β est l'angle de l'hélice avec l'axe du cylindre (figure 8).

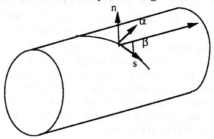

Fig. 8 : Cas du cylindre circulaire

Dans ce cas particulier, $[-(\tau\rho)\,\hat{\alpha} + \hat{s}] = \frac{\hat{\theta}}{sin\beta}$. Le champ magnétique est donc dirigé suivant la circonférence. Ce résultat est bien connu : pour un cylindre métallique circulaire éclairé en incidence oblique en polarisation TM, le champ magnétique de surface est TM, c'est-à-dire dirigé suivant la circonférence, et le courant de surface est suivant la génératrice du cylindre.

3.2.8.   Cas particulier de l'impédance $Z = 1$

L'impédance $Z = 1$ constitue un cas particulier, car les rampants électrique et magnétique vérifient alors la même condition aux limites $\dfrac{\partial H_0}{\partial v} + imH_0 = 0$ (resp. $E_0 = 0$) et on ne peut donc déduire, comme, au 3.2.6, que $H_0 = 0$ ou $E_0 = 0$. Nous allons voir que les rampants électriques et magnétiques sont, dans ce cas particulier, couplés.

On obtient, à partir des équations (15) et (16) du 6-1-2, en posant

$$K_0 = H_0 + iE_0 \quad \text{et} \quad J_0 = H_0 - iE_0$$

$$K_1 = k^{-1/3}(H_1 + iE_1) \quad \text{et} \quad J_1 = k^{-1/3}(H_1 - iE_1) \tag{53}$$

$$L_0 K_0 = L_0 J_0 = 0$$

et à partir de (43) et (44) du 7-1

$$L_0 K_1 = \frac{\tau\rho}{m} K_0 - i \frac{\rho}{h^{1/2}m} \frac{\partial}{\partial s} (h^{1/2}K_0) \tag{54}$$

$$L_0 J_1 = -\frac{\tau\rho}{m} J_0 - i \frac{\rho}{h^{1/2}m} \frac{\partial}{\partial s} (h^{1/2}J_0) . \tag{55}$$

De même, les conditions aux limites en $v = 0$ sont

$$\frac{\partial K_0}{\partial v} + imK_0 = 0 \tag{56}$$

$$\frac{\partial J_0}{\partial v} + imJ_0 = 0 . \tag{57}$$

En utilisant (38), (40) et la valeur de φ' donnée par (21), on obtient les conditions aux limites sur K_1 et J_1

$$\frac{\partial K_1}{\partial v} + imK_1 = \frac{\partial \varphi}{\partial \alpha} \frac{1}{hm} (\frac{\rho}{2})^{2/3} K_0 \tag{58}$$

$$\frac{\partial J_1}{\partial v} + imJ_1 = \frac{\partial \varphi}{\partial \alpha} \frac{1}{hm} (\frac{\rho}{2})^{2/3} J_0 \tag{59}$$

(53), (56), (57) nous permettent d'écrire
$$K_0 = K(s, \alpha) w_1 (\xi - v) \quad \text{et} \quad J_0 = J(s, \alpha) w_1 (\xi - v)$$
où ξ est une solution de $w'_1 (\xi) = imw_1 (\xi)$.

Pour calculer $K(s, \alpha)$ et $J(s, \alpha)$ on écrit, comme au 3.1, la condition d'orthogonalité à la solution $w_1(\xi - v)$ de l'équation homogène et on obtient l'équation (60) déterminant K ,

$$-\frac{\partial \varphi}{\partial \alpha} \frac{1}{hm} (\frac{\rho}{2})^{2/3} \frac{w_1^2(\xi)}{w_1'^2(\xi) - \xi w_1^2(\xi)} = -\frac{\tau}{m} + \frac{i}{m} \frac{d}{ds} \ell n [K_0 h^{1/2} \rho^{1/6} d^{1/2}] \tag{60}$$

et l'équation (61), obtenue en changeant $-\tau$ en τ dans (60), déterminant J_0 .

Puisque $w'_1 (\xi) = imw_1 (\xi)$ le terme au premier membre est donc d'ordre $1/m^2$ par rapport au deuxième membre et nous allons le négliger.

On obtient finalement, après résolution de (60) et (61), avec un premier membre nul

$$K(s, \alpha) = K(\alpha)\, h^{-1/2}(s)\, \rho^{-1/6}(s)\, d^{-1/2}(s)\, exp(-i\int \tau\, ds) \qquad (61)$$

et l'équation (63) obtenue à partir de (62) en changeant i en $-i$ pour $J_0(s, \alpha)$.

(62) et (63) montrent que l'on retrouve les facteurs $h^{-1/2}\rho^{-1/6}d^{-1/2}$ donnant la variation de l'amplitude. Le facteur $exp(-i\int \tau\, ds)$ correspond à une rotation de la polarisation. L'angle P de polarisation est donné par $\dfrac{dP}{ds} = \tau$, avec les notations de la figure 9. Pour une torsion positive, les champs $\vec{E}$ et $\vec{H}$ tournent dans le sens trigonométrique. On retrouve la loi de Rytov pour les rayons ordinaires (Remarque : la différence de signe par rapport aux ouvrages russes, [BB] par exemple, vient de ce que nous avons adopté une convention de signe opposée pour la définition de la torsion). Il est particulier au cas de l'impédance $Z = 1$, ou plutôt au voisinage de $Z = 1$.

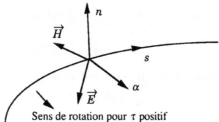

Sens de rotation pour τ positif

Figure 9 : Rotation de la polarisation le long d'un rayon avec torsion

En conclusion :

- pour une impédance Z suffisamment différente de 1, les modes rampants électrique et magnétique sont découplés

- pour une impédance Z égale à 1, les modes rampants électrique et magnétique vérifient la même condition aux limites et on obtient l'un à partir de l'autre en faisant tourner $\vec{E}$ et $\vec{H}$ de $\pi/2$, l'axe de la rotation étant la tangente à la géodésique. La torsion des géodésiques introduit alors une rotation des champs $\vec{E}$ et $\vec{H}$, suivant la loi de Rytov.

Cet effet est obtenu également par Lyalinov [L], qui suppose $Z = O(1)$, pour toutes les impédances. On obtient alors un problème de Dirichlet pour les deux types de rampants et on retrouve le couplage et la rotation dans tous les cas. Toutefois, un des deux modes s'atténue nettement plus vite que l'autre, et l'effet dominant n'est plus la rotation quand Z est suffisamment différent de 1. Par exemple, dans le cas du conducteur parfait, le rampant électrique est beaucoup plus atténué que le rampant magnétique, et les deux rampants peuvent être traités indépendamment, comme on le fait toujours en TGD. L'hypothèse $Z=O(1)$ est donc bien adaptée à la description de la physique au voisinage d'une impédance relative de 1. Par contre, elle donne de mauvais résultats pour des impédances petites ou grandes.

Un inconvénient des étirements sur l'impédance est que l'effet de rotation n'est retrouvé que pour $Z = 1$, alors qu'il existe certainement dans un voisinage de $Z = 1$, qu'il serait utile de préciser.

3.2.9. Conclusions

Nous avons obtenu, par une méthode de développement asymptotique, les ondes rampantes sur un objet convexe caractérisé par une condition d'impédance. Cette technique permet, il est vrai au prix de calculs assez lourds, de déduire directement l'expression des ondes rampantes sur la surface générale. Le rôle des problèmes canoniques est réduit par rapport à la GTD classique. Ils servent seulement à imaginer un Ansatz de la solution.

Notre solution est uniforme quand l'impédance $Z \to 0$ (resp. $Z \to \infty$), au sens où on retrouve le cas du conducteur parfait électrique (resp magnétique) en prenant la limite $Z \to 0$ (resp. $Z \to \infty$). Pour obtenir ce résultat, nous avons été amenés à supposer, suivant les cas, que l'impédance était d'ordre $k^{1/3}$ ou $k^{-1/3}$. L'hypothèse $Z = O$ (1) conduit à des résultats non uniformes.

Nous avons montré que toutes les composantes des champs $\vec{E}$ et $\vec{H}$ s'expriment à l'aide des seules composantes tangentielles orthogonales à la géodésique de $\vec{E}$ et $\vec{H}$, qui peuvent être vues comme des potentiels. Avec notre hypothèse sur l'impédance, on montre qu'il existe deux types d'ondes rampantes, que nous avons appelés électrique et magnétique. la composante tangentielle principale du rampant électrique (resp magnétique) est le champ électrique (resp magnétique) orthogonal à la géodésique suivie par le rampant. Ces deux ondes rampantes se propagent à des vitesses différentes, s'atténuent différemment, et sont découplées quand Z est différent de 1. Nous retrouvons par déduction les résultats obtenus heuristiquement par la TGD classique : au voisinage de la surface, la dépendance du champ suivant la normale est donnée par une fonction d'Airy, les constantes de propagation ξ vérifient l'équation $w_1'(\xi) - mZw_1(\xi) = 0$ (resp. $w_1'(\xi) - m / Zw_1(\xi) = 0$) pour le rampant magnétique (resp. électrique) ; le module du champ est inversement proportionnel à la racine du facteur de divergence du pinceau géodésique. Nous obtenons de plus deux effets difficiles à obtenir par la résolution de problèmes canoniques usuels, la dépendance en $\rho^{-1/6}$ du rayon de courbure ρ et le facteur géométrique $d^{-1/2}$, dépendant de l'impédance. Tous ces effets peuvent s'interpréter physiquement en considérant l'onde rampante comme un tube de rayons d'épaisseur $k^{-2/3} \rho^{1/3}$ avec un indice dépendant de l'impédance. Pour $Z = 1$, les deux types de rampants, électriques et magnétiques, sont couplés, et il apparaît un phénomène de rotation de polarisation analogue à la loi de Rytov pour les rayons classiques de l'optique géométrique.

La méthode des développements asymptotiques permet donc d'obtenir des résultats intéressants, et de manière plus déductive que la TGD. Dans ce paragraphe, nous nous sommes limités au calcul du premier terme pour l'onde rampante. Nous renvoyons le lecteur à la littérature, en particulier pour les résultats complémentaires suivants, établis par I. Andronov et D. Bouche [AB1,2,3]

- calcul du terme d'ordre 1 : il permet notamment de mettre en évidence l'effet de la courbure transverse à la géodésique, de sa torsion, des variations du rayon de courbure et de l''impédance sur la constante de propagation des ondes rampantes.

- effet d'un petit rayon de courbure sur la propagation des ondes rampantes : l'atténuation du mode rampant magnétique est plus faible que pour le cas traité dans ce paragraphe, où le rayon de courbure transverse est supposé d'ordre 1. Ce résultat permet de comprendre en partie les phénomènes d'ondes progressives se propageant à la surface de corps élancés.

- cas d'une impédance anisotrope : les modes rampants électrique et magnétique décrits dans ce paragraphe sont remplacés par des modes mixtes, avec des composantes non nulles suivant la binormale des champs électrique et magnétique.

Il serait également utile d'étudier le voisinage de l'impédance $Z = 1$: l'effet de rotation existe, non seulement à $Z = 1$, mais dans un voisinage de cette valeur. Une réponse partielle est obtenue en supposant l'impédance d'ordre 1, ce qui est pour le moins naturel dans ce cas. Mais on perd alors l'uniformité quand l'impédance devient petite ou grande

Nous allons maintenant traiter deux couche-limites, recouvrant une physique différente, mais conduisant à des calculs très similaires à ceux exposés dans ce paragraphe : la couche-limite des modes de galerie écho, et la couche-limite de caustique.

3.3 Couche limite des modes de galerie-écho (Fig.10)

On recherche des solutions sans source à l'intérieur d'un cylindre convexe fermé Ω, de section bornée, i.e. des solutions de :

$$(\Delta + k^2)\,u = 0 \quad dans \quad \Omega$$

$-\dfrac{\partial u}{\partial n} + ik\,Zu = 0$ sur $\partial\Omega$, n désignant la normale extérieure.

Fig.10

Plus précisément, nous allons rechercher des solutions de même type que les ondes rampantes, i.e. décrites par le développement (D) du 3.1. La seule différence est que, au 3.1, nous avons cherché des solutions pour $n > 0$, alors que maintenant, nous cherchons des solutions pour $n < 0$.

Les équations sont donc exactement les mêmes qu'au 3.1, seules changent la condition aux limites sur $\partial\Omega$ et l'application de la condition de radiation.

La solution de notre problème s'écrit donc toujours (voir (31) du 3.1) :

$$u \approx A(0)\left(\frac{\rho(0)}{\rho(s)}\right)^{1/6}\left(\frac{d(0)}{d(s)}\right)^{1/2} F(\xi - \nu)\,exp\left(iks + i\frac{k^{1/3}}{2^{1/3}}\int_0^s \frac{\xi ds}{\rho(s)^{2/3}}\right). \tag{1}$$

F est une fonction d'Airy. On lui impose maintenant de tendre vers 0 quand v tend vers $-\infty$. $\xi - v$ sera donc au-dessus de l'axe réel positif. La seule fonction d'Airy qui vérifie cette condition est la fonction Ai, donc :

$$F(\xi - v) = Ai(\xi - v). \qquad (2)$$

L'introduction de (1) dans la condition aux limites sur l'objet fournit, toujours en supposant mZ d'ordre 1, une équation sur ξ :

$$Ai'(\xi) + imZAi(\xi) = 0 \qquad (3)$$

pendant de l'équation (14) du 3.1. On notera que ξ est réel négatif si $Z = 0$ ou $Z = \infty$, i.e. pour le conducteur parfait, ou si Z est imaginaire pur.

Dans ces cas, la solution obtenue ne s'atténue pas en se propageant, i.e. la phase reste imaginaire pure. Dès que Z a une partie réelle non nulle, ξ, a une partie imaginaire non nulle, donc la phase a une partie réelle non nulle et la solution s'atténue. Physiquement, les solutions obtenues, appelées mode de galerie à écho, peuvent être visualisées, pour ξ grand et v de l'ordre de 1, comme des rayons se réfléchissant sur $\partial\Omega$. Dans ce cas on peut en effet remplacer la fonction d'Airy par son développement asymptotique, sous forme d'une somme de deux exponentielles, interprétables comme des rayons. Les cas de propagation non atténuée coïncident avec les cas où le coefficient de réflexion sur la paroi est de module 1. L'atténuation des modes de galerie est due à la réflexion sur la paroi, c'est à dire, physiquement, au matériau recouvrant la paroi. L'atténuation par le rayonnement du à la courbure, présent dans le cas des ondes rampantes, ne joue plus pour les modes de galerie.

La discussion précédente se généralise, exactement comme pour le cas des ondes rampantes, au cas tridimensionnel. On obtient des formules analogues à (48) et (49) du paragraphe 3.2, avec ξ vérifiant, suivant le type de mode (3) où l'équation (3') obtenue en changeant Z en $1/Z$ dans (3).

Les modes de galerie écho apparaissent notamment :
- dans le calcul du champ rayonné par une source placée sur une surface concave [BB],
- lors de la diffraction par un dièdre à faces concaves.

Dans ces deux problèmes, l'amplitude A(0) de ces modes, arbitraire dans ce paragraphe, est déterminée par raccordement à la solution au voisinage de la source ou de la pointe. Les modes de galerie se propageant le long de géodésiques fermées donnent naissance à des modes propres de cavités, comme expliqué par Balian et Bloch [Bl]. La méthode du paragraphe précédent permet de calculer la fréquence de ces modes[Bl,BB].

Enfin, l'interprétation en rayon des modes de galerie [BB] montre que ces rayons ont une enveloppe, ou encore une cautique, située près de la paroi de l'objet. Nous allons maintenant maintenant traiter les caustiques en général.

3.4 Voisinage d'un point régulier de caustique (Fig.11)

Les caustiques apparaissent dans de nombreux cas concrets, par exemple lors de la réflexion d'une onde plane sur une surface concave, ou bien dans le problème des modes de galerie que nous venons de traiter. La caustique, i.e. l'enveloppe des rayons, est composée, en trois dimensions, de deux nappes, en contact suivant des arêtes de rebroussement, comme on le verra au chapitre 6. Nous nous plaçons en un point régulier de ces nappes, i.e. suffisamment loin des arêtes de rebroussement.

Fig.11 : portion de caustique

De même, en deux dimensions, nous nous plaçons suffisamment loin du point de rebroussement de la caustique.

En un point extérieur à la caustique passent 2 rayons, alors qu'il n'en passe aucun en un point extérieur à la caustique (voir fig 11). Les rayons étant tangents à la caustique, le gradient de la phase sur la caustique est de norme 1. Donc, suivant le même raisonnement qu'au 3.2, les courbes intégrales du gradient de la phase sur la caustique sont des géodésiques de la caustique. Cette propriété peut également être retrouvée en considérant la caustique comme la surface des centres du front d'onde [Da] .

Une solution canonique simple de l'équation des ondes présentant une caustique est : $u(r,\theta) = J_{ka}(kr)\, e^{ika\theta}$, avec ka grand [BB] . Si on remplace la fonction de Bessel par son développement asymptotique de Debye, on obtient :

$$u \approx \frac{1}{2} \sqrt{\frac{2}{\pi ka}} \; (\frac{a^2}{r^2-a^2})^{1/4} \left\{ exp\left[\; ik(\sqrt{r^2-a^2} - a\; arcos\frac{a}{r} + a\theta) - i\frac{\pi}{4}\; \right] \right.$$
$$\left. + exp\left[ik(-\sqrt{r^2-a^2} + a\; arcos\frac{a}{r} + a\theta) + i\frac{\pi}{4}\; \right] \right\} \times (1 + O(\frac{1}{k})) . \tag{1}$$

(1) s'interprète comme la somme de deux rayons, le premier terme correspond à un rayon quittant le cercle de rayon a , le second à un rayon se dirigeant vers ce cercle. Les deux rayons sont tangents au cercle, qui est donc une caustique. On notera le saut de phase de $-\frac{\pi}{2}$ au passage de la caustique.

Le développement (1), en puissances entières de $\frac{1}{k}$, correspond au développement de Luneberg-Kline de la solution discutée au chapitre 2. Il n'est pas valide pour $kr \approx ka$, c'est-à-dire au voisinage de la caustique. Il faut alors recourir au développement de Watson, valide pour une différence entre l'argument et l'indice de l'ordre de la puissance 1/3 de l'argument. Introduisant la variable $v=(r-a)\left(\frac{2}{a}\right)^{1/3} k^{2/3}$, comme précédemment, on obtient :

$$J_{ka}(kr) \approx -\frac{i}{m}\; Ai(-v) . \tag{2}$$

Le problème canonique suggère donc, dans ce cas également, d'étirer en $k^{2/3}$ la coordonnée normale. On retrouve la fonction d'Airy obtenue au paragraphe précédent. Cela était attendu, car les modes de galerie présentent une caustique.

Appliquons à titre d'illustration les autres raisonnements permettant de déterminer l'étirement de coordonnée à appliquer. Dans les coordonnées (s, n) utilisées au 3.2, le laplacien comporte un facteur $\left(1 + \dfrac{n}{\rho}\right)^{-1}$, qui, pour n petit, va donner un terme en $k^2 \dfrac{n}{\rho}$, donc en $k^{2-\alpha}$, si α est l'exposant de dilatation de n. D'autre part, le terme de $\dfrac{d^2}{dn^2}$ va donner un terme en $k^{2\alpha}$. Selon le principe du 2.1, il faut que ces deux termes soient du même ordre, soit $\alpha = 2/3$. Enfin, on peut montrer, par des calculs simples de géométrie différentielle, que l'ordre de grandeur de la différence de phase entre les deux rayons passant par le même point est $kn^{3/2}$. Cette différence est de l'ordre de l'unité pour $n = 0(k^{-2/3})$, l'épaisseur de la couche limite est donc d'ordre $k^{-2/3}$. On notera que les raisonnements précédents s'appliquent également aux cas des ondes rampantes et des modes de galerie. Ils sont toutefois particulièrement parlants pour la caustique.

Les considérations précédentes suggèrent donc de rechercher un Ansatz, pour le cas bidimensionnel, sous la forme :

$$u(s, v) = exp\,(iks) \sum_{j=0}^{M} u_j(s, v)\, k^{-j/3} . \tag{3}$$

Reportons cet Ansatz dans l'équations des ondes. Nous obtenons des équations de même type que précédemment. En particulier, à l'ordre dominant

$$\frac{\partial^2 u_0}{\partial v^2} + v\, u_0 = 0 \quad . \tag{4}$$

Donc $u_0 = A(s)\, F(-v)$, où F est une fonction d'Airy. La solution doit, de plus, être evanescente du côté ombré (c'est à dire où ne passe aucun rayon), de la caustique, i.e. pour $v \to -\infty$, ce qui impose le choix de la fonction Ai :

$$u_0 = A(s) Ai(-v) \quad . \tag{5}$$

Contrairement aux cas des paragraphes précédents, il n'y a pas de condition aux limites sur la caustique : elle est remplacée par une condition de raccordement à la solution externe. Nous traitons ce raccordement au paragraphe 3.12 .

Nous avons choisi d'utiliser les coordonnées s, n . Il aurait également été possible de choisir comme coordonnées la demi-somme S des eikonales des deux rayons, et la demi-différence δ de ces eikonales . A l'intérieur de la couche-limite, $S = s + 0(k^{-4/3})$ et $\delta = \dfrac{2}{3}\sqrt{\dfrac{2}{\rho}}\, n^{3/2} + 0(k^{-4/3})$, si bien que, au premier ordre, on obtient la solution à partir de (5), en remplaçant s et v par leurs expressions en fonction de S et δ . Ces coordonnées présentent l'avantage de faciliter le raccordement à la solution externe.

Enfin, le cas de la caustique, en trois dimensions, pour les équations de Maxwell, se traite de manière similaire. Les courbes intégrales du champ de vecteur tangent sont les géodésiques de la caustique. Cela peut se démontrer de deux manières, soit en remarquant que $|\nabla S| = 1$ sur la caustique, et en utilisant le même raisonnement qu'au 3.2, soit en considérant la caustique comme la surface des centres des fronts d'onde, et en utilisant les propriétés de cette surface des cintres, étudiée en détail notamment par Darboux [Da] (voir chapitre 6).

L'Ansatz prend alors la forme :

$$\vec{E}\,(s,\,\alpha,\,v) = exp\,(iks)\sum_{j=0}^{M}\vec{E}_j(s,\,\alpha,\,v)\,k^{-j/3} \qquad (6.1)$$

$$\vec{H}(s,\,\alpha,\,v) = exp\,(iks)\sum_{j=0}^{M}\vec{H}_j(s,\,\alpha,\,v)\,k^{-j/3} \qquad (6.2)$$

Reportant comme au 3.2, (6.1) et (6.2) dans les équations de Maxwell, on obtient un système d'équations analogue au tableau du 3.2 . Plus précisément, on obtient les équations pour la caustique en supprimant les termes en $\varphi'(s)$ dans le tableau du 3.2 .

On obtient, pour la composante E_0 (resp. H_0), binormale à la géodésique, du champ électrique (resp. magnétique) :

$$\frac{\partial^2 E_0}{\partial v^2} - v\,E_0 = 0 \qquad (7.1)$$

$$\frac{\partial^2 H_0}{\partial v^2} - v\,H_0 = 0 \qquad (7.2)$$

et donc

$$E_0(s,\,\alpha,\,v) = E(s,\alpha)\,Ai(-v) \qquad (8.1)$$

$$H_0(s,\,\alpha,\,v) = H(s,\alpha)\,Ai(-v)\,. \qquad (8.2)$$

La condition aux limites du 3.2 est, comme pour le cas 2D, remplacée par une condition de raccordement à la solution externe. Le raccordement sera effectué dans la section 3.14.

3.5 Voisinage de la frontière ombre-lumière (Fig.12)

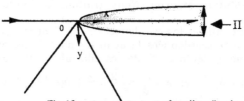

Fig.12   Couche-limite de frontière d'ombre

Traitons maintenant le voisinage de la frontière ombre-lumière.

Pour simplifier les calculs, nous nous limiterons au cas 2D.

Considérons la couche limite à proximité de la frontière d'ombre d'un dièdre à faces courbes, d'arête rectiligne illuminé par une onde plane scalaire. Dans ce cas, la surface limite S de la couche est confondue avec la surface constituant la frontière d'ombre. C'est une surface plane passant par l'arête Δ du dièdre (Fig.12). Cette couche limite a une intersection avec la couche limite au voisinage de l'arête que nous désignons par (I). Soit (II) le domaine de la couche limite de frontière d'ombre, extérieur à (I).

Dans le domaine II on choisit des coordonnées polaires (ρ, φ) d'origine 0 , la coordonnée normale au plan S étant $X_3 = \rho \varphi$ avec $\rho = cte$. La transformation de dilatation s'écrit par conséquent : $\varphi' = k^\alpha(\varphi - \varphi_0)$ où φ_0 définit la position angulaire du plan S .

Dans le cas d'une onde scalaire, la solution du problème de diffraction vérifie l'équation de Helmholtz scalaire $\Delta u + k^2 u = 0$. Avec la transformation de Sommerfeld et Runge :

$$u(\vec{r}) = e^{ikS(\vec{r})} v(\vec{r}) \qquad (1)$$

cette équation s'écrit, comme nous l'avons vu au 2.1 :

$$(1 - |\overrightarrow{\nabla S}|^2) + \frac{i}{k}(\Delta S + 2\overrightarrow{\nabla S} \cdot \frac{\overrightarrow{\nabla v}}{v}) + \frac{1}{k^2} \frac{\Delta v}{v} = 0 . \qquad (2)$$

En dehors des couches limites I et II de la figure 12, le terme $1/k^2 \dfrac{\Delta v}{v}$ est petit par rapport aux deux premiers termes de (2) et peut être traité comme une perturbation.

Dans la couche limite II, ce terme s'écrit en coordonnées dilatées :

$$\frac{1}{k^2} \frac{\Delta v}{v} = \frac{1}{k^2}(\frac{1}{\rho} \frac{\partial}{\partial \rho} + \frac{\partial^2}{\partial \rho^2} + \frac{k^{2\alpha}}{\rho^2} \frac{\partial^2}{\partial \varphi'^2}) . \qquad (3)$$

On voit que l'on peut séparer au second membre de (3) un terme du même ordre que le second terme de (2) en posant $\alpha = 1/2$. Le terme de perturbation initial est ainsi décomposé en un terme d'ordre $1/k$ qu'il faut regrouper avec les termes du même ordre dans l'équation (2) et un terme en $1/k^2$ qui est un terme de perturbation régulier.

La condition de dilatation du problème précédent peut aussi être obtenue à partir du développement asymptotique du dièdre à faces planes. Dans ce cas, on trouve que dans la couche limite au voisinage de la frontière d'ombre, en dehors de la zone de caustique au voisinage de l'arête, la solution se comporte comme une fonction de Fresnel $F(\sqrt{kL}(\varphi - \varphi_0))$ où L est un paramètre de distance. Il en résulte la condition de dilatation : $\varphi' = k^{1/2}(\varphi - \varphi_0)$.

Enfin, cette condition de dilatation peut être obtenue par le critère heuristique de discernabilité des rayons. Au voisinage de la frontière d'ombre, la différence de phase entre le rayon d'optique géométrique et le rayon diffracté est $k\rho^2(\varphi - \varphi_0)^2$. Elle devient grande à l'extérieur d'une zone $\rho(\varphi - \varphi_0) = 0(k^{-1/2})$, d'où, à nouveau la condition de dilatation : $\varphi' = k^{1/2}(\varphi - \varphi_0)$.

Recherchons un Ansatz au voisinage de la frontière d'ombre.

Choisissons, par exemple, pour la phase de l'Ansatz, la phase du rayon diffracté $S = \rho$:

$$u(\rho, \varphi) = e^{ik\rho} v(\rho, \varphi') . \qquad (4)$$

Reportant (4) dans (2), et ordonnant suivant les puissances de k , on obtient, à l'ordre le plus élevé en k , l'équation de type parabolique :

$$i\frac{v}{\rho} + 2i\frac{\partial v}{\partial \rho} + \frac{1}{\rho^2}\frac{\partial^2 v}{\partial \varphi'^2} = 0 \ . \tag{5}$$

Recherchons une solution particulière de cette équation sous la forme :

$$v(\sqrt{\rho}\ \varphi')\ , \text{ on obtient, en posant} : \xi = \sqrt{\rho}\ \varphi'$$

$$iv + i\xi v' + v'' = 0 \ . \tag{6}$$

Une solution particulière de cette équation est :

$$v = exp(-i\xi^2/2)\ F(\frac{\xi}{\sqrt{2}}) \tag{7}$$

où F est la fonction de Fresnel : $F(x) = \int_x^\infty exp(i\frac{z^2}{2})\ dz$.

Considérons maintenant, de manière plus générale, une frontière d'ombre, due, soit à un dièdre, soit à un obstacle lisse. Plaçons-nous en coordonnées cartésiennes, l'axe des x étant dirigé le long de la frontière d'ombre, l'axe des y lui étant perpendiculaire. Dilatons la coordonnée y d'un facteur $k^{1/2}$ et choisissons comme Ansatz :

$$u = e^{ikx}\ v(x, Y) \tag{8}$$

où $Y = k^{1/2}\ y$.

Reportant (8) dans (2), et ordonnant suivant les puissances de k , comme précédemment, on obtient, à l'ordre le plus élevé en k , l'équation :

$$2i\frac{\partial v}{\partial x} + \frac{\partial^2 v}{\partial Y^2} = 0 \ . \tag{9}$$

Cette équation est de type parabolique, comme la précédente. Elle se résoud comme une équation de diffusion [Za1] . Elle admet comme solution particulière

$$F\left(\frac{Y}{\sqrt{2x}}\right). \tag{10}$$

Les considérations précédentes permettent de comprendre, au moins partiellement, le rôle de la fonction de Fresnel dans la description du champ en zone d'ombre. Bien sûr, le problème n'est pas complètement traité dans la mesure où nous n'avons pas précisé les conditions aux limites, c'est à dire à quoi doit se raccorder cette solution. Il ne s'agit donc, pour l'instant, que d'une solution parmi d'autres. En pratique, la solution dans la zone d'ombre doit se raccorder, pour de grandes valeurs négatives de l'argument, à l'onde plane incidente, et, pour de grandes valeurs positives de cet argument, à un champ diffracté. La solution (10) tend vers une constante quand Y tend vers - ∞ , et se comporte comme $1/\sqrt{Y}$ quand Y tend vers + ∞ . Elle assure ainsi la disparition progressive du champ incident quand on s'enfonce dans la zone d'ombre, ou ne subsiste plus que le champ diffracté, qui décroît en $1/\sqrt{Y}$. Nous renvoyons, pour le traitement détaillé de la zone d'ombre du demi-plan, à l'ouvrage de Zauderer [Za2].

Comparons maintenant les deux solutions (7) et (10) . Dans le cas du dièdre, elles sont équivalentes. Nous allons le montrer en exprimant (7) en coordonnées cartésiennes. Ecrivons en effet ρ en fonction de x et y:

$$\rho = x + \frac{1}{2} \frac{y^2}{x} + 0\,(\frac{y^4}{x^4})$$ (11)

donc, pour $y = 0(k^{-1/2})$

$$\rho = x + \frac{1}{2} \frac{y^2}{x} + 0(k^{-2})\,.$$ (12)

D'autre part,

$$\xi = \sqrt{\rho}\ \varphi' = \frac{y}{\sqrt{x}} + 0(k^{-3/2})\,.$$ (13)

Si bien que :

$$e^{ik\rho}\ e^{-i\xi^2/2} F\,(\frac{\xi}{\sqrt{2}}) = e^{ikx}\ F\,(\frac{Y}{\sqrt{2x}}) + 0(k^{-1})\,.$$ (14)

On aurait également pu utiliser des coordonnées optimales, i.e. suivant les rayons. Dans le cas du dièdre, ces coordonnées sont la demi-somme S des eikonales des deux rayons (optique et diffracté), et la différence δ de ces eikonales , appelée paramètre de détour dans la littérature. Dans le cas de l'obstacle lisse, les coordonnées optimales sont celles définies au 3.1.8. On vérifie aisément que ces coordonnées conduisent, dans la couche limite, à des résultats équivalents aux précédents. Nous retrouverons au chapitre 5 une description du champ au voisinage de la frontière d'ombre d'un dièdre faisant intervenir la fonction de Fresnel et le paramètre de détour.

Passons maintenant au cas de la couche limite au voisinage d'une arête de dièdre à faces courbes.

3.6 Voisinage d'une arête de dièdre (Fig.13)

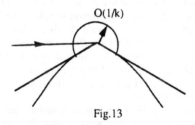

$O(1/k)$

Fig.13

Au voisinage d'une arête de dièdre, les rayons partent dans toutes les directions, et la différence de phase entre le rayon incident et les rayons diffractés est donc de l'ordre de kr , si r désigne la distance à la pointe du dièdre (hors bien sûr du voisinage de la frontière ombre lumière). Cette différence de phase sera d'ordre 1 dans un voisinage $0(\frac{1}{k})$ de la pointe. On peut donc s'attendre à une couche limite d'épaisseur $1/k$ et à une extension des coordonnées en k .

Ce raisonnement est confirmé par le problème canonique du dièdre plan.

Enfin, l'extension en k est naturelle dans ce problème de perturbation singulière : le terme de perturbation $\dfrac{\Delta}{k^2}$ "remonte" au niveau du terme principal 1 dans une couche limite d'épaisseur $1/k$. Dans cette couche limite, l'équation d'Helmoltz devient :

$$(\Delta + 1)\, u = 0 \ . \tag{1}$$

Plaçons l'origine au sommet du dièdre. L'équation de la face situé du côté $x > 0$ s'écrit :

$$y = f(x) \tag{2}$$

qui devient, en coordonnées dilatées $X = kx$, $Y = ky$

$$Y = f'(0)X \ + \ 0(k^{-1}) \tag{3}$$

et la condition aux limites, supposée (pour simplifier) de Dirichlet sur la face du dièdre:

$$u(X , f'(0)X) + 0(k^{-1}) = 0 \ . \tag{4}$$

Donc, au premier ordre

$$u(X , f'(0)X) = 0 \ \ pour \ \ X > 0 \tag{5}$$

c'est-à-dire que l'on impose la condition aux limites sur le plan tangent à la face.

Ce raisonnement est vrai aussi pour l'autre face, si bien que, au premier ordre, la condition aux limites s'applique sur le dièdre local tangent.

Le raisonnement précédent se généralise aisément aux équations de Maxwell. Nous avons donc justifié l'approximation, consistant à remplacer l'arête par son dièdre local tangent en chaque point. Cette approximation n'est valide qu'à l'ordre le plus élevé, en k . Borovikov [Bor] a calculé, pour le cas conducteur, le terme suivant de le développement. Il obtient ainsi l'effet de la courbure des faces. Lorsque l'angle du dièdre vaut π, le premier terme s'annule, le coefficient de diffraction est d'ordre k^{-1} , et se réduit au coefficient de diffraction de la discontinuité de courbure donné au chapitre 1.

Enfin, Bernard [Be2] a généralisé le travail de Borovikov au dièdre décrit par une condition d'impédance. La solution de Bernard contient en particulier la solution de la discontinuité de courbure avec impédance de surface.

On retrouve donc le même type de résultats que pour la réflexion sur une surface courbe : la TGD, comme l'Optique Géométrique, est obtenue comme le premier terme d'une série perturbative.

Toutes les couches limites traitées aux paragraphes précédents étaient "simples", au sens où il n'y avait pas chevauchement de zone de transition. Nous allons maintenant traiter le voisinage du point de contact du rayon sur une surface lisse.

3.7 Voisinage du point de contact C du rayon rasant sur une surface lisse

Nous avons ici un recouvrement de zones de transition : celle du voisinage de la surface de l'objet, traitée au 3.1, et celle de frontière ombre-lumière, traitée au 3.5. Traitons d'abord le cas du cylindre (Fig.14).

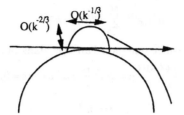

Fig.14 : Couche-limite au point de contact

Nous travaillons en coordonnées (s, n) comme au 3.1. Les extensions de coordonnées nous sont suggérées par le problème canonique du cylindre circulaire : $k^{1/3}$ *pour* s , $k^{2/3}$ pour n . Ce résultat peut également être obtenu avec la méthode de l'égalisation des poids des termes dominants . Les termes dominants, i.e. susceptibles de donner les termes d'ordre le plus élevé en k , après extension, sont :

$$2ik \, \frac{\partial u}{\partial s} \, , 2 \, \frac{n}{\rho} \, k^2 u \, , \frac{\partial^2 u}{\partial n^2} . \tag{1}$$

Pour qu'ils soient tous du même ordre, dilatons en k^α la coordonnée s , et en k^β la coordonnée n , on obtient :

$$1 + \alpha = 2 - \beta = 2\beta$$

soit $\alpha = 1/3$, $\beta = 2/3$, et on retrouve le résultat précédent.

Enfin, on peut appliquer le critère sur les différences de phase entre rayons. En coordonnées (s, n) on montre, par des calculs de géométrie différentielle, que la différence de phase entre le rayon direct d'optique et le rayon rampant est, au voisinage de C :

$$k(- \, \frac{s^3}{6\rho^2} + \frac{ns}{\rho} - \frac{2}{3} n \, \sqrt{\frac{2n}{\rho}}) . \tag{2}$$

Pour que tous ces termes soient d'ordre 1, il faut que $s = 0(k^{-1/3})$ et $n = 0(k^{-2/3})$. Le problème à résoudre est un peu différent de celui résolu dans la zone d'ombre, car on impose la condition de radiation, toujours au sens de $\lim\limits_{r \to +\infty} u(r) = 0$, si le milieu a des pertes, non plus sur le champ total, comme dans la zone d'ombre, mais sur le <u>champ diffracté</u>, noté u^d .

On recherche donc u^d vérifiant :

– l'équation des ondes : $(\Delta + k^2) u^d = 0$

– la "condition de radiation" $\lim\limits_{r \to +\infty} u^d(r) = 0$ si le milieu a des pertes

$\dfrac{\partial(u^d + u^{inc})}{\partial n} + ikZ(u^d + u^{inc}) = 0$ à la surface du cylindre, où u^{inc} désigne l'onde plane incidente, d'amplitude unité, i.e. $u^{inc} = e^{ikx}$.

En coordonnées (s, n) le champ u_d va être recherché, suivant [BK], sous la forme :

$$u^d = e^{iks} \sum_{j=0}^{M} u_j^d(\sigma, v) \, k^{-j/3} \qquad (3)$$

où v est la même coordonnée que pour l'analyse dans la zone d'ombre, i.e.

$$v = \left(\frac{2k^2}{\rho} \right)^{1/3} n = 2m^2 \, \frac{n}{\rho} \quad \text{où} \quad \rho = \rho(s = 0)$$

et
$$\sigma = m \, \frac{s}{\rho} \; .$$

Le report du développement précédent dans l'équation des ondes fournit, comme dans le cas de la zone d'ombre, une suite d'équations sur les u_j^d

$$L_o u_0^d = 0 \qquad (4)$$

$$L_o u_1^d + L_1 u_0^d = 0 \qquad (5)$$

$$L_o u_j^d \ldots + L_j u_0^d = 0 \qquad (6)$$

les L_j ne sont pas les mêmes que dans la zone d'ombre.

En particulier, à l'ordre 0, (4) est l'équation parabolique de Fock :

$$\frac{\partial^2 u_0^d}{\partial v^2} + v \, u_0^d + i \, \frac{\partial u_0^d}{\partial \sigma} = 0 \; . \qquad (7)$$

Si on effectue une transformation de Fourier $\sigma \to \xi$ sur cette équation, on obtient à nouveau l'équation d'Airy, comme dans la zone d'ombre :

$$\frac{\partial^2 \tilde{u}_0^d}{\partial v^2} + (v - \xi) \, \tilde{u}_0^d = 0 \; . \qquad (8)$$

Cela est logique, la transformée de Fourier revient à représenter la solution comme une superposition d'exponentielles. Dans la zone d'ombre, la solution est recherchée sous forme exponentielle. On retrouve donc, après transformation de Fourier, la même équation que dans la zone d'ombre. La seule question qui se pose est celle de la légitimité de la transformation de Fourier, qui sera vérifiée a postériori : toutes les solutions obtenues ont des transformées de Fourier .

Si on impose à $\tilde{u}_0^d$ la "condition de radiation", comme dans le cas de la zone d'ombre, on obtient :

$$\tilde{u}_0^d = \alpha \, (\xi) \, w_1(\xi - v) \, . \qquad (9)$$

où $\alpha \, (\xi)$ est une fonction à déterminer.

Il reste maintenant à imposer la condition aux limites sur le cylindre, qui s'écrit, en considérant, comme pour le cas de la zone d'ombre, que $mZ = 0$ (1)

$$\left(\frac{\partial u^d}{\partial v} \right) + imZu^d = -\left[\frac{\partial u^{inc}}{\partial v} + imZu^{inc} \right] \qquad (10)$$

qui donne des conditions aux limites découplées sur les u_j^d , si l'on pose :

$$u^{inc} = e^{iks} \sum \frac{u_j^{inc}}{k^{j/3}} \qquad (11)$$

$$\left(\frac{\partial u_j^d}{\partial v}\right) + imZu_j^d = -\left[\frac{\partial u_j^{inc}}{\partial v} + imZu_j^{inc}\right].$$ (12)

On considère le cas particulier $j = 0$ et on fait une transformation de Fourier $\sigma \to \xi$ sur la condition aux limites :

$$\frac{\partial \tilde{u}_0^d}{\partial v} + imZ\tilde{u}_0^d = -\left[\frac{\partial \tilde{u}_0^{inc}}{\partial v} + imZ\tilde{u}_0^{inc}\right].$$ (13)

Il faut maintenant calculer $\tilde{u}_0^{inc}$. Pour cela, on exprime kx en coordonnées s, n en se limitant aux termes d'ordre $O(1)$, puisque les termes d'ordre supérieur, i.e. en $k^{-j/3}$ de la phase, ne contribuent qu'aux termes u_j^{inc}, avec $j \geq 1$.

Comme les coordonnées s et n sont respectivement d'ordre $k^{-1/3}$ et $k^{-2/3}$ nous ne retenons, dans le développement de x en puissances de s, n, que les termes en s, s^2, s^3 et $s\,n$, qui fournissent des termes en $k^\alpha, \alpha \geq 0$. On obtient (voir Appendice 2) par un développement de Taylor :

$$x = s - \frac{s^3}{6\rho^2} + n\frac{s}{\rho} + 0(s^4, n^2, n\,s^2)$$ (14)

ou bien, en coordonnées σ, v

$$kn = ks + i\,(\sigma v - \sigma^3/3 + 0(k^{-13}).$$ (15)

Il est également possible $[BK]$ de trouver ce résultat en écrivant l'équation eikonale en coordonnées σ, v.

Donc

$$u_0^{inc} = e^{i(\sigma v - \sigma^3/3)}.$$ (16)

Il est démontré dans $[BK]$ que ce résultat est valide, non seulement pour une onde plane, mais pour un champ quelconque de rayon incident, dont le gradient de la phase est tangent à l'objet diffractant au point C. Les résultats sont donc valides dans ce cas plus général. La transformée de Fourier de (1.6) s'écrit, en notant, suivant [BK], $v = \sqrt{\pi}\,Ai$,

$$\tilde{u}_0^{inc} = \frac{1}{\sqrt{\pi}}\,v\,(\xi - v)$$ (17)

l'application de la condition aux limites sur le cylindre fournit

$$\alpha = -\frac{1}{\sqrt{\pi}}\,\frac{v'(\xi) - imZv(\xi)}{w_1'(\xi) - imZw_1(\xi)}$$ (18)

et on obtient pour le champ total au premier ordre u_0

$$u_0(\sigma, v) = u_0^{inc} + u_0^d = \frac{1}{\sqrt{\pi}}\int_{-\infty}^{+\infty}\left(v(\xi - v) + \frac{v'(\xi) - imZv(\xi)}{w_1'(\xi) - imZw_1(\xi)}\,w_1(\xi - v)\right)e^{i\sigma\xi}$$ (19)

c'est-à-dire la célèbre "fonction universelle" de Fock $V(\sigma, v, mZ)$.

La convergence de l'intégrale a été étudiée par Logan [Lo]. La valeur du champ à la surface du cylindre est :

$$u_0(\sigma, 0) = \frac{1}{\sqrt{\pi}}\int_{-\infty}^{+\infty}\frac{v(\xi)w_1'(\xi) - v'(\xi)w_1(\xi)}{w_1'(\xi) - imZw_1(\xi)}\,e^{i\sigma\xi}d\xi$$

$$u_0(\sigma, 0) = \frac{1}{\sqrt{\pi}} \int_{-\infty}^{+\infty} \frac{1}{w_1'(\xi) - imZw_1(\xi)} e^{i\sigma\xi} d\xi \qquad (20)$$

puisque le wronskien $W(v, w_1)$ vaut 1.

On retrouve la "fonction de courant" $F_Z(\sigma)$ de Fock, pour le cas de la surface avec impédance

$$\text{au 1er ordre } u \approx e^{iks} F_Z(\sigma) .$$

Passons maintenant au cas, plus compliqué, mais de même nature, de l'objet 3D en équations de Maxwell.

3.8   Voisinage d'un point de la frontière d'ombre

3.8.1.   Calcul des champs au voisinage de la surface

Soit une onde plane d'amplitude unité se propageant suivant l'axe des x, i.e. $\vec{E}^{inc} = exp(ikx)\vec{y}$ incidente sur un objet 3D (voir figure 15) :

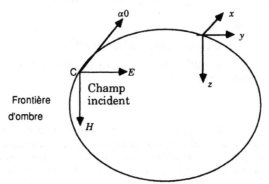

Fig.18 : Obstacle observé suivant la direction d'incidence

Au voisinage d'un point C de la frontière d'ombre, on introduit le système de coordonnées (s, α, n) et le système de coordonnées étiré (σ, α, v) du paragraphe 3.2.

On recherche les champs diffractés, $\vec{E}$, $\vec{H}$ vérifiant les équations de Maxwell, la condition d'impédance $(\vec{E}_{tg} - Z \, \vec{n} \wedge \vec{H}_{tg}) = -(\vec{E}_{tg}^{inc} - Z \, \vec{n} \wedge \vec{H}_{tg}^{inc})$ et la condition de radiation de Silver-Müller donnée au paragraphe 3.2.2.
$\vec{E}$ et $\vec{H}$ sont recherchés sous la forme :

$$\vec{E} = exp(iks) \, (\vec{E}_0(\sigma, \alpha, v) + k^{-1/3} \vec{E}_1(\sigma, \alpha, v) + ...) \qquad (1)$$

et $\qquad \vec{H} = exp(iks) \, (\vec{H}_0(\sigma, \alpha, v) + k^{-1/3} H_1(\sigma, \alpha, v) + ...) .$ $\qquad (2)$

Le report de (1) et (2) dans les équations de Maxwell montre, comme au paragraphe 3.2 que l'on peut exprimer toutes les composantes des champs à partir des composantes suivant α .

Plus précisément, on obtient les équations 1.1 à 1.6 à l'ordre k , 2.1 à 2.6 du 3.2 à l'ordre $k^{-2/3}$, puisque le terme en $k^{1/3}$ de la phase postulé au 3.2 n'intervient pas dans ces équations.

Les conditions de compatibilité (5) et (6) du 3.2 sont remplacées par les équations "paraboliques" :

$$\frac{\partial E_0}{\partial v^2} + vE_0 + i \frac{\partial E_0}{\partial \sigma} = 0 \tag{3}$$

et

$$\frac{\partial H_0}{\partial v^2} + vH_0 + i \frac{\partial H_0}{\partial \sigma} = 0 \tag{4}$$

E_0 et H_0 sont les composantes suivant le vecteur normé $\hat{\alpha}(s, \alpha) = \vec{e}_\alpha / \| \vec{e}_\alpha \|$, de $\vec{E}_0$ et $\vec{H}_0$.

L'onde incidente vérifie les équations de Maxwell. Nous pouvons donc exprimer toutes les composantes de l'onde incidente en fonction de ses seules composantes suivant α.

Les composantes suivant $\hat{\alpha}$ du champ incident sont :

$$\vec{E}^{inc}. \hat{\alpha} = (\hat{y}.\hat{\alpha}) \, exp(ikx) \tag{5}$$

$$\vec{H}^{inc}. \hat{\alpha} = (\hat{y}.\hat{\alpha}) \, exp(ikx) . \tag{6}$$

Nous ne recherchons que les termes dominants, E_0^{inc} et H_0^{inc} , des quantités précédentes. Nous travaillons dans un voisinage $0(k^{-1/3})$ de la frontière d'ombre, si bien que :

$$\hat{\alpha} = \hat{\alpha}_0 + 0(k^{-1/3}) \tag{7}$$

et nous pouvons donc remplacer, sans mofifier les termes dominants du champ incident, $\hat{\alpha}$ par $\hat{\alpha}_0$ dans (5) et (6).

Il reste à exprimer x en coordonnées (s, α, n) . Pour cela, nous calculons le développement de Taylor de x en puissances de (s, α, n). On obtient, par des calculs directs, mais assez lourds, de géométrie différentielle :

$$x = s + (s + d(\alpha)) \frac{n}{\rho} - \frac{(s + d(\alpha))^3}{6\rho^2} + 0(n^2, s^2 n, s^4) \tag{8}$$

où $d(\alpha)$ est la distance entre la frontière d'ombre C sur l'objet et l'axe des α (voir Appendice 2). Introduisons la coordonnée $s' = s + d(\alpha)$, ce qui revient à prendre la frontière d'ombre comme origine des s'. La phase kx se mettra donc sous la forme :

$$kx = ks + ks' \frac{n}{\rho} - k \frac{s'^3}{6\rho^2} + kO(n^2, s'^2 n, s'^4) . \tag{9}$$

Le terme $k0(n^2, s'^2 n, s'^4)$ est, compte tenu des extensions de coordonnées, $0(k^{-1/3})$ et peut donc être négligé pour calculer E_0^{inc} et H_0^{inc}.

Reportant (7) et (9) dans (5) et (6), et introduisant, comme dans le cas du cylindre, les coordonnées étirées $\sigma = m \frac{s'}{\rho}$ et v , on obtient :

$$\vec{E}^{inc}. \hat{\alpha} = exp(iks) \, (\hat{y}.\hat{\alpha}_o) \, exp \, i(\sigma v - \sigma^3/3) + 0(k^{-1/3}) \tag{10}$$

$$\vec{H}^{inc} . \hat{\alpha} = exp(iks) \, (\hat{z}.\hat{\alpha}_o) \, exp \, i(\sigma v - \sigma^3/3) + 0(k^{-1/3})$$ (11)

et donc

$$E_0^{inc} (\sigma,v) = (\hat{y}.\hat{\alpha}_o) \, exp \, i(\sigma v - \sigma^3/3)$$ (12)

$$H_0^{inc} (\sigma,v) = (\hat{z}.\hat{\alpha}_o) \, exp \, i(\sigma v - \sigma^3/3) .$$ (13)

E_0^{inc} et H_0^{inc} sont des fonctions de $\sigma = (s+d(\alpha))m/\rho$. Il en sera de même des champs diffractés. Ce résultat est logique : $s+d(\alpha)$ est l'abscisse curviligne mesurée à partir de la frontière d'ombre, donc la quantité significative pour calculer l'atténuation due à la propagation sur l'objet (Appendice 2).

Les champs diffractés se calculent exactement comme dans le cas du cylindre, traité au paragraphe précédent. En effet, E_0^{inc} et H_0^{inc} sont de la même forme que u_0^{inc} (voir (16) du 3.7). On obtient, pour le champ total suivant $\hat{\alpha}$.

$$H_0 = (\hat{y}.\hat{\alpha}_o) \, V(\sigma, v, mZ)$$ (14)

et $$E_0 = (\hat{z}.\hat{\alpha}_o) \, V(\sigma, v, m/Z) .$$ (15)

Nous allons maintenant, à partir de ces résultats, calculer le champ de surface, que nous utiliserons au chapitre 7.

3.8.2.   Champ de surface

A la surface de l'objet, $v = 0$. Les équations (14) et (15) donnant le champ total suivant $\hat{\alpha}$ deviennent :

$$E_0 = e^{iks}(\hat{y} . \hat{\alpha}_0) \, F_{1/Z}(\sigma)$$ (16)

et $$H_0 = e^{iks}(\hat{z} . \hat{\alpha}_0) \, F_Z(\sigma)$$ (17)

$F_{1/Z}$ et F_Z étant les fonctions de Fock.

Calculons maintenant le champ total suivant $\hat{s}$. Les champs E_0^s et H_0^s sont nuls. Comme au 3.2, les termes d'ordre le plus élevé des champs E^s et H^s sont E_1^s . A l'ordre le plus élevé, E^s et H^s valent respectivement $-ZH_0^t$ pour le rampant magnétique et $\frac{1}{Z} \, E_0^t$ pour le rampant électrique. L'interprétation physique est la même qu'au paragraphe 3.2.

Le champ tangent à la surface est donc, pour les termes d'ordre le plus élevé :

$$\vec{E} = e^{iks} \, \{(\hat{y}. \hat{\alpha}_0) \, F_{1/z}(\sigma) \, \hat{\alpha} - Z(\hat{z}. \hat{\alpha}_0) \, F_z(\sigma) \, \hat{s} \}$$ (18)

$$\vec{H} = e^{iks} \, \{(\hat{z}. \hat{\alpha}_0) \, F_z(\sigma) \, \hat{\alpha} + \frac{1}{Z}(\hat{y}. \hat{\alpha}_0) \, F_{1/z}(\sigma) \, \hat{s} \} .$$ (19)

Le cas $Z = 0$ est singulier car (19) se réduit alors à $\vec{E} = 0$. Il faut, comme au paragraphe 3.2.7.4, calculer le champ magnétique de surface, dont la première composante est d'ordre $k^{-1/3}$.

La composante dominante suivant s du champ magnétique générée par E_0^{inc} est, d'après l'équation (2.1) du tableau du paragraphe 3.2.4 :

$$H^s = exp(iks) \frac{i}{m} \frac{\partial E_0}{\partial v} \ . \tag{20}$$

On obtient, pour le champ de surface

$$H^s(s, \sigma) = exp(iks) \frac{i}{m} (\hat{y}. \ \hat{\alpha}_0) \frac{1}{\sqrt{\pi}} \int_{-\infty}^{+\infty} \frac{e^{i\sigma\xi}}{w_1(\xi)} \, d\xi \tag{21}$$

on reconnaît (voir Appendice) la fonction de Fock électrique $f(\xi)$ dans (21), si bien que,

$$H^s(s, \sigma) = exp(iks) \frac{i}{m} (\hat{y}. \ \hat{\alpha}_0) f(\sigma) \ . \tag{22}$$

La composante dominante suivant α du champ magnétique est obtenue à partir de l'équation, analogue à (43) du paragraphe 3.2.7.1

$$\left(\frac{2}{\rho} \right)^{2/3} L_0 \tilde{H}_1 = 2i\tau\tilde{E}_0 \tag{23}$$

où $\sim$ désigne la transformée de Fourier, et de la valeur de H^{inc} .

La résolution est similaire à celle du paragraphe 3.2.7.1 ; on obtient, pour la composante dominante du champ magnétique de surface généré par E_0^{inc}

$$\vec{H} (s, \sigma) = exp(iks) (\hat{y}. \ \hat{\alpha}_0) [-\tau\rho\hat{\alpha} + \hat{s}] \frac{i}{m} \ f(\sigma) \tag{24}$$

à laquelle il faut, bien entendu, rajouter le champ $exp(iks) (\hat{z}. \ \hat{\alpha}_0) g(\sigma) \hat{\alpha}$ généré par H_0^{inc} . On retrouve donc, par la méthode de la couche-limite, les résultats de Fock [F] : le champ magnétique de surface sur un conducteur parfait au voisinage de la séparatrice est la somme d'une partie magnétique, décrite par la fonction g, et d'une partie électrique, décrite par la fonction f. Nous verrons au paragraphe 3.11 comment ce champ de Fock génère les ondes rampantes décrites au paragraphe 3.2.

Avant cela, nous donnons un exemple de couche-limite sur un obstacle présentant une partie concave, sur laquelle se propage des modes de galerie, et une partie convexe, sur laquelle se propage des ondes rampantes. Nous allons, suivant les travaux de M. Popov [Po], étudier le voisinage du point d'inflexion.

3.9 Mode de galerie-écho incident sur un point d'inflexion (Fig.16)

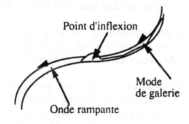

Fig.16 : Voisinage d'un point d'inflexion

Nous n'avons plus, dans ce cas, de problème canonique pour nous suggérer les extensions de coordonnées. Par contre, le critère du chapitre 2 s'applique. Procédant comme au paragraphe 3.8, on introduit un Ansatz : $exp(iks)\sum\limits_{j=0}^{M} u_j(s,n)$.

On obtient, comme terme d'ordre dominant en k :

$$2ik \, \frac{\partial u}{\partial s}, \, 2ns \, c \, k^2 u \, , \, \frac{\partial^2 u}{\partial n^2} \tag{1}$$

où la courbure $K(s)$ est donnée par :

$$K(s) = -cs + 0(s^2) \tag{2}$$

avec $c > 0$, c'est-à-dire que les modes de galerie sont en $s < 0$ et les modes rampants en $s > 0$.

Etirons en k^a la coordonnée s et en k^b la coordonnée n . On obtient, pour les différents termes de (1), les ordres suivants :

$$k^{1+a} \, , k^{2-a-b} \, , k^{2b} \tag{3}$$

et donc les équations suivantes :

$$1 + a = 2 - a - b = 2b \tag{4}$$

qui donnent

$$a = \frac{1}{5} \, , \, b = \frac{3}{5} \, . \tag{5}$$

Définissons, suivant Popov [Po] les coordonnées adimensionnelles

$$\sigma = (k \, c^2)^{1/5} \, s \\[2mm] v = (k^3 c)^{1/5} \, n \tag{6}$$

On obtient l'équation parabolique, pour le terme principal u_0 :

$$2 \, k^{6/5} c^{2/5} \left(i \, \frac{\partial u_0}{\partial \sigma} + \sigma v \, u_0 + \frac{1}{2} \, \frac{\partial^2 u_0}{\partial v^2} \right) = 0 \, . \tag{7}$$

Cette équation doit être complétée par les conditions aux limites suivantes :
- raccordement aux modes de galerie-écho pour $\sigma \to - \infty$,
- raccordement aux modes d'ondes rampantes pour $\sigma \to + \infty$,
- $u_0(\sigma, 0) = 0$ (pour le cas conducteur TM) .

Elle a été étudiée par Popov [Po] du point de vue de l'existence et de l'unicité de la solution. Popov a également réalisé des calculs numériques dans quelques cas.

En conclusion, l'exemple précédent illustre bien la flexibilité et la généralité de la méthode de couche-limite, qui permet de se dégager des problèmes canoniques, et de rechercher directement la solution du problème sur l'objet réel.

Toutes les solutions obtenues dans les paragraphes précédents, à l'exclusion des 3.7 et 3.8, sont des solutions particulières, vérifiant, dans certaines régions de l'espace, les équations de Maxwell, le principe d'absorption limite, et les conditions aux limites sur l'objet. Elles dépendent en général de constantes arbitraires. Ces constantes sont obtenues en appliquant le principe de raccordement, que nous allons définir au paragraphe suivant.

3.10 Principe de raccordement

Plusieurs principes de raccordement ont été formulés. Aucun, à notre connaissance, n'a été démontré rigoureusement. L'idée physique sous-jacente est la suivante. La coordonnée normale à la couche limite est une coordonnée étirée. Il existe donc une zone où cette coordonnée étirée sera grande, alors que la coordonnée normale sera petite. Dans cette zone, il sera donc possible d'utiliser le développement asymptotique pour de grandes valeurs de la coordonnée étirée pour le développement interne, et le développement asymptotique pour de petites valeurs de la coordonnée usuelle pour le développement externe. Il est naturel (mais pas toujours vrai) de postuler alors que ces deux développements coïncident.

L'idée ci-dessus est quelque peu floue. En particulier, elle ne définit pas ce qu'il faut entendre par grande et par petite. Un principe de raccordement très simple est proposé par Van Dyke [VD]. Il comporte les étapes suivantes :

- Calcul du développement asymptotique du développement interne pour de grandes valeurs de la coordonnée étirée, jusqu'à l'ordre m. On appellera limite externe de la solution interne le résultat obtenu.
- Calcul du développement asymptotique du développement externe pour de petites valeurs de la coordonnée usuelle, remplacement de la coordonnée usuelle par son expression en coordonnée étirée, troncature du développement à l'ordre m. On appellera limite interne de la solution externe le résultat obtenu.
- Le raccordement consiste à postuler l'égalité des quantités précédentes.

Dans cette version du principe, les deux expressions sont calculées en coordonnée étirée. Il est bien sûr possible aussi de tout exprimer en coordonnée usuelle.

Un autre principe de raccordement, plus général, a été proposé par Lagerstrom et Kaplan [LK]. Il utilise une échelle de coordonnée intermédiaire. Le principe proposé par Van Dyke est valide quand il y a une zone de validité commune aux deux développements, internes et externes. Il faudra recourir à l'autre principe s'il y a un "trou" entre les deux développements.

En pratique, nous utiliserons, dans tous les exemples traités, le premier principe, en vérifiant qu'il existe bien un domaine de validité commun aux deux développements. Nous travaillerons, pour illustrer les différentes possibilités, tantôt en coordonnées (s, n), tantôt en coordonnées de rayons. Dans tous les exemples traités, nous considérons que le champ incident est une onde plane, se propageant suivant l'axe des x. Pour alléger les calculs, nous présentons en détail le cas bidimensionnel, puis indiquons brièvement comment procéder dans le cas tridimensionnel.

Dans le cas bidimensionnel, nous avons choisi l'origine au point dont on étudie le voisinage : point de contact entre l'objet et le rayon rasant au 3.11, 3.12 et 3.15, arête du dièdre au 3.14, si bien que le champ incident vaut 1 au point étudié et n'apparaît pas dans les formules.

3.11   Raccordement de la solution au point de contact à la solution en ondes rampantes

Nous nous limiterons à l'ordre 1 et au cas 2D.

Faisons tendre, dans le développement interne, i.e. la solution, donnée au paragraphe 3.7, équation 19, au voisinage du point de contact, la variable étirée σ vers $+\infty$. On obtient, en utilisant les résultats de Logan sur les fonctions de Fock [Lo] :

$$u \approx e^{iks} V(\sigma, \nu, Z) \approx e^{iks} \sum_p \frac{2i\sqrt{\pi}}{(\xi^p + m^2 Z^2) w_1^2(\xi^p)} \, exp(i\xi^p \sigma) \, w_1(\xi^p - \nu) \qquad (1)$$

Considérons maintenant le développement externe ((37) du 3.1.8) :

$$u \approx \sum A^p(0) \left(\frac{\rho(0)}{\rho(s)} \right)^{1/6} \left(\frac{d(0)}{d(s)} \right)^{1/2} exp\left(iks + i\frac{k^{1/3}}{2^{1/3}} \int_0^s \frac{\xi^p(s)}{\rho(s)^{2/3}} \, ds \right) w_1(\xi_p - \nu) \qquad (2)$$

, où $A^p(0)$ est indéterminés. Pour s petit, (2) devient :

$$u \approx \sum A^p(0) \, e^{iks} exp\left(i \frac{k^{1/3} \xi^p(0) s}{2^2 \rho^{2/3}(0)} \right) w_1(\xi^p - \nu) \qquad (3)$$

que l'on réécrit à l'aide de la variable interne σ

$$u \approx \sum A^p(0) \, e^{iks} exp\, (i\xi\sigma) \, w_1(\xi^p - \nu). \qquad (4)$$

L'identification de (1), limite externe du développement interne et de (4), limite interne du développement externe, fournit les $A^p(0)$:

$$A^p(0) = \frac{2i\sqrt{\pi}}{(\xi^p + m^2 Z^2) w_1^2(\xi^p)} = -\frac{2i\sqrt{\pi}}{d^p(0)}. \qquad (5)$$

Toutes les quantités dans (5) sont calculées au point de contact, d'abscisse curviligne 0.

L'application brutale du principe fournit donc les constantes $A^p(0)$. Toutefois, ce résultat appelle quelques observations :

(1) est valide dès que σ est "grand", i.e. $\sigma = 0(k^\varepsilon)$, $\varepsilon > 0$.

(3) est le premier terme du développement limité de (2) en puissances de s, supposé petit. Ont été négligés les termes $0(s)$ et $0(k^{1/3}s^2)$, qui doivent être petits, (3) est donc valide si :

$$s = 0(k^{-\eta}), \quad s = 0(k^{-1/6-\eta'}) \quad \eta \quad et \quad \eta' > 0.$$

La seconde condition est plus restrictive.

Le domaine de validité commun à (1) et (3) est donc :

$$0(k^\varepsilon) < \sigma < 0(k^{1/6-\eta'})$$

et il n'est pas vide en prenant $\varepsilon + \eta' < 1/6$.

On notera que les résultats du paragraphe 3.7 à l'ordre dominant, sont valides pour un champ de rayon dont le gradient de l'eikonale est tangent à l'objet, et non pas seulement pour une onde plane. Il en va de même des résultats de ce paragraphe.

Enfin, l'extension au cas 3D est directe. On obtient dans ce cas des modes rampants électriques et magnétiques. Le raccordement permet de montrer que les rampants s'atténuent bien à partir de la frontière d'ombre, et de calculer leurs amplitudes. Les formules explicites analogues à (5) seront données au paragraphe suivant.

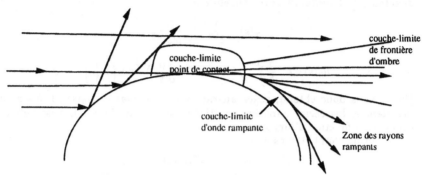

Fig.17 : Diffraction par un obstacle lisse, couche-limite

3.12   Raccordement de la couche limite au voisinage de la surface à la solution en rayons rampants - Détermination de la solution dans la zone d'ombre (Fig.17)

Il est possible de faire le raccordement en coordonnées (s, n), comme dans [BK]. Toutefois, il est plus rapide d'utiliser les coordonnées de rayon, et de partir de la formule (34) du paragraphe 3.1 pour la solution interne. Utilisant le développement asymptotique de w_1 pour de grandes valeurs négatives de l'argument dans (34) :

$$w_1(\xi - Y) \approx Y^{-1/4} exp\left(i\frac{2}{3} Y^{3/2} - i\xi\sqrt{Y} + i\frac{\pi}{4} \right).$$ (1)

On obtient, omettant l'indice r dans s^r , et l'indice du mode rampant :

$$u \approx A \left(\frac{\rho(0)}{\rho(s)} \right)^{1/6} \left(\frac{d(0)}{d(s)} \right)^{1/2} Y^{-1/4} exp\left(i\frac{\pi}{4} \right) exp\left(ik\ell + i\frac{k^{1/3}}{2^{1/3}} \int_0^s \xi \frac{ds}{\rho(s)^{2/3}} \right)$$ (2)

et comme $Y^{1/4} = m^{1/2} \dfrac{t^{1/2}}{\rho^{1/2}}$

$$u \approx A \left(\frac{2}{k} \right)^{1/6} \frac{(\rho(0)\rho(s))^{1/6}}{\sqrt{t}} \left(\frac{d(0)}{d(s)} \right)^{1/2} exp\left(i\frac{\pi}{4} \right) exp\left(ik\ell + i\frac{k^{1/3}}{2^{1/3}} \int_0^s \frac{\xi ds}{\rho(s)^{2/3}} \right)$$ (3)

(3) est la limite externe du développement interne. Elle est obtenue directement dans les coordonnées de rayon, adaptées au développement externe. On notera au passage une démonstration , différente de celle du 3.1, du choix de la fonction w_1 : elle correspond à des rayons sortants, alors que la fonction w_2 correspond à des rayons entrants.

Le développement externe de Friedlander-Keller, exposé au paragraphe 2.5, est

$$u \approx \frac{u_0(s)}{\sqrt{t}} \ exp \ (ik\ell + ik^{1/3}\varphi(s)) \, . \tag{4}$$

Le passage à la limite dans ce développement n'est pas nécessaire, car on peut directement identifier (3) et (4). On obtient :

$$\varphi(s) = \frac{1}{2^{1/3}} \ \int_0^s \frac{\xi ds}{\rho(s)^{2/3}} \tag{5}$$

$$u_0(s) = A \left(\frac{2}{k} \right)^{1/6} (\rho(0) \, \rho(s))^{1/6} \left(\frac{d(0)}{d(s)} \right)^{1/2} exp \left(i \, \frac{\pi}{4} \right). \tag{6}$$

Nous avons donc obtenu, grâce au raccordement, $\varphi(s)$ et $u_0(s)$. Nous allons maintenant les écrire dans les notations usuelles de la TGD, c'est-à-dire en utilisant la fonction d'Airy Ai .

ξ vérifie (voir (14) du § 3.1).

$$w_1'(\xi) = imZw_1(\xi) \, . \tag{7}$$

Mais $w_1(\xi) = 2\sqrt{\pi} \ e^{i \, \pi/6} Ai \, (\xi e^{2i \, \pi/3})$, donc

$$\xi = e^{i \, \pi/3} q \tag{8}$$

où q vérifie l'équation (27) du paragraphe 1.5 :

$$A'i(-q) - mZ \, e^{-i \, \pi/6} Ai \, (-q) = 0 \, .$$

Remplaçons w_1 et w_1' par leurs expressions à l'aide de Ai .
Remplaçons ξ dans (5) par son expression (8).
Remplaçons d'autre part A dans (6) par son expression (5) du paragraphe 3.11.
Reportons enfin ces valeurs dans (8). On obtient, après quelques transformations :

$$u(s,t) \approx \frac{(2\pi kt)^{-1/2} (m(0)m(s))^{1/2} e^{i\pi/12}}{(q(0)Ai^2(q(0)) + A'i^2(q(0))^{1/2} \, (q(s)A'i^2(q(s)) + Ai^2(q(s))^{1/2} \,))}$$

$$exp \left(ik\ell + i \frac{k^{1/3}}{2^{1/3}} \ e^{i\pi/3} \int_0^s \frac{q(s)ds}{\rho(s)^{2/3}} \right) \tag{9}$$

(9) se met finalement sous la forme :

$$u(s,t) \approx \frac{D_h(0)D_h(s)}{\sqrt{t}} \ exp \ (ik(s+t) + i \int_0^s \alpha_h(s) \, ds) \tag{10}$$

où α_h et D_h sont respectivement donnés par les formules (25) et (30) du paragraphe 1.5.

On retrouve donc le résultat de la TGD, obtenu par la méthode des problèmes canoniques au chapitre 1.

Notons au passage l'intérêt des coordonnées optimales : le raccordement se fait facilement, et sa validité est assurée, puisque la solution en rayon apparaît simplement comme le développement asymptotique, pour Y grand, de la solution dans la couche limite.

Nous avons donc retrouvé, pour le cas de l'obstacle 2D, de manière

déductive les résultats de la TGD par la méthode de couche limite. On notera que la démarche comporte plusieurs étapes :
- calcul d'une solution au voisinage de la surface (3.1)
- calcul d'une solution au voisinage du point de contact (3.9)
- raccordement entre le voisinage du point de contact et le voisinage de la surface (3.11)
- raccordement entre le voisinage de la surface et l'espace extérieur (3.12).

Nous allons maintenant, sans détailler les calculs, appliquer la même démarche au cas de l'obstacle 3D pour les équations de Maxwell. Les solutions au voisinage de la surface et du point de contact sont donnés aux paragraphes 3.2 et 3.9 . Les raccordements se font suivant la même technique que pour l'obstacle 2D. Le raccordement entre le voisinage du point de contact et la couche limite au voisinage de la surface permet d'une part d'identifier la fonction $p(\alpha)$ dans les formules (48) et (49) du 3.2.7.2 pour les ondes rampantes comme la distance entre la frontière d'ombre et l'axe des α et d'autre part de calculer les constantes $A(\alpha)$ et $B(\alpha)$ donnant l'amplitude des rampants électriques et magnétiques (voir formules (48) et (49) du paragraphe 3.2). On obtient :

$$A(\alpha) = -\frac{2i\sqrt{\pi}}{(d_{E(0)})^{1/2}} \quad (\vec{E}^i . \hat{\alpha}) \; \rho^{1/6}(0) \tag{11}$$

$$B(\alpha) = -\frac{2i\sqrt{\pi}}{(d_{H(0)})^{1/2}} \quad (\vec{H}^i . \hat{\alpha}) \; \rho^{1/6}(0) \tag{12}$$

où
$$w_1'(\xi_E) = i\frac{m}{Z} \, w_1(\xi_E) \tag{13}$$

et
$$w_1'(\xi_H) = im \, Z w_1(\xi_H) . \tag{14}$$

Nous avons omis, là aussi, l'indice p du mode rampant.

$\hat{\alpha}$ est le vecteur du plan tangent à la surface au point C normal au rayon. C'est aussi le vecteur binormal à la géodésique dont le vecteur tangent est parallèle au rayon incident au point C . Enfin, $\vec{H}^i . \hat{\alpha} = -\vec{E}^i . \hat{n}$, où $\hat{n}$ est la normale à la surface au point C .

Réécrivons les formules (48) et (49) du paragraphe 3.2 en coordonnées de rayon, et substituons à w_1 son développement asymptotique (1). On obtient, omettant toujours l'indice r de s^r et l'indice du mode, la limite externe du développement interne :

$$\vec{E} \approx - \left(\frac{2}{k}\right)^{1/6} \frac{(\rho(0)\rho(s))^{1/6}}{t^{1/2}} \; h^{-1/2}(s)$$

$$\left\{ d_E^{-1/2}(s) A(\alpha) \exp\left(i\frac{k^{1/3}}{2^{1/3}} \int_0^s \frac{\xi_E(s)ds}{\rho(s)^{2/3}}\right) (\vec{E}_i . \hat{b}(0)) \, \hat{b}(s) + \right.$$

$$\left. + d_H^{-1/2}(s) B(\alpha) \exp\left(i\frac{k^{1/3}}{2^{1/3}} \int_0^s \frac{\xi_H(s)ds}{\rho(s)^{2/3}}\right) (\vec{E}_i . \hat{n}(0)) \, \hat{n}(s) \right\}. \tag{15}$$

Remplaçant, comme précédemment $A(\alpha)$ et $B(\alpha)$ par leurs expressions (11) et (12), ξ_E et ξ_H par leurs expressions, on obtient une formule explicite pour $\vec{E}$, analogue à la formule (15) :

$$\vec{E} \approx \frac{D_s(0)D_s(s)}{\sqrt{ht}} \; (\vec{E}_i \cdot \hat{b}(0)) \; \hat{b}(s) \left(exp(ik(s+t) + i \int_0^s \alpha_s(s) \, ds\right) +$$

$$+ \frac{D_h(0)D_h(s)}{\sqrt{ht}} \; (\vec{E}_i \cdot \hat{n}(0)) \; \hat{n}(s) \left(exp(ik(s+t) + i \int_0^s \alpha_h(s) \, ds\right) . \qquad (16)$$

On vérifie que les coefficients D_s , D_h , α_s et α_h apparaissant dans (16) sont donnés par les formules du paragraphe 1.5. La limite externe de la solution interne ne contient donc aucune constante ni fonction arbitraire.

Le développement externe s'écrit comme une somme de termes :

$$\vec{E}(s,t) \approx \vec{E}_0(s) \sqrt{\frac{\rho_d}{(\rho_d+t)t}} \; exp(ik(s+t) + ik^{1/3}\varphi(s)) \qquad (17)$$

où $\vec{E}_0(s)$ et $\varphi(s)$ sont des fonctions arbitraires.

La limite interne de ce développement est :

$$\vec{E}(s,t) \approx \frac{\vec{E}_0(s)}{\sqrt{t}} \; exp \, (ik(s+t) + ik^{1/3}\varphi(s)) \qquad (18)$$

puisque t est supposée $0(k^{-1/3})$.

L'identification de (16) et (18) permet de déterminer les termes du développement externe, ainsi que $\varphi(s)$ et $\vec{E}_0(s)$.

Le premier terme de (16) correspond au rampant électrique, le deuxième terme correspond au rampant magnétique :

$$k^{1/3}\varphi(s) = \int_0^s \alpha_s(s) \, ds \quad \text{pour le rampant électrique} \qquad (19)$$

$$k^{1/3}\varphi(s) = \int_0^s \alpha_h(s) \, ds \quad \text{pour le rampant magnétique.} \qquad (20)$$

Enfin,

$$\vec{E}_0(s) = \frac{D_s(0)D_s(s)}{\sqrt{h}} \; (\vec{E}_i \cdot \hat{b}(0)) \; \hat{b}(s) \; \text{pour le rampant électrique} \qquad (21)$$

$$\vec{E}_0(s) = \frac{D_h(0)D_h(s)}{\sqrt{h}} \; (\vec{E}_i \cdot \hat{n}(0)) \; \hat{n}(s) \; \text{pour le rampant magnétique.} \qquad (22)$$

h est identique à la quantité $\dfrac{d\eta(Q)}{d\eta(Q')}$ de la TGD.

Remplaçant $\varphi(s)$, $\vec{E}_0(s)$, dans (17), par leurs valeurs données par (19) à (22), on retrouve le résultat de la TGD exposé au chapitre 1.

En conclusion, la méthode de la couche limite nous a permis, au prix de calculs lourds, surtout en 3D, de démontrer les formules TGD donnant le champ dans la zone d'ombre d'un obstacle lisse. D'autre part, cette démarche fournit, contrairement à la TGD, des résultats explicites au voisinage de la surface de l'objet, qui est une caustique de rayons diffractés.

Nous avons vu dans ce paragraphe comment la méthode de la couche-limite permet de retrouver les résultats pour les rayons rampants. Nous allons maintenant traiter les rayons diffractés par une arête.

3.13 Raccordement de la couche limite au voisinage de l'arête d'un dièdre à la zone de champ de rayon

Nous avons vu au paragraphe 3.6 que, à une distance $r = 0(1/k)$ de l'arête d'un dièdre bidimensionnel , le champ est, à l'ordre dominant, le même que le champ au voisinage du dièdre local tangent. Ce champ est connu exactement. Hors du voisinage des frontières ombre lumière des champs incident et réfléchi, et du voisinage des tangentes aux faces, le champ s'exprime, pour kr grand, à l'aide du coefficient de diffraction $D(r, \theta)$, θ étant l'angle polaire. Pour un champ incident e^{ikx}, ou, plus généralement, dont le premier terme de la série de Luneberg-Kline est e^{ikx}, le champ diffracté u^d s'écrit, pour kr grand :

$$u^d(r, \theta) = \frac{e^{ikr}}{\sqrt{r}} \ D(\theta) + 0((kr)^{-3/2}) . \tag{1}$$

(1) est la limite, quand la variable interne kr devient grande, de la solution interne. Elle apparaît directement comme un champ de rayon. La solution externe s'écrit, d'après 2.2.2 sous la forme (1), avec une fonction $D'(\theta)$ à priori indéterminée. Le raccordement conduit simplement à l'égalité de D et de D'.

Traitons maintenant le cas 3D avec condition de Neuman en acoustique. Introduisons, au voisinage du point 0 étudié, un système de coordonnées cylindriques (r, θ, z), d'origine 0, et dont l'axe des z est dirigé suivant $0z$. Dans la couche limite, le champ, est, à l'ordre dominant, le même que celui obtenu en considérant une onde plane en incidence oblique sur un dièdre infini, avec un angle β entre le vecteur d'onde et l'arête du dièdre

La limite externe du développement interne s'écrit donc :

$$u^d(M) \approx \frac{e^{ikr\sin\beta}}{\sqrt{r}} \ \frac{D(\theta)}{\sqrt{\sin\beta}} exp \ (ikcos\beta z) \ u^i(0) . \tag{2}$$

Introduisons dans la couche limite les coordonnées de rayon suivantes : soit P le point émettant un rayon diffracté en M, z_0 sa côte, s la distance PM. On a alors : $z = z_0 + s \ cos \ \beta$, $r = s \ sin \ \beta$. D'autre part $exp \ (ikz_0 cos \ \beta) \ u^i(0)$ est simplement le champ incident au point P. Dans ces nouvelles coordonnées (2) devient :

$$u^d(M) \approx \frac{e^{iks}}{\sqrt{s}} \ \frac{D(\theta)}{sin\beta} \ u^i(P) . \tag{3}$$

La solution externe s'écrit d'autre part, puisque les rayons émanent de l'arête :

$$u^d(M) = \frac{e^{iks'}}{\sqrt{s'}} \ \sqrt{\frac{\rho_d}{\rho_d + s}} \ D'(\theta) \ u^i(P') \tag{4}$$

où s' est, a priori, une coordonnée du même type que s , mais obtenue avec un angle pouvant être différent de β , et ρ_d est le rayon de courbure du front d'onde diffracté en P (voir chapitre 1).

Passons à la limite interne sur (4) : la quantité $\frac{\rho_d}{\rho_d + s}$ a pour limite 1 et disparaît donc. Il reste :

$$u^d(M) \approx \frac{e^{iks'}}{\sqrt{s'}} \, D'(\theta) \, u^i(P') \, . \tag{5}$$

Le raccordement de (3) et (5) impose alors l'égalité de s et de s', de P et de P', donc la loi de Keller, et permet de calculer $D'(\theta) = D(\theta) / \sin \beta$. On démontre donc que, au premier ordre, le champ diffracté est obtenu en remplaçant l'arête par son dièdre local tangent.

3.14   Cas de la caustique

Dans les cas traités aux paragraphes 3.12 et 3.13, la solution à l'intérieur de la couche limite est complètement déterminée. Le principe de raccordement permet alors d'identifier, en passant à la limite externe de cette solution, les fonctions arbitraires dont dépend la solution à l'extérieur de la couche limite, et donc de calculer cette solution.

Dans le cas de la caustique, la solution à l'extérieur de la couche limite est connue, et on cherche à calculer le champ à l'intérieur de la couche limite.

La solution interne est donnée, à l'ordre dominant, par la formule (5) du paragraphe 3.4 :

$$u(s,v) = e^{iks} A(s) Ai(-v) + 0(k^{-1/3}) \, . \tag{1}$$

Passons à la limite externe dans (1) en remplaçant Ai par son développement asymptotique pour de grandes valeurs négatives de v . On obtient le développement externe de la solution interne :

$$u(s,v) \approx \frac{A(s)}{2\sqrt{\pi}} \, e^{iks} \, v^{-1/4} e^{i \, \pi/4} \, [e^{-i2/3v^{3/2}} - i \, e^{i2/3v^{3/2}}] \, . \tag{2}$$

La solution externe est donnée, à l'ordre dominant, par l'optique géométrique. Notons avec un indice i le rayon qui se rapproche de la caustique, avec un indice 0 celui qui s'en éloigne. Notons s_i (resp. s_0) l'abscisse du point de contact sur la caustique t_i (resp. t_0) la longueur du rayon i (resp. 0). La solution externe s'écrit :

$$u = B(s_i) \, \frac{e^{ik(s_i-t_i)}}{\sqrt{t_i}} + dB(s_0) \, \frac{e^{ik(s_0-t_0)}}{\sqrt{t_0}} \tag{3}$$

d est le déphasage subi par le rayon au passage de la caustique.

On montre, par des calculs de géométrie différentielle (Appendice 2), que :

$$\frac{1}{2} \, ((s_i - t_i) + (s_0 + t_0)) = s + 0(k^{-4/3}) \tag{4}$$

où s est l'abscisse curviligne du point d'observation, et que

$$\frac{1}{2} \, ((s_0 + t_0) - (s_i - t_i)) = \frac{2}{3} \, v^{3/2} + 0(k^{-4/3}) \tag{5}$$

si v est d'ordre 1.

D'autre part, la différence $s_i - s_0$ est, dans la couche limite, d'ordre $k^{-1/3}$.

Donc

$$B(s_i) = B(s) + 0(k^{-1/3})$$
$$B(s_0) = B(s) + 0(k^{-1/3})$$

(6)

Enfin,

$$t_i = 2^{1/3} \rho^{2/3} k^{-1/3} v^{1/2} + 0(k^{-1/3})$$
$$t_0 = 2^{1/3} \rho^{2/3} k^{-1/3} v^{1/2} + 0(k^{-1/3})$$

(7)

toujours si v est d'ordre 1.

Reportant les approximations (4), (5), (6) et (7) dans (3), on obtient :

$$u(s,v) \approx B(s) \, 2^{-1/6} \rho^{-1/3} k^{1/6} v^{-1/4} e^{iks} \, [e^{-i2/3 v^{3/2}} + d \, e^{i2/3 v^{3/2}}]$$

(8)

(8) est le développement interne de la solution externe.

L'identification de (2) et de (8) permet de calculer $A(s)$ et d. On obtient :

$$A(s) = 2\sqrt{\pi} \, e^{-i \, \pi/4} \left(\frac{k}{2} \right)^{1/6} \rho^{-1/3} B(s)$$

(9)

$$d = -i .$$

(10)

(9) permet de calculer l'amplitude $A(s)$ et donc le champ dans la couche limite. On notera que l'on aurait pu choisir $B(s_i)$ au lieu de $B(s)$ dans (9). (10) montre que le rayon subit, au passage de la caustique, un déphasage de $-\dfrac{\pi}{2}$.

Le même formalisme s'applique en trois dimensions. Dans la couche limite, la composante binormale du champ $\vec{E}$ est donnée par la formule (7.1) du paragraphe 3.4 :

$$E^\alpha(s,\alpha,v) \approx E^\alpha(s, \alpha) Ai(-v) .$$

(11)

La composante normale du champ $\vec{E}$, égale, avec les notations du paragraphe 3.2, à la composante binormale du champ $\vec{H}$, vaut :

$$E^n \approx E^n(s, \alpha) Ai(-v) .$$

(12)

La solution externe est donnée par l'optique géométrique comme dans le cas scalaire. Notons $\hat{b}_i$ et $\hat{n}_i$ (resp. $\hat{b}_0$ et $\hat{n}_0$) les vecteurs binormaux et normaux à la géodésique au point I (resp. 0) de contact de la surface avec le rayon entrant (resp. sortant), elle s'écrit :

$$\vec{E} = (E'^\alpha(s_i, \alpha_i) \, \hat{b}_i + E'^n(s_i, \alpha_i) \, \hat{n}_i) \, \sqrt{\frac{\rho_i}{t_i(\rho_i + t_i)}} \, e^{ik(s_i + t_i)} +$$

$$d((E'^n(s_0, \alpha_0) \, \hat{b}_0 + E'^n(s_0, \alpha_0) \, \hat{n}_0) \, \sqrt{\frac{\rho_0}{t_0(\rho_0 + t_0)}} \, e^{ik(s_0 + t_0)} .$$

(13)

Dans le cas général, I et 0 peuvent se trouver sur des géodésiques distinctes. Le point essentiel est que I et 0 ne sont séparés que par une distance de l'ordre de $k^{-1/3}$, ce qui va permettre de remplacer $E'^\alpha(s_i, \alpha_i), E'^n(s_i, \alpha_i), \hat{b}_i, \hat{n}_i$ (resp. les mêmes quantités avec l'indice 0) par des quantités sans indice, calculées au point (s, α).

D'autre part,

$$\sqrt{\frac{\rho_i}{(\rho_i+t_i)}} = 1 + 0(k^{-1/3}) \ . \tag{14}$$

Enfin, on peut montrer que les égalités géométriques (4), (5), (7) restent valides en 3D (voir [B B] par exemple).

Passons à la limite interne de la solution externe (13), comme dans le cas 2D. On obtient :

$$\vec{E} \approx (E'^{\alpha}(s, \alpha)\,\hat{b} + E'^n(s, \alpha)\,\hat{n})\,2^{-1/6}\rho^{-1/3}k^{1/6}\nu^{-1/4}e^{iks}[e^{-i2/3\nu^{3/2}} - i\,e^{i2/3\nu^{3/2}}]. \tag{15}$$

Passons à la limite externe dans la solution interne, donnée par (11) et (12), et identifions comme en 2D. On obtient :

$$E^{\alpha}(s, \alpha) = 2\sqrt{\pi}\,e^{-i\,\pi/4}\left(\frac{k}{2}\right)^{1/6}\rho^{-1/3}E'^{\alpha}(s, \alpha) \tag{16}$$

$$E^n(s, \alpha) = 2\sqrt{\pi}\,e^{-i\,\pi/4}\left(\frac{k}{2}\right)^{1/6}\rho^{-1/3}E'^n(s, \alpha) \tag{16 bis}$$

ce qui permet de calculer l'amplitude du champ électrique dans la couche limite.

On obtient, d'autre part : $d = -\dfrac{\pi}{2}$, soit le déphasage au passage de la caustique. La procédure de raccordement nous a donc permis, dans le cas de la caustique, de déterminer complètement la solution dans la couche-limite à partir de la solution optoque géométrique.

3.15   Raccordement au voisinage du point de contact (Fig.17)

Nous avons traité au paragraphe 3.11 le raccordement entre le voisinage du point de contact et la couche limite au voisinage de la surface. Nous allons maintenant 2tudier le raccordement, plus complexe, de ce voisinage, à la couche-limite au voisinage de la frontière ombre-lumière. Le problème a été traité, en particulier, par Brown [Br]. Nous utiliserons une méthode voisine mais plus simple. Nous nous limiterons au cas du cylindre. Le point nouveau par rapport aux paragraphes précédents est le chevauchement de couches limites au voisinage de C . La première est une couche limite classique de frontière ombre-lumière, décrite au paragraphe 3.5. Elle existe au voisinage de toute frontière ombre-lumière. La deuxième, de largeur angulaire $(k\rho)^{-1/3}$ est spécifique aux obstacles lisses. Ce résultat peut être obtenu :
- soit à partir du problème canonique du cylindre circulaire, traité par Pathak [Pa] ,
- soit en considérant la différence de phase δ entre le rayon direct d'optique géométrique, passant à travers l'obstacle, et le rayon rampant (appendice 2).

Cette différence de phase vaut $k(s+t-x)$ où s, t, x sont respectivement l'abscisse curviligne du point de détachement du rayon rampant, t la longueur du rayon d'espace et x l'abscisse du point d'observation. Au premier ordre :

$$\delta \approx k \left(\rho \frac{\theta^3}{6} + t \frac{\theta^2}{2} \right) \tag{1}$$

où θ désigne l'angle du rayon d'espace avec l'axe des x.

δ peut donc être de l'ordre de l'unité si $k\rho\theta^3 = O(1)$ ou si $kt\theta^2 = O(1)$, soit si

$$\theta = O((k\rho)^{-1/3}) . \tag{2}$$

Ce résultat est spécifique aux obstacles lisses, ou si :

$$t\theta^2 = O(k^{-1}) \tag{3}$$

et on retrouve la frontière d'ombre traitée au paragraphe 3.5.

Nous renvoyons à la thèse de Zworski [ZW], pour une justification plus rigoureuse de ces résultats, par des techniques d'analyse microlocale.

Ecrivons l'équation de Helmholtz en coordonnées de rayon, $\ell = s + t, s$. Ces coordonnées sont orthogonales, et l'équation d'Helmholtz devient :

$$\Delta u + k^2 u = \frac{1}{t} \frac{\partial}{\partial \ell} \left[t \frac{\partial u}{\partial \ell} \right] + \frac{\rho}{t} \frac{\partial}{\partial s} \left[\frac{\rho}{t} \frac{\partial u}{\partial s} \right] + k^2 u = 0 . \tag{4}$$

Choisissons, pour le champ total, l'Ansatz suivant :

$$u = e^{ik\ell} v \tag{5}$$

et reportons (5) dans (4).

On obtient :

$$ik \left[2 \frac{\partial v}{\partial \ell} + \frac{1}{t} v \right] + \frac{1}{t} \frac{\partial}{\partial \ell} \left[t \frac{\partial v}{\partial \ell} \right] + \frac{\rho}{t} \frac{\partial}{\partial s} \left[\frac{\rho}{t} \frac{\partial v}{\partial s} \right] = 0 \tag{6}$$

où $t = \ell - s$.

Etirons la coordonnée s d'un facteur $k^{1/2}$ en posant $\sigma' = k^{1/2} s$. Le troisième terme de (6) devient, comme le premier, d'ordre k.

Ecrivons v sous la forme :

$$v = v_0 + O(k^{-1}) . \tag{7}$$

On obtient, à l'ordre dominant :

$$2i \frac{\partial v_0}{\partial \ell} + \frac{i}{\ell} v_0 + \frac{\rho^2}{\ell^2} \frac{\partial^2 v_0}{\partial \sigma'^2} = 0 . \tag{8}$$

(8) est une équation parabolique analogue à l'équation (5) du paragraphe 3.5. Elle se confond avec cette dernière si, au lieu d'utiliser la variable s, on utilise l'angle θ du rayon diffracté.

Si on étire maintenant s, non plus d'un facteur $k^{1/2}$, mais comme au paragraphe 3.7, d'un facteur $k^{1/3}$, seul le premier terme est d'ordre k, et on obtient, à l'ordre dominant :

$$2 \frac{\partial v}{\partial \ell} + \frac{1}{\ell} v = 0 . \tag{9}$$

Donc $$v = A(\sigma) \ell^{-1/2} \tag{10}$$

où $\sigma = ms/\rho$ comme au paragraphe 3.7.

On voit bien, sur cet exemple, comment le choix de l'épaisseur des zones où l'on cherche la solution, et donc le choix des étirements de coordonnées, conduit à des formes différentes des équations, et de la solution. Dans notre cas, nous aurons une zone de largeur angulaire $k^{-1/3}$ autour de la frontière d'ombre, où la solution sera décrite par (10). Toutefois cette solution n'est pas valide dans un voisinage plus petit de la frontière d'ombre. Dans ce voisinage, s est étirée en $k^{1/2}$ et le comportement de la solution est décrit par (8). L'équation (8) admet des solutions particulières fonction de la seule variable $\sigma\sqrt{\ell}$. On peut donc s'attendre à une couche limite limitée par une parabole, interne à la couche limite précédente. Enfin, au voisinage du point de contact, on a vu au paragraphe 3.7 qu'il existe une couche limite, de hauteur normale à la surface $O(k^{-2/3})$ et de largeur $O(k^{-1/3})$.

La solution dans cette couche limite a été obtenue au paragraphe 3.7 en utilisant les coordonnées (s, n). Il est aussi possible de travailler en coordonnées de rayon. La coordonnée t est proportionnelle à la racine de la coordonnée n. Les extensions à utiliser sont donc $k^{1/3}$ sur les coordonnées ℓ et s.

Posons $L = \dfrac{m}{\rho}\,\ell$ et $S = \dfrac{m}{\rho}\,s$ où $m = \left(\dfrac{k\rho}{2}\right)^{1/3}$, ρ est le rayon de courbure du cylindre au point C.

Reportant ces étirements de coordonnées dans (6), on obtient, à l'ordre dominant $k^{4/3}$, l'équation :

$$4i\,\frac{\partial v_0}{\partial L} + 2i\,\frac{v_0}{L-S} + \frac{\partial}{\partial S}\left[\frac{1}{L-S}\frac{\partial v_0}{\partial S}\right] = 0 \ . \tag{11}$$

Cette équation a été obtenue par Fock, Weinstein et Malhiuzinets, pour le cylindre circulaire [FW]. Suivant ces auteurs, nous introduisons la nouvelle variable :

$$Y = (L - S)^2 = m^2\,\frac{t^2}{\rho^2} \tag{13}$$

et cherchons la fonction inconnue v_0 sous la forme :

$$v_0 = exp\left(-\frac{2}{3}\,iY^{3/2}\right)w \ . \tag{14}$$

Effectuons ces changements dans (11), on obtient l'équation :

$$\frac{\partial^2 w}{\partial Y^2} + Yw + i\,\frac{\partial w}{\partial L} = 0 \ . \tag{15}$$

Soit l'équation parabolique (5) du paragraphe 3.7, si on assimile L à σ et Y à v. Cela n'a, bien sûr, rien de surprenant. En effet Y n'est pas autre chose que la coordonnée y définie par l'a formule (35) du paragraphe 3.1.8, et on a vu (équation (36) du paragraphe 3.1.8) que :

$$Y = v + O(k^{-1/3}) \ . \tag{16}$$

De même, toujours d'après (36) du paragraphe 3.1.8 :

$$\ell = s + \frac{2}{3k}\,Y^{3/2} + O(k^{-4/3}) \tag{17}$$

le deuxième terme de (17) est, dans la couche limite $Y = O(1)$, $s = O(k^{-1/3})$ d'ordre $k^{-2/3}$ par rapport au premier. Le remplacement de L par σ dans l'équation (15) ne modifie donc pas le résultat à l'ordre dominant. Il est possible, exactement comme au paragraphe 3.7, de résoudre l'équation (15), assortie du principe d'absorption limite, et de la condition d'impédance sur l'objet. Un calcul analogue à celui du paragraphe 3.7 montre que :

$$x = \ell - \frac{\ell^3}{6\rho^2} + \frac{st^2}{2\rho^2} + \frac{t^3}{6\rho^2} + 0(\ell^4, t^4).$$ (18)

Dans la couche limite $\ell = 0(k^{-1/3})$, $t = 0(k^{-1/3})$, (18) se réécrit en variables étirées

$$kx = k\ell - \frac{L^3}{3} + LY - \frac{2}{3} Y^{3/2} + 0(k^{-1/3}).$$ (19)

Le champ incident s'écrit donc :

$$exp\,(ikx) = exp\,(ik\ell - \frac{L^3}{3} + LY - \frac{2}{3} Y^{3/2}) + 0(k^{-1/3}).$$ (20)

On reconnaît un champ incident de même forme que celui du paragraphe 3.7, multiplié par le facteur $exp -i\,\frac{2}{3}\,Y^{3/2}$.

Utilisant, toujours comme au paragraphe 3.7, la transformation de Fourier, on obtient, pour le champ total

$$u(l,L,Y) = exp\,(ik\ell)\,exp\,(-\frac{2}{3}\,iY^{3/2})\,V(L,\,Y,\,mZ) + 0(k^{-1/3})$$ (21)

où V est la fonction de Fock introduite au paragraphe 3.7.

Le voisinage du point C est donc au confluent de toutes les couches limites : couche limite d'onde rampante, couche-limite de frontière d'ombre, comme indiqué sur la figure17. Nous allons maintenant exploiter cette solution explicite au voisinage de C pour préciser la solution dans les deux couche-limite imbriquées au voisinage de la frontière d'ombre. Comme dans les précédents exemples, il est plus rapide d'utiliser, pour le raccordement, les coordonnées de rayon, et de partir de la formule (21) comme développement interne. Considérons la limite externe de (21). Plus précisé-ment, nous allons considérer la limite pour $Y \to +\infty$, $L \to +\infty$, de la fonction V.

Logan a étudié ce cas dans [Lo]. La limite de V est, selon Logan (formule 15-16 de [Lo]) :

$$V \to Y^{-1/4} exp\,(i\,\frac{2}{3}\,Y^{3/2})\,P\,(L - \sqrt{Y}, mZ) + G(L, Y)$$

(22)

avec $$L = m\,\frac{(s+t)}{\rho} \qquad \sqrt{Y} = m\,\frac{t}{\rho}$$ (23)

donc $$L - \sqrt{Y} = m\,\frac{s}{\rho} = \sigma$$ (24)

$$Y^{-1/4} = \sqrt{\frac{\rho}{m}}\,\frac{1}{\sqrt{t}}.$$ (25)

P est la fonction de Pekeris-Fock modifiée

$$P(z, q) = -\frac{e^{i\pi/4}}{\sqrt{\pi}}\,\int_{-\infty}^{+\infty} exp\,(izt)\,\frac{v'(t) - qv(t)}{w_1'(t) - qw_1(t)}\,dt - \frac{e^{i\pi/4}}{2\sqrt{\pi z}}.$$ (26)

Le premier terme de (22) s'écrit donc finalement

$$exp\,(i\,\frac{2}{3}\,Y^{3/2})\sqrt{\frac{\rho}{m}}\,\frac{1}{\sqrt{t}}\,P(\sigma,mZ)\,. \tag{27}$$

Le second terme de (22) prend deux formes différentes, suivant le signe de $L-\sqrt{Y}$. Si $L-\sqrt{Y}<0$, ce qui correspond à un (pseudo) rayon se détachant tangentiellement de l'obstacle en zone éclairée

$$G(L,Y)=exp\,(iLY-i\frac{L^3}{3}\,)-exp\,(-i\,\frac{2}{3}\,Y^{3/2})\,K(-Y^{1/4}\,(L-\sqrt{Y}\,)). \tag{28}$$

Le premier terme de G correspond simplement au champ incident. En effet, utilisant (20)

$$exp\,(ik\ell)\,exp\,(iLY-i\frac{L^3}{3}\,)\,exp\,(-\frac{2}{3}\,iY^{3/2})=exp\,(ikx)+0(k^{-1/3})\,.$$

Dans le deuxième terme de (28), K est une fonction de Fresnel modifiée

$$K(\tau)=exp\,(-i\tau^2-i\,\frac{\pi}{4}\,)\,\frac{1}{\sqrt{\pi}}\int_{\tau}^{\infty}exp\,(it^2)\,dt \tag{29}$$

$$Y^{1/4}(L-\sqrt{Y}\,)=k^{1/2}\,\frac{s\sqrt{t}}{\rho}=\sigma'\,\frac{\sqrt{t}}{\rho}$$

(30)

Si $L-\sqrt{Y}>0$

$$G(L,Y)=exp\,(i\,\frac{2}{3}\,Y^{3/2})\,K(Y^{1/4}(L-\sqrt{Y}\,)). \tag{31}$$

Utilisant les formules (21) à (31) on obtient finalement pour la limite externe de la solution interne :

$$u\leftrightarrow u^i\approx\sqrt{\frac{\rho}{m}}\,\frac{1}{\sqrt{t}}\,P(\sigma,mZ)\,e^{ik\ell}+K(-\sigma'\,\frac{\sqrt{t}}{\rho}\,)\,e^{ik\ell} \tag{32}$$

dans la partie éclairée

$$u\approx\sqrt{\frac{\rho}{m}}\,\frac{1}{\sqrt{t}}\,P(\sigma,mZ)\,e^{ik\ell}+K(\sigma'\,\frac{\sqrt{t}}{\rho}\,)\,e^{ik\ell} \tag{33}$$

dans la partie à l'ombre.

Nous avons vu, d'autre part au début de ce paragraphe (voir (5) et (10)) que, dans la couche limite de largueur angulaire $k^{-1/3}$:

$$u\approx e^{ik\ell}\,A(\sigma)\,\ell^{-1/2} \tag{34}$$

mais $\ell=t+s$, avec $s=0(k^{-1/3})$, donc

$$u\approx e^{ik\ell}\,A(\sigma)\,t^{-1/2}\,. \tag{35}$$

Enfin, dans la couche limite interne au voisinage de la frontière d'ombre

$$u\approx e^{ik\ell}\,v_0 \tag{36}$$

où v_0 est une solution de (8).

(8) peut encore s'écrire comme $\ell=t+s$ avec $s=0(k^{-1/2})$

$$2i\,\frac{\partial v_0}{\partial t}\,+\frac{i}{t}\,v_0+\frac{\rho^2}{t^2}\,\frac{\partial v_0}{\partial\sigma'}=0\,. \tag{37}$$

On vérifie aisément que $K(-\sigma'\frac{\sqrt{t}}{\rho})$ et $K(\sigma'\frac{\sqrt{t}}{\rho})$ sont solutions de (37).

La limite externe de la solution interne apparaît donc directement comme la somme d'une solution dans la couche limite d'extension angulaire $k^{-1/3}$, décrite par une fonction de Fock-Pekeris, et d'une solution dans la couche limite au voisinage de la frontière d'ombre, décrite par une fonction de Fresnel. (32) et (33) fournissent donc une solution dans les deux couches limite imbriquées. On notera que la partie Fresnel du champ est dominante au voisinage immédiat de la frontière d'ombre : elle est d'ordre $k^{1/6}$ par rapport à la partie Fock-Pekeris. Dans un voisinage immédiat de la frontière d'ombre, on peut donc ne conserver que le deuxième terme dans (32) et (33).

Pour de grandes valeurs de σ', il est possible de remplacer K par son développement asymptotique. (33) devient alors :

$$u(\sigma, l, t) \approx \sqrt{\frac{\rho}{m}} \frac{1}{\sqrt{t}} \hat{p}(\sigma, mZ) e^{ik\ell} \tag{38}$$

où $\hat{p}$ est la fonction de Pekeris-Fock (Voir Appendice)

$$\hat{p}(z, q) = P(z, q) + \frac{e^{i\pi/4}}{2\sqrt{\pi z}}. \tag{39}$$

Pour de grandes valeurs de σ, cette fonction admet un développement sous forme d'une série de rayons rampants, et on retrouve le développement de Friedlander-Keller. On peut montrer que l'on retrouve bien le champ dans la zone d'ombre calculé au paragraphe 3.12, et que l'ensemble de la méthode est cohérent.

En conclusion, le développement externe de la solution au voisinage du point de contact fournit, par raccordement, la solution au voisinage de la frontière d'ombre. La solution est plus complexe dans ce cas que dans les exemples précédents, de part la présence de deux couche-limite imbriquées.

Nous pourrions donner de nombreux autres exemples d'applications de la méthode de la couche-limite aux problèmes de diffraction. Nous allons toutefois nous arrêter sur ce dernier exemple, en espérant avoir donné au lecteur un aperçu de cette technique suffisant pour les applications. Nous nous sommes limités dans ce chapitre à obtenir des solutions, d'une part à l'intérieur, d'autre part à l'extérieur de la couche-limite. Il est souvent plus commode de disposer de formules "uniformes" i.e. valides simultanément à l'intérieur et à l'extérieur de ces couche-limite. Les solutions établies au chapitre 3 nous servirons de base pour ces résultats . Auparavant, nous allons présenter la Théorie Spectrale de la Diffraction, qui s'avère également utile pour l'établissement de certaines formules uniformes. Au chapitre 5, nous donnerons les solutions uniformes les plus utiles pour les applications.

RÉFÉRENCES

[AB1]I. Andronov, D. Bouche , *Calcul du second terme de la constante de propagation des ondes rampantes par une méthode de couche–limite*, Annales des Télécomm. , à paraître.

[AB2] I. Andronov, D. Bouche, *Etude des ondes rampantes sur un corps élancé"* Annales des Télécomm. , à paraître.

[AB3] I. Andronov, D. Bouche, *Ondes rampantes sur un objet convexe décrit par une condition d'impédance anisotrope*, Annales des Télécomm. , à paraître.

[BK] V.M Babich and N.Y. Kirpicnikova, *The boundary–layer method in diffraction problems*, Springer-Verlag, Berlin, Heidelberg, New York, 1979.

[BB] V.M Babich et V.S. Buldyrev, *Asymptotic methods in shortwave diffraction theory*, Springer,1990.

[Be] J.M. Bernard , *Diffraction par un dièdre à faces courbes non parfaitement conducteur*, Revue technique Thomson, vol 23, n°2, pp.321-330, 1991.

[Bo] D. Bouche , *Etude des ondes rampantes sur un corps convexe décrit par une condition d'impédance par une méthode de développement asymptotique*, Annales des Télécomm, n°47 pp 400-412, 1992

[Bor] V.A. Borovikov, *Diffraction by a wedge with curved faces*, Sov. Phys. Acoust. 25, n°6, Nov-Dec1979

[Br] W.P. Brown, *On the asymptotic behaviour of electromagnetic fields scattered from convex cylinders near grazing incidence*, J. Math. Anal. and Appl.,15, 355-385, 1966.

[Bu] V.S. Buslaev , *Shortwave asymptotic formulas in the problem of diffraction by convex bodies*, Vest.Leningrad University 3(13), pp. 5-21, 1962.

[Da] G. Darboux, *Théorie Générale des surfaces*, Chelsea, 1972.

[F] V.Fock, *Electromagnetic wave propagation and diffraction problem*, Pergamon Press,1965.

[Go] Gouillon, *Calcul tensoriel*, Masson, 1963.

[Iv] V.I. Ivanov, *Uniform asymptotic behaviour of the field produced by a plane wave reflection at a convex cylinder,"*USSR Journal of Comput. Math. and Math. Phys., Vol. 2, pp. 216-232, 1971.

[KL] S. Kaplun et P.A. Lagerstrom, J. Math Mech. 6,pp. 585-593, 1957.

[L] M.A.Lyalinov , *Diffraction of a high frequency electromagnetic field on a smooth convex surface in a nonuniform medium*,Radiofizika,pp.704-711, 1990.

[Lo] N. Logan, *General research in diffraction theory*, Rapport LMSD 288087,1959

[LY] N. Logan, K.Yee, dans *Electromagnetic waves*, R.E. Langer, Ed., 1962.

[Pa] P.H.Pathak, *An asymptotic analysis of the scattering of plane waves by a smooth convex cylinder*, Radio Science, Vol.14, pp. 419-435, 1979.

[Po] M. M.Popov, *The problem of whispering gallery waves in a neighborhood of a simple zero of the effective curvature of the boundary*, J. Sov . Math. 11, n°5, 791-797, 1979.

[VD] Van Dyke, *Perturbation methods in fluid mechanics*, Parabolic press, 1975.

[Za1] E.Zauderer, *Boundary layer and uniform asymptotic expansions for diffraction problems*, SIAM J. Appl. Math., 19, pp. 575-600, 1970.

[Za2] E.Zauderer, *Partial Differential Equations of Applied Mathematics*, Wiley, 1988.

[Zw] Zworski, Thèse, MIT, 1990.

Chapitre 4

Théorie spectrale de la diffraction

4.1 Introduction

La Théorie Spectrale de la Diffraction a été inventée par Mittra et ses associés dans les années 70. L'idée de base de cette théorie est de représenter les champs souvent compliqués intervenant dans les problèmes de diffraction comme des superpositions d'ondes planes.

Les ondes planes sont des solutions simples de l'équation des ondes. De même, puisque les équations sont linéaires, toute superposition d'ondes planes est encore une solution de l'équation des ondes. La méthode du spectre d'ondes planes, inventée par Clemmow dans les années 50, consiste à rechercher la solution de certains problèmes de diffraction par des obstacles bidimensionnels sous forme d'un spectre d'ondes planes, ou plus précisément, sous forme d'une intégrale

$$\int_C A(\alpha) exp[ikx\cos[\alpha]+iky\sin[\alpha]]d\alpha) \tag{1}$$

C est la ligne brisée passant par $i\infty$, 0, π, $\pi-i\infty$. Il est représenté sur la figure 3 de la section 4.2.3. La partie de C située sur l'axe réel correspond à des angles réels, donc à des ondes planes homogènes, tandis que les deux demi-droites verticales correspondent à des angles complexes, donc à des ondes planes inhomogènes. Nous exposerons les principes de la méthode du spectre d'ondes planes au paragraphe 4.2

Il est donc possible de représenter les champs en présence d'un objet diffractant, y compris dans les couche-limite où le champ n'est pas un champ de rayon, comme un spectre d'ondes planes de la forme (1). Nous donnerons les représentations pour différents types de champs au paragraphe 4.3.

Cette représentation en ondes planes est commode lorsqu' un champ de couche-limite est à son tour diffracté par une arête ou un obstacle lisse. En effet, les coefficients de diffraction par des arêtes, tout comme les coefficients de lancement d'ondes rampantes aux frontières ombre-lumière, sont calculés pour des ondes incidentes planes . Chacune des ondes planes composant le champ de couche-limite donne naissance à un champ diffracté que nous noterons $u(\alpha,x,y)$. Le champ diffracté u_d est alors, de part le principe de superposition

$$u_d(x,y) = \int_C A(\alpha)\, u(\alpha,x,y)\, d\alpha) \tag{2}$$

$u(\alpha,x,y)$ est connu pour α réel. Il est déterminé, pour les valeurs complexes de α, par prolongement analytique, c'est à dire en introduisant, dans l'expression de $u(\alpha,x,y)$, la valeur complexe de l'angle α. Le champ $u(\alpha,x,y)$ diffracté par chaque onde plane s'écrit à son tour sous forme d'un spectre d'ondes planes et on obtient le champ diffracté $u_d(x,y)$ comme une intégrale double. Cette représentation est uniformément valide. Elle peut être dans certains cas simplifiée, par exemple si $u(\alpha,x,y)$ s'exprime par une formule simple. Nous présenterons des applications de cette technique au paragraphe 4.4.

Enfin, nous verrons au chapitre 5 les liens entre la TSD et les théories uniformes.

4.2 Le spectre d'ondes planes

La méthode du spectre d'ondes planes a été décrite par Clemmow [Cl] et Roubine [Ro]. Nous ne donnerons ici que les points essentiels.

4.2.1. Ondes planes homogènes et inhomogènes

Considérons le cas bidimensionnel, qui se ramène, comme nous l'avons vu, à un problème scalaire. Notons $\vec{u} = u\,\hat{z}$ le champ $\vec{E}$ ou $\vec{H}$. Une onde plane s'écrit :

$$u = exp\,(i\vec{k}\cdot\vec{r})\,. \tag{1}$$

Si $\vec{k}$ est un vecteur réel, l'onde plane est dite homogène. Il est possible, au moins formellement, de considérer des vecteurs $\vec{k}$ complexes

$$\vec{k} = \vec{k'} + i\,\vec{k''} \tag{2}$$

donc $$u = exp\,(i\vec{k'}\cdot\vec{r})\,exp\,(-\vec{k''}\cdot\vec{r})\,. \tag{3}$$

Pour que (3) vérifie l'équation des ondes, il faut que :

$$\vec{k}^2 = k^2 \tag{4}$$

k étant le nombre d'onde dans le vide, $k = \omega/c$, soit que :

$$\vec{k'}^2 - \vec{k''}^2 = k^2 \tag{5}$$

et $$\vec{k'}\cdot\vec{k''} = 0\ . \tag{6}$$

D'après (3), l'onde se propage suivant $\vec{k'}$ avec un nombre d'onde $k^2 + \vec{k''}^2$, d'après (5), donc supérieur à k et s'atténue suivant $\vec{k''}$, orthogonal à $\vec{k'}$ d'après (6). Autrement dit, les surfaces équiphases sont parallèles à $\vec{k''}$ et orthogonales à $\vec{k'}$, les surfaces équiamplitudes parallèles à $\vec{k'}$ et orthogonales à $\vec{k''}$ comme indiqué sur la figure 1 :

Il est également possible de présenter l'onde inhomogène en utilisant des coordonnées.

L'onde plane homogène peut s'écrire, en coordonnées (x, y) si α est réel

$$u = exp\,(ik(x\,cos\,\alpha + y\,sin\,\alpha))\,. \tag{7}$$

On obtient une onde inhomogène en choisissant α complexe, $\alpha = \alpha' + i\alpha''$. (7) devient :

$$u = exp\,(ik\,ch\,\alpha''(x\,cos\,\alpha' + y\,sin\,\alpha') - k\,sh\,\alpha''(-x\,sin\,\alpha' + y\,cos\,\alpha'))\,. \tag{8}$$

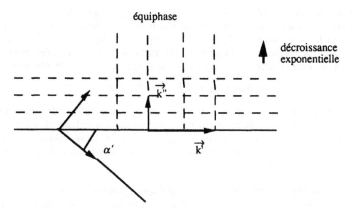

Fig.1 : Onde plane inhomogène

L'onde se propage suivant le vecteur $\hat{k}'(cos\ \alpha',\ sin\ \alpha')$ et s'atténue si α'' est positif, suivant le vecteur $\hat{k}''(-\ sin\ \alpha',\ cos\ \alpha')$, orthogonal au précédent. Le nombre d'onde est $k\ ch\ \alpha'' > k$ dans la direction de propagation. La vitesse de phase est donc : $c\ /\ ch\ \alpha'' < c$.

L'onde inhomogène précédente s'atténue suivant $\hat{k}''$ mais s'amplifie suivant $-\hat{k}''$. Elle n'est donc susceptible de représenter une solution physique de l'équation des ondes que dans un demi plan contenant $\hat{k}''$. (7) peut également s'écrire, en coordonnées polaires $(r,\ \theta)$:

$$u = exp\ (ikr\ cos(\theta - \alpha))\ .\qquad(9)$$

Pour r tendant vers l'infini, (9) n'aura de sens physique que si u n'est pas exponentiellement croissante, soit si $sin(\theta - \alpha')\ sin\ \alpha'' \geq 0$. On retrouve le résultat précédent : (9) n'a de sens physique que dans le demi plan $\alpha' < \theta < \alpha' + \pi$ si $sin\ \alpha'' > 0$.

4.2.2. Superposition d'ondes planes

Les ondes planes précédentes, homogènes ou inhomogènes, sont des solutions de l'équation des ondes. On obtient une solution plus générale par superposition des solutions précédentes, en intégrant sur un contour Γ dans le plan complexe

$$u(r,\ \theta) = \int_\Gamma p(\alpha)\ exp\ (ikr\ cos(\theta - \alpha))\ d\alpha\ .\qquad(10)$$

(10) est une écriture purement formelle : il faudra s'assurer que l'intégrale converge et que le résultat obtenu est physique. Un moyen d'assurer la convergence de l'intégrale pour une large classe de fonctions $p(\alpha)$ est d'imposer, sur les branches infinies de Γ, que la partie imaginaire de $cos(\theta - \alpha)$ soit positive, i.e. $sin(\theta - \alpha')\ sh\ \alpha'' \geq 0$. Si cette condition est imposée pour $\theta \in [0,\ \pi]$, on obtient :

$$\alpha' = 0\quad si\quad \alpha'' > 0$$
$$\alpha' = \pi\quad si\quad \alpha'' < 0\ .$$

Le contour de Sommefeld C, introduit au paragraphe 4.1, vérifie ces conditions. Si $p(\alpha)$ est à croissante lente sur les branches infinies de ce contour, (10) est une intégrale convergente. Appliquons-lui (toujours formellement) la méthode de la phase stationnaire. (10) a un point stationnaire en $\alpha=\theta$, la dérivée seconde de la phase en ce point vaut $-kr$. On obtiendra donc

$$u(\theta) \approx \sqrt{2\pi} \; e^{-i\pi/4} \, p(\theta) \, e^{ikr} / \sqrt{kr}. \tag{11}$$

(11) a la dépendance en $1/\sqrt{kr}$ attendue pour une solution de l'équation des ondes. (10) fournit donc, dans certaines conditions à préciser, des solutions de l'équation des ondes. On notera, de plus, que le rayonnement à l'infini, détermine la fonction p pour $\alpha \in [0, 2\pi]$. p peut ensuite être déterminé sur C par prolongement analytique.

4.2.3.   Spectre d'ondes planes et transformation de Fourier

Inversement, supposons u solution de l'équation des ondes, connue sur l'axe des abscisses. u s'écrit à l'aide de sa transformée de Fourier $\bar{u}$

$$u(x, 0) = \frac{1}{2\pi} \int_{-\infty}^{+\infty} \bar{u}(k_x, 0) \, exp\, (-ik_x x) \, dk_x. \tag{12}$$

(12) s'interprète physiquement comme une superposition d'ondes planes, k_x est la projection du vecteur d'onde d'une de ces ondes sur l'axe des x, $\bar{u}(k_x, 0)$ le poids de cette onde dans la représentation (12). Pour $y \geq 0$ cette onde plane devient

$$\bar{u}(k_x, 0) \, exp\, (-ik_x x) \, exp\, (i \sqrt{k^2 - k_x^2} \, y) \tag{13}$$

et $u(x, y)$ s'écrit donc

$$u(x, y) = \frac{1}{2\pi} \int_{-\infty}^{+\infty} \bar{u}(k_x, 0) \, exp\, (-i k_x x + i\sqrt{k^2 - k_x^2} \, y) \, dk_x. \tag{14}$$

La détermination de la racine $\sqrt{k^2 - k_x^2}$ nous est dictée par des considérations physiques. (13) doit être :

- soit une onde plane homogène se propageant vers les $y > 0$, si $k_x^2 < k^2$:

on choisit donc $\sqrt{k^2 - k_x^2} > 0$ pour $k_x \in]-k, +k[$,

- soit une onde plane inhomogène s'atténuant vers les $y > 0$: on choisit donc $\sqrt{k^2 - k_x^2} = i\sqrt{k_x^2 - k^2}$ pour $k_x^2 > k^2$. Ce choix introduit une exponentielle décroissante $exp\, (-\sqrt{k_x^2 - k^2} \, y)$.

Ces conditions laissent encore beaucoup d'arbitraire dans le choix des branches de coupure de la fonction $\sqrt{k^2 - k_x^2}$: il suffit, pour les respecter, d'imposer à la branche de coupure partant de k (resp. $-k$) de se trouver dans le demi-plan supérieur (resp. inférieur). On peut, toutefois, être amené, pour calculer (14), à déplacer le contour d'intégration, initialement sur l'axe réel, dans le demi plan supérieur. Pour obtenir des ondes s'atténuant vers les $y > 0$, on impose alors, dans tout le demi-plan supérieur, la condition $Im\sqrt{k^2 - k_x^2} \geq 0$, ce qui impose de choisir les branches de coupure confondues avec les axes de coordonnées [Va] dessinées sur la figure 2.

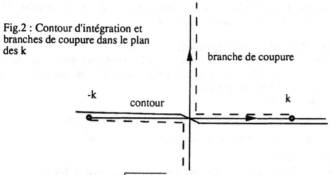

Fig.2 : Contour d'intégration et branches de coupure dans le plan des k

branche de coupure

-k

contour

k

Posons $k_x = -k \cos \alpha$, $\sqrt{k^2 - k_x^2} = k \sin \alpha$, et passons en coordonnées polaires (r, θ) dans (14), qui devient :

$$u(r, \theta) = \int_C \sin \alpha \; \frac{\tilde{u}(-k\cos\alpha, 0)}{2\pi} \; exp\,(ikr \cos(\theta - \alpha))d\alpha \qquad (15)$$

où C est le contour de Sommerfeld (ou de Clemmow), parcouru dans le sens et indenté comme indiqué figure 3.

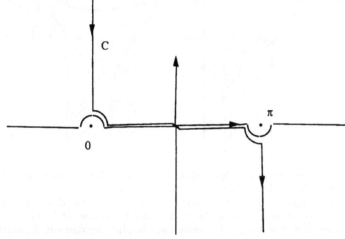

C

π

0

Fig.3 : Contour de Clemmow

On retrouve donc, par transformation de Fourier une représentation intégrale en spectre d'ondes planes sur le contour de Sommerfeld, de la forme (10).

Les solutions précédentes sont valides pour $y > 0$, soit $\theta \in [0, \pi]$. On obtient des solutions valides pour $y < 0$ en changeant $\sqrt{k^2 - k_x^2}$ en $-\sqrt{k^2 - k_x^2}$ dans (13), ou α en $-\alpha$ dans (10) et (15). On obtiendra une solution valide dans tout le demi plan avec des intégrales de la forme :

$$u(r, \theta) = \int_C p(\alpha) exp\,(ikr \cos(\theta - \alpha))\,d\alpha. \qquad (16)$$

Le signe − (resp. +) s'applique pour le demi plan supérieur (resp. inférieur). Nous n'avons traité jusqu'ici que le cas du contour de Sommerfeld. Il est également possible d'utiliser d'autres contours.

4.2.4. Choix du contour d'intégration

Le choix du contour de Sommerfeld vient de la condition de positivité de la partie imaginaire de $cos\,(\theta - \alpha)$ imposée pour $\theta \in [0,\,\pi]$. Si on impose cette condition seulement à θ fixé, on obtient :

$$sin\,(\theta - \alpha')\,sh\,\alpha'' > 0 \quad soit$$

$$\theta - \pi + 2n\pi < \alpha' < \theta + 2n\pi \qquad si\ \ \alpha'' > 0$$

$$\theta - 2\pi + 2n\pi < \alpha' < \theta - \pi + 2n\pi \qquad si\ \ \alpha'' < 0$$

où n est un entier relatif.

Le contour Γ doit donc se trouver dans une des zones hachurées de la figure 4.

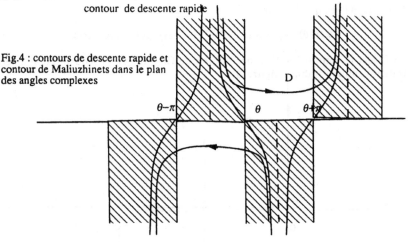

contour de descente rapide

Fig.4 : contours de descente rapide et contour de Maliuzhinets dans le plan des angles complexes

Le choix d'un contour dépendant de θ donne une souplesse supplémentaire à la méthode du spectre d'ondes planes.

Un contour d'intégration commode est le contour de descente rapide passant par θ , c'est-à-dire le contour où la partie réelle de la phase reste constante, et où la partie imaginaire varie donc le plus rapidement. L'intérêt de ce contour (voir Appendice *"Approximation Asymptotique d'intégrales"*) est que l'intégrant d'une part n'oscille pas, et, d'autre part, décroît très vite de part et d'autre de son maximum. Il est défini par :

$$cos\,(\theta' - \alpha')\,ch\,(\alpha'') = 1 \tag{17}$$

et $$\alpha''(\theta - \alpha') > 0 \ . \tag{18}$$

Il a pour asymptotes les demi droites : $\alpha' = \theta - \pi/2$, $\alpha'' > 0$ et $\alpha' = \theta + \pi/2$, $\alpha'' < 0$ (voir figure 4). Il existe des contours de descente rapide passant par $\theta + n\pi$, nous avons représenté ceux pour $n = +1$ et -1 sur la figure 4. On notera que ce contour ne peut être utilisé que si le comportement à l'infini de la fonction poids le permet. Un contour fréquemment utilisé dans les applications est le contour D de Sommerfeld Maliuzhinets. Il est symétrique par rapport à l'origine, et tend vers deux chemins de descente rapide, décalés de 2π comme indiqué figure 4. D'autre part, la dépendance en θ du contour est supprimée en effectuant le changement de variable $\beta = \alpha - \theta$ dans (10). On obtient donc une représentation du type :

$$u(r, \theta) = \frac{1}{2\pi i} \int_D p(\beta + \theta) \exp(ikr \cos \beta) d\beta .$$ (19)

On peut aussi utiliser le contour d'intégration conjugué de D, auquel cas i est remplacé par -i dans (19). Il est donc possible de représenter une large classe de solutions de l'équation des ondes sous forme de spectre d'ondes planes. Nous allons maintenant donner les représentations de quelques champs sous forme de spectre d'ondes planes.

4.3 Exemples de spectre d'ondes planes

4.3.1. Onde de surface

Recherchons des solutions $u(x, y)$ de l'équation des ondes dans le demi plan supérieur, vérifiant une condition d'impédance sur la droite $y = 0$. $u(x, y)$ vérifie donc :

l'équation des ondes : $(\Delta + k^2)u = 0 \quad pour \quad y > 0$ (1)

la condition d'impédance $\dfrac{\partial u}{\partial y} + ikZu = 0 \quad pour \quad y = 0$ (2)

la condition $\lim\limits_{y \to \infty} u = 0$ à l'infini.   (3)

Une solution particulière de ce problème, que nous appellerons onde de surface, est :

$$u(x, y) = \exp(ik\sqrt{1-Z^2}\, x) \exp(-ikZ y) .$$ (4)

(3) est vérifiée si $Im(Z) < 0$. La détermination de la racine $\sqrt{1-Z^2}$ est choisie avec partie imaginaire positive, pour que l'onde s'amortisse pour $x \to +\infty$. Elle devient infinie, dès que Z n'est ni réel ni imaginaire pur, pour $x \to -\infty$ et n'a donc de sens physique que dans une partie du demi plan supérieur.

Posons $Z = -\sin \varphi_s$. (4) devient :

$$u(x, y) = \exp(ikx \cos \varphi_s + iky \sin \varphi_s) .$$ (5)

L'onde de surface s'interprète donc comme une onde inhomogène se propageant dans la direction $\theta = \varphi_s$. On notera que si φ_s était réel, u représenterait une onde réfléchie. Ceci est normal : l'onde de surface correspond au pôle $Z = -\sin \varphi_s$ du coefficient de réflexion $R = \dfrac{\sin \varphi_s - Z}{\sin \varphi_s + Z}$ d'un plan d'impédance Z, donné au chapitre 1. Le champ incident est donc nul et le champ réfléchi, égal au champ total, est fini.

Etudions quelques cas particuliers. Si $Z = -iX$, ce qui est obtenu, par exemple, en recouvrant de diélectrique sans pertes un plan conducteur (5) devient :

$$u(x, y) = \exp(ikx \sqrt{1+X^2} - kyX) .$$ (6)

L'onde se propage avec une vitesse $c / \sqrt{1+X^2}$, donc inférieure à la vitesse de la lumière, suivant l'axe des x , et s'amortit suivant l'axe des y . Les équiphases (resp. équiamplitudes) sont les lignes parallèles à Ox (resp. Oy). Si $Z = -iX + Y$, où Y est un réel positif, l'onde de surface s'atténue exponentiellement suivant x
C'est le cas que nous avons considéré dans tous les chapitres précédents. L'atténuation exponentielle des ondes de surface permet, dès que l'impédance a une partie réelle non nulle, de les négliger. Nous verrons au chapitre 8 que c'est le cas dès qu'une surface conductrice est recouverte de matériau à pertes. Notons que (4) contient, si $ImZ \geq 0$, des solutions qui ne sont pas des ondes de surface, au sens physique du terme. Par exemple, si Z est réel < 1 , (4) représente une onde arrivant sur le plan à l'angle dit de Brewster, pour lequel la réflexion est nulle. Mathématiquement, une onde de surface est donc une onde se propageant dans une direction φ_s telle que $Z = -sin\ \varphi_s$. Le champ diffracté par une onde de surface rencontrant une discontinuité se calcule donc à partir des coefficients de diffraction de la discontinuité donnés au chapitre 1, en calculant ces coefficients de diffraction pour l'angle, complexe, d'arrivée de l'onde de surface sur la discontinuité. Quelques exemples seront donnés au paragraphe 4.4 .

L'onde de surface est un cas très particulier de spectre d'ondes planes, qui se réduit en fait à une seule onde inhomogène. Nous allons maintenant donner quelques exemples plus généraux où le champ est représenté par une intégrale de contour.

4.3.2.   Ligne de courant
Le rayonnement d'une ligne de courant électrique s'écrit à l'aide de la fonction de Hankel H_0^1 . Pour une ligne de courant électrique d'intensité I suivant z , le champ électrique est suivant z . Sa représentation en ondes planes est donnée par Clemmow [C] :

$$E_z = - \frac{kZ_0 I}{4\pi} \int_C exp\ (ikr \cos (\theta - \alpha)\ d\alpha . \qquad (7)$$

Le signe $-$ (resp. +) s'applique au demi plan supérieur (resp. inférieur). La fonction poids est donc, dans ce cas, uniforme sur tout le contour. On peut trouver directement ce résultat en utilisant la remarque à la fin du para-graphe 4.2.2. Le champ lointain d'une source ligne ne dépend pas de θ , il en va de même de la fonction $p(\alpha)$, qui est une constante.

4.3.3.   Source de courant arbitraire
Le spectre d'ondes planes d'une source de courant arbitraire peut être calculé à partir du champ induit sur une droite quelconque :
- soit en utilisant la transformation de Fourier, comme expliqué au para-graphe 4.2.3.,
- soit, approximativement, en utilisant l'Optique Géométrique pour calculer le champ lointain, et la formule (11) du paragraphe 4.2.2., reliant le champ lointain à la fonction poids du spectre d'ondes planes.

Nous allons détailler cette seconde méthode. Supposons le champ u connu sur l'axe des abscisses, représenté figure 5.

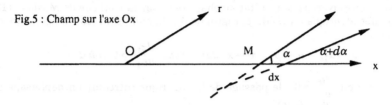

Fig.5 : Champ sur l'axe Ox

Le champ dans la direction θ est dû aux rayons de l'Optique Géométrique pointant dans la direction θ. Considérons un point M d'abscisse x où le rayon de l'Optique Géométrique pointe dans la direction θ, c'est-à-dire où la dérivée de la phase $kS(x)$ vaut $k \cos \theta$. La caustique est située à la distance $\rho = \left| \sin \alpha \dfrac{dx}{d\alpha} \right|$, θ est une fonction de x. Si $\dfrac{d\alpha}{dx} < 0$, la caustique est située avant le point M, si $\dfrac{d\alpha}{dx} > 0$, elle est située après le point M. Soit N un point à une distance t très grande du point M, sur le rayon issu de M. Si le champ en M vaut $A(x)exp(ikS(x))$, le champ en N vaut, d'après l'Optique Géométrique, dans le cas $\dfrac{d\alpha}{dx} < 0$:

$$u_0(N) = A(x)\, exp(ik\,(S(x)+t))\, \sqrt{\frac{\rho}{t}} \, . \tag{8}$$

t s'exprime, pour r très grand, en fonction de la distance r de N à l'origine :

$$t \approx r - x \cos \alpha \, . \tag{9}$$

Pour $r \to \infty$, on a donc :

$$u_0(N) = A(x)\, exp(ik\,(S(x) - x \cos \alpha))\, \sqrt{\frac{-\sin \alpha\, dx}{d\alpha}}\; \frac{exp(ikr)}{\sqrt{r}} \, . \tag{10}$$

On déduit de (9) et (11) du paragraphe 4.2.2., la fonction poids $p(\alpha)$

$$p(\alpha) = \sqrt{\frac{ik}{2\pi}}\; A(x)\, exp\,(ik\,(S(x) - x \cos \alpha))\, \sqrt{\frac{-\sin \alpha\, dx}{d\alpha}}$$

(11)

et donc le champ

$$u_0(r, \theta) = \sqrt{\frac{ik}{2\pi}} \int A(x)\, exp\,(ik\,(S(x) - x \cos \alpha + r \cos (\theta - \alpha)))\, \sqrt{\frac{-\sin \alpha\, dx}{d\alpha}} \; d\alpha \, . \tag{12}$$

On a supposé implicitement dans ce qui précède que, de tout point de l'axe des abscisses, partait un rayon réel, c'est-à-dire que la dérivée de la phase restait inférieure à k en valeur absolue. L'intégrale porte donc sur un intervalle réel compris dans $[-\pi/2, +\pi/2]$.

Appliquons maintenant (12) à un point de l'axe Ox d'abscisse x' et effectuons le changement de variable $p = \cos \alpha$ dans (12)

$$u_0(x') = \left(\frac{ik}{2\pi}\right)^{1/2} \int A(x) \sqrt{\frac{dx}{dp}}\; exp\,(ik\,(S(x) - px + px')) \, dp \tag{13}$$

$\dfrac{dx}{dp} > 0$, et $\sqrt{\dfrac{dx}{dp}}$ est la racine usuelle.

Nous retrouverons ce résultat au chapitre 6, par la méthode de Maslov. (13) est en effet identique à (22) du paragraphe 6.1.2., en faisant les changements de notations :

$$x \to x_{1s} \quad p \to p_1 \quad x' \to x \quad dans\ le\ cas \quad \frac{dx_{1s}}{dp_1} > 0 \ , où\ d=1.$$

Dans le cas où $\frac{d\alpha}{dx} > 0$, le passage de la caustique introduit un déphasage de $-\pi/2$, et on a, au lieu de (8) :

$$u_0(N) = -i\,A(x)\,exp\,(ik\,(S(x)+t))\,\sqrt{\frac{\rho}{t}}. \tag{14}$$

Après des calculs identiques aux précédents, on obtient :

$$u_0(x') = \left(\frac{ik}{2\pi}\right)^{1/2} \int (-i)\,A(x)\,\sqrt{-\frac{dx}{dp}}\,exp\,(ik\,(S(x)-px+px'))\,dp. \tag{15}$$

Soit la formule (22) du paragraphe 6.1.2., dans le cas $\frac{dx_{1s}}{dp_1} < 0$. On retrouve donc le résultat obtenu par la méthode de Maslov d'une manière un peu différente, et plus intuitive que celle du paragraphe 6.1.2. Nous n'avons traité que le cas $\left|\frac{dS}{dx}\right| < 1$, soit le cas des rayons réels. Il est possible, au moins formellement, d'étendre (13) et (15) pour traiter le cas où $\frac{dS}{dx}$ varie dans R . Pour cela, on observe que (13) et (15) sont identiques à condition de définir $\sqrt{\frac{dx}{dp}} = -i\,\sqrt{\left|\frac{dx}{dp}\right|}$, quand $\frac{dx}{dp}$ est négatif.

Il est donc possible de calculer, à partir du champ induit sur une droite quelconque, le spectre d'ondes planes d'une source de courant arbitraire. Un autre cas, utile dans les applications est le champ diffracté par un obstacle présentant une arête. Nous avons vu au chapitre 3 que ce champ n'était pas un champ de rayon, au voisinage de l'arête, et dans un voisinage de la frontière ombre-lumière. Il est possible de représenter le champ diffracté par un dièdre sous forme d'un spectre d'ondes planes. Nous allons, au paragraphe suivant, traiter le cas particulier du demi plan, qui conduit à des résultats simples.

4.3.4.   Champ diffracté par un demi plan conducteur
Le champ diffracté par un demi plan peut s'écrire sous la forme d'un spectre d'ondes planes. Considérons une onde plane d'amplitude unité TM, éclairant un demi plan (voir figure 6).

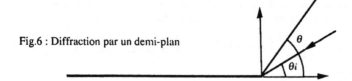

Fig.6 : Diffraction par un demi-plan

Le champ est la somme du champ incident de l'onde plane

$$u^i = exp\,(-ikr\,cos(\theta - \theta^i\,)) \tag{16}$$

et du champ diffracté u^d .

On peut montrer [RM] que u^d s'écrit sous la forme d'un spectre d'ondes planes de poids

$$p(\alpha, \theta_i) = -\frac{i}{\pi}\,\frac{cos\,(\alpha/2)cos\,(\theta^i/2)}{cos\,\alpha + cos\,\theta^i} \tag{17}$$

$p(\alpha,\ \theta_i)$ présente un pôle en $\alpha = \pi - \theta^i$, soit à l'angle de réflexion. Le contour d'intégration est le contour de Sommerfeld C , indenté pour passer au-dessous du pôle

$$u(r, \theta) = \int_C p(\alpha, \theta_i)\,exp\,(ikr\,cos\,(\alpha - |\theta|)\,d\alpha\ . \tag{18}$$

(18) permet, d'une part, de comprendre les fondements des théories uniformes, comme nous le verrons au chapitre 5, et, d'autre part, de calculer le champ diffracté par deux demi plans. Des représentations en spectre d'ondes planes, analogues à (18), existent pour le dièdre, parfaitement conducteur ou vérifiant une condition d'impédance. Nous renvoyons à [IM] , [RM] pour les résultats.

4.3.5.   Champ de Fock (Fig.7)

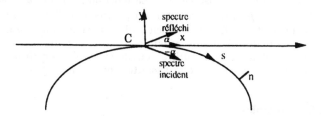

Fig7 : Décomposition du champ de Fock en spectre d'ondes planes

Nous avons vu au chapitre 3 que le champ au voisinage du point d'incidence rasante s'exprime à l'aide des fonctions de Fock. Ce champ n'est pas un champ de rayon. Il a été mis sous la forme d'un spectre d'ondes planes par Michaeli [Mi] . Nous reprenons le raisonnement de Michaeli pour la polarisation TE.

Michaeli utilise un développement de Taylor du champ au voisinage de la surface, établi par Pathak [Pa] . Pour un champ incident unité au point C , le champ au voisinage de la surface est donné par [Mi]

$$u(s,n) \approx \int_{-\infty}^{+\infty} exp\,(iks)\,exp\,(iks\,\tau/2m^2)\frac{1+(kn/m)^2\,\tau/2}{\sqrt{\pi}\ w_1'(\tau)}\ d\tau \tag{19}$$

où m est le paramètre de Fock $(ka/2)^{1/3}$.

Michaeli identifie le terme $1 + (kn/m)^2\,\tau/2$ à un cosinus hyperbolique

$$1 + (kn/m)^2 \tau/2 \approx \frac{1}{2} \, (exp \, (kn \, \sqrt{\tau}/m) + exp \, (-kn \, \sqrt{\tau}/m)) \qquad (20)$$

ce qui lui permet de mettre l'intégrand de (19) sous la forme :

$$\frac{1}{2\sqrt{\pi} \, w_1'(\tau)} \, \{(exp \, iks \, (1 + \tau/2m^2) - kn \, \sqrt{\tau}/m) +$$

$$+ \, (exp \, iks \, (1 + \tau/2m^2) + kn \, \sqrt{\tau}/m)\} \, . \qquad (21)$$

Michaeli identifie alors $i\sqrt{\tau}/m$ à $sin \, \alpha$ et $1 + \tau/2m^2$ à $cos \, \alpha$, où α est un paramètre complexe. D'autre part, au voisinage de C, il identifie s et n aux coordonnées cartésiennes x et y. Avec toutes ces approximations (21) apparaît comme la somme d'une onde plane incidente

$$exp \, (ik \, (x \, cos \, \alpha - y \, sin \, \alpha))$$

et de l'onde réfléchie avec le coefficient de réflexion $R = 1$ du conducteur parfait en polarisation TM

$$exp \, (ik \, (x \, cos \, \alpha + y \, sin \, \alpha)) \, .$$

On obtient finalement le champ comme une superposition d'ondes planes

$$u \approx \int_{-\infty}^{+\infty} (1/2\sqrt{\tau} \, w_1'(\tau)) \, \{exp(ik \, (x \, cos \, \alpha - y \, sin \, \alpha)) + exp(ik \, (x \, cos \, \alpha + y \, sin \, \alpha)\}d\tau. \quad (22)$$

Michaeli donne également la représentation en spectre d'ondes planes pour un point M situé dans l'ombre, à l'abscisse s_0. La fonction poids de (22) est simplement multipliée par $exp \, (iks_0(1 + \tau/2m^2))$. En polarisation TM, il obtient un résultat analogue à (22). Cette fois, le coefficient de réflexion vaut -1 au lieu de +1. Le raisonnement de Michaeli n'est pas très rigoureux, mais la représentation (22) est d'une grande utilité pour le calcul de la diffraction par des discontinuités en incidence presque rasante, comme nous le verrons au paragraphe 4.4.5.

4.3.6. Autres exemples

Nous avons vu au chapitre 3 que tous les champs, au voisinage d'une frontière d'ombre, sont décrits, à l'ordre dominant, par une fonction de Fresnel. Cette fonction de Fresnel peut être mise sous la forme d'un spectre d'ondes planes, comme expliqué dans Clemmow [Cl].

Nous verrons au chapitre 6 que la méthode de Maslov fournit le champ au voisinage des caustiques sous la forme d'un spectre d'ondes planes.

La grande majorité des champs qui ne sont pas des champs de rayons peut s'écrire assez directement sous forme d'un spectre d'ondes planes. On recourt donc très souvent à la méthode du spectre d'ondes planes pour calculer la diffraction de champs complexes. Nous allons donner quelques exemples au paragraphe suivant.

4.4   Diffraction de champs complexes, exemples

4.4.1.   Diffraction des ondes de surface en ondes d'espace

Considérons une onde de surface se propageant à la surface d'un plan d'impédance Z supposé, pour fixer les idées, purement réactive $Z = -iX$.

$$u = exp\,(ik\sqrt{1+X^2}\ x - kXy)\,. \tag{1}$$

Supposons que ce plan soit une face de dièdre. L'onde de surface va donc rencontrer une arête et se diffracter (figure 8).

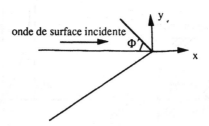

Fig8. : Onde de surface incidente sur l'arête d'un dièdre

D'après la discussion du paragraphe 4.3.1., l'onde de surface est la somme d'une onde incidente, en fait nulle, incidente sur l'arête avec un angle $\Phi' = \varphi_s$ par rapport à la face éclairée donné par $sin\ \varphi_s = -Z = iX$. Il ne faut prendre en compte, pour calculer le champ diffracté, que cette onde incidente, donc diviser le champ de l'onde de surface par $1 + R$. On obtient donc, si $D(\Phi,\ \Phi')$ est le coefficient de diffraction de l'arête et $R(\Phi')$ le coefficient de réflexion

$$u^d = \lim_{\Phi' \to \varphi_s} \frac{D(\Phi,\Phi')}{1+R(\Phi')}\ \frac{exp\,(ikr)}{\sqrt{r}}\,. \tag{2}$$

On retrouve une formulation analogue à celle obtenue pour les coefficients de diffraction hybrides, proposée par Albertsen et Christiansen [AC] et décrite au chapitre 1.

Le point important dans le cas des ondes de surface est que $1 + R(\Phi')$ et $D(\Phi,\ \Phi')$ vont tendre simultanément vers l'infini, mais que le rapport des deux reste borné . Notons qu'il est possible de donner une autre interprétation de la diffraction de l'onde de surface. (1) est considéré comme une onde incidente sur le dièdre dans la direction $-\varphi_s$. Cette fois, le coefficient de réflexion est nul, si bien que (1) représente simplement le champ incident. Le champ diffracté est alors donné par :

$$u^d = D(\Phi, -\varphi_s)\ \frac{exp\,(ikr)}{\sqrt{r}}\,. \tag{3}$$

On vérifie aisément l'équivalence des deux approches dans le cas de la discontinuité de courbure. En effet :

$$D(\Phi, -\Phi') = \frac{-sin(\Phi')+Z}{sin(\Phi')+Z}\ \ D(\Phi,\ \Phi') = \frac{D(\Phi,\Phi')}{R(\Phi')} \tag{4}$$

si bien que (2) et (3) donnent le même résultat.

Nous allons maintenant traiter l'exemple de l'excitation d'ondes de surface par une ligne de courant située sur un plan décrit par une condition d'impédance.

4.4.2.   Excitation d'ondes de surface par une source ligne sur un plan

Soit une ligne de courant magnétique unité située à l'origine sur le plan décrit par une impédance de surface Z (figure 9a).

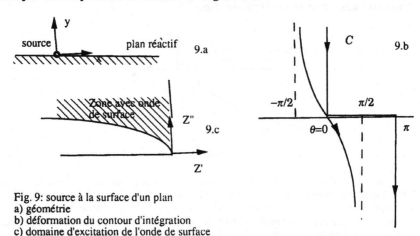

Fig. 9: source à la surface d'un plan
a) géométrie
b) déformation du contour d'intégration
c) domaine d'excitation de l'onde de surface

La ligne de courant rayonne un champ magnétique u , dirigé suivant z . Ce champ est pris comme champ incident sur le plan $y = 0$. La ligne de courant est supposée être juste au-dessus du plan, il faut donc considérer le cas $y < 0$, soit choisir le signe + dans (7) du paragraphe 4.3.2. Le champ incident sur le plan est donc représenté par :

$$u^i = - \frac{k}{4\pi Z_0} \int_C exp\,(ikr\cos\,(\theta + \alpha))\,d\alpha \qquad (5)$$

$exp\,(ikr\cos\,(\theta + \alpha))$ est une onde plane incidente avec l'angle $\Phi = \alpha$. Elle donne naissance à une onde réfléchie $\dfrac{\sin\alpha - Z}{\sin\alpha + Z}\,exp\,(ikr\cos\,(\theta - \alpha))$.

Le champ réfléchi est donc :

$$u^r = - \frac{k}{4\pi Z_0} \int_C \frac{\sin\alpha - Z}{\sin\alpha + Z}\,exp\,(ikr\cos\,(\theta - \alpha))\,d\alpha \,. \qquad (6)$$

Plaçons-nous à la surface du plan, pour $x > 0$, soit $\theta = 0$. Le chemin de descente rapide passant par le point selle $\alpha = 0$ est donné par $\cos\alpha'\,ch\,\alpha'' = 1$ et $\sin\alpha'\sin\alpha'' < 0$. (figure 9b).

On obtient le champ réfléchi comme la somme :
- de la contribution du point selle, qui se trouve être égale à l'opposé du champ incident,
- de la contribution du pôle de l'intégrand α_p donné par $\sin\alpha_p = -Z$. Cette contribution n'existe que si, lors de la déformation du contour C dans le contour S , le pôle est balayé. $\alpha_p = \alpha'_p + i\alpha''_p$ vérifie :

$$\sin\,\alpha'_p\,ch\,\alpha''_p = -Z' \qquad (7)$$

$$\cos\alpha'_p\,sh\,\alpha''_p = -Z'' \,. \qquad (8)$$

$Z' \geq 0$, (7) impose donc : $\alpha'_p \geq 0$. Si $Z'' > 0$, (8) impose si $\alpha'_p \in$]$-\pi/2, \pi/2[$, $\alpha''_p < 0$. Dans ce cas le pôle n'est pas balayé et il n'y a pas de contribution d'onde de surface. Si $Z'' < 0$, le pôle est balayé, et l'onde de surface existe, si $cos\ \alpha'_p sh\ \alpha''_p > 1$ et n'existe pas si $cos\ \alpha'_p\ ch\ \alpha''_p < 1$. La transition entre les deux comportements se produit à la traversée de la courbe $(1+ Z'^2)\ (1- Z''^2) = 1$ (voir figure 9c).

Dans le cas où l'onde de surface est présente, c'est-à-dire où α_p est balayé, la contribution du pôle se calcule par la méthode des résidus. On obtient :

$$u^s = -\ \frac{ik}{Z_0}\ \frac{Z}{(1-Z^2)^{1/2}}\ exp\ ik\ (x\ (1- Z^2)^{1/2} - y\ Z) \qquad (9)$$

où la détermination de la racine $(1- Z^2)^{1/2}$ est choisie afin que sa partie imaginaire soit positive si Z n'est pas imaginaire pur. Si Z est imaginaire pur, $(1- Z^2)^{1/2}$ est choisi positif. Pour x négatif, on obtient le résultat en changeant x en $-x$ dans (9). Le spectre d'ondes planes permet un calcul direct du rayonnement d'une source sur un plan avec impédance, et, plus généralement, sur une superposition de couches diélectriques planes. Dans tous les cas il est aussi possible d'obtenir, de manière moins physique, mais plus rigoureuse, la solution en utilisant la transformation de Fourier (qui est également à la base du spectre d'ondes planes) comme dans Vassalo [Va] . Nous allons maintenant donner un exemple simple de problème de diffraction multiple traité par le spectre d'ondes planes.

4.4.3.   Diffraction par deux demi-plans conducteurs

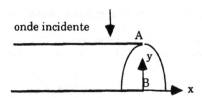

onde incidente

Fig.10 : Diffraction par deux demi-plan

Considérons le cas particulier où les deux demi-plans sont parallèles à l'axe des x et où le champ incident est une onde plane unité TM se propageant suivant l'axe des y, soit $\theta_i = \pi/2$.

Le demi plan inférieur $y = 0$, $x < 0$ est éclairé par un champ de transition, puisque son arête est située sur une frontière ombre-lumière, et la TGD classique ne s'applique pas. Toutefois, il est possible d'écrire u_1 , champ diffracté par le demi plan supérieur $y = d$, $x < 0$, comme un spectre d'ondes planes (voir paragraphe 4.3.4.)

$$u_1 = u^i (A) \int_C p\ (\alpha, \theta_i)\ exp\ (ik\ (x\ cos\ \alpha - (y-d)\ sin\ \alpha))\ d\alpha . \qquad (10)$$

Le choix du signe $-(y-d)\ sin\ \alpha$ vient de ce que l'on calcule le champ pour $y < d$. Le champ u_1 est une superposition d'ondes planes se propageant dans la direction $-\alpha$, donc incidentes sur le demi plan inférieur avec un angle d'incidence mesuré par rapport à Ox vaut $\pi - \alpha$. Chacune de ces ondes génère donc un champ diffracté dont l'expression sous forme de spectre d'ondes planes est, pour $y < 0$:

$$exp\,(ikd\,sin\,\alpha)\,\int_C p\,(\beta,\,\pi{-}\alpha)\,exp\,(ik\,(x\,cos\,\beta - y\,sin\,\beta))\,d\beta\,. \qquad (11)$$

Si bien que le champ u_2 diffracté   par les deux demi-plans s'écrit sous forme d'une intégrale double :

$$u_2 = u^i\,(A)\!\int_C\!\int_C p\,(\alpha,\,\theta_i\,)\,p(\beta,\,\pi{-}\alpha)\,exp(ikd\,sin\,\alpha)\,exp(ik(x\,cox\,\beta - y\,sin\,\beta))\,d\alpha d\beta. \qquad (12)$$

L'intégrale (12) donne une représentation du champ doublement diffracté uniformément valide, quelle que soit la distance entre les deux demi-plans. Mittra et Ramhat-Samii ont traité le cas général où l'onde incidente vient d'une direction arbitraire et évalué asymptotiquement les intégrales doubles obtenues [RM] . De nombreux autres cas de diffractions multiples ont été traités dans la littérature à l'aide de la technique du spectre d'ondes planes. Le principe est toujours d'utiliser la représentation en spectre d'ondes planes du champ diffracté par le premier obstacle, puis de faire diffracter chaque onde plane sur le deuxième obstacle. Nous renvoyons aux références [MR,OL,TM,RM]   pour d'autres exemples. Il est également possible, suivant ce principe, de calculer la diffraction d'une onde en incidence rasante sur un dièdre à faces courbes, grâce à la représentation spectrale du champ de Fock donnée au paragraphe 4.3.5..

4.4.5.   Diffraction d'une onde en incidence rasante sur un dièdre à faces courbes

Considérons une onde plane, en polarisation TM, arrivant à une incidence voisine de l'incidence rasante sur un dièdre à faces courbes (Fig. 10).

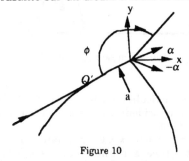

Figure 10

Le champ de Fock est obtenu (voir paragraphe 4.3.5.) comme un spectre d'ondes planes comportant une onde $u(\alpha)$ incidente avec l'angle α et une onde réfléchie incidente avec l'angle $-\alpha$ sur le dièdre

$$u \approx \int A(\tau)\,(u(\alpha) + u(-\alpha))\,d\tau \qquad (13)$$

où

$$A(\tau) = u^i\,(Q')\,\frac{exp\,[i\,s_0\,(k + \tau m/a)]}{2\sqrt{\pi}\,\,w'_1(\tau)} \qquad (14)$$

chacune de ces ondes planes se diffracte, dans la direction Φ avec un coefficient $D(\pm \alpha, \Phi)$, où D est le coefficient de diffraction du dièdre donné au paragraphe 1.5. Cette hypothèse est valide hors de la zone de transition du champ diffracté, c'est-à-dire si $\Phi \pm \alpha$ n'est pas trop près de π. Le champ diffracté u^d s'écrit donc :

$$u^d \approx (\int A(\tau)(D(\alpha, \Phi) + D(-\alpha, \Phi)) d\tau) \frac{e^{ikr}}{\sqrt{r}} . \tag{15}$$

L'analyse précédente est valide pour α petit. Suivant Michaeli, on fait donc l'approximation $D(\alpha, \Phi) \approx D(-\alpha, \Phi) \approx D(0, \Phi)$ dans (15).

$$u^d \approx \frac{u^i(Q') exp(iks_0)}{2\sqrt{\pi}} \int \frac{exp(is_0 \tau m/a)}{w_1'(\tau)} d\tau \, D(0, \Phi) \frac{e^{ikr}}{\sqrt{r}} . \tag{16}$$

On reconnaît, au second membre de (16) la fonction de Fock $g\left(\frac{s_0}{a} m\right)$ d'où finalement

$$u^d \approx \frac{1}{2} u^i(Q') exp(iks_0) g\left(\frac{s_0}{a} m\right) D(0, \Phi) \frac{e^{ikr}}{\sqrt{r}} . \tag{17}$$

(17) peut être obtenu heuristiquement, comme au chapitre 1, pour la diffraction des ondes rampantes, en considérant le champ de Fock incident comme un champ en incidence rasante, composé d'un champ incident et d'un champ réfléchi égaux.

Le champ incident vaut alors la moitié du champ total, soit $\frac{1}{2} u^i(Q')$ $exp(iks_0) g\left(\frac{s_0}{a} m\right)$, et il est diffracté, puisqu'il arrive en incidence rasante, avec le coefficient de diffraction $D(0, \Phi)$. La méthode du spectre d'ondes planes permet de démontrer (certes pas très rigoureusement) ce résultat.

La méthode s'applique à la polarisation TM. On obtient, dans ce cas, le champ diffracté [Mi]

$$u \approx \frac{1}{2} u^i(Q') \frac{i}{m} f\left(\frac{s_0}{a} m\right) exp(iks_0) \frac{\partial D(0, \Phi)}{\partial \alpha} \frac{e^{ikr}}{\sqrt{r}} . \tag{18}$$

Enfin elle se généralise :
- à la diffraction par une discontinuité de courbure, ou une discontinuité de la dérivée n^{ième} de la surface. Il suffit de remplacer le coefficient de diffraction du dièdre par le coefficient de diffraction de la discontinuité dans (17) ou (18),
- au cas avec condition d'impédance de surface. On obtient, dans ce cas, une formule analogue à (17) :

$$u^d \approx u^i(Q') exp(iks_0) F_Z\left(\frac{s_0}{a} m\right) \lim_{\alpha \to 0} \frac{D(\alpha, \Phi)}{1 + R(\alpha)} \frac{e^{ikr}}{\sqrt{r}} . \tag{19}$$

F_Z est la fonction de Fock pour une impédance Z.

On notera que pour de grands arguments de la fonction de Fock, g dans (17), f dans (18), F_Z dans (19) s'exprime à l'aide d'une série d'ondes rampantes. Dans ce cas, on retrouve les coefficients de diffraction hybrides d'Albertsen et Christiansen, utilisés pour calculer la diffraction d'ondes rampantes par des discontinuités, et exposés au chapitre 1.

La Théorie Géométrique de la Diffraction permet de calculer la diffraction des champs de rayons. La méthode du spectre d'ondes planes permet de traiter la diffraction des champs qui ne sont pas des champs de rayons. Nous avons donné dans ce paragraphe quelques exemples simples mais représentatifs des possibilités de cette méthode. D'autres applications de cette méthode, notamment à la diffraction par des obstacles plans, sont donnés dans les deux articles de synthèse de Guiraud [G1,G2].

RÉFÉRENCES

[AC]   N.C.Albertsen and P.L. Christiansen, *Hybrid Diffraction coefficients for first and second order discontinuities of two–dimendionnal scatterers*, SIAM J.Appl. Math, 34, pp 398-414, 1978.

[Cl]   P.C. Clemmow, *The Plane wave Spectrum representation of electromagnetic fields*, Pergamon Press, 1966.

[G1]   J.L. Guiraud, *Introduction à la théorie spectrale de la Diffraction*, Revue du CETHEDEC, no.69, pp 81-116, 1981.

[G2]   J.L. Guiraud, *Une approche spectrale de la théorie physique de la Diffraction*, Annales des Télécom, Vol 38, pp 145-157, 1983.

[IM]   L. Ivrissimitis and R. Marhefka, *Double Diffraction at a coplanar edge configuration*, Radio Science, Vol 26, pp 821-830, 1991.

[Mi]   A. Michaeli, *Transition functions for high–frequency diffraction by a curved perfectly conducting wedge, Part II : A partially uniform solution for a general wedge angle*, IEEE Transactions on Antenna and Propagation, Vol 37, pp 1080-1085, Sept. 1989.

[Mo]   F.Molinet, *Diffraction d'une onde rampante par une ligne de discontinuité du plan tangent*, Annales des Télécomm, 1977.

[MR]   R Mittra, Y Rahmat-Samii, and W.L. Ko, *Spectral Theory of Diffraction*, Appl Phys, Vol 10, pp 1-13, 1976.6.8]

[Pa]   P.H.Pathak, *An asymptotic analysis of the scattering of plane waves by a smooth convex cylinder*, Radio Science, Vol.14, pp. 419-435, 1979.

[OL]   Y. Orlov and V. Legkov, *Diffraction of the half–shadow field by a perfectly conducting smooth Convex Cylinder*, Radio Eng. Elect. Phys, no.2, pp 249-257, 1986.

[RM]   Y. Rahmat-Samii and R. Mittra, *A Spectral domain interpretation of high–frequency Diffraction phenomena*, IEEE Trans Ant Prop, Vol AP-25, pp 676-687, Sept. 1977.

[Ro]   E. Roubine, J.C. Bolomey , *Antennes* , Masson, 1986

[TM]   R. Tiberio, G. Manara, G. Pelosi, and R.C. Kouyoumjian, *High–Frequency electromagnetic scattering of plane waves from double wedges*, IEEE Trans Ant Prop, Vol AP-37, pp 1172-1180, 1989.

[Va]   C. Vassalo, *Théorie des Guides d'Ondes Electromagnetiques*, Eyrolles, 1987.

Chapitre 5
Solutions uniformes

5.1 Définition et propriétés d'un développement asymptotique uniforme

Soit une fonction $f(X,\varepsilon)$ de la variable $X \in D$ (scalaire ou vectorielle), dépendant d'un petit paramètre $\varepsilon \in R_0$. On dit que le développement :

$$F(X,\varepsilon) = \sum_{n=0}^{N} a_n(X) v_n(\varepsilon) \tag{1}$$

est uniforme, s'il est uniformément valable dans tout le domaine D ce qui signifie que pour tout $X \in D$, on a :

$$f(X,\varepsilon) = F(X,\varepsilon) + o(v_N(\varepsilon)) \tag{2}$$

La définition précédente implique que l'erreur commise sur f reste d'ordre $v_N(\varepsilon)$ non seulement lorsque, X étant fixé, ε tend vers zéro, mais aussi pour toute loi de variation $X = X(\varepsilon)$ pourvu que X reste dans le domaine D.

Lorsque la condition (2) est satisfaite, on dit aussi que la perturbation introduite par le paramètre ε est régulière.

C'est une règle plutôt qu'une exception qu'un développement asymptotique soit non uniforme dans certaines régions appelées régions de non uniformité. Ces régions correspondent aux couches limites introduites dans le chapitre 2 et discutées dans le chapitre 3.

Les causes de non uniformité sont multiples. Celles rencontrées dans les problèmes de diffraction sont essentiellement la présence de singularités dans les coefficients $a_n(X)$ et le fait que X prend des valeurs dans un domaine infini. Ce dernier cas est une cause de non uniformité des développements construits dans les couches limites où elle se manifeste par la présence de termes séculiers en X qui font que $\dfrac{a_{n+1}}{a_n} \to \infty$ quand $X \to \infty$.

Au voisinage d'un point de non uniformité, que l'on peut choisir pour l'origine des X, le développement (1) est valable pour tout X fixé, ε tendant vers zéro, mais cesse de représenter les fonctions à développer lorsqu'on fait tendre simultanément ε et X vers zéro. Il faut alors choisir l'ordre de grandeur de X par rapport à ε.

Posons :
$$X_1 = \frac{X}{\eta_1(\varepsilon)} \quad , \quad X_2 = \frac{X}{\eta_2(\varepsilon)} \tag{3}$$

Pour $X \in D$, on a :
$$X_1 \in D_1 \quad , \quad X_2 \in D_2 \tag{4}$$

Pour X fixé, soit deux approximations $F_1(X_1,\varepsilon)$ et $F_2(X_2,\varepsilon)$ d'une même fonction $f(X,\varepsilon)$ construites respectivement jusqu'aux ordres $\nu_{N1}(\varepsilon)$ et $\nu_{N2}(\varepsilon)$ dans les domaines D_1 et D_2 :

$$F_1(X_1,\varepsilon) = \sum_{n=0}^{N_1} \nu_n(\varepsilon)\, a_n^{(1)}(X_1)$$

$$F_2(X_2,\varepsilon) = \sum_{n=0}^{N_2} \nu_n(\varepsilon)\, a_n^{(2)}(X_2)$$

(5)

On dit que l'approximation F_2 est contenue dans F_1 si après avoir réécrit F_1 en variable X_2, on retrouve à l'ordre ν_{N2} tous les termes de F_2. Une approximation qui est contenue dans une autre est dite "non significative". Dans le cas contraire, on dit que l'approximation est "significative".

Il existe autant de développements asymptotiques d'une fonction $f(X,\varepsilon)$ par rapport à une séquence asymptotique compatible donnée, que de choix possibles de l'ordre de grandeur de X par rapport à ε, donc une infinité. Mais les approximations ainsi construites sont en général non significatives et un développement construit pour un ordre de grandeur donné de X est en fait valable dans tout un voisinage de cet ordre de grandeur, ce qui permet en général de n'introduire qu'un nombre fini de développements distincts correspondant à des domaines dans lesquels chaque développement est uniformément valable.

D'une manière générale, lorsqu'on parle d'un "domaine" en termes de développements asymptotiques, il s'agit toujours d'un ensemble de valeurs de la variable qui sont caractérisées par leur ordre de grandeur comparé au petit paramètre du problème.

De façon plus précise, on désigne par "domaine fermé" $D\big([\eta_1(\varepsilon),\eta_2(\varepsilon)]\big)$ l'ensemble des valeurs de X telles que :

$$\eta_1 = O(X) \quad , \quad X = O(\eta_2)$$ (6)

$\eta_1(\varepsilon)$ et $\eta_2(\varepsilon)$, bornes du domaine D, étant deux fonctions de jauge données.

De même, on désigne par "domaine ouvert" $D\big(]\eta_1(\varepsilon),\eta_2(\varepsilon)[\big)$ l'ensemble des valeurs de X telles que :

$$\eta_1 = o(X) \quad , \quad X = o(\eta_2)$$ (7)

On définit de façon analogue $D(]\eta_1,\eta_2])$ et $D([\eta_1,\eta_2[)$.

Théorème d'extension de KAPLUN
Si un développement asymptotique est uniformément valable dans un domaine fermé $D\big([\eta_1,\eta_2]\big)$, il reste uniformément valable dans un domaine ouvert $D'\big(]\eta'_1,\eta'_2[\big)$ contenant $D\big([\eta_1,\eta_2]\big)$. Ce théorème dont la démonstration figure dans la référence [C], donne une justification de la décomposition du domaine extérieur à un objet diffractant, en un nombre fini de couches limites auxquelles correspondent des développements asymptotiques distincts. Cependant, ce

théorème ne précise pas dans quelles limites (η'_1, η'_2) peut être étendue la validité du développement et aucun résultat général dans ce sens n'a été établi à l'heure actuelle. Il ne permet donc pas de démontrer dans le cas général, l'existence d'un domaine intermédiaire entre un domaine intérieur et un domaine extérieur, dans lequel les développements intérieur et extérieur seraient simultanément valables. Il faut par conséquent vérifier dans chaque cas, qu'il existe bien un domaine de validité commun aux deux développements. Dans l'affirmative, les deux développements ont une partie commune. Celle-ci constitue une approximation non significative de la fonction initiale $f(X,\varepsilon)$, dans le domaine intermédiaire, puisqu'elle est contenue à la fois dans le développement extérieur et dans le développement intérieur. Cette propriété est à la base de la méthode des développements raccordés dont le principe est exposé au § 2.1.4 et 3.10.

5.2 Généralités sur les méthodes de recherche d'une solution uniforme

Il est possible de construire un développement uniformément valable dans tout le domaine de la variable X, connaissant le développement extérieur, le développement intérieur et le développement intermédiaire qui sera défini ci-dessous.

En effet, soit $F_e(X,\varepsilon)$ le développement extérieur :

$$F_e(X,\varepsilon) = \sum_{n=0}^{N_e} a_n(X)\nu_n(\varepsilon) \tag{1}$$

et $F_i(\tilde{X},\varepsilon)$ le développement intérieur :

$$F_i(\tilde{X},\varepsilon) = \sum_{n=0}^{N_i} b_n(\tilde{X})\mu_n(\varepsilon) \tag{2}$$

où la variable $\tilde{X}$ du domaine intérieur est la variable dilatée définie par :

$$\tilde{X} = \frac{X}{\varepsilon^\alpha} \quad , \quad \alpha > 0 \tag{3}$$

On désigne par $\overline{X}$ la variable intermédiaire définie par :

$$\overline{X} = \frac{X}{\eta(\varepsilon)} \tag{4}$$

où $\eta(\varepsilon)$ est une fonction d'ordre de grandeur arbitraire entre ε^α et 1 (échelle intermédiaire) :

$$\eta(\varepsilon) = o(1)$$
$$\varepsilon^\alpha = o(\eta(\varepsilon)) \tag{5}$$

Soit $F_m(\overline{X},\varepsilon)$ le développement intermédiaire obtenu en remplaçant dans (1) la variable X par $\overline{X}$ et en redéveloppant les termes par rapport à la séquence asymptotique $v_n(\varepsilon)$ jusqu'à l'ordre $v_{Ne}(\varepsilon)$:

$$F_m(\overline{X},\varepsilon) = \sum_{n=0}^{Ne} C_n(\overline{X})v_n(\varepsilon) \tag{6}$$

L'expression :

$$\hat{f}(X,\varepsilon) = F_e(X,\varepsilon) + F_i(\tilde{X},\varepsilon) - F_m(\overline{X},\varepsilon) \tag{7}$$

est un développement de la fonction initiale $f(X,\varepsilon)$, uniformément valable dans tout D.

Pour le démontrer, on écrit $\hat{f}$ en fonction de la variable $\overline{X}$ définie par (4), la fonction d'ordre $\eta(\varepsilon)$ pouvant maintenant être d'ordre inférieur ou égal à 1 afin que $\overline{X}$ décrive tout D.

$$\hat{f}(\eta\overline{X},\varepsilon) = F_e(\eta\overline{X},\varepsilon) + F_i(\eta\frac{\overline{X}}{\varepsilon^\alpha},\varepsilon) - F_m(\overline{X},\varepsilon) \tag{8}$$

Si $\eta(\varepsilon) = O(\varepsilon^\alpha)$, X est dans le domaine intérieur puisque par définition $\overline{X} \approx 1$ et $X = \eta(\varepsilon)\overline{X}$. Dans ces conditions, on a :

$$F_e(\eta\overline{X},\varepsilon) = F_m(\overline{X},\varepsilon) + o(v_{Ne}(\varepsilon)) \tag{9}$$

par construction même du développement $F_m(\overline{X},\varepsilon)$. Il s'ensuit que $\hat{f}$ se réduit au développement intérieur qui d'après (2) est une approximation de $f(X,\varepsilon)$ dans le domaine intérieur, avec l'erreur $o(\mu_{Ni}(\varepsilon))$.

Il est important de noter que pour $\eta(\varepsilon) = O(\varepsilon^\alpha)$, F_e et F_m cessent d'être une approximation de la fonction $f(X,\varepsilon)$ mais le développement F_m reste contenu dans le développement F_e.

Si $\eta(\varepsilon) = O(1)$, $\varepsilon^\alpha = o(\eta)$, alors X est dans le domaine extérieur et puisque $F_m(\overline{X},\varepsilon)$ est aussi le développement pour $\overline{X}$ fixé de $F_i(\frac{\eta\overline{X}}{\varepsilon^\alpha},\varepsilon)$ par rapport à $v_n(\varepsilon)$, F_m étant contenu dans F_i, on a :

$$F_i(\frac{\eta\overline{X}}{\varepsilon^\alpha},\varepsilon) = F_m(\overline{X},\varepsilon) + o(v_{Ne}(\varepsilon)) \tag{10}$$

Comme dans le cas précédent, F_i et F_m cessent d'être des approximations de $f(X,\varepsilon)$ mais F_m reste contenu dans F_i.

Il s'ensuit que $\hat{f}$ se réduit au développement extérieur qui représente lui-même la fonction à développer, jusqu'à l'ordre $v_{Ne}(\epsilon)$ dans le domaine extérieur.

En conclusion, la représentation (7) est uniformément valable à $v_{Ne}(\epsilon)$ près dans tout D. C'est une solution composite appelée aussi développement composite [N] qu'on peut également écrire sous la forme d'une somme de deux termes en regroupant les termes F_i et F_m.

On obtient ainsi :

$$\hat{f}(X,\epsilon) = G(\tilde{X},\epsilon) + F_e(X,\epsilon) \tag{11}$$

avec :

$$G(\tilde{X},\epsilon) = F_i(\tilde{X},\epsilon) - F_m(\frac{\epsilon^\alpha}{\eta(\epsilon)}\tilde{X},\epsilon) \tag{12}$$

Appliquons cette méthode au problème de diffraction d'une onde scalaire par une surface lisse, dans la zone d'ombre. La solution interne de ce problème valable dans la couche limite, exprimée en coordonnées de rayons, se déduit de la formule (34) du § 3.1 par une multiplication par le facteur de divergence des rayons rampants $\left[\frac{d\eta(o)}{d\eta(s)}\right]^{\frac{1}{2}}$. Ce facteur est égal à l'unité dans le cas d'une surface cylindrique éclairée par une onde plane et est de ce fait absent dans la formule (34).

En utilisant les mêmes notations qu'au paragraphe 3.1, la solution interne s'écrit par conséquent :

$$F_i(\xi, Y) \cong A\left[\frac{\rho(o)}{\rho(s)}\right]^{\frac{1}{6}}\left[\frac{d(o)}{d(s)}\right]^{\frac{1}{2}}\left[\frac{d\eta(o)}{d\eta(s)}\right]^{\frac{1}{2}}W_1(\xi - Y)\exp(ikl - i\frac{2}{3}Y^{\frac{3}{2}})$$

$$\times \exp\left(i\xi\sqrt{Y} + i\frac{k^{\frac{1}{3}}}{2^{\frac{1}{3}}}\int_0^{s^r}\frac{\xi ds}{\rho(s)^{\frac{2}{3}}}\right) \tag{13}$$

où Y est la coordonnée étirée donnée par (3.5) du §3.1.

La solution externe se déduit de la formule (4) du § 3.12 par le remplacement de $\frac{1}{\sqrt{t}}$ par $\sqrt{\frac{\rho_d}{t(\rho_d + t)}}$ où ρ_d est la distance du point d'observation à la caustique des rayons diffractés, et par la multiplication par le facteur de divergence des rayons rampants. Il s'ensuit :

$$F_e(1,s^r) \cong U_0(s^r)\sqrt{\frac{\rho_d}{t(\rho_d + t)}}\left[\frac{d\eta(o)}{d\eta(s)}\right]^{\frac{1}{2}}\exp\left(ikl + ik^{\frac{1}{3}}\varphi(s^r)\right) \tag{14}$$

où $l = s^r + t$.

Au § 3.12, les fonctions inconnues $U_0(s^r)$ et $\varphi(s^r)$ ont été déterminées au moyen d'une technique de raccordement mettant en oeuvre un développement intermédiaire. Celui-ci est donné par le développement asymptotique, pour Y grand, de la solution interne, limité au terme dominant. En procédant de la même façon qu'au § 3.12, on obtient :

$$F_m(\xi, Y) \cong A\left[\frac{\rho(o)}{\rho(s)}\right]^{\frac{1}{6}}\left[\frac{d(o)}{d(s)}\right]^{\frac{1}{2}}\left[\frac{d\eta(o)}{d\eta(s)}\right]^{\frac{1}{2}} Y^{-\frac{1}{4}}e^{i\frac{\pi}{4}}\exp\left(ikl + i\frac{k^{\frac{1}{3}}}{2^{\frac{1}{3}}}\int_0^{s^r}\frac{\xi ds}{\rho(s)^{\frac{2}{3}}}\right) \tag{15}$$

Cette solution est à identifier à la limite interne de la solution externe, obtenue en faisant tendre t vers zéro. En ne gardant que l'ordre dominant, on retrouve les formules (5) et (6) du § 3.12.

Nous disposons maintenant de tous les termes nécessaires à la construction d'une solution composite du type (7), uniformément valable dans la zone d'ombre. Cette solution est donnée par (8) du § 5.2 :

$$U \cong F_i(\xi, Y) - F_m(\xi, Y) + F_e(1, s^r) \tag{16}$$

Elle peut encore s'écrire sous la forme :

$$U \cong A\left[\frac{\rho(o)}{\rho(s)}\right]^{\frac{1}{6}}\left[\frac{d(o)}{d(s)}\right]^{\frac{1}{2}}\left[\frac{d\eta(o)}{d\eta(s)}\right]^{\frac{1}{2}}\left[f(\xi, Y) - \hat{f}(\xi, Y)\right] + F_e(1, s^r) \tag{17}$$

où $f(\xi, Y)$ est une fonction spéciale et $\hat{f}(\xi, Y)$ le premier terme de son développement asymptotique. Avec les notations du § 3.1, on a :

$$f(\xi, Y) = W_1(\xi - Y)\exp\left(i\xi\sqrt{Y} - i\frac{2}{3}Y^{\frac{3}{2}}\right)\exp\left(i\frac{k^{\frac{1}{3}}}{2^{\frac{1}{3}}}\int_0^{s^r}\frac{\xi ds}{\rho(s)^{\frac{2}{3}}}\right) \tag{18}$$

et compte tenu de la formule (1) de 3.1 :

$$\hat{f}(\xi, Y) = Y^{-\frac{1}{4}}e^{i\frac{\pi}{4}}\exp\left(i\frac{k^{\frac{1}{3}}}{2^{\frac{1}{3}}}\int_0^{s^r}\frac{\xi ds}{\rho(s)^{\frac{2}{3}}}\right) \tag{19}$$

On peut vérifier facilement que (17) se réduit à $F_e(1, s^r)$ quand $Y \to \infty$ et à $F_i(\xi, Y)$ quand t tend vers zéro.

Dans le cas d'une surface cylindrique éclairée par une onde plane, on a $F_m(\xi, Y) = F_e(1, s^r)$ et la solution composite (17) est identique à la solution interne exprimée en coordonnées de rayons qui est par conséquent uniformément valable. Ce résultat est dû au système de coordonnées lié aux rayons, choisi pour représenter la solution interne, qui est optimal pour la méthode de raccordement. En coordonnées (s,n) la solution interne ne serait pas égale à la solution composite.

Dans le cas d'une surface tridimensionnelle, les coordonnées de rayons facilitent encore le raccordement, mais comme on vient de le montrer, la technique de raccordement ne conduit pas directement à une solution uniforme. On peut toutefois y parvenir au moyen d'une légère modification de la solution interne. En effet, en multipliant l'expression (13) donnant $F_i(\xi, Y)$ par le facteur

$$D = \left(\frac{\rho_d}{\rho_d + t}\right)^{\frac{1}{2}},$$ on réalise l'égalité $F_m(\xi, Y) = F_e(1, s^r)$ ce qui permet de généraliser à

une surface quelconque le résultat établi précédemment dans le cas particulier d'une surface cylindrique, à savoir que la solution interne exprimée en

coordonnées de rayons est uniforme. Dans la couche limite $\dfrac{t}{\rho_d} \ll 1$ pour une

source située loin de la surface. La modification de la solution interne, due au facteur D est de ce fait négligeable. Le facteur D est cependant indispensable pour rendre la solution uniforme.

L'artifice consistant à modifier la solution interne par un facteur multiplicatif n'est pas toujours applicable et dans le cas général la technique de raccordement ne conduit pas directement à une solution uniforme. Il en résulte que dans la pratique, deux développements sont nécessaires et il faut passer de l'un à l'autre pour une certaine valeur de l'argument qu'il n'est pas toujours aisé de fixer. La solution composite est de ce fait plus pratique d'emploi.

Pour construire la solution composite correspondant à un problème de diffraction donné, il faut cependant passer par toutes les étapes de la technique des développements raccordés, ce qui peut être très laborieux en particulier en présence de plusieurs couches limites.

Plutôt que de déterminer des développements intérieur et extérieur, de les raccorder et de former un développement composite, on peut aussi supposer directement que la solution a la forme (11) qui constitue alors un Ansatz, et appliquer à cette solution toutes les conditions aux limites.

L'Ansatz contient généralement des fonctions spéciales qui sont caractéristiques du type de singularité à l'origine de la non uniformité du développement extérieur quand la variable pénètre dans le domaine intérieur. On a donc intérêt à postuler la solution directement sous une forme où apparaissent ces fonctions spéciales, comme dans (17).

C'est le point de vue adopté par exemple par Kravtsov [Kr] et Ludwig [L] pour construire une solution uniforme à travers une caustique (Voir § 5.7) et par Lewis et Boersma [LB] (voir aussi Ahluwalia [A]) dans leur théorie asymptotique uniforme pour la diffraction par une arête (Voir § 5.3).

Les fonctions spéciales intervenant dans l'Ansatz peuvent être déterminées, soit en résolvant le problème intérieur par la méthode des coordonnées dilatées, soit en résolvant un problème canonique.

Connaissant ces fonctions spéciales, il reste généralement une certaine liberté dans le choix de l'Ansatz. Par exemple, si F_e dans (11) est la somme de deux développements asymptotiques, par rapport à des séquences asymptotiques différentes, il est possible, sous certaines conditions, de regrouper l'un ou l'autre de ces développements dans la fonction G. Cette situation se rencontre dans la solution du problème de diffraction par une arête vive, à la traversée des frontières d'ombre du champ direct et du champ réfléchi. Dans ce cas, F_e est la somme du champ de l'Optique Géométrique représenté par une série de Luneberg-Kline et du champ diffracté par l'arête dont la solution externe est un développement par rapport à la séquence $k^{-\left(n+\frac{1}{2}\right)}$. On verra au § 5.3 qu'en incorporant la solution de l'Optique Géométrique dans G, on obtient une solution uniforme du type UAT (de l'anglais Uniform Asymptotic Theory). Par contre, en incorporant dans G la solution du champ diffracté par l'arête, on obtient une solution uniforme du type UTD (de l'anglais Uniform Theory of Diffraction). La façon d'incorporer ces développements dans G n'est cependant pas triviale et dépend des cas d'espèce.

Une technique qui sera illustrée dans les paragraphes suivants consiste à identifier le type de singularité à l'origine de la non uniformité du développement extérieur. Dans le cas d'un dièdre par exemple, on montre qu'au voisinage des frontières d'ombre du champ direct et du champ réfléchi, l'origine de la non uniformité du développement asymptotique est la présence d'un pôle à proximité du point stationnaire dans l'évaluation asymptotique de la forme intégrale de la solution exacte du problème canonique. On recherche par conséquent une solution asymptotique uniforme pour une telle intégrale laquelle génère l'Ansatz. Un autre exemple qui sera détaillé au § 5.7 est le voisinage d'un point régulier d'une caustique. Nous avons vu au § 3.4 que la fonction spéciale permettant de décrire le champ à proximité d'une caustique est la fonction d'Airy. Cette fonction donne un champ oscillatoire d'un côté de la caustique et un champ exponentionellement évanescent de l'autre côté. Ce comportement est typique d'un point de transition d'une équation différentielle du second ordre du type :

$$\frac{d^2y}{dx^2} + \left[\alpha q_1(x) + q_2(x)\right]y = 0 \tag{20}$$

où α est un nombre positif supposé grand et où $q_1(x)$ a un zéro au point de transition $X = X_0$, q_2 étant régulier en $X = X_0$. Le point de transition est aussi appelé "point de rebroussement" (en anglais turning point) parce qu'en mécanique classique, il correspond au point où l'énergie cinétique d'une particule incidente est égale à son énergie potentielle et où par conséquent la particule rebrousse son chemin.

On peut donc générer un Ansatz pour le champ au voisinage d'une caustique régulière par similitude avec le développement asymptotique uniforme de la solution d'une équation du type (20). Une autre manière de générer l'Ansatz est de partir de la solution de couche limite.

Dans les paragraphes qui suivent, nous allons illustrer l'application de ces concepts généraux sur des exemples concrets et construire des solutions uniformes très utiles dans les applications pratiques de la GTD.

5.3 Solutions uniformes à travers les frontières d'ombre du champ direct et du champ réfléchi par un dièdre

Nous considérons un dièdre à faces courbes et à arête courbe, illuminé par une onde incidente localement plane de direction de propagation arbitraire. Les rayons de courbure principaux de l'onde incidente et des faces courbes du dièdre ainsi que le rayon de courbure de l'arête sont supposés grands par rapport à la longueur d'onde.

Les faces du dièdre sont soit parfaitement conductrices, soit caractérisées par une impédance de surface constante, sur chaque face.

Le problème posé est la recherche d'un développement asymptotique pour le champ diffracté par ce dièdre, uniformément valable à travers les frontières d'ombre du champ direct et du champ réfléchi.

Une solution non uniforme, pour ce problème, valable loin de l'arête dans la région 1, située en dehors des frontières d'ombre 2 et 2' du champ direct et du champ réfléchi et limitée par les zones de transition 3 et 3' où les rayons diffractés dans l'espace se transforment en rayons rampants ou en ondes de galerie-échos (Fig. 1), a été établie pour le cas parfaitement conducteur par Keller [K]. Elle est donnée dans 1.2.4.2. en fonction des coefficients de diffraction D_s et D_h, eux-mêmes obtenus à partir du terme dominant du développement asymptotique de la solution exacte du problème de diffraction du dièdre à faces planes tangent au dièdre à faces courbes, au point de diffraction.

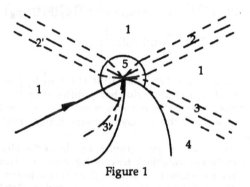

Figure 1

Cette solution donne le terme dominant du développement asymptotique du champ diffracté par l'arête par rapport à la séquence $k^{-\left(n+\frac{1}{2}\right)}$ $(n \geq 0)$. Le champ total s'obtient en ajoutant au champ diffracté par l'arête, le champ direct et le champ réfléchi. Ces champs sont donnés par des développements asymptotiques du type Luneberg-Kline, correspondant à une séquence k^{-n} $(n \geq 0)$. En limitant le développement du champ total à l'ordre $k^{-\frac{1}{2}}$, seul le terme dominant, d'ordre $k^0 = 1$ du champ direct et du champ réfléchi intervient. En dehors des zones de transition 2 et 2', ces termes sont donnés par l'approximation de l'optique géométrique classique qui s'écrit en un point d'observation P :

$$\vec{E}^i_{OG}(P) = \vec{e}^i_0(P)\, U(-\varepsilon_i)\, e^{ikS_i(P)}$$

$$\vec{E}^R_{OG}(P) = \vec{e}^R_0(P)\, U(-\varepsilon_R)\, e^{ikS_R(P)}$$

(1)

où $\vec{e}^i_0(P)$ est l'amplitude vectorielle et complexe du champ incident à l'ordre k^0, qui existerait en P en l'absence de l'obstacle constitué par le dièdre et $\vec{e}^R_0(P)$ l'amplitude vectorielle et complexe du champ réfléchi à l'ordre k^0, sur l'une ou l'autre face du dièdre dans l'hypothèse où chaque face est prolongée au-delà de l'arête par continuité. U est la fonction d'Heaviside avec $\varepsilon_i = +1$ si le point d'observation P est dans l'ombre du champ incident et $\varepsilon_i = -1$ s'il est dans la région éclairée. De même $\varepsilon_R = +1$ si le point P est dans l'ombre géométrique du champ réfléchi et $\varepsilon_R = -1$ s'il est dans la région d'existence du champ réfléchi. Les fonctions $s_i(P)$ et $s_R(P)$ désignent respectivement les chemins parcourus par l'onde incidente et l'onde réfléchie atteignant le point d'observation P.

En ajoutant au champ de l'optique géométrique donné par (1) le champ diffracté par l'arête, à l'ordre $k^{-\frac{1}{2}}$, on obtient le développement asymptotique relatif au domaine extérieur selon la terminologie définie au § 5.2 :

$$\vec{E}^e(P) = e^{ikS_i(P)}\vec{e}^i_0(P)\, U(-\varepsilon_i) + e^{ikS_R(P)}\, \vec{e}^R_0(P)\, U(-\varepsilon_R)$$

$$+ e^{ikS_r(P)}\frac{\vec{e}^d}{\sqrt{k}}(P) + o(k^{-\frac{1}{2}})$$

(2)

où $s_R(P)$ est le chemin parcouru par l'onde diffracté et $\vec{e}^d_0 / \sqrt{k}$ le terme dominant de l'amplitude vectorielle et complexe du champ diffracté en P.

La solution (2) n'est pas valable dans les zones de transition 2 et 2'. En dehors de ces zones, elle donne une solution asymptotique différente dans chaque sous-domaine de la région 1.

L'objet de la suite de ce paragraphe est la recherche d'une solution asymptotique uniformément valable à travers les zones de transition 2 et 2' et redonnant dans chaque sous-domaine de la région (1) la solution définie par (2).

Dans le § 5.6, cette solution sera étendue à la région (3) ainsi qu'à l'ombre profonde 4 du champ diffracté.

Nous avons vu au § 5.2 qu'il est possible de construire une solution uniforme connaissant les solutions non uniformes du domaine extérieur et du domaine intérieur. Dans le cas présent, le domaine intérieur est constitué par les régions 2 et 2' loin de l'arête et par la couche limite 5 au voisinage de l'arête qui est une caustique linéique pour les rayons diffractés.

Au § 3.5 il a été montré que l'amplitude du champ au voisinage d'une frontière d'ombre vérifie une équation de type parabolique qui admet comme solution particulière une fonction de Fresnel. Cette solution peut être généralisée en remarquant que pour $\tau = k^{-\frac{1}{2}} u$, si $F(\tau)$ est une solution de l'équation de Fresnel :

$$F'' - 2i\tau F' = 0 \qquad (3)$$

sa dérivée $F'(\tau)$ est également une solution de cette équation à l'ordre k^{-1}. Plus généralement toute combinaison du type :

$$AF + k^{-\frac{1}{2}} BF' \qquad (4)$$

où A et B sont des fonctions de u est une solution à l'ordre k^{-1}.

En partant d'un Ansatz du type (4) pour l'amplitude du champ et en imposant à cette solution les conditions de raccordement avec la solution extérieure (2) et avec la solution valable au voisinage de la caustique d'arête, on peut en principe déterminer les fonctions inconnues, puis construire un développement composite selon la méthode décrite au § 5.2. Cette méthode a été appliquée par Borovikov [Bo] au problème de diffraction du dièdre bidimensionnel. Elle nécessite la recherche d'un développement asymptotique valable dans la couche limite de caustique d'arête. Celui-ci est obtenu par la méthode décrite au § 3.6, poussée jusqu'à l'ordre $\frac{1}{k}$. La généralisation de cette méthode à un dièdre 3D est très lourde et n'a jamais été faite.

Nous allons présenter une méthode plus directe conduisant à des solutions moins générales mais cependant très utiles dans les applications. Comme notre objectif n'est pas de construire une solution uniforme incluant la région 5, il nous suffit de connaître la solution à la périphérie de cette région. Or à l'ordre considéré dans (2), cette solution est identique à celle du dièdre tangent au point de diffraction. La solution uniformément valable à travers les zones 2 et 2' que nous recherchons doit par conséquent se raccorder d'une part à la solution du domaine extérieur donné par (2) et d'autre part à la solution du dièdre local tangent à la périphérie de la couche limite de caustique d'arête. Cela nous incite à choisir pour Ansatz, une solution ayant la même structure que la solution uniforme du dièdre à faces planes, puis de modifier l'argument de la fonction spéciale et les amplitudes des termes de façon à satisfaire l'ensemble des conditions énoncées.

Avant de mettre en oeuvre cette méthode, nous devons résoudre le problème canonique du dièdre à faces planes et en déduire une solution asymptotique uniforme. Nous verrons dans le paragraphe suivant que selon la procédure employée, les solutions obtenues sont différentes mais équivalentes à l'ordre considéré dans (2). Cette équivalence n'est cependant strictement vraie que pour un dièdre à faces planes illuminé par une onde plane. En effet, la courbure des faces et de l'arête génèrent des termes d'ordre $k^{-\frac{1}{2}}$ dans les couches limites 2 et 2'. Des termes du même ordre apparaissent également lorsque la dérivée du champ incident dans la direction normale à la frontière d'ombre n'est pas nulle. Ces termes, qui restent du second ordre à la périphérie de la couche limite de caustique d'arête sont éliminés dans l'approximation du plan tangent et sont par conséquent absents dans la solution du dièdre à faces planes illuminé par une onde plane. Ils ne peuvent de ce fait pas être contrôlés dans la méthode suivie pour construire une solution uniforme. Des solutions uniformes équivalentes du problème canonique vont par conséquent nous donner, par généralisation de l'Ansatz à un dièdre 3D, des solutions uniformes différentes, non équivalentes dans les zones de transition 2 et 2', les termes d'ordre $k^{-\frac{1}{2}}$ étant différents.

Dans les paragraphes 5.3.2.1 et 5.3.2.2, nous allons présenter deux de ces solutions qui ont fait l'objet de nombreuses publications. Il s'agit de la solution UTD de Kouyoumjian et Pathak et de la solution UAT de Lee et Deschamps [LD]. Ces solutions seront contrôlées au § 5.3.2.4 par comparaison à la solution spectrale (STD) de Rhamat-Samii et Mittra [RM1], présentée au § 5.3.2.3.

5.3.1. Solutions asymptotiques uniformes du dièdre à faces planes parfaitement conducteur

La solution exacte du dièdre à faces planes parfaitement conducteur illuminé par une onde incidente plane est connue et a été mise sous une forme intégrale dans l'appendice 1.

Dans un repère cartésien d'axe OZ confondu avec l'arête du dièdre et d'axe OX situé dans l'une des faces, cette solution s'écrit (convention exp (-iωt)) :

$$\begin{pmatrix} E_z \\ \eta H_z \end{pmatrix} = \frac{e^{ikz\cos\beta_0}}{4\pi in} \int_{L+L'} e^{-ik\rho\sin\beta_0\cos\xi} \left\{ \cot g\left(\frac{\xi+\phi-\phi'}{2n}\right) \pm \cot g\left(\frac{\xi+\phi+\phi'}{2n}\right) \right\} d\xi \qquad (5)$$

où η est l'impédance du vide, β l'angle du cône de Keller $\left(0 \le \beta \le \frac{\pi}{2}\right)$, ϕ et ϕ' les angles que font respectivement les projections sur le plan XOZ des vecteurs d'onde $-\vec{k}^i$ et $\vec{k}^d$ avec l'axe OX et où $n\pi$ désigne l'angle extérieur du dièdre (Fig. 2a,b).

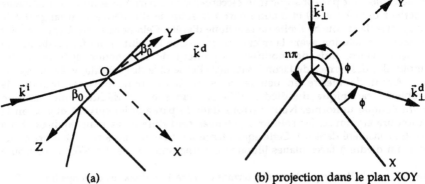

(a)   (b) projection dans le plan XOY

Figure 2

Le contour d'intégration est constitué des courbes L et L' du plan complexe de la variable angulaire ξ (Fig. 3).

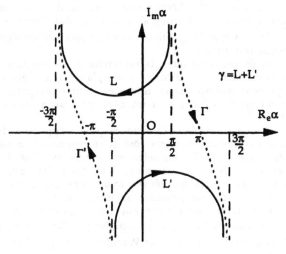

Figure 3

L'expression (5) définit complètement la solution puisque les composantes transverses $\vec{E}_t, \vec{H}_t$ s'expriment directement en fonction de E_z, H_z à l'aide des équations de Maxwell.

En fermant le contour d'intégration par les chemins de descente maximum Γ et Γ' passant par les points de phase stationnaire π et -π de l'intégrant, l'intégrale initiale peut être remplacée par les intégrales le long de Γ et Γ' auxquelles il faut ajouter les résidus aux pôles de l'intégrant. Les pôles sont donnés par les valeurs de ξ annulant les cotangentes dans (5), ce qui donne :

$$\begin{cases} \xi + \phi - \phi' = 2nN\pi \\ \xi + \phi + \phi' = 2nN\pi \end{cases} \quad N = 0, \pm 1, \pm 2 \dots \tag{6}$$

Ils sont par conséquent situés sur l'axe réel. En outre, on peut vérifier que dans l'intervalle $[-\pi, \pi]$, il existe au maximum deux pôles $\xi = r_1$ et $\xi = r_2$ correspondant au champ direct et au champ réfléchi. Dans le cas plus général d'un dièdre dont les faces sont caractérisées par une impédance de surface, il peut exister d'autre pôles dans le plan complexe, à l'intérieur du contour fermé de la figure 3, correspondant aux ondes de surface lentes et aux ondes de fuite.

Les zones de transition 2 et 2' apparaissent lorsque l'un des pôles r_1 ou r_2 se rapproche de l'un des points stationnaires $\xi_s = \pm\pi$. Lorsque ce pôle sort du contour, le champ qui lui est associé (direct ou réfléchi) disparaît brutalement.

Cette discontinuité n'existe pas dans l'expression initiale de la solution donnée par (5). Il existe par conséquent un saut identique et de signe opposé de l'intégrale le long du contour (Γ ou Γ') qui a été traversé par ce pôle. Cette propriété qui est d'ailleurs une conséquence du théorème des résidus, doit être conservée dans l'évaluation asymptotique des intégrales le long des chemins de descente maximum Γ et Γ' afin que la solution complète soit uniformément valable à travers les zones de transition 2 et 2'.

Compte tenu de ces remarques, la recherche d'une solution asymptotique uniforme pour la diffraction du dièdre à faces planes se ramène à la recherche d'un développement asymptotique uniforme d'une intégrale simple dont l'intégrant est du type oscillant et a un pôle isolé au voisinage d'un point stationnaire d'ordre 1.

L'uniformité sera recherchée lorsque ce pôle s'approche du chemin de descente maximum en restant du même côté de ce chemin. On obtient ainsi deux développements uniformes différents selon que le pôle est situé d'un côté ou de l'autre du chemin de descente maximum. Ces deux développements ne se raccordent pas mais ont un saut qui doit être égal aux résidus du pôle.

Pour obtenir des développements asymptotiques uniformes ayant ces propriétés, deux méthodes différentes ont été proposées dans la littérature scientifique ; la méthode de Pauli [Pau] simplifiée par Ott [Ot] et généralisée par Clemmow [Cl] et la méthode de Van der Waerden [VDW] également étudiée par Oberhettinger [Ob].

Une étude comparative de ces méthodes a été effectuée par Hutchins et Kouyoumjian [HuK]. Pour des informations complémentaires, le lecteur est également invité à consulter les travaux de Bleistein [Bl] et le chapitre 4 de l'ouvrage de Felsen et Marcuvitz [FM].

Nous allons présenter les fondements de ces deux méthodes avant de les appliquer au problème du dièdre.

5.3.1.1. *Méthode de Pauli-Clemmow*
On considère une intégrale simple du type :

$$I(\Omega, \alpha) = \int_\gamma g(z, \alpha)\, e^{\Omega q(z)}\, dz \tag{7}$$

où $\Omega > 0$ est un nombre réel grand devant l'unité et α un paramètre prenant des valeurs dans un domaine du plan complexe. $g(z, \alpha)$ et $q(z)$ sont des fonctions holomorphes de z. Par hypothèse $q(z)$ a un point stationnaire d'ordre 1 en z_s, solution de $q'(z) = 0$ avec $q''(z_s) \neq 0$ et γ est le chemin de descente maximum passant par z_s. On suppose que la fonction :

$$g(z, \alpha) = \frac{f(z, \alpha)}{z - z_0} \tag{8}$$

a un pôle simple en $z_0 = z_0(\alpha)$ et que si α tend vers α_0, z_0 tend vers z_s. Il est commode d'appliquer à (7) la transformation :

$$q(z) = q(z_s) - s^2 \tag{9}$$

qui transforme γ en l'axe réel du plan complexe s, le point stationnaire en $s = 0$ et le pôle en $s = s_1 = s_1(\alpha)$. L'intégrale (7) s'écrit :

$$I(\Omega, \alpha) = \int_{-\infty}^{+\infty} G(s, \alpha)e^{-\Omega s^2}ds \tag{10}$$

avec :

$$G(s, \alpha) = \overline{G}(s, \alpha)e^{\Omega q(z_s)} \tag{11}$$

$$\overline{G}(s, \alpha) = g(z, \alpha)\frac{dz}{ds} \tag{12}$$

Dans la méthode de Pauli-Clemmow, on pose :

$$G(s, \alpha) = \frac{T(s, \alpha)}{s - s_1(\alpha)} \tag{13}$$

La fonction $T(s)$ est holomorphe et peut être développée en série de Taylor au voisinage de $s = 0$. En omettant d'écrire explicitement la dépendance par rapport à α, on a :

$$T(s) = (s - s_1)G(s) = \sum_{n=0}^{\infty} A_n s^n \tag{14}$$

d'où :

$$G(s) = \sum_{n=0}^{\infty} \frac{A_n s^n}{s - s_1} = \sum_{n=0}^{\infty} \frac{A_n s^n(s + s_1)}{s^2 - s_1^2}$$

et :

$$I(\Omega) = \sum_{n=0}^{\infty} A_n \int_{-\infty}^{+\infty} \frac{e^{-\Omega s^2}}{s^2 - s_1^2} s^n(s + s_1)\, ds \tag{15}$$

Les intégrales intervenant dans (15) sont du type :

$$\int_{-\infty}^{+\infty} \frac{e^{-\Omega s^2}}{s^2 - s_1^2} s^m\, ds \tag{16}$$

Pour m impair, elles sont nulles. Il reste uniquement les termes pairs $m = 2p$ $(p = 1, 2, ...)$.

On pose :

$$J_p = \int_{-\infty}^{+\infty} \frac{e^{-\Omega s^2}}{s^2 - s_1^2} s^{2p}\, ds$$

Terme d'ordre zéro

Si on se limite au premier terme du développement (15), on a :

$$J_0 = \int_{-\infty}^{+\infty} \frac{e^{-\Omega s^2}}{s^2 - s_1^2}\, ds = -\frac{1}{s_1^2}\sqrt{\frac{\pi}{\Omega}}\, F\left(-i\Omega s_1^2\right) \tag{17}$$

où $F(X)$ est la fonction de transition de Kouyoumjian donnée par :

$$F(X) = -2i\sqrt{X}\, e^{-iX} \int_{\sqrt{X}}^{\infty} e^{it^2} dt \ , \ -\frac{\pi}{2} < \arg X < 3\frac{\pi}{2} \tag{18}$$

Cette fonction est définie sur le feuillet de Rieman supérieur du plan complexe X avec une coupure le long de l'axe imaginaire négatif (Fig. 4). Elle converge quand $|X| \to \infty$ pour $I_m X < 0$, [FM], [Ro].

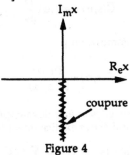

$I_m x$

$R_e x$

coupure

Figure 4

En portant (17) dans (15), on obtient la solution asymptotique uniforme de Pauli-Clemmow, à l'ordre $O(\Omega^{-\frac{1}{2}})$:

$$I(\Omega) = A_0 s_1 - \frac{1}{s_1^2}\sqrt{\frac{\pi}{\Omega}}\, F\!\left(-i\Omega s_1^2\right)$$

et comme $A_0 = T(0) = -s_1\, G(0)$, il s'ensuit :

$$I(\Omega) = \sqrt{\frac{\pi}{\Omega}}\, G(0)\, F(\Omega a) \tag{19}$$

avec :

$$a = -is_1^2 = i\big[q(z_0) - q(z_s)\big] \tag{20}$$

On peut vérifier que la solution (19) a bien les propriétés recherchées. En effet, lorsque le pôle s_1 traverse le chemin de descente maximum, on a par définition $I_m q(z_0) = I_m q(z_s)$, d'où, compte tenu de (9) :

$$I_m(-s_1^2) = 0 \ , \ s_1 \in \gamma$$

et par conséquent :

$$R_e(-i\Omega s_1^2) = 0 \ , \ s_1 \in \gamma \tag{21}$$

D'autre part, en désignant par R_1 le résidu du pôle de l'intégrant de (10), on a :

$$R_1 = T(s_1)\, e^{-i\Omega s_1^2} \tag{22}$$

Pour que R_1 converge quand $\Omega \to \infty$, il faut que $R_e s_1^2 > 0$ ce qui entraîne $I_m(-i\Omega s_1^2) < 0$. Dans ces conditions, compte tenu de la coupure le long de l'axe imaginaire négatif du plan complexe X (Fig. 4), $\sqrt{X}$ et par suite F(X), ont un saut quand le pôle traverse γ.

Comme $R_e X = I_m s_1^2 = 0$ sur γ, et que $R_e s_1^2 > 0$, on a aussi $I_m s_1 = 0$ sur γ.

En choisissant la détermination suivante de $\sqrt{X}$ pour $R_e X > 0$:

$$\sqrt{X} = \sqrt{-i\Omega s_1^2} = e^{-i\frac{\pi}{4}} \sqrt{\Omega}\, s_1 \tag{23}$$

on a pour $R_e X < 0$:

$$\sqrt{X} = e^{3i\frac{\pi}{4}} \sqrt{\Omega}\, s_1 \tag{24}$$

Il en résulte, compte tenu de (18), que le saut de $F(-i\Omega s_1^2)$ quand $R_e(-i\Omega s_1^2)$ passe par zéro à partir de sa valeur négative, a pour expression :

$$\delta F(-i\Omega s_1^2) = -2i s_1 \sqrt{\pi\Omega}\, e^{-\Omega s_1^2}$$

Il en résulte le saut $\delta I(\Omega)$ de la solution (19) :

$$\delta I(\Omega) = 2\pi i(-s_1)\, G(0) = 2\pi i\, T(0)\, e^{-\Omega s_1^2} \tag{25}$$

Lorsque le pôle traverse le chemin de descente maximum en $s_1 = 0$, on a $2\pi i R_1 = 2\pi i T(0)$. Le saut de la solution (19) compense par conséquent exactement la disparition du résidu (22).

En outre, quand $|R_e(\Omega a)| \gg 1$, la fonction $F(\Omega a)$ peut être remplacée par son développement asymptotique :

$$F(\Omega a) = 1 - i\frac{1}{2\Omega a} - \frac{3}{4}\frac{1}{(\Omega a)^2} + O(\Omega^{-3}) \tag{26}$$

Loin du chemin de descente maximum, on retrouve par conséquent le premier terme du développement asymptotique non uniforme de l'intégrale (10) :

$$I_{nu}(\Omega) = \sqrt{\frac{\pi}{\Omega}}\, G(0) + O(\Omega^{-\frac{3}{2}}) \tag{27}$$

Il en résulte que la solution (19) est uniforme par rapport à la position du pôle de chaque côté du chemin de descente maximum γ. Sur γ, elle a un saut égal au résidu du pôle de l'intégrant. Une conséquence immédiate est que l'expression :

$$S_u^0(\Omega) = 2\pi i R_1 U\left[-R_e(-i\Omega s_1^2)\right] + \sqrt{\frac{\pi}{\Omega}}\, G(0)\, F(\Omega a) + O(\Omega^{-\frac{3}{2}}) \tag{28}$$

où U désigne la fonction d'Heaviside, est une solution asymptotique uniformément valable quelle que soit la position du pôle.

Termes d'ordre supérieur

L'intégrale (16) se met sous la forme :

$$J_P = (-1)^P \frac{d^P}{d\Omega^P} \int_{-\infty}^{+\infty} \frac{e^{-\Omega s^2}}{s^2 - s_1^2} \, ds \qquad (29)$$

Pour p = 1, on obtient, compte tenu de (17) et (18) :

$$J_1 = \sqrt{\frac{\pi}{\Omega}} \left[1 - F(-i\Omega s_1^2) \right] \qquad (30)$$

et :

$$
\begin{aligned}
I(\Omega) &= -\frac{A_0}{s_1} \sqrt{\frac{\pi}{\Omega}} \, F(-i\Omega s_1^2) + (A_1 + s_1 A_2) \sqrt{\frac{\pi}{\Omega}} \left[1 - F(-i\Omega s_1^2) \right] \\
&= \sqrt{\frac{\pi}{\Omega}} \frac{1}{s_1} \left\{ (A_0 + s_1 A_1 + s_1^2 A_2) \left[1 - F(-i\Omega s_1^2) \right] - A_0 \right\}
\end{aligned}
\qquad (31)
$$

On voit qu'à l'ordre p = 1, il faut calculer les coefficients du développement (14) jusqu'à l'ordre n = 2. Compte tenu de la complexité de l'intégrant de (5), le calcul explicite des coefficients A_1 et A_2 est très lourd et aux ordres p>1, la méthode de Pauli-Clemmow devient impraticable. On peut cependant calculer formellement la somme des termes de la série (15) pour chaque ordre en $\Omega^{-\left(\frac{n+1}{2}\right)}$ ($n \geq 0$). Des expressions explicites de ces termes ont été obtenues dans [Ge].

D'après (19) et (31), on voit que pour p = 0 et p = 1, on obtient uniquement des termes d'ordre $\Omega^{-\frac{1}{2}}$. Pour p > 1, les auteurs cités ont montré que des termes d'ordre supérieur à $\Omega^{-\frac{1}{2}}$ apparaissent, en plus de nouveaux termes d'ordre $\Omega^{-\frac{1}{2}}$.

On remarque aussi qu'au troisième membre de (31), les termes suivants :

$$A_0 + s_1 A_1 + s_1^2 A_2$$

sont les premiers termes du développement en série de Taylor de T(s) pour $s = s_1$. Cette propriété est vraie à un ordre p quelconque et permet de remplacer la somme des termes d'ordre $\Omega^{-\frac{1}{2}}$ par l'expression :

$$I(\Omega) = \sqrt{\frac{\pi}{\Omega}} \frac{1}{s_1} \left\{ T(s_1) \left[1 - F(-i\Omega s_1^2) \right] - T(0) \right\} \qquad (32)$$

Pour démontrer (32), on part de (15) qui s'écrit sous la forme :

$$I(\Omega) = \sum_{p=0}^{\infty} A_{2p} s_1 J_p + A_{2p+1} J_{p+1} \qquad (33)$$

On a d'autre part d'après (29) :

$$J_{p+1} = -\frac{d}{d\Omega} J_P \qquad (34)$$

En partant de l'expression de J_1 qui se met sous la forme :

$$J_1 = \int_{-\infty}^{+\infty} e^{-\Omega s^2} ds + s_1^2 J_0$$

et en lui appliquant (33), on obtient :

$$J_2 = \int_{-\infty}^{+\infty} s^2 e^{-\Omega s^2} ds + s_1^2 J_1$$

$$J_3 = \int_{-\infty}^{+\infty} s^4 e^{-\Omega s^2} ds + s_1^2 J_2$$

$$\text{-----} \quad \text{-----------------------}$$

$$J_p = \int_{-\infty}^{+\infty} s^{2p} e^{-\Omega s^2} ds + s_1^2 J_{p-1}$$

Les intégrales donnent des termes d'ordre supérieur à $\Omega^{-\frac{1}{2}}$. En se limitant aux termes d'ordre $\Omega^{-\frac{1}{2}}$ et en désignant par $\bar{J}_p$ la restriction de J_p aux termes de cet ordre, on a par conséquent : $\bar{J}_p = s_1^{2(p-1)} \bar{J}_1$

et comme $\bar{J}_1 = J_1$, (32) s'écrit :

$$I(\Omega) = A_0 s_1 J_0 + J_1 \sum_{p=1}^{\infty} A_{2p} s_1^{2p-1} + A_{2p+1} s_1^{2p}$$

$$= A_0 s_1 J_0 + \frac{J_1}{s_1} [T(s_1) - T(0)]$$

En remplaçant J_0 et J_1 par leurs expressions (17) et (30), on obtient finalement (32). La solution (32) peut encore s'écrire sous la forme :

$$I(\Omega) = \sqrt{\frac{\pi}{\Omega}} \left[\frac{T(s_1) - T(0)}{s_1} - \frac{T(s_1)}{s_1} F(-i\Omega s_1^2) \right] \qquad (35)$$

et d'après le comportement de la fonction de transition $F(x)$ quand le pôle traverse le chemin de descente maximum, on a :

$$I(\Omega) = \begin{cases} \sqrt{\dfrac{\pi}{\Omega}} \left[\dfrac{T(s_1) - T(0)}{s_1} - \dfrac{T(s_1)}{s_1} F(X^+) \right], & R_e X < 0 \\[3mm] \sqrt{\dfrac{\pi}{\Omega}} \left[\dfrac{T(s_1) - T(0)}{s_1} - \dfrac{T(s_1)}{s_1} F(X^+) \right] + 2\pi i R_1, & R_e X > 0 \end{cases} \qquad (36)$$

où $R_e X^+ = 0^+$.

Il en résulte que l'expression suivante :

$$S_u(\Omega) = 2\pi i R_1 U \left[-R_e \left(-i\Omega s_1^2 \right) \right] + \sqrt{\frac{\pi}{\Omega}} \left[\frac{T(s_1) - T(0)}{s_1} - \frac{T(s_1)}{s_1} F(X) \right] \qquad (37)$$

est uniforme en fonction de la position du pôle quel que soit l'endroit où le pôle traverse le chemin de descente maximum alors que dans l'expression (28), l'uniformité n'est réalisée que si le pôle traverse le chemin de descente maximum en passant par le point stationnaire.

En écrivant (35) sous la forme :

$$I(\Omega) = \sqrt{\frac{\pi}{\Omega}} \left\{ \frac{T(s_1) - T(0)}{s_1} \left[1 - F\left(-i\Omega s_1^2\right)\right] - \frac{T(0)}{s_1} F\left(-i\Omega s_1^2\right) \right\} \qquad (38)$$

on voit que la solution (19) est un développement asymptotique incomplet à l'ordre $\Omega^{-\frac{1}{2}}$, le terme manquant étant :

$$\sqrt{\frac{\pi}{\Omega}} \frac{T(s_1) - T(0)}{s_1} \left[1 - F\left(-i\Omega s_1^2\right)\right] \qquad (39)$$

Ce terme s'annule quand le pôle est loin du chemin de descente maximum. Mais au voisinage de ce chemin il n'est pas nul. En particulier quand s_1 tend vers zéro, il est proportionnel à la dérivée de la fonction $T(s)$. On montre au § 5.3.1.3 en appliquant ces expressions à la formule (5) que ce terme est négligeable dans le cas du dièdre à faces planes parfaitement conducteur, illuminé par une onde plane. Mais dans beaucoup d'autre situations pratiques dont quelques unes sont recensées au § 5.3.5, ce terme ne peut être négligé.

5.3.1.2. *Méthode de Van der Waerden*

Dans la méthode de Van der Waerden, on pose :

$$G(s) = \frac{A}{s - s_1} + H(s) \qquad (40)$$

où $H(s)$ est une fonction holomorphe. En portant (40) dans (10), on a :

$$I(\Omega) = \int_{-\infty}^{+\infty} \frac{A}{s - s_1} e^{-\Omega s^2} ds + \int_{-\infty}^{+\infty} H(s) e^{-\Omega s^2} ds \qquad (41)$$

La première intégrale se met encore sous la forme :

$$A \int_{-\infty}^{+\infty} \frac{s + s_1}{s^2 - s_1^2} e^{-\Omega s^2} ds = A s_1 \int_{-\infty}^{+\infty} \frac{e^{-\Omega s^2}}{s - s_1} ds = -\frac{A}{s_1} \sqrt{\frac{\pi}{\Omega}} F(-i\Omega s_1^2)$$

L'évaluation asymptotique de la seconde intégrale, à l'ordre $\Omega^{-\frac{1}{2}}$, donne :

$$\sqrt{\frac{\pi}{\Omega}} H(0) = \left[G(0) + \frac{A}{s_1} \right] \sqrt{\frac{\pi}{\Omega}} + O\left(\Omega^{-\frac{3}{2}} \right)$$

En remarquant que $A = T(s_1)$ et $G(0) = -\dfrac{T(0)}{s_1}$, on obtient en regroupant les deux termes :

$$I(\Omega) = \sqrt{\frac{\pi}{\Omega}}\, \frac{1}{s_1} \left\{ T(s_1)\left[1 - F(-i\Omega s_1{}^2)\right] - T(0) \right\} + O\left(\Omega^{-\frac{3}{2}}\right) \tag{42}$$

Cette expression est identique à (32). La méthode de Van der Waerden donne par conséquent directement le développement asymptotique complet de (10) à l'ordre $\Omega^{-\frac{1}{2}}$. A ce stade de l'analyse, on peut s'interroger sur l'intérêt de la méthode de Pauli-Clemmow. En fait, il s'avère que le calcul numérique de (42) est assez délicat puisque les termes dans l'accolade s'annulent au premier ordre pour s_1 tendant vers zéro et qu'il faut extraire de façon précise le second ordre. Ce problème ne se pose pas dans la solution de Pauli-Clemmow à l'ordre p = 0 ou p = 1, comme on peut le constater sur (19) et sur le second membre de (22). Mais il y a d'autres raisons, plus physiques, exposées au § 5.3.5, qui mettent en valeur la méthode de Pauli-Clemmow.

La solution (42) peut être écrite sous une autre forme, plus utile par la suite dans la construction d'un Ansatz pour la solution du problème de diffraction du dièdre à faces courbes. En posant :

$$V(s_1) = -\frac{1}{s_1}\, \frac{1}{2\pi i}\, \sqrt{\frac{\pi}{\Omega}}\, F(-i\Omega s_1{}^2)\, e^{\Omega s_1{}^2} \tag{43}$$

$$\hat{V}(s_1) = -\frac{1}{s_1}\, \frac{1}{2\pi i}\, \sqrt{\frac{\pi}{\Omega}}\, e^{\Omega s_1{}^2} \tag{44}$$

où $\hat{V}(s_1)$ est le premier terme du développement asymptotique de $V(s_1)$, et en tenant compte de (27), on peut encore écrire (42) sous la forme :

$$I(\Omega) = 2\pi i R_1\left[V(s_1) - \hat{V}(s_1)\right] + I_{nu}(\Omega) \tag{45}$$

On a vu au § 5.3.1.1 que la fonction $F(-i\Omega s_1{}^2)$ a un saut lorsque le pôle traverse le chemin de descente maximum γ. Il en est par conséquent de même de $V_1(s_1)$.

En portant (23) puis (24) dans (43) et en tenant compte de (18), on voit que le saut de $V(s_1)$ est égal à -1. Il en résulte que $V(s_1)$ se met sous la forme :

$$V(s_1) = \overline{F}(e^{-i\frac{\pi}{4}}\sqrt{\Omega}\, s_1) - U\left[-R_e(-i\Omega s_1{}^2)\right] \tag{46}$$

où $\overline{F}(u)$ est la fonction de Fresnel :

$$\overline{F}(u) = \frac{e^{-i\frac{\pi}{4}}}{\sqrt{\pi}} \int_{u}^{\infty} e^{it^2}\, dt \tag{47}$$

En posant :

$$\tau = e^{-i\frac{\pi}{4}} \sqrt{\Omega}\, s_1 \qquad (48)$$

la solution (45) s'écrit :

$$I(\Omega) = 2\pi i R_1 \left[\overline{F}(\tau) - \hat{\overline{F}}(\tau) \right] + I_{nu}(\Omega) - 2\pi i R_1 U(-I_m s_1) \qquad (49)$$

avec :

$$\hat{\overline{F}}(\tau) = \frac{1}{2\tau\sqrt{\pi}}\, e^{i\left(\tau^2 + \frac{\pi}{4}\right)} \qquad (50)$$

Finalement, la solution uniforme obtenu en ajoutant à (49) la contribution du pôle donnée par $2\pi i R_1 U\left[-R_e(-i\Omega s_1^2)\right]$ s'écrit :

$$S_u(\Omega) = 2\pi i R_1 \left[\overline{F}(\tau) - \hat{\overline{F}}(\tau) \right] + I_{nu}(\Omega) \qquad (51)$$

Pour τ réel et $|\tau| \to \infty$, on a :

$$\overline{F}(\tau) = U(-\tau) + \hat{\overline{F}}(\tau) + O(\Omega^{-\frac{3}{2}}) \qquad (52)$$

Quand le pôle est loin du chemin de descente maximum, la solution uniforme (51) se réduit par conséquent à :

$$S_u(\Omega) = 2\pi R_1 U(-\tau) + I_{nu}(\Omega) + o(\Omega^{-\frac{1}{2}}) \qquad (53)$$

Nous allons maintenant appliquer les deux méthodes vues ci-dessous au dièdre à faces planes.

5.3.1.3. *Application au dièdre à faces planes*

L'intégrant de (5) a deux points stationnaires : $\xi_s = \pm\pi$. Le champ diffracté par l'arête est par conséquent donné par :

$$\begin{pmatrix} E_Z^D \\ \eta H_Z^D \end{pmatrix} = \frac{e^{-ikz\cos\beta_0}}{4\pi i n} \int_{\Gamma+\Gamma'} e^{-ik\rho\sin\beta_0\cos\xi} \left[\cot g\left(\frac{\xi+\phi-\phi'}{2n}\right) \mp \cot g\left(\frac{\xi+\phi+\phi'}{2n}\right) \right] d\xi \qquad (54)$$

où Γ et Γ' sont les chemins de descente maximum passant par $\xi_s = \pi$ et $\xi_s = -\pi$ (Fig. 3).

METHODE DE PAULI-CLEMMOW

Terme d'ordre zéro

La contribution du champ diffracté à la solution asymptotique uniforme d'ordre zéro donnée par (28), est représentée par le terme (19). Il faut par conséquent calculer G(0) et l'argument a de la fonction de transition F.

D'après (11) et (12), on a en remplaçant z par ξ :

$$G(0) = g(\xi_s, \alpha) \, e^{\Omega q(\xi_s)} \left(\frac{d\xi}{ds} \right)_{s=0} \tag{55}$$

(54) donne :

$$q(\xi) = -i \cos\xi \quad , \quad q''(\xi) = i \cos\xi \tag{56}$$

d'où :

$$q(\pm\pi) = i \quad , \quad q''(\pm\pi) = -i \tag{57}$$

On a d'autre part :

$$\left(\frac{d\xi}{ds} \right)_{s=0} = \left| \sqrt{\frac{2}{q''(\xi_s)}} \right| e^{i\alpha} = \sqrt{2} \, e^{i\alpha} \tag{58}$$

où α est la phase de $\left(\dfrac{dz}{ds} \right)$ qui est identique à la phase de (dz) puisque ds est réel.

D'après les angles que font les tangentes aux contours Γ et Γ' en $\xi_s = \pi$ et $\xi_s = -\pi$ respectivement, on a :

$$e^{i\alpha} = \begin{cases} e^{3i\frac{\pi}{4}} = ie^{i\frac{\pi}{4}} & \text{en } \xi_s = \pi \\[2mm] e^{-i\frac{\pi}{4}} = -ie^{i\frac{\pi}{4}} & \text{en } \xi_s = -\pi \end{cases} \tag{59}$$

L'expression de a est donnée par (20), d'où d'après (57) et (6) :

$$a = 1 + iq(z_0) = 1 + iq(-\beta + 2nN^{\pm}\pi) = \overset{\pm}{a}(\beta) \tag{60}$$

où :

$$\beta = \phi \pm \phi' \equiv \overset{\pm}{\beta} \tag{61}$$

et où $N^{\pm}$ sont les nombres entiers qui satisfont au plus près les équations :

$$2nN^{\pm}\pi - \beta = \pm\pi \tag{62}$$

En tenant compte des relations (55) à (62) et de (19), la contribution du champ diffracté à la solution asymptotique uniforme d'ordre zéro a pour expression :

$$\begin{pmatrix} E_z^D \\ \eta H_z^D \end{pmatrix}_0 \cong \frac{e^{ik(z\cos\beta_0 + \rho\sin\beta_0)}}{2n\sqrt{2\pi k\rho \sin\beta_0}} \left\{ \cot g\left(\frac{\pi + \overline{\beta}}{2n} \right) F\left[K \overset{+}{a}(\overline{\beta}) \right] + \cot g\left(\frac{\pi - \overline{\beta}}{2n} \right) F\left[K \overset{-}{a}(\overline{\beta}) \right] \right.$$

$$\left. \mp \left(\cot g\left(\frac{\pi + \overset{+}{\beta}}{2n} \right) F\left[K \overset{+}{a}(\overset{+}{\beta}) \right] + \cot g\left(\frac{\pi - \overset{+}{\beta}}{2n} \right) F\left[K \overset{-}{a}(\overset{+}{\beta}) \right] \right) \right\}$$

où on a posé $K = k\rho \sin\beta_0$.

Termes d'ordre supérieur

La somme des termes d'ordre supérieur est donnée par (29). Dans le cas d'un dièdre à faces planes illuminé par une onde plane, ce terme est négligeable. Pour le montrer, on considère un des termes de (54) :

$$I = \int_\Gamma e^{-ik\rho \sin\beta_0 \cos\xi} \cot g\left(\frac{\xi + \phi - \phi'}{2n}\right) d\xi \qquad (64)$$

Compte tenu de (9), (56) (57) et (59), on a pour le contour Γ passant par $\xi_s = \pi$:

$$\frac{d\xi}{ds} = \frac{\sqrt{2}}{\sin\frac{\xi}{2}} e^{3i\frac{\pi}{4}}$$

$$s = \sqrt{2} \cos\frac{\xi}{2} e^{i\frac{\pi}{4}} \qquad (65)$$

d'où :

$$T(s) = G(s)(s - s_1) = 2\frac{\left(\cos\frac{\beta}{2} - \cos\frac{\xi}{2}\right)}{\sin\frac{\xi}{2}} \cot g\left(\frac{\xi + \beta}{2n}\right) = Q(\xi) \qquad (66)$$

où $\beta = \phi - \phi'$.

Il s'ensuit, en prenant la limite de (66) quand s tend vers s_1, ce qui revient à faire tendre ξ vers le pôle $\xi_1 = -\beta$:

$$T(s_1) = Q(-\beta) = 2n \qquad (67)$$

D'autre part, pour $s = 0$, ou $\xi = \xi_s = \pi$, (66) donne :

$$T(0) = Q(\pi) = 2\cos\frac{\beta}{2} \cot g\left(\frac{\pi + \beta}{2n}\right) \qquad (68)$$

Lorsque s_1 tend vers zéro, le pôle tend vers le point stationnaire $\xi_s = \pi$ et par conséquent β tend vers $-\pi$. Le développement limité de (68) au voisinage de $\beta = -\pi$ a pour expression :

$$T(0) \approx 2n - \frac{n\varepsilon^2}{12}\left(1 - \frac{2}{n^2}\right) + \dots \qquad (69)$$

et compte tenu de (65) :

$$s_1 \approx \frac{\sqrt{2}}{2} e^{i\frac{\pi}{4}} \varepsilon \qquad (70)$$

d'où :

$$\frac{T(s_1) - T(0)}{s_1} \approx n\varepsilon\frac{\sqrt{2}}{12} e^{-i\frac{\pi}{4}}\left(1 - \frac{2}{n^2}\right) \qquad (71)$$

La somme des termes d'ordre supérieur donnée par (39) s'annule par conséquent lorsque s_1 tend vers zéro (ou $\varepsilon \to 0$). Sa contribution est de ce fait nulle sur la ligne de transition ou frontière d'ombre et reste négligeable dans la zone de transition.

Le même calcul peut être refait pour les trois autres termes de (54) et conduit à la même conclusion.

Expression vectorielle de la solution : coefficients de diffraction dyadique

Les composantes transverses du champ diffracté se déduisent des composantes longitudinales données par (5) à l'aide des équations de Maxwell.

En appliquant l'opérateur $\nabla_t = \hat{\rho}\dfrac{\partial}{\partial\rho} + \dfrac{\hat{\phi}}{\rho}\dfrac{\partial}{\partial\phi}$ à l'intérieur de l'intégrale (5) et en ne conservant que le terme dominant lorsque k est grand, on obtient :

$$\begin{pmatrix} \nabla_t \vec{E}_z \\ \eta \nabla_t \vec{H}_z \end{pmatrix} \approx \hat{\rho}\frac{e^{ikz\cos\beta_0}}{4\pi in} \int_{L+L'}(-i)k\sin\beta_0\cos\xi\left[\cot g\left(\frac{\xi+\phi-\phi'}{2n}\right)\right.$$
$$\left.\mp\cot g\left(\frac{\xi+\phi+\phi'}{2n}\right)\right]e^{-ik\rho\sin\beta_0\cos\xi}\,d\xi \tag{72}$$

d'où, en séparant le champ diffracté comme dans (54) et en effectuant le développement asymptotique uniforme limité à l'ordre zéro :

$$\begin{pmatrix} \nabla_t \vec{E}_Z^D \\ \eta \nabla_t \vec{H}_Z^D \end{pmatrix} \approx \hat{\rho}\, k\sin\beta_0 \begin{pmatrix} E_Z^D \\ \eta H_Z^D \end{pmatrix} \tag{73}$$

Dans (5) et (63), on a supposé que $E_z^i = \eta H_z^i = 1$. Si $(\vec{E}^i, \vec{H}^i)$ désigne le champ électromagnétique d'une onde incidente plane, (63) s'écrit :

$$\begin{pmatrix} E_Z^D \\ \eta H_Z^D \end{pmatrix}_0 = \begin{pmatrix} E_z^i \\ \eta H_z^i \end{pmatrix}\sqrt{\sin\beta_0}\; D_{\substack{s\\h}}\,\frac{e^{ik(z\cos\beta_0+\rho\sin\beta_0)}}{\sqrt{\rho}} \tag{74}$$

où les notations suivantes, introduites par Kouyoumjian et Pathak [KP], sont utilisées :

$$D_{\substack{s\\h}} = \frac{1}{\sin\beta_0}\left(\overset{+}{d}(\bar{\beta},n)\,F\left[\overset{+}{K}\bar{a}(\bar{\beta})\right] + \overset{-}{d}(\bar{\beta},n)\,F\left[\overset{-}{K}\bar{a}(\bar{\beta})\right]\right.$$
$$\left.\mp\left\{\overset{+}{d}(\overset{+}{\beta},n)\,F\left[\overset{+}{K}\overset{+}{a}(\bar{\beta})\right] + \overset{-}{d}(\bar{\beta},n)\,F\left[\overset{-}{K}\overset{+}{a}(\bar{\beta})\right]\right\}\right) \tag{75}$$

avec :

$$\overset{\pm}{d}(\beta,n) = -\frac{e^{i\frac{\pi}{4}}}{n\sqrt{2\pi k}}\frac{1}{2}\cot g\left(\frac{\pi\pm\beta}{2n}\right) \tag{76}$$

Il est commode d'exprimer la solution sous la forme dyadique en utilisant les systèmes de vecteurs unitaires liés au rayon incident et au rayon diffracté. Pour cela, on considère le trièdre direct $(\hat{\imath}, \hat{\phi}', \hat{\beta}')$ (resp. $(\hat{d}, \hat{\phi}, \hat{\beta})$) attaché au rayon incident (resp. diffracté), défini au § 1.3.4.2. En écrivant le champ incident $(\vec{E}^i, \vec{H}^i)$ et le champ diffracté $(\vec{E}^D, \vec{H}^D)$ sous la forme :

$$\vec{E}^i = \hat{\beta}' E^i_{//} + \hat{\phi}' E^i_\perp \quad , \quad \vec{H}^i = \hat{\beta} H^i_\perp + \hat{\phi}' H^i_{//}$$

$$\vec{E}^D = \hat{\beta} E^D_{//} + \hat{\phi} E^D_\perp \quad , \quad \vec{H}^D = \hat{\beta} H^D_\perp + \hat{\phi} H^D_{//} \tag{77}$$

où $H^i_{//}, H^i_\perp$ et $H^D_{//}, H^D_\perp$ sont les composantes du champ magnétique incident et diffracté associés respectivement à $E^i_{//}, E^i_\perp$ et $E^D_{//}, E^D_\perp$, on obtient, à partir de (74) et (73), pour le terme d'ordre zéro du développement asymptotique :

$$\begin{pmatrix} E^D_z \\ H^D_z \end{pmatrix}_0 \cong \begin{pmatrix} E^i_{//} \\ H^i_\perp \end{pmatrix} \sin\beta_0 \, D_{\substack{s\\h}} \, \frac{e^{iks}}{\sqrt{s}} \tag{78}$$

$$\begin{pmatrix} \vec{\nabla} E^D_z \\ \vec{\nabla} H^D_z \end{pmatrix}_0 \cong \hat{\rho} \begin{pmatrix} E^i_{//} \\ H^i_\perp \end{pmatrix} ik \sin^2\beta_0 \, D_{\substack{s\\h}} \, \frac{e^{iks}}{\sqrt{s}} \tag{79}$$

où ρ et z ont été remplacés respectivement par $s \sin\beta$ et $s \cos\beta$, s étant la distance du point d'observation au point de diffraction sur l'arête.

Pour un problème invariant par translation, les équations de Maxwell permettent d'exprimer les composantes transverses en fonction des composantes longitudinales :

$$\vec{E}_t = ik_z \frac{\vec{\nabla}_t E_z}{k^2 - k_z^2} - ik\eta \frac{\hat{z} \times \vec{\nabla}_t H_z}{k^2 - k_z^2}$$

$$\vec{H}_t = ik_z \frac{\vec{\nabla}_t H_z}{k^2 - k_z^2} - ik\eta \frac{\hat{z} \times \vec{\nabla}_t E_z}{k^2 - k_z^2} \tag{80}$$

où $k_z = k \cos\beta_0$.

En tenant compte des relations (77) à (80) et en notant que $\hat{\rho} = \hat{s} \sin\beta_0 + \hat{\beta} \cos\beta_0$, $\hat{z} = \hat{s} \cos\beta_0 - \hat{\beta} \sin\beta_0$, $\hat{z} \times \hat{\rho} = \hat{\phi}$, on obtient :

$$\vec{E}^D_0 = \vec{E}^D_t + \hat{z} E^D_z \cong \left(-\hat{\beta} E^i_{//} D_s - \hat{\phi} E^i_\perp D_h \right) \frac{e^{iks}}{\sqrt{s}}$$

et puisque $E^i_{//} = \vec{E}_i \cdot \hat{\beta}'$, $E^i_\perp = \vec{E}_i \cdot \hat{\phi}'$:

$$\vec{E}^D_0 = \left(-\hat{\beta}\hat{\beta}' D_s - \hat{\phi}\hat{\phi}' D_h \right) \cdot \vec{E}_i \frac{e^{iks}}{\sqrt{s}} \tag{81}$$

On montre de même que :

$$\vec{H}_0^D = \left(-\hat{\beta}\hat{\beta}'\mathcal{D}_h - \hat{\phi}\hat{\phi}'\mathcal{D}_s\right)\cdot\vec{H}_i \, \frac{e^{iks}}{\sqrt{s}} \tag{82}$$

Les dyades :

$$\overline{D}_E = -\hat{\beta}\hat{\beta}'\mathcal{D}_s - \hat{\phi}\hat{\phi}'\mathcal{D}_h$$
$$\overline{D}_H = -\hat{\beta}\hat{\beta}'\mathcal{D}_h - \hat{\phi}\hat{\phi}'\mathcal{D}_s \tag{83}$$

sont les coefficients de diffraction dyadiques pour le champ électrique et le champ magnétique diffractés.

METHODE DE VAN DER WAERDEN

L'expression générale de la solution uniforme issue de cette méthode est donnée par (51). Pour appliquer cette expression, qui donne directement le champ total, à l'intégrale (5), il faut calculer le résidu R_1 et le paramètre τ.

On suppose que le champ incident éclaire la face OX (Fig. 2). Dans ce cas, on a $\phi' < \pi$ et (5) a deux pôles : $\xi_1 = \phi' - \phi$, $\xi_2 = -(\phi + \phi')$ auxquels correspondent les résidus R_1 et R_2 donnés par :

$$R_1 = \frac{1}{2\pi i} e^{ik[z\cos\beta_0 - \rho\sin\beta_0\cos(\phi - \phi')]} \tag{84}$$

$$R_2 = \mp\frac{1}{2\pi i} e^{ik[z\cos\beta_0 - \rho\sin\beta_0\cos(\phi + \phi')]} \tag{85}$$

On voit que $2\pi i R_1$ et $2\pi i R_2$ correspondent respectivement au champ direct et au champ réfléchi. Comme les pôles R_1 et R_2 sont définis par (84) et (85) quelles que soient les positions des pôles ξ_1 et ξ_2 sur l'axe réel du plan complexe ξ, qu'ils soient à l'intérieur du contour fermé de la figure 3, ou à l'extérieur de celui-ci, il faut étendre la notion de champ direct et de champ réfléchi à tout l'espace. Cela ne pose pas de problème pour le champ direct qui est identique à celui existant en l'absence du dièdre. Pour généraliser le champ réfléchi, il faut prolonger la face sur laquelle a lieu la réflexion au-delà de l'arête et étendre la définition classique par continuité de la phase comme cela est indiqué sur la figure 5.

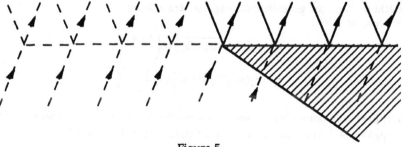

Figure 5

Il n'est pas nécessaire, pour l'application de la formule (51), d'étendre la définition du champ direct et du champ réfléchi à l'intérieur du dièdre. On restreint par conséquent leur domaine de définition au domaine extérieur du dièdre.

Pour déterminer le paramètre τ, on part de sa définition (48) dans laquelle on remplace s_1 par son expression donnée par (20). L'application à (5) donne :

$$\tau_1{}^2 = 2k\rho\sin\beta_0\cos^2\left(\frac{\phi-\phi'}{2}\right) \tag{86}$$

$$\tau_2{}^2 = 2k\rho\sin\beta_0\cos^2\left(\frac{\phi+\phi'}{2}\right) \tag{87}$$

où τ_1 et τ_2 correspondent aux pôles ξ_1 et ξ_2. On peut donner une interprétation géométrique à τ_1 et τ_2. En effet, en supposant que l'origine des phases est au point de diffraction, on a en désignant par kS_i et kS_r respectivement la phase du champ incident et du champ diffracté au point d'observation $M(\rho,\phi)$:

$$kS_i(M) = -k\rho\sin\beta_0\cos\left(\frac{\phi-\phi'}{2}\right)$$
$$kS_r(M) = k\rho \tag{88}$$

d'où :

$$k\left[S_r(M) - S_i(M)\right] = 2k\rho\sin\beta_0\cos^2\left(\frac{\phi-\phi'}{2}\right) = \tau_1{}^2 \tag{89}$$

Or (89) correspond au "détour" que fait la phase en suivant le rayon diffracté. Pour le champ réfléchi, on a de même :

$$k\left[S_r(M) - S_R(M)\right] = 2k\rho\sin\beta_0\cos^2\left(\frac{\phi+\phi'}{2}\right) = \tau_2{}^2 \tag{90}$$

Les paramètres τ_1 et τ_2 ont été appelés "paramètres de détour" par Lee et Deschamps [LD]. Leur signe peut être défini en imposant à $U(-\tau)$ dans (53) d'être égal à 1 quand le point d'observation est atteint par le champ direct ou le champ réfléchi de l'optique géométrique et égal à zéro ailleurs.

Pour cela, on pose :

$$\tau_1 = \varepsilon_1(\bar{\rho})\sqrt{2k\rho\sin\beta_0}\left|\cos\left(\frac{\phi-\phi'}{2}\right)\right|$$
$$\tau_2 = \varepsilon_2(\bar{\rho})\sqrt{2k\rho\sin\beta_0}\left|\cos\left(\frac{\phi+\phi'}{2}\right)\right| \tag{91}$$

où $\varepsilon_1(\bar{\rho})=1$ si le point d'observation est dans l'ombre du champ incident de l'O.G. et $\varepsilon_1(\bar{\rho})=-1$ s'il est dans la région éclairée. De même, $\varepsilon_2(\bar{\rho})=1$ si le point d'observation est dans l'ombre géométrique du champ réfléchi et $\varepsilon_2(\vec{\rho})=-1$ s'il est dans la région d'existence du champ réfléchi.

En portant les relations (84) et (85) dans (53), on obtient la solution asymptotique uniforme suivante :

$$
\begin{pmatrix} E_z \\ \eta H_z \end{pmatrix} = e^{ik(z\cos\beta_0 - \rho\sin\beta_0\cos(\phi-\phi'))}\left[F(\tau_1) - \hat{F}(\tau_1)\right]
$$
$$
\mp e^{ik(z\cos\beta_0 - \rho\sin\beta_0\cos(\phi+\phi'))}\left[F(\tau_2) - \hat{F}(\tau_2)\right] \tag{92}
$$
$$
+ \sqrt{\frac{\sin\beta_0}{\rho}}\, D_{s\atop h}\, e^{ik(z\cos\beta_0 + \rho\sin\beta_0)}
$$

où $E_z^i = \eta H_z^i = 1$ et où $D_{s,h}$ est le coefficient de Keller donné au § 1.5. Il s'obtient à partir de (75) en remplaçant les fonctions de Fresnel par l'unité.

L'expression vectorielle de la solution uniforme s'obtient en calculant les composantes transverses à l'aide de (80). pour déterminer $\overrightarrow{\nabla_t E_z}$ et $\overrightarrow{\nabla_t H_z}$, on applique l'opérateur $\vec{\nabla}_t$ à l'intérieur de l'intégrale (5) puis on procède comme précédemment en calculant les résidus aux pôles ξ_1 et ξ_2 et en les portant dans (53). Il en résulte l'expression vectorielle suivante de la solution asymptotique uniforme du champ total au point $M(\rho,\phi)$:

$$
\vec{E}(M) = \vec{E}^i(M)\left[F(\tau_1) - \hat{F}(\tau_1)\right] + \vec{E}^R(M)\left[F(\tau_2) - \hat{F}(\tau_2)\right]
$$
$$
\left(-\hat{\beta}\hat{\beta}'D_s - \hat{\phi}\hat{\phi}'D_h\right)\cdot\vec{E}^i(Q)\frac{e^{ik|\overrightarrow{QM}|}}{\sqrt{QM}} \tag{93}
$$

où D_s et D_h ont les mêmes expressions que dans (92) et où $\vec{E}^i(M)$ et $\vec{E}^R(M)$ sont respectivement le champ incident et le champ réfléchi étendus à l'ensemble de l'espace extérieur au dièdre comme cela est illustré sur la figure 5.

5.3.2. Solutions asymptotiques uniformes pour un dièdre à faces courbes, parfaitement conducteur

5.3.2.1. *Solution UTD*

Le champ total, au point d'observation P, est écrit sous la forme :

$$
\vec{E}(P) = \vec{E}_{OG}^i(P) + \vec{E}_{OG}^R(P) + \vec{E}^D(P) \tag{94}
$$

où $\vec{E}_{OG}^i$ et $\vec{E}_{OG}^R$ sont le champ incident et le champ réfléchi de l'optique géométrique, donnés par (1) et où $\vec{E}^D$ est le champ diffracté par l'arête.

Pour construire la solution uniforme, Kouyoumjian et Pathak [KP] sont partis d'un Ansatz pour le champ $\vec{E}^D$, dérivé de la solution uniforme du dièdre à faces planes telle qu'elle est donnée par la méthode de Pauli-Clemmow. En considérant le dièdre localement tangent au dièdre à faces courbes, au point de diffraction (Q) et en adaptant le facteur de divergence de l'onde diffractée au cas d'une arête courbe, soumise à une onde incidente non nécessairement plane mais seulement localement plane, on peut écrire (81) sous la forme :

$$\vec{E}^D(P) = \left(-\hat{\beta}\hat{\beta}'D_s - \hat{\phi}\hat{\phi}'D_h\right) \cdot \vec{E}^i(Q) \sqrt{\frac{\rho}{s(\rho+s)}} \, e^{iks} \tag{95}$$

où ρ est le rayon de courbure de l'onde diffractée dans le plan de diffraction et $\vec{E}^i(Q)$ le champ incident au point de diffraction Q.

Pour que le champ diffracté $\vec{E}^D$ puisse compenser le saut du champ incident et du champ réfléchi sur chacune des faces du dièdre, à la traversée des frontières d'ombre, il faut pouvoir adapter les arguments des fonctions de Fresnel dans les expressions des coefficients de diffraction $D_{s,h}$ données par (75). Pour cela, on écrit l'Ansatz sous la forme (94) :

$$D_{\substack{s \\ h}} = \frac{1}{\sin\beta_0} \left(\overset{+}{d}(\bar{\beta},n) F\left[kL^i \overset{+}{a}(\bar{\beta}) \right] + \bar{d}(\bar{\beta},n) F\left[kL^i \bar{a}(\bar{\beta}) \right] \right.$$
$$\left. \mp \left\{ \overset{+}{d}(\overset{+}{\beta},n) F\left[kL^{ro} \overset{+}{a}(\overset{+}{\beta}) \right] + \bar{d}(\overset{+}{\beta},n) F\left[kL^m \overset{+}{a}(\overset{+}{\beta}) \right] \right\} \right) \tag{96}$$

où L^{ro} et L^m sont trois paramètres inconnus qui dans le cas d'un dièdre à faces planes soumis au champ d'une onde incidente plane sont égaux à la distance $\left| \overrightarrow{QP} \right| = s = \rho\sin\beta_0$. Le paramètre L^i est associé à l'onde incidente tandis que les paramètres L^{ro} et L^m sont associés aux ondes réfléchies sur les faces $\phi = 0$ et $\phi = n\pi$. Pour déterminer ces paramètres, on identifie le saut de la fonction de Fresnel au saut changé de signe du terme direct ou réfléchi correspondant.

D'après l'expression générale du saut de la fonction F(x) donnée à la suite de (23) et (24), on a :

$$\delta F[kLa] = 2e^{-i\frac{\pi}{4}} \sqrt{\pi kLa} \tag{97}$$

d'où, d'après (96), (60) et (76), le saut de $D_{s,h}$:

$$\delta D_{s,h} = \begin{cases} \dfrac{1}{\sin\beta_0} \sqrt{L^i} & , \ si \ L = L^i \\ \mp \dfrac{1}{\sin\beta_0} \sqrt{L^r} & , \ si \ L = L^r \end{cases} \tag{98}$$

où L^r désigne soit L^{ro}, soit L^m.

Les sauts du champ direct et du champ réfléchi sont donnés par :

$$\delta\vec{E}_{OG}^{i}(P) = \vec{E}^{i}(Q)\sqrt{\frac{\rho_1^i\rho_2^i}{\left(\rho_1^i+s\right)\left(\rho_2^i+s\right)}}\,e^{iks} \tag{99}$$

$$\delta\vec{E}_{OG}^{R}(P) = \vec{E}^{i}(Q)\left(\hat{u}_{//}^i\hat{u}_{//}^r R_h + \hat{u}_\perp\hat{u}_\perp R_s\right)\sqrt{\frac{\rho_1^r\rho_2^r}{\left(\rho_1^r+s\right)\left(\rho_2^r+s\right)}} \tag{100}$$

où $R_h = 1$ et $R_s = -1$ pour un conducteur parfait.

D'autre part, sur les frontières d'ombre du champ direct et réfléchi, on a :

$$\hat{u}_{//}^i = -\hat{\phi}'\quad,\quad \hat{u}_{//}^r = \hat{\phi}\quad,\quad \hat{u}_\perp = \hat{\beta} = -\hat{\beta}' \tag{101}$$

Il en résulte, compte tenu de (95), (98) et (99), que la continuité du champ direct à la traversée de la frontière d'ombre est vérifiée si :

$$L^i = \frac{s(\rho+s)\rho_1^i\rho_2^i\sin^2\beta_0}{\rho\left(\rho_1^i+s\right)\left(\rho_2^i+s\right)} \tag{102}$$

De même, en identifiant l'expression (100) au saut de (95), on voit, compte tenu de (101), que la continuité du champ réfléchi à la traversée des frontières d'ombre de ce dernier, associées à chacune des faces du dièdre, est vérifiée si :

$$L^r = \frac{s(\rho+s)\rho_1^r\rho_2^r\sin^2\beta_0}{\rho\left(\rho_1^r+s\right)\left(\rho_2^r+s\right)} \tag{103}$$

Les paramètres L^i et L^r donnés par (102) et (103) sont constants si la distance s du point de diffraction au point d'observation et le rayon de courbure ρ de l'onde diffractée dans le plan de diffraction sont calculés sur la frontière d'ombre du champ direct et sur les frontières d'ombre du champ réfléchi respectivement. Mais on peut aussi calculer s et ρ en fonction de la position du point d'observation P. Dans ce cas, les paramètres L^i et L^r varient en fonction de la position P. Dans l'un et l'autre cas, ils assurent la continuité du champ total à travers les frontières d'ombre du champ direct et réfléchi.

En résumé, la solution UTD est donnée par (95), (96), (102) et (103). Le champ total obtenu en ajoutant à cette solution le champ incident et le champ réfléchi de l'optique géométrique, est continu à travers les frontières d'ombre mais comme dans le cas du dièdre à faces planes, sa dérivée est discontinue. Ce défaut qui nécessite pour sa correction l'introduction d'un coefficient de diffraction de pente [KP2] n'existe pas dans la solution UAT.

5.3.2.2. *Solution UAT*

La solution uniforme de type UAT de Lee et Deschamps [LD] repose sur un Ansatz pour le champ total $\vec{E}$, dérivé de la solution uniforme du dièdre à faces planes obtenue à l'aide de la méthode de Van der Waerden. En adaptant le facteur de divergence de l'onde diffractée au cas d'une arête courbe soumise à une onde incidente localement plane, et en généralisant les paramètres de détour τ_1 et τ_2 à la géométrie 3D du dièdre et de l'onde incidente, on peut écrire (93) sous la forme:

$$\vec{E}(P) = \vec{E}^i(P)\left[F(\tau_i) - \hat{F}(\tau_i)\right] + \vec{E}^R(P)\left[F(\tau_R) - \hat{F}(\tau_R)\right]$$

$$\left(-\hat{\beta}\hat{\beta}'D_s - \hat{\phi}\hat{\phi}'D_h\right) \cdot \vec{E}^i(Q)\sqrt{\frac{\rho}{s(\rho+s)}}\, e^{iks} \tag{104}$$

où $D_{s,h}$ sont les coefficients de diffraction non uniformes de Keller et où ρ et s sont définis au § 5.3.2.1.

D'après (89) et (90), les paramètres de détour généralisés au cas 3D s'écrivent :

$$\tau_i = \varepsilon_i(\vec{r})\sqrt{k|S_r(P) - S_i(P)|} \tag{105}$$

$$\tau_R = \varepsilon_R(\vec{r})\sqrt{k|S_r(P) - S_R(P)|} \tag{106}$$

où $\varepsilon_i = +1$ si le point d'observation P est dans l'ombre du champ incident et $\varepsilon_i = -1$ s'il est dans la région éclairée. De même, $\varepsilon_R = +1$ si le point P est dans l'ombre géométrique du champ réfléchi et $\varepsilon_R = -1$ s'il est dans la région d'existence du champ réfléchi.

Le champ $\vec{E}^i(P)$ est le champ incident existant au point P en l'absence du dièdre. Dans la région d'existence du champ incident de l'optique géométrique, $\vec{E}^i(P)$ est identique à $\vec{E}^i_{OG}(P)$. Dans l'ombre du champ incident de l'optique géométrique, par contre, $\vec{E}^i_{OG} = 0$ tandis que $\vec{E}^i \neq 0$.

Le champ $\vec{E}^R(P)$ est une extension du champ réfléchi de l'optique géométrique dans la région où ce dernier n'existe pas, par continuation de la phase et de l'amplitude. Dans le cas d'un dièdre à faces courbes, cela revient à prolonger chacune des faces en respectant la continuité de la fonction et de ses dérivées, puis de compléter le champ réfléchi sur la surface réelle par celui réfléchi sur les surfaces fictives ainsi construites et de prolonger ce champ dans le domaine situé de l'autre côté de ces surfaces par continuation de la phase et de l'amplitude.

Sur la figure 6, cette procédure est illustrée pour le champ réfléchi sur la face 0. Une figure similaire peut être construite pour le champ réfléchi sur la face n.

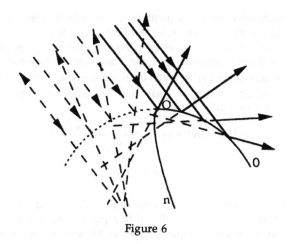

Figure 6

Le champ réfléchi étendu, vérifie les lois de l'optique géométrique le long des rayons fictifs. Il n'est, par conséquent, pas défini sur l'enveloppe ou caustique de ces derniers.

En dehors des zones de transition et des caustiques des rayons fictifs, l'Ansatz (104) tend vers la solution (2) valable dans le domaine extérieur. Ce résultat découle directement de la propriété (52) de la fonction F.

Lorsque $\dfrac{s}{\rho} \ll 1$ et ks>>1, l'Ansatz (104) tend vers la solution asymptotique uniforme du dièdre à faces planes tangent au dièdre à faces courbes au point de diffraction, donnée par (93).

Il reste à montrer que l'Ansatz (104) donne un champ continu à travers les frontières d'ombre du champ direct et réfléchi s/ρ quelconque avec ks>>1, kρ>>1.

On considère d'abord un point d'observation P situé au voisinage de la frontière d'ombre du champ direct. On peut repérer ce point par ses coordonnées (s,β_0,ϕ) où β_0 est le demi-angle du cône de Keller $\left(\beta_0 \le \dfrac{\pi}{2} \right)$, s la distance du point d'observation au point de diffraction Q sur l'arête et ϕ l'angle du plan de diffraction avec un plan de référence. Soit P_1 le point du cône de Keller situé sur le rayon incident passant par Q, tel que QP_1=s. Les coordonnées de P_1 sont (s,β_0,ϕ').

Comme P_1 et P sont sur le même cône et à la même distance de Q, ils appartiennent tous les deux au même front d'onde diffracté. On a par conséquent $S_r(P) = S_r(P_1)$, et comme P_1 est situé sur le rayon incident passant par Q, on a aussi $S_r(P_1) = S_i(P_1)$. Il s'ensuit, compte tenu de (105) :

$$\tau_i = \varepsilon_i(\bar{r}) \sqrt{k|S_i(P_1) - S_i(P)|} \tag{107}$$

Le calcul de τ_i se ramène par conséquent au calcul de la différence de phase entre deux points adjacents du faisceau incident. En choisissant l'origine des coordonnées O confondue avec Q et en désignant par $\hat{x}_1, \hat{x}_2$ les deux vecteurs unitaires des directions principales du front d'onde incident passant par Q et par $\hat{x}_3$ le vecteur unitaire porté par le rayon axial, on a en repérant le point P par ses coordonnées curvilignes (x_1, x_2, x_3) associées au système orthogonal $(\hat{x}_1 \hat{x}_2 \hat{x}_3)$ (Voir l'équation 18 du § 1.4) :

$$S_i(P) = S_i(O) + x_3 + \frac{1}{2}\left[\frac{x_1^2}{\rho_1^i + x_3} + \frac{x_2^2}{\rho_2^i + x_3}\right] \tag{108}$$

On a de même :

$$S_i(P_1) = S_i(O) + s \tag{109}$$

Lorsque P tend vers P_1, τ_i tend vers zéro et $\hat{F}(\tau_i)$ tend vers l'infini. Pour qu'il y ait continuité de la solution (104), il faut par conséquent que la singularité de $F(\tau_i)$ soit compensée par la singularité des coefficients de diffraction D_s et D_h. Or, ces derniers sont singuliers pour $\phi - \phi' = \pm\pi$. L'ambiguïté de signe est levée en orientant les angles ϕ' et ϕ vers la zone d'ombre. Dans ce cas, on a $\phi - \phi' = \pi$ sur la frontière d'ombre et $\phi - \phi' = \pi - |\psi^i|$ dans la région éclairée et $\phi - \phi' = \pi + |\psi^i|$ dans l'ombre, où $|\psi^i|$ est l'angle interne entre le plan d'incidence et le plan de diffraction (Fig. 7).

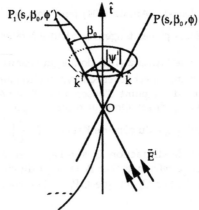

Figure 7

En posant :

$$\psi^i = \phi - \phi' - \pi \tag{110}$$

on voit que sgn $\psi^i = \varepsilon_i(\bar{r})$.

Au voisinage de la frontière d'ombre du champ direct, τ_i et $D_{s,h}$ peuvent être remplacés par leur développement limité par rapport à ψ^i. Pour cela, il faut exprimer (x_1, x_2, x_3) en fonction de ψ^i.

En désignant par Ω^i l'angle que fait le plan d'incidence $(\hat{t}, \hat{k}^i)$ avec le plan $(\hat{x}_1, \hat{x}_3)$ (Voir la figure 8), on montre au moyen de relations géométriques élémentaires que :

$$x_1 = s \sin\beta_0 \left[\sin\Omega^i \sin\psi^i + \cos\beta_0 \cos\Omega^i (1 - \cos\psi^i) \right]$$

$$x_2 = -s \sin\beta_0 \left[\cos\Omega^i \sin\psi^i + \cos\beta_0 \sin\Omega^i (1 - \cos\psi^i) \right] \qquad (111)$$

$$x_3 = s + s \sin^2\beta_0 (\cos\psi^i - 1)$$

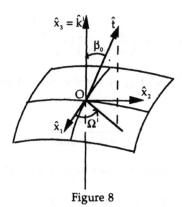

Figure 8

En portant (111) dans l'expression de $S_i(P_1) - S_i(P)$ obtenue en retranchant (108) de (109), on voit que le terme d'ordre ψ^i est nul et que le terme d'ordre $(\psi^i)^2$ s'écrit :

$$S_i(P_1) - S_i(P) = s \sin^2\beta_0 \frac{(\psi^i)^2}{2} \left[1 - s \left(\frac{\sin^2\Omega^i}{\rho_1^i + s} + \frac{\cos^2\Omega^i}{\rho_2^i + s} \right) \right]$$

d'où, compte tenu de :

$$\frac{1}{\rho^i} = \frac{\cos^2\Omega^i}{\rho_1^i} + \frac{\sin^2\Omega^i}{\rho_2^i} \qquad (112)$$

où ρ^i est le rayon de courbure de l'onde incidente dans le plan d'incidence,

$$S_i(P_1) - S_i(P) = s \sin^2\beta_0 \frac{(\psi^i)^2}{2} \frac{\left(1 + \dfrac{s}{\rho^i} \right)}{\left(1 + \dfrac{s}{\rho_1^i} \right) \left(1 + \dfrac{s}{\rho_2^i} \right)} \qquad (113)$$

et :

$$\tau_i = \frac{1}{2}\sqrt{2k}\,\sin\beta_0\,\psi^i\sqrt{\frac{1+\dfrac{s}{\rho^i}}{\left(1+\dfrac{s}{\rho_1^i}\right)\left(1+\dfrac{s}{\rho_2^i}\right)}} \tag{114}$$

Il en résulte, compte tenu de :

$$\vec{E}^i(P_1) = \vec{E}^i(Q)\left[\left(1+\frac{s}{\rho_1^i}\right)\left(1+\frac{s}{\rho_2^i}\right)\right]^{-\frac{1}{2}}e^{ikS_i(P_1)} \tag{115}$$

l'expression du terme singulier de la première ligne au second membre de (104) :

$$-\vec{E}^i(P_1)\,\hat{F}(\tau_1) \cong -\frac{e^{i\frac{\pi}{4}}}{\sqrt{2k}\,\psi^i\,\sin\beta_0}\left(1+\frac{s}{\rho^i}\right)^{-\frac{1}{2}}\vec{E}^i(Q)e^{ikS_i(P_1)} \tag{116}$$

En développant les coefficients $D_{s,h}$ en fonction de ψ^i donné par (110), on obtient le terme singulier :

$$D_{\substack{s\\h}} \cong \frac{e^{i\frac{\pi}{4}}}{\sqrt{2k}\,\psi^i\,\sin\beta_0} \tag{117}$$

On a d'autre part, sur la frontière d'ombre du champ direct :

$$\hat{\beta}' = -\hat{\beta}\quad,\quad \hat{\phi}' = -\hat{\phi}\quad,\quad \rho = \rho^i$$

d'où $\left(-\hat{\beta}\hat{\beta}' - \hat{\phi}\hat{\phi}'\right)\cdot\vec{E}^i(Q) = \vec{E}'(Q)$ et :

$$\left(-\hat{\beta}\hat{\beta}'D_s - \hat{\phi}\hat{\phi}'D_h\right)\cdot\vec{E}^i(Q)\sqrt{\frac{\rho}{s(\rho+s)}}\,e^{iks} \cong \frac{e^{i\frac{\pi}{4}}}{\sqrt{2k}\,\psi^i\,\sin\beta_0}\left(1+\frac{s}{\rho^i}\right)^{-\frac{1}{2}}\vec{E}^i(Q)e^{ikS_i(P_1)} \tag{118}$$

En comparant (117) à (116), on voit que les termes d'ordre $(\psi^i)^{-1}$ se compensent. Comme les termes suivants du développement limité de la solution (104) au voisinage de $\psi^i = 0$ tendent vers zéro avec ψ^i, la continuité de la solution est démontrée.

La même démonstration peut être reprise pour un point P situé au voisinage d'une frontière d'ombre du champ réfléchi. Dans ce cas, on choisit un point P_1 sur le rayon réfléchi passant par Q et tel que $\left|\overrightarrow{QP_1}\right| = \left|\overrightarrow{QP}\right| = s$. Le calcul de τ_R se ramène alors au calcul de la différence de phase entre deux points adjacents du faisceau réfléchi, le rayon QP_1 jouant le rôle de rayon axial. Toutes les autres étapes du calcul sont identiques, les développements limités étant effectués par rapport à $\psi^R = \phi + \phi' - \pi$.

La solution (104) est par conséquent continue à travers les frontières d'ombre du champ direct et réfléchi et rejoint la solution non uniforme (2) loin des frontières d'ombre. Elle a de ce fait les propriétés d'une solution asymptotique uniforme.

Sur les frontières d'ombre où $\tau_i = 0$, où $\tau_R = 0$, le terme dominant du développement asymptotique est donné par $\frac{1}{2}\bar{E}^i$ ou $\frac{1}{2}\bar{E}^R$ puisque $F(0) = \frac{1}{2}$. Ces termes sont d'ordre k^0. Pour obtenir les termes d'ordre $k^{-\frac{1}{2}}$, il faut rechercher les termes constants (indépendants de $\psi^{i,r}$) dans le développement limité au second membre de (104). Pour cela, il est nécessaire de pousser les développements de $\tau_{i,r}$ jusqu'à l'ordre $(\psi^{i,r})^2$ puisque :

$$\tau = \psi\left[A + B\psi + O(\psi^2)\right]$$

donne :

$$\frac{1}{\tau} \cong \frac{1}{A\psi}\left[1 - \frac{B}{A} + = O(\psi^2)\right]$$

Les résultats de ces calculs sont donnés dans [LD].

Les termes d'ordre supérieur à $k^{-\frac{1}{2}}$ ne peuvent pas être calculés puisque la solution (104) est un développement asymptotique limité aux termes $k^{-\frac{1}{2}}$ inclus.

Au voisinage des frontières d'ombre, la solution (104) peut être remplacée par son développement limité. Ce dernier peut être dérivé par rapport à ψ et ses dérivées sont continues à tous les ordres. Il en résulte que le champ total donné par (104) est continu à travers les frontières d'ombre et que ses dérivées sont continues.

On rappelle que la continuité des dérivées du champ n'est en général pas vérifiée par la solution UTD.

5.3.3. Solution STD

La Théorie Spectrale de la Diffraction est décrite dans le chapitre 4 et appliquée à plusieurs problèmes typiques. Dans ce paragraphe, nous considérons son application à la diffraction d'une onde quelconque non nécessairement plane par un demi-plan ou un dièdre à faces planes. En effet, comme nous l'avons mentionné dans l'introduction du § 5.3, les solutions UTD et UAT ne sont pas équivalentes dans les zones de transition au voisinage des frontières d'ombre du champ direct et réfléchi pour un dièdre à faces planes illuminé par une onde plane. Si on abandonne l'une de ces hypothèses, on génère des termes d'ordre $k^{-\frac{1}{2}}$ dans ces zones de transition qui ne sont pas forcément pris en compte dans les Ansatz respectifs sur lesquels reposent l'UTD et l'UAT.

La STD permet d'obtenir une forme intégrale exacte pour le problème de diffraction d'une onde incidente arbitraire dont la représentation en spectre d'ondes planes est connue, par un demi-plan ou un dièdre. Il est alors possible de rechercher un développement asymptotique exact de cette solution et de le comparer aux solutions UTD et UAT.

Cette démarche a été suivie par Rhamat-Samii et Mittra [RM1,2] (Voir aussi Boersma et Rhamat-Samii [BR] qui ont appliqué la STD au problème de diffraction d'un demi-plan illuminé par une onde incidente dont la représentation spectrale est du type [(1) § 4.1]. Les auteurs ont obtenu des développements asymptotiques complets dans les zones de transition et en dehors de celles-ci comportant les termes dépendant des dérivées premières et seconde du champ dans la direction normale à la frontière d'ombre. Pour plus de détails, nous renvoyons le lecteur à ces articles dont les conclusions relatives aux solutions UTD et UAT sont résumées dans le paragraphe suivant.

5.3.4.   Comparaison des solutions UTD, UAT et STD

L'analyse effectuée dans [RM1] et [BR] a montré que la solution UTD ne donne pas correctement les termes d'ordre $k^{-\frac{1}{2}}$ dans les zones de transition au voisinage des frontières d'ombre du champ direct et du champ réfléchi. En particulier, le terme dépendant de la dérivée du champ incident dans la direction normale à la frontière d'ombre est absent. Pour remédier à ce défaut, Hwang et Kouyoumjian [HwK] ont ajouté à la solution UTD un terme correctif désigné par coefficient de diffraction de pente. La solution UAT ne présente pas ce défaut et donne correctement les termes d'ordre $k^{-\frac{1}{2}}$ trouvés par la STD.

Dans le cas d'un dièdre 3D, la courbure des faces génère d'autres termes d'ordre $k^{-\frac{1}{2}}$. Dans la solution UAT, on trouve un terme dépendant de la dérivée du champ réfléchi dans la direction normale à la frontière d'ombre (Voir [LD]). Ce terme joue un rôle symétrique à celui relatif à la dérivée du champ incident et peut, de ce fait, être introduit dans l'UTD par un coefficient de diffraction de pente du champ réfléchi

En complétant l'UTD par les coefficients de diffraction de pente du champ incident et du champ réfléchi, on obtient une solution équivalente dans la pratique à l'UAT. Il n'est cependant pas prouvé dans le cas général que les termes d'ordre $k^{-\frac{1}{2}}$ dans l'UAT soient complets.

Nous avons vu que l'UAT tombe en défaut sur une caustique des rayons réfléchis fictifs. Cette situation se présente, par exemple, au point image d'une source ponctuelle illuminant l'arête d'un demi-plan. Elle est critique lorsque l'image fictive de la source est proche de la frontière d'ombre du champ direct.

Dans les codes de calcul, l'emploi de l'UTD est plus pratique que l'UAT, puisqu'il n'est pas nécessaire de prolonger la surface et de rechercher les rayons fictifs.

La STD permet de traiter finement la diffraction d'une onde arbitraire par un demi-plan ou un dièdre à faces planes, mais ne peut pas être étendue à un dièdre à faces courbes pour la recherche des termes d'ordre $k^{-\frac{1}{2}}$ dans les zones de transition.

L'extension des solutions UTD et UAT à un dièdre 2D à faces courbes, caractérisées par une impédance de surface constante en incidence normale, est possible en suivant la même procédure que pour un dièdre parfaitement conducteur.

5.4   Solution UAT pour une ligne de discontinuité de la courbure

5.4.1.   Position du problème et détails sur la méthode de résolution
La diffraction d'une onde plane par une ligne de discontinuité de la courbure a été étudiée par Weston [W] qui a établi dans le cas bidimensionnel une solution asymptotique de l'équation intégrale vérifiée par les courants sur la surface d'un corps diffractant présentant une telle singularité et en a déduit des expressions pour les ondes rampantes excitées au niveau de cette singularité. Senior [Se] a étendu cette méthode au calcul du champ diffracté et a donné l'expression des coefficients de diffraction d'une ligne de discontinuité de la courbure. Le même résultat a été obtenu indépendamment par Kaminetsky et Keller [KK] qui ont appliqué à ce problème la théorie de la couche limite et ont obtenu les coefficients de diffraction non seulement pour une discontinuité de la courbure dans une surface avec les conditions aux limites de Neuman ou de Dirichlet mais plus généralement pour une condition aux limites mixte du type de celle de Léontovitch [Le]. En outre, ces auteurs ont établi les coefficients de diffraction pour des singularités liniques d'ordre plus élevé (discontinuité des dérivées d'ordre supérieur à deux).

La validité des coefficients qui ont été établis dans [Se] et [KK] est restreinte à certaines régions de l'espace entourant le corps diffractant. Dans le cas bidimensionnel, elle est limitée aux régions 1 de la figure 1 ci-dessous, extérieures à la zone de transition 2 du champ réfléchi de l'Optique Géométrique. Ce dernier est discontinu lorsque le point de réflexion traverse la ligne de discontinuité de la courbure située en O. La solution asymptotique obtenue par les auteurs cités précédemment n'est de ce fait pas uniforme en fonction de la direction d'observation et les coefficients de diffraction qui en résultent sont inutilisables dans un voisinage (région 2) de la surface de transition de trace OR sur la figure 1, à travers laquelle le champ réfléchi est discontinu, et tendent vers l'infini lorsque le point d'observation tend vers cette surface.

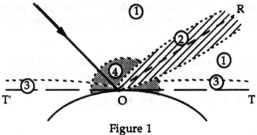

Figure 1

Il existe d'autres régions où la solution asymptotique donnée dans [Se] et [KK] n'est pas valable telles que le voisinage du plan tangent à la surface au point de diffraction (région 3) et le voisinage de la ligne de discontinuité de la courbure (région 4). La région 3 est une zone de transition pour l'onde diffractée qui change de nature et passe d'une onde spatiale non liée à la surface à une onde guidée par celle-ci représentable sous la forme d'une série d'ondes rampantes.

La région 4 est le voisinage d'une caustique. En effet, tous les rayons diffractés s'appuient sur la ligne de discontinuité de la courbure qui constitue de ce fait une caustique linéique pour ces rayons.

L'objet de ce paragraphe est la construction d'une solution asymptotique du type UAT, uniforme à travers les régions 1 et 2 de la figure 1. Cette solution a été établie par Molinet [Mo1]. La méthode employée est similaire dans son principe à celle décrite au § 5.3. La solution uniforme cherchée doit se raccorder d'une part à la solution du domaine extérieur (région 1) et d'autre part à la solution valable à la périphérie de la région 4.

Comme dans le cas du dièdre, on part d'une solution sous la forme d'un Ansatz ayant la même structure que la solution uniforme valable à la périphérie de la couche limite 4, puis on adapte l'argument de la fonction spéciale et les amplitudes des termes de façon à satisfaire l'ensemble des conditions énoncées.

Le problème canonique du dièdre est remplacé ici par la solution obtenue par [KK] dans la couche limite. Celle-ci constitue de ce fait le point de départ des développements qui suivent.

5.4.1.1. Solution dans la couche limite

On considère une surface bidimensionnelle et pour ne pas alourdir le formalisme, on suppose en outre que la direction de propagation de l'onde plane incidente est orthogonale aux génératrices. La connaissance de la solution de ce problème permet d'établir les expressions des coefficients de diffraction et de construire, au moyen des techniques habituelles de la Théorie Géométrique de la

Diffraction, la solution asymptotique pour une ligne de discontinuité dans une surface tridimensionnelle quelconque.

La mise en oeuvre de la théorie de la couche limite pour la résolution de ce problème fait intervenir trois couches limites (régions 2, 3 et 4 de la figure 1). La couche la plus interne 4 est une couche limite multiple qui se décompose en trois sous-couches comme cela est indiqué par la figure 2 ci-après :

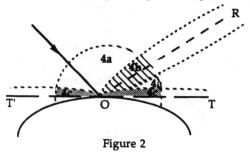

Figure 2

La région 4a est une couche limite simple due à la présence de la caustique linéique des rayons diffractés, constitués par la discontinuité de la courbure. Les couches 4b et 4c sont respectivement les intersections de la couche limite associée à la caustique linéique précédente avec la couche limite au voisinage de la surface de discontinuité (de trace OR) du champ réfléchi de l'optique géométrique et avec la couche limite au voisinage de la frontière d'ombre des rayons diffractés (de trace OT' et OT).

Une étape fondamentale dans l'application de la théorie de la couche limite, est le choix de l'exposant α dans la transformation de dilatation des coordonnées (voir le § 2.1.4.). La surface limite vers laquelle tend la couche limite 4a lorsque $k \to \infty$ est dégénérée en une droite confondue avec la ligne de discontinuité de la courbure que l'on désigne par D. On ne peut pas, par conséquent, définir une direction privilégiée orthogonale à cette surface limite. Il en résulte que la transformation de dilatation doit être appliquée aux deux coordonnées du plan orthogonal à D. En coordonnées cylindriques d'axe D, on a par conséquent :

$$\vec{r}' = k^{\alpha}\vec{r} \tag{1}$$

où $\vec{r}$ est le vecteur position dans le plan orthogonal à D.

L'application de la condition de dilatation définie au paragraphe 2.1.4. à l'équation (1) du 2.2. exprimée en coordonnées dilatées donne $\alpha = 1$. Avec ce choix de α, les trois termes dans l'équation (1) du 2.2. transformée par (1) sont d'ordre zéro en $\frac{1}{k}$ et l'équation eikonale de l'Optique Géométrique n'est plus utile. En outre, comme cette transformation met au même niveau tous les termes de l'équation (1) du 2.2., elle peut être étendue aux régions (4b) et (4c) et par conséquent à l'ensemble de la région 4.

La résolution du problème interne, en coordonnées dilatées, a été effectuée par Kaminetsky et Keller qui ont donné une description détaillée de leur méthode dans [KK]. Pour cette raison, seules les grandes étapes de la démarche suivie par ces auteurs sont rappelées dans ce qui suit.

Soit Oxy un référentiel rectangle dans le plan d'une section droite de la structure cylindrique, dont l'origine O est confondue avec le point de discontinuité de la courbure du contour (c) de cette section droite et dont l'axe ox est tangent à la courbe (c) au point O (Fig. 3).

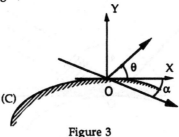

Figure 3

Le champ total en un point M(x,y) extérieur à la surface vérifie l'équation de Helmholtz :

$$(\Delta + k^2)U(x,y) = 0 \qquad (2)$$

où Δ est le Laplacien à deux dimensions $\Delta = \dfrac{\partial^2}{\partial x^2} + \dfrac{\partial^2}{\partial y^2}$

On suppose que les conditions aux limites sur la surface sont décrites par :

$$\frac{\partial U}{\partial \nu} + ik\eta U = 0 \quad , \quad y = f(x) \qquad (3)$$

où $\dfrac{\partial U}{\partial \nu}$ est la dérivée de U le long de la normale à la surface dirigée vers l'extérieur du corps diffractant (milieu de propagation) et η est l'impédance le long du contour (c) d'équation $y = f(x)$ rapportée à l'impédance du milieu de propagation.

La transformation (1) avec $\alpha = 1$ appliquée à (2) et (3) donne :

$$(\Delta' + 1)U(k^{-1}x', k^{-1}y') = 0 \qquad (4)$$

$$(\hat{\nu}.\vec{\nabla}' + i\eta)U(k^{-1}x', k^{-1}y') = 0 \quad , \quad y' = kf(k^{-1}x') \qquad (5)$$

avec $x' = kx$, $y' = ky$, $\hat{\nu}$ = vecteur unitaire de la normale au contour (c) et où $\hat{i}$ et $\hat{j}$ sont les vecteurs unitaires des axes ox et oy respectivement.

Pour résoudre l'équation (4) assujettie à la condition (5), on applique la méthode des perturbations par rapport au petit paramètre 1/k. A cet effet, on pose :

$$u(x',y') = U(k^{-1}x', k^{-1}y') = \sum_{m=0}^{\infty} k^{-m}U_m(x',y') \qquad (6)$$

et on porte (6) dans (4) et (5). En identifiant les termes du même ordre en $1/k$, on obtient une hiérarchie d'équations pour les nouvelles inconnues , $U_1, U_2, \cdots U_m$, couplées entre elles par l'intermédiaire des conditions aux limites. A l'ordre 0 et 1, on a :

Ordre 0

$$\begin{cases} (\Delta' + 1)U_0(x', y') = 0 \\ \dfrac{\partial}{\partial y'}U_0(x', y') + i\eta U_0(x', y') \bigg|_{y'=0} = 0 \end{cases} \tag{7}$$

Ordre 1

$$\begin{cases} (\Delta' + 1)U_1(x', y') = 0 \\ \dfrac{\partial}{\partial y'}U_1(x', y') + i\eta U_1(x', y') \bigg|_{y'=0} = q(x') \end{cases} \tag{8}$$

avec :

$$q(x') = \frac{x'^2}{2} f^{(2)}(0_-^+) \left[-\frac{\partial^2 U_0}{\partial y'^2}(x', y') - i\eta\frac{\partial}{\partial y'}U_0(x', y') \right]_{y'=0} + x'f^{(2)}(0_-^+)\frac{\partial U_0}{\partial x'}(x', y') \bigg|_{y'=0} \tag{9}$$

où $f^{(2)}(0\pm)$ est la dérivée seconde de $f(x)$ pour $x = 0^+$ et 0^-. On remarque que dans les équations (7), les conditions aux limites sont les mêmes à gauche et à droite de la discontinuité de la courbure, il en résulte que U_0 est indépendant de cette discontinuité. En fait, d'après (7), le terme d'ordre zéro de la solution vérifie une équation de Helmholtz et des conditions aux limites identiques à celles d'une onde incidente sur un plan, d'impédance relative η. A l'ordre zéro, la solution est par conséquent donnée par la somme du champ incident et du champ réfléchi. Le champ incident pénétrant dans la couche limite 4 s'obtient en exprimant le champ incident du domaine extérieur (région 1), en coordonnées dilatées $\vec{r}' = k\vec{r}$ et en ne retenant que le terme d'ordre zéro en $1/k$. Dans le cas d'une onde incidente plane de direction de propagation normale aux génératrices $U^i(x, y) = U_0 \exp(i\vec{k}.\vec{r})$ on a simplement :

$$U_0^i(k^{-1}\vec{r}') = U_0 e^{i(x'\cos\alpha - y'\sin\alpha)} \tag{10}$$

où α est l'angle que fait la direction de propagation incidente avec l'axe ox. Il en résulte l'expression du terme d'ordre zéro de la solution dans la couche limite :

$$U_0(x', y') = U_0 e^{i(x'\cos\alpha - y'\sin\alpha)} + RU_0 e^{i(x'\cos\alpha + y'\sin\alpha)} \tag{11}$$

où R est le coefficient de réflexion donné par :

$$R = \frac{\sin\alpha - \eta}{\sin\alpha + \eta} \tag{12}$$

A l'ordre 1, on voit d'après (8) et (9) que les conditions aux limites dépendent de la discontinuité de la courbure par l'intermédiaire de $q(x')$ qui est une fonction discontinue de x' au point ($x'=0$, $y'=0$).

La solution de (8) est donnée par Sommerfeld [So] :

$$U_1(x',y') = -\int_{-\infty}^{+\infty} q(\xi)G(\xi,0|x',y')d\xi \tag{13}$$

avec G la fonction de Sreen du plan d'impédance:

$$G(\xi,\tau|x',y') = v(\xi,\tau|x',y') + v(\xi,-\tau|x',y') - 2i\eta\int_{-\infty}^{-y'} e^{-i\eta(\zeta+y')}v(\xi,\tau|x',\zeta)d\zeta \tag{14}$$

et :

$$v(\xi,\tau|x',y') = \frac{i}{4}H_0^{(1)}\left(\sqrt{(x'-\xi)^2+(y'-\tau)^2}\right) \tag{15}$$

où $H_0^{(1)}(\cdot)$ est la fonction cylindrique de Hankel d'ordre zéro .

La frontière externe de la couche limite 4 correspond aux valeurs de $r' = (x'^2+y'^2)^{\frac{1}{2}}$, grandes devant l'unité. On obtient par conséquent l'expression de la solution interne, dans la zone de raccordement avec la solution externe, en effectuant le développement asymptotique de cette solution pour r' grand. A cet effet, on remplace dans (13) les fonctions de Hankel par leur développement de Debye, donné par :

$$H_0^{(1)}(u) = (\frac{2}{\pi u})^{\frac{1}{2}}e^{-iu+i\frac{\pi}{4}} \tag{16}$$

Il s'ensuit, compte tenu de (13) à (15) :

$$U_1(x',y') \approx I_1(x',y') + I_2(x',y') \tag{17}$$

avec :

$$I_1(x',y') = -\frac{e^{i\frac{\pi}{4}}}{\sqrt{2\pi}}J(x',y') \tag{18}$$

$$I_2(x',y') = \eta\frac{e^{-i\frac{\pi}{4}}}{\sqrt{2\pi}}\int_{-\infty}^{-y'} e^{-i\eta(\zeta+y')}J(x',\zeta)d\zeta \tag{19}$$

et :

$$J(x',y') = \int_{-\infty}^{+\infty} q(\xi)\frac{e^{i\left[(x'-\xi)^2+y'^2\right]^{\frac{1}{2}}}}{\left[(x'-\xi)^2+y'^2\right]^{\frac{1}{4}}}d\xi \tag{20}$$

L'expression de $q(\xi)$ s'obtient en portant (11) dans (9) ce qui donne :

$$q(\xi) = \frac{2iU_0\sin\alpha}{\sin\alpha + \eta}Q(\xi)f^{(2)}(0_-^+)e^{i\xi\cos\alpha} \qquad (21)$$

avec :

$$Q(\xi) = \xi\cos\alpha - i(\sin^2\alpha - \eta^2)\frac{\xi^2}{2} \qquad (22)$$

Pour effectuer le développement asymptotique des intégrales I_1 et I_2 il est intéressant de faire apparaître explicitement la discontinuité de $q(\xi)$. En désignant respectivement par $\bar{f}^{(2)}(0)$ et $\left[f^{(2)}(0)\right]$ la valeur moyenne et le saut de la dérivée seconde de f à l'origine, on a :

$$f^{(2)}(0_-^+) = \bar{f}^{(2)}(0)\pm\frac{1}{2}\left[f^{(2)}(0)\right] \qquad (23)$$

En tenant compte de (23) dans (18) et (19), on obtient finalement, en coordonnée polaires $x' = r'\cos\theta, y' = r'\sin\theta$, après avoir effectué le changement de variables $u = \frac{\xi}{r'},\ v = \frac{\zeta}{r'}$:

$$I_1(r',\theta) = C_1\int_{-\infty}^{+\infty}\bar{f}^{(2)}(0)\,F(u,\sin\theta;r')\,e^{ir'q(u,\sin\theta)}\,du$$
$$+\frac{C_1}{2}\left(\int_0^\infty - \int_{-\infty}^0\right)\left[f^{(2)}(0)\right]F(u,\sin\theta;r')\,e^{ir'q(u,\sin\theta)}\,du \qquad (24)$$

$$I_2(r',\theta) = C_2\int_{-\infty}^{-\sin\theta}e^{-i\eta r'(v+\sin\theta)}\,dv\left\{\int_{-\infty}^{+\infty}\bar{f}^{(2)}(0)\,F(u,v;r')\,e^{ir'q(u,v)}\,du\right.$$
$$\left.+\frac{1}{2}\left(\int_0^\infty - \int_{-\infty}^0\right)\left[f^{(2)}(0)\right]F(u,v;r')\,e^{ir'q(u,v)}\,du\right\} \qquad (25)$$

avec :

$$C_1 = -\frac{2i}{\sqrt{2\pi}}\frac{U_0\sin\alpha}{\sin\alpha + \eta}e^{i\frac{\pi}{4}}r'^{\frac{3}{2}} \qquad (26)$$

$$C_2 = \frac{2i}{\sqrt{2\pi}}\,\eta\,\frac{U_0\sin\alpha}{\sin\alpha + \eta}e^{i\frac{\pi}{4}}r'^{\frac{5}{2}} \qquad (27)$$

$$F(u,v;r') = \frac{Q(u;r')}{\left[(\cos\theta - u)^2 + v^2\right]^{\frac{1}{4}}}\quad,\quad Q(u;r') = u\cos\alpha - i(\sin^2\alpha - \eta^2)\,r'\frac{u^2}{2} \qquad (28)$$

$$q(u,v) = u\cos\alpha + \left[(\cos\theta - u)^2 + v^2\right]^{\frac{1}{2}}\quad,\quad q(u,\sin\theta) = q(u,v = \sin\theta) \qquad (29)$$

5.4.1.2. *Développement asymptotique non uniforme*

Pour r' grand, l'évaluation asymptotique non uniforme des intégrales simples figurant dans (24) donne :

$$I_1 \approx I_1^e + I_1^s$$

où I_1^e est la contribution du voisinage du point u = 0 et I_1^s celle du voisinage du point de phase stationnaire, ce dernier étant supposé loin de la borne u = 0. De même, en remplaçant l'intégrale interne au second membre de (25) par son développement asymptotique non uniforme, on obtient :

$$I_2 \approx I_2^e + I_2^s$$

où I_2^e est la contribution de la borne u = 0 et I_2^s celle du point de phase stationnaire. I_1^s et I_2^s correspondent au champ réfléchi tandis que $I_1^e + I_2^e$ représentent le champ diffracté par la discontinuité de la courbure. Le développement interne relatif au champ diffracté est par conséquent donné par :

$$u^d(r',\theta) = \frac{1}{k}\Big[I_1^e(r',\theta) + I_2^e(r',\theta)\Big] \tag{30}$$

où le facteur $\frac{1}{k}$ provient de la méthode de perturbation limitée à l'ordre 1. En se limitant au premier terme du développement asymptotique, on trouve :

$$u^d(r',\theta) = \left(\frac{2}{\pi}\right)^{\frac{1}{2}} \frac{1}{ik} e^{i\frac{\pi}{4}} u_0 \Big[f^{(2)}(0)\Big] \frac{\sin\alpha\sin\theta}{(\sin\alpha+\eta)(\sin\theta+\eta)} \frac{1-\cos\alpha\cos\theta-\eta^2}{(\cos\theta-\cos\alpha)^3} \frac{e^{ir'}}{\sqrt{r'}} \tag{31}$$

La solution externe, valable dans la région 1 est donnée par la théorie géométrique de la diffraction :

$$u_e^d(r,\theta) = \frac{1}{\sqrt{k}} \frac{e^{ikr}}{\sqrt{r}} \frac{D(\theta,\alpha)}{k} u_0 \tag{32}$$

où $D(\theta,\alpha)$ est le coefficient de diffraction de la discontinuité de la courbure (Voir § .5.2.2.).

En coordonnées dilatées, r' = kr, (32) s'écrit :

$$u_e^d(k^{-1}r',\theta) = \frac{e^{ir'}}{\sqrt{r'}} \frac{D(\theta,\alpha)}{k} u_0 \tag{33}$$

d'où il résulte par identification des seconds membres de (31) et (38), l'expression de $D(\theta,\alpha)$:

$$D(\theta,\alpha) = \left(\frac{2}{\pi}\right)^{\frac{1}{2}} \frac{1}{i} e^{i\frac{\pi}{4}} \Big[f^{(2)}(0)\Big] \frac{\sin\alpha\sin\theta}{(\sin\alpha+\eta)(\sin\theta+\eta)} \frac{1-\cos\alpha\cos\theta-\eta^2}{(\cos\theta-\cos\alpha)^3} \tag{34}$$

On voit que $D(\theta,\alpha)$ devient infini lorsque le point d'observation tend vers la surface $\theta = \alpha$ (de trace OR sur la figure 2), à travers laquelle le champ réfléchi est discontinu. Ceci est une conséquence directe de la méthode utilisée pour l'évaluation asymptotique des intégrales I_1 et I_2. En effet, il a été supposé que le point de phase stationnaire n'est pas proche de la borne d'intégration u = 0, ce qui équivaut à dire que le point de réflexion n'est pas proche du point de diffraction 0. Le développement interne obtenu n'est de ce fait pas valable dans la région 4b. De même, le développement externe donné par (32) n'est pas valable dans la région 2. La validité du coefficient de diffraction (34) est par conséquent limitée à la région 1 de la figure 1.

Pour obtenir une solution valable dans la région 2 externe à la couche limite 4, il est nécessaire d'établir des développements valables dans les régions 4b et 2 et de raccorder ces développements dans leur domaine de recouvrement. Ce dernier se situe à la périphérie de la couche limite 4 correspondant à r' grand. On obtient par conséquent le développement interne au moyen d'un développement asymptotique uniforme des intégrales I_1 et I_2. Nous allons maintenant présenter la méthode générale d'obtention du développement uniforme de ce type d'intégrale puis l'appliquer aux intégrales I_1 et I_2.

5.4.1.3.Recherche d'une solution uniforme à la périphérie de la couche limite la plus interne

METHODE GENERALE

La méthode générale exposée ici offre l'avantage d'aboutir à une solution faisant apparaître clairement le fait que la solution uniforme peut être directement construite à partir de la connaissance de la solution non uniforme.

On considère l'intégrale suivante où Ω est un paramètre grand devant l'unité :

$$I(\Omega) = \int_0^{\infty} F(u)\, e^{i\Omega q(u)}\, du \tag{35}$$

sur laquelle on fait le changement de variable :

$$q(u) = q(u_s) + s^2 \tag{36}$$

où u_s est le point de phase stationnaire : $q'(u_s) = 0$, $q''(u_s) \neq 0$
On obtient ainsi :

$$I(\Omega) = e^{i\Omega q(u_s)} \int_{s_a}^{\infty} G(s)\, e^{i\Omega s^2}\, ds \tag{37}$$

avec : $G(s) = F(u)\dfrac{du}{ds}$, $s_a = \mp\sqrt{q(0) - q(u_s)}$

le signe (-) correspondant au cas où le point de phase stationnaire appartient au domaine d'intégration, sinon il faut choisir le signe (+);

Lorsque u_s tend vers la borne inférieure $u = 0$ de l'intégrale (35), alors s_a tend vers zéro et l'intégration par parties de (37) conduit à des termes du type $\dfrac{G(s_a)}{s_a}$ qui sont singuliers pour $s_a \to 0$.

Pour éviter ce problème, on pose :

$$G(s) = G(0) + G(s) - G(0) \tag{38}$$

et on effectue une intégration par parties sur le terme $G(s)$-$G(0)$. Ceci donne :

$$I(\Omega) = e^{i\Omega q(u_s)}\left\{ G(0)\int_{s_a}^{\infty} e^{i\Omega s^2}\,ds - \frac{1}{2i\Omega}\left[\frac{G(s_a) - G(0)}{s_a}\right]e^{i\Omega s_a^2} \right.$$
$$\left. - \frac{1}{2i\Omega}\int_{s_a}^{\infty}\frac{d}{ds}\left[\frac{G(s) - G(0)}{s}\right]e^{i\Omega s^2}\,ds \right\} \tag{39}$$

En poursuivant l'intégration par parties sur la dernière intégrale au second membre de (39) on obtient le développement asymptotique uniforme de $I(\Omega)$, dont les premiers termes s'écrivent :

$$I(\Omega) = e^{i\Omega q(u_s)}\left\{ G(0)\int_{s_a}^{\infty} e^{i\Omega s^2}\,ds - \frac{1}{2i\Omega}\left[\frac{G(s_a) - G(0)}{s_a}\right]e^{i\Omega s_a^2} \right.$$
$$- \frac{1}{2i\Omega}H(0)\int_{s_a}^{\infty} e^{i\Omega s^2}\,ds + \frac{1}{(2i\Omega)^2}\left[\frac{H(s_a) - H(0)}{s_a}\right]e^{i\Omega s_a^2}$$
$$\left. + \frac{1}{(2i\Omega)^2}K(0)\int_{s_a}^{\infty} e^{i\Omega s^2}\,ds - \frac{1}{(2i\Omega)^3}\left[\frac{K(s_a) - K(0)}{s_a}\right]e^{i\Omega s_a^2} + \cdots \right\} \tag{40}$$

avec :

$$H(s) = \frac{d}{ds}\left[\frac{G(s) - G(0)}{s}\right]$$
$$K(s) = \frac{d}{ds}\left[\frac{H(s) - H(0)}{s}\right]$$

Le développement (40) permet de faire apparaître explicitement la contribution de la borne s_a telle qu'elle se présente dans le développement asymptotique non uniforme de l'intégrale. Pour le montrer, on récrit le développement (40) limité à trois intégrations par parties, sous la forme :

$$I(\Omega) = e^{i\Omega q(u_s)}\left\{ G(0)\left[F(\Omega) - \hat{F}_3(\Omega)\right] - \frac{H(0)}{2i\Omega}\left[F(\Omega) - \hat{F}_2(\Omega)\right] \right.$$
$$\left. + \frac{K(0)}{(2i\Omega)^2}\left[F(\Omega) - \hat{F}_1(\Omega)\right] \right\} + I_d(\Omega) \tag{41}$$

avec :

$$I_d(\Omega) = \left\{ -\frac{1}{2i\Omega}\left[\frac{G(s_a) - G(0)}{s_a}\right] + \frac{1}{(2i\Omega)^2}\left[\frac{H(s_a) - H(0)}{s_a}\right] - \frac{1}{(2i\Omega)^3}\left[\frac{K(s_a) - K(0)}{s_a}\right] \right\}e^{i\Omega s_a^2}$$
$$+ G(0)\,\hat{F}_3(\Omega) - \frac{H(0)}{2i\Omega}\hat{F}_2(\Omega) + \frac{K(0)}{(2i\Omega)^2}\hat{F}_1(\Omega) \tag{42}$$

où $F(\Omega)$ est la fonction de Fresnel définie par :

$$F(\Omega) = \int_{s_a}^{\infty} e^{i\Omega s^2}\, ds \qquad (43)$$

et $\hat{F}_n(\Omega)$ son développement asymptotique pour s_a positif et $\sqrt{\Omega}\, s_a \gg 1$ arrêté à l'ordre n :

$$\hat{F}_n(\Omega) = -e^{i\Omega s_a^2} \frac{1}{2i\Omega} \frac{\pi^{-\frac{1}{2}}}{s_a} \sum_{p=0}^{n-1} \frac{\Gamma\left(p+\frac{1}{2}\right)}{\left(i\Omega s_a^2\right)^p} \qquad (44)$$

avec :

$$\Gamma\left(p+\frac{1}{2}\right) = \sqrt{\pi} \times \frac{1}{2} \times \frac{3}{2} \times \cdots \times \frac{2p-1}{2}$$

Pour $s_a < 0$, le développement asymptotique de (43) pour $\sqrt{\Omega}\, s_a \gg 1$, arrêté à l'ordre n, est :

$$F(\Omega) \cong \sqrt{\frac{\pi}{\Omega}}\, e^{-i\frac{\pi}{4}} + \hat{F}_n(\Omega) \qquad (45)$$

En portant (45) dans (41) on trouve :

$$I(\Omega) = e^{i\Omega q(u_s)} \sqrt{\frac{\pi}{\Omega}}\, e^{-i\frac{\pi}{4}} \left[G(0) - \frac{H(0)}{2i\Omega} + \frac{K(0)}{(2i\Omega)^2} \right] + I_d(\Omega) \qquad (46)$$

Le premier terme au second membre de (46) n'est autre que la contribution du point de phase stationnaire. En effet, en développant $G(s)$ en série de Taylor au voisinage de $s = 0$ et en intégrant (37) terme à terme, on trouve pour la contribution du point stationnaire, supposé loin de la borne ($\sqrt{\Omega}\, s_a \gg 1$) :

$$I(\Omega) = e^{i\Omega q(u_s)} \sqrt{\frac{\pi}{\Omega}}\, e^{-i\frac{\pi}{4}} \left[G(0) - \frac{1}{2i\Omega} \frac{G''(0)}{2} + \frac{1}{(2i\Omega)^2} \frac{G^{(4)}(0)}{8} \right]$$

On a d'autre part, d'après la définition de $H(s)$ et $K(s)$:

$$H(0) = \frac{G''(0)}{2} \quad , \quad K(0) = \frac{G^{(4)}(0)}{8}$$

ce qui démontre l'assertion précédente.

En outre, comme le développement asymptotique (46) a été obtenu pour $\sqrt{\Omega}\, s_a \gg 1$, il est identique au développement asymptotique non uniforme de l'intégrale. Il en résulte que $I_d(\Omega)$ dans (46) représente la contribution de la borne telle qu'elle apparaît dans le développement asymptotique non uniforme de (35). Ce résultat montre qu'il est possible d'écrire directement le développement asymptotique uniforme de l'intégrale, donné par (41) si l'on connaît son développement asymptotique non uniforme (46).

On peut montrer au moyen d'un calcul direct que $I_d(\Omega)$ ne dépend que de la borne s_a de l'intégrale. En effet, en remplaçant dans (42), les termes $\hat{F}_1(\Omega)$, $\hat{F}_2(\Omega)$ et $\hat{F}_3(\Omega)$ par leurs expressions explicites données par (44), on voit que les termes :

$$\frac{G(0)}{2i\Omega s_a}e^{i\Omega s_a^2} \quad , \quad -\frac{H(0)}{(2i\Omega)^2 s_a}e^{i\Omega s_a^2} \quad , \quad \frac{K(0)}{(2i\Omega)^3 s_a}e^{i\Omega s_a^2}$$

disparaissent.

Il en est de même des termes dépendant de G (0) et H (0) dans $H(s_a)$ et $K(s_a)$, ces derniers s'écrivant sous la forme :

$$H(s_a) = \frac{1}{s_a}\left(\frac{dG}{ds}\right)_{s=s_a} - \frac{1}{s_a^2}G(s_a) + \frac{1}{s_a^2}G(0)$$

$$K(s_a) = \frac{1}{s_a}\left(\frac{dH}{ds}\right)_{s=s_a} - \frac{1}{s_a^2}H(s_a) + \frac{1}{s_a^2}H(0)$$

$$- \frac{3}{s_a^3}\left(\frac{dG}{ds}\right)_{s=s_a} + \frac{1}{s_a^2}\left(\frac{d^2G}{ds^2}\right)_{s=s_a} + \frac{3}{s_a^3}G(s_a)$$

$$+ \frac{1}{s_a^2}H(0) - \frac{3}{s_a^2}G(0)$$

Il reste finalement à l'ordre Ω^{-3} :

$$I_d(\Omega) = e^{i\Omega q(u_s)}\,e^{i\Omega s_a^2} \times \left\{ -\frac{1}{2i\Omega}\frac{G(s_a)}{s_a} + \frac{1}{(2i\Omega)^2}\left[\frac{1}{s_a^2}\left(\frac{dG}{ds}\right)_{s=s_a} - \frac{1}{s_a^3}G(s_a)\right] \right.$$
$$\left. - \frac{1}{(2i\Omega)^3}\left[\frac{1}{s_a^3}\left(\frac{d^2G}{ds^2}\right)_{s=s_a} - \frac{3}{s_a^4}\left(\frac{dG}{ds}\right)_{s=s_a} + \frac{3}{s_a^4}G(s_a)\right] \right\}$$

(47)

On voit que $I_d(\Omega)$ ne dépend que de la borne s_a et on peut montrer que l'expression (47) correspond au développement asymptotique non uniforme obtenu au moyen d'intégrations successives, par parties, de (37) par rapport à la borne s_a.

Dans la pratique, il vaut mieux exprimer directement $I_d(\Omega)$ en fonction de F(u) et q(u) en intégrant par parties l'intégrale (35), ce qui donne à l'ordre Ω^{-3} :

$$I_d(\Omega) = e^{i\Omega q(0)}\left\{ -\frac{1}{i\Omega}\frac{F(0)}{q'(0)} + \frac{1}{(i\Omega)^2}\frac{1}{q'(0)}\left[\frac{d}{du}\left(\frac{F(u)}{q'(u)}\right)\right]_{u=0} \right.$$
$$\left. - \frac{1}{(i\Omega)^3}\frac{1}{q'(0)}\left(\frac{d}{du}\left[\frac{1}{q'(u)}\frac{d}{du}\left(\frac{F(u)}{q'(u)}\right)\right]\right)_{u=0} \right\}$$

(48)

Il faut également exprimer les grandeurs G(0), H(0) et K(0) en fonction de $F(u_s)$ et $q(u_s)$. Des formules générales pour G(0) et H(0) sont données ci-dessous :

$$G(0) = \left(\frac{2}{q''(u_s)}\right)^{\frac{1}{2}} F(u_s) \tag{49}$$

$$H(0) = \left(\frac{-2}{q''(u_s)}\right)^{\frac{3}{2}} \left\{\frac{1}{2}\left[F''(u_s) - \frac{q^{(3)}(u_s)}{q''(u_s)}F'(u_s) + \frac{1}{8}F(u_s)\left(\frac{5}{3}\frac{q^{(3)}(u_s)}{q''(u_s)} - \frac{q^{(4)}(u_s)}{q''(u_s)}\right)\right]\right\} \tag{50}$$

EVALUATION ASYMPTOTIQUE DE $I_1(r',\theta)$

D'après (24), $I_1(r',\theta)$ peut s'écrire sous la forme :

$$I_1(r',\theta) = C_1\left\{i_0(r',\theta)\bar{f}^{(2)}(0) + \frac{1}{2}\left[f^{(2)}(0)\right]\left(i_1(r',\theta) - i_2(r',\theta)\right)\right\} \tag{51}$$

où i_0, i_1 et i_2 sont trois intégrales données par :

$$\begin{cases} i_0(r',\theta) = \int_{-\infty}^{+\infty} F(u,\sin\theta;r')\,e^{ir'q(u,\sin\theta)}\,du \\ i_1(r',\theta) = \int_0^\infty F(u,\sin\theta;r')\,e^{ir'q(u,\sin\theta)}\,du \\ i_2(r',\theta) = \int_0^\infty F(-u,\sin\theta;r')\,e^{ir'q(-u,\sin\theta)}\,du \end{cases} \tag{52}$$

et où le coefficient C_1 et les fonctions $F(u,v;r')$ et $q(u,v)$ sont définis par les relations (26) à (29).

L'intégrale i_0 n'a pas de borne à distance finie. Son développement asymptotique pour r' grand se réduit par conséquent à la contribution du point de phase stationnaire, d'où, d'après (46), en se limitant à l'ordre $\frac{1}{r'^2}$.

$$i_0(r',\theta) \approx e^{ir'q(u_s)}\sqrt{\frac{\pi}{r'}}\,e^{-i\frac{\pi}{4}}\left[G(0) - \frac{1}{2ir'}H(0) + \frac{1}{(2ir')^2}K(0)\right] \tag{53}$$

Les développements asymptotiques des intégrales i_1 et i_2 sont données par des expressions similaires à (41). Le changement de u en -u a pour effet de changer le signe de s_a dans les développements correspondants, d'où :

$$I_1(r',\theta) = C_1\, e^{ir'\cos(\theta-\alpha)}\left(\sqrt{\frac{\pi}{r'}}\, e^{-i\frac{\pi}{4}}\left[G(0) - \frac{1}{2ir'}H(0) + \frac{1}{(2ir')^2}K(0)\right]\bar{f}^{(2)}(0)\right.$$

$$+ \frac{1}{2}\left[f^{(2)}(0)\right]\left\{G(0)\left(\left[F(r',s_a) - \hat{F}_3(r',s_a)\right] - \left[F(r',-s_a) - \hat{F}_3(r',-s_a)\right]\right)\right.$$

$$\left. - \frac{1}{2ir'}H(0)\left(\left[F(r',s_a) - \hat{F}_2(r',s_a)\right] - \left[F(r',-s_a) - \hat{F}_2(r',-s_a)\right]\right)\right.$$

$$\left.\left. - \frac{1}{(2ir')^2}K(0)\left(\left[F(r',s_a) - \hat{F}_1(r',s_a)\right] - \left[F(r',-s_a) - \hat{F}_1(r',-s_a)\right]\right)\right\}\right) + C_1 i_d(r',\theta) \tag{54}$$

avec $s_a = \sqrt{2}\sin\left(\dfrac{\theta-\alpha}{2}\right)$ et $i_d = C_1^{-1}I_{1d}$ où I_{1d} est le développement asymptotique non uniforme de I_1 qu'il faut arrêter à l'ordre r'^{-3}. En appliquant (48) aux intégrales i_1 et i_2, on trouve :

$$i_d = \left(-\frac{1}{r'^2}\frac{1-\cos\alpha\cos\theta-\eta^2}{(\cos\alpha-\cos\theta)^3} + \text{terme en } \frac{1}{r'^3}\right)e^{ir'} \tag{55}$$

Les grandeurs $G(0)$, $H(0)$ et $K(0)$ peuvent être exprimées en fonction des angles θ et α et de la fonction $Q(u;r')$ définie par (28). En utilisant (49) et (50) ainsi que l'expression générale de $K(0)$ en fonction de $F(u_s)$ et $q(u_s)$, non reproduites ici (voir Mo2), on obtient :

$$\left\{\begin{aligned}
&G(0,v) = \frac{i\sqrt{2}}{\sin\alpha}Q(u_s)\\
&H(0,v) = \frac{i\sqrt{2}}{\sin^4\alpha}\frac{|v|}{}\left[Q''(u_s) - \frac{2\sin\alpha\cos\alpha\, Q'(u_s)}{|v|} + \frac{1}{4}\frac{\sin^4\alpha}{v^2}Q(u_s)\right]\\
&K(0,v) = \frac{i4\sqrt{2}}{\sin^5\alpha}\left\{\frac{3}{2}\left(\cos^2\alpha + \frac{3}{8}\sin^2\alpha\right)Q''(u_s)\right.\\
&\qquad\qquad \frac{3}{4}\frac{\sin\alpha\cos\alpha\, Q'(u_s)}{|v|}\left(11\cos^2\alpha - \frac{3}{2}\sin^2\alpha - 1\right)\\
&\qquad\qquad \left. + \frac{\sin^2\alpha}{8v^2}\left[3\left(\sin^4\alpha - \frac{1}{4}\right) - \frac{7}{2}\left(\sin^2\alpha - \frac{\cos^4\alpha}{8} + \frac{3}{2}\cos^2\alpha\right)\right]Q(u_s)\right\}
\end{aligned}\right. \tag{56}$$

où : $\quad Q(u_s) = Q(u_s;r')\ ,\quad u_s = \dfrac{\sin(\alpha-\theta)}{\sin\alpha}\ ,\quad |v| = \sin\theta.$

EVALUATION ASYMPTOTIQUE DE $I_2(r',\theta)$

D'après (25), $I_2(r',\theta)$ peut s'écrire sous la forme :

$$I_2(r',\theta) = C_2\left\{j_0(r',\theta)\bar{f}^{(2)}(0) + \frac{1}{2}\left[f^{(2)}(0)\right]\left(j_1(r',\theta) - j_2(r',\theta)\right)\right\} \tag{57}$$

où j_0, j_1 et j_2 sont trois intégrales doubles données par :

$$j_0(r',\theta) = \int_{-\infty}^{-\sin\theta} e^{-i\eta r'(v+\sin\theta)}dv \int_{-\infty}^{+\infty} F(u,v;r')\,e^{ir'q(u,v)}du$$

$$j_1(r',\theta) = \int_{-\infty}^{-\sin\theta} e^{-i\eta r'(v+\sin\theta)}dv \int_{0}^{+\infty} F(u,v;r')\,e^{ir'q(u,v)}du \qquad (58)$$

$$j_2(r',\theta) = \int_{-\infty}^{-\sin\theta} e^{-i\eta r'(v+\sin\theta)}dv \int_{0}^{+\infty} F(-u,v;r')\,e^{ir'q(-u,v)}du$$

et où le coefficient C_2 et les fonctions $F(u,v;r')$ sont définies par les relations (27) à (29).

Pour évaluer asymptotiquement ces intégrales, on remplace les intégrales portant sur la variable d'intégration u par leurs développements asymptotiques uniformes. Ces derniers sont identiques aux développements asymptotiques uniformes des intégrales i_0, i_1 et i_2 établis dans le paragraphe précédent, mais les grandeurs G(0), H(0), K(0) ainsi que u_s et $q(u_s)$ sont maintenant des fonctions de la variable d'intégration v de l'intégrale externe.

D'après (29), le point de phase stationnaire u_s des intégrales internes de j_0 et j_1, donné par $\dfrac{dq}{du}(u,v) = 0$ est :

$$u_s = \cos\theta - \frac{\cos\alpha}{\sin\alpha}|v| \quad (v < \infty) \qquad (59)$$

d'où :

$$q(u_s(v),v) = \cos\alpha\cos\theta - v\sin\theta \quad (v < \infty) \qquad (60)$$

Pour l'intégrale j_2, u_s change de signe, mais $q(u_s(v),u_s)$ reste identique. On a d'autre part, d'après (29) :

$$q(0,v) = \left(\cos^2\theta + v^2\right)^{\frac{1}{2}} \qquad (61)$$

D'après les résultats précédents, le développement asymptotique uniforme de chacune des intégrales internes de j_1 et j_2 comprend deux termes. Le premier terme a pour phase (60), tandis que le second terme qui correspond à la contribution non uniforme de la borne, a pour phase (61).

Dans l'intégrale j_0, le second terme est absent et le premier terme se réduit à la contribution du point de phase stationnaire dont la phase est donnée par (60). Les intégrales externes correspondant à chacun des termes dont la phase est donnée par (60), n'ont pas de point de phase stationnaire puisque la phase totale de l'intégrant est une fonction linéaire de v. Les intégrales externes correspondant aux termes dont la phase est donnée par (61) par contre ont un point de phase stationnaire, mais celui-ci est complexe puisque l'impédance relative η est en général un nombre complexe. Pour $\eta = 0$, $v_s = 0$. Dans ces conditions, la borne $v = -\sin\theta$ du chemin d'intégration se rapproche du point de phase stationnaire v_s lorsque θ s'approche de 0 ou p, ce qui correspond à une observation dans la zone 4c de la figure 2. Cette situation est en dehors du domaine d'application de la présente méthode. Lorsque le point d'observation est en dehors de cette zone et que $\eta = 0$, v_s est toujours loin de la borne $v = -\sin\theta$. Il en est de même lorsque $\eta \neq 0$ par suite de la condition $R_e\eta \geq 0$.

Pour ces raisons, les développements asymptotiques des intégrales externes de (58) s'obtiennent dans tous les cas au moyen d'intégrations par parties successives.

Le détail des calculs n'est pas reproduit ici. Pour obtenir en définitive tous les termes de I_2 jusqu'à l'ordre $\dfrac{1}{\sqrt{r'}}$, il faut compte tenu de (27), retenir dans le développement des intégrales (52) les termes jusqu'à l'ordre $(r')^{-3}$. La méthode des intégrations par parties fait intervenir les dérivées par rapport à $\dot{v}$, jusqu'à l'ordre 2, des développements asymptotiques des intégrales internes qui dépendent des fonctions $G(0,v)$, $H(0,v)$, $K(0,v)$ ainsi que des produits $G(0,v)\Delta F_3$, $H(0,v)\Delta F_2$ et $K(0,v)\,\Delta F_1$ où on a posé :

$$\Delta F_n = F(r',s_a) - \hat{F}_n(r',s_a) - \left[F(r',-s_a) - \hat{F}_n(r',-s_a)\right] \tag{62}$$

Mais comme $G(0,v)$, $H(0,v)$ et $K(0,v)$, ne contiennent d'après (56) et (28) que des termes d'ordre 0 et 1 par rapport à r', on montre qu'à l'ordre r'^{-3}, les développements asymptotiques des intégrales (58) ne font intervenir que les dérivées $\dfrac{\partial G}{\partial v}(0,v) = L(0,v)$, $\dfrac{\partial^2 G}{\partial v^2}(0,v) = M(0,v)$ et $\dfrac{\partial H}{\partial v}(0,v) = N(0,v)$ dont les expressions en fonction de u_s sont :

$$L(0,v) = \frac{i\sqrt{2}\,\cos\alpha\,Q'(u_s)}{\sin^2\alpha}$$

$$M(0,v) = -\frac{i\sqrt{2}}{\sin^4\alpha}\left[(1+2\cos^2\alpha)\,Q''(u_s) - \frac{1}{4}\frac{\sin^3\alpha\cos\alpha}{\sin\theta}Q'(u_s) - \frac{1}{4}\frac{\sin^4\alpha}{\sin^2\theta}Q(u_s)\right] \tag{63}$$

$$N(0,v) = i\sqrt{2}\,\frac{\cos^2\alpha}{\sin^3\alpha}\,Q''(u_s)$$

où u_s est donné par (59).

Compte tenu de ces remarques, le développement asymptotique de $I_2(r',\theta)$ arrêté à l'ordre $\dfrac{1}{\sqrt{r'}}$ se met finalement sous la forme suivante :

$$
\begin{aligned}
I_2(r',\theta) = &-C_2\,\frac{e^{ir'\cos(\theta-\alpha)}}{ir'(\eta+\sin\alpha)}\Bigg(\sqrt{\frac{\pi}{r'}}\,e^{-i\frac{\pi}{4}}\,\tilde{f}^{(2)}(0)\Bigg\{G(0) + \frac{1}{ir'}\left(\frac{L(0)}{\eta+\sin\alpha} + \frac{H(0)}{2}\right)\\
&+ \frac{1}{(ir')^2}\left(\frac{N(0)}{(\eta+\sin\alpha)^2} + \frac{M(0)}{2(\eta+\sin\alpha)}\right) + \frac{1}{(2ir')^3}K(0)\Bigg\}\\
&+ \Bigg\{\left[G(0) + \frac{1}{ir'}\frac{L(0)}{\eta+\sin\alpha} + \frac{1}{(ir')^2}\frac{N(0)}{(\eta+\sin\alpha)^2}\right]\Delta F_3\\
&+ \left[\frac{1}{2ir'}H(0) + \frac{1}{(ir')^2}\frac{M(0)}{2(\eta+\sin\alpha)}\right]\Delta F_2 + \frac{K(0)}{(2ir')^2}\Delta F_1\Bigg\}\frac{1}{2}\left[f^{(2)}(0)\right]\Bigg)\\
&+ C_2\,j_d(r',\theta)
\end{aligned}
\tag{64}
$$

avec $j_d = C_2^{-1} I_{2d}$ où I_{2d} est le développement asymptotique non uniforme de I_2 dont l'expression est donnée dans [KK]. Les expressions de L(0), M(0), N(0) se déduisent respectivement de L(0,v), M(0,v) et N(0,v) en donnant à v la valeur de la borne d'intégration $v = -\sin\theta$. Il revient au même de remplacer u_s dans (63) par $u_\bullet = \dfrac{\sin(\alpha - \theta)}{\sin\alpha}$.

On remarque que le développement asymptotique de I_2 a la même structure que celui de I_1.

EXPRESSION DE LA SOLUTION ASYMPTOTIQUE UNIFORME A LA PERIPHERIE DE LA COUCHE LIMITE

D'après (6), la solution du problème de diffraction dans la couche limite, issue de la méthode des perturbations par rapport au petit paramètre $\dfrac{1}{k}$, s'écrit en coordonnées dilatées, en se limitant à l'ordre 0 et 1 :

$$u(x',y') = U_0(x',y') + \frac{1}{k} U_1(x',y') \tag{65}$$

où $U_0(x',y')$ est donné par (11).

A la périphérie de la couche limite, le développement asymptotique uniforme de $u_1(x',y')$ est donné par la somme des développements des intégrales $I_1(x',y')$ et $I_2(x',y')$, donnés par (5) et (64). Il en résulte l'expression suivante du développement asymptotique uniforme de $u(x',y')$ à la périphérie de la couche limite.

$$u(r',\theta) = U_0\, e^{ir'\cos(\theta+\alpha)} + U_0\, \frac{\sin\alpha - \eta}{\sin\alpha + \eta}\, e^{ir'\cos(\theta-\alpha)} + \frac{1}{k} U_1(r',\theta) \tag{66}$$

où :

$$U_1(r',\theta) = -\left(\frac{2}{\pi}\right)^{\frac{1}{2}} ie^{i\frac{\pi}{4}} U_0\, \frac{\sin\alpha}{\sin\alpha + \eta}\, r'^{\frac{3}{2}}\, e^{ir'\cos(\theta-\alpha)}$$

$$\left\{ \sqrt{\frac{\pi}{r'}}\, e^{-i\frac{\pi}{4}}\, \bar{f}^{(2)}(0) \left[A_1(r',\theta) + \frac{1}{2ir'} A_2(r',\theta) + \frac{1}{(2ir')^2} A_3(r',\theta) \right] \right.$$

$$\left. + \frac{1}{2}\left[\bar{f}^{(2)}(0) \right] \left[A_1(r',\theta)\Delta F_3 + \frac{1}{2ir'} A_2(r',\theta)\Delta F_2 + \frac{1}{(2ir')^2} A_3(r',\theta)\Delta F_3 \right] \right\} \tag{67}$$

$$+ I_d(r',\theta)$$

avec :

$$I_d(r',\theta) = -\left(\frac{2}{\pi}\right)^{\frac{1}{2}} ie^{i\frac{\pi}{4}} U_0\, \frac{\sin\alpha}{\sin\alpha + \eta}\, \frac{\sin\theta}{\sin\theta + \eta}\, \frac{1 - \cos\alpha\cos\theta - \eta^2}{(\cos\theta - \cos\alpha)^3}\, \left[f^{(2)}(0) \right] \frac{e^{ir'}}{\sqrt{r'}}$$

$$+ \text{ termes en } \frac{1}{r'^{\frac{3}{2}}} \tag{68}$$

$$
\begin{cases}
A_1(r',\theta) = \dfrac{\sin\alpha}{\sin\alpha+\eta}\, G(0) - \dfrac{1}{ir'}\dfrac{\eta}{(\sin\alpha+\eta)^2}\, L(0) - \dfrac{1}{(ir')^2}\dfrac{\eta}{(\sin\alpha+\eta)^3}\, N(0) \\[3mm]
A_2(r',\theta) = \dfrac{\sin\alpha}{\sin\alpha+\eta}\, H(0) - \dfrac{1}{ir'}\dfrac{\eta}{(\sin\alpha+\eta)^2}\, M(0) \\[3mm]
A_3(r',\theta) = \dfrac{\sin\alpha}{\sin\alpha+\eta}\, K(0)
\end{cases}
\tag{69}
$$

ΔF_n, $n = 1,2,3$ est défini par (62) et les coefficients $G(0)$, $H(0)$, $K(0)$, $L(0)$, $M(0)$, $N(0)$ sont données par (56) et (63).

5.4.1.4. *Signification physique des termes de la solution*

Lorsque $\sqrt{r}\,|s_a|$ devient grand, on a :

$$
\Delta F_n \approx \pm\sqrt{\dfrac{\pi}{r'}}\, e^{-i\frac{\pi}{4}}
\tag{70}
$$

Le signe (+) correspondant au cas où s_a est négatif. Dans ce cas, $U_1(r',\theta)$ donné par (67) se réduit à la solution non uniforme :

$$
U_1(r',\theta) = -\sqrt{2}\, iU_0 r'\dfrac{\sin\alpha}{\sin\alpha+\eta}\, e^{ir'\cos(\theta-\alpha)} A(r',\theta)\, f^{(2)}(0\pm) + I_d(r',\theta)
\tag{71}
$$

où :

$$
A(r',\theta) = A_1(r',\theta) + \dfrac{1}{2ir'} A_2(r',\theta) + \dfrac{1}{(2ir')^2} A_3(r',\theta) =
\tag{72}
$$

et où $f^{(2)}(0\pm)$ est défini par (23) et désigne la limite de la dérivée seconde de part et d'autre de la discontinuité, pour $x' > 0$ et $x'< 0$ respectivement.

En tenant compte de (69), (56), (63) et (28), on voit que $A(r',\theta)$ comprend des termes proportionnels à u_s^2 et u_s qui s'annulent avec u_s sur la droite de transition $\theta = \alpha$ et des termes indépendants de u_s qui prennent une valeur non nulle pour $\theta = \alpha$.

En rassemblant les termes non nuls de $A(r',\theta)$ lorsque $\theta = \alpha$, on voit que ceux-ci sont d'ordre zéro en r' et d'ordre $\dfrac{1}{r'}$. Il en résulte que pour $\theta = \alpha$ le premier terme au second membre de (71) que l'on désigne par $u_1^s(r',\theta)$ est de la forme :

$$
u_1^s(r',\theta) = ar' + b
\tag{73}
$$

Considérons d'abord le terme en r'. Un calcul élémentaire donne :

$$
a = -U_0\, e^{ir'\cos(\theta-\alpha)}\dfrac{1}{\sin\alpha}\dfrac{\sin\alpha-\eta}{\sin\alpha+\eta}\, f^{(2)}(0\pm)
\tag{74}
$$

En portant ce terme dans (66), on obtient :

$$u(r',\theta) = U_0\, e^{ir'\cos(\theta+\alpha)} + U_0 R\left[1 - \frac{r'}{k\sin\alpha}f^{(2)}(0\pm)\right]e^{ir'\cos(\theta-\alpha)} + I_d(r',\theta) \qquad (75)$$

où R est le coefficient de réflexion pour le plan d'impédance η.

On reconnaît dans le deuxième terme au second membre de (75) le développement pour r petit du champ réfléchi de l'Optique Géométrique (1er terme de la série de Luneberg-Kline), de part et d'autre de la discontinuité de la courbure. En effet, pour θ voisin de α, le premier terme du développement asymptotique non uniforme du champ réfléchi dans la région 2 de la figure 1 a pour expression :

$$u_1^R(r',\theta) = U_0\sqrt{\frac{\rho}{\rho+r}}\, e^{ikr\cos(\theta-\alpha)}$$

où ρ est le rayon de courbure de l'onde réfléchie au point de réflexion.
Pour r petit :

$$\sqrt{\frac{\rho}{\rho+r}} \approx 1 - \frac{r}{2\rho} = 1 - \frac{r'}{2k\rho}$$

D'autre part, au point de discontinuité, on a (voir la figure 4) :

$$\frac{1}{2\rho} = \frac{f^{(2)}(0-)}{\sin\alpha} \quad , \quad \theta = \alpha + \varepsilon \quad , \quad \varepsilon > 0$$

$$\frac{1}{2\rho} = \frac{f^{(2)}(0+)}{\sin\alpha} \quad , \quad \theta = \alpha - \varepsilon \quad , \quad \varepsilon > 0$$

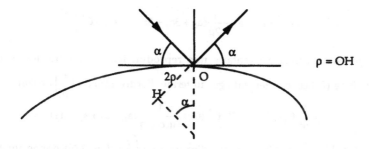

$$\rho = OH$$

Figure 4

d'où le résultat annoncé :

$$u_1^R(k^{-1}r',\theta) = U_0 R\left[1 - \frac{r'}{k\sin\alpha}f^{(2)}(0\pm)\right]e^{ir'\cos(\theta-\alpha)}$$

On peut montrer de la même manière que le terme constant par rapport à r' dans (73) est directement relié au second terme de la série de Luneberg-Kline du champ réfléchi. En effet, au voisinage de la droite de transition, dans la région 2, ce terme s'écrit :

$$u_2^R(r',\theta) = \frac{1}{ik} U_0 \sqrt{\frac{\rho}{\rho+r}}\ f^{(2)}(0\pm)\frac{1}{\sin\alpha+\eta}\ e^{ikr\cos(\theta-\alpha)}$$

$$\left[a_0 + \frac{\rho}{\rho+r}\,a_1 + \left(\frac{\rho}{\rho+r}\right)^2 a_2 + \left(\frac{\rho}{\rho+r}\right)^3 a_3\right] \qquad (76)$$

avec : (Voir la réf. [KLS] et les corrections indiquées dans la réf. [GU])

$$a_0 = \frac{1}{2^4(\sin\alpha+\eta)^2}\left[3\sin^2\alpha+11\eta\sin\alpha+8-11\eta^2-\left(\frac{8\eta+3\eta^2}{\sin\alpha}\right)+\frac{8\eta^2}{\sin^2\alpha}+\frac{8\eta^3}{\sin^3\alpha}\right]$$

$$a_1 = \frac{2}{\sin\alpha}\frac{1}{2^5(\sin\alpha+\eta)^2}\left[3\sin^2\alpha+3\eta\sin^2\alpha-(1+11\eta^2)\sin\alpha-9\eta-3\eta^3+\frac{9\eta^2}{\sin\alpha}+\frac{\eta^3}{\sin^2\alpha}\right]$$

$$a_2 = \left(\frac{2}{\sin\alpha}\right)^2\frac{1}{2^6(\sin\alpha+\eta)}\left[3\sin^3\alpha-(3\eta^2+2)\sin\alpha-8\eta+\frac{2\eta^2}{\sin\alpha}+\frac{8\eta}{\sin^3\alpha}\right]$$

$$a_3 = \left(\frac{2}{\sin\alpha}\right)^3\frac{15}{27}\left[-\sin^2\alpha+\eta\sin^2\alpha+\sin\alpha-\eta\right]$$

$$(77)$$

Pour r petit par rapport à ρ, on a :

$$\left[a_0 + \left(\frac{\rho}{\rho+r}\right)a_1 + \left(\frac{\rho}{\rho+r}\right)^2 a_2 + \left(\frac{\rho}{\rho+r}\right)^3 a_3\right]\times\sqrt{\frac{\rho}{\rho+r}}$$

$$\approx a_0 + a_1 + a_2 + a_3 - \frac{r}{2\rho}(a_0+3a_1+5a_2+7a_3) + O\left(\frac{r}{\rho}\right)^2$$

Au moyen d'un calcul élémentaire non reproduit ici, on montre que le terme constant b de (73) est exactement égal au terme d'ordre zéro en $\left(\frac{r}{\rho}\right)$ de (76) :

$$b = \frac{1}{ik} U_0\ e^{ir'\cos(\theta-\alpha)}\ f^{(2)}(0\pm)\frac{1}{\sin\alpha+\eta}\ (a_0+a_1+a_2+a_3)$$

En variable dilatées r' = kr, le terme d'ordre 1 en $\left(\frac{r}{\rho}\right)$ dans (76) donne un terme d'ordre $\frac{1}{k}\frac{r'}{k\rho}$. Comme la solution dans la couche limite a été arrêtée à l'ordre $\frac{1}{k}$, ce terme ne figure pas dans la solution non uniforme (71). Pour l'obtenir, il faudrait pousser la méthode des perturbations (Voir (6)) jusqu'à l'ordre $\frac{1}{k^2}$.

Le paramètre $\sqrt{r'}\,s_a$ intervenant dans (67) à travers les termes ΔF_n a également une interprétation physique simple. D'après la définition de s_a donnée à la suite de (37), on a :

$$s_a = \mp\sqrt{q(0)-q(u_s)} = \sqrt{2}\,\sin\left(\frac{\theta-\alpha}{2}\right) \tag{78}$$

En désignant par Δ la différence entre les chemins, en coordonnées dilatées, suivis par le rayon diffracté $S_\infty OM$ et le rayon réfléchi $S_\infty QM$ (Voir la figure 5 ci-dessous), on a :

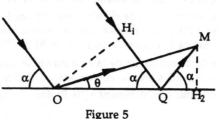

Figure 5

$$\Delta = OM - (H_1Q + QM) = 2r'\sin^2\left(\frac{\theta-\alpha}{2}\right) = r'{s_a}^2$$

Or, d'après les définitions de $F(r',s_a)$ et $\hat{F}_n(r',s_a)$ données par (43) et (44), on peut écrire :

$$F(r',s_a) = \int_{s_a}^{\infty} e^{ir's^2}ds = \frac{1}{\sqrt{r'}}\int_{\sqrt{r'}s_a}^{\infty} e^{iu^2}du$$

$$\hat{F}_n(r',s_a) = \frac{1}{\sqrt{r'}}\,e^{ir's_a^2}\frac{1}{2i\sqrt{r'}\,s_a}\sum_{p=0}^{n-1}\frac{\Gamma\left(p+\frac{1}{2}\right)}{i\left(r's_a^2\right)^p} \tag{79}$$

On voit par conséquent qu'au facteur $\dfrac{1}{\sqrt{r'}}$ près, l'argument des fonctions $F(r',s_a)$ et $\hat{F}_n(r',s_a)$ est $\sqrt{r'}s_a = \sqrt{\Delta}$. En coordonnées non dilatées, il s'écrit :

$$\sqrt{r'}s_a = \sqrt{kr}\,\sin\left(\frac{\theta-\alpha}{2}\right) = \varepsilon(\bar{r})\sqrt{k\big|s(\bar{r})-s_R(\bar{r})\big|} = \xi(\bar{r}) \tag{80}$$

où $s(r)$ et $s_R(r)$ sont respectivement les phases au point d'observation $M(\bar{r})$ de l'onde diffractée et de l'onde réfléchie et où $\varepsilon(\bar{r}) = +1$ si $\theta > \alpha$ et $\varepsilon(\bar{r}) = -1$ si $\theta < \alpha$. Le paramètre $\xi(\bar{r})$ est connu sous le nom de "paramètre de détour" puisqu'il correspond au détour du chemin optique suivi par l'onde diffractée par rapport à celui suivi par l'onde réfléchie. Il s'agit du même paramètre que celui introduit dans le cas du dièdre.

5.4.2. Expression de la solution uniforme

Dans le § 5.4.1.3., on a établi une solution asymptotique uniforme valable à la périphérie de la couche limite, dans les domaines 4a et 4b de la figure 2. Ce développement constitue le développement dit "interne" dans la théorie de la couche limite. Un développement externe, valable dans la région 1 de la figure 1 a également été construit dans le § 5.4.1.2. et est donné par :

$$u_e(r,\theta) = u_i(r,\theta) + u_R(r,\theta) + u_e^d(r,\theta) \tag{81}$$

où u_i et u_R sont respectivement le champ incident et le champ réfléchi de l'Optique Géométrique et où u_e^d est le champ diffracté par la discontinuité de la courbure donnée par (32). Un premier raccordement dans le domaine de recouvrement des régions 4a et 1, entre le terme $I_d(r',\theta)$ de (71) correspondant à la diffraction par la ligne de discontinuité de la courbure et le terme $u_e^d(r,\theta)$ de (81), a permis de déterminer au §.5.4.1.2. le coefficient de diffraction figurant dans l'expression (32) et de définir complètement $u_e^d(r,\theta)$ dans la région 1 de la figure 1.

Un raccordement similaire peut être effectué dans le domaine de recouvrement des régions 4a et 1 entre le développement interne relatif au champ réfléchi et le développement externe relatif à ce champ.

D'après l'interprétation physique donné au § 5.4.1.4., le développement interne relatif au champ réfléchi comprend les deux premiers termes du développement de Luneberg-Kline. Pour raccorder ce développement au développement extérieur, il faut par conséquent conserver également dans ce dernier, les deux premiers termes de la série de Luneberg-Kline.

Cela conduit à écrire le champ réfléchi dans la région 1 sous la forme :

$$u_R(r,\theta) = e^{iks_R(r,\theta)}\left[A_0(r,\theta) + \frac{1}{ik}A_1(r,\theta)\right] \tag{82}$$

où A_0 et A_1 sont les deux premiers termes de la série de Luneberg-Kline qui, pour une surface bidimensionnelle s'écrivent :

$$\begin{cases} A_0(r,\theta) = R\sqrt{\dfrac{\rho}{\rho+s}}\, u_0 \\[2mm] A_1(r,\theta) = \sqrt{\dfrac{\rho}{\rho+s}}\dfrac{1}{a(Q)}\dfrac{1}{\sin\beta+\eta}\left[a_0 + \left(\dfrac{\rho}{\rho+s}\right)a_1 + \left(\dfrac{\rho}{\rho+s}\right)^2 a_2 + \left(\dfrac{\rho}{\rho+s}\right)^3 a_3\right]U_0 \end{cases} \tag{83}$$

où les coefficients sont donnés par les relations (77) dans lesquelles α est à remplacer par l'angle β que fait la direction incidente avec le plan tangent à la surface au point de réflexion Q et où $a(Q)$ et ρ sont respectivement le rayon de courbure de la surface et le rayon de courbure de l'onde réfléchie au point de réflexion. La longueur $s = \left|\overrightarrow{QM}\right|$ est la distance séparant le point d'observation M du point de réflexion Q.

On a vu au § 5.4.1.4. que la solution asymptotique non uniforme (82) se raccordait exactement à la solution asymptotique non uniforme interne, au voisinage de la droite de transition $\theta = \alpha$. Dans la zone de raccordement les solutions non uniformes, internes et externes, sont identiques. Comme la solution uniforme interne se déduit de la solution non uniforme au moyen de la technique exposée au § 5.4.1.3. (voir les relations (41) et (46)) et que dans la zone de raccordement, les solutions non uniformes, internes et externes, sont identiques, la solution uniforme externe a une structure similaire à la solution uniforme interne et se construit de la même façon. En posant $U^D = U_R + U_e^d$, on a par conséquent dans la région 2, à l'extérieur de la couche limite :

$$U^D(r,\theta) = e^{iks_{R_1}(r,\theta)} \left\{ A_0^{(1)}(r,\theta) \left[F(\xi_1) - \hat{F}_1(\xi_1) \right] + \frac{1}{ik} A_1^{(1)}(r,\theta) \left[F(\xi_1) - \hat{F}_2(\xi_1) \right] \right\}$$
$$+ e^{iks_{R_2}(r,\theta)} \left\{ A_0^{(2)}(r,\theta) \left[F(\xi_2) - \hat{F}_1(\xi_2) \right] + \frac{1}{ik} A_1^{(2)}(r,\theta) \left[F(\xi_2) - \hat{F}_2(\xi_2) \right] \right\} + U_e^d(r,\theta)$$

$$(84)$$

où les fonctions $F(\Omega)$ et $\hat{F}_n(\Omega)$ données par (43) et (44) ont été remplacées par $F(\tau)$ et $\hat{F}_n(\tau)$, avec :

$$F(\tau) = \sqrt{\frac{\Omega}{\pi}} \, e^{i\frac{\pi}{4}} F(\Omega)$$
$$\hat{F}_n(\tau) = \sqrt{\frac{\Omega}{\pi}} \, e^{-i\frac{\pi}{4}} \hat{F}_n(\Omega) \quad , \quad \tau = \sqrt{\Omega} \, s_a$$

et où Ω est égal à k.

Dans la solution (84), les indices 1 et 2 se rapportent respectivement à gauche et à droite de la discontinuité de la courbure, les fonctions $F(\xi_1) - \hat{F}_n(\xi_1)$ correspondent à un facteur près à $F(kr, s_a) - \hat{F}_n(kr, s_a)$, tandis que les fonctions $F(\xi_2) - \hat{F}_n(\xi_2)$ correspondent à $F(kr, -s_a) - \hat{F}_n(kr, -s_a)$. Les arguments ξ_i de ces fonctions sont définis comme dans (80) par :

$$\xi_i = \varepsilon_i(\vec{r}) \sqrt{k \left| s(\vec{r}) - s_{R_i}(\vec{r}) \right|} \qquad (85)$$

où $s(\vec{r})$ et $s_{R_i}(\vec{r})$ sont respectivement les phases au point d'observation de l'onde diffractée par la discontinuité de la courbure et de l'onde réfléchie. Le signe $\varepsilon_i(\vec{r})$ de ξ_i est défini de la manière suivante :

$\varepsilon_i(\vec{r}) = -1$ si le point de réflexion est situé sur la surface d'indice i et $\varepsilon_i(\vec{r}) = +1$ dans le cas contraire.

Pour $|\xi_i| \gg 1$, $U^D(r,\theta)$ tend vers U_a^D donné par :

$$U_a^D = e^{iks_{R_1}(r,\theta)} \left[A_0^{(1)} + \frac{1}{ik} A_1^{(1)} \right] \Theta(-\varepsilon_1)$$
$$+ e^{iks_{R2}(r,\theta)} \left[A_0^{(2)} + \frac{1}{ik} A_1^{(2)} \right] \Theta(-\varepsilon_2) + U_e^d$$

$$(86)$$

où $\Theta(X)$ est la fonction de Heaviside.

On retrouve par conséquent la solution non uniforme (2) lorsque $|\xi_i|$ prend des valeurs grandes devant l'unité, ou, ce qui revient au même, lorsque le point d'observation quitte la région 2 pour pénétrer dans la région 1.

La solution asymptotique (84) est par conséquent une solution uniforme dans les régions 1 et 2 de la figure 1. Comme elle se raccorde, par construction même, à la solution uniforme dans la couche limite, elle est une solution asymptotique du problème de diffraction d'une onde plane par une ligne de discontinuité de la courbure, uniformément valable dans les régions 1 et 2 de la figure 1.

Contrairement au cas du dièdre à faces courbes, traité au § 5.3., le développement asymptotique à la périphérie de la couche interne est complet à l'ordre considéré. La solution uniforme (84) peut par conséquent être étendue à une onde incidente plus générale qu'une onde plane ou localement plane, représentée par un développement asymptotique du type Luneberg-Kline.

5.4.3. Application numérique

Les planches 1 et 2 donnent les résultats d'une application numérique de la formule (84) à une jonction à plan tangent continu entre deux cylindres circulaires de rayons différents, raccordés le long d'une génératrice, illuminée par une onde incidente plane de direction de propagation normale aux génératrices.

La planche 1 correspond à une surface parfaitement conductrice illuminée par une onde TE tandis que la planche 2 correspond à une surface imparfaitement conductrice d'impédance relative $Z = 0,15 - i\ 0,15$. Sur chaque planche ont été représentées les courbes de variation du champ total donné par la solution uniforme, du champ réfléchi de l'O.G. et du champ diffracté donné par la solution non uniforme de [KK]. On constate que la zone de transition est très large et que le domaine angulaire d'application de la solution non uniforme est limité.

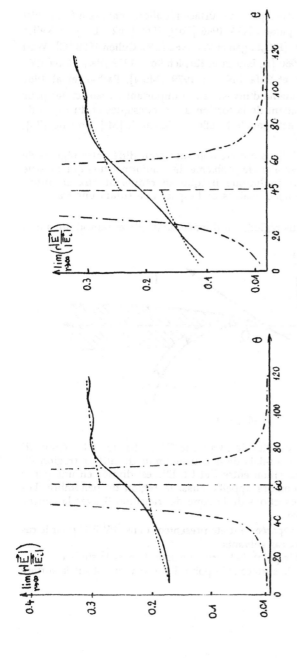

Planche 1 : **Diffraction par une ligne de discontinuité de la courbure au raccordement de deux cylindres.** Observation à l'infini, fréquencce 1 GHz, Onde TE, Z=0. Angle d'incidence 120°.

—··—··—   Solution non uniforme, champ diffracté

— — — —   Solution uniforme, champ total diffracté

—————   Champ réfléchi

Planche 2 : **Diffraction par une ligne de discontinuité de la courbure au raccordement de deux cylindres.** Observation à l'infini, fréquencce 1 GHz, Z=0.15−i0.15. Angle d'incidence 135°.

—··—··—   Solution non uniforme, champ diffracté

— — — —   Solution uniforme, champ total diffracté

—————   Champ réfléchi

5.5   Solution uniforme à travers la frontière d'ombre et la couche limite d'une surface régulière convexe

La diffraction haute fréquence par une surface régulière convexe a fait l'objet de nombreux travaux dans le passé : Fock 1946 [Fo1], 1965 [Fo2], Levy et Keller 1959 [LK], Franz et Klante 1959 [FK],Logan et Yee 1962 [LY], Cullen 1958 [C], Wait et Conda 1958 [WC], Ivanov 1960 [I], Babich et Kirpicnikova 1979 [BK], Hong 1967 [H], Pathak 1979 [P], Mittra et Safavi-Naimi 1979 [MSN], Pathak et al 1981 [PWBK]. Ce sujet reste un domaine d'investigation important en particulier pour la recherche des termes dépendant de la torsion des géodésiques et du rayon de courbure dans une direction orthogonale à celle-ci : Michaeli [Mi], Bouche [Bo], Lafitte [L].

Différentes formes de solutions ont été obtenues pour différentes régions de l'espace au chapitre 3. Il se pose alors le problème de l'uniformisation qui consiste à rechercher une expression analytique unique se réduisant aux solutions connues dans les différentes sous-domaines de l'espace et assurant une transition continue entre eux.

Une classification des sous-régions est donnée dans [P] et reproduite sur la figure 1.

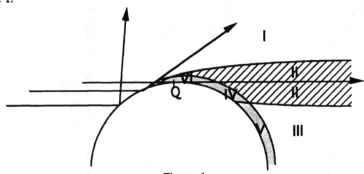

Figure 1

La région I est la région de validité de l'Optique Géométrique et la région III correspond à l'ombre profonde au-delà de la couche limite de surface (région V). La région II est la zone de transition entre I et III. Elle est divisée en une partie éclairée et une partie dans l'ombre appelée aussi la région de pénombre. Les régions IV et VI sont les intersections de la zone de transition II avec la couche limite à proximité de la surface.

Des solutions uniformes séparées ont été présentées dans [PWBK] pour le cas tridimensionnel, dans les deux cas suivants :
1) Quand à la fois la source et le point d'observation sont loin de la surface,
2) Quand la source est loin de la surface et le point d'observation est sur la surface et vice-versa.

Le problème canonique à la base de la solution (1) est le cylindre circulaire illuminé par une onde plane sous l'incidence normale à l'axe.

Une solution asymptotique uniforme pour ce problème a été établie par Pathak [P] pour un cylindre parfaitement conducteur.

Dans le § 5.5.1, nous appliquons la méthode suivie par [P] au cas d'un cylindre imparfaitement conducteur.

Dans le § 5.5.2, nous présentons la forme tridimensionnelle de cette solution et, dans le § 5.5.3, nous établissons une solution complètement uniforme, incluant le cas (2).

La méthode suivie pour traiter le cas (1) consiste à rechercher une solution uniforme pour le cylindre circulaire illuminé par une onde incidente plane. Ce problème canonique a une solution exacte s'écrivant sous la forme d'une série infinie de fonctions de Bessel et de Hankel. Cette série est transformée au moyen de la transformation de Watson en une intégrale. Cette intégrale est ensuite transformée pour faire apparaître les fonctions spéciales décrivant le champ dans la zone de transition. Pour passer de cette solution au cas d'un cylindre quelconque, on modifie les arguments de ces fonctions de façon à retrouver les solutions asymptotiques connues dans la zone d'O.G. et dans l'ombre profonde, tout en imposant la continuité de la solution sur la frontière d'ombre. Les mêmes contraintes permettent également d'établir une solution uniforme pour une surface convexe générale.

Le § 5.5.3 est une mise en oeuvre directe de la méthode de la solution composite décrite au § 5.2 et appliquée à la diffraction d'une onde scalaire par un cylindre lisse. Cette méthode est étendue à une onde électromagnétique diffractée par une surface parfaitement conductrice en tenant compte dans la couche limite, des termes proportionnels à la torsion de la géodésique.

5.5.1.   Solution asymptotique uniforme à travers la frontière d'ombre d'une surface imparfaitement conductrice : cas bidimensionnel

5.5.1.1. *Détails sur la méthode de résolution*

On considère une onde plane illuminant sous incidence normale à l'axe, un cylindre circulaire infini d'impédance de surface constante Z ou recouvert d'une ou plusieurs couches homogènes de matériaux. Le rayon de la surface la plus externe est désigné par b et on suppose que kb>>1.

Le champ incident peut être décomposé en une onde TE (champ électrique parallèle à l'axe) et une onde TM (champ magnétique parallèle à l'axe). La diffraction de chacune de ces ondes peut être traitées séparément puisqu'en incidence normale à l'axe, elles vérifient indépendamment les conditions aux limites sur la surface du cylindre. Le problème se réduit par conséquent à un problème scalaire :

$$(\nabla^2 + k^2)\, U_t(\rho, \varphi) = 0 \tag{1}$$

$$\frac{\partial U_t}{\partial \rho} + ik\zeta U_t = 0 \quad , \quad \rho = b \quad , \quad \text{convention } e^{-i\omega t} \tag{2}$$

où $\zeta = Z$, $U_t = H_Z$ pour une onde TM et $\zeta = \dfrac{1}{Z}$, $U_t = E_Z$ pour une onde TE, l'axe OZ étant porté par l'axe du cylindre.

Aux conditions (1) et (2), il faut ajouter la condition de SOMMERFELD à l'infini :

$$\lim_{\rho \to \infty} \rho^{\frac{1}{2}} \left(\frac{\partial U^d}{\partial \rho} - ikU^d \right) = 0 \tag{3}$$

où l'indice d désigne le champ diffracté.
La solution générale de ce problème peut être mise sous la forme :

$$U_t = U + U_{0R} \tag{4}$$

où U_{0R} est la contribution des ondes rampantes atteignant le point d'observation après avoir quitté tangentiellement la surface dans l'ombre profonde et où U est donné par :

$$U = U_0 \int_{-\infty+i\varepsilon}^{\infty+i\varepsilon} dv \left[J_v(k\rho) - \frac{\Omega J_v(kb)}{\Omega H_v^{(1)}(kb)} H_v^{(1)}(k\rho) \right] e^{iv\psi} \tag{5}$$

U_0 désigne l'amplitude complexe de l'onde plane incidente et $\psi = |\phi| - \dfrac{\pi}{2}$ avec $|\phi| < \pi$ ou $|\psi| < \dfrac{\pi}{2}$, ψ étant négatif dans la zone éclairée.

L'opérateur Ω est défini par :

$$\Omega = \frac{\partial}{\partial \rho} + ik\zeta \tag{6}$$

Dans le cas d'un cylindre revêtu d'une ou plusieurs couches de matériaux, $\zeta = \zeta(v)$ est une fonction de l'indice v dont l'expression pour chaque type d'onde (TM ou TE) est connue. Elle se déduit de l'impédance (resp. admittance) modale correspondante par la transformation de Watson.

En remplaçant $J_v(x)$ par :

$$J_v(x) = \frac{1}{2} \left[H_v^{(1)}(x) + H_v^{(2)}(x) \right] \tag{7}$$

La relation (5) peut encore être écrite sous la forme :

$$U = \frac{U_0}{2} \int_{-\infty+i\varepsilon}^{\infty+i\varepsilon} dv \left[H_v^{(2)}(k\rho) - \frac{\Omega H_v^{(2)}(kb)}{\Omega H_v^{(1)}(kb)} H_v^{(1)}(k\rho) \right] e^{iv\psi} \tag{8}$$

Dans la zone de transition, pour kb grand, la contribution des intégrales (5) ou (8) est la plus importante lorsque v est de l'ordre de kb. En effet, en remplaçant loin de la zone de transition, toutes les fonctions de Hankel figurant dans (8) par le premier terme de leur développement asymptotique de Debye, on trouve que l'intégrant de (8) a un point de phase stationnaire donnée par :

$$\psi + 2\,\text{Arccos}\left(\frac{v}{kb}\right) - \text{Arccos}\left(\frac{v}{k\rho}\right) = 0$$

On suppose que $\rho \gg b$, d'où $\text{Arccos}\left(\frac{v}{k\rho}\right) \cong \frac{\pi}{2}$. Il en résulte que lorsque le point d'observation tend vers la frontière d'ombre $\left(\psi \to \frac{\pi}{2}\right)$, v tend vers kb. Pour kb$\gg$1, les développements de Debye de $H_v^{1,2}(kb)$ restent valables très près de $v = kb$ et par conséquent la contribution la plus importante à l'intégrale provient du voisinage de $v = kb$. Le même raisonnement reste valable pour l'intégrale (5).

Cela conduit, à l'intérieur de la zone de transition, au changement de variable suivant:

$$v = kb + m\tau \qquad m = \left(\frac{kb}{2}\right)^{\frac{1}{3}} \tag{9}$$

et au remplacement des fonctions de Bessel et de Hankel par leurs développements asymptotiques du type Olver. En limitant ceux-ci au premier terme, on a :

$$J_{v(\tau)}(kb) = (m\sqrt{\pi})^{-1} V(\tau) \tag{10}$$

$$H_{v(\tau)}^{(1,2)}(kb) = \mp i\,(m\sqrt{\pi})^{-1} W_{1,2}(\tau) \tag{11}$$

où $V(\tau)$ et $W_{1,2}(\tau)$ sont des fonctions d'Airy définies par :

$$2iV(\tau) = W_1(\tau) - W_2(\tau) \tag{12}$$

$$W_{1,2}(\tau) = \frac{1}{\sqrt{\pi}} \int_{\Gamma_{1,2}} e^{\tau t - \frac{t^3}{3}}\, dt$$

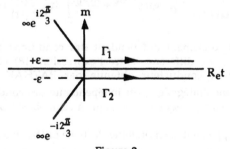

Figure 2

En portant (10) et (11) dans (5) et (8), on obtient :

$$U = mU_0 \int_{-\infty+i\epsilon}^{\infty+i\epsilon} d\tau \left[J_{\nu(\tau)}(k\rho) - i\frac{\tilde{\Omega}V(\tau)}{\tilde{\Omega}W_1(\tau)} H^{(1)}_{\nu(\tau)}(k\rho) \right] e^{i(kb+m\tau)\psi}$$ (13)

$$U = \frac{mU_0}{2} \int_{-\infty+i\epsilon}^{\infty+i\epsilon} d\tau \left[H^{(2)}_{\nu(\tau)}(k\rho) - \frac{\tilde{\Omega}W_2(\tau)}{\tilde{\Omega}W_1(\tau)} H^{(1)}_{\nu(\tau)}(k\rho) \right] e^{i(kb+m\tau)\psi}$$ (14)

avec :

$$\tilde{\Omega} = -\frac{1}{m}\frac{\partial}{\partial\tau} + i\zeta$$ (15)

puisqu'au voisinage de $\rho = b$, on a d'après (9) $k\rho \cong \nu - m\tau$, d'où : $\dfrac{\partial}{\partial\rho} \cong -\dfrac{k}{m}\dfrac{\partial}{\partial\tau}$

Il est possible d'exprimer u en regroupant (13) et (14). En effet, la transformation qui permet de passer de (13) à (14) agit uniquement sur l'intégrant et non sur le contour d'intégration. Il en résulte que les intégrales (13) et (14) sont identiques le long de tout chemin d'intégration. En particulier, l'intégrale (13) le long du chemin C_1 allant de $-\infty + i\epsilon$ à $0 + i\epsilon$ est identique à l'intégrale (14) le long du même chemin . De même, les deux intégrales précédentes sont identiques le long du chemin C_2 allant de $0 + i\epsilon$ à $\infty + i\epsilon$.

On peut par conséquent exprimer U comme la somme de l'intégrale (13) intégrée le long du chemin C_2 et de l'intégrale (14) intégrée le long du chemin C_1.

Après réarrangement des termes et utilisation de (7), on obtient ainsi :

$$U = I_1 + I_2$$ (16)

avec :

$$I_1 = mU_0 \int_{C_1+C_2} d\tau J_{\nu(\tau)}(k\rho)\, e^{i\nu(\tau)\psi} - \frac{mU_0}{2} \int_{C_1} d\tau\, H^{(1)}_{\nu(\tau)}(k\rho)\, e^{i\nu(\tau)\psi}$$ (17)

$$I_2 = -imU_0 \int_{C_2} d\tau \frac{\tilde{\Omega}V(\tau)}{\tilde{\Omega}W_1(\tau)} H^{(1)}_{\nu(\tau)}(k\rho)\, e^{i\nu(\tau)\psi} + \frac{mU_0}{2} \int_{C_1} d\tau \frac{\tilde{\Omega}W_2(\tau)}{\tilde{\Omega}W_1(\tau)} H^{(1)}_{\nu(\tau)}(k\rho)\, e^{i\nu(\tau)\psi}$$ (18)

On voit que I_1 est totalement indépendant des conditions aux limites sur le cylindre et que la seule différence entre l'expression (18) et celle relative au cylindre parfaitement conducteur obtenue par PATHAK est la forme de l'opérateur $\tilde{\Omega}$. Comme l'intégrale I_1 est indépendante des conditions aux limites, son développement asymptotique est identique à celui obtenu par Pathak.

De même, le développement asymptotique de I_2 ne diffère que par l'expression de $\tilde{\Omega}$ et peut être écrite directement à partir des formules obtenues par Pathak.

Ceci donne les résultats suivants :

Partie de la zone de transition située dans l'ombre :

$$I_1 = U_0 \frac{e^{i\frac{\pi}{4}}}{\sqrt{2\pi k}} \frac{e^{ikb\theta}}{\theta} F[kL\tilde{a}] \frac{e^{iks}}{\sqrt{s}} \qquad (19)$$

où :

$$L = s \quad , \quad \tilde{a} = \frac{\theta^2}{2}$$

avec :

$$F[kL\tilde{a}] = -2i\sqrt{kL\tilde{a}} \; e^{-ikL\tilde{a}} \int_{\sqrt{kL\tilde{a}}}^{\infty} e^{i\tau^2} d\tau$$

$$s = \rho^2 - b^2 = PQ_2$$

$$\theta = \psi - \beta_s \quad , \quad \beta_s = \text{Arc} \cos\frac{b}{\rho}$$

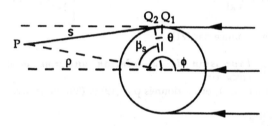

Figure 3

$$I_2 = -U_0 \frac{e^{i\frac{\pi}{4}}}{\sqrt{2\pi k}} \frac{e^{ikb\theta}}{\theta} \frac{e^{iks}}{\sqrt{s}} - U_0 m\sqrt{\frac{2}{k}} \; e^{ikb\theta} \; \tilde{P}(\xi) \frac{e^{iks}}{\sqrt{s}} \qquad (20)$$

où $\tilde{P}(\xi)$ a pour expression :

$$\tilde{P}(\xi) = \frac{e^{i\frac{\pi}{4}}}{\sqrt{\pi}} \int_{-\infty}^{\infty} \frac{\tilde{\Omega}V(\tau)}{\tilde{\Omega}W_1(\tau)} e^{i\xi\tau} d\tau \qquad (21)$$

et où $\xi = m\theta \geq 0$.

La fonction $\tilde{P}(\xi)$ est une fonction de Pekeris modifiée non réductible aux fonctions de Pekeris tabulées, intervenant dans le cas parfaitement conducteur.

Partie éclairée de la zone de transition

$$I_1 = U^i(P) + U_0 m \frac{e^{i\frac{\pi}{4}}}{\sqrt{2\pi k' \, \xi'}} e^{-2ikb\cos\theta^i + i\frac{(\xi')^3}{12}} F[kL'\tilde{a}'] \frac{e^{ik(1+b\cos\theta^i)}}{\sqrt{1}}$$ (22)

avec :

$$L' = 1 \quad , \quad \tilde{a}' = \frac{(\xi')^2}{2m^2} = 2\cos^2\theta^i \quad , \quad \xi' = -2m\cos\theta^i$$

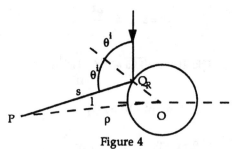

Figure 4

$$I_2 = -U_0 m \sqrt{\frac{2}{kL}} e^{ik(1+b\cos\theta^i)} e^{-i2kb\cos\theta^i + i\frac{(\xi')^3}{12}} \left[\frac{e^{i\frac{\pi}{4}}}{2\sqrt{\pi} \, \xi'} + \tilde{P}(\xi') \right]$$ (23)

où la fonction $\tilde{P}$ est donnée par (21).

5.5.1.2. *Expression de la solution uniforme pour un cylindre circulaire*

En regroupant les termes I_1 et I_2 donnés par (19) et (20), on trouve :

Région dans l'ombre

$$U(P) = -U_i(Q_1) m \sqrt{\frac{2}{k}} e^{ikt} \left[\frac{e^{i\frac{\pi}{4}}}{2\xi\sqrt{\pi}} \left(1 - F[kL\tilde{a}]\right) + P(\xi) \right] \frac{e^{iks}}{\sqrt{s}}$$ (24)

où $U^i(Q_1)$ est le champ incident au point (Q_1) du cylindre situé sur la frontière ombre-lumière associée à la zone de transition considérée et où $t = b\theta$, $\xi = m\theta \geq 0$.

Région éclairée

$$U(P) = U^i(P) + U^i(Q_R) \left[\sqrt{\frac{-4}{\xi'}} e^{i\frac{(\xi')^3}{12}} \left\{ \frac{e^{i\frac{\pi}{4}}}{2\xi'\sqrt{\pi}} \left(1 - F[kL'\tilde{a}']\right) + \tilde{P}(\xi') \right\} \right] \sqrt{\frac{\rho_c}{\rho_c + 1}} \, e^{ikl}$$ (25)

où $U^i(Q_R) = U_0 \, e^{-ikb\cos\theta^i}$ est le champ incident au point de réflexion Q_R et où $\rho_c = \frac{b\cos\theta^i}{2}$ est la distance du point de réflexion à la caustique des rayons réfléchis.

Les fonctions $F[X]$ et $\tilde{P}(X)$ sont définies par (19) et (21).

L'expression de $\tilde{P}(X)$ est nouvelle et s'écrit explicitement sous la forme :

$$\tilde{P}(\xi) = \frac{e^{i\frac{\pi}{4}}}{\sqrt{\pi}} \int_{-\infty}^{+\infty} \frac{V'(\tau) - im\zeta V(\tau)}{W_1'(\tau) - im\zeta W_1(\tau)} e^{-\xi\tau} \, d\tau \qquad (26)$$

Une procédure rapide pour le calcul numérique de cette fonction a été établie par Pearson [Pe].

5.5.1.3. *Solution uniforme pour un cylindre quelconque*

Les formules (24) et (25) se transposent directement au cas d'un cylindre de section quelconque. En suivant Pathak, les paramètres ξ, t, m et $\tilde{a}$ intervenant dans la solution pour un point d'observation situé dans l'ombre se généralisent de la manière suivante :

$$\xi = \int_{Q_1}^{Q_2} \frac{m(t')}{\rho_g(t')} \, dt' \quad , \quad m(t') = \left[\frac{k\rho_g(t')}{2}\right]^{\frac{1}{3}}$$

$$t = \int_{Q_1}^{Q_2} dt' \quad , \quad \tilde{a} = \frac{\xi^2}{2m(Q_1)m(Q_2)} \quad , \quad L = s \qquad (27)$$

où $\rho_g(t')$ est le rayon de courbure local de la géodésique suivie par le rayon rampant sur le cylindre.

En remplaçant dans (24), les paramètres ξ, t, m et $\tilde{a}$ par leurs expressions données par (27), le champ en un point P situé dans l'ombre s'écrit :

$$U(P) = U^i(Q_1)\left[-\sqrt{m(Q_1)m(Q_2)}\, e^{ikt} \sqrt{\frac{2}{k}} \left\{\frac{e^{i\frac{\pi}{4}}}{2\xi\sqrt{\pi}}\left(1 - F[kL\tilde{a}]\right) + \tilde{P}(\xi)\right\}\right]\frac{e^{iks}}{\sqrt{s}} \qquad (28)$$

L'expression (28) du champ diffracté ne se distingue de celle obtenue par Pathak pour un cylindre parfaitement conducteur que par la forme de la fonction $\tilde{P}(\xi)$ donnée par (26).

Dans la région éclairée les paramètres ξ', t, m et $\tilde{a}'$ se généralisent de la manière suivante :

$$\xi' = -2m(Q_R)\cos\theta^i \quad , \quad m(Q_R) = \left[\frac{k\rho_g(Q_R)}{2}\right]^{\frac{1}{3}}$$

$$\rho_c = \frac{\rho_g(Q_R)\cos\theta^i}{2} \quad , \quad \tilde{a}' = 2\cos^2\theta^i \quad , \quad L' = s \qquad (29)$$

d'où :

$$U(P) = U^i(P) + U^i(Q_R) \left[\sqrt{\frac{-4}{\xi'}} \, e^{i\frac{(\xi')^3}{12}} \right] \left\{ \frac{e^{i\frac{\pi}{4}}}{2\xi'\sqrt{\pi}} \left(1 - F[kL'\tilde{a}'] \right) + \tilde{P}(\xi') \right\} \sqrt{\frac{\rho_c}{\rho_c+1}} \, e^{ikl} \quad (30)$$

5.5.2. Solution asymptotique uniforme à travers la frontière d'ombre d'une surface imparfaitement conductrice : cas tridimensionnel

Sur une surface tridimensionnelle convexe et régulière, il faut tenir compte de la divergence de l'onde rampante sur la surface et de la divergence de l'onde spatiale quittant tangentiellement la surface. En outre, il faut introduire le caractère vectoriel du champ.

Il a été montré au § 3.2 qu'à l'ordre zéro du développement asymptotique les composantes du champ électrique suivant la normale à la surface au point d'excitation Q' de l'onde rampante et suivant la binormale à la géodésique en Q' restent découplées tout au long du trajet de l'onde rampante si le conducteur est parfait ($Z = 0$) ou s'il a une impédance relative Z suffisamment différente de l'unité. En se plaçant dans cette hypothèse on peut appliquer (28) à chacune des composantes du champ électrique incident suivant $\hat{n}_{Q'}$ et $\hat{b}_{Q'}$ d'où pour un point d'observation situé dans l'ombre :

$$\vec{E}(P) = \vec{E}^i(Q') \cdot \left[\hat{b}_{Q'} \hat{b}_Q D_S + \hat{n}_{Q'} \hat{n}_Q D_h \right] e^{ikQ'Q} A_d e^{ik|\overrightarrow{QP}|} \sqrt{\frac{d\eta(Q')}{d\eta(Q)}} \quad (31)$$

où $\hat{n}_{Q'}, \hat{n}_Q$ sont des vecteurs unitaires suivant la normale à S en Q' et Q dirigés vers l'extérieur, $\hat{b}_{Q'}, \hat{b}_Q$ des vecteurs unitaires tangents au front d'onde de l'onde de surface en Q' et Q et dont l'orientation est définie par :

$$\hat{b}_{Q'} = \hat{t}_{Q'} \times \hat{n}_{Q'} \quad , \quad \hat{b}_Q = \hat{t}_Q \times \hat{n}_Q \quad (32)$$

où $\hat{t}_{Q'}, \hat{t}_Q$ sont des vecteurs unitaires tangents à la géodésique suivie par l'onde, en Q' et Q respectivement et orientés dans le sens de la propagation.

Les coefficients de diffraction D_s et D_h sont définis par :

$$D_{\substack{s\\h}} = -\sqrt{m(Q)m(Q')} \; \sqrt{\frac{2}{k}} \left\{ \frac{e^{i\frac{\pi}{4}}}{2\sqrt{\pi}\,\xi} \left(1 - F\left[kL^d\tilde{a}\right] \right) + \tilde{P}_{\substack{s\\h}}(\xi) \right\} \quad (33)$$

Les fonctions $F(x)$ et $\tilde{P}(\xi)$ sont les mêmes que celles intervenant dans le cas bidimensionnel, les arguments étant définis par (27). Seul le paramètre L^d est modifié. Ce paramètre sera déterminé en imposant la continuité du champ total à la traversée de la frontière d'ombre .

Pour généraliser l'expression (30), on utilise le fait que cette expression tend vers le champ de l'O.G. lorsque le point P est loin de la frontière d'ombre. On écrit par conséquent la solution dans la région éclairée sous la forme :

$$\vec{E}(P) = \vec{E}^i(P) + \vec{E}^R(P) \tag{34}$$

avec :

$$\vec{E}^R(P) = \vec{E}(Q_R).\left[\hat{e}_\perp\hat{e}_\perp R_s + \hat{e}^i_{//}\hat{e}^r_{//}R_h\right] A \, e^{ik\left|\overrightarrow{Q_R P}\right|} \tag{35}$$

et :

$$R_{s_h} = -\sqrt{\frac{-4}{\xi'}} \, e^{i\frac{(\xi')^3}{12}} \left\{ \frac{e^{i\frac{\pi}{4}}}{2\sqrt{\pi}\,\xi'}\left[1 - F(kL^r\tilde{a}')\right] + \tilde{P}_{s_h}(\xi') \right\} \tag{36}$$

où les arguments des fonctions $F(X)$ et $\tilde{P}(\xi')$ sont définis par (29), le paramètre L^r étant différent de L'.

Les vecteurs $\hat{e}_\perp, \hat{e}^i_{//}, \hat{e}^r_{//}$ sont des vecteurs unitaires respectivement perpendiculaire et parallèle au plan d'incidence et orthogonaux à la direction de propagation de l'onde incidente et réfléchie.

Le facteur de divergence A est donné par (Voir le § 1.3.4) :

$$A = \sqrt{\frac{\rho^r_1\rho^r_2}{(\rho^r_1 + s_1)(\rho^r_2 + s_1)}} \tag{37}$$

où $s_1 = \left|\overrightarrow{Q_R P}\right|$ et ρ^r_1, ρ^r_2 sont les rayons de courbure principaux du champ réfléchi en Q_R.

Les composantes $R_{s,h}$ tendent vers les coefficients de réflexion de l'O.G. quand le point d'observation quitte la zone de transition au voisinage de la frontière d'ombre. $\vec{E}^R(P)$ tend par conséquent vers le champ réfléchi de l'O.G. Il reste par conséquent à imposer la continuité du champ total à travers la frontière d'ombre.

Quand X est petit, on a :

$$F(X) \cong \sqrt{\pi X} \, e^{-i(\frac{\pi}{4}+X)} \tag{38}$$

Comme le terme :

$$\tilde{P}_{s_h}(Y) + \frac{e^{i\frac{\pi}{4}}}{2\sqrt{\pi}\,Y} \tag{39}$$

est bien défini en Y=0 puisque la partie singulière de $\tilde{P}_{s_h}(Y)$ compense exactement la singularité du second terme de (39) (Voir Pearson [Pe]), il en résulte que le saut de $D_{s,h}$ est égal à $-\frac{1}{2}\sqrt{L^d}$.

D'autre part, sur la frontière d'ombre, on a :

$$\rho_1^r \cong \frac{\rho_g(Q')\cos\theta^i}{2}$$

$$\rho_2^r \cong \rho_b^i$$

(40)

d'où compte tenu de l'expression de ξ' donnée par (29) :

$$\rho_1^r \cong \sqrt{\frac{\rho_g}{m(Q')}}\sqrt{\frac{-\xi'}{4}} = m(Q')\sqrt{\frac{2}{k}}\sqrt{\frac{-\xi'}{4}}$$

(41)

Il s'ensuit que le saut de $R_{s,h}\sqrt{\rho_1^r}$ est égal à $\frac{1}{2}\sqrt{L^r}$.

Le facteur de divergence A_d intervenant dans (31) est donné par :

$$A_d = \sqrt{\frac{\rho_2^d}{(\rho_2^d + s)s}}$$

(42)

où $s = \left|\overrightarrow{QP}\right|$ et ρ_2^d est le rayon de courbure du front d'onde de l'onde de surface en Q. Sur la frontière d'ombre, on a $\rho_2^d = \rho_2^r$. En posant :

$$A_r = \sqrt{\frac{\rho_2^r}{\rho_2^r + s}}$$

(43)

on voit que les sauts du champ diffracté et du champ réfléchi sont respectivement donnés par :

$$-\frac{1}{2}\vec{E}^i(Q')\sqrt{L^d}\,A_d \quad , \quad -\frac{1}{2}\vec{E}^i(Q')\sqrt{L^r}\,A_r$$

(44)

Comme le saut du champ direct est égal à :

$$\vec{E}^i(Q')\,A_i \text{ avec } A_i = \sqrt{\frac{\rho_1^i\rho_2^i}{(\rho_1^i + s)(\rho_2^i + s)}}$$

(45)

où ρ_1^i et ρ_2^i sont les rayons de courbure principaux de l'onde incidente en Q', la continuité du champ total est réalisée si :

$$L^d = L^r = \left(\frac{A_i}{A_d}\right)^2 = \left(\frac{A_i}{A_r}\right)^2$$

(46)

sur la frontière d'ombre.

En posant :

$$L^r = \frac{\rho_1^i \rho_2^i}{(\rho_1^i + s_1)(\rho_2^i + s_1)} \frac{s_1(\rho_2^r + s_1)}{\rho_2^r} \tag{47}$$

$$L^d = \frac{\rho_1^i \rho_2^i}{(\rho_1^i + s)(\rho_2^i + s)} \frac{s(\rho_2^d + s)}{\rho_2^d} \tag{48}$$

on voit que la condition (46) est vérifiée .

En portant (47) dans (35) et (48) dans (31), on obtient deux solutions asymptotiques qui se raccordent sur la frontière d'ombre. Sur la frontière d'ombre, la solution ainsi définie est continue par construction même, mais sa dérivée par rapport à l'angle d'observation est généralement discontinue.

5.5.3. Solution asymptotique complètement uniforme

5.5.3.1. *Position du problème*

Une solution asymptotique valable dans la couche limite à proximité de la surface, à travers les zones V, IV et VI de la figure 1 a été établie au § 3.2 pour une surface convexe. Dans le § 5.5.3 une solution asymptotique uniformément valable à travers les régions I, II et III pour un point d'observation situé loin de cette même surface, a été présentée. A l'aide de ces deux solutions, nous nous proposons de construire une solution complètement uniforme recouvrant les régions I à VI. Le traitement du problème sera limité à une surface convexe parfaitement conductrice illuminée par une onde incidente plane.

5.5.3.2. *Méthode de résolution*

Nous appliquons la méthode de la solution composite décrite au § 5.2. Le développement intérieur est donné par la solution de la couche limite. Celle-ci s'écrit en coordonnées semi-géodésiques (n,t,b) en un point S de la couche limite d'une surface parfaitement conductrice [Mi] :

$$\vec{E}^i(s) = \left[\frac{d\eta(Q')}{d\eta(Q_p)} \right]^{\frac{1}{2}} \left[\frac{a(Q')}{a(Q_p)} \right]^{\frac{1}{6}} e^{ikt}$$

$$\vec{E}^{inc}(Q') . \left[\hat{b}'\hat{b}_p V_2(\xi,\zeta) - \hat{n}'\hat{b}_p \frac{iT_0}{m(Q_p)} \frac{\partial V_1}{\partial \zeta}(\xi,\zeta) + \hat{n}'\hat{n}_p V_1(\xi,\zeta) \right. \tag{49}$$

$$\left. + \hat{b}'\hat{n}_p \frac{iT_0}{m(Q_p)} \frac{\partial V_2}{\partial \zeta}(\xi,\zeta) + \hat{n}'\hat{t}_p \frac{i}{m(Q_p)} \frac{\partial V_1}{\partial \zeta}(\xi,\zeta) \right]$$

où les vecteurs unitaires $\hat{b}$, $\hat{n}$ et $\hat{t}_p$ forment un trièdre trirectangle associé à la projection S_p de S sur la surface, $\hat{n}_p$ étant normal à la surface et $\hat{t}_p$ étant tangent à la géodésique passant par S_p (Voir la figure 5).

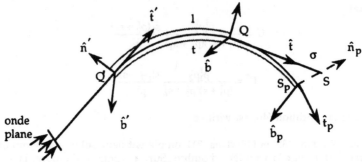

Figure 5

Les fonctions $V_1(\xi,\zeta)$ sont des fonctions de Fock à deux variables ξ et ζ qui sont des coordonnées réduites du point S :

$$\zeta = \frac{kn}{m(S_p)} \quad , \quad \xi = \int_0^t \frac{m(t')}{\rho_g(t')}\,dt' \tag{50}$$

où $n = S_p S$, $m = \left(\frac{k l \rho_g}{2}\right)^{\frac{1}{3}}$ et où ζ correspond la variable v du chapitre 3.

Les fonctions de Fock ont pour expressions :

$$V_1(\xi,\zeta) = \frac{i}{2\sqrt{\pi}} \int_{\infty e^{2i\frac{\pi}{3}}}^{\infty} e^{i\xi\tau}\left[W_2(\tau-\zeta) - \frac{W_2'(\tau)}{W_1'(\tau)}W_1(\tau-\zeta)\right]d\tau$$

$$V_2(\xi,\zeta) = \frac{i}{2\sqrt{\pi}} \int_{\infty e^{2i\frac{\pi}{3}}}^{\infty} e^{i\xi\tau}\left[W_2(\tau-\zeta) - \frac{W_2(\tau)}{W_1(\tau)}W_1(\tau-\zeta)\right]d\tau \tag{51}$$

où W_1, W_2 sont les fonctions d'Airy définies au § 3.1.4.

Pour raccorder la solution (49) au développement extérieur, il est important de l'exprimer en coordonnées de rayons l, σ où l est l'arc de géodésique $Q'Q$ et σ la distance mesurée le long du rayon de Q' à S (Fig. 5).

Dans la couche limite, $\zeta < 1$ et par conséquent $\frac{\sigma}{a} = O(m^{-1})$ où $a = a(Q)$ est le rayon de courbure de la géodésique en Q. Il faut également noter que la projection S_p de S sur la surface peut être considérée comme étant située sur le prolongement de la géodésique $Q'Q$ le long de la surface. En effet, sa déviation par rapport à cette géodésique qui est due à la torsion de la géodésique, est d'ordre $\left(\frac{\sigma}{a}\right)^2 \approx m^{-2}$.

Dans ces conditions, on a :

$$t \cong 1 + \sigma - \frac{\sigma^3}{3a^2} \quad , \quad n \cong \frac{\sigma^2}{2a} \tag{52}$$

d'où :

$$\zeta = \left(\frac{m\sigma}{a}\right)^2 = X^2 \quad , \quad \xi \cong \xi_0 + \frac{m\sigma}{a} = \xi_0 + X \tag{53}$$

avec :

$$\xi_0 = \int_0^1 \frac{m(t')}{\rho_g(t')} \, dt'$$

De même, à l'ordre m^{-2}, on a :

$$\begin{cases} \hat{b}_p = \hat{b} + T_0 \dfrac{\sigma}{a} \hat{n} \\[2mm] \hat{n}_p = \hat{n} - T_0 \dfrac{\sigma}{a} \hat{b} + \dfrac{\sigma}{a} \hat{t} \\[2mm] \hat{t}_p = \hat{t} - \dfrac{\sigma}{a} \hat{n} \end{cases} \tag{55}$$

En portant (53) et (55) dans (49) et en négligeant les termes d'ordre m^{-2}, on obtient

$$\vec{E}^{(i)}(s) = \left[\frac{d\eta(Q')}{d\eta(Q)}\right]^{\frac{1}{2}} \left[\frac{a(Q')}{a(Q)}\right]^{\frac{1}{6}} e^{ik(1+\sigma-\frac{\sigma^3}{3a^2})}$$

$$\vec{E}^{inc}(Q') \cdot \left(\hat{b}'\hat{b} V_2(\xi,\zeta) - \hat{n}'\hat{b}\left[\frac{iT_0}{m(Q)}\frac{\partial V_1}{\partial \zeta}(\xi,\zeta) + T_0\frac{\sigma}{a}V_1(\xi,\zeta)\right] \right.$$

$$+ \hat{n}'\hat{n} V_1(\xi,\zeta) + \hat{b}'\hat{n}\left[\frac{iT_0}{m(Q)}\frac{\partial V_2}{\partial \zeta}(\xi,\zeta) + T_0\frac{\sigma}{a}V_2(\xi,\zeta)\right]$$

$$\left. + \hat{n}'\hat{t}\left[\frac{i}{m(Q)}\frac{\partial V_1}{\partial \zeta}(\xi,\zeta) + \frac{\sigma}{a}V_1(\xi,\zeta)\right] \right) \tag{56}$$

Le développement intermédiaire, issu du développement interne s'obtient à partir de (56) en remplaçant les fonctions de Fock par leur développement asymptotique quand $\zeta \to \infty$.

En utilisant les développements asymptotiques de W_1 et W_2 donnés par (1) du (3.12), on obtient pour le terme dominant :

$$V_1(\xi,\zeta) \cong \exp\left(\frac{2iX^3}{3}\right)\left[F(\sqrt{X}\,\xi_0) - \frac{e^{i\frac{\pi}{4}}}{\sqrt{X}}q(\xi_0)\right]$$

$$\frac{\partial V_1}{\partial \zeta}(\xi,\zeta) \approx iX V_1(\xi,\zeta) = im\frac{\sigma}{a}V_1(\xi,\zeta)$$

$$\tag{57}$$

$$V_2(\xi,\zeta) \cong \exp\left(\frac{2iX^3}{3}\right)\left[F(\sqrt{X}\,\xi_0) - \frac{e^{i\frac{\pi}{4}}}{\sqrt{X}}\,P(\xi_0)\right]$$

$$\frac{\partial V_2}{\partial \zeta}(\xi,\zeta) - iXV_2(\xi,\zeta) = im\frac{\sigma}{a}V_2(\xi,\zeta)$$

d'où la limite externe du développement intérieur :

$$\vec{E}^{(m)}(s) = \left[\frac{d\eta(Q')}{d\eta(Q)}\right]^{\frac{1}{2}}\left[\frac{a(Q')}{a(Q)}\right]^{\frac{1}{6}} e^{ik(l+\sigma)}\,\vec{E}^{inc}(Q') \cdot \left(\hat{b}'\hat{b}\left[F(\sqrt{X}\,\xi_0) - \frac{e^{i\frac{\pi}{4}}}{\sqrt{X}}\,P(\xi_0)\right]\right.$$

$$\left. + \hat{n}'\hat{n}\left[F(\sqrt{X}\,\xi_0) - \frac{e^{i\frac{\pi}{4}}}{\sqrt{X}}\,q(\xi_0)\right]\right) \tag{58}$$

où on a posé :

$$F(u) = \exp\left(-iu^2 - i\frac{\pi}{4}\right)\frac{1}{\sqrt{\pi}}\int_u^{\infty} e^{it^2}\,dt \tag{59}$$

$$P(\xi_0) = \frac{i}{2\sqrt{\pi}}\int_{-e^{2i\frac{\pi}{3}}}^{\infty} e^{i\xi_0\tau}\,\frac{W_2(\tau)}{W_1(\tau)}\,d\tau \tag{60}$$

$$q(\xi_0) = \frac{i}{2\sqrt{\pi}}\int_{-e^{2i\frac{\pi}{3}}}^{\infty} e^{i\xi_0\tau}\,\frac{W_2'(\tau)}{W_1'(\tau)}\,d\tau \tag{61}$$

On peut montrer que la fonction de Fresnel donnée à (59) est reliée à la fonction de transition de Pathak et Kouyoumjian F_{PK} par :

$$F_{PK}(u^2) = -2i\sqrt{\pi}\,u\,e^{i\frac{\pi}{4}}\,F(u) \tag{62}$$

Les fonctions de Fock-Pékéris $P(\xi_0)$ et $q(\xi_0)$ correspondent respectivement à la limite de celles définies par (26) pour $\zeta \to 0$ et $\zeta \to \infty$ puisque dans le cas présent, la surface est supposée parfaitement conductrice.

Compte tenu de (49), (51) et de (59) à (62), le développement extérieur, en un point S situé dans l'ombre s'écrit :

$$\vec{E}^{(e)}(s) = \left[\frac{d\eta(Q')}{d\eta(Q)}\right]^{\frac{1}{2}} \left[\frac{a(Q')}{a(Q)}\right]^{\frac{1}{6}} \left(\frac{\rho^d}{\rho^d + \sigma}\right)^{\frac{1}{2}} e^{ik(l+\sigma)} \vec{E}^{inc}(Q') \cdot \left(\hat{b}'\hat{b}\left[F(\sqrt{X}\,\xi_0) - \frac{e^{i\frac{\pi}{4}}}{\sqrt{X}}P(\xi_0)\right]\right.$$

$$\left. + \hat{n}'\hat{n}\left[F(\sqrt{X}\,\xi_0) - \frac{e^{i\frac{\pi}{4}}}{\sqrt{X}}q(\xi_0)\right]\right) \tag{63}$$

Il est important de remarquer que pour une onde incidente plane, on a $\rho_1^i = \rho_2^i = \infty$ et sur la frontière d'ombre $\rho_2^d = \infty$, d'où d'après (48) $L^d = s = \sigma$ et $kL^d\bar{a} = \left(\frac{m\sigma}{a}\right)\xi_0^2 = X^2$.

On voit que la limite interne du développement extérieur (63) obtenue en faisant tendre σ vers zéro est égale à la limite externe du développement intérieur donné par (58).

Nous disposons maintenant de tous les éléments permettant de construire la solution composite selon la définition donnée au § 5.2. Cette solution est uniforme et est donnée par :

$$\vec{E}^u(s) = \vec{E}^{(i)}(s) - \vec{E}^{(m)}(s) + \vec{E}^{(e)}(s) \tag{64}$$

En tenant compte de la remarque faite à la fin du § 5.2, il est possible de simplifier la solution uniforme (64) en introduisant dans la solution interne (56) le facteur :

$$A_d = \sqrt{\frac{\rho_2^d}{\rho_2^d + \sigma}}$$

qui ne modifie pas cette solution puisque dans la couche limite $\frac{\sigma}{\rho_2^d} \ll 1$. Dans ces conditions, on a $\vec{E}^{(e)}(s) = \vec{E}^{(m)}(s)$ et par conséquent $\vec{E}^u(s) = \vec{E}^{(i)}(s)$.

5.5.3.3. *Expressions de la solution*

La solution asymptotique complètement uniforme a pour expression :

$$\vec{E}^u(s) = \left[\frac{d\eta(Q')}{d\eta(Q)}\right]^{\frac{1}{2}} \left[\frac{a(Q')}{a(Q)}\right]^{\frac{1}{6}} \left(\frac{\rho_2^d}{\rho_2^d + \sigma}\right)^{\frac{1}{2}} e^{ik(l+\sigma - \frac{\sigma^3}{3a^2})}$$

$$\vec{E}^{inc}(Q') \cdot \left(\hat{b}'\hat{b}V_2(\xi,\zeta) - \hat{n}'\hat{b}\left[\frac{iT_0}{m(Q)}\frac{\partial V_1}{\partial\zeta}(\xi,\zeta) + T_0\frac{\sigma}{a}V_1(\xi,\zeta)\right]\right.$$

$$+ \hat{n}'\hat{n}V_1(\xi,\zeta) + \hat{b}'\hat{n}\left[\frac{iT_0}{m(Q)}\frac{\partial V_2}{\partial\zeta}(\xi,\zeta) + T_0\frac{\sigma}{a}V_2(\xi,\zeta)\right] \tag{65}$$

$$\left. + \hat{n}'\hat{t}\left[\frac{i}{m(Q)}\frac{\partial V_1}{\partial\zeta}(\xi,\zeta) + \frac{\sigma}{a}V_1(\xi,\zeta)\right]\right)$$

où a = a(Q).

Michaeli [Mi2] a obtenu pour la première fois cette solution au moyen d'une méthode similaire à celle présentée ici.

Si le point S est sur la surface ($\zeta = 0$), on a $V_2(\xi, 0) = 0$, $\dfrac{\partial V_1}{\partial \zeta}(\xi, 0) = 0$ et en tenant compte de l'expression du Wronskien $[W_1, W_2] = 2i$, on obtient :

$$[V_1(\xi, \zeta)]_{\zeta=0} = g(\xi_0)$$

$$\left[\frac{\partial V_2}{\partial \zeta}(\xi, \zeta)\right]_{\zeta=0} = \tilde{g}(\xi_0)$$

(66)

où $g(\xi_0)$ et $\tilde{g}(\xi_0)$ sont les fonctions de Fock ordinaires définies par :

$$g(\xi_0) = \frac{1}{\sqrt{\pi}} \int_{-\infty e^{2i\frac{\pi}{3}}}^{\infty} \frac{e^{i\xi_0\tau}}{W_1(\tau)} d\tau$$

$$\tilde{g}(\xi_0) = \frac{1}{\sqrt{\pi}} \int_{-\infty e^{2i\frac{\pi}{3}}}^{\infty} \frac{e^{i\xi_0\tau}}{W_1(\tau)} d\tau$$

(67)

Ces fonctions sont notées f et g dans l'appendice 5.

En tenant compte de (66) et (67) et du fait que si $\zeta = 0$, on a aussi $\sigma = 0$, la solution (65) se réduit à :

$$\vec{E}(s) = \left[\frac{d\eta(Q')}{d\eta(Q)}\right]^{\frac{1}{2}} \left[\frac{a(Q')}{a(Q)}\right]^{\frac{1}{6}} e^{ikl}$$

$$\vec{E}^{inc}(Q') \cdot \left(\hat{n}'\hat{n}g(\xi_0) + \hat{b}'\hat{n}T_0\left[\frac{i}{m(Q)}\tilde{g}(\xi_0)\right]\right)$$

L'expression (68) est une solution uniforme à travers la frontière d'ombre pour une source située sur la surface et un point d'observation à grande distance de celle-ci. Elle est identique aux formules de la GTD de Pathak et al [PWBK].

5.5.3.4. *Application numérique*

Les planches 1 et 2 donnent la partie réelle et la partie imaginaire des fonctions de Fock à deux variables $V_1(\xi, \zeta)$ et $V_2(\xi, \zeta)$ définies par (51), en fonction de la distance σ exprimée en longueurs d'onde, pour un parcours 1= Q'Q de l'onde rampante constant.

Les planches 3 et 4 donnent le champ diffracté dans l'ombre pour un cylindre circulaire illuminé par une onde incidente plane, de polarisation TM, en fonction de la distance σ exprimée en longueurs d'onde, pour différents angles d'observation θ (Fig. 6).

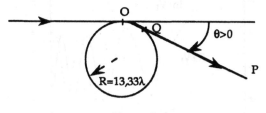

Figure 6

Les courbes en trait ponctué correspondent à la solution uniforme (65). Celles en trait plein ont été obtenues avec la solution (63) valable loin de la surface. On voit que les différences entre les deux solutions sont importantes lorsque le point d'observation s'approche de la surface.

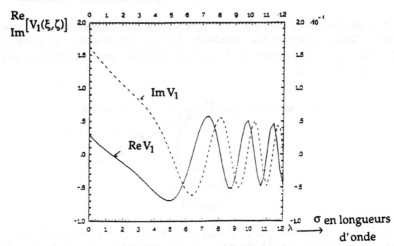

Planche 1 : Partie réelle de la fonction de Fock $V_1(\xi,\zeta)$ en fonction de la distance σ exprimée en longueurs d'onde, pour $\theta = 45°$, $\sigma = \dfrac{a\sqrt{\zeta}}{m}$, $\xi = m\theta + \sqrt{\zeta}$, $a = 1$ mètre , $F = 4$ GHz.

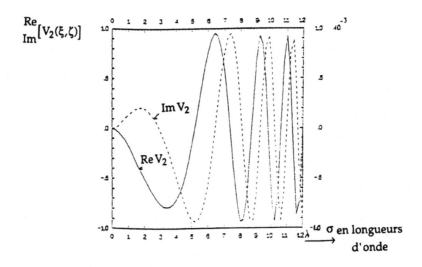

Planche 2 : Partie réelle de la fonction de Fock $V_2(\xi,\zeta)$ en fonction de la distance σ exprimée en longueurs d'onde, pour $\theta = 45°$, $\sigma = \dfrac{a\sqrt{\zeta}}{m}$, $\xi = m\theta + \sqrt{\zeta}$, $a = 1$ mètre , $F = 4$ GHz.

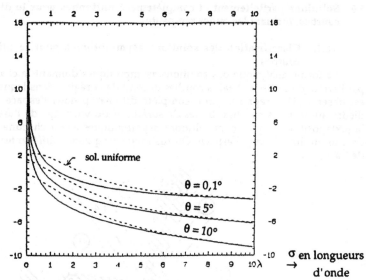

Planche 3 : Diffraction par un cylindre⎱
          en champ proche   ⎰onde incidente TM

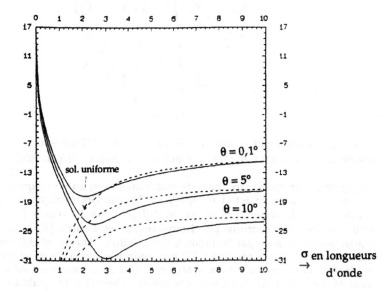

Planche 4 : Diffraction par un cylindre⎱
          en champ proche   ⎰onde TE

5.6   Solutions partiellement et complètement uniformes pour le dièdre à faces courbes, incluant les ondes rampantes

5.6.1.   Classification des solutions asymptotiques pour le dièdre à faces courbes

La forme analytique des solutions asymptotiques donnant le champ diffracté par l'arrête d'un dièdre à faces courbes dépend de la région dans laquelle le champ est observé. Une représentation complète du champ dans l'espace extérieur au dièdre au-delà des couches limites de surface et du voisinage de l'arête, nécessite la juxtaposition de plusieurs solutions asymptotiques ayant chacune un domaine de validité limité dans l'espace. On distingue cinq zones différentes numérotées de 1 à 5 (Fig. 1).

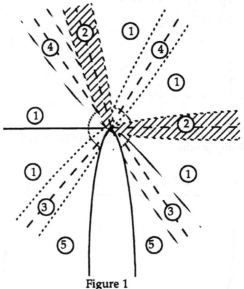

Figure 1

La région 1 correspond au domaine de validité de la GTD classique. Le champ est donné par la solution non uniforme publiée par Keller   [K] en 1957.

La région 2 correspond aux zones de transition situées au voisinage des frontières d'ombre du champ direct et réfléchi de l'Optique Géométrique. Pour un rayon incident dans la région 1 et un rayon diffracté dans la région 2, une solution uniforme a été construite par Kouyoumjian et Pathak [KP] en 1974, plus couramment désignée par "solution UTD" (Uniform Theory of Diffraction). Cette solution se réduit à la solution GTD non uniforme lorsque le point d'observation se déplace de la région 2 vers la région 1. Une autre solution uniforme connue sous le nom de UAT (Uniform Asymptotic Theory) a été publiée par Lee et Deschamps [LD] en 1976. L'une et l'autre de ces solutions ont été établies et analysées au § 5.3.

La région 5 correspond à l'ombre profonde. Un rayon incident provenant de la région 1 donne naissance à des ondes rampantes diffractées dans la région 5. De même, une onde rampante excitée par une onde spatiale provenant de la région 5 est diffractée dans la région 1 sous la forme d'une onde spatiale. Des solutions asymptotiques permettant de décrire ces phénomènes de diffraction ont été proposées pour la première fois par Albertsen [A] en 1974 et par Albertsen et Christiansen [AC] en 1978. Ces résultats ont été présentés au chapitre 1.

La région 3 est la zone de transition au voisinage des frontières d'ombre des rayons spatiaux diffractés par l'arête. Une solution pour un rayon incident provenant de la région 1 et diffracté dans la région 3 a été établie par Molinet [Mo] an 1977 au moyen d'une approche utilisant un coefficient de diffraction hybride comportant une fonction de Fock. Une solution similaire fondée sur les courants équivalents d'arête qui jouent le rôle de sources secondaires rayonnant   en présence de chacune des faces du dièdre, a été présentée à un colloque en 1977 par Pathak et Kouyoumjian [KP].

Plus récemment, Hill et Pathak [HP] ont présenté une solution pour un rayon incident provenant de la région 3 et diffracté dans la région 1. Cette solution est une extension à la région de pénombre de la méthode de Albertsen-Christiansen.

La région 4 correspond à l'incidence rasante sur l'une des deux faces du dièdre. Si le rayon incident est dans la région 4, alors les régions 2 et 3 se superposent et le champ dans la région de superposition des deux zones de transition n'est plus décrit par une fonction de Fock ordinaire. Une fonction universelle nouvelle a été introduite par Michaeli [Mi] en 1989 pour représenter le champ dans cette région. Elle s'obtient en remplaçant la fonction d'Airy dans l'intégrante de la fonction de Fock par une fonction d'Airy incomplète. Cette nouvelle fonction de transition trouve sa justification dans les travaux de Idemen et Felsen [IF]. Ces auteurs ont résolu en 1981 un nouveau problème canonique : la diffraction d'une onde plane par une coquille cylindrique tronquée et un développement asymptotique de cette solution faisant apparaître la nouvelle fonction de transition a été établie par Michaeli [Mi].

Les configurations qui ont été traitées par Michaeli dans le cas 2D sont :

(a) rayon incident dans la région 3, observation dans la région 4,
(b) rayon incident dans la région 5, observation dans la région 4,
(c) rayon incident dans la région 3 associé à l'une des faces et observation dans la même région ou dans la région 3 associée à l'autre face.

Les solutions des problèmes (a) et (b) sont nouvelles tandis que les solutions du problème (c) confirment les solutions heuristiques antérieures.

Pour les problèmes (a) et (b), une autre solution a été établie indépendamment et publiée en 1988 par Chuang et Liang [CL] et Liang [L] pour le cas 2D (Voir aussi Liang, Pathak et Chuang [LPC]). Cette solution met en oeuvre des fonctions de transition plus complexes se réduisant à celles de Michaeli pour des directions d'incidence et d'observation proches de la tangente à l'une des faces du dièdre. Ailleurs, elles sont différentes. En particulier l'intégrante n'est pas exprimée à l'aide d'une fonction d'Airy incomplète standard. La solution [LPC] présente l'avantage d'être uniforme alors que la solution [Mi] ne l'est pas. Cependant, au moyen d'une modification des arguments de la fonction de transition et l'introduction d'un coefficient multiplicatif qui tend vers l'unité sur la surface de transition, Michaeli a obtenu ultérieurement une solution uniforme. La méthode utilisée pour construire cette solution est décrite au § 5.6.4. La solution uniforme [LPC] est présentée au § 5.6.5. Il est important de souligner que dans la pratique l'une ou l'autre de ces solutions ne remplaceront pas toutes les solutions partiellement uniformes décrites précédemment car leur calcul serait beaucoup plus lourd en particulier dans la région 1. Elles ne seront en fait utilisées que dans la région 4. Ailleurs, elles seront remplacées par les solutions non uniformes. Le passage d'une région à l'autre avec changement de solution asymptotique n'introduit pas de discontinuité visible dans les résultats numériques lorsque la solution est uniforme.

Notons que ces développements uniformes sont valables dans la zone 1 au premier ordre en courbure. Le lecteur pourra se référer aux développements de Filippov [Fi], Borovikov [Bo] et Bernard [Be].

5.6.2. Solution valable au voisinage de l'incidence rasante : approche de Michaeli (cas 2D)

On considère maintenant le cas d'une source située dans la région 3 en P' et d'un point d'observation situé en P dans la région 4 (Fig. 2).

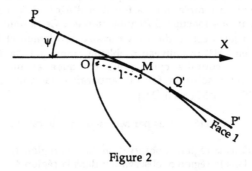

Figure 2

Dans ce cas, les coefficients de diffraction spectraux dans l'intégrale (15) du § 4.4.5 ne sont plus lentement variables en fonction de τ. En outre, l'approximation du plan tangent qui a été utilisée dans la méthode spectrale n'est plus valable. Puisque la direction de diffraction est supposée proche de l'incidence rasante sur la face 1, les termes dominants du développement asymptotique peuvent être évalués en intégrant le rerayonnement du champ sur la surface, donné par l'approximation de l'Optique Physique. Une correction du type onde de frange ou

Ufimtsev devra être ultérieurement ajoutée à ces termes. Le champ rerayonné par les courants de l'OP est donné par :

$$U_h^0(P) = \pm \frac{i}{4} \int_0^\infty \Omega_1 H_0^{(1)}\big(k|\vec{r} - \vec{\rho}|\big) \, \Omega_2 \, U_h^\infty(l,0) \, dl \tag{1}$$

où $\Omega_1 = \dfrac{\partial}{\partial n}$, $\Omega_2 = 1$, U_h^0 est le champ qui existerait en un point M de la face 1 si l'arête était absente (approximation OP) et où on a posé (Fig. 2) :

$$\vec{r} = r\hat{r} \quad , \quad \hat{r} = -x\cos\psi + y\sin\psi$$
$$l = \overline{OM}$$

L'approximation de Debye pour $k|\vec{r} - \vec{\rho}|$ grand devant l'unité, de la fonction de Hankel $H_0^{(1)}\big(k|\vec{r} - \vec{\rho}|\big)$:

$$\frac{1}{4} H_0^{(1)}\big(k|\vec{r} - \vec{\rho}|\big) \approx \Pi(r) \, e^{ik\hat{r}\cdot\vec{\rho}} \tag{2}$$

où $\Pi(r)$ est donné par :

$$\Pi(r) = \exp\left(ikr + i\frac{\pi}{4}\right)(8\pi kr)^{-\frac{1}{2}} \tag{3}$$

ne peut plus être utilisée dans l'intégrale (1) pour évaluer celle-ci par la méthode de la phase stationnaire, car il y a un effet de caustique dans la direction d'observation dû au fait qu'en incidence rasante sur la face 1, les courants de surface près de l'arête, rayonnent en phase vers le point P. Il n'existe par conséquent pas de point stationnaire, la phase étant tout simplement constante.

Une procédure permettant d'éviter cette difficulté consiste à écrire l'intégrale (22) sous la forme :

$$\int_0^\infty (\cdot) \, dl = \int_0^{-\infty} (\cdot) \, dl + \int_{-\infty}^{+\infty} (\cdot) \, dl \tag{4}$$

où l'intégration porte sur la face 1 prolongée par continuité au-delà de l'arête.

La seconde intégrale au second membre de (4) correspond à la diffraction par une surface régulière. L'évaluation asymptotique de cette intégrale donne la solution asymptotique uniforme publiée par Pathak [P] pour la diffraction par un cylindre convexe lisse à laquelle il faut retrancher le champ incident. Les expressions de cette solution pour une surface parfaitement conductrice dans la partie éclairée et dans l'ombre sont rappelées ci-dessous. Elles se déduisent de celles données au § 5.5.1.3 en donnant à ζ les valeurs $\zeta = 0$ (cas s) et $\zeta = \infty$ (cas s). On pose $U^s = U^\infty - U^i$ où U^∞ est le champ total.

Partie éclairée

$$U_s^s(P_L) = U_s^i(Q_R)\left[-\sqrt{\frac{-4}{\xi^L}}\exp\left(\frac{i(\xi^L)^3}{3}\right)\left\{\frac{e^{i\frac{\pi}{4}}}{2\sqrt{\pi}\,\xi^L}\left[1-F(X^L)\right]+\hat{P}_s(\xi^L)\right\}\right]\sqrt{\frac{\rho}{s+\rho}}\,e^{iks} \quad (5)$$

avec :

$$\xi^L = -2m(Q_R)\cos\theta^i$$

$$X^L = 2ks\cos^2\theta^i$$

$$\rho = \frac{\rho_g(Q_R)\cos\theta^i}{2}$$

où ρ désigne le rayon de courbure principal de l'onde réfléchie en Q_R et θ^i l'angle de réflexion.

Partie dans l'ombre

$$U_s^s(P_S) = -U_s^i(P_S) - U_s^i(Q')\sqrt{m(Q)m(Q')}\sqrt{\frac{2}{k}}\left\{\frac{e^{i\frac{\pi}{4}}}{2\sqrt{\pi}\,\xi^d}\left[1-F(X^d)\right]+\hat{P}_s(\xi^d)\right\}e^{ikt}\frac{e^{iks}}{\sqrt{s}} \quad (6)$$

avec :

$$\xi^d = \int_{Q'}^Q \frac{m(t')}{\rho(t')}\,dt' \quad , \quad t = \int_{Q'}^Q dt'$$

$$X^d = \frac{ks(\xi^d)^2}{2m(Q)m(Q')} \quad (7)$$

Les fonctions $F(\cdot)$ et $P(\cdot)$ sont définies par :

$$F(X) = -2i\sqrt{X}\,e^{iX}\int_{\sqrt{X}}^\infty e^{it^2}\,dt \quad (8)$$

$$\hat{P}_h(X) = \frac{e^{i\frac{\pi}{4}}}{\sqrt{\pi}}\int_{-\infty}^{+\infty}\frac{\tilde{Q}V(\tau)}{\tilde{Q}W_1(\tau)}e^{iX\tau}\,d\tau$$

où $\tilde{Q} = \dfrac{\partial}{\partial\tau}$ pour le cas "hard" et $Q = 1$ pour le cas "soft".

Revenons à l'équation (4). Lorsque $1 \to -\infty$, le champ de surface sur la surface régulière obtenue en prolongeant la face 1 au-delà de l'arête 0 décroît de façon exponentielle. Il en résulte que la contribution dominante à la première intégrale au second membre de (4) provient de $1 = 0$. Il n'y a plus d'effet de caustique et on peut utiliser l'approximation de Debye (2) pour la fonction de Hankel $H_0^{(1)}$ dans cette intégrale qui s'écrit :

$$U_{h\atop s}^{eo}(P) = \pm\frac{i}{4}\int_0^\infty \underset{2}{\tilde{\Omega}_1} H_0^{(1)}\big(k|\vec{r}-\vec{\rho}|\big)\,\underset{1}{\Omega_2}\,U_{h\atop s}^{\infty}(1,0)\,dl$$

$$= \Pi(r)\int_0^{-\infty}\left\{\begin{matrix}-ik(\hat{r}\cdot\hat{n})\\1\end{matrix}\right\}e^{ik\hat{r}\cdot\vec{\rho}}\,\underset{1}{\Omega_2}\,U_{h\atop s}^{\infty}(1,0)\,dl \tag{9}$$

Cette expression correspond à l'effet de diffraction dû à la troncature de la surface. Elle décrit par conséquent la diffraction de l'arête.

Pour mieux décrire la variation de la phase de l'intégrante dans (9), on utilise une approximation cylindrique à la place de l'approximation du plan tangent (Voir la figure 3).

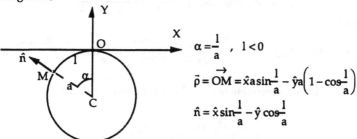

$$\alpha = \frac{l}{a}\quad,\quad l<0$$

$$\vec{\rho} = \overrightarrow{OM} = \hat{x}a\sin\frac{l}{a} - \hat{y}a\left(1-\cos\frac{l}{a}\right)$$

$$\hat{n} = \hat{x}\sin\frac{l}{a} - \hat{y}\cos\frac{l}{a}$$

Figure 3

Il s'ensuit :

$$\hat{r}\cdot\hat{n} = \sin\left(\psi - \frac{l}{a}\right)$$

$$\hat{r}\cdot\vec{\rho} = a\left[\sin\left(\psi - \frac{l}{a}\right) - \sin\psi\right]$$

On pose $\eta = \psi - \dfrac{l}{a}$ et on remplace $U_{h,s}^{\infty}$ dans (9) par l'expression (19) du § 4.3.5 et son homologue pour la polarisation TM (cas s), évaluées pour n = 0 après avoir effectué la dérivation par rapport à la coordonnée normale n .
Il en résulte après avoir inversé l'ordre des intégrations :

$$U_h^{eo}(P) = \Pi(r)U^i(Q')e^{ikl\theta_0}e^{ika(\sin\eta-\psi)}\frac{1}{\sqrt{\pi}}\int_\Gamma \frac{e^{ikl\theta\tau\frac{m}{a}-ika\psi\frac{\tau}{2m^2}}}{W_1'(\tau)}\,d\tau$$

$$\int_\psi^\infty ika\sin\eta\,e^{ika(\sin\eta-\eta)+ika\tau\frac{\eta}{2m^2}}\,d\eta$$

et une expression similaire pour $U_s^{eo}(P)$

Comme le champ de surface décroît rapidement quand (-1) croît à partir de zéro et que ψ est supposé petit, on peut utiliser les approximations suivantes :

$$\sin \eta \cong \eta \text{ dans les termes d'amplitude}$$

$$\left.\begin{array}{l} \sin \eta \cong \eta - \dfrac{\eta^3}{6} \\[2mm] \sin \psi \cong \psi - \dfrac{\psi^3}{6} \end{array}\right\} \text{ dans les termes de phase}$$

En posant :

$$\frac{l_0' m}{a} = m\beta' = \sigma_0' \quad , \quad m\psi = \sigma_0$$

et en remarquant que :

$$\frac{ka}{2} m^{-2} \psi = m\psi = \sigma_0 \quad , \quad ka\frac{\psi^3}{6} = \frac{(m\psi)^3}{3} = \frac{\sigma_0^3}{3}$$

on obtient :

$$U_h^{eo}(P) = \Pi(r) U^i(Q') e^{ikl_0'} e^{-i\frac{\sigma_0^3}{3}} \frac{1}{\sqrt{\pi}} \int_\Gamma \frac{e^{ik(\sigma_0' - \sigma_0)\tau}}{W_1'(\tau)} d\tau \int_\psi^\infty ika\eta \, e^{i\frac{(m\eta)^3}{3} + im\eta\tau} d\eta$$

Avec le changement de variable $m\eta = s$, l'intégrale interne s'écrit :

$$2im\int_{\sigma_0}^\infty s\, e^{i\frac{s^3}{3} + is\tau} ds = 2m\frac{\partial}{\partial\tau} I_1(\tau, \sigma_0)$$

où :

$$I_1(\tau, \sigma_0) = \int_{\sigma_0}^\infty e^{i\frac{s^3}{3} + is\tau} ds \tag{10}$$

est une fonction d'Airy incomplète.

Finalement, en adoptant les notations de Michaeli, le champ diffracté par l'arête, dans l'approximation de l'O.P. est donné par :

$$U_h^{eo}(P) = \Pi(r) U^i(Q') e^{ikl_0'} S_h(\sigma_0', \sigma_0) \tag{11}$$

avec :

$$S_h(\sigma_0', \sigma_0) = 4m\sqrt{\pi} \, e^{-i\frac{\sigma_0^3}{3}} M_h(\sigma_0' - \sigma_0, \sigma_0) \tag{12}$$

où les nouvelles fonctions de transition M_h sont définies par :

$$M_h(X, Y) = \frac{1}{2\pi} \int_\Gamma \frac{e^{iX\tau}}{W_1'(\tau)} \frac{\partial}{\partial\tau} I_1(\tau, Y) d\tau \tag{13}$$

$$M_s(X, Y) = \frac{1}{2\pi} \int_\Gamma \frac{e^{iX\tau}}{W_1'(\tau)} I_1(\tau, Y) d\tau \tag{14}$$

On obtient des expressions un peu plus simples en utilisant à la place de la fonction d'Airy incomplète définie par (10) et sa dérivée, la fonction d'Airy incomplète modifiée et sa dérivée modifiée :

$$I_1^{(m)}(\tau, Y) = e^{-i\frac{Y^3}{3} - iY\tau} I_1(\tau, Y) \tag{15}$$

$$\left[\frac{\partial}{\partial \tau} I_1(\tau, Y)\right]^{(m)} = e^{-i\frac{Y^3}{3} - iY\tau} \left[\frac{\partial}{\partial \tau} I_1(\tau, Y)\right]^{(m)} \tag{16}$$

Ces nouvelles fonctions génèrent des fonctions de transition $M_{h,s}^{(m)}(X,Y)$ modifiées obtenues en remplaçant dans (13) et (14), $I_1(\tau, Y)$ et $\frac{\partial}{\partial \tau} I_1(\tau, Y)$ par leurs expressions modifiées. Il en résulte l'expression suivante de $S_h(\sigma_0', \sigma_0)$:

$$S_h(\sigma_0', \sigma_0) = 4m\sqrt{\pi} \, M_h^{(m)}(\sigma_0', \sigma_0) \tag{17}$$

Par la suite, on utilisera aussi les fonctions de transition $\tilde{M}_h(X,Y)$ définies par :

$$\tilde{M}_h(\sigma_0', \sigma_0) = e^{-i\frac{\sigma_0^3}{3}} M_h(\sigma_0' - \sigma_0, \sigma_0) \tag{18}$$

et comme on a :

$$U^i(Q') \, e^{ikl\delta} = U^i(O) \, e^{+i\frac{\sigma_0^3}{3}} \tag{19}$$

on peut écrire (11) sous la forme :

$$U_h^{eo}(P) = U^i(O) \, S_h(\sigma_0', \sigma_0) \, \Pi(r) \tag{20}$$

avec :

$$S_h(\sigma_0', \sigma_0) = 4m\sqrt{\pi} \, e^{+i\frac{\sigma_0^3}{3}} \tilde{M}_h(\sigma_0', \sigma_0) \tag{21}$$

La solution asymptotique (11) ou (20) a été établie en supposant que P' est dans la partie non éclairée de la région 3 et P dans la région 4 au-dessus de la tangente à la face 1 ($\psi > 0$). Si P passe en-dessous de la tangente à la face 1 ($\psi < 0$) ou si P' passe dans la partie éclairée de la région 3 ($\phi' > 0$), il faut tenir compte de l'existence d'un champ diffracté par la surface fictive prolongeant la face 1 autre que celui correspondant à l'effet d'extrémité.

Supposons que $\psi < 0$ et $\phi' < 0$. Dans ce cas, le rayon diffracté QP devient un pseudo-rayon (Voir Fig. 4) dont la contribution doit être incluse dans la solution puisqu'elle fait partie du développement asymptotique de la seconde intégrale au second membre de (4) à laquelle il faut ajouter le champ incident pour obtenir le champ total.

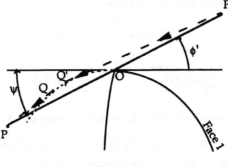

Figure 4

La contribution du pseudo-rayon P'OQP est égale à $U_{h_s}^{\infty}(P) = U_{h_s}^{s}(P) + U_{h_s}^{i}(P)$ où $U_{h_s}^{s}(P)$ est donné par (6).

Si $\phi' > 0$ et si $\psi < -\phi'$, le point d'excitation Q' de l'onde de surface est également sur la surface fictive (Fig. 5) et la contribution du pseudo-rayon P'Q'QP est encore égale à $U_{h_s}^{\infty}(P)$.

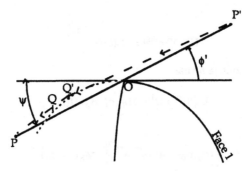

Figure 5

Si $\phi' > 0$ et $|\psi| < \phi'$, il y a un point de réflexion virtuel sur la surface fictive. Dans ce cas, le champ réfléchi sur la surface fictive doit être incorporé dans la solution puisqu'il apparaît dans l'évaluation asymptotique de l'intégrale donnant le rerayonnement des courants de la surface fictive. Comme le champ total U^{∞} comprend aussi le champ incident , le champ réfléchi est donné par $U^{\infty} - U_i$. Il est important de noter que le champ incident ne sera attribué à l'effet de diffraction par l'arête que s'il n'existe pas dans la solution de l'Optique Géométrique. En regroupant les solutions correspondant aux différentes positions de P et P', on voit qu'on peut les rassembler sous la forme :

$$U^{teo} = U^{eo} + H(\phi' + |\phi'| - 2\psi)\,U^{\infty} - H(\phi' - |\psi|)\,U^{i} \tag{22}$$

où U^{eo} est la solution donnée par (11) ou (20).

En posant $U^{s} = U^{\infty} - U_{i}$, on peut aussi écrire (22) sous la forme :

$$U^{teo} = U^{eo} + H(\phi' + |\phi'| - 2\psi)\,U^{s} + \left[H(\phi' + |\phi'| - 2\psi) - H(\phi' - |\psi|)\right]U^{i}$$

ce qui se réduit à :

$$U^{teo} = U^{eo} + H(\phi' + |\phi'| - 2\psi)\,U^{s} + H(-\phi' - |\phi'| - 2\psi)\,U^{i} \tag{23}$$

où U^{s} est donné par (5) et (6).

La solution asymptotique (23) repose sur l'approximation de l'Optique Physique consistant à approximer le champ électromagnétique sur la face 1 et sa prolongation fictive, par celui qui existerait sur cette surface si l'arête était absente. Pour obtenir la solution complète, il faut lui ajouter la correction d'Ufimtsev, c'est à dire la contribution du courant de frange. Celle-ci peut être calculée à l'aide de la théorie spectrale. Il suffit de remplacer dans l'intégrale (15) du § 4.4.5 le coefficient de diffraction d'une onde plane par une arête, donnée par la GTD de Keller, par le coefficient de frange $D^{u}_{s,h}$ d'Ufimtsev défini par :

$$D^{u}_{s,h}(\phi,\xi) = D_{s,h}(\phi,\xi) - D^{OP}_{s,h}(\phi,\xi) \tag{24}$$

d'où :

$$U^{u}_{s\atop h}(P) = \Pi(r)\int_{\Gamma} A_{s\atop h}(\tau)\,D^{u}_{s\atop h}(\phi,\xi) \tag{25}$$

et :

$$U^{u}_{h}(P) = \frac{1}{2}U^{i}_{h}(Q')\,D^{u}_{h}(\phi,0)\,g(\sigma'_0)\,e^{ikl'_0}\Pi(r) \tag{26}$$

$$U^{u}_{s}(P) = \frac{1}{2}U^{i}_{s}(Q')\,\frac{i}{m}\,f(\sigma'_0)\,e^{ikl'_0}\,\frac{\partial}{\partial\xi}D^{u}_{s}(\phi,0)\,\Pi(r) \tag{27}$$

avec :

$$D_{s\atop h}(\phi,\phi') = \frac{2\sin\dfrac{\pi}{N}}{N}\left[\frac{1}{\cos\dfrac{\pi}{N} - \cos\left(\dfrac{\pi - \phi' - \psi}{N}\right)} \mp \frac{1}{\cos\dfrac{\pi}{N} - \cos\left(\dfrac{\pi + \phi' - \psi}{N}\right)}\right] \tag{28}$$

$$D^{OP}_{s\atop h}(\phi,\phi') = \pm\frac{2}{\cos\phi' - \cos\psi}\begin{Bmatrix}\sin\phi'\\ \sin\psi\end{Bmatrix}$$

où ϕ a été remplacé par $\pi - \psi$.

Finalement, la solution asymptotique complète relative au champ diffracté par l'arête, pour une source dans la région 3 et un point d'observation dans la région 4, est donnée par :

$$U^{te}(P) = U^e(P) + H(\phi' + |\phi'| - 2\psi) U^s + H(-\phi' - |\phi'| - 2\psi) U^i(P) \qquad (29)$$

avec :

$$U^e(P) = U^{eo}(P) + U^u(P) \qquad (30)$$

U^s : solution uniforme pour la surface complète

U^{eo} : effet de troncature

U^u : contribution du courant de frange

5.6.3. Solution asymptotique uniforme : approche de Michaeli (cas 2D)

La solution asymptotique donnée par (29) et (30) n'est pas uniforme. En effet, si $|\psi| >> m_0^{-1}$ ou $|\phi'| >> m_0^{-1}$, on ne retrouve pas la solution partiellement uniforme établie au § 4.4.5 et quand $|\psi|$ et $|\phi'|$ augmentent simultanément de sorte qu'à la fois $|\psi| >> m_0^{-1}$ et $|\phi'| >> m_0^{-1}$ on ne retrouve pas la solution UTD du § 5.3.1, ni la solution de Keller loin des frontières d'ombre du champ direct et réfléchi. Ce résultat n'est pas étonnant puisqu'il s'agit d'une solution valable à l'intérieur de la couche limite constituée par le recouvrement des zones de transition 2 et 3 de la figure 1. Le développement asymptotique de cette solution pour $m_0|\psi|$ et $m_0|\phi'|$ grands devant l'unité est valable à la périphérie de cette couche limite. Comme on connaît la solution externe, on pourrait obtenir une solution uniforme en construisant une solution composite avec la solution interne selon la méthode exposée au § 5.2. Mais on peut aussi partir d'un Ansatz ayant la structure de la solution interne et comprenant suffisamment de degrés de liberté pour pouvoir lui imposer les conditions de continuité avec la solution externe. Cette procédure a été adoptée par Michaeli. L'Ansatz est construit à partir de la solution interne valable pour une arête éclairée par le champ incident ($\phi' > 0$). Il est ensuite étendu à $\phi' < 0$.

5.6.3.1. *Construction de l'Ansatz*

Pour $0 < \phi' \leq \dfrac{1}{m_0}$ et $|\psi| \leq \phi'$, la solution (29) s'écrit :

$$\underset{h}{U_s^{te}}(P) = \underset{h}{U_s^{eo}}(P) + \underset{h}{U_s^u}(P) + \underset{h}{U_s^s}(P) \qquad (31)$$

où U^{eo} est donné par (20) et (21), le rayon correspondant étant le pseudo-rayon P'Q'OP de la figure 6.

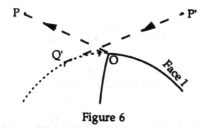

Figure 6

Le même pseudo-rayon décrit également l'évolution de la phase de U^u. On peut par conséquent remplacer dans (26) et (27) $U^i(Q')e^{ikl'_0}$ par son expression (19). De même, le champ U^s est décrit par le pseudo-rayon P'Q'QP de la figure 7.

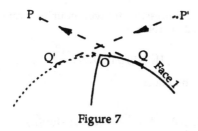

Figure 7

Le champ U^s donné par (5) peut encore être écrit sous la forme :

$$U_{s,h}^s(P) = U^i(Q')e^{ik(l'_0-l_0)}\Pi(Q,P)\left[\frac{2F\left(kL\frac{\theta^2}{2}\right)}{\theta}-4m\sqrt{\pi}\,P_{h,s}(m\theta)\right] \qquad (32)$$

où $\theta = -\phi' - \psi$ et où $F(\cdot)$ est définie par (8). La fonction $P_{h,s}(\cdot)$ est reliée à la fonction de Pékéris $\hat{P}_{h,s}(\cdot)$ par :

$$P_{h,s}(X) = e^{-i\frac{\pi}{4}}\hat{P}_{h,s}(X) + \frac{1}{2\sqrt{\pi}\,X} \qquad (33)$$

Le terme entre crochets de (32) s'écrit aussi en posant $\sigma' = -m\phi'$, $\sigma = m\psi$:

$$[\ ] = -4m\sqrt{\pi}\left[P_{h,s}(\sigma'-\sigma)-\frac{F\left(\Omega^{+2}(\sigma'-\sigma)^2\right)}{2\sqrt{\pi}\,(\sigma'-\sigma)}\right]$$

avec :

$$\Omega^+ = \left(\frac{kr}{2}\right)^{\frac{1}{2}}\frac{1}{m_0}$$

En posant :

$$\bar{F}(X) = e^{-iX^2 - i\frac{\pi}{4}} \int_X^\infty e^{it^2} dt \qquad (34)$$

on a :

$$F(X) = -2iXe^{i\frac{\pi}{4}} \bar{F}(X)$$

d'où :

$$[\ ] = -4m\sqrt{\pi}\left[P_{h,s}(\sigma' - \sigma) + \text{sign}(\sigma - \sigma')\frac{\Omega^+}{\sqrt{\pi}} e^{-i\frac{\pi}{4}} \bar{F}\left(\Omega^+|\sigma - \sigma'|\right) \right]$$

où on a tenu compte de :

$$\frac{\sigma - \sigma'}{|\sigma - \sigma'|} = \text{sign}(\sigma - \sigma')$$

En reportant dans (32) l'expression trouvée pour le terme entre crochets et en tenant compte de (19) et de la relation

$$\Pi(Q,P) \cong \Pi(O,P) e^{-i\frac{\sigma^3}{3}}$$

valable lorsque $|\psi| \leq \dfrac{1}{m_0}$, on obtient :

$$U_{s,h}^s(P) \approx U^i(O) e^{i\frac{\sigma'^3}{3}} e^{-i\frac{\sigma^3}{3}} \Pi(O,P)(-4m\sqrt{\pi})$$
$$\left[P_{h,s}(\sigma' - \sigma) + \text{sign}(\sigma - \sigma')\frac{\Omega^+}{\sqrt{\pi}} e^{-i\frac{\pi}{4}} \bar{F}\left(\Omega^+|\sigma - \sigma'|\right) \right] \qquad (35)$$

Les expressions explicites des différents termes au second membre de (31) peuvent être rassemblées sous la forme :

$$\underset{h}{U_s^{te}}(P) = U^i(O)\left[\underset{h}{S_s^+} + \frac{1}{2} e^{i\frac{\sigma'^3}{3}} \left\{ \begin{matrix} f(\sigma')/i\sigma' \\ g(\sigma') \end{matrix} \right\} \cdot \underset{h}{D_s^u}(\phi',\psi) \right] \Pi(r) \qquad (36)$$

où :

$$\underset{h}{S_s^+} = 4m_0\sqrt{\pi}\, e^{i\frac{\sigma'^3}{3}} \left\{ \underset{h}{\tilde{M}_s}(\sigma',\sigma) - H(\phi' - \psi) e^{-i\frac{\sigma^3}{3}} \right.$$
$$\left. \left[\underset{h}{P_s}(\sigma' - \sigma) + \text{sign}(\sigma - \sigma')\frac{\Omega^+}{\sqrt{\pi}} e^{-i\frac{\pi}{4}} \bar{F}\left(\Omega^+|\sigma - \sigma'|\right) \right] \right\} \qquad (37)$$

avec $\Pi(r) = \Pi(O,P)$, les coordonnées polaires de P' étant $(r, \pi - \psi)$ et où $U(\cdot)$ est la fonction d'Heaviside.

Le champ total en P est :
$$U^t(P) = U^{te}(P) + H(\phi' + \psi)U^i(P) + H(\psi - \phi')U^r(P) \qquad (38)$$

où U^r est le champ réfléchi sur la face 1. On rappelle que le champ réfléchi sur la surface fictive prolongeant la face 1 est déjà pris en compte dans $U^{te}(P)$.

Quand ϕ' et $|\psi|$ augmentent et deviennent de l'ordre de l'unité, trois conditions doivent être satisfaites :

(I) En dehors des zones de transition autour des frontières d'ombre du champ direct et réfléchi, l'expression entre crochets dans (59) doit se réduire aux coefficients de diffraction $D_{s,h}$ de Keller, donnés par (3, § 1.5.) afin de retrouver la GTD classique.

(II) Le champ total donné par (38) doit être continu à travers la frontière d'ombre du champ direct.

(III) La même condition de continuité doit être satisfaite à travers la frontière d'ombre du champ réfléchi.

Pour $\phi' \approx 1$ et $-\sigma' \gg 1$, le second terme entre crochets dans (36) se réduit asymptotiquement à $D_{s,h}^u$ car :

$$\left. \begin{array}{c} \dfrac{f(\sigma')}{i\sigma'} e^{i\frac{\sigma'^3}{3}} \cong 2 \\[2em] g(\sigma') e^{i\frac{\sigma'^3}{3}} \cong 2 \end{array} \right\} |\sigma'| \gg 1$$

Mais $S_{s,h}^+$ donné par (37) ne se réduit pas à $D_{s,h}^{OP}$ de sorte que la condition (I) n'est pas satisfaite.

Pour remédier à cette situation, on pourrait modifier $S_{s,h}^+$ par des facteurs $C_{s,h}^+(\phi',\psi)$ qui seraient déterminés à l'aide de la condition (I). Mais une telle modification ne permettrait pas à elle seule de forcer la vérification des conditions (II) et (III). Nous allons pour cette raison de plus remplacer ϕ' et ψ dans σ' et σ par $v(\phi')$ et $v(\phi)$ où $v(\cdot)$ est une fonction inconnue. $C_{s,h}^+$ et v doivent satisfaire les conditions :

$$\lim_{\psi \to 0} \frac{v(\psi)}{\psi} = 1 \quad , \quad \lim_{\phi' \to 0} C_{s,h}^+(\phi',\psi) = 1 \tag{39}$$

de sorte que les résultats précédents ne soient pas invalidés. Il y a aussi un degré de liberté consistant à remplacer la distance r dans Ω^+ par une longueur caractéristique L^+, à condition que L^+ reste grand dans l'ensemble du domaine des valeurs prises par ϕ' et ψ.

Il est important de noter qu'il ne suffit pas de multiplier la fonction spéciale de Michaeli $\bar{M}_{s,h}$ par $C_{s,h}^+$ car la fonction de Pékéris-Clemmow $P_{s,h}(\sigma'-\sigma)$ intervient dans le développement asymptotique de $S_{s,h}^+$ pour $|\sigma'| \gg 1$ (Voir [Mi] part III chap. IV B).

Pour $\phi' > 0$, on part par conséquent de l'Ansatz suivant :

$$S_{s,h}^+ = 4m\sqrt{\pi}\,C_{s,h}^+\,e^{i\frac{\sigma'^3}{3}}\left\{\tilde{M}_{s,h}(\sigma',\sigma) - H(\phi'-\psi)\,e^{-i\frac{\sigma^3}{3}}\right.$$

$$\left.\left[P_{s,h}(\sigma'-\sigma) + \text{sign}(\sigma-\sigma')\,\frac{\Omega^+}{\sqrt{\pi}}\,e^{-i\frac{\pi}{4}}\tilde{F}\!\left(\Omega^+|\sigma-\sigma'|\right)\right]\right\} \tag{40}$$

où :

$$\sigma' = -m_0 v(\phi') \quad , \quad \phi' > 0$$
$$\sigma = m_0 v(\psi)$$

On considère maintenant le cas d'un dièdre à faces courbes dont l'arête est dans l'ombre du champ direct ($\phi' < 0$). Dans ce cas, en généralisant la solution du § 5.6.2. à une courbure variable le long de la face 1, on a :

$$U_s^{te}(P) = U^i(Q')\,e^{ikt'}\left[S_s^- + \frac{i}{2m_0}\,f(\sigma')\,\frac{\partial}{\partial\alpha}\,D_s^u(\alpha,\psi)_{|\alpha=0}\right]\left[\frac{a(Q')}{a_0}\right]^{\frac{1}{6}}\Pi(r) \tag{41}$$

$$U_h^{te}(P) = U^i(Q')\,e^{ikt'}\left[S_h^- + \frac{1}{2}\,g(\sigma')\,D_h^u(0,\psi)\right]\left[\frac{a(Q')}{a_0}\right]^{\frac{1}{6}}\Pi(r) \tag{42}$$

avec :

$$S_{\substack{s\\h}}^- = 4m_0\sqrt{\pi}\left\{\tilde{M}_{s,h}(\sigma',\sigma) - H(-\sigma)\,e^{-i\frac{\sigma^3}{3}}\left[P_{s,h}(\sigma'-\sigma) - \frac{\Omega^-}{\sqrt{\pi}}\,e^{-i\frac{\pi}{4}}\,\tilde{F}\!\left(\Omega^-|\sigma-\sigma'|\right)\right]\right\} \tag{43}$$

$$t' = Q'O \quad , \quad \phi' < 0$$

$$\sigma' = \int_{Q'}^{O}\frac{m(\tau)}{a(\tau)}\,d\tau \quad , \quad m(\tau) = \left[\frac{ka(\tau)}{2}\right]^{\frac{1}{3}} \tag{44}$$

où $a(\tau)$ est le rayon de courbure de la face 1 en fonction de l'arc τ mesuré à partir de Q'.

Le paramètre $\Omega^-|$ dans (43) a pour expression générale :

$$\Omega^- = \left(\frac{kL^-}{2}\right)^{\frac{1}{2}}\frac{1}{m_0} \tag{45}$$

$\Omega^-\big|$ est choisi de sorte que l'expression (41) se raccorde de façon continue avec l'expression (38) pour $\phi'=0, |\psi|\le m^{-1}$ et que pour $\phi'<0$ avec $|\phi'|\le m^{-1}$, le champ total soit continu en $\psi=0$.

La première condition implique que :

$$\Omega^-\big|_{\phi'=0} = \Omega^+ \tag{46}$$

La seconde condition fait intervenir l'onde rampante P'Q'QP dont le champ en P s'écrit

$$\underset{h}{U_s^{sd}}(P) \approx -U^i(Q')\, e^{ik(t'-t)}\, 4\sqrt{m(Q)m(Q')}\left[P_{s,h}(\zeta^d) - \frac{\Omega^d}{\sqrt{\pi}}\, e^{-i\frac{\pi}{4}}\, \bar{F}\left(\Omega^d\zeta^d\right)\right]\Pi(r) \tag{47}$$

où Q est le point de départ du rayon spatial QP quittant tangentiellement la surface et où t est la longueur de l'arc OQ. Les autres notations sont :

$$\zeta^d = \int_{Q'}^{Q} \frac{m(\tau)}{a(\tau)}\, d\tau$$

$$\Omega^d = \left(\frac{kL^d}{2}\right)^{\frac{1}{2}} \left[m(Q')m(Q)\right]^{-\frac{1}{2}} \tag{48}$$

avec :

$$L^d = \frac{ss'}{s+s'}$$

où s est la longueur du rayon QP et s' le rayon de courbure de l'onde incidente en Q'. Pour $\psi=0$, Q coïncide avec O, t = 0 et r = s. Il en résulte que la continuité de $U^t(P) = U^e(P) + H(\psi)\, U^{sd}(P)$ impose (Voir (43) et (47)) :
:

$$\Omega^-\big|_{\psi=0} = \Omega^d\big|_{\psi=0} \tag{50}$$

Une façon simple de concilier (50) et (45) consiste à poser :

$$\Omega^- = \left(\frac{kL^-}{2}\right)^{\frac{1}{2}} \left[m(Q)m(Q')\right]^{-\frac{1}{2}} \tag{51}$$

avec :

$$L^- = \frac{rs}{s+s'} \tag{52}$$

où L^- sera précisé ultérieurement.

Il s'agit là de la continuité de la solution de Michaeli du § 5.6.2, valable dans la couche limite.

Lorsque $|\psi| >> \dfrac{1}{m_0}$, $\phi' < 0$, la solution (41) doit redonner la solution hybride du § 4.4.5 généralisée à une courbure variable .

Il faut par conséquent que les fonctions $S_{s,h}^-$ vérifient :

$$
\begin{aligned}
S_s^- &\approx \frac{i}{2m_0} f(\sigma') \frac{\partial}{\partial \alpha} D_s^{OP}(\alpha, \psi)_{|\alpha=0} \\
S_h^- &\approx \frac{1}{2} g(\sigma') D_h^{OP}(0, \psi)
\end{aligned}
\tag{53}
$$

Pour forcer ces conditions, on multiplie $S_{s,h}^-$ par le facteur $C_{s,h}^-(\phi', \psi)$. En outre, pour satisfaire la continuité en $\phi' = 0$ de la solution ainsi modifiée avec la solution construite par $\phi' > 0$, on remplace également ψ par $v(\psi)$, et on impose :

$$
C_{s,h}^-(0, \psi) = C_{s,h}^+(0, \psi)
\tag{54}
$$

Un Ansatz suffisamment général pour le cas d'une arête située dans l'ombre du champ incident ($\phi' < 0$) est par conséquent donné par (41) et (42) où l'expression de $S_{s,h}^-$ donnée par (43) est multipliée par la fonction inconnue $C_{s,h}^-(\phi', \psi)$ et où $\sigma = m_0 v(\psi), \sigma', s'$ étant défini par (44) et $v(\psi)$ étant une fonction inconnue identique à celle introduite dans l'Ansatz (40).

5.6.3.2. Détermination des fonctions inconnues

Les fonctions inconnues $C_{s,h}^\pm(\phi', \psi)$ et $v(x)$ sont déterminées en imposant aux solutions modifiées par ces fonctions, les conditions (I) à (III).

On considère d'abord la solution relative au cas d'une arête éclairée par le champ incident.

Une analyse asymptotique de la fonction d'Airy incomplète $I_1(\tau, Y)$ et de la fonction de Michaeli $M_{s,h}(X, Y)$ montre que :

$$
S_{s,h}^+ \approx \pm 4 C_{s,h}^+ \left[v^2(\phi') - v^2(\psi) \right]^{-1} \begin{Bmatrix} v(\phi') \\ v(\psi) \end{Bmatrix}
\tag{55}
$$

La condition (I) $S_{s,h}^+ \approx D_{s,h}^{OP}$ donne alors :

$$
C_{s,h}^+(\phi', \psi) = \frac{v^2(\phi') - v^2(\psi)}{2(\cos\psi - \cos\phi')} \begin{Bmatrix} \sin\phi'/v(\phi') \\ \sin\psi/v(\psi) \end{Bmatrix}
\tag{56}
$$

D'après (56), on voit qu'une condition nécessaire pour que $C_{s,h}^+$ tende vers une limite finie sur la frontière du champ direct ($\psi = -\phi'$) est que $v^2(-\phi') = v^2(\phi')$, d'où, compte tenu de (39) :

$$
v(-\phi') = -v(\phi')
\tag{57}
$$

En supposant cette relation vérifiée et en prenant la limite du second membre de (56) quand ψ tend vers ϕ', on obtient :

$$C_{s,h}^+(\phi',-\phi') = \frac{dv(\phi')}{d\phi'} \tag{58}$$

Il reste à imposer les conditions (II) et (III). On commence par la condition (II). On voit que sur la frontière d'ombre du champ direct ($\psi = -\phi'$ ou $\sigma' = \sigma$), le champ $U^{te}(P)$ donné par (36) a un saut dû au terme :

$$\text{sign}(\sigma - \sigma') \frac{\Omega^+}{\sqrt{\pi}} e^{-i\frac{\pi}{4}} \tilde{F}\left(\Omega^+|\sigma - \sigma'|\right) \tag{59}$$

figurant dans S^+. Le saut de l'expression (59) est égal à $\Omega^+ e^{-i\frac{\pi}{4}}$. Notons que $H(\phi' - \psi) = H(2\phi') = 1$.

En substituant (58) dans (40) et en portant cette expression de S^+ dans (36), on voit que le saut de $U^{te}(P)$ pour $\sigma' = \sigma$ est donné par :

$$-U^i(O)4m_0\sqrt{\pi}\,\Omega^+ e^{-i\frac{\pi}{4}}\,\Pi(r)\frac{dv(\phi')}{d\phi'}$$

Ce saut doit compenser celui de $U^i(P)$ à la frontière d'ombre. Or, pour une source linéique située à une distance r' de O, on a :

$$U^i(P) = A\frac{e^{ik(r'+r)}}{\sqrt{r'+r}} = A\frac{e^{ikr'}}{\sqrt{r'}}\,e^{ikr}\left(\frac{r'}{r+r'}\right)^{\frac{1}{2}} = U^i(O)\left(\frac{r'}{r+r'}\right)^{\frac{1}{2}} e^{ikr}$$

La compensation du saut est réalisé si :

$$4m_0\sqrt{\pi}\,\Omega^+ e^{-i\frac{\pi}{4}}\,\Pi(r)\frac{dv(\phi')}{d\phi'} = \left(\frac{r'}{r+r'}\right)^{\frac{1}{2}} \tag{60}$$

En remplaçant Ω^+ par :

$$\Omega^+ = \left(\frac{kL^+}{2}\right)^{\frac{1}{2}} \frac{1}{m_0} \tag{61}$$

et en tenant compte de l'expression (3) de $\Pi(r)$, la condition (60) se réduit à :

$$L^+ = L_0^+ \left[\frac{dv(\phi')}{d\phi'}\right]^{-2} \tag{62}$$

où :

$$L_0^+ = \frac{rr'}{r+r'} \tag{63}$$

Ce résultat est imposé sur la frontière d'ombre du champ direct. Il peut être étendu à l'ensemble des valeurs de $\psi \neq \phi'$.

Sur la frontière d'ombre du champ réfléchi, on a $\phi' = \psi$ ou $\sigma' = -\sigma$. En vue d'appliquer la condition (III), il faut identifier le terme de $U^{te}(P)$ qui est discontinu en $\phi' = \psi$ et l'égaler au champ réfléchi.

Pour $\phi' = \psi$ (ou $\sigma' = -\sigma$), le terme discontinu dans (36) est celui qui est en facteur de la fonction d'Heaviside $H(\phi' - \psi)$. Compte tenu de (40) ce terme se met sous la forme :

$$-U^i(0)\,\Pi(r)\,4m_0\sqrt{\pi}\,e^{2i\frac{\sigma'^3}{3}}\left[\underset{h}{P_s}(2\sigma') + \frac{\Omega^+}{\sqrt{\pi}}e^{-i\frac{\pi}{4}}\tilde{F}\left(-2\sigma'\Omega^+\right)\right] \tag{64}$$

Une expression du champ réfléchi sur une surface convexe régulière, uniformément valable de la zone de pénombre jusqu'à la zone de l'Optique Géométrique a été établie par Pathak [P]. En utilisant les mêmes notations que dans l'expression de U^{te}, cette solution donnée par l'équation (5) s'écrit :

$$\underset{s}{U^r_h}(P) = -U^i(Q_R)\left(\frac{\rho^r}{\rho^r+1}\right)^{\frac{1}{2}}e^{ikl}\,e^{i\frac{(\zeta^L)^3}{12}}\,e^{i\frac{\pi}{4}}\left(-\frac{4}{\zeta^L}\right)^{\frac{1}{2}}\left[\underset{h}{P_s}(\zeta^L) + \frac{\Omega^L}{\sqrt{\pi}}e^{-i\frac{\pi}{4}}\tilde{F}\left(-\Omega^L\zeta^L\right)\right] \tag{65}$$

où Q_R est le point de réflexion, l la longueur du rayon Q_RP (Fig. 8) et ρ^r le rayon de courbure du front d'onde réfléchi en Q_R.

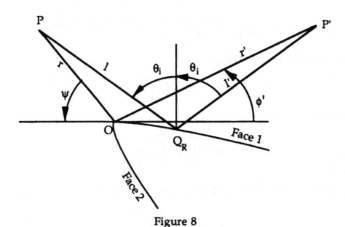

Figure 8

On a :

$$\rho^r = \frac{l'a(Q_R)\cos\theta^i}{2l'+a(Q_R)\cos\theta^i} \tag{66}$$

où l' est le rayon de courbure de l'onde incidente en Q_R, $a(Q_R)$ le rayon de courbure de la face 1 du dièdre en Q_R, et θ^i l'angle d'incidence.

Les autres notations utilisées sont :

$$\Omega^L = \left(\frac{kL^L}{2}\right)^{\frac{1}{2}} \frac{1}{m(Q_R)} \qquad (67)$$

où L^L, défini par (69) ci-dessous, est la longueur caractéristique définissant la largeur de la zone de pénombre du côté de la région directement éclairée par le champ incident et

$$m(Q) = \left(\frac{ka(Q)}{2}\right)^{\frac{1}{3}} \qquad (68)$$

$$\zeta^L = \zeta_0^L = -2m(Q_R)\cos\theta^i$$
$$L^L = L_0^L = \frac{ll'}{1+l'} \qquad (69)$$

Sur la frontière d'ombre du champ réfléchi, Q_R est confondu avec O et :

$$l' = r' \quad , \quad l = r \quad , \quad \psi = \phi' = \frac{\pi}{2} - \theta^i \quad , \quad U^i(Q_R) = U^i(O)$$

d'où :

$$L_0^L = L_0^+ \quad , \quad \Omega^L = \Omega^+$$

$$\frac{\rho^r}{\rho^r + 1} = \frac{r'a_0\sin\phi'}{(r+r')a_0\sin\phi' + 2rr'} = \frac{1}{2r}\left(\frac{a_0\sin\phi'}{1 + \frac{a_0}{2L_0^+}\sin\phi'}\right)$$

D'autre part, les modifications introduites dans U^{te} engendrent des modifications dans les paramètres ζ^L et L^L, soumises cependant aux contraintes suivantes en incidence rasante $\left(\theta^i = \frac{\pi}{2}\right)$:

$$\lim_{\theta^i \to \frac{\pi}{2}}\left(\frac{\zeta^L}{\zeta_0^L}\right) = \lim_{\theta^i \to \frac{\pi}{2}}\left(\frac{L^L}{L_0^L}\right) = 1 \qquad (70)$$

D'après (69), on a, lorsque Q_R est en O :

$$\zeta^L = -2m_0\sin\phi' \cong -2m_0\phi' = 2\sigma'$$

On choisit par conséquent sur la frontière d'ombre du champ réfléchi :

$$\zeta^L = -2m_0 v(\phi') = 2\sigma' \tag{71}$$

En portant (71) dans (65), on obtient :

$$\underset{s}{U_h^r}(P) = -U^i(O) \frac{1}{\sqrt{2r}} a_0^{\frac{1}{2}} \left(\frac{\sin\phi'}{1+\frac{a_0}{2L_0^+}\sin\phi'} \right)^{\frac{1}{2}} e^{2i\frac{\sigma'^3}{3}} e^{i\frac{\pi}{4}}$$

$$\times \left(\frac{2}{m_0 v(\phi')} \right)^{\frac{1}{2}} \left[\underset{s}{P_h}(2\sigma') + \frac{\Omega^+}{\sqrt{\pi}} e^{-i\frac{\pi}{4}} \tilde{F}\left(-2\sigma'\Omega^+\right) \right]$$

d'où, en identifiant cette expression à (64) :

$$\frac{dv(\phi')}{d\phi'} = \frac{1}{\sqrt{v(\phi')}} \left(\frac{\sin\phi'}{1+\frac{a_0}{2L_0^+}\sin\phi'} \right)^{\frac{1}{2}} \tag{72}$$

La solution de (72) est :

$$v(\phi') = \left(\int_0^{\phi'} \left[\frac{\sin\phi'}{1+\frac{a_0}{2L_0^+}\sin\phi'} \right]^{\frac{1}{2}} d\alpha \right)^{\frac{2}{3}} \tag{73}$$

Elle peut être étendue aux valeurs négatives des angles ϕ' ou ψ en tenant compte de la condition $v(-\phi') = -v(\phi')$ résultant de l'application de la condition (II). La solution valable pour les angles positifs et négatifs est :

$$v(\psi) = \text{sign}(\psi) \left(\int_0^{|\psi|} \left[\frac{\sin\alpha}{1+\frac{a_0}{2L_0^+}\sin\alpha} \right]^{\frac{1}{2}} \right)^{\frac{2}{3}} \tag{74}$$

En portant (74) dans (56), on obtient sous forme explicite les expressions des coefficients $C_{s,h}^+$. De même, en portant (73) dans (62) et (61), on obtient L^+ et Ω^+.

Si Q_R n'est pas confondu avec O, on peut étendre l'expression (71) de ζ^L en posant :

$$\zeta^L = -2m(Q_R) v^L \left(\frac{\pi}{2} - \theta^i \right) \tag{75}$$

où $v^L(\psi)$ se déduit de $v(\psi)$ donné par (74) en remplaçant a_0 par $a(Q_R)$ et L_0^+ par L_0^L défini dans (69).

On peut étendre de même l'expression de L_0^L, en posant :

$$L^L = L_0^L \left(1 + \frac{a(Q_R)\cos\theta^i}{2L_0^L}\right) \frac{v^L\left(\frac{\pi}{2} - \theta^i\right)}{\cos\theta^i}$$

$$= L_0^L \left[\frac{dv^L(\alpha)}{d\alpha}\right]_{\alpha=\frac{\pi}{2}-\theta^i}^{-2} \tag{76}$$

Dans ces conditions tous les paramètres entrant dans le calcul de $v^L(\psi)$ sont à prendre au point Q_R et il n'est pas nécessaire de déterminer au préalable les paramètres sur la frontière d'ombre du champ réfléchi pour calculer le champ réfléchi donné par (65) en un point Q_R non confondu avec le point de diffraction O. Ceci présente un avantage dans la mise en oeuvre informatique de la solution uniforme.

Lorsque Q_R tend vers 0, $v^L(\psi)$, ζ^L et L_0^L tendent respectivement vers $v(\psi)$, ζ et L_0^+ et assurent par conséquent la continuité du champ total.

Il est important de remarquer que la condition $\Omega^L = \Omega^+$ sur la frontière d'ombre où Ω^+ est défini par les relations (61) et (63), entraîne une modification du champ réfléchi donné par (65) dans la zone de transition au voisinage de cette frontière d'ombre comparé à celui donné par la solution de Pathak [P] dans laquelle Ω^L est défini par (67) et (68); Mais comme les deux solutions tendent vers l'O.G. en dehors de la zone de transition et que la modification introduite dans la solution de Pathak s'annule d'après (39) pour l'incidence rasante $\phi' = \psi = 0$, cette modification n'a pas d'influence appréciable sur les résultats numériques.

Dans le cas d'une arête située dans l'ombre du champ incident, on obtient, en appliquant la condition (54) aux relations (56) :

$$C_{s}^{-}\Big|_{\phi'=0} = \frac{v^2(\psi)}{2(1-\cos\psi)} \quad , \quad C_{h}^{-}\Big|_{\phi'=0} = \frac{v(\psi)\sin\psi}{2(1-\cos\psi)} \tag{77}$$

Compte tenu du développement asymptotique de $\tilde{M}(\sigma',\sigma)$ pour $|\sigma| \gg 1$ et $\sigma' > 0$ donné dans [Mi], on a :

$$S_{\substack{s \\ h}}^{-} = 2iC_{\substack{s \\ h}}^{-}[v(\phi)]^{-1}\begin{cases} f(\sigma')/\sigma \\ ig(\sigma') \end{cases} \tag{78}$$

Il en résulte, en comparant (78) à (53) et en utilisant (28) :

$$C_s^- = \frac{v^2(\psi)}{2(1 - \cos\psi)} \quad , \quad C_h^- = \frac{v(\psi)\sin\psi}{2(1 - \cos\psi)} \tag{79}$$

Ces expressions sont en accord avec (77) qui s'étend par conséquent à $\phi' < 0$.

Elles définissent complètement la solution uniforme pour $\phi' < 0$ sachant que la fonction $v(\psi)$ est identique à celle déterminée dans le cas $\phi' > 0$ et est donnée par (74).

5.6.3.3. *Application numérique*

Les planches 1 et 2 donnent les résultats d'une application numérique de la solution asymptotique uniforme décrite dans les paragraphes 5.6.3.1 à 5.6.3.3, à un cylindre de section ogivale parfaitement conducteur dont les dimensions exprimées en longueurs d'onde sont données sur la figure 9.

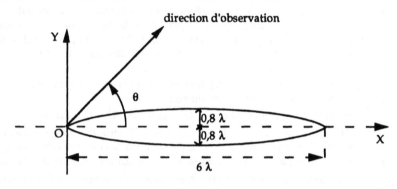

Figure 9

L'onde incidente est rayonnée par une source linéique parallèle aux génératrices du cylindre de type électrique (cas TM) ou magnétique (cas TE). Sa position est définie par les coordonnées de sa trace S' dans un plan de section droite du cylindre. La planche 1 correspond à $S_x = -10\lambda$, $S_y = 0$ et la planche 2 correspond à $S_x = 0$, $S_y = -3.5\lambda$. Sur chaque planche ont été représentées pour les deux cas de polarisation TM et TE, les courbes donnant la variation du module du carré du champ réfléchi, exprimé en dB, en fonction de l'angle d'observation θ défini sur la figure 9. La courbe en trait plein a été obtenue avec la solution asymptotique uniforme dans laquelle les rayons doublement diffractés par les arêtes vives n'ont pas été pris en compte. Elle est comparée à une courbe de référence en trait ponctué obtenu par la résolution numérique du problème de diffraction par la méthode des moments. On peut constater que les courbes correspondant à la solution asymptotique uniforme se superposent aux courbes de référence avec des écarts négligeables, même dans le cas de la planche 2 où l'arête B est éclairée en incidence rasante sur la face vue de la source.

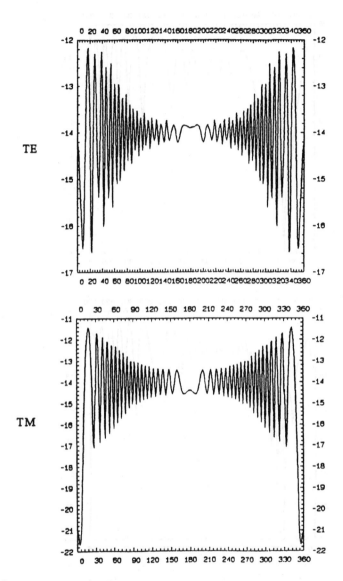

<u>Planche 1</u> : Structure bidimensionnelle de section ogivale symétrique
Source définie par $S_x = -10\lambda$, $S_y = 0\lambda$
Direction et observation variant de 0° à 360°.
_____ GTD
-------- Méthode des moments

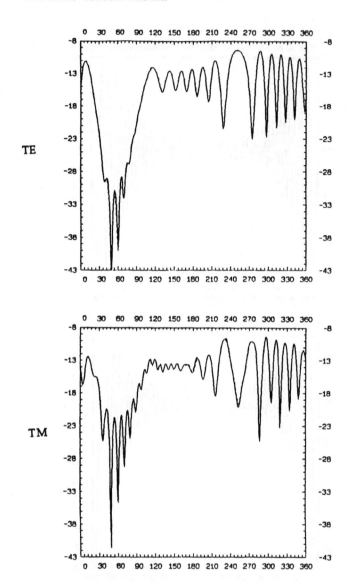

<u>Planche 2</u> : **Structure bidimensionnelle de section ogivale symétrique**
Source définie par $S_x = 0\lambda$, $S_y = -3,5\lambda$
Direction et observation variant de 0° à 360°.
————— **GTD**
------------ **Méthode des moments**

5.6.4. Solution asymptotique uniforme :
approche de Liang, Chuang et Pathak (cas 2D)

La solution asymptotique uniforme du dièdre 2D à faces courbes convexes, parfaitement conductrices, présentées dans cette section est due à Liang [L]. Elle repose sur un Ansatz dérivé directement de la solution asymptotique uniforme de l'écran courbe, développé à l'origine par Chuang et Liang [CL] et dont nous donnons un exposé succinct.

5.6.4.1. *Solution asymptotique uniforme de l'écran courbe*

L'espace extérieur à l'écran courbe est divisé en cinq régions définies sur la figure 10.

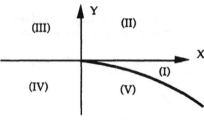

Figure 10

L'onde incidente est supposée plane ou cylindrique et sa direction de propagation est orthogonale aux génératrices de l'écran 2D.

On s'intéresse plus particulièrement au cas où la source est dans les régions III ou IV et le point d'observation dans les régions I ou II car dans ce cas le recouvrement de plusieurs zones de transition est possible. Dans tous les autres cas, sauf la situation réciproque de la précédente, les zones de transition sont séparées et les solutions asymptotiques classiques (UTD, UAT) exposées au chapitre 5.3 ou les solutions hybrides mentionnées au § 5.6.1 et dont une justification est donnée au § 4.4.5, sont applicables.

La méthode utilisée par [CL] et [L] pour construire une solution asymptotique uniforme pour la diffraction d'une onde plane par l'arête d'un écran courbe repose sur le fait que pour une onde plane incidente provenant de la région x < 0 (Voir la figure 11) le champ total au voisinage de l'arête, dans la région x < 0, peut être approximée par la solution de Sommerfeld [S] pour la diffraction par un demi-plan. On considère la surface fictive prolongeant l'écran au delà de l'arête sans discontinuité des dérivées au moins jusqu'à l'ordre 2 inclus. D'après ce qui précède, le champ sur cette surface est connu. En appliquant le principe d'équivalence on peut alors remplacer la surface fictive par une surface parfaitement conductrice sur laquelle est placée un courant magnétique équivalent $\vec{M} = \vec{E} \times \hat{n}$ où $\vec{E}$ est le champ électrique total $\left(\vec{E} = \vec{E}^i + \vec{E}^d \right)$ donné par la solution de Sommerfeld qui est d'ailleurs identique à la solution UTD du demi-plan et où $\hat{n}$ est la normale dirigée vers l'extérieur (Fig. 11). Il est important de noter que l'expression du champ reste exacte même si le point d'observation s'approche de l'arête du demi-plan.

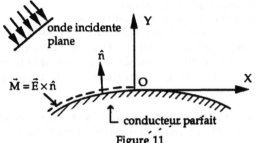

Figure 11

Le problème se scinde alors en deux parties (Fig. 12a et 12b) :
(1) la diffraction d'une onde plane par une surface régulière, parfaitement conductrice,
(2) le rayonnement d'une nappe de courant magnétique sur une surface régulière, parfaitement conductrice.

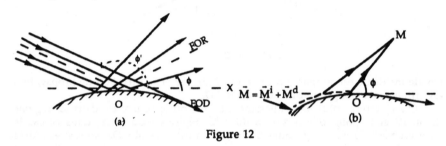

Figure 12

L'un et l'autre des problèmes (1) et (2) peuvent être résolus au moyen des solutions asymptotiques uniformes présentées au chapitre 5.5 En particulier, le problème (1) relève directement des formules établies au § 5.5.1 pour Z = 0 où Z désigne l'impédance de surface. Dans le problème (2), le champ rayonné par un dipôle électrique ou magnétique est donné par l'expression (65) du chapitre 5.5 où les rôles de la source et du point d'observation doivent être inversés (chemin réciproque) et où il faut prendre la limite $\zeta = 0$ pour une source située sur la surface. En outre, comme la direction de rayonnement est orthogonale aux génératrices du cylindre, les termes faisant intervenir la torsion des géodésiques sont nulles. Les fonctions de Fock $g(\xi_0)$ et $\tilde{g}(\xi_0)$ ainsi que le terme de phase dépendent de la position du dipôle et interviennent de ce fait dans les intégrales étendues à la nappe de courant magnétique portée par la surface fictive. Pour chaque cas de polarisation de l'onde incidente, les auteurs [CL] ont décomposé ces intégrales en différents termes faisant intervenir des fonctions de transition nouvelles. Pour obtenir le résultat final, il est important de séparer du courant magnétique $\vec{M}$ la contribution du champ incident direct en écrivant :

$$\vec{M} = \vec{M}^i + \vec{M}^d$$

où $\vec{M}^i = \vec{E}^i \times \hat{n}$, $\vec{M}^d = \vec{E}^d \times \hat{n}$

En effet, le courant $\vec{M}^d$ décroît rapidement lorsque le point d'observation s'écarte de l'origine O. Le développement asymptotique de l'intégrale correspondante se réduit de ce fait à une contribution d'extrémité du chemin d'intégration. Le courant $\vec{M}^i$ par contre ne décroît pas et l'intégrale correspondante ne se réduit pas en général à une contribution d'extrémité. Pour traiter cette intégrale, il est important de la regrouper avec certains termes de la solution du problème de diffraction de la figure 12a.

On remarque que la solution du problème (1) comprend en plus de la diffraction d'arête, la contribution des rayons réfléchis et des rayons rampants sur la surface réelle. Ces derniers n'existent cependant que si la direction de propagation de l'onde incidente est au-dessus de la tangente en O à l'écran courbe $\left(\dfrac{\pi}{2} < \phi' < \pi\right)$ et que la direction d'observation est en-dessous de la frontière d'ombre du champ réfléchi ($\phi < \pi - \phi'$).

Les rayons réfléchis par la surface fictive sont compensés par le rayonnement dans la direction de réflexion de la nappe de courant $\vec{M}^i$. Il en est de même des rayons rampants sur la surface fictive. Pour cette raison, le problème de la figure 12a ne sera résolu par la méthode des rayons que si le point de réflexion ou le point de lancement de l'onde rampante sont situés sur la surface réelle. Dans tous les autres cas, on applique le théorème d'induction qui permet de remplacer le problème de diffraction de la figure 12a par le problème de rayonnement de la figure 13.

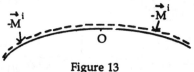

Figure 13

où $\vec{M}^i = \vec{E}^i \times \hat{n}$.

En superposant la nappe de courant de la figure 13 à celle de la figure 12b, on voit que le champ diffracté par l'arête est donné par le rayonnement d'une nappe de courant $\vec{M}^d$ sur la surface fictive augmenté de celui d'une nappe de courant $-\vec{M}^i$ sur la surface réelle.

En résumé, pour $\dfrac{\pi}{2} < \phi' < \pi$ et $\phi < \pi - \phi'$, le problème initial est décomposé en un problème de diffraction et un problème de rayonnement comme cela est illustré sur les figures 12a et 12b. Dans ce cas, pour chaque direction de polarisation de l'onde incidente (TM ou TE), le rayonnement de la nappe de courant $\vec{M}^i$ de la figure 12b a été mis par [CL] sous une forme faisant intervenir des fonctions de Fresnel et une nouvelle fonction de transition.

Pour tous les autre cas, le problème initial est remplacé par le problème de rayonnement de deux nappes de courant magnétique : une nappe de courant $\vec{M}^d$ sur la surface fictive et une nappe de courant $-\vec{M}^i$ sur la surface réelle (Fig. 14).

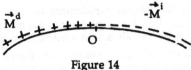

Figure 14

Comme dans le cas précédent, le champ rayonné par la nappe de courant $-\vec{M}^i$ s'exprime à l'aide de fonctions de transition nouvelles. Celles-ci sont similaires, mais non identiques à celles du cas précédent.

5.6.4.2. *Expression des fonctions de transition nouvelles*

Nous ne donnons pas les expressions complètes du champ que le lecteur pourra retrouver dans la thèse de Liang [L]. Cependant, à titre d'exemple, nous donnons les nouvelles fonctions de transition dans le cas $\frac{\pi}{2} < \phi' < \pi$, $\phi < 0$ et montrons que celles-ci se réduisent aux fonctions de transition de Michaeli quand $m|\phi| \leq 1$ et $m|\pi - \phi'| \leq 1$.

Pour $\frac{\pi}{2} < \phi' < \pi$ et $\phi < 0$, les fonctions de transition de Liang s'écrivent (conv. $e^{-i\omega t}$) :

$$L^s_{s,h}(\phi',\xi_1,m) = m^2 \frac{e^{-i\frac{\pi}{4}}}{\sqrt{2\pi k}} \int_0^\infty e^{i\left[\frac{\xi^3}{3} + 2m^2\xi(1+\cos\phi') + 2m\xi^2\cos\frac{\phi'}{2}\right]}$$

$$\left\{ \begin{matrix} S(\xi+\xi_1,m) \\ \left(-\frac{\xi}{m} - 2\cos\frac{\phi'}{2}\right)H(\xi+\xi_1) \end{matrix} \right\} d\xi + \frac{e^{i\frac{\pi}{4}}}{\sqrt{2\pi k}} \frac{\cos\frac{\phi'}{2}}{2(1+\sin\frac{\phi'}{2})} H(\xi_1)\left\{\begin{matrix}0\\1\end{matrix}\right\}$$

avec :

$$\left. \begin{matrix} S(x,m) = \frac{i}{m}\tilde{g}(x) \\ H(x) = g(x) \end{matrix} \right\} x > 0 \tag{81}$$

où $\tilde{g}$ et g sont les fonctions de Fock définies au § 5.5 équat. (67) et où les arguments ξ et ξ_1 ont pour expressions :

$$\xi = \int_{Q_c}^0 \frac{m(Q)}{\rho(Q)} dl \quad , \quad \xi_1 = \int_0^{Q_A} \frac{m(Q)}{\rho(Q)} dl \tag{82}$$

Dans (82), $\rho(Q)$ désigne le rayon de courbure de la géodésique au point Q et les points Q_C, O et Q_A sont respectivement les positions de l'élément de courant magnétique, de l'arête et du point où l'onde rampante quitte la surface (Fig. 15).

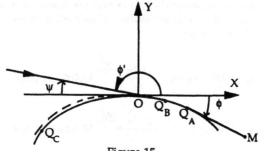

Figure 15

On pose $\psi = \pi - \phi'$ et on suppose que $m\psi \leq 1, m\phi \leq 1$, ce qui équivaut à $\psi \ll 1, \phi \ll 1$.

Sous ces hypothèses, on a :

$$1 + \cos \phi' \equiv \frac{\psi^2}{2} \quad , \quad \cos\frac{\phi'}{2} \equiv \frac{\psi}{2} \quad , \quad \xi_1 = m\phi$$

et l'intégrale au second membre de (80) s'écrit :

$$I_{s,h} = \int_0^\infty e^{i\left[\frac{\xi^3}{3} + m^2\xi\,\psi(\psi+\frac{\xi}{m})\right]} \left\{\begin{array}{l} S(\xi+m\phi,m) \\ -\left(\psi+\dfrac{\xi}{m}\right) H(\xi+m\phi) \end{array}\right\} d\xi \qquad (83)$$

En effectuant le changement de variable, $\eta = \psi + \dfrac{\xi}{m}$, l'intégrale s'écrit :

$$I_{s,h} = e^{-i\frac{(m\psi)^3}{3}} \int_\psi^\infty e^{i\frac{(m\eta)^3}{3}} \left\{\begin{array}{l} S[m\eta+m(\phi-\psi),m] \\ -\eta\, H[m\eta+m(\phi-\psi)] \end{array}\right\} m\,d\eta \qquad (84)$$

d'où, en tenant compte de (81) et de (67) du § 5.5 et en inversant l'ordre des intégrations après le changement de variable $s = m\eta$:

$$I_s = i\frac{e^{-i\frac{(m\psi)^3}{3}}}{m\sqrt{\pi}} \int_r \frac{e^{im(\phi-\psi)\tau}}{W_1(\tau)}\, d\tau \int_{m\psi}^\infty e^{i\frac{s^3}{3}+is\tau}\, ds \qquad (85)$$

$$I_h = i\frac{e^{-i\frac{(m\psi)^3}{3}}}{m\sqrt{\pi}} \int_r \frac{e^{im(\phi-\psi)\tau}}{W'_1(\tau)}\, d\tau \frac{\delta}{\delta\tau} \int_{m\psi}^\infty e^{i\frac{s^3}{3}+is\tau}\, ds \qquad (86)$$

On reconnaît, au second membre de (85) et (86) les fonctions d'Airy incomplètes définies en (10) et les fonctions de transition de Michaeli définies en (13) et (14). En posant $m\psi = \sigma_0$, $m\phi = \sigma'_0$, on a :

$$I_s = I_s(\sigma'_0 - \sigma_0, \sigma_0) = \frac{2i\sqrt{\pi}}{m} e^{i\frac{\sigma_0^3}{3}} M_s(\sigma'_0 - \sigma_0, \sigma_0) \tag{87}$$

$$I_h = I_h(\sigma'_0 - \sigma_0, \sigma_0) = \frac{2i\sqrt{\pi}}{m} e^{i\frac{\sigma_0^3}{3}} M_h(\sigma'_0 - \sigma_0, \sigma_0) \tag{88}$$

où $M_{s,h}(X, Y)$ sont les fonctions de transition de Michaeli.

5.6.4.3. Solution asymptotique uniforme du dièdre à faces courbes

La solution UTD du dièdre à faces planes n'est pas valable à proximité de l'arête. Il n'est de ce fait pas possible d'utiliser la même méthode que pour l'écran courbe. Pour contourner cette difficulté Liang [L] a mis la solution asymptotique uniforme de l'écran courbe sous une forme faisant apparaître explicitement les coefficients de diffraction de Keller D^K qui seuls dépendent de l'angle du dièdre. Il suffit d'ailleurs d'effectuer cette opération dans le cas où la source est dans les régions III et IV et le point d'observation dans les régions I et II puisque dans tous les autres cas la solution est du type UTD ou hybride et a par conséquent la structure recherchée. Dans la région de recouvrement de plusieurs zones de transition, les termes dépendant des fonctions de transition nouvelles se réduisent en dehors de cette région au coefficient de diffraction D^{OP} correspondant à la contribution d'extrémité de l'intégrale d'optique physique. Ces termes ne dépendent pas de l'angle du dièdre. Les termes complémentaires par contre, qui jouent dans la solution de Liang un rôle équivalent à la correction de Ufimtsev dans la solution de Michaeli, en dépendent par l'intermédiaire de la différence $D^K - D^{OP}$.

La solution asymptotique de l'écran courbe ainsi structurée dans laquelle les coefficients de diffraction de Keller sont adaptés à un dièdre extérieur égal à $n\pi$, sert d'Ansatz pour le dièdre courbe. Cet Ansatz redonne évidemment la solution de l'écran courbe pour $n = 2$. En outre, Liang a vérifié que la solution ainsi construite est continue et tend vers la solution UTD lorsque les frontières d'ombre du champ direct et du champ réfléchi sont loin des faces.

5.6.4.4. Application numérique

Les courbes de la planche 3 donnent la variation du module au carré du champ diffracté en fonction de l'angle d'observation pour une source linéique placée dans le plan de symétrie d'un cylindre semi-circulaire fermé par un plan du côté de la face courbe. Les dimensions exprimées en longueurs d'onde sont indiquées sur la figure 16.

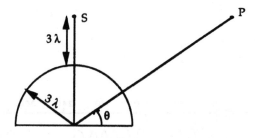

Figure 16

Les courbes présentées sont extraites de la référence [LPK]. Celles en traits pointillés correspondent à la solution asymptotique uniforme tandis que celles en trait plein ont été obtenues par la méthode des moments et servent de référence. On constate un parfait accord entre les deux types de résultats.

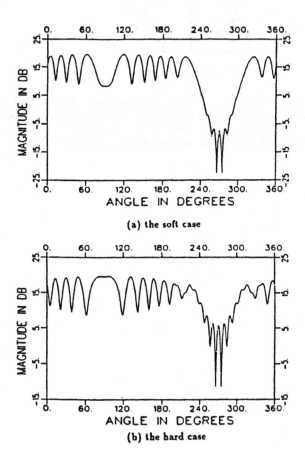

(a) the soft case

(b) the hard case

<u>Planche 3</u> : Comparaison entre le champ total calculé par la méthode des moments (trait plein) et par l'UTD (trait pointillé) d'une source linéique située à $\rho' = 6\lambda$ et $\phi' = 90°$ en présence d'un cylindre semi-circulaire ayant un rayon de courbure $a = 3\lambda$

5.7 - Solutions uniformes pour les caustiques

Nous avons présenté, aux paragraphes 3.4 et 3.14, une solution au voisinage d'une caustique bidimensionnelle par la méthode de la couche-limite. Cette solution est exprimée en coordonnées s, n où s est l'abscisse curviligne le long de la caustique et n la distance à la caustique. Elle n'est pas uniforme. En effet, quand on s'éloigne de la caustique, on ne retrouve pas la solution de l'optique géométrique. Pour obtenir une solution uniforme, nous allons, suivant [Kr1] et [Lu], utiliser un Ansatz, qui, au voisinage immédiat de la caustique, se réduit à la solution donnée par les formules (1) et (9) du paragraphe 3.14, et qui, loin de la caustique, tend vers la solution de l'optique géométrique.

La solution au voisinage de la caustique, est, à l'ordre dominant en k, de la forme (voir (1) du § 3.14)

$$u \approx exp(iks)\,A(s)\,Ai(-v) \tag{1}$$

où v est la coordonnée étirée, (ρ est le rayon de courbure de la caustique)

$$v = k^{2/3}\left(\frac{2}{\rho}\right)^{1/3} n \, . \tag{2}$$

Les termes suivants, en puissances décroissantes de $k^{1/3}$, s'expriment à l'aide du produit de la fonction d'Airy et de sa dérivée par des polynômes en v. Si on regroupe maintenant tous les termes en Ai d'une part, et tous les termes en Ai' d'autre part, on obtient donc la solution sous la forme :

$$u \approx exp(iks)\,(P(s, v)\,Ai(-v) + k^{-1/3}Q(s, v)\,Ai'(-v)) \tag{3}$$

où $P(s, v)$ et $Q(s, v)$ sont des polynômes en v dont les coefficients sont des fonctions de s et de k. Ces polynômes sont en quelque sorte des développements limités au voisinage de la caustique de fonctions plus générales. La principale différence entre la méthode de la couche limite et les méthodes uniformes consiste, comme expliqué au paragraphe 5.1, à introduire directement ces fonctions dans l'Ansatz. La méthode de la couche limite peut être alors considérée comme une première étape, permettant de construire l'Ansatz de la solution uniforme. Dans le cas de la caustique, (3) suggère un Ansatz du type [Kr, Lu] :

$$u = exp(ikS)\,(g_0\,Ai\,(-k^{2/3}q) + ik^{-1/3}\,g_1\,Ai'(-k^{2/3}\,q)) \, . \tag{4}$$

Dans (4), S, q, g_0 et g_1 sont des fonctions de la position du point. Comme dans la méthode de la couche-limite, ces fonctions seront déterminées en imposant à (4) de vérifier l'équation d'Helmholtz et de se raccorder à la solution Optique Géométrique loin de la caustique. Introduisons, suivant la même procédure qu'au chapitre 3, l'Ansatz dans l'équation d'Helmholtz et ordonnons suivant les puissances décroissantes de $k^{1/3}$ le résultat. On obtient, pour les six premiers termes du développement, les conditions d'annulation suivantes [Lu]

$$(\vec{\nabla}S)^2 + q(\vec{\nabla}q)^2 = 1 \tag{5}$$

$$2\vec{\nabla}S \cdot \vec{\nabla}q = 0 \tag{6}$$

puis

$$2\vec{\nabla}S \cdot \vec{\nabla}q + \Delta q\, g_0 + 2q\, \vec{\nabla}q \cdot \vec{\nabla}g_1 + q\, \Delta q\, g_1 + (\vec{\nabla}q)^2 g_1 = 0 \tag{7}$$

$$2\vec{\nabla}q \cdot \vec{\nabla}g_0 + \Delta q\, g_0 + 2\, \vec{\nabla}S \cdot \vec{\nabla}g_1 + \Delta S\, g_1 = 0 \quad . \tag{8}$$

(5) et (6) vont être interprétées comme des équations eikonales, (7) et (8) comme des équations de transport, après quelques manipulations.

Considérons d'abord (5) et (6). En en faisant la somme et la différence de ces équations, et en posant $S_+ = S + 2/3\, q^{3/2}$, $S_- = S - 2/3\, q^{3/2}$, on obtient les équations eikonales d'optique géométrique (voir chapitre 2)

$$(\vec{\nabla}S \pm \sqrt{q}\, \vec{\nabla}q)^2 = 1 \tag{9}$$

soit

$$(\vec{\nabla}S_+)^2 = (\vec{\nabla}S_-)^2 = 1 \quad . \tag{10}$$

S_+ et S_- sont donc des eikonales pour des rayons d'Optique Géométrique, qui seront déterminés plus loin.

Appliquons le même traitement aux équations de transport (7) et (8). Introduisons $g_+ = g_0 + \sqrt{q}\, g_1$ et $g_- = g_0 - \sqrt{q}\, g_1$; faisons la somme et la différence de (7) et du produit de (8) par $\sqrt{q}$. On obtient, après quelques calculs :

$$2\vec{\nabla}S_+ \cdot \vec{\nabla}g_+ + (\Delta S_+ - \frac{1}{2}\, q^{-1/2}\, (\vec{\nabla}q)^2\,)\, g_+ = 0 \tag{11}$$

$$2\vec{\nabla}S_- \cdot \vec{\nabla}g_- + (\Delta S_- + \frac{1}{2}\, q^{-1/2}\, (\vec{\nabla}q)^2\,)\, g_- = 0 \tag{12}$$

Sans le troisième terme, ces équations seraient les équations de transport de l'Optique Géométrique pour g_+ et g_-. Pour se ramener à ce cas, introduisons $h_+ = q^{-1/4}g_+$ et $h_- = q^{-1/4}g_-$. On obtient :

$$2\vec{\nabla}S_+ \cdot \vec{\nabla}h_+ + (\Delta S_+)\, h_+ = 0 \tag{13}$$

$$2\vec{\nabla}S_- \cdot \vec{\nabla}h_- + (\Delta S_-)\, h_- = 0 \tag{14}$$

donc les équations de transport de l'Optique Géométrique pour h_+ et h_-. Les fonctions S_+ et S_- sont donc, d'après (9) et (10), des eikonales de rayon d'Optique Géométrique, les fonctions h_+ et h_-, d'après (13) et (14), des amplitudes de rayon d'Optique Géométrique. On notera que h_+ et h_- sont singulières sur la caustique, où $q = 0$, à cause du facteur $q^{-1/4}$. Il reste maintenant à identifier ces rayons d'Optique Géométrique.

Au vu des résultats précédents, on s'attend naturellement à ce que S_+ soit l'eikonale, h^+ l'amplitude, une constante près, du rayon s'éloignant de la caustique. S_- et h_- sont alors l'eikonale et l'amplitude (à une constante près) du rayon se rapprochant de la caustique (figure 1).

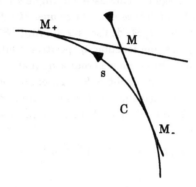

Fig.1 Caustique

Pour le vérifier, calculons le développement asymptotique de (4) pour de grandes valeurs de q. On obtient, remplaçant Ai et Ai' par leur développements asymptotiques pour de grands arguments négatifs :

$$u(M) \approx \frac{e^{i\pi/4}}{2\pi^{1/2}k^{1/6}} \; [h_- \exp(iks_-) + e^{-i\pi/2} h_+ \exp(iks_+)] \,. \tag{15}$$

Le premier terme de (15) est le rayon MM_- s'approchant de la caustique, de phase kS_- et d'amplitude ch_- ; le deuxième terme de (15) est le rayon $M_+ M$ s'éloignant de la caustique, de phase kS_+ et d'amplitude ch_+ où $c = e^{i\pi/4}/2\pi^{1/2}k^{1/6}$. Il subit, au contact de la caustique, un déphasage de $-\pi/2$ (voir paragraphe 3.14). La solution Optique Géométrique, donc les fonctions S_+, S_-, h_+, h_- sont connues. Rappelons les définitions de ces fonctions

$$S_+ = S + 2/3 \; q^{3/2} \quad (16.a) \qquad\qquad h_+ = q^{-1/4} \, (g_0 + \sqrt{q} \, g_1) \quad (16.b)$$

$$S_- = S - 2/3 \; q^{3/2} \quad (16.c) \qquad\qquad h_- = q^{-1/4} \, (g_0 - \sqrt{q} \, g_1) \quad (16.d)$$

Les relations (16) nous permettent alors de déterminer les fonctions s, q, g_0, g_1 intervenant dans l'Ansatz. En effet, (16.a) et (16.c) donnent s et q

$$S = \frac{1}{2} \; (S_+ + S_-) \tag{17}$$

$$q = \left[\frac{3}{4} \left(S_+ + S_- \right) \right]^{2/3} \tag{18}$$

(16.b) et (16.d) donnent g_0 et g_1

$$g_0 = \frac{1}{2} \, q^{1/4} \, (h_+ + h_-) \tag{19}$$

$$g_1 = \frac{1}{2} \, q^{-1/4} \, (h_+ - h_-) \tag{20}$$

La phase sur la caustique C est égale à l'abscisse curviligne s sur C. Donc la différence $S^+ - S^-$ est égale à la différence entre la somme $M_+ M + M M_-$ des longueurs des rayons et la longueur $M_+ M_-$ de l'arc sur C. Ainsi $S^+ - S^-$ est toujours positif et (18) définit toujours une fonction q positive. Cette fonction q s'annule sur C et C peut être considérée comme la courbe d'équation $q = 0$.

On peut montrer [Lu] , que si C est régulière, S, q, g_0 et g_1 sont régulières. Nous renvoyons à [Lu] pour ces démonstrations et nous nous limiterons à donner la forme des fonctions précédentes au voisinage de la caustique, en utilisant les coordonnées (s, n) du chapitre 3.

On obtient $S \approx s$; $q \approx \left(\frac{2}{\rho} \right)^{1/3} n$; $g_0 \approx 2\sqrt{\pi} \, e^{-i\pi/4} \left(\frac{k}{2} \right)^{1/6} \rho^{-1/3} \, B(s)$ où $B(s)$ est définie par (6) du paragraphe 3.14.

Reportant ces résultats dans l'Ansatz (4) et ne retenant que le terme de plus haut degré, on obtient :

$$u \approx exp(iks) \, 2\sqrt{\pi} \, e^{-i\pi/4} \left(\frac{k}{2} \right)^{1/6} \rho^{-1/3} \, B(s) \, Ai(-v) \tag{21}$$

où v est la coordonnée étirée donnée par (2).

On retrouve donc la solution couche-limite (voir (1) et (9) du paragraphe 3.14), obtenue au chapitre 3 comme limite au voisinage de la caustique de la solution uniforme.

La solution uniforme contient donc la solution couche-limite et elle est plus générale que cette dernière. La solution couche-limite est toutefois une étape nécessaire à la construction de la solution uniforme. Elle sert en particulier à déterminer les fontions intervenant dans l'Ansatz de la solution uniforme. On notera également au passage que q, donc n est proportionnel à la puissance 2/3 d'une différence d'eikonale, d'après (18). Quand la différence de phase des rayons est d'ordre 1, la différence d'eikonale est d'ordre k^{-1}, et n est donc d'ordre $k^{-2/3}$. La couche-limite, d'épaisseur $k^{-2/3}$, est le lieu des points où la différence de phase entre les rayons est d'ordre 1. On retrouve le critère heuristique utilisé au chapitre 3 pour déterminer les épaisseurs et les dilatations de coordonnées des couches-limite.

Nous avons, dans ce paragraphe, traité le cas bidimensionnel, où l'on se ramène à l'équation de Helmholtz. Le cas tridimensionnel pour les équations de Maxwell se traite de manière similaire [Kr2] et on obtient des résultats identiques. Les Ansatz pour les champs $\vec{E}$ et $\vec{H}$ sont analogues à (4).

$$\vec{E} = exp(ikS) \, (Ai \, (-k^{2/3}q) \, \vec{E}_0 + ik^{-1/3} Ai' \, (-k^{2/3}q) \, \vec{E}_1) \qquad (22.a)$$

$$\vec{H} = exp(ikS) \, (Ai \, (-k^{2/3}q) \, \vec{H}_0 + ik^{-1/3} Ai' \, (-k^{2/3}q) \, \vec{H}_1) \qquad (22.b)$$

Reportant (22) dans les équations de Maxwell, et réalisant les mêmes combinaisons linéaires que dans le cas de Helmholtz, on vérifie que :

$$exp(ikS_+) \, \vec{E}_+ \quad et \quad exp(ikS_+) \vec{H}_+ \quad où \quad S_+ = S + 2/3 \, q^{3/2} \ ,$$

$$\vec{E}_+ = q^{-1/4} \, (\vec{E}_0 + \sqrt{q} \, \vec{E}_1) \, , \ \ \vec{H}_+ = q^{-1/4} \, (\vec{H}_0 + \sqrt{q} \, \vec{H}_1) \qquad (23)$$

sont des solutions de type Optique Géométrique, à $O(1/k)$ près, des équations de Maxwell. Il en va de même de $exp(ikS_-)\vec{E}_-$ et $exp(ikS_-)\vec{H}_-$ où

$$S_- = S - 2/3 \, q^{3/2} \, , \vec{E}_- = q^{-1/4}(\vec{E}_0 - \sqrt{q} \, \vec{E}_1 \,), \vec{H}_- = q^{-1/4}(\vec{H}_0 - \sqrt{q} \, \vec{H}_1 \,) \, . \qquad (24)$$

On identifie alors le développement asymptotique de (20) pour de grandes valeurs de q à la solution Optique Géométrique, ce qui permet d'identifier $(\vec{E}_+, \vec{H}_+)$ aux champs portés par le rayon s'éloignant de la caustique et $(\vec{E}_-, \vec{H}_-)$ aux champs portés par le rayon allant vers la caustique. Les formules (23) et (24) définissent alors les fonctions dont dépend l'Ansatz (22), exactement comme dans le cas scalaire.

Le problème est donc complètement résolu du côté éclairé de la caustique. Du côté ombré, il ne passe pas de rayons réels. En principe, on peut toujours procéder par prolongement analytique, mais cette technique est délicate à mettre en oeuvre. Une manière simple d'obtenir un résultat approché en un point M de la zone d'ombre consiste à calculer au point de la zone éclairée obtenu par réflexion de M par rapport à la caustique et à changer le signe de l'argument de la fonction d'Airy. Toutefois, il ne s'agit que d'une approximation et il n'existe pas, à notre connaissance, de solution uniforme de maniement simple du côté ombré de la caustique.

Enfin, les résultats précédents sont valides au voisinage des points réguliers de C. Il est également possible d'établir, suivant une méthode similaire, des solutions uniformes au voisinage de la ligne de rebroussement, et plus généralement, des points singuliers de C [Ko]. Ces solutions font intervenir les fonctions spéciales de la théorie des catastrophes, et leurs dérivées partielles par rapport à leurs arguments. Par exemple, dans le cas du bec de caustique, cet Ansatz prendra la forme :

$$u \approx exp(ikS)\left(g_0 P + ik^{-1/4}g_1 \frac{\partial p}{\partial q} + ik^{-1/2}g_2 \frac{\partial p}{\partial q}\right) \qquad (25)$$

où $P = P(q, r)$ est la fonction de Pearcey [Ko].

S , q , r sont des fonctions de phase, g_0 , g_1 , g_2 des fonctions amplitudes. Ces fonctions sont déterminées en identifiant, comme pour le cas de la caustique usuelle, le développement asymptotique pour de grandes valeurs de q et r de (25), avec la solution Optique Géométrique. La phase de la fonction de Pearcey est un polynôme du quatrième degré, ce qui conduit à trois points de phase stationnaire qui sont réels en zone éclairée. La solution Optique Géométrique est la somme de trois rayons. L'identification conduit donc à trois équations pour les phases et trois pour les amplitudes, qui permettent de déterminer les fonctions inconnues de l'Ansatz. Toutefois, ces fonctions n'ont pas d'expressions explicites en fonction des amplitudes et eikonales des rayons, contrairement au cas du point régulier. Il faut donc résoudre numériquement. De plus, P est moins bien tabulée que la fonction d'Airy. Ces deux difficultés, qui se retrouvent dans le cas des caustiques plus complexes, rendent les solutions uniformes d'un maniement délicat. Il est en pratique souvent plus commode d'utiliser des représentations intégrales de la solution. Nous allons maintenant présenter les méthodes les plus usuelles pour obtenir ces représentations intégrales aux chapitres 6 et 7.

Le chapitre 6 présente la méthode de Maslov et la méthode d'intégration sur un front d'onde, plutôt utilisées en Physique Théorique.

Le chapitre 7 présente la Théorie Physique de la Diffraction, très utilisée dans l'industrie.

REFERENCES

Références des § 5.1 et 5.2

[A]   D.S. Ahluwalia, *Uniform Asymptotic Theory of Diffraction by the edge of a three-dimensional body*, Siam J. Appl. Math., vol. 18, n° 2, pp. 287-301, 1970.

[C]   J. Cole, *Perturbation methods in applied mathematics*, Blaisdell, 1968.

[Kr]   Y.A. Kravtsov, *Asymptotic solutions of Maxwell's equations near a caustic*, Radiofizika, 7, pp. 1049-1056 (en russe), 1964.

[L]   D. Ludwig, *Uniform asymptotic expansions at a caustic*, Comm. Pure Appl. Math., 19, pp. 215-250, 1966.

[LB]   R.H. Lewis et J. Boersma, *Uniform Asymptotic Theory of Edge Diffraction*, J. of Math. Phys., vol. 10, n° 12, pp. 2291-2306, 1969.

[N]   A.H. Nayfeh, *Perturbation methods*, Chap. 4, Wiley-Interscience Publication, 1973.

Références du § 5.3

[Bl]   N. Bleistein, *Uniform asymptotic expansions of integrals with many nearby stationary points and algebraic singularities*, J. Math. Mech., vol. 17, pp. 533-559, 1967.

[Bo]   V.A. Borovikov, *Diffraction by a wedge with curved faces*, Sov. Phys. Acoust. 25(6), pp. 465-471, 1979.

[BR]   J. Boersma et Y.Rahmat-Samii, *Comparison of two leading uniform theories of edge diffraction with the exact uniform asymptotic solution*, Radio Sci., vol. 15, n° 6, pp. 1179-1194, 1980.

[Cl]   P.C. Clemmow, *Some extensions of the method of integration by steepest descents*, Quart. J. Mech. Appl. Math. 3, pp. 241-256, 1950.

[FM]   L.B. Felsen et N. Marcuvitz, *Radiation and Scattering of Waves*, Englewood Cliffs, NJ, Prentice Hall, 1973.

[GP]   C. Gennarelli et L. Palumbo, *A uniform asymptotic expression of a typical diffraction integral with many coalescing simple pole singularities and a first-order saddle point*, IEEE Trans. Ant. Prop., vol. AP-32, pp. 1122-1124, 1984.

[HuK]   D.L. Hutchins et R.G. Kouyoumjian, *Asymptotic series describing the diffraction of a plane wave by a wedge*, Report 2183-3, ElectroScience Labatory, Department of Electrical Engineering, The Ohio State University; prepared under Contrat AF 19 (638)-5929 for Air Force Cambridge Research Laboratories.

[HwK] Y.M. Hwang et R.G. Kouyoumjian, *A dyadic diffraction coefficient for an electromagnetic wave which is rapidly varying at an edge*, paper presented at USNC/URSI Annual Meeting, Boulder, Colorado, 1974.

[K] J.B. Keller, *Geometrical Theory of Diffraction*, J. Opt. Soc. AM., vol. 52, pp. 116-130, 1962

[KP1] R.G. Kouyoumjian et P.H. Pathak, *A uniform geometrical theory of diffraction for an edge in a perfectly conducting surface*, Proc. IEEE, vol. 62, pp. 1448-1461, 1974.

[KP2] R.G. Kouyoumjian et P.H. Pathak, *A uniform GTD approach to EM scattering and radiation, in Acoustic Electromagnetic and Elastic Wave Scattering - High and Low Frequency Asymptotics*, vol II, édité par Varadan et Varadan, North Holland Publishers, 1986.

[LD] S.W. Lee et G.A. Deschamps, *A uniform asymptotic theory of electromagnetic diffraction by a curved wedge*, IEEE Trans. Ant. Prop., vol. AP-24, pp. 25-34, 1976.

[Ob] F. Oberhettinger, *On asymptotic series for functions occuring in the theory of diffraction of waves by wedges*, J. Math. Phys., vol. 34, pp. 245-255, 1955.

[Ot] H. Ott, *Die Sattelpunktsmethode in der Umgebung eines Poles mit Anwendung an die Wellenoptik und Akustik*, Annalen der Physik, 43, pp. 393-403, 1943.

[Pau] W. Pauli, *On the asymptotic series for functions in the theory of the diffraction of light*, Phys. Rev., vol. 54, pp. 924-931, 1938.

[RM1] Y. Rahmat-Samii et R. Mittra, *A spectral domain interpretation of high frequency phenomena*, IEEE Trans. Ant. Prop. vol. AP-25, pp. 676-687, 1977.

[RM2] Y. Rahmat-Samii et R. Mittra, *Spectral analysis of high frequency diffraction of an arbitrary incident field by a half plane-comparison with four asymptotic techniques*, Radio Science, vol. 13, n° 1, pp. 31-48, 1978.

[Ro] R.G. Rojas, *Comparison between two asymptotic methods*, IEEE Trans. Ant. Prop., vol. AP-35, n° 12, pp. 1489-1492, 1987.

[VDW] Van Der Waerden, *On the method of saddle points*, Appl. Sci. Research, B2, pp.33-45, 1951.

Références du § 5.4.

[GU] J. George et H. UberallB, *Approximate methods to describe the reflections from cylinders and speres with complex impedance*, J. Acoust., Soc. Am. 65(1), pp. 15-24, 1979.

[KK] L. Kaminetzky et J.B. Keller, *Diffraction coefficients for higher order edges and vertices*, SIAM J. Appl. Math., vol. 22, n° 1, pp. 109-134, 1972.

[KLS] J.B. Keller, R.M. Lewis et B.D. Seckler, Asymptotic solution of some diffraction problems, Comm. Pure Appl. Math., vol. 9, pp. 207-265, 1956.

[Le]   M.A. Leontovitch, *Investigations of propagation of radio waves*, Soviet Radio, Moscou, 1948.

[MO1]   F. Molinet, *Geometrical Theory of Diffraction*, IEE APS Newsletter, part II, pp. 5-16, 1987.

[MO2]   F. Molinet, *Etude de la diffraction par une ligne de discontinuité de la courbure*, Rapport MOTHESIM M 51, 1982.

[Se]   T.B.A. Senior, *The Difraction matrix for a discontinuity in curvature*, IEEE Trans. Ant. Prop., vol. AP-20, pp. 326-333, 1972.

[So]   A. Sommerfeld, *Partial Differential Equations in Physics*, Academic Press, New York, 1964.

[W]   V.H. Weston, *The effect of a discontinuity in curvature in high frequency scattering*, IRE Trans. Ant. Prop. AP-10, pp. 775-780, 1962.

Références du § 5.5

[BK]   V.M. Babich et N.Y. Kirpicnikova, *The boundary-layer method in diffraction problems*, Springer-Verlag, Berlin, Heidelberg, New York, 1979.

[Bo]   D. Bouche, *La méthode des courants asymptotiques*, Thèse de Docteur, Université de Bordeaux I, 1992.

[C]   J.A. Cullen, *Surface currents induced by short-wave length radiation*, Phys. Rev., 109, pp. 1863-1867, 1958.

[FK]   W. Franz et K. Klante, *Diffraction by surfaces of variables curvature*, IRE Trans. Ant. Prop., AP-7, pp. 568-570, 1959.

[Fo1]   V.A. Fock, *The field of a plane wave near the surface of a conducting body*, J. Phys. USSR, Vol. 10, pp. 399-409, 1946.

[Fo2]   V.A. Fock, *Electromagnetic Diffraction and Propagation*, Pergamon, New York, 1965.

[H]   S. Hong, Asymptotic theory of electromagnetic and a caustic diffraction by smooth convex surfaces of variable curvature", J. Math. Phys., 8, pp. 1223-1232, 1967.

[I]   V.I. Ivanov, *Diffraction d'ondes électromagnétiques planes courtes en incidence oblique sur un cylindre convexe lisse*, Radiotecknica i electronica, vol. 5, pp. 524-528, 1960.

[L]   O. Lafitte, *Thèse de Docteur*, Université de Paris Sud, 1993.

[LK]   B.R. Levy et J.B. KellerE, *Diffraction by a smooth object*, Comm. Pure and Appl. Math., vol. 12, pp. 159-209, 1959.

[LY]   N.A. Logan et K.S. Yee, *A mathematical model for diffraction by convex surfaces*, in Electromagnetic Waves, edited by R.E. Langer, pp. 139-180, The University of Wisconsin Press, Madison, Wisconsin, 1962.

[Mi]   A. Michaeli, *High-frequecy electromagnetic fields near a smooth convex surface in the shadow region*, Communication privée 1991.

[MSN]   R. Mittra et Safavi-Naini, *Source radiation in the presence of smooth convex bodies*, Radio Science, 14, pp. 217-237, 1979.

[P]   P.H. Pathak, *An asymptotic analysis of the scattering of plane waves by a smooth convex cylinder*, Radio Science, vol. 14, pp. 419-435, 1979.

[Pe]   L.W. Pearson, *A Schema for Automatic Computation of Fock-Type Integrals*, IEEE Trans. Ant. Prop., vol. AP-35, n° 10, pp. 1111-1118, 1987.

[PWBK]   P.H. Pathak, N. Wang, W. Burnside et R. Kouyoumjian, *A uniform GTD solution for the radiation from sources on a convex surface*, IEEE Trans Ant. Prop., vol. AP-29, pp. 609-622, 1981.

[WC]   J.R. Wait et A.M. Conda, *Pattern of an antenna on a curved loosy surface*, IRE Trans. Ant. Prop., AP-6, pp. 348-359, 1958.

Références du § 5.6

[A]   N.C. Albertsen, *Diffraction of creeping waves*, Rapport LD 24, Electromagnetic Institute, Technical University Denmark, 1974.

[AC]   N.C. Albertsen et P.L. Christiansen, *Hybrid diffraction coefficients for first and second order discontinuities of two-dimensional scatterers*, SIAM J.Appl. Math., 34, pp. 398-414, 1978.

[Be]   J.M.l. Bernard, *Diffraction par un dièdre à faces courbes non parfaitement conducteur*, Rev. Tech. THOMSON-CSF, vol 23, n°2, pp 321-330, 1991.

[Bo]   V.a. Borovikov, *Diffraction by a wedge with curved faces*, Akust. Zh., vol. 25, (6), pp. 825-835.

[CL]   C.W. ChuangH et M.C. Liang, *A uniform asymptotic analysis of the diffraction by an edge in a scurved screen*, Radio Science, vol. 23, n° 5, pp. 781-790, 1988.

[Fi]   V.B. Filippov, *Diffraction by a curved half-plane*, Zap. Nauchn. Sem. LOMI (Leningrad), vol. 42, pp. 244, 1974.

[HP]   K.C. Hill et P.H. Pathak, *A UTD analysis of the excitation of surface rays by an edge in an otherwise smooth perfectly-conducting convex surface*, URSI Radio Science meeting, Blacksburg, Virginia, 1987.

[IF]   M. Idemen et L.B. Felsen, *Diffraction of a whispering gallery mode by the edge of a thin concave cylindrically curved surface*, IEEE Trans. Ant. Prop., vol. AP-29, pp. 571-579, 1981.

[K]   J.B. KELLER, *Diffraction by an aperture*, J. Appl. Phys., vol. 28, pp. 426-444, 1957.

[KP]   R.G. Kouyoumjian et P.H. Pathak, A geometrical theory of diffraction for an edge in a perfectly conducting surface, Proc. IEEE, vol. 62, pp. 1448-1474, 1974.

[L]   M.C. Liang, *A generalized uniform GTD ray solution for the diffraction by a perfectly conducting wedge with convex faces*, Ph. D Thesis, Ohio State University, 1988.

[LD]   S.N. Lee et G.A. Deschamps, *A uniform asymptotic theory of electromagnetic diffraction by a curved wedge*, IEE Trans. Ant. Prop., vol. AP-24, pp. 25-34, 1976.

[LPC]   M.C. LiangI, P.H. Pathak et C.W. Chuang, *A generalized uniform GTD ray solution for the diffraction by a wedge with convex faces*, Congrès URSI, Prague, Août 1990.

[Mi]   A. Michaeli, *Transition functions for high-frequency diffraction by a curved perfectly conducting wedge*
        Part I : Canonical solution for a curved sheet
        Part II : A partially uniform solution for a general wedge angle
        Part III : Extension to overlapping transition regions
        IEEE Trans. Ant. Prop., vol. 27, pp. 1073-1092, 1989.

[Mo]   F. Molinet, *Diffraction d'une onde rampante par une ligne de discontinuité du plan tangent*, Annales des Télécom., tome 32, n° 5-6, pp. 197, 1977.

[P]   P.H. Pathak, *An asymptotic analysis of the scattering of plane waves by a smooth convex cylinder*, Radio Science, vol. 14, n° 3, pp. 419-435, 1979.

[PK]   P.H. Pathak et R.G. Kouyoumjian, *On the diffraction of edge excited surface rays*, Paper presented at the 1977 USNC/URSI Meeting, Stanford University, Stanford, CA, 22-24 Juin, 1977.

[S]   A. Sommerfeld, *Mathematische Theorie der Diffraktion*, Math. Ann., vol. 47, pp. 317-374, 1986.

Références du § 5.7

[KO]   Y.A. Kravtsov, Y.I. Orlov, *Caustics, Catastrophes and wavefields*, Sov. Phys. Usp. 26, 1983.

[K1]   Y.A. Kravtsov, Radiofizika, 7, pp. 664, 1964.

[K2]   Y.A. Kravtsov, Radiofizika, 7, pp 1049, 1964.

[Lu]   D. Ludwig, Comm. Pure Appl. Math. 19, pp.215, 1966.

Chapitre 6

Méthodes intégrales

La méthode des développements asymptotiques raccordés, présentée au chapitre 3, notamment dans sa version uniforme, présentée au chapitre 5, permet de calculer le champ pratiquement tout l'espace. Toutefois, sa mise en oeuvre devient très technique dans les zones où se chevauchent de multiples couches limites. En particulier, des difficultés apparaissent au niveau des lignes de rebroussement de la surface caustique, où les formules du paragraphe 5.7 ne s'appliquent pas. Une couche-limite particulière existe au voisinage de ces lignes. Or, il existe des représentations intégrales de la solution, valides en même temps au point courant de la caustique et au voisinage des lignes de rebroussement. Elles dispensent donc des raccordements laborieux entre couche-limite. La représentation intégrale de la solution n'est pas unique, et plusieurs méthodes ont été proposées pour en construire. La seule condition à imposer est de retrouver le résultat de la méthode de rayons lorsqu'on applique à la représentation intégrale la méthode de la phase stationnaire. L'utilisateur a donc le choix de la représentation intégrale la plus commode. Les mathématiciens spécialistes des équations aux dérivées partielles ont accompli sur ce sujet un important travail, qui a débouché sur la théorie des opérateurs intégraux de Fourier-Maslov-Hörmander. Nous présentons dans la section 6.1, la version Maslov de cette méthode, moins rigoureuse, mais plus opérationnelle que la théorie des opérateurs de Fourier. Elle fournit des représentations intégrales uniformément valides de la solution, sous forme de spectre d'ondes planes. L'évaluation asymptotique uniforme de ces intégrales permet d'exprimer le champ au voisinage d'un point quelconque de la caustique. La solution s'écrit à l'aide de la fonction d'Airy près d'un point régulier de la surface caustique, à l'aide de la fonction de Pearcey, au voisinage d'un point ordinaire de la ligne de rebroussement de cette surface. Au voisinage des points singuliers de la ligne de rebroussement (rebroussement de la ligne par exemple), la solution fait intervenir les fonctions de la Théorie des Catastrophes. La méthode de Maslov est donc un outil puissant de calcul au voisinage des caustiques. Toutefois, elle fait à des notions peu intuitives, et a été assez peu employée en électromagnétisme. Dans la section 6.2, nous proposons une méthode plus intuitive, généralisation de la méthode utilisée par Airy pour calculer le champ au voisinage d'une caustique régulière. Le champ sur les caustiques est calculé à partir de l'intégrale de rayonnement du champ sur les fronts d'onde, lui-même obtenu par les formules de l'Optique géométrique. Cette technique donne un point de vue différent, plus élémentaire, sur le calcul du champ au voisinage des caustiques et met en évidence les liens entre la géométrie du front d'onde et de sa surface des centres de courbure i.e. de la caustique. Nous aurions pu présenter bien d'autres méthodes intégrales, par exemple la méthode des rayons gaussiens, utilisée en géophysique, mais nous cherchons dans ce chapitre à mettre en évidence les idées essentielles et non à donner un panorama exhaustif. Nous présenterons enfin au chapitre 7 une autre méthode intégrale, appelée Théorie Physique de la Diffraction, où le champ diffracté est exprimé comme le champ rayonné par les courants de surface sur l'objet diffractant. Avant cela, nous allons exposer la méthode de Maslov, en commençant par une présentation des notions mathématiques nécessaires à sa mise en œuvre.

6.1 La méthode de Maslov

Cette méthode a été inventée par V.P. Maslov, dans les années 60 [Ma] , pour obtenir des solutions asymptotiques uniformément valides d'équations aux dérivées partielles. La méthode a ensuite été justifiée et perfectionnée sur le plan mathématique. Nous essaierons de donner une présentation aussi simple et physique que possible de la méthode, en insistant sur les aspects pratiques de mise en oeuvre. Le paragraphe 6.1.1. introduit les notions géométriques utiles pour compréhension de la méthode : l'espace des phases, et la variété lagrangienne. Aux paragraphes 6.1.2 et 6.1.3. nous montrons comment la méthode permet de calculer le champ au voisinage des caustiques et nous donnons les représentations intégrales explicites de la solution valide au vosinage des caustiques. Nous montrons, sur l'exemple de la caustique circulaire, comment ces formules permettent d'obtenir directement le champ, calculé au chapitre 3 par la méthode de la couche-limite. Au paragraphe 6.1.4. nous présentons une variante utile de la méthode mise au point par Arnold, et l'appliquons au cas, assez délicat à traiter par une autre méthode, du point de rebroussement de la caustique. Le paragraphe 6.1.5. présente la méthode d'un point de vue différent et montre qu'elle peut se comprendre comme une sorte d'Optique Géométrique dans un espace mixte. Au paragraphe 6.1.6. nous montrons comment la méthode se généralise directement aux équations de Maxwell, et donnons les limites de validité au paragraphe 6.1.7.

6.1.1. Notions préliminaires
6.1.1.1. *L'Optique Géométrique dans l'espace des phases*

Nous avons vu, au chapitre 2, que la résolution de l'équation eikonale se ramène à la résolution des équations différentielles des caractéristiques. En milieu homogène, ces équations prennent la forme très simple

$$\frac{dx_i}{dt} = p_i \tag{1.1}$$

$$\frac{dp_i}{dt} = 0 \tag{1.2}$$

où t est l'abscisse sur un rayon, $\vec{x} = (x_1, x_2, x_3)$ repère la position du point sur le rayon, $\vec{p} = (p_1, p_2, p_3)$ est le gradient de l'eikonale S le long du rayon. Au chapitre 2 nous avons résolu les équations (1) dans l'espace des x également appelé espaces des configurations. On obtient simplement

$$\vec{x}(u, v, t) = \vec{x}(u, v, 0) + t\,\vec{p}(u, v, 0) \tag{2.1}$$

$$\vec{p}(u, v, t) = \vec{p}(u, v, 0) \tag{2.2}$$

$\vec{x}(u, v, 0)$ et $\vec{p}(u, v, 0)$ désignent les valeurs initiales, c'est-à-dire pour $t=0$ de $\vec{x}$ et $\vec{p}$. Autrement dit, $\vec{x}(u, v, 0)$ est une représentation paramétrique de la surface initiale Γ où se donne l'eikonale. $\vec{p}(u, v, 0)$ est la direction du rayon sortant au point $\vec{x}(u, v, 0)$. On suppose que la norme du gradient de surface de l'eikonale initiale sur Γ est inférieure à 1 sur tout Γ si bien que $\vec{p} = (u, v, 0)$ est un vecteur réel sur tout Γ .

Comme vu au chapitre 2, la résolution de l'équation du transport permet de calculer le premier terme du développement asymptotique de la solution de l'équation des ondes. Cette solution est proportionnelle à l'inverse de la racine carrée de

$$K = \frac{D(\vec{x}(t))}{D(\vec{x}(0))} = \frac{J(t)}{J(0)} \tag{3}$$

J étant le jacobien de passage des coordonnées de rayon aux coordonnées rectangulaires défini au chapitre 2. A cause de cela, la solution obtenue par l'Optique Géométrique devient infinie quand J s'annule, c'est-à-dire sur la caustique. On rappelle que, si Γ est un front d'onde W_0, c'est-à-dire si la phase initiale est constante, la caustique est la surface des centres de W_0 .

Nous avons vu au chapitre 3 les raisons physiques de ce résultat infini, et avons montré comment, par la méthode de la couche-limite, obtenir une solution valide au voisinage de la caustique. La méthode de la couche-limite est simple et directe en un point régulier de la caustique C , c'est-à-dire en un point courant d'une des deux nappes de C . Elle devient délicate sur les lignes de rebroussement de ces nappes, et plus encore, aux points confluents de deux lignes de rebroussement, ainsi qu'au point ombilicaux de C . V.P. Maslov [Ma] a proposé une approche radicalement différente du problème, qui permet de traiter les points particuliers de C plus aisément que la méthode de couche-limite. L'idée de base est de toujours considérer les équations (1), et de ne plus travailler dans l'espace de configuration (x_1, x_2, x_3) mais dans l'espace P des phases $(x_1, x_2, x_3, p_1, p_2, p_3)$. En effet, dans cet espace, (2) nous indique que $\vec{x}(t)$ et $\vec{p}(t)$ sont obtenus à partir de $\vec{x}(0)$ et $\vec{p}(0)$ par une simple translation.

Le jacobien $\dfrac{D(\vec{x}(t), \vec{p}(t))}{D(\vec{x}(0), \vec{p}(0))}$ vaut donc 1. Le flot conserve donc le volume dans P et les annulations de J , donc les caustiques, sont générées par la projection de P, sur l'espace ordinaire. Plus précisément, Maslov introduit une <u>variété lagrangienne</u> (paragraphe 6.1.1.2.). Les caustiques sont obtenues aux points critiques de la projection de cette variété sur l'espace ordinaire (paragraphe 6.1.1.3.). Nous allons donc définir et étudier la géométrie de cette variété.

6.1.1.2. *Notion de variété lagrangienne*
Définissons sur P la forme différentielle canonique Ω
$$\Omega = dp_i \wedge dx_i \tag{4}$$

où, suivant la convention d'Einstein, on somme sur les indices i . Cette forme induit, en tout point de l'espace tangent à P, identifié à P, une forme bilinéaire alternée, représentable par la matrice $\begin{bmatrix} 0 & I \\ -I & 0 \end{bmatrix}$, où I est la matrice identité en dimension 3.

Définissons le graphe L du flot de (1) dans P. C'est une variété simplement connexe de dimension 3 [MS]. Cette variété admet la représentation paramétrique

$$M(\vec{x}, \vec{\nabla} S(\vec{x})) . \qquad (5)$$

Sur L , Ω s'écrit donc

$$\Omega(M) = d\left(\frac{\partial S}{\partial x_k}\right) \wedge dx_k \qquad (6)$$

$$d\left(\frac{\partial S}{\partial x_k}\right) = \sum_j \frac{\partial^2 S}{\partial x_j \partial x_k} \, dx_j \qquad (7)$$

donc

$$\Omega(M) = \frac{\partial^2 S}{\partial x_j \partial x_k} \, dx_j \wedge dx_k \qquad (8)$$

mais

$$\frac{\partial^2 S}{\partial x_j \partial x_k} = \frac{\partial^2 S}{\partial x_k \partial x_j} \qquad (9)$$

et

$$dx_j \wedge dx_k = - dx_k \wedge dx_j . \qquad (10)$$

Les termes $j \neq k$ s'annulent donc deux à deux ; quant aux termes $j = k$ ils sont nuls puisque $dx_k \wedge dx_k = 0$.

Ω s'annule donc sur la variété L . On dira que la variété L est lagrangienne. En pratique, cette variété est obtenue comme le graphe du flot de (1), c'est-à-dire qu'elle admet aussi la représentation paramétrique

$$(\vec{x}(u, v, 0) + t \, \vec{p}(u, v, 0), \, \vec{p}(u, v, 0)). \qquad (11)$$

On rappelle que (u, v) sont les deux paramètres définissant la position d'un point sur la surface Γ , t l'abscisse sur un rayon. L est donc une famille à deux paramètres (ou congruence) de droites de l'espace des phases. Une droite particulière est obtenue en fixant u et v , et en faisant parcourir R^+ à t . Les rayons sont les projections de ces droites sur l'espace des configurations.

6.1.1.3. *Etude de la variété lagrangienne*

La variété lagrangienne L est de dimension 3. Considérons la restriction à L de la projection Π de l'espace des phases sur l'espace de configurations R^3

$$\Pi \left|\begin{array}{l} (\vec{x}, \vec{p}) \to x \\[2mm] L \to R^3 \end{array}\right.$$

Π , restreinte à L , est une application d'une variété de dimension 3 dans une variété de dimension 3. Elle est donc de rang 3 en un point "générique" d'après le lemme de Sard. Les points où le rang de Π est inférieur à 3 forment une sous-variété de L appelée sous-variété singulière VS de dimension 2.

Le rang de Π en un point M est égal au rang de son application tangente Π' en ce point. L'espace tangent à L au point M , admet, d'après (2), la base $(\vec{e_u}, \vec{e_v}, \vec{e_t})$

$$\vec{e_u} = \left(\frac{\partial \vec{x}(0)}{\partial u} + t \frac{\partial \vec{p}(0)}{\partial u} , \frac{\partial \vec{p}(0)}{\partial u} \right) \tag{12.1}$$

$$\vec{e_v} = \left(\frac{\partial \vec{x}(0)}{\partial v} + t \frac{\partial \vec{p}(0)}{\partial v} , \frac{\partial \vec{p}(0)}{\partial v} \right) \tag{12.2}$$

$$\vec{e_t} = \left(\vec{p}(0) , \vec{0} \right) . \tag{12.3}$$

On peut montrer que ($\vec{e_u}$, $\vec{e_v}$, $\vec{e_t}$) est bien une base, sauf dans le cas où la surface Γ est un ensemble de rayons. Π sera de rang 3 si ($\Pi(\vec{e_u})$, $\Pi(\vec{e_v})$, $\Pi(\vec{e_t})$) sont linéairement indépendants.

Plaçons-nous, pour simplifier les calculs, dans le cas où Γ est un front d'onde, rapporté à ses lignes de courbure. Dans ce cas $\frac{\partial \vec{x}(0)}{\partial u} = \vec{t_1}$, $\frac{\partial \vec{x}(0)}{\partial v} = \vec{t_2}$

$$\vec{p}(0) = \vec{n} , \quad \frac{\partial \vec{p}}{\partial u} = \frac{\vec{t_1}}{\rho_1} \quad et \quad \frac{\partial \vec{p}}{\partial v} = \frac{\vec{t_2}}{\rho_2} \tag{13}$$

où ρ_1 et ρ_2 sont les rayons de courbure principaux, $\vec{t_1}$, $\vec{t_2}$ les vecteurs tangents aux lignes de courbure, $\vec{n}$ le vecteur normal à Γ au point O dont est issu le rayon passant par $\Pi(M)$. Les deux dernières formules de (13) viennent de la formule de Rodrigues, donnant la dérivée du vecteur normal par rapport à l'abscisse sur une ligne de courbure. On obtient donc, utilisant (12) et (13)

$$\Pi(\vec{e_u}) = \vec{t_1}\left(1 + \frac{t}{\rho_1} \right) \tag{14.1}$$

$$\Pi(\vec{e_v}) = \vec{t_2}\left(1 + \frac{t}{\rho_2} \right) \tag{14.2}$$

$$\Pi(\vec{e_t}) = \hat{n} . \tag{14.3}$$

Π est donc de rang 3, sauf si $t = -\rho_1$ ou $t = -\rho_2$, c'est-à-dire si $\Pi(M)$ est sur la caustique. Π projette donc VS sur la caustique.

En un point M de L se projetant sur la caustique, où $\rho_1 \neq \rho_2$, c'est-à-dire si M n'est pas un ombilic, (14) montre que le rang de Π vaut 2.

Supposons, par exemple, que $t = -\rho_1$, c'est-à-dire que $\Pi(M)$ soit sur la première nappe de la caustique. Supposons, d'autre part, que ρ_1 soit fini. Prenons comme axes de coordonnées dans l'espace des phases ($\vec{t_1}$, $\vec{t_2}$, $\hat{n}$) et considérons la projection "mixte" Π_1 , associant au point ($x_1, x_2, x_3, p_1, p_2, p_3$) le point $(0, x_2, x_3, p_1, 0, 0)$. $\Pi_1(\vec{e_u}) = (0, 0, 0, 1/\rho_1, 0, 0)$, $\Pi_1(\vec{e_v}) = (0, 1, t/\rho_2, 0, 0, 0)$, $\Pi_1(\vec{e_t}) = (0, 0, 1, 0, 0, 0)$, si bien que le rang de Π_1 vaut 3 au point M . Si M est un ombilic, considérons la projection mixte Π_{12} associant au point $(x_1, x_2, x_3, p_1, p_2, p_3)$ le point $(0, 0, x_3, p_1, p_2, 0)$. $\Pi_{12}(e_u) = (0, 0, 0, 1/\rho_1, 0, 0)$, $\Pi_{12}(e_v) = (0, 0, 0, 0, 1/\rho_2, 0)$, $\Pi_{12}(e_t) = (0, 0, 1, 0, 0, 0)$, si bien que le rang de Π_{12} vaut 3 au point M .

En conclusion :

- si $M \notin VS$, la projection de la variété lagrangienne L sur l'espace de configuration est régulière dans un voisinage de M,

- si $M \in VS$, et se projette en un point où les deux nappes de la surface caustique ne se touchent pas, il existe une projection "mixte" sur un sous-espace de dimension 3 défini par une coordonnée impulsion et deux coordonnées position, régulière au voisinage de M,

- si $M \in VS$, et se projette en un point où les deux nappes de la surface caustique se touchent, i.e. un point à l'aplomb d'un ombilic d'un front d'onde, il existe une projection "mixte" sur un sous-espace de dimension 3 défini par deux coordonnées impulsion et une coordonnée position, régulière au voisinage de M.

Il est donc possible, en tout point de L, de choisir un système de coordonnées mixte régulier sur L.

On notera que ce ce système de coordonnées n'est pas unique : il est possible de choisir, en un point, plusieurs systèmes de coordonnées réguliers sur L. Nous allons donner, de ce résultat important, une démonstration plus rigoureuse, qui peut être sautée en première lecture [Mi].

Si $M \notin VS$, les coordonnées (x_1, x_2, x_3) sont régulières sur L, et le problème est résolu.

Plaçons-nous en un point S de VS où le rang de Π vaut 2. Π projette donc l'espace tangent T à L en S sur un plan Q. Il est toujours possible (voir figure 1) de choisir deux coordonnées qui soient régulières sur ce plan. Supposons, pour fixer les idées, que ces coordonnées sont, par exemple x_2 et x_3. Il paraît logique de prendre comme coordonnée impulsion p_1. Nous allons montrer que le système de coordonnées (x_2, x_3, p_1) est régulier au voisinage de S, c'est-à-dire que la projection Π_1 sur le sous-espace mixte $M(0, x_2, x_3, p_1, 0, 0)$, les coordonnées x_2, x_3, p_1 parcourant R, est de rang 3 en S.

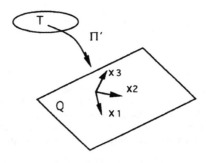

Fig. 1

Soit, en effet, y un vecteur de T appartenant au noyau de Π_1 donc s'écrivant $y(x_1, 0, 0, 0, p_2, p_3)$. Mais $y \in T$, donc $\Pi(y) \in Q$. D'autre part, $\Pi(y) = (x_1, 0, 0)$ est donc sur l'axe Ox_1. L'intersection de Q et de Ox_1 est le vecteur nul, donc $x_1 = 0$.

D'autre part, la deuxième forme canonique Ω s'annule sur T, c'est-à-dire que si z est un vecteur quelconque de T, $z = (z_1, z_2, z_3, q_1, q_2, q_3)$,

$$\Omega(y, z) = z_2\, p_2 + z_3\, p_3 = 0 . \tag{15}$$

(15) est valide pour tout z_2, z_3 parcourant Q, donc implique $p_2 = p_3 = 0$ et $y = 0$.
L'intersection de T et de $Ker(\Pi_1)$ se réduit donc au vecteur nul. La restriction
de Π_1 , projection sur l'espace mixte M , à T est donc un isomorphisme, c'est-
à-dire que le système de coordonnées (x_2, x_3, p_1) sur L est régulier.

Le cas où le rang de Π vaut 1 se traite de manière similaire. Dans ce cas,
$\Pi(T)$ est une droite D . On choisit un axe de coordonnée non parallèle à la
droite. Supposons, par exemple, que x_1 vérifie cette condition. On montre alors
que (x_1, p_2, p_3) est un système de coordonnées régulier sur L en S . Notons
que le système de coordonnée régulier n'est pas unique. Par exemple, dans le
cas où $rg(\Pi) = 1$, il est possible de choisir, si D n'est parallèle à aucun des axes,
n'importe quelle coordonnée plutôt que x_1 .

Nous allons maintenant donner quelques exemples pour aider le lecteur à
se représenter la variété lagrangienne.

Commençons par le cas très simple de la dimension 1. La variété
lagrangienne générale est alors une courbe (une droite si on considère
l'équation des ondes en milieu homogène) VS un ensemble de points. La
projection de cette courbe sur l'axe des x est régulière, sauf sur la collection de
points composant VS, où la tangente à la courbe devient verticale. En ces
points, x n'est plus une coordonnée régulière, mais p est une coordonnée
régulière. Notons que, à un point d'abscisse, x peuvent correspondre plusieurs
points de L . La variété L représentée sur la figure 2 est la réunion de deux
courbes $(x, p^+(x))$ et $(x, p^-(x))$. On dira que L a deux branches. Les deux
branches se rejoignent au point S qui est sur ce cas particulier la variété
singulière. Dans la coordonnée p , L n'a qu'une seule branche.

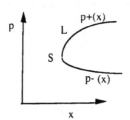

Fig.2 : Variété lagrangienne

En dimension n la variété lagrangienne est une surface plongée dans un
espace de dimension $2n$. Il n'est donc pas possible de la représenter
complètement dès que $n \geq 2$. Toutefois les idées illustrées en dimension 1
restent valides. L est "au-dessus" de l'espace de configuration, au sens où elle
se projette sur l'espace de configuration. Il peut exister, au-dessus d'un même
point P de l'espace de configuration, plusieurs points M de L . M est donc une
fonction de P à plusieurs déterminations, ou encore L a plusieurs branches.
Les branches se rejoignent sur VS . Dans l'espace de configuration, chaque
point M correspond à un rayon passant par P. Ces rayons se confondent sur la
projection de VS, i.e. sur la caustique. Il est possible de se représenter, en
dimension 2, L , en considérant, par exemple, la projection L' de L sur
l'espace de dimension 3 (x_1, x_2, p_1) . L' est la surface réglée définie par $(x_1(s) +
tp_1(s), x_2(s) + tp_2(s), p_1(s))$ avec $p_1^2(s) + p_2^2(s) = 1$. L' peut présenter des "plis" ou
des "fronces". Leurs projections sur l'espace de configuration seront

respectivement la courbe caustique et les becs de cette courbe [ZD].

Nous disposons maintenant de l'essentiel des notions permettant de comprendre les fondements de la méthode de Maslov. Nous allons maintenant passer à l'exposition effective de cette méthode. Nous commencerons par le cas où le rang de la projection Π vaut deux. Il est alors possible, comme nous allons le voir, d'obtenir une représentation de la solution sous forme d'une intégrale simple.

6.1.2. Représentation par une intégrale simple

La méthode de Maslov s'appuie sur la transformation de Fourier passant d'une (ou deux) variable position, à une (ou deux) variable impulsion. Nous traiterons dans ce paragraphe le cas où on utilise la transformation $x_1 \rightarrow p_1$. Pour alléger les formules, Maslov redéfinit la transformation de Fourier comme suit. Notons $u(x) = u(x_1, x_2, x_3)$ et la fonction $v(y) = v(p_1, x_2, x_3)$ sa transformée de Fourier. On a à :

$$v(y) = \left(-\frac{ik}{2\pi}\right)^{1/2} \int u(x)\, exp\,(-ikx_1 p_1)\, dx_1 \qquad (16.1)$$

et donc la transformation inverse

$$u(x) = \left(\frac{ik}{2\pi}\right)^{1/2} \int v(y)\, exp\,(ikx_1 p_1)\, dp_1 \qquad (16.2)$$

(16.2) donne une représentation intégrale de u si v est connue.

La méthode de Maslov consiste essentiellement à substituer dans (16.2), à v une approximation de v obtenue en appliquant la phase stationnaire à l'intégrale (16.1), comme nous allons le voir.

L'Optique Géométrique, justifiée (chapitre 2) par la série de Luneberg-Kline fournit une solution du problème sous la forme :

$$u(x) = A(x)\, exp\,(ikS(x)) + 0(1/k) . \qquad (17)$$

Reportons (17) dans (16.1)

$$v(y) \approx \left(-\frac{ik}{2\pi}\right)^{1/2} \int A(x)\, exp\,(ik(S(x) - x_1 p_1)\, dx_1 \qquad (18)$$

les termes négligés étant $0(1/k)$.

Calculons maintenant (18) par la méthode de la phase stationnaire. Les points de phase stationnaire x_{1s} sont donnés par :

$$\frac{\partial S}{\partial x_{1s}} = p_1 \qquad (19)$$

x_{1s} est une fonction de $(p_1, x_2, x_3) = y$.

La dérivée seconde de la phase en un point de phase stationnaire est donc :

$$k\, \frac{\partial^2 S}{\partial x_{1s}^2} = k\, \frac{\partial p_1}{\partial x_{1s}} \qquad (20)$$

et on obtient donc, en supposant que la formule de la phase stationnaire s'applique, et en posant $x_s = (x_{1s}, x_2, x_3)$

$$v(y) \approx d\, A(x_s) \left| \frac{\partial x_{1s}}{\partial p_1} \right|^{1/2} exp\; ik(S(x_s) - x_{1s}\, p_1)$$

(21)

où $d = 1$ si $\left(\dfrac{\partial x_{1s}}{\partial p_1}\right)^{1/2} > 0$, $d = -i$ si $\left(\dfrac{\partial x_{1s}}{\partial p_1}\right)^{1/2} < 0$.

Ce résultat a été obtenu, d'une autre manière, par Kravtsov [Kr] . Kravtsov ne distingue pas deux cas suivant le signe de $\dfrac{\partial x_1}{\partial p_1}$ et il faut choisir $\sqrt{-1} = -i$ pour obtenir le résultat (21) dans la formule de Kravtsov.

(21) est vraie à des termes $0(1/k)$ près. Le second membre de (21) est donc le premier terme v_0 du développement asymptotique de v en puissances de $1/k$. (21) donne donc v_0 en fonction de u_0 , d'où l'appellation "transformation de Fourier asymptotique d'ordre zéro". Cette transformation a été étudiée par Ziolkowski et Deschamps, à l'ordre zéro et aux ordres supérieurs [ZD] . v_0 se met donc sous la forme : $v_0(y) = d\, B(y)\, exp\,(ikT(y))$

- la phase $T(y)$ vaut $S(x_s) - p_1 x_{1s}$, c'est donc la transformée de Legendre $x_1 \to p_1$ de la phase S de u_0 ,

- $B(y) = A(x_s) \left| \dfrac{\partial x_{1s}}{\partial p_1} \right|^{1/2}$. Si A et B étaient deux expressions, A en coordonnées x , B en coordonnée y , d'une même densité sur la variété lagrangienne, on aurait : $B(y) = A(x_s) \dfrac{D(x_1, x_2, x_3)}{D(p_1, x_2, x_3)} = A(x_s) \left| \dfrac{\partial x_{1s}}{\partial p_1} \right|$. On parlera donc, à cause de la puissance $1/2$, de demi-densités,

- $A(x_s)$ est proportionnel à $J^{-1/2}$, où $J = \dfrac{D(x_1, x_2, x_3)}{D(\xi, \eta, t)}$, (ξ, η, t) étant les coordonnées de rayon $(\xi, \eta$ repère un rayon, t est l'abscisse sur ce rayon). $B(x_s)$ est donc proportionnel à $K = \left(\dfrac{D(p_1, x_2, x_3)}{D(\xi, \eta, t)}\right)^{-1/2}$, et restera fini si p_1, x_2, x_3 est un système de coordonnées régulier sur la variété lagrangienne. Nous avons vu plus haut qu'il est toujours possible de choisir un tel système de coordonnées, donc d'obtenir une amplitude v_0 bornée.

- Plaçons-nous, pour illustrer le point précédent, dans le système de coordonnées lié au front d'onde utilisé au paragraphe 6.1.1.3. Dans ce système $\xi = s_1, \eta = s_2$ où s_1 et s_2 sont les abscisses curvilignes sur deux lignes de courbure du front d'onde, choisies comme axes de coordonnées (figure 3).

Supposons que les deux rayons de courbure ρ_1 et ρ_2 du front d'onde soient finis. Choisissons comme origine des coordonnées le point 0, point sur le front d'onde dont est issu le rayon passant par le point M où on calcule le champ. Comme vu au paragraphe 6.1.1.3., $\dfrac{\partial \overrightarrow{0M}}{\partial s_1} = \hat{t}_1 + t\, \dfrac{\hat{t}_1}{\rho_1}$,

$\dfrac{\partial \overrightarrow{0M}}{\partial s_2} = \hat{t}_2 + t\, \dfrac{\hat{t}_2}{\rho_2}$, $\dfrac{\partial \overrightarrow{0M}}{\partial t} = \hat{n}$, si bien que $K = \dfrac{J(t)}{J(0)} = \left(1 + \dfrac{t}{\rho_1}\right)\left(1 + \dfrac{t}{\rho_2}\right)$. On obtient, à partir de (19) et de l'expression de S au voisinage de M, $\dfrac{\partial x_{1s}}{\partial p_1} =$

$\rho_1 + t$. B , proportionnel à $\left(\dfrac{1}{K}\dfrac{\partial x_{1s}}{\partial p_1}\right)^{1/2} = \left(\dfrac{\rho_1}{1+t/\rho_2}\right)^{1/2}$ reste donc fini sur la caustique $t = -\rho_1$.

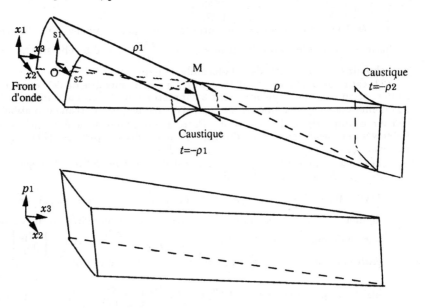

Fig.3 : Rayons dans l'espace de configuration et dans l'espace mixte

La figure 3 représente les rayons voisins de M , d'une part dans l'espace de configuration, d'autre part, dans l'espace mixte (p_1, x_2, x_3) . On notera que, dans cet espace mixte, seule subsiste la caustique à $x_3 = -\rho_2$. La caustique à $x_3 = -\rho_1$ n'apparaît pas, ce qui explique que B reste borné.

- L'axe Ox_1 est orthogonal à la caustique. Une règle pratique est donc de choisir, comme axe Ox_1, la normale (ou plus généralement une direction non tangente) à la caustique au point au voisinage duquel on veut calculer le champ.

Il est donc possible, par un choix correct de l'axe Ox_1, d'obtenir un v_0 donné par (21) fini. Substituons maintenant (21) dans (16.2).

On obtient la représentation intégrale suivante de la solution, toujours à $0(1/k)$ près

$$u(x) \approx \left(\frac{ik}{2\pi}\right)^{1/2} \int d \left|\frac{\partial x_{1s}}{\partial p_1}\right|^{1/2} A(x_s) \, exp \; ik(S(x_s) - p_1 x_{1s} + p_1 x_1) \, dp_1. \qquad (22)$$

Dans cette représentation intégrale x_{1s}, donc x_s, doit être exprimé en fonction de p_1. En pratique, suivant (19), à x_2 et x_3 fixés, on détermine le (ou les) rayon dont la projection $\partial S/\partial x_1$ de la direction sur l'axe x_1 vaut p_1. Il passe par le point $x_2, x_3, x_{1s}(p_1)$, ce qui détermine x_{1s} en fonction de p_1.

La figure 4 illustre la méthode en dimension 2.

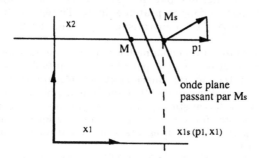

Fig.4 : Calcul du champ au point M par la méthode de Maslov

Comme noté par Arnold [AR] , il est possible de donner une interprétation très intuitive du résultat (22). Traçons la droite passant par le point $M(x_1, x_2, x_3)$ et parallèle à l'axe $0x_1$. Le point $M_s\,(x_{1s}(p_1), x_2, x_3)$ est le point de cette droite telle que la projection de la direction du rayon passant par M_s sur $0x_1$ soit p_1. L'eikonale du champ d'Optique Géométrique au point M_s est $S(x_s)$, le gradient de l'eikonale est $\vec{p}(p_1, p_2, p_3)$, l'amplitude est $A(x_s)$.

Ces trois quantités définissent une onde plane passant par M_s. Le champ de cette onde plane au point M est :

$$u_p(x) = A(x_s)\,exp\,(ik(S(x_s) + \vec{p}.\,\overrightarrow{MM_s}))\,. \tag{23}$$

mais
$$\vec{p}.\,\overrightarrow{MM_s} = p_1 x_1 - p_1 x_{1s} \tag{24}$$

donc
$$u_p(x) = A(x_s)\,exp\,ik(S(x_s) - p_1 x_{1s} + p_1 x_1) \tag{25}$$

et on reconnaît la partie droite du terme sous l'intégrale (22).

$\left|\dfrac{\partial x_{1s}}{\partial p_1}\right|^{1/2}$ est une correction d'amplitude, d est une correction de phase qui permet d'obtenir les mêmes phases pour un rayon ayant ou n'ayant pas traversé une caustique.

En termes physiques, la méthode de Maslov consiste, dans le cas d'un paramètre impulsion, à remplacer les rayons coupant une droite passant par le point par des ondes planes. Chaque point de la droite donne une onde plane. On intègre ensuite le long de la droite pour obtenir le champ total. On montre [Ar] que l'application de la méthode de la phase stationnaire redonne le champ de l'Optique Géométrique.

Avant de passer à une application de (22), il faut souligner les points suivants :

- les bornes des intégrales ne sont jamais précisées. Ce problème est délicat : p_1 est compris entre -1 et 1, pour des valeurs réelles de p_2 et p_3. Faut-il se limiter à p_1 dans $]-1, 1[$ ou étendre l'intégrale sur p_1 à R tout entier en considérant des valeurs complexes de p_2 et p_3 ? Ce problème n'a pas été complètement résolu. Toutefois, la valeur de (22) dépend essentiellement de l'amplitude et de la phase de l'intégrand dans un petit voisinage des points de phase stationnaire, définis par les directions des rayons de l'Optique Géométrique. On pourra donc en pratique limiter l'intégrale (22) à ce voisinage, par exemple à l'aide d'un neutraliseur (i.e. une fonction C^∞ à support compact).

- Si (22) est limitée à un domaine borné par un neutraliseur, elle a un sens dès que l'intégrand est borné, donc pour tous les points de la surface caustique, y compris les arêtes de rebroussement, et les intersections d'arête de rebroussement (queue d'aronde). (22) donnera donc une solution non seulement au point courant de la caustique, mais aussi en tous les points "singuliers" précédents. Aux points où les deux nappes de la caustique se touchent, il faudra passer à une représentation intégrale à deux paramètres d'impulsion (voir paragraphe 6.1.3.).

- Si plusieurs rayons d'origine différente passent par M, i.e. si L a plusieurs branches, dans le système de coordonnées (p_1, x_2, x_3) le résultat sera la somme de plusieurs intégrales de type (22).

Passons maintenant à un cas concret.

Nous allons traiter, par la méthode de Maslov, le cas de la caustique en dimension 2, déjà résolu au chapitre 3 par la méthode de la couche limite. Pour fixer les idées, nous supposerons la caustique circulaire, et l'amplitude indépendante de l'angle sur le cercle.

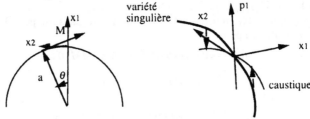

Fig.5 :Projection de la variété singulière sur la caustique

Les coordonnées sont choisies comme indiqué sur la figure 5. On obtient :

$$p_1 = sin\ \theta \qquad (26)$$

$$x_{1s} = \frac{a}{cos\ \theta} - a \qquad (27)$$

donc

$$\frac{\partial x_{1s}}{\partial p_1} = a\ \frac{sin\ \theta}{cos^3 \theta} \qquad (28)$$

$$S(x_{1s}) = -a\theta + atg\ \theta \quad et \quad S - p_1 x_{1s} = a(sin\ \theta - \theta) \qquad (29)$$

$A(x_{1s}) = -\frac{iC}{\sqrt{tg\theta}}$, si $\theta > 0$, puisque le rayon a touché la caustique. $A(x_{1s}) = \frac{C}{\sqrt{|tg\theta|}}$

si $\theta < 0$. C est une constante, mais $d = 1$ si $\theta > 0$ puisque $\frac{\partial x_{1s}}{\partial p_1} > 0$, et $d = -i$

si $\theta < 0$ puisque $\frac{\partial x_{1s}}{\partial p_1} < 0$, donc

$$dA(x_{1s}) = - \frac{iC}{\sqrt{|tg\theta|}} \quad quel\ que\ soit\ \theta . \tag{30}$$

On voit en quel sens d "rattrape" le déphasage à la caustique.

Reportant (26)-(30) dans (22), on obtient :

$$u(M) \approx Ce^{-i\pi/4} \left(\frac{ka}{2\pi}\right)^{1/2} \int cos^{-1}\theta\ exp\ ik(a(sin\ \theta - \theta) + x_1\ sin\ \theta)\ d\theta . \tag{31}$$

On utilise ensuite les approximations pour θ petit de $cos\ \theta$ et $sin\ \theta$

$$u(M) \approx Ce^{-i\pi/4} \left(\frac{ka}{2\pi}\right)^{1/2} \int exp\ ik(-a\ \frac{\theta^3}{6} + x_1\theta)\ d\theta \tag{32}$$

qui se réduit, après quelques calculs, à :

$$u(M) \approx 2\sqrt{\pi}\ e^{-i\pi/4} \left(\frac{ka}{2\pi}\right)^{1/6} Ai(-v)\ C \tag{33}$$

où $v = \frac{kx_1}{m}$ est la variable définie au paragraphe 3.1.4 (cf (12) du 3.1.4).

Posons, dans la formule (9) du paragraphe 3.1.4 : $\rho = a$ (la caustique est circulaire) et $B(s) = \sqrt{a}\ C$ (l'amplitude est constante), et reportons le $A(s)$ obtenu dans (5) du paragraphe 3.4. On obtient (33). La méthode de Maslov permet donc d'obtenir le résultat calculé par la méthode de la couche limite de manière assez directe.

La représentation intégrale précédente permet d'obtenir une solution valide en tous les points de la surface caustique, y compris la ligne de rebroussement, et dans leur voisinage. Par contre, aux points où les deux nappes de la surface caustique se touchent, le rang de Π, projection de L sur l'espace de configuration, est égal à 1, et il faut utiliser une représentation de la solution sous forme d'une intégrale double sur deux variables impulsion, comme nous allons le voir au paragraphe suivant.

6.1.3. Représentation par une intégrale double

Pour fixer les idées, nous choisissons p_1 et p_2 comme variables impulsion. La démarche est exactement la même qu'au paragraphe précédent. Nous allons substituer, dans la représentation intégrale de la solution :

$$u(x) = \frac{ik}{2\pi} \int v(y)\ exp\ (ik(x_1p_1 + x_2p_2))dp_1\ dp_2 \tag{34}$$

où $y = (p_1, p_2, x_3)$ et v est la transformée de Fourier $(x_1, x_2) \to (p_1, p_2)$ de u. Une approximation de v est obtenue en remplaçant u par le premier terme de son développement asymptotique en puissances inverses du nombre d'onde k, i.e.,

$$v(y) \approx - \frac{ik}{2\pi} \int A(x)\ exp\ (ik(S(x) - p_1x_1 - p_2x_2))\ dx_1 dx_2 \tag{35}$$

et en appliquant la méthode de la phase stationnaire à (35). Les points de phase stationnaire x_{1s}, x_{2s} vérifient :

$$\frac{\partial S}{\partial x_{is}} = p_i \quad \text{où} \quad i = 1, 2 \tag{36}$$

x_{is} est une fonction de $(p_1, p_2, x_3) = y$.

La matrice des dérivées seconde de la phase, appelée Hessien, en un point stationnaire est donc :

$$k \frac{\partial^2 S}{\partial x_{is} \partial x_{js}} = k \frac{\partial p_j}{\partial x_{is}} . \tag{37}$$

On obtient donc, toujours en supposant que la formule de la phase stationnaire s'applique, et en posant $x_s = (x_{1s}, x_{2s}, x_3)^-$

$$v(y) \approx dA(x_s) \left| \frac{\partial x_{is}}{\partial p_j} \right|^{1/2} exp\ ik(S(x_s) - x_{1s}p_1 - x_{2s}p_2) \tag{38}$$

où $\left| \dfrac{\partial x_{is}}{\partial p_j} \right|$ est la valeur absolue du jacobien du changement de variable $x_i \to p_i$.

d vaut 1 (resp. $-i$, -1) si le Hessien a deux (resp. une, zéro) valeur propre positive. Comme au paragraphe précédent, (38) conduit à la représentation intégrale

$$u(x) \approx \frac{ik}{2\pi} \int dA(x_s) \left| \frac{\partial x_{is}}{\partial p_j} \right|^{1/2} exp\ ik(S(x_s) - x_{1s}p_1 - x_{2s}p_2 + x_{1s}p_1 + x_{2s}p_2) dp_1 dp_2 \tag{39}$$

La phase de l'intégrand est la transformée de Legendre, cette fois par rapport à deux variables, de la phase donnée par l'Optique Géométrique. En pratique, à x_3 fixé, on détermine le (ou les) rayon dont la projection de la direction vaut p_1, p_2. Il passe par le point $M_s(x_{1s}(p_1, p_2), x_{2s}(p_1, p_2), x_3)$ ce qui détermine x_{1s} et x_{2s} en fonction de p_1, p_2. La figure 6 illustre la méthode en dimension 3.

Fig.6 : Méthode de Maslov
en dimension 3

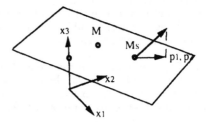

L'interprétation physique du résultat est la même qu'au paragraphe précédent. On remplace le rayon passant par M_s par une onde plane se propageant dans la direction du rayon. L'application de la méthode de la phase stationnaire à (39) redonne, comme au paragraphe précédent, le résultat de l'Optique Géométrique. Ces deux observations suggèrent naturellement l'idée suivante : plutôt que de tout ramener sur un plan de coordonnées passant par M , il doit être possible de générer directement, à partir du résultat en rayon, une intégrale du type (39). Cela évite d'avoir à introduire des coordonnées rectangulaires, peu commodes dans certains cas. On obtient la méthode de reconstruction spectrale d'Arnold, que nous allons décrire au paragraphe suivant.

6.1.4. Méthode de reconstruction spectrale

En pratique, l'application de cette méthode comprend les étapes suivantes. Considérons les rayons au voisinage du point M où il faut calculer le champ. Associons, à chaque rayon passant par N voisin de M, une onde plane se propageant dans la direction $\hat{p}$ du rayon passant par N, avec l'eikonale $S(\hat{p})$ de l'Optique Géométrique au point N et d'amplitude indéterminée $A(\hat{p})$ (voir figure 7).

Fig.7 : Méthode de reconstruction spectrale

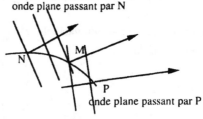

La solution au point M est recherchée sous la forme :

$$u(M) = \int_V A(\hat{p}) \, exp \, (ik(S(\hat{p}) + \hat{p}. \overrightarrow{NM})d\hat{p} \, . \tag{40}$$

L'intégrale porte sur un voisinage V de la direction du rayon passant par M.

Les points N peuvent être situés sur un plan passant par M, et on retrouve alors la méthode de Maslov, mais aussi plus généralement sur une surface arbitraire voisine de M ce qui donne plus de souplesse à la méthode. $A(\hat{p})$ est ensuite calculé en appliquant la méthode de la phase stationnaire à (40) et en imposant de retrouver l'Optique Géométrique. La justification de la méthode, et quelques exemples, se trouvent dans les articles d'Arnold [Ar] . Nous allons montrer sur l'exemple du voisinage du point de rebroussement R de la ligne caustique, en 2D, l'intérêt de la méthode.

Suivant Pearcey [Pe] , définissons la caustique C au voisinage de R par l'équation $(x \to -x$ par rapport à [Pe] $)$

$$y = \left(\frac{8}{9\sigma} x^3\right)^{1/2} = 2 \, \frac{\sqrt{2}}{3} \, \frac{x^{3/2}}{\sigma^{1/2}} \quad . \tag{41}$$

Les rayons sont tangents à C . Le vecteur directeur du rayon passant par $N(x, y(x))$ est $\hat{p}$

$$\hat{p}\left((1+2x/\sigma)^{-1/2} , \left(\frac{2x/\sigma}{1+2x/\sigma}\right)^{1/2}\right) \quad . \tag{42}$$

L'eikonale en N vaut s , où s est l'abscisse curviligne sur C à partir de R

$$s = \int_0^x dx \left(1+\frac{2x}{\sigma}\right)^{1/2} \, . \tag{43}$$

L'eikonale $S(\hat{p})$ de l'onde plane générée par le rayon passant par N au point $M(x_0, y_0)$ est

$$S(\hat{p}) = s + p_x(x - x_0) + p_y(y - y_0) \tag{44}$$

x, y, x_0, y_0 sont des quantités petites et du même ordre, nous allons donc utiliser un développement de Taylor. Nous nous limitons aux termes $0(x^2)$. On obtient :

$$S = x_0 + \sqrt{\frac{2x}{\sigma}} \, y_0 - \frac{xx_0}{\sigma} + \frac{1}{6} \frac{x^2}{\sigma} + 0(x^2) .$$ (45)

La représentation intégrale aura donc la forme :

$$exp \, (ik \, x_0) \int B(x) \, exp \, ik \left(\sqrt{\frac{2x}{\sigma}} y_0 - \frac{xx_0}{\sigma} + \frac{1}{6} \frac{x^2}{\sigma} \right) dx .$$ (46)

Effectuons le changement de variable $t^4 = \frac{k}{6} \frac{x^2}{\sigma}$; on obtient une phase φ de l'intégrand, de la forme :

$$\varphi = \left(\frac{24}{k\sigma} \right)^{1/4} (k \, y_0) \, t - \left(\frac{6}{k\sigma} \right)^{1/2} (k \, x_0) \, t^2 + t^4 .$$ (47)

Posant

$$Y = \left(\frac{24}{k\sigma} \right)^{1/4} k \, y = \left(\frac{192\pi^3}{\sigma\lambda^3} \right)^{1/4} y$$ (48)

$$X = - \left(\frac{6}{k\sigma} \right)^{1/2} k \, x = \left(\frac{12\pi}{\sigma\lambda} \right)^{1/2} x .$$ (49)

Comme dans [Pe] , on obtient la phase de la fonction de Pearcy

$$\varphi = Yt + X \, t^2 + t^4$$ (50)

de manière déductive. Ce résultat est "parachuté" dans [Pe] . Suivant les valeurs de X et Y , une ou trois valeurs de t annule $d\varphi/dt$, c'est-à-dire qu'il y a un ou trois points de phase stationnaire. Autrement dit, l'application de la méthode de la phase stationnaire à la représentation intégrale du champ donnera 1 ou 3 rayon(s) suivant que le point est à l'extérieur ou à l'intérieur du bec. Les difficultés de l'Optique Géométrique viennent de l'application de cette méthode au voisinage du point R , où ces trois points coalescent au point $t = 0$. L'application de la méthode de la couche-limite à ce problème serait délicate, à cause de la coalescence de plusieurs couches-limite (voir figure 8).

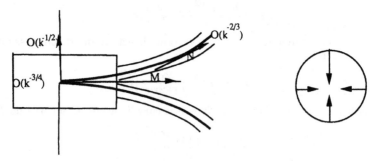

Fig.8: Bec de caustique   Fig.9: Foyer

Un autre exemple simple d'application est le cas du foyer (voir figure 9). L'eikonale de l'onde plane générée par le rayon passant par N est

$$S = - r \cos \theta$$ (51)

ce qui conduit, si tous les rayons ont la même amplitude, à une représentation intégrale de la forme :

$$\int_0^\Pi exp\,(-ikr\cos\theta)d\theta \tag{52}$$

et on obtient la fonction de Bessel $J_0(kr)$, caractéristique des foyers. Si seuls, les rayons issus d'un certain secteur angulaire parviennent au foyer, on obtient une fonction de Bessel incomplète.

Nous n'avons présenté que ces cas bidimensionnels : les cas tridimensionnels sont, bien sûr, traitables également par cette méthode, mais il est beaucoup plus difficile d'obtenir un résultat explicite, et l'intégration doit être faite numériquement dans la plupart des cas.

6.1.5.   Une autre manière d'obtenir les résultats précédents

Nous avons utilisé, dans les paragraphes précédents, la transformation de Fourier et la méthode de la phase stationnaire. Il est également possible d'obtenir les mêmes résultats par une méthode légèrement différente, que nous allons exposer dans le cas d'une variable impulsion p_1.

Appliquons à l'équation de Helmholtz la transformation de Fourier $x_1 \to p_1$ définie par (16.1). Elle devient

$$(-k^2 p_1^2 + \Delta_1)\,v + k^2 v = 0 \tag{53}$$

où Δ_1 désigne le laplacien "transverse", i.e. par rapport aux variables x_2 et x_3.

Cherchons à résoudre (53) en mettant v sous forme d'une série de Lüneberg-Kline

$$v = exp\,(ik\,T(y))\,(v_0 + \frac{v_1}{ik} + ...)\,. \tag{54}$$

Introduisant (54) dans (53), et ordonnant suivant les puissances de k, comme au chapitre 2, on obtient une équation "eikonale"

$$p_1^2 + (\nabla_1 T)^2 = 1 \tag{55}$$

et des équations du transport, dont la première s'écrit :

$$2(\vec\nabla_1 v_0)\,.\,(\vec\nabla_1 T) + v_0 \Delta_1 T = 0 \tag{56}$$

$\vec\nabla_1$ désigne le gradient transverse.

La transformée de Legendre $S_L : x_1 \to p_1$ de l'eikonale S de l'Optique Géométrique a les dérivées partielles suivantes :

$$\frac{\partial S_L}{\partial p_1} = -x_1\;;\; \frac{\partial S_L}{\partial x_2} = \frac{\partial S}{\partial x_2}\;;\; \frac{\partial S_L}{\partial x_3} = \frac{\partial S}{\partial x_3} \tag{57}$$

elle vérifie donc l'équation eikonale (55).

La phase $S_L = S(x_1) - x_{1s} p_1$ de v_0 donné par (21), vérifie l'équation eikonale (55).

p_1 est constant le long d'un rayon. D'autre part, $\nabla_1 T = \nabla_1 S$, $\Delta_1 T = \Delta_1 S$. L'équation (56) se réduit donc, à p_1 fixé, à une équation de transport à deux dimensions sur les variables x_2 et x_3. La solution de cette équation sera donc proportionnelle à la puissance $-1/2$ du jacobien $\dfrac{D(x_2,x_3)}{D(\eta,t)}$, où p_1, η, t est un système de coordonnées de rayon. Mais $p_1 = \xi$ est constant sur un rayon $\dfrac{D(x_2,x_3)}{D(\eta,t)} = \dfrac{D(p_1,x_2,x_3)}{D(p_1,\eta,t)}$. On retrouve donc le jaçobien J obtenu au paragraphe 6.1.2. Utilisons les coordonnées (s_1, s_2, t) liées à un front d'onde. Dans ces coordonnées, on peut montrer, par un calcul direct, que (56) devient :

$$2\,\frac{dv_0}{dt} + \frac{v_0}{\rho_2+t} = 0 \tag{58}$$

et donc

$$v_0 = v_0(t=0)\,\sqrt{\frac{\rho_2}{\rho_2+t}} \ . \tag{59}$$

$\sqrt{\dfrac{\rho_2}{\rho_2+t}}$ est la divergence, dans l'espace mixte (p_1, x_2, x_3) des rayons de l'espace mixte. v_0 est donc simplement obtenu en appliquant, dans l'espace mixte, les lois de l'Optique Géométrique. Il reste à calculer la constante $v_0(t=0)$, ce qui peut se faire en calculant u par la méthode de la phase stationnaire et en imposant de retrouver le résultat de l'Optique Géométrique [Ar] . On retrouve bien le même résultat qu'au paragraphe 6.1.2. Le cas de deux variables impulsion se traite de manière analogue.

En conclusion, la méthode de Maslov, présentée, à l'aide de la transformation de Fourier asymptotique, aux paragraphes 6.1.2 et 6.1.3, peut être également comprise comme de l'Optique Géométrique dans un espace mixte, comportant une ou deux coordonnées impulsion.

6.1.6.   Extension aux équations de Maxwell

Nous avons, dans tous les paragraphes précédents, traité uniquement de l'équation des ondes. Les résultats s'étendent aux équations de Maxwell.

Chaque composante des champs $\vec{E}$ et $\vec{H}$ vérifie l'équation des ondes. Il reste à vérifier $div\,\vec{E} = div\,\vec{H} = 0$.

Dans le cas d'une variable impulsion, (22), transposée aux équations de Maxwell, s'écrit :

$$\vec{E}(x) \approx \left(\frac{ik}{2\pi}\right)^{1/2}\!\!\int d\left|\frac{\partial x_{1s}}{\partial p_1}\right|\vec{E}_0(x_s)\,exp\,ik(S(x_s) - p_1 x_{1s} + p_1 x_1)\,dp_1 \ . \tag{60}$$

Le terme d'ordre le plus élevé en k de $div\,\vec{E}$ s'écrit :

$$div\,\vec{E} \approx \left(\frac{ik}{2\pi}\right)^{1/2}\!\!ik\!\int d\left|\frac{\partial x_{1s}}{\partial p_1}\right|\vec{E}_0(x_s)\,(\vec{\nabla}(S(x_s) - p_1 x_{1s} + p_1 x_1)$$
$$exp\,ik(S(x_s) - p_1 x_{1s} + p_1 x_1)\,dp_1 \tag{61}$$

mais

$$\vec{\nabla}(S(x_s) - p_1 x_{1s}) = \vec{\nabla}_1 S(x_s) \tag{62}$$

et

$$\vec{\nabla}(p_1 x_1) = p_1 \hat{e}_1 = \frac{\partial S}{\partial x_1}\,\hat{e}_1 \tag{63}$$

si bien que

$$\vec{\nabla}(S(x_s) - p_1 x_{1s} + p_1 x_1) = \vec{\nabla}S(x_s)$$

(64)

mais

$$\vec{\nabla}S(x_s).\vec{E}_0(x) = 0 .$$

Le terme de plus haut degré en k de $div \ \vec{E}$ est donc nul.

(60) donne donc une solution vérifiant, avec la même approximation que la solution Optique Géométrique, $div \ \vec{E} = 0$. La démonstration est analogue pour la représentation (39), sous forme d'une intégrale double.

Les résultats établis pour l'équation des ondes s'étendent donc aux équations de Maxwell. Il suffit d'utiliser la solution Optique Géométrique vectorielle dans les représentations intégrales (22) et (39).

Appliquons ce résultat au cas de la caustique circulaire, en supposant le champ $\vec{E}$ situé dans le plan de la caustique. La composante suivant x_1 de $\vec{E}$ est toujours donnée par (32). Il apparaît, de plus, une composante suivant x_2 de $\vec{E}$, proportionnelle à :

$$Ce^{-i\pi/4}\left(\frac{ka}{2\pi}\right)^{1/2}\int \theta \ exp \ ik(-a \ \frac{\theta^3}{6} + x_1 \theta)\,d\theta$$

soit à

$$2\sqrt{\pi} \ e^{-i\pi/4}\left(\frac{ka}{2\pi}\right)^{-1/6} A_i'(-v) \ C .$$

Il apparaît donc, au voisinage de la caustique, une composante non nulle du champ électrique dans la direction du rayon. La méthode de Maslov permet donc une démonstration directe de cet effet physique.

6.1.7.   Limites de la méthode de Maslov

La méthode de Maslov, est, comme nous venons de le voir, très efficace pour calculer le champ au voisinage des caustiques, tant qu'elles restent à distance finie. Pour des caustiques à distance infinie, c'est-à-dire si un des rayons de courbure ρ_1 ou ρ_2 du front d'onde devient infini, elle échoue. Prenons le cas simple de la réflexion sur une plaque plane située dans le plan $0x_1x_2$ (voir figure 10).

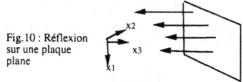

Fig.10 : Réflexion
sur une plaque
plane

L'espace tangent à la variété lagrangienne du champ réfléchi est généré par les vecteurs de base $\hat{e}_1, \hat{e}_2, \hat{e}_3$. Elle est donc de rang 3 et la méthode prédit donc que le résultat de l'Optique Géométrique est valide, ce qui est faux.

Plus généralement, au voisinage d'une caustique, le choix de la coordonnée p_1, normale à la caustique, fait apparaître dans la solution donnée par (22), comme noté au paragraphe 4.1.2., un facteur $\sqrt{\rho_1}$ où ρ_1 est le rayon de courbure du front d'onde. Si la caustique est à l'infini, i.e. si $\rho_1 = \infty$, (22) donnera, même à distance finie, un résultat infini.

6.2 Intégration sur un front d'onde

La méthode de Maslov fournit, comme nous l'avons vu au paragraphe précédent, une représentation intégrale de la solution valide au voisinage des caustiques. En milieu homogène, il existe une méthode beaucoup plus ancienne et plus simple pour obtenir une représentation intégrale de la solution. Elle est fondée sur l'idée suivante : l'Optique Géométrique donne la solution sur tout front d'onde suffisamment loin de la caustique. La solution au voisinage de la caustique est alors obtenue en appliquant, pour l'équation des ondes, la formule de Kirchhoff sur le front d'onde. On obtient donc, en trois (resp. deux) dimensions, la solution sous forme d'une intégrale double (resp. simple), qui peut être, dans certains cas, ramenée par la méthode de la phase stationnaire, à une intégrale simple. Nous traiterons uniquement le cas de l'équation des ondes. Le cas des équations de Maxwell se traite de la même manière et les résultats sont qualitativement les mêmes. Nous commencons (paragraphe 6.2.1.) par une étude géométrique de la caustique, qui est, en milieu homogène, la surface des centres du front d'onde. Cette étude nous permettra d'identifier quels points particuliers du front d'onde correspondent aux points singuliers de la caustique. Au paragraphe 6.2.2., nous montrerons, en évaluant asymptotiquement les intégrales donnant le champ au voisinage de la caustique, qu'il s'exprime à l'aide des fonctions génériques de la théorie des catastrophes. Nous écrirons, dans les cas les plus simples, les arguments de ces fonctions à l'aide des paramètres géométriques du front d'onde.

6.2.1. Géométrie de la surface des centres

Commençons par le cas bidimensionnel.

En bidimensionnel, un point N de la ligne des centres LC est donné par :

$$\overrightarrow{ON} = \overrightarrow{OM} + R\,\vec{n} \tag{1}$$

où R est le rayon de courbure au point M du front d'onde W, $\vec{n}$ la normale en M à W. Soit s l'abscisse curviligne sur W :

$$\frac{d\overrightarrow{ON}}{ds} = \frac{dR}{ds}\,\vec{n}. \tag{2}$$

La tangente à LC est donc $\vec{n}$. La vitesse sur LC est $\dfrac{dR}{ds} = R'$. Cette vitesse s'annule donc aux points où R est minimum ou maximum. Ces points correspondent aux points de rebroussement de la caustique. En effet, en ces points

$$\frac{d^2\overrightarrow{ON}}{ds^2} = R''\,\vec{n} \tag{3}$$

$$\frac{d^3\overrightarrow{ON}}{ds^3} = R^{(3)}\,\vec{n} - 2R''\,\frac{\vec{t}}{R} \tag{4}$$

si bien que

$$\overrightarrow{N_0 N} = \left(\frac{s^2}{2}R'' + \frac{s^3}{6}R^{(3)}\right)\vec{n} - \frac{s^3}{3}\frac{R''}{R}\,\vec{t} + 0(s^4) \tag{5}$$

et on a donc un "bec" de caustique, décrit (si on choisit la coordonnée x suivant $\vec{n}$, et la coordonnée y suivant $\vec{t}$), par la représentation paramétrique :

$$y^2 = \frac{s^6}{9}\left(\frac{R''}{R}\right)^2 \, , \, x^3 \approx \frac{s^6}{8}\,(R'')^3$$

l'équation décrivant LC au voisinage du bec est donc :

$$y^2 \approx \frac{8}{9\sigma}\,x^3 \tag{6}$$

dans la notation de Pearcy, avec $\sigma = R''R^2$. \hfill (6 bis)

Une autre manière d'obtenir le résultat précédent est de calculer le rayon de courbure ρ de LC en N ; on obtient :

$$\rho = R\,\frac{dR}{ds} \, . \tag{7}$$

Les points de rebroussement sont les points où ρ s'annulent, donc où $\dfrac{dR}{ds} = 0$. Cette condition définit sur LC des points isolés.

Pour un front d'onde générique, $\dfrac{d^2R}{ds^2}$ et $\dfrac{dR}{ds}$ ne sont pas nuls en même temps, donc $\sigma \neq 0$ et on aura uniquement des singularités type bec sur la caustique. Toutefois, on peut avoir, pour certains fronts d'onde particuliers, des singularités non génériques. En cas d'annulation simultanée de ces quantités sur le front d'onde, on obtiendra par exemple : $y^2 = -\dfrac{3}{4R^{(3)}}\,\dfrac{x^4}{R}$ au lieu de (6).

En dimension 3, la surface caustique C est la surface des centres de courbure du front d'onde W. Un point N de C est défini par :

$$\overrightarrow{ON} = \overrightarrow{OM} + R\,\vec{n} \tag{8}$$

où R est égal à l'un des rayons de courbure R ou R', au point M de W, $\vec{n}$ la normale à W en M. Nous dirons que N est "à l'aplomb" de M. C'est une surface à deux nappes, qui sont en contact si M est un ombilic. Il est commode pour étudier la surface des centres, de rapporter W au système de coordonnées des lignes de courbure. Ce système est régulier hors des ombilics. Notons u (resp. v) l'abscisse curviligne sur la ligne de courbure choisie comme axe des abscisses (resp. ordonnées), notons $\vec{u} = \dfrac{\partial \overrightarrow{OM}}{\partial u}$ et $\vec{v} = \dfrac{\partial \overrightarrow{OM}}{\partial v}$

$$\frac{\partial \overrightarrow{ON}}{\partial u} = \frac{\partial R}{\partial u}\,\vec{n} \tag{9}$$

si bien que $\vec{n}$ est tangent à C, qui est donc bien l'enveloppe des rayons. L'autre vecteur tangent à C est :

$$\frac{\partial \overrightarrow{ON}}{\partial v} = \left(1 - \frac{R}{R'}\right)\vec{v} + \frac{\partial R}{\partial v}\,\vec{n} \, . \tag{10}$$

Le plan tangent à C est donc engendré par $\vec{v}$ et $\vec{n}$, $\vec{u}$ est normal à C. Lorsque M parcourt une ligne de courbure, N parcourt une courbe G sur C

dont le vecteur tangent est $\vec{n}$. L'abscisse curviligne s sur G est, pour la ligne de courbure décrite par u :

$$ds = \frac{\partial R}{\partial u} \, du \tag{11}$$

en supposant $\frac{\partial R}{\partial u} > 0$. D'autre part,

$$\frac{\partial \vec{n}}{\partial s} = - \vec{u} \left(R \frac{\partial R}{\partial u} \right)^{-1} \tag{12}$$

$\frac{\partial \vec{n}}{\partial s}$ est donc normal à C et G est donc une géodésique de C dont le rayon de courbure est $R \frac{\partial R}{\partial u}$. G est également une courbe intégrale du champ de vecteurs défini par les directions des rayons tangents à C, donc une courbe où la phase vaut, en première approximation, iks . On retrouve donc le résultat établi, par une autre méthode, au chapitre 2, et utilisé au chapitre 3, pour l'étude de la solution au voisinage de C : les courbes intégrales des rayons sont les géodésiques de la caustique. La vitesse sur G s'annule quand $\frac{\partial R}{\partial u} = 0$. Dans ce cas :

$$\frac{\partial^2 \overrightarrow{ON}}{\partial u^2} = - \frac{1}{R} \frac{\partial^2 R}{\partial u^2} \vec{n} . \tag{13}$$

Si $\frac{\partial^2 R}{\partial u^2} \neq 0$, $\overrightarrow{ON} . \vec{n} = 0(s^2)$ et N est sur la ligne de rebroussement R de la surface caustique. Le point N parcourt donc R quand le point M parcourt sur W la ligne L définie par $\frac{dR}{du} = 0$. Calculons sa vitesse. La tangente à L est donnée par :

$$d\left(\frac{\partial R}{\partial u} \right) = \frac{\partial^2 R}{\partial u \partial v} \, dv + \frac{\partial^2 R}{\partial u^2} \, du = 0 . \tag{14}$$

Lorsque M se déplace sur L , $\frac{\partial \overrightarrow{ON}}{\partial u} = 0$, d'après (9), donc

$$d\overrightarrow{ON} = \frac{\partial \overrightarrow{ON}}{\partial u} \, du + \frac{\partial \overrightarrow{ON}}{\partial v} \, dv = \frac{\partial \overrightarrow{ON}}{\partial v} \, dv \tag{15}$$

donc

$$d\overrightarrow{ON} = \left((1 - \frac{R}{R'}) \vec{v} + \frac{\partial R}{\partial v} \vec{n} \right) dv \tag{16}$$

si $dv \neq 0$, i.e. si $\frac{\partial^2 R}{\partial u^2} \neq 0$, d'après (14), la vitesse sur R est non nulle, et on est en un point ordinaire de R . Si $\frac{\partial^2 R}{\partial u^2} = 0$, $dv = 0$, c'est-à-dire que L est tangente à la ligne de courbure 1. Dans ce cas, la vitesse sur R s'annule, c'est-à-dire que R a un point de rebroussement. On est donc sur une queue d'aronde (voir figure 11).

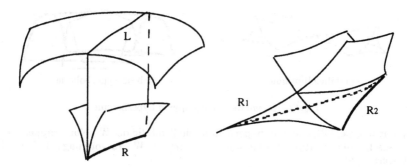

Fig.11 : Ligne de rebroussement et queue d'aronde sur la surface des centres

Les singularités de C sont donc à l'aplomb de lignes ou de points particuliers de W. Plus précisément :

- les lignes de rebroussement R de C sont à l'aplomb des lignes $\dfrac{\partial R}{\partial u} = 0$ sur W,

- les points de rebroussement de ces lignes, qui sont des singularités de type queue d'aronde, sont à l'aplomb des points $\dfrac{\partial R}{\partial u} = 0$ et $\dfrac{\partial^2 R}{\partial u^2} = 0$.

Ces résultats sont, bien sûr, valides aussi pour la deuxième nappe de C en remplaçant R par R' et u par v. Il est possible de déduire d'autres propriétés de C de la géométrie de W. Nous renvoyons le lecteur, intéressé par plus de détails, à l'ouvrage de Darboux [Da]. En particulier, il est possible d'exprimer simplement le produit P des rayons de courbure de C en fonction des rayons de courbure de W et de leurs dérivées

$$P = - (R{-}R')^2 \; \frac{\partial R}{\partial u} \left(\frac{\partial R'}{\partial u}\right)^{-1} . \tag{17}$$

On retrouve bien un produit de rayon de courbure nul, c'est-à-dire un point de R, quand $\dfrac{\partial R}{\partial u} = 0$. Nous avons jusque là considéré indépendamment les deux nappes de C. Ces deux nappes sont en contact si les deux rayons de courbure R et R' sont égaux, donc à l'aplomb des ombilics de W. Dans le cas des ombilics, (17) donne simplement $P=0$, c'est-à-dire que les points de C à l'aplomb des ombilics de W sont situés sur les lignes de rebroussement de C. Cet argument n'est pas rigoureux, dans la mesure où (17) est obtenu à l'aide du système de coordonnées des lignes de courbure, qui est singulier au voisinage des ombilics. Une démonstration plus rigoureuse est donnée par Porteous [Po]. La géométrie de la surface des centres à l'aplomb des ombilics a été étudiée par Berry [Be]. Il ressort de cette étude que C est décrite localement par une surface de type ombilic elliptique ou ombilic hyperbolique (voir figure 12)

ombilic elliptique   ombilic hyperbolique

Fig.12 : les ombilics, elliptique et hyperbolique

suivant le type, elliptique ou hyperbolique de l'ombilic de W. Nous rappelons ci-dessous la classification des ombilics. La surface W au voisinage de l'ombilic est décrite par :

$$z = \frac{x^2+y^2}{2R} + \frac{1}{6}(ax^3 + 3by^2 + cy^3) .\tag{18}$$

L'ombilic est dit elliptique (resp. hyperbolique) si

$$\frac{b}{a} + \left(\frac{c}{2b}\right)^2 < (resp. >)\,0 .$$

Nous avons donc passé en revue les singularités de C et les avons associées à des lignes ou points particuliers de C. Nous allons maintenant nous servir de cette correspondance pour calculer le champ sur C.

6.2.2.   Expression du champ

Le champ u(P) au voisinage de la surface des centres s'écrit sous forme d'une intégrale de rayonnement du champ sur le front d'ondeW.

$$u(P) = \int_W (u(M)\frac{\partial G}{\partial n} - G\,\frac{\partial u(M)}{\partial n})dS \tag{I}$$

où G est la fonction de Green de l'équation des ondes, M le point courant de W. Nous nous placerons en champ lointain, de façon à pouvoir approcher les fonctions de Green intervenant dans l'intégrale de rayonnement par leurs approximations pour de grands arguments. Prenons l'origine O en un point de C. Considérons un point P voisin de O. L'intégrand de (I) sera une fonction oscillante de phase φ

$$\varphi = \varphi(M, P) = k(\overrightarrow{PM}^2)^{1/2} . \tag{19}$$

Nous utilisons un développement de Taylor de φ. P étant voisin de O, nous nous limiterons, dans ce développement, à la partie linéaire en OP, c'est-à-dire que nous écrirons :

$$\varphi \approx k\left(\|\overrightarrow{OM}\| - \overrightarrow{OP} \cdot \frac{\overrightarrow{OM}}{\|\overrightarrow{OM}\|}\right) \tag{20}$$

$\overrightarrow{OP} \cdot \dfrac{\overrightarrow{OM}}{\|\overrightarrow{OM}\|}$ est une combinaison linéaire $\alpha x + \beta y + \gamma z$ des coordonnées (x, y, z) de P. Nous ne garderons de α, β, et γ que le premier terme non constant du développement de Taylor en puissances de u et v. $\|\overrightarrow{OM}\|$ sera de même remplacé par les premiers termes de son développement de Taylor en puissances de u et v. Ce paragraphe vise surtout à retrouver simplement les résultats essentiels au voisinage des caustiques, en particulier la dépendance en k du champ, les fonctions spéciales dont il dépend, et, près de la caustique, les arguments de ces fonctions spéciales

6.2.2.1. *Point régulier de* C *, cas 2D (Fig.*13)

Fig.13 : Point régulier

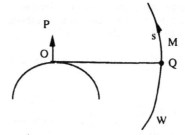

Le développement de Taylor de $\overrightarrow{OM}$ s'écrit, à l'ordre 3 :

$$\overrightarrow{OM} = -R\,\vec{n} + \left(s - \frac{s^3}{6R^2}\right)\vec{t} + \left(\frac{s^2}{2R} - \frac{s^3}{6R^2}\frac{dR}{ds}\right)\vec{n} + 0(s^4) \qquad (21)$$

soit

$$\|\overrightarrow{OM}\| = R + \frac{s^3}{6R^2}\frac{dR}{ds} + 0(s^4)\,. \qquad (22)$$

D'autre part $\overrightarrow{OP}\cdot\dfrac{\overrightarrow{OM}}{\|\overrightarrow{OM}\|} = x\,\dfrac{s}{R} + 0(xs^3)$. Appliquons alors (20), on obtient :

$$\varphi = kR - kx\frac{s}{R} + k\frac{s^3}{6R^2}\frac{dR}{ds} + 0(s^4, xs^3, x^2)\,.$$

La fonction de Green en dimension 2 est proportionnelle à $k^{1/2}$, les dérivées normales sur G et u(M) introduisent un facteur k, si bien que l'intégrale est proportionnelle à $k^{1/2}$. Le champ $u(P)$ s'écrira donc sous la forme :

$$u(P) \approx k^{1/2}\int g(s)\,exp\,ik\left(-x\frac{s}{R} + \frac{s^3}{6R^2}\frac{dR}{ds} + 0(s^4, xs^3, x^2)\right)ds \qquad (23)$$

où g est une fonction de s, proportionnelle à l'amplitude sur le front d'onde. Après le changement de variables

$$t^3 = \frac{ks^3}{2R^2}\frac{dR}{ds} \qquad (24)$$

on obtient, utilisant (6)

$$u(P) \approx k^{1/6}\int g(t)\,exp\,(i\frac{t^3}{3} - it\,x\left(\frac{2k^2}{\rho}\right)^{1/3} + 0(k^{-1/3}, x, kx^2))\,. \qquad (25)$$

Le premier terme de l'expansion asymptotique de (25) s'exprime à l'aide de la fonction d'Airy $Ai\left(-x\left(\dfrac{2k^2}{\rho}\right)^{1/3}\right) = Ai(-\nu)$, où ν est la variable normale étirée du chapitre 3. Ce résultat est valide si $x = 0(k^{-2/3})$, i.e. dans la couche limite de caustique où l'on peut négliger le terme $0(k^{-1/3}, x, kx^2)$ de la phase, qui sera d'ordre $k^{-1/3}$. On retrouve la fonction d'Airy de la variable normale étirée, ainsi que la dépendance en $k^{1/6}$ obtenue au chapitre 3 par la méthode de la couche limite. La méthode intégrale permet d'arriver au résultat d'une manière plus naturelle. Appliquons maintenant cette méthode au cas plus difficile à traiter par la couche limite, du bec de caustique.

6.2.2.2. Bec de caustique, cas 2D (Fig.14)

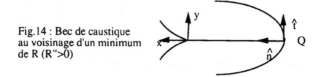

Fig.14 : Bec de caustique
au voisinage d'un minimum
de R (R">0)

Nous suivons la même méthode qu'au sous-paragraphe précédent. Le point P est donné par $\overrightarrow{OP} = x\,\vec{n} + y\,\vec{n}$. On obtient, pour la phase, en négligeant les termes en s^5 :

$$\varphi \approx k(R+x) + k\,\frac{ys}{R} - kx\,\frac{s^2}{2R^2} + k\,\frac{s^4}{24}\,\frac{R''}{R^2}\,. \tag{26}$$

Le champ $u(P)$ s'écrit donc sous la forme

$$u(P) \approx k^{1/2}\int g(s)\,exp\,ik\left(\frac{ys}{R} - \frac{xs^2}{2R^2} + \frac{s^4}{24}\,\frac{R''}{R^2}\right)ds\,. \tag{27}$$

Posons $t^4 = k\,\dfrac{s^4}{24}\,\dfrac{R''}{R^2}$ dans (24). On obtient un champ à l'ordre dominant s'exprimant à l'aide de la fonction de Pearcey avec les arguments

$$Y = -\left(\frac{24}{kR^2R''}\right)^{1/4} ky = \left(\frac{24}{k\sigma}\right)^{1/4} ky \tag{28}$$

$$X = -\left(\frac{6}{kR^2R''}\right)^{1/2} ky = -\left(\frac{6}{k\sigma}\right)^{1/2} kx \tag{29}$$

où on a utilisé $\sigma = R^2R''$ (formule (5 bis) du paragraphe 5.2.1.). Le signe de X n'influe pas sur le résultat, car la fonction de Pearcey est paire en X. D'autre part, on retrouve la dépendance du champ en $k^{1/4}$, caractéristique des becs de caustique.

On retrouve donc, par la technique d'intégration sur un front d'onde, la forme du champ au voisinage d'un bec de caustique, obtenue au paragraphe 6.1 par la méthode de Maslov. Nous allons maintenant passer au cas 3D.

6.2.2.3. Point régulier, cas 3D (Fig.15)

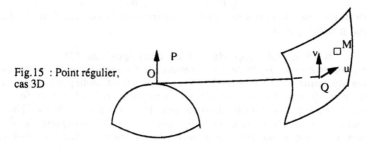

Fig.15 : Point régulier,
cas 3D

Nous allons toujours utiliser, comme en 2D, un développement de Taylor de la phase. P est donné par $\overrightarrow{OP} = x\vec{u}$. On calcule d'abord le développement de Taylor de $\overrightarrow{OM}^2$ en puissances de u et v . Les dérivées partielles intervenant dans ce développement sont obtenues en utilisant des formules de théorie des surfaces (Appendice géométrie différentielle) . On obtient :

$$\overrightarrow{OM}^2 \approx R^2 + v^2\left(1 - \frac{R}{R'}\right) + \frac{u^3}{3}\,\frac{1}{R}\,\frac{\partial R}{\partial u} + 0(u^4, u^3v, uv^2)\qquad (30)$$

l'absence des termes $u\,v$ et u^2v vient de ce que les dérivées partielles correspondantes sont nulles.

La phase φ du terme sous l'intégrale représentant le champ s'écrit donc, utilisant (19) et (30), pour x suffisamment petit :

$$k^{-1}\varphi(u, v) = R - \frac{xu}{R} + \frac{v^2}{2R}\left(1 - \frac{R}{R'}\right) + \frac{u^3}{6}\,\frac{1}{R^2}\,\frac{\partial R}{\partial u} + 0(u^4, u^3v, uv^2)\qquad (31)$$

tant que $R \neq R'$, i.e. si Q n'est pas un ombilic, la phase est stationnaire au point v défini par :

$$2\,\frac{v}{R}\left(1 - \frac{R}{R'}\right) + a\,u^3 + b\,u^2v + \dots = 0\qquad (32)$$

et la solution est $v = 0(u^3)$.

Appliquons la méthode de la phase stationnaire sur la variable v à l'intégrale donnant le champ $u(P)$

$$u(P) \approx k \int g(u, v)\,exp\,(ik\,\varphi(u, v))\,du\,dv\qquad (33)$$

La fonction de Green en 3D de l'équation des ondes est en k^0; le facteur k provient de la dérivation suivant la normale. Le point de phase stationnaire sera $0(u^3)$, donc les termes faisant intervenir v dans la valeur de φ en ce point seront $0(u^6)$, donc négligeables. On obtient :

$$u(P) \approx k^{1/2}\!\int h(u)\,exp\,(ik(R - x\,\frac{u}{R} + \frac{u^3}{3}\,\frac{1}{R^2}\,\frac{\partial R}{\partial u} + 0(u^4)))\,du\ .\qquad (34)$$

où $h(u) = g(u,0)\,exp(i\pi/4)(2\pi R)^{1/2}(1 - R/R')^{-1/2}$. La représentation (34) est analogue à (23), obtenue dans le cas bidimensionnel. On effectue le même changement de variable que dans le cas 2D. A l'ordre dominant, $u(P)$ s'exprime à l'aide de la fonction d'Airy d'argument $-\left(\dfrac{2k^2}{\rho}\right)^{1/3}$ x où $\rho = R\,\dfrac{\partial R}{\partial u}$ est le rayon de courbure de la géodésique, donc le rayon de courbure normal de la surface dans la direction du rayon passant par 0.

6.2.2.4. *Voisinage du bec de caustique cas 3D*

Le traitement est similaire. On retrouve, après application de la méthode de la phase stationnaire sur la variable v , des résultats analogues au cas 2D. On montre, pour le cas 3D, que le résultat s'exprime à l'aide de la fonction de pearcey, avec les arguments donnés par les formules (28) et (29). x est maintenant mesuré suivant $\hat{u}$, et y suivant le vecteur orthogonal à $\hat{u}$ et à la tangente à la ligne de rebroussement. Nous ne donnons pas les calculs conduisant à ces résultats, naturels du point de vue de la physique. Nous allons maintenant présenter quelques résultats sur la queue d'aronde et les ombilics. Les calculs devienent beaucoup plus lourds, et l'intérêt pratique de ces cas est moindre. Aussi nous limiterons nos à une présentation succinte.

6.2.2.5. *Voisinage d'une queue d'aronde*

On obtient, toujours par un développement de Taylor (Appendice 2)

$$\overrightarrow{OM}^2 = R^2 + v^2\left(1 - \frac{R}{R'}\right) + \frac{u^5}{60}\,\frac{1}{R}\,\frac{\partial^3 R}{\partial u^3} + 0(u^6, u^4 v, u v^2) \tag{35}$$

Nous nous limiterons à estimer le champ au point O. La phase à intégrer vaut, pour u et v assez petits,

$$\varphi(u,v) = \|\,\overrightarrow{OM}\,\| = R + \frac{v^2}{2R}\left(1 - \frac{R}{R'}\right) + \frac{u^5}{120R^2}\,\frac{\partial^3 R}{\partial u^3} + 0(u^6, u^4 v, u v^2)$$

Le champ en O est donné par une intégrale de la forme :

$$u(O) \approx k \int g(u,v)\,exp\,(ik\,\varphi(u,v))\,du\,dv\,. \tag{37}$$

Appliquons la phase stationnaire en v à cette intégrale. Le point stationnaire est $O(u^4)$, donc les termes faisant intervenir v dans la valeur de φ au point seront négligeables. On se ramène à une intégrale simple

$$u(O) \approx k^{1/2}\!\int h(u)\,exp\,(ik(R + \frac{u^5}{120R^2}\,\frac{\partial^3 R}{\partial u^3} + 0(u^6, u^4 v, u v^2)))\,du. \tag{38}$$

Après le changement de variable $t^5 = \dfrac{u^5}{120R^2}\,\dfrac{\partial^3 R}{\partial u^3}$, on obtient :

$$u(O) \approx k^{3/10}(120R^2)^{1/5}(\,\frac{\partial^3 R}{\partial u^3}\,)^{-1/5}exp\,(ikR)\,\Gamma(1/5)\,\frac{h(0)}{5} \tag{39}$$

où $\qquad\qquad h(0) = g(0,0)\,exp(i\pi/4)\,(2\pi R)^{1/2}\,(1 - R/R')^{-1/2} \qquad (40)$.

(40) revient, du point de vue de la physique, à calculer le champ en appliquant l'Optique Géométrique, mais en ne prenant en compte que la convergence suivant v. On retrouve l'indice de focalisation de 3/10, caractéristique de la queue d'aronde.

Dans tous les cas précédents, on se ramène, par la phase stationnaire, à une intégrale simple. Nous allons maintenant passer au cas où on est à l'aplomb d'un ombilic, c'est à dire où R=R'.

6.2.2.6. Cas d'un ombilic

Au voisinage d'un ombilic, le front d'onde peut être décrit, si (u,v,z) sont maintenant les coordonnées cartésiennes ordinaires, par :

$$z = -R + \frac{u^2+v^2}{2} + \frac{1}{6}(au^3 + 3buv^2 + cv^3).$$

(41)

La phase à intégrer pour calculer le champ en O est alors :

$$\varphi(u,v) = \| \overrightarrow{OM} \| = kR - \frac{k}{6}(au^3 + 3buv^2 + cv^3)$$

(42)

si bien que le champ en O s'écrit :

$$u(O) \approx k \int g(u,v) \, exp \, (i \, kR - \frac{k}{6}(au^3 + 3buv^2 + cv^3)) \, du \, dv.$$

(43)

Effectuons dans (41) le changement de variable $U = k^{1/3} u$, $V = k^{1/3} v$, on obtient :

$$u(O) \approx k^{1/3} \, exp \, (i \, kR) \, g(0, 0) \int exp(-\frac{1}{6}(aU^3 + 3bUV^2 + cV^3)) \, dU \, dV.$$

(43)

L'intégrale dans (43) s'exprime à l'aide d'une des deux fonctions ombilic elliptique ou hyperbolique de la théorie de catastrophes, suivant le type de l'ombilic. Le champ est proportionnel à $k^{1/3}$. On trouvera plus de détail sur ce sujet dans [Be] et [GS].

6.2.3. Conclusions

Nous avons obtenu une représentation intégrale du champ au voisinage des caustiques en utilisant le champ de l'Optique Géométrique sur un front d'onde situé suffisament loin de la caustique. Cette représentation intégrale permet de retrouver simplement une partie des résultats des paragraphes précédents. Au voisinage du point courant de la surface caustique, le champ s'écrit à l'aide la fonction d'Airy, et varie comme $k^{1/6}$. Au voisinage des lignes de rebroussement de cette surface, situées à l'aplomb des lignes sur le front d'onde où $\frac{\partial R}{\partial u}$ s' annule, le champ s'écrit à l'aide de la fonction de Pearcey, et varie comme $k^{1/4}$. Au voisinage des points de rebroussement de ces lignes, i. e. des queues d'aronde de la caustique, situées à l'aplomb des points sur le front d'onde où $\frac{\partial^2 R}{\partial u^2}$ s'annule, il varie en $k^{3/10}$. Dans tous ces cas, l'intégrale double se ramène, par la méthode de la phase stationnaire, à une intégrale simple s'exprimant à l'aide d'une fonction standard de la théorie des catastrophes. On est dans le cas, décrit dans la section 6.1, où la méthode de Maslov représente le champ par une intégrale simple. Par contre, à l'aplomb des ombilics du front d'onde, l'intégrale double ne se réduit pas à une intégrale simple, et le champ varie comme $k^{1/3}$.

La méthode nous a permis aussi de retrouver les arguments des fonctions d'Airy et de Pearcey au voisinage de la caustique. Le calcul dans les autres cas est beaucoup plus lourd et fait intervenir des fonctions spéciales moins usuelles. Nous ne traitons donc pas ces cas.

En conclusion, nous avons donné, dans ce chapitre, deux méthodes permettant d'obtenir une représentation intégrale du champ en un point où l'optique géométrique n'est pas valide. La méthode de Maslov, voisine de la méthode des opérateurs de Fourier intégraux, est surtout utilisée par les mathématiciens. Elle est également appliquée au calcul de propagation des ondes sismiques. La méthode d'intégration sur un front d'onde est surtout utilisée en Physique Théorique. Ces deux méthodes donnent des résultats équivalents, on pourra choisir la mieux adaptée à chaque problème. Il est possible d'imaginer d'autre représentations intégrales. Elles sont toutes équivalentes à O (1/k) près, à la condition que, par phase stationnaire, elles retrouvent le résultat de l'Optique Géométrique. En dépit de leur intérêt certain, force est de constater que aucune des deux méthodes n'est largement utilisée en électromagnétisme. Nous allons maintenant présenter la Théorie Physique de la Diffraction de P. Ufimtsev. Dans cette théorie, largement employée pour les applications, le champ diffracté est obtenu comme l'intégrale de rayonnement des courants de surface (ou d'une forme simplifée de ces courants) sur l'objet.

RÉFÉRENCES

[Ar] J.M. Arnold , *Spectral Synthesis of uniform wavefunctions*, Wave Motion, no.8, pp. 135-150, 1986.

[Be] M. Berry et C. Upstill, in, Progress in Optics, vol 18, E. Wolf, Ed, 1980.

[Da] G. Darboux, *Théorie Générale des surfaces*, Chelsea, 1972.

[GS] V. Guillemin et S. Sternberg , *Geometric Asymptotics*, 1977.

[Kr] Y. Kravtsov, *Two new methods in the theory of inhomogeneous media*, Sov. Phys Acoustics 14 (1) 1-17, 1968.

[KO] Y. Kravtsov and Y. Orlov, *Caustics, Catastrophes and wave fields*, Sov.Phys Usp 26, 1039-1058, Dec 1983.

[Ma] V. Maslov, *Théorie des perturbations et méthodes asymptotiques*, Dunod, 1972.

[MS] A.S. Mishchenko, V. E. Shalakov, B. Y. Sternin , *Lagrangian manifolds and the Maslov operator*, Springer, 1990.

[Pe] T.Pearcey, Phil Mag. 37, pp. 311-327,1946.

[Po] Porteous, J. Diff. Geometry, pp.543, 1971.

[ZD] R.W. Ziolkowski and G.A. Deschamps, *Asymptotic evaluation of high frequency fields near a caustic, an introduction to Maslov's method*, Radio.

Chapitre 7

Champ de surface et théorie physique de la diffraction

Nous avons vu au chapitre 6 plusieurs moyens d'obtenir une représentation intégrale de la solution valide au voisinage des caustiques : méthode de Maslov au paragraphe 6.1, méthode d'intégration sur un front d'onde au paragraphe 6.2.

La mise en oeuvre de ces méthodes, facile dans les cas simples, devient délicate pour des objets complexes. De ce fait, ces méthodes sont assez peu utilisées pour le calcul industriel de la SER. Une autre manière d'obtenir une représentation intégrale du champ diffracté consiste à calculer d'abord les courants sur l'objet diffractant. Le champ diffracté est ensuite obtenu en calculant le rayonnement de ces courants. Les courants sur l'objet s'obtiennent directement à partir des champs de surface sur l'objet. Plus précisément, le courant électrique $\vec{J}$ vaut $\hat{n} \wedge \vec{H}$, où $\vec{H}$ est le champ magnétique de surface et le courant magnétique de surface $\vec{M}$ vaut $-\hat{n} \wedge \vec{E}$, où $\vec{E}$ est le champ électrique de surface, nul dans le cas du conducteur parfait. Les champs de surface sont calculés, comme les champs d'espace, soit par la Théorie Géométrique de la Diffraction, exposée au chapitre 1, soit par les méthodes de développement asymptotique exposées aux chapitres 2 et 3. De fait, ces formules donnant les champs de surface sont des cas particuliers des formules plus générales, donnant le champ au voisinage de l'objet, obtenues notamment au chapitre 3. Nous nous contenterons donc de donner les résultats pour les champs de surface, en renvoyant aux chapitres précédents pour les démonstrations. Nous écrirons, suivant Ufimtsev [U], le champ comme la somme d'un champ "uniforme" (paragraphe 7.1) et d'un champ de frange (paragraphe 7.2) dû aux discontinuités.

La Théorie Physique de la Diffraction, présentée au paragraphe 7.3, fait des approximations supplémentaires sur le champ uniforme, et sur le champ rayonné par les courants de frange. Nous verrons qu'elle permet de retrouver les champs réfléchis et diffractés par des arêtes vives, mais qu'elle "oublie" d'autres contributions. Diverses généralisations de la TPD ont été récemment proposées pour induire ces contributions. Nous les présenterons brièvement au paragraphe 7.4.

Commençons par définir plus précisément les notions essentielles de champ uniforme et de champ de frange.

Considérons un objet convexe régulier "par morceaux", c'est-à-dire constitué de portions de surface régulières, mais raccordées entre elles avec des discontinuités de la tangente, de la courbure, ou d'ordre supérieur, linéaires ou ponctuelles. Le champ à la surface est la somme d'un champ dit "uniforme" et d'un champ dit "de frange".

Le champ uniforme est calculé, sur chaque portion de surface régulière, en la prolongeant par continuité. Le champ de frange est dû à la discontinuité. Nous allons donner, au paragraphe suivant, la partie uniforme du champ, puis nous traiterons le champ de frange.

7.1   Champ uniforme

Lorsqu'une onde plane de vecteur d'onde incident $\vec{k}$ illumine un objet Ω, on distingue les points de la surface dans la <u>zone éclairée</u> ($\hat{n} \cdot \vec{k} < 0$), dans la <u>zone d'ombre</u> ($\hat{n} \cdot \vec{k} > 0$) où $\hat{n}$ est la normale au bord de Ω.

Zone éclairée et zone d'ombre sont séparées par la <u>séparatrice ombre-lumière</u>, qui coïncide avec une arête, ou bien vérifie $\hat{n} \cdot \vec{k} = 0$, en un point régulier. Dans ce dernier cas, on ne passe pas brutalement de la lumière à l'ombre. Il existe, comme vu au chapitre 3, au voisinage de la séparatrice, une <u>zone de transition</u>, de largeur approximative ρ / m, où ρ est le rayon de courbure de l'objet dans la direction du vecteur d'onde incident, tangent à l'objet sur la séparatrice, et m le paramètre de Fock : $m = \left(\dfrac{k\rho}{2}\right)^{1/3}$ (figure 1).

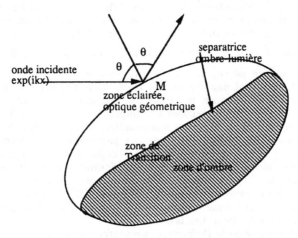

Fig.1 : obtacle convexe éclairé par une onde plane

7.1.1. Zone éclairée

Dans la zone éclairée, le champ est, comme vu au chapitre 2, donné par la série de Lüneberg-Kline, dont le premier terme est le champ de l'Optique Géométrique. On obtient en particulier sur la surface, si $\vec{E}^i$ est le champ incident

$$\vec{E} = \vec{E}^i + \vec{E}^i \, \underline{R} \tag{1}$$

où $\underline{R}$ est le coefficient de réflexion dyadique défini au paragraphe 1.3.4 . $\underline{R}$ est donné par (9) du paragraphe 1.3.4. et (1) et (2) du paragraphe 1.5.1. Introduisons le vecteur $\hat{t}$, intersection du plan tangent à la surface avec le plan d'incidence, et le vecteur $\hat{\alpha}$, tel que $(\hat{t}, \hat{\alpha}, \hat{n})$ soit orthonormé direct. On obtient, pour les champs tangents à la surface

$$\vec{E}_t \approx (\vec{E}^i . \hat{\alpha}) \frac{2Z \sin\theta}{1 + Z \sin\theta} \hat{\alpha} + (\vec{E}^i . \hat{t}) \frac{2Z}{Z + \sin\theta} \hat{t} \qquad (2.1)$$

$$\vec{H}_t \approx (\vec{H}^i . \hat{\alpha}) \frac{2 \sin\theta}{Z + \sin\theta} \hat{\alpha} + (\vec{H}^i . \hat{t}) \frac{2}{1 + Z \sin\theta} \hat{t} \qquad (2.2)$$

(2.2) s'obtient à partir de (2.1) en changeant $\vec{E}^i$ en $\vec{H}^i$, Z en $1/Z$. Dans le cas conducteur parfait, $Z = 0$ et (2.1) et (2.2) deviennent simplement :

$$\vec{E}_t = 0 \quad et \quad \vec{H}_t = 2 \vec{H}_t^i \qquad (3)$$

c'est-à-dire que le champ magnétique tangent à la surface est simplement le double du champ incident tangent et que le courant de surface, purement électrique, est

$$\vec{J} = 2\hat{n} \wedge \vec{H}^i \qquad (4)$$

soit la formule usuelle de l'Optique Physique.

7.1.2.   Zone de transition, partie éclairée

Les formules précédentes ne sont valides que dans la zone éclairée. Dans la zone de transition, le développement de Lüneberg-Kline n'est pas applicable. Les formules pour cette zone sont données au paragraphe 3.8.2. Toutefois, ces formules ne sont pas uniformes, car elles ne se réduisent pas aux résultats (2) et (3) du paragraphe précédent dans la zone éclairée. Il est possible d'obtenir, en réinterprétant le paramètre σ de la fonction de Fock [Fo] donnant le champ, un résultat uniforme, comme l'a fait Pathak. On obtient les résultats suivants, à des termes $O(k^{-1/2})$ près

$$\vec{H}_t \approx (\vec{H}^i . \hat{\alpha}) G_Z(-m \sin\theta) \hat{\alpha} + \frac{(\vec{H}^i . \hat{n}')}{Z} G_{1/Z}(-m \sin\theta) \hat{t} \qquad (5.1)$$

$$\vec{E}_t \approx (\vec{E}^i . \hat{\alpha}) G_{1/Z}(-m \sin\theta) \hat{\alpha} + Z(\vec{E}^i . \hat{n}') G_Z(-m \sin\theta) \hat{t} \qquad (5.2)$$

$\hat{n}'$ est le vecteur tel que $(\hat{k}, \hat{\alpha}, \hat{n}')$ soit orthonormé direct, G_Z est définie à partir de la fonction de Fock F_Z par :

$$G_Z(x) = exp \, (ix^3/3) \, F_Z(x) . \qquad (6)$$

On peut montrer que (5) se réduit, quand on remplace F_Z et $F_{1/Z}$ par leur développements asymptotiques pour de grandes valeurs négatives de l'argument, aux formules (2) de l'Optique Géométrique. D'autre part, pour θ petit, (5) se réduit, pour l'onde plane incidente du paragraphe 3.8.2, aux formules (18) et (19) du paragraphe 3.8.2.

Dans le cas parfaitement conducteur, $\vec{E}_t$ est nul. $\vec{H}_t$ est donné par :

$$\vec{H}_t \approx (\vec{H}^i . \hat{\alpha}) G(-m \sin\theta) \hat{\alpha} + \frac{i}{m} (\vec{H}^i . \hat{n}') F(-m \sin\theta) \qquad (7)$$

où $\qquad G(x) = exp \, (ix^3/3) \, g(x) \quad et \quad F(x) = exp \, (ix^3/3) \, f(x) \qquad (8)$

g et f étant les fonctions de Fock magnétique et électrique.

(7) se réduit à (3) quand on remplace f et g par leurs développements asymptotiques, et pour θ petit aux formules du paragraphe 3.8.2.

Passons maintenant à la partie ombrée de la zone de transition.

7.1.3.   Zone de transition, partie ombrée

Le principe est le même qu'au paragraphe précédent. On construit, à partir du résultat non uniforme obtenu au paragraphe 3.8, un résultat uniforme, en réinterprétant le paramètre σ de la fonction de Fock. On obtient, pour le champ $\vec{H}$ au point M, à $O(k^{-1/3})$ près :

$$\vec{H} \approx \left\{ (\vec{H}^i \cdot \hat{\alpha}_0) \left(\frac{e_M(0)^{1/2}}{e_M(s)} \right) F_Z(\sigma_M) \hat{\alpha} + \frac{1}{Z} (\vec{H}^i \cdot \hat{n}_0) \left(\frac{e_E(0)}{e_E(s)} \right)^{1/2} F_{1/Z}(\sigma_E) \hat{s} \right\}$$

$$exp \, (iks) \left(\frac{\rho(0)}{\rho(s)} \right)^{1/6} h^{-1/2}(s) \qquad (9)$$

avec
$$e_E(s) = \xi_E(s) + m^2 Z^{-2}(s) \qquad (10)$$
$$e_M(s) = \xi_M(s) + m^2 Z^2(s) \qquad (11)$$

$$\sigma_E = \frac{1}{\xi_E(0)} (k/2)^{1/3} \int_0^s \frac{\xi_E(s)}{\rho(s)^{2/3}} \, ds \qquad (12)$$

σ_M est obtenu par une formule analogue à (12), en remplaçant ξ_E par ξ_M, s est l'abscisse curviligne, comptée à partir de la séparatrice, sur le rayon rampant, passant par M. $\hat{\alpha}_0$ et $\hat{n}_0$ sont les vecteurs $\hat{\alpha}$ et $\hat{n}$ au point d'abscisse 0. Le résultat pour $\vec{E}$ s'obtient en changeant $\vec{H}^i$ en $\vec{E}^i$, e_E en e_M, e_M en e_E, σ_E en σ_M, σ_M en σ_E et Z en $1/Z$ dans (9). Z est pris au point d'abscisse 0.

(9) se réduit, dans la zone de transition, à la formule (19) du paragraphe 3.8.2. D'autre part, pour de grandes valeurs de σ, on peut remplacer F_Z et $F_{1/Z}$ par leurs développements asymptotiques pour de grandes valeurs positives de l'argument. On peut alors montrer que l'on retrouve le premier mode d'onde rampante obtenu au chapitre 3. Toutefois, les autres modes ne sont pas obtenus avec les coefficients calculés au chapitre 3. En pratique, le premier mode est, pour des impédances Z dont la partie réelle n'est pas trop petite par rapport à la partie imaginaire, largement dominant, si bien que (9) donne des résultats proches de la réalité dans la zone d'ombre. Toutefois (9) n'est pas satisfaisante sur le plan théorique, et doit être considérée comme un résultat provisoire.

Dans le cas du conducteur parfait, on obtient simplement :

$$\vec{H} \approx e^{iks} \left\{ (\vec{H}^i \cdot \hat{\alpha}_0) g(\sigma) \hat{\alpha} + \frac{i}{m} (\vec{H}^i \cdot \hat{n}_0) f(\sigma)((-\tau\rho) \hat{\alpha} + \hat{s}) \right\} \left(\frac{\rho(0)}{\rho(s)} \right)^{1/6} h^{-1/2}(s) \qquad (13)$$

où
$$\sigma = (k/2)^{1/3} \int_0^s \frac{ds}{\rho(s)^{2/3}} \, . \qquad (14)$$

Pathak [Pa] a donné des termes d'ordre supérieur, obtenus par la méthode des problèmes canoniques. Toutefois, il n'a pas démontré que tous les termes d'ordre supérieur sont effectivement pris en compte. Nous nous limiterons donc à (13). (9) et (13) se simplifient dans la zone d'ombre profonde, où l'on peut remplacer les fonctions de Fock par leurs approximations pour de grands arguments, comme nous allons le voir.

7.1.4. Zone d'ombre profonde

La contribution essentielle est apportée par le premier mode rampant, car les autres modes s'atténuent beaucoup plus rapidement. Nous nous limiterons donc à ce mode. (9) devient :

$$\vec{H} \approx \left\{ \frac{2i\sqrt{\pi} \, (\vec{H}^i \cdot \hat{\alpha}_0) \cdot \hat{\alpha}}{w_1(\xi_M(0))(e_M(0)e_M(s))^{1/2}} \quad exp \left(i(k/2)^{1/3} \int_0^s \frac{\xi_M(s)}{\rho(s)^{2/3}} ds \right) \right.$$

$$+ \quad \frac{2i\sqrt{\pi}\,(\vec{H}^i.\hat{n}_0).\hat{n}}{Zw_1(\xi_E(0))(e_E(0)e_E(s))^{1/2}} \quad exp\left(i(k/2)^{1/3}\int_0^s \frac{\xi_E(s)}{\rho(s)^{2/3}}ds\right)\}$$

$$exp\,(iks)\left(\frac{\rho(0)}{\rho(s)}\right)^{1/6} h^{-1/2}(s)\,. \tag{15}$$

On notera que, lorsque $Z \to 0$, $(e_E(0)\,e_E(s))^{1/2} \simeq Z^{-2}$, si bien que le deuxième terme de (9) tend vers 0. $\vec{E}$ s'obtient par une formule analogue, en changeant $\vec{H}^i$ en $\vec{E}^i$, ξ_E en ξ_M, e_E en e_M, dans (15). Dans le cas du conducteur parfait, f devient rapidement négligeable dans la zone d'ombre profonde, si bien que le premier terme de (13) apporte la contribution majeure. Négligeant ce terme et remplaçant g par son développement asymptotique pour de grandes valeurs de l'argument, on obtient :

$$\vec{H} \approx (\vec{H}^i.\,\hat{\alpha}_0)\frac{\hat{\alpha}}{\beta A_i(-\beta)}\,exp\,(-\frac{\sqrt{3}}{2}\,\beta\sigma)\,exp\,(iks+i\frac{\beta}{2}\,\sigma)\left(\frac{\rho(0)}{\rho(s)}\right)^{1/6} h^{-1/2}(s) \tag{16}$$

où σ est donné par (14), et où $-\beta$ est le premier zéro de la dérivée de la fonction d'Airy ($\beta \approx 1,019$).

Les formules précédentes divergent si $h(s) = 0$, c'est-à-dire sur l'enveloppe des géodésiques suivies par les rampants, appelée aussi caustique de rampants. Cette caustique est, sur un objet générique, une ligne présentant des points de rebroussement. On montre [Bo1], toujours par une méthode de couche limite, que les corrections de caustiques valides pour les rayons plans s'appliquent, à l'ordre dominant, aux rayons rampants. Les formules explicites pour le cas acoustique, directement généralisables au cas électromagnétique, sont données dans [Bo2]. Elles font intervenir des fonctions d'Airy dont l'argument est, comme pour les rayons plans $- (3/4(s^+ - s^-))^{2/3}$, où s^+ et s^- sont les phases des deux rayons rampants passant par un point au voisinage de la caustique.

7.2   Champ de frange

Le champ uniforme ne décrit pas complètement le champ de surface sur l'objet. Prenons l'exemple d'une onde plane TE d'amplitude unité incidente sur un demi-plan parfaitement conducteur (voir figure 2).

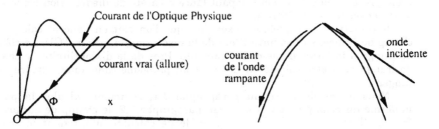

Fig.2 : Courant sur un demi-plan éclairé par une onde plane

Fig.3 : Courant de frange sur un dièdre à faces courbes

Le champ uniforme est simplement (voir (3) du paragraphe 7.1.1) sur la face éclairée

$$\vec{H}^u = 2\,\vec{H}^i = 2\,exp\,(-ikx\,cos\,\varphi)\,\hat{z}\ . \tag{1}$$

Pour le demi-plan, la solution exacte s'exprime à l'aide de la fonction de Fresnel F [BS]

$$\vec{H} = 2\,e^{-i\pi/4}exp\,(-ikx\,cos\,\theta)\,F(-\sqrt{2kx}\,cos(\varphi/2))\,\hat{z}\ . \tag{2}$$

Le champ de frange est défini comme la différence entre le champ réel et le champ uniforme

$$\vec{H} = \vec{H} - \vec{H}^u\ . \tag{3}$$

Assez loin de l'arête, la fonction F peut être remplacée par le premier terme de son développement asymptotique pour de grandes valeurs négatives de l'argument. On obtient :

$$\vec{H}^f \approx -\ \frac{exp\,i(kx+\pi/4)}{\sqrt{2\pi kx}\,cos(\varphi/2)}\ . \tag{4}$$

Le champ de frange apparaît comme une onde s'éloignant de l'arête. Il est d'ordre $k^{-1/2}$ par rapport au champ uniforme suffisamment loin de l'arête.

Considérons maintenant, de manière plus générale, un dièdre à faces cylindriques courbes parfaitement conductrices éclairé par une onde plane incidente (voir figure 3).

Nous avons vu au chapitre 3 que, dans un voisinage $0(1/k)$ de l'arête, le champ est le même, à l'ordre dominant en k, que celui du dièdre local tangent. La différence par rapport au cas du demi plan est qu'il n'existe pas d'expression exacte simple du même type que (2) pour le cas du dièdre. Borovikov a montré [Bor] par une méthode de couche limite, que, hors du voisinage $0(1/k)$ de l'arête, le champ de frange s'écrit à l'aide d'une fonction de Nicholson, et se transforme, suffisamment loin de l'arête, en une onde rampante. Nous retrouvons donc la notion d'onde rampante lancée par une arête à faces courbes, traitée au chapitre 1. Notons que, dans le cas du dièdre à faces courbes, le champ de frange est plus difficile à décrire que dans le cas du demi-plan.

Considérons maintenant le cas où l'incidence de l'onde plane est oblique, et le dièdre parfaitement conducteur. La solution se déduit de la solution en incidence normale [BS]. En particulier, on peut montrer que, suffisamment loin de l'arête, le champ de frange se transforme en onde rampante, se propageant suivant le rayon rampant lancé à l'arête du dièdre selon les lois de la TGD décrites au chapitre 1.

Il ressort de ces quelques exemples que l'on sait en général calculer le champ de frange, suffisamment loin de la discontinuité, par la TGD. Le champ de frange a la forme d'une onde rampante. Près de la discontinuité, le champ de frange peut être calculé en utilisant un problème canonique : dièdre local tangent.

Nous avons donc vu, au paragraphe 7.1, comment calculer la partie uniforme du champ de surface, et, au paragraphe 7.2, le champ de surface de frange. Il est donc, en principe, possible de calculer maintenant le champ rayonné dans tout l'espace. Toutefois, cette démarche est assez lourde à cause de la forme compliquée du champ uniforme dans la zone d'ombre, et du champ de frange. La Théorie Physique de la Diffraction, présentée au paragraphe suivant, va, d'une part, remplacer les courants uniformes par des courants approchés, plus simples, et, d'autre part, calculer explicitement le champ rayonné par les courants de frange, comme nous allons le voir au paragraphe 7.3.

7.3   La Théorie Physique de la Diffraction

Introduisons quelques notions préliminaires utiles : onde de frange (paragraphe 7.3.1), courants équivalents (paragraphe 7.3.2), courants équivalents de frange (paragraphe 7.3.3).

7.3.1.   Onde de frange

Le coefficient de diffraction $\underline{D}$ d'une discontinuité est la somme du coefficient de diffraction $\underline{D}^u$ due aux courants uniformes et du coefficient de diffraction $\underline{D}^f$ due aux courants de frange. $\underline{D}^f$ se calcule donc simplement en soustrayant $\underline{D}^u$ de $\underline{D}$

$$\underline{D}^f = \underline{D} - \underline{D}^u \ . \tag{1}$$

Tous ces coefficients sont des dyades.

Dans la première version de la TPD, proposée dans les années 60 par Ufimtsev, le champ rayonné par les courants de frange, appelé onde de frange, était calculé suivant les techniques GTD exposées au chapitre 1, en utilisant le coefficient de diffraction $\underline{D}^f$ donné par (1). Cette technique permet de supprimer les divergences de la TGD aux frontières ombre-lumière. Toutefois, l'onde de frange est calculée comme un champ de rayon, et devient donc infinie sur les caustiques de rayons diffractés. La méthode des courants équivalents introduite par Ryan et Peters [RP] va permettre de tourner cette difficulté.

7.3.2.   Méthode des courants équivalents

La méthode a été initialement introduite dans le cadre de la TGD par Ryan et Peters. Ils supposent que le champ diffracté par une discontinuité cylindrique, en dimension 2, est due à une ligne de courant fictive située sur la discontinuité. L'intensité de cette ligne de "courant équivalent" est calculée en égalant le champ diffracté par la discontinuité et le champ rayonné par la ligne de courant équivalent. Par exemple, pour une onde incidente d'amplitude unité en polarisation TM, le courant électrique équivalent I est donné par la relation :

$$-Z_0 I \sqrt{\frac{k}{8\pi r}} \ exp \ (ikr - i\pi/4) = \frac{D}{\sqrt{r}} \ exp \ (ikr) \tag{2}$$

où D est le coefficient de diffraction de la discontinuité. On a donc :

$$I = -Z_0^{-1} \sqrt{8\pi/k} \ e^{i\pi/4} \ D \ . \tag{3}$$

Si l'onde est en polarisation TE, le courant électrique est remplacé par un courant magnétique d'intensité M .

Pour une discontinuité en dimension trois, par exemple l'arête courbe d'un dièdre, la discontinuité est localement remplacée par sa discontinuité cylindrique localement tangente, dans notre exemple le dièdre local tangent. Ryan et Peters supposent que les courants équivalents sur l'arête sont les mêmes que ceux sur la discontinuité 2D. On a donc, sur la discontinuité, une ligne de dipôles électriques (resp. magnétiques) d'intensité $\vec{I}$ (resp. $\vec{M}$)

$$\vec{I} = -Z_0^{-1} \sqrt{8\pi/k} \ e^{i\pi/4} D_s (\vec{E}^i . \hat{t} \,) \hat{t} \tag{4.1}$$

$$\vec{M} = -Z_0 \sqrt{8\pi/k} \; e^{i\pi/4} D_h (\vec{H}^i . \hat{t}) \hat{t} \tag{4.2}$$

où Z_0 est l'impédance du vide $(Z_0 = 377 \; \Omega)$, $\hat{t}$ le vecteur tangent à l'arête. Tous les raisonnements précédents sont seulement applicables dans le cas d'une incidence et d'une observation normale. Ils se généralisent aisément au cas d'une incidence oblique uniquement avec direction d'observation sur le cône de Keller (voir figure 4).

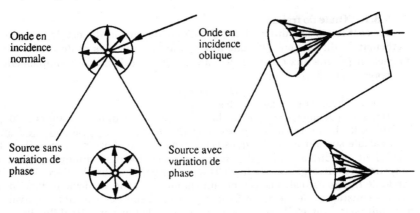

Fig.4 : Analogie entre le rayonnement d'une source et la diffraction par un dièdre

Soit une ligne de courant d'intensité $I \; exp \; (ikz sin \; \beta)$ où z désigne l'abscisse le long de la ligne. Le champ rayonné par cette ligne est toujours donné par le premier membre de (2), où r désigne maintenant la distance du point d'observation au point de la ligne source d'où est issu le rayon passant par le point d'observation et faisant l'angle β avec la ligne. La ligne émet donc suivant un cône de Keller, dont l'angle d'ouverture est déterminé par la variation de phase du courant sur la ligne.

On notera l'analogie (voir figure 4) avec la diffraction par une discontinuité. Il est donc possible de considérer, également en incidence oblique, le champ diffracté par la discontinuité comme provenant d'une ligne de courant située sur la discontinuité. D'autre part, la projection de $\vec{E}$ (resp. $\vec{H}$) sur la ligne de discontinuité a pour module $E^i sin \; \beta$ (resp. $H^i sin \; \beta$) en polarisation TM (resp. TE). Les courants équivalents sont donc maintenant obtenus par les formules 4, divisées par $sin \; \beta$. Par exemple :

$$I = -Z_0^{-1} \sqrt{8\pi/k} \; e^{i\pi/4} \frac{D_s}{sin \beta} \; (\vec{E}^i . \hat{t}) \hat{t} \tag{5}$$

Dans le cas du dièdre conducteur, le coefficient de diffraction en incidence oblique est obtenu en divisant par $sin \; \beta$ celui en incidence normale, si bien qu'il apparaît au total un facteur $sin^2 \; \beta$ au dénominateur de (5). Le champ E^d diffracté par une ligne de discontinuité L est calculé en faisant rayonner les courants équivalents pécédents, situés sur L . Dans le cas d'une observation à grande distance d, $\vec{E}^d$ est donné par une intégrale sur L

$$\vec{E}^d \approx -\frac{ik}{4\pi d} \int_L (Z_0 I(\ell)\,\hat{d}\wedge(\hat{d}\wedge\hat{t})+M(\ell)\,\hat{d}\wedge\hat{t})\,exp(-ik\hat{d}.\overrightarrow{OM})\,d\ell \qquad (6)$$

où M est le point courant, d'abscisse curviligne ℓ, sur la ligne diffractante L, $\hat{d}$ le vecteur unitaire dans la direction d'observation. On peut montrer que l'application de la méthode de la phase stationnaire à (6) permet de retrouver les résultats de la TGD, exposés au chapitre 1. L'intérêt de (6) par rapport à la TGD est de donner des résultats finis, y compris sur les caustiques. La méthode des courants équivalents peut donc être comprise comme une manière simple d'obtenir une représentation intégrale du champ diffracté, se réduisant à la TGD hors des caustiques, et restant finie sur les caustiques.

La version que nous venons de présenter de la méthode présente un inconvénient : le courant "équivalent" n'est équivalent au courant réel que dans les directions du cône de Keller, puisque nous avons seulement imposé l'égalité des champs rayonnés dans ces directions. Cela n'empêche pas, bien sûr, d'obtenir une représentation intégrale valide du champ diffracté tant que (6) a un point de phase stationnaire, puisque on se retrouve, au point de phase stationnaire, justement sur une direction du cône de Keller. En effet, pour une onde plane incidente suivant $\hat{\imath}$ et une direction d'observation suivant $\hat{d}$, la phase de l'intégrand de (6) est $k(\hat{\imath}-\hat{d}).\overrightarrow{OM}$ et les points de phase stationnaire sont donnés par

$$\frac{d}{ds}(\hat{\imath}-\hat{d}).\overrightarrow{OM}=(\hat{\imath}-\hat{d}).\hat{t}=0 \qquad (7)$$

ce qui signifie que $\hat{d}$ et $\hat{\imath}$ ont la même projection sur $\hat{t}$, donc que $\hat{d}$ est sur le cône de Keller.

L'évaluation de l'intégrale (6) par la méthode de la phase stationnaire va donc fournir le champ sous la forme d'une somme de termes, calculés aux points de phase stationnaire, donc aux points où $\hat{\imath}$ et $\hat{d}$ sont sur un cône de Keller, donc encore aux points où la méthode de Ryan et Peters est valide. Toutefois, lorsque (ŏ) n'a pas de point de phase stationnaire, c'est-à-dire quand il n'y a pas de rayon diffracté par l'arête, l'application de (5), uniquement valide sur le cône de Keller n'est pas licite. Dans ce cas, il faut, pour obtenir le courant équivalent, calculer le champ rayonné par une bande de courant infinitésimale sur l'objet diffractant (voir figure 5).

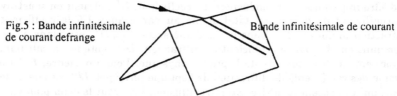

Fig.5 : Bande infinitésimale   Bande infinitésimale de courant
de courant defrange

Le courant équivalent est alors défini comme le courant infinitésimal, situé sur D, rayonnant le même champ que cette bande infinitésimale. Michaeli a appliqué cette méthode au cas du dièdre parfaitement conducteur [Mi], Shore [Sh] l'a généralisée à toute discontinuité à faces planes parfaitement conductrice (par exemple une fente étroite). Les courants équivalents obtenus dépendent de la direction d'incidence $\hat{\imath}$ et de la direction d'observation $\hat{d}$. Ils se réduisent aux précédents quand cette direction d'observation est située sur le cône de Keller. Ce type de courants équivalents est largement utilisé dans les applications. On notera toutefois que :

    (i)   dans le cas où il existe un rayon diffracté par D , les courants équivalents de Ryan et Peters donnent une bonne approximation de la solution,

    (ii)   dans le cas où D a des extrémités, ou présente des arêtes (des sauts du vecteur tangent), la bande infinitésimale de courant n'est pas complète, et il est donc erroné de prendre en compte toute sa contribution.

Il n'est donc, à notre sens, pas démontré que l'approche de Michaeli donne, dans les cas réels, un résultat meilleur que la méthode simple de Ryan et Peters. En pratique, nous avons toutefois constaté que, par comparaison à des méthodes intégrales, la méthode de Michaeli est souvent plus proche de la réalité dans le cas (ii). Les formules explicites sont données dans les articles originaux, ainsi que dans l'ouvrage de Knott et al. [KS] , pour le dièdre conducteur. Dans le cas de discontinuités décrites par une condition d'impédance, il faudra revenir à la méthode de Ryan et Peters, car les courants équivalents plus généraux de Yaghjian sont, pour l'instant, limités à des structures parfaitement conductrices. Notons enfin que la méthode des courants équivalents, dans la version proposée par Ryan et Peters, est extrêmement générale et fonctionne dès que l'on connaît le coefficient de diffraction de la discontinuité. Elle peut, par exemple, être mise en oeuvre sur des coefficients de diffraction du chapitre 1, mais aussi avec les coefficients de diffraction uniformes du chapitre 5.

Les courants équivalents permettent de calculer le champ sur les caustiques de rayons diffractés, l'onde de frange résoud le problème des divergences aux frontières ombre-lumière. Les courants équivalents de frange combinent les deux idées précédentes, et s'affranchissent de l'essentiel des singularités.

7.3.3.   Courants équivalents de frange

Les courants équivalents de frange sont associés au coefficient de diffraction de frange D^f donné par (1), dans l'Optique de Ryan et Peters. Ils correspondent au rayonnement du courant de frange dans l'Optique de Michaeli. Commençons par la méthode de Ryan et Peters, seule disponible pour le dièdre imparfaitement conducteur. Le coefficient D^f s'obtient en soustrayant du coefficient de diffraction total donné au paragraphe 1.5 le coefficient de diffraction uniforme D^u. Dans le cas d'une arête vive, D^u est donné à l'ordre dominant en k , par le coefficient de diffraction D^{po} obtenu en calculant le rayonnement des courants de l'optique physique. Pour un dièdre, D^{po} est la somme des coefficients de diffraction de l'optique physique D^{po} des deux demi-plans qui composent le dièdre. En rétrodiffusion, D^{po} pour le demi-plan vaut :

$$D^{po} = - \frac{e^{i\pi/4}}{2\sqrt{2\pi k}} R \, tg \, \varphi \qquad (8)$$

où R est le coefficient de réflexion.

$R = R_s$ en polarisation TM (i.e. $\vec{E}$ parallèle à l'arête), $R = R_h$ en polarisation TE, avec :

$$R_s = \frac{Z \sin \varphi - 1}{Z \sin \varphi + 1} \qquad R_h = \frac{\sin \varphi - Z}{\sin \varphi + Z} \qquad (9)$$

φ désigne l'angle par rapport à la face éclairée.

Etudions, à titre d'exemple, le demi-plan parfaitement conducteur. Le coefficient de diffraction du demi-plan, donné au paragraphe 1.5, vaut, en polarisation TM :

$$D_s = \frac{e^{i\pi/4}}{2\sqrt{2\pi k}} \frac{1 - \cos \varphi}{\cos \varphi} \qquad (10)$$

et

$$D_s^{po} = \frac{e^{i\pi/4}}{2\sqrt{2\pi k}} \, tg \, \varphi \qquad (11)$$

puisque $R = -1$.

D_s et D^{po} divergent en incidence normale $\varphi = \pi/2$. Par contre,

$$D^f = \frac{e^{i\pi/4}}{2\sqrt{2\pi k}} \frac{1 - \cos \varphi - \sin \varphi}{\cos \varphi} \qquad (12)$$

ne diverge pas en incidence normale. D^f tend vers $- \dfrac{e^{i\pi/4}}{2\sqrt{2\pi k}}$.

Le courant équivalent de frange est, dans ce cas, un courant électrique donné par (5) et (12) :

$$I = - \frac{i}{Z_0 k} \frac{1 - \cos \varphi - \sin \varphi}{\cos \varphi} (\vec{E}^i . \hat{t}) \hat{t} . \qquad (13)$$

Dans le cas du dièdre imparfaitement conducteur, les formules sont plus complexes, mais on peut montrer également que le coefficient D^f, et donc le courant de frange, ne diverge pas sur la frontière ombre-lumière.

Passons au cas de la discontinuité de courbure. La partie uniforme du champ de surface sur l'objet est donné par la série de Lüneberg-Kline. Il se trouve que le coefficient de diffraction D^{LK} dû au deuxième terme de cette série est, comme le coefficient D^{po}, d'ordre $k^{-3/2}$. Il faut donc tenir compte de ce terme dans le calcul du coefficient de diffraction uniforme

$$D^u = D^{po} + D^{LK} \qquad (14)$$

et

$$D^f = D - (D^{po} + D^{LK}) . \qquad (15)$$

On montre alors que D^f reste fini et qu'il tend même vers zéro en incidence normale [Bo3]. Dans le cas de discontinuité d'ordre $n > 2$, moins importantes sur le plan pratique car responsables de champs diffractés très faibles, D^u se calcule en tenant compte du rayonnement des n premiers termes de la série de Lüneberg-Kline. Dans tous les cas, le courant de frange s'obtient à partir de D^f par la formule (4.1), en polarisation TM et la formule (4.2) en polarisation TE. La méthode de Ryan et Peters permet donc d'obtenir, de manière automatique, les courants de frange. Nous résumons, dans le tableau ci-dessous quelques résultats utiles en pratique.

Objet diffractant	D^u ou D^f

Demi-plan avec imédance, TE (le cas TM s'obtient en changeant Z en $1/Z$)

$$D^u = -\frac{e^{i\pi/4}}{2\sqrt{2\pi k}} \, R_h \, tg\,\varphi$$

Dièdre avec impédance

Somme des D^u des deux demi-plans constituant le dièdre

Discontinuité de courbure avec impédance, TE
a_1 : rayon de courbure de la face située du côté de l'onde incidente
a_2 : rayon de courbure de l'autre face

$$D^f = \frac{A(-sin^2\varphi + 2Zsin\varphi + Z^2)(sin\varphi - Z)cos\varphi}{sin^2\varphi(sin\varphi + Z)^3}$$

$$A = -\frac{e^{i-\pi/4}}{4k\sqrt{2\pi k}}\left(\frac{1}{a_1} - \frac{1}{a_2}\right)$$

Comme nous l'avons vu au paragraphe 7.3.2, les résultats précédents ne sont valides que sur le cône de Keller (un plan en rétrodiffusion) mais permettent malgré tout d'obtenir une représentation intégrale qui, quand on lui applique la méthode de la phase stationnaire, redonne l'onde de frange, et reste finie sur les caustiques de rayons diffractés. Il est possible, dans le cas du dièdre parfaitement conducteur, d'obtenir des courants équivalents de frange par intégration du champ rayonné par les courants de frange. Pour cela, on considère, suivant Michaeli [Mi] ou Ufimtsev [Uf] , une bande infinitésimale de courant sur un dièdre à faces planes, dans la direction $\hat{\alpha}$ faisant un angle $\hat{\alpha}$ avec l'arête du dièdre. Le courant de frange se propage suivant l'intersection $\hat{c}$ du cône de Keller avec la face du dièdre. Si ℓ est l'abscisse le long de la bande infinitésimale, la phase de l'intégrand sera donc $k\ell(cos(\beta - \alpha) - \hat{c}\,\hat{\alpha})$. L'intégrale obtenue peut être infinie si $cos(\beta - \alpha) - \hat{c}\,\hat{\alpha} = 0$, soit si $\hat{c}$ est sur le cône dont l'axe est parallèle à la bande et de demi-angle au sommet $(\beta - \alpha)$. Le choix le plus judicieux est celui qui limite au maximum ce cas singulier, donc $\alpha = \beta$. L'intégration est donc faite suivant une bande infinitésimale intersection du cône de Keller avec la face du dièdre. Nous ne reproduisons pas les formules explicites, assez complexes, que l'on trouvera dans l'article de Michaeli [Mi] . Les courants équivalents obtenus ne sont singuliers que si la direction d'incidence $\hat{\imath}$ est rasante, et égale à la direction d'observation $\hat{d}$ (c'est-à-dire en diffraction avant).

En particulier, pour le cas très important en pratique de la rétrodiffusion, i.e. $\hat{\imath} = -\hat{d}$, les courants équivalents de frange ne sont jamais singuliers. Nous avons passé en revue les notions d'onde de frange, de courants équivalents, et de courants équivalents de frange, nécessaire à la bonne compréhension de la TPD. Nous allons maintenant passer au calcul effectif du champ diffracté.

7.3.4.   Calcul du champ diffracté par la TPD

La TPD, dans sa forme actuelle, ne prend pas en compte les courants de surface uniformes définis au paragraphe 7.1, mais simplement le champ de l'Optique Physique. De plus, elle se limite au conducteur parfait. On a donc, sur la surface éclairée (voir (4) du paragraphe 7.1)

$$\vec{J} = 2\hat{n} \wedge \vec{H^i}\ .$$

D'autre part, seul apparaît le courant de frange pour les arêtes. Le champ diffracté est donc la somme du champ diffracté par les courants d'Optique Physique $\vec{E}^d_{po}$ donné à très grande distance de l'objet par :

$$\vec{E}^d_{po} = -\frac{ikZ_0}{4\pi d} \int_S \hat{d} \wedge (\hat{d} \wedge \vec{J}) \, exp \, (-ik\hat{d} \cdot \overrightarrow{OM}) \, ds \qquad (16)$$

et du champ, donné par (6), rayonné par les courants de frange. En pratique, la version usuelle de la TPD ne prend en compte que les courants équivalents sur les arêtes vives. Nous allons maintenant voir dans quelle mesure ces approximations sont suffisantes pour obtenir une représentation asymptotique correcte du champ diffracté par un objet.

7.3.5.   TPD et TGD

Nous allons montrer que l'application de la formule de la phase stationnaire aux intégrales (6) et (16), dont la somme donne le champ diffracté, permet de retrouver la Théorie Géométrique de la Diffraction avec, toutefois, un terme parasite, dû au saut, non physique, du champ "uniforme" de l'Optique Physique à la frontière ombre-lumière.

Commençons par le cas simple de la diffraction d'une onde incidente plane d'amplitude unité TM : $\vec{E}^i = exp \, (-ikx) \, \hat{z}$ par un cylindre circulaire (Fig.6)

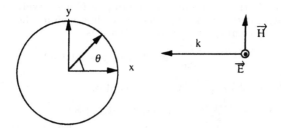

Fig.6 : Cylindre circulaire éclairé par une onde plane TM

Le champ de surface réel est donné par les formules du paragraphe 7.1. Le courant de surface de l'Optique Physique est simplement (Y est l'admittance du vide)

$$\vec{J} = 2 \, Y cos \, \theta \, exp \, (-ika \, cos \, \theta) \hat{z} \qquad (17)$$

qui rayonne un champ lointain $\vec{E}^d = E^d \hat{z}$, avec

$$E^d = \sqrt{\frac{k}{2\pi}} \, \frac{e^{-i\pi/4}}{\sqrt{r}} \int_{-\pi/2}^{\pi/2} cos \, \theta \, exp \, (-2ik \, a \, cos \, \theta) a \, d\theta \, . \qquad (18)$$

(18) a un point de phase stationnaire en $\theta = 0$. E^s, contribution de ce point de phase stationnaire est, puisque la dérivée seconde de la phase en ce point est $2ka$:

$$E^s \approx \, \leftrightarrow \, \frac{e^{i\pi/4}}{\sqrt{2ka}} \, \sqrt{2\pi} \, \sqrt{\frac{k}{2\pi}} \, \frac{e^{-i\pi/4}}{\sqrt{r}} \, exp \, (-2ika) \, a$$

soit

$$E^s \approx \, \leftrightarrow \, \sqrt{\frac{a}{2r}} \, exp \, (-2ika) \qquad (19)$$

qui est précisément, comme on pourra le vérifier, le résultat de l'Optique Géométrique (voir 1.7.1.2). On retrouve en particulier la Longueur Equivalente Radar du point spéculaire

$$LER = \lim_{r \to \infty} 2\pi \, |E^s|^2 = \pi a \; . \tag{20}$$

A cette contribution de phase stationnaire s'ajoute une contribution de point d'extrémité, fictive, E^f (voir Appendice "*Développements asymptotiques d'intégrales*") :

$$E^f \approx \frac{k^{-3/2}}{\sqrt{2\pi r}} \; \frac{e^{-i\pi/4}}{4a^2} \; . \tag{21}$$

Cette contribution fictive est d'ordre $k^{-3/2}$. Elle n'empêche donc pas la TPD, d'être, dans ce cas particulier, une appproximation $0(k^{-1})$ du champ diffracté.

Passons maintenant au cas plus général d'un obstacle convexe régulier, i.e. sans arêtes vives. Le champ diffracté calculé par la TPD, qui se réduit dans ce cas à l'Optique Physique, est donné par (16). Pour une onde plane incidente se propageant suivant $\hat{\imath}$, la phase de l'intégrand de (16) est $k(\hat{\imath} - \hat{d}) . \overrightarrow{OM}$, qui est stationnaire si $\hat{\imath} - \hat{d}$ est parallèle au vecteur normal de la surface, soit si $\hat{\imath}$ et $\hat{d}$ sont liés par la loi de la réflexion. Dans le cas particulier de la rétrodiffusion, $\hat{\imath} = -\hat{d}$, on retrouve les points spéculaires, i.e. les points où l'incidence est normale. L'application de la méthode de la phase stationnaire à (16) fait alors apparaître la contribution suivante au champ diffracté (voir Appendice "*Développements asymptotiques d'intégrales*") dans le cas où les deux rayons de courbure R_1 et R_2 au point spéculaire S sont positifs

$$\overrightarrow{E^s} \approx \frac{i \, 2\pi \sqrt{R_1 R_2}}{2k} \; \frac{-ikZ_0}{4\pi d} \; \hat{d} \wedge (\hat{d} \wedge \overrightarrow{J}) \, exp \, (-2ik\hat{d} . \overrightarrow{OS})$$

soit, compte tenu de $\overrightarrow{J} = 2 \, \hat{n} \wedge \overrightarrow{H^i} = -2\overrightarrow{E^i} / Z_0$ au point S,

$$\overrightarrow{E^s} \approx - \frac{\sqrt{R_1 R_2}}{2d} \; \overrightarrow{E^i} (S) \, exp \, (-2ik\hat{d} . \overrightarrow{OS}) \; . \tag{21}$$

On peut vérifier là aussi que l'on retrouve le résultat de l'Optique Géométrique (voir chapitre 1) et en particulier la contribution à la SER des points spéculaires

$$SER = \lim_{d \to \infty} 4\pi d^2 \, \frac{|\overrightarrow{E^s}|^2}{|\overrightarrow{E^i}|^2} = \pi R_1 R_2 \, . \tag{22}$$

Si R_1 est positif et R_2 négatif, (20) est à multiplier par $e^{-i\pi/2}$. Si R_1 et R_2 sont négatifs (réflexion sur une surface concave), (20) doit être multipliée par $e^{-i\pi} = -1$. Dans le premier cas on passe une caustique, d'où le déphasage de $-\pi/2$, dans le deuxième cas, deux caustiques, d'où le déphasage de $-\pi$ (voir figure 7).

a)Convexe : pas de
passage de
caustique

b) Convexe-concave :
passage d'une
caustique

c) Concave :
passage de deux
caustiques

Fig.7 : Réflexion sur une surface à double courbure

En plus de ces points stationnaires, le développement asymptotique de (16) comporte, du fait de la troncature des courants sur la frontière d'ombre, des contributions des points de la frontière d'ombre C où la phase est stationnaire le long de C. En ces points, si $\hat{t}$ est le vecteur tangent à C

$$(\hat{i} - \hat{d}).\hat{t} = 0 \tag{23}$$

c'est-à-dire que $\hat{i}$ et $\hat{d}$ sont sur un cône de Keller d'axe $\hat{t}$. On retrouve donc logiquement des rayons diffractés parasites sur la frontière d'ombre (voir figure 8).

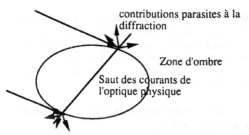

contributions parasites à la
diffraction

Zone d'ombre

Saut des courants de
l'optique physique

Fig.8 : Contributions parasites à la diffraction
générées par le saut des courants de l'Optique physique

Dans le cas général, la contribution parasite de la frontière d'ombre peut être d'ordre $k^{-1/2}$, comme toute contribution de diffraction. Toutefois, dans le cas de la rétrodiffusion, on peut montrer que cette contribution reste d'ordre $k^{-3/2}$ [GB]. Physiquement, cela vient de ce que les courants perpendiculaires à $\hat{s}$ s'annulent sur la frontière d'ombre, et que le champ rayonné par les courants parallèles à $\hat{s}$ dans la direction de $\hat{s}$ s'annule. Si, maintenant, l'objet diffractant présente une (ou des) arêtes linéique, l'intégrale (16) a des points critiques quand la phase de l'intégrand est stationnaire le long de l'arête, c'est-à-dire si (23) est vérifiée. On retrouve donc les rayons diffractés. L'évaluation asymptotique de ces contributions redonne le champ diffracté par les arêtes de la TGD, mais avec le coefficient de diffraction de l'Optique Physique. Mais, d'autre part, l'évaluation asymptotique de l'intégrale (6) par la méthode de la phase stationnaire redonne un champ diffracté par les arêtes, avec le coefficient de diffraction de frange. Au total, on obtient la somme des coefficients de diffraction de frange et d'Optique Physique, donc le coefficient de diffraction de la TGD.

En conclusion, la TPD fournit une représentation intégrale du champ diffracté qui, évaluée asymptotiquement, redonne les champs réfléchis, ainsi que les champs diffractés par des arêtes vives, de la TGD. La TPD donne, de plus, des résultats finis sur tous les types de caustiques et de frontière ombre-lumière. Toutefois, elle présente quelques inconvénients :

- le saut fictif des courants de l'Optique Physique génère des points brillants parasites qui peuvent, sauf dans le cas de la rétro-diffusion, être d'ordre $k^{-1/2}$, comme les contributions des arêtes vives,
- certaines contributions ne sont pas prises en compte : en particulier, les ondes rampantes ne sont pas traitées par la TPD. De plus, pour des obstacles non convexes, la TPD n'intègre pas les effets de réflexions multiples,
- dans sa version actuelle, la TPD ne traite que des objets parfaitement conducteurs.

Il est toutefois possible de généraliser la TPD pour pallier la plupart de ces défauts, comme nous allons le voir au paragraphe suivant.

7.4   Généralisations de la TPD

7.4.1.   Extension à des objets décrits par une condition d'impédance

Cette extension a été réalisée par A. Pujols et S. Vermersch [PV] . Les courants uniformes utilisés sont les courants de l'Optique Physique, donnés par les formules (2.1) et (2.2) du paragraphe 7.1.1. Les courants équivalents de frange pour les arêtes vives, obtenus par la méthode de Ryan et Peters, sont donnés dans le tableau du paragraphe 7.3.3.

7.4.2.   Suppression du contributeur parasite dû au saut fictif des courants sur la frontière d'ombre

Ce contributeur peut être supprimé en introduisant un courant équivalent fictif, situé sur la frontière d'ombre, rayonnant un champ opposé à celui dû au saut. Plus précisément, l'objet diffractant est approché, en chaque point de la frontière d'ombre, par un cylindre local tangent. Le rayonnement des courants d'Optique Physique sur ce cylindre est évalué asymptotiquement, comme au paragraphe 7.3.4. On obtient une contribution de point d'extrémité donnée, dans le cas de la polarisation TM, par la formule (20) du paragraphe 6.3.4. Une exposition détaillée et les formules utiles sont données dans l' article de Gupta et Burnside [GB] . Une autre manière de supprimer ce contributeur consiste à faire décroître les courants dans la zone d'ombre de manière régulière, à l'aide d'un neutraliseur, c'est-à-dire d'une fonction régulière passant de 1 dans la zone éclairée à 0 dans la zone d'ombre. Cette technique, bien connue dans le domaine des antennes, porte le nom de "tapering" dans la littérature anglo-saxonne.

7.4.3. Prise en compte du "vrai" courant uniforme

Une généralisation naturelle de la TPD consiste à utiliser comme courant uniforme non pas le courant de l'Optique Physique, mais le courant uniforme déterminé au paragraphe 7.1. Cette méthode présente deux avantages :
- le saut de courant à la frontière d'ombre est supprimé,
- la représentation intégrale du champ diffracté contient les rayons rampants.

En effet, nous avons vu au paragraphe 7.1.3. que la phase du courant dans la zone d'ombre était en première approximation, ks, où s est l'abscisse sur la géodésique suivie par un rayon rampant. La phase du champ rayonné par les courants au voisinage de la géodésique, dans la direction d'observation $\hat{d}$ est donc :

$$\varphi(M) = -k\,\hat{d}\,.\overrightarrow{OM} + ks \qquad (1)$$

et φ est stationnaire quand

$$\hat{d}\,.\,\frac{\partial\overrightarrow{OM}}{\partial s} - 1 = 0 \text{ et } \hat{d}\,.\,\frac{\partial\overrightarrow{OM}}{\partial\alpha} = 0 \ . \qquad (2)$$

s et α désignant les coordonnées de M dans un système de coordonnées géodésique d'origine 0, comme au chapitre 3. L'égalité (2) ne peut se produire que si $\hat{d}$ coïncide avec le vecteur $\hat{s}$ tangent à la géodésique, c'est-à-dire si la tangente au rayon rampant coïncide avec la direction d'observation. On retrouve donc les rayons rampants de la TGD. Orlov [Oo] , dans le cas conducteur parfait, et Bouche [Bo1] dans le cas de la condition d'impédance, se sont assurés que l'on retrouvait bien, par évaluation asymptotique de l'intégrale de rayonnement des courants uniformes, le résultat de la TGD, dans le cas d'un obstacle convexe régulier.

La généralisation de la TPD décrite dans ce paragraphe a été utilisée par Molinet [Mo] pour précire la SER d'objets bidimensionnels. En trois dimensions, elle s'avère lourde à utiliser, car il faut, pour obtenir le courant dans la zone d'ombre, calculer les géodésiques, les fonctions de Fock, et prendre en compte les corrections de caustique sur les caustiques de rampants. Une méthode alternative a été utilisée par Choi [Ch] et Bouche et al. [BB] . Elle consiste à utiliser des courants équivalents, obtenus toujours suivant la technique de Ryan et Peters, pour les ondes rampantes. La contribution des ondes rampantes est obtenue alors sous forme d'une intégrale sur une ligne. Cette ligne peut être la séparatrice, mais d'autres choix sont possibles . Ce domaine fait encore l'objet de développements, et nous renvoyons à la littérature [Ch,BB] pour plus de détails.

En conclusion, la prise en compte du "vrai" champ uniforme à la place du courant d'Optique Physique dans la TPD est une voie intéressante, qui permet notamment d'induire la contribution des ondes rampantes. Toutefois, la mise en oeuvre de cette approche sur des objets complexes tridimensionnels demandera quelques développements.

7.4.4. Traitement d'objets non convexes

Le courant d'Optique Physique n'intègre pas les courants dus aux réflexions multiples du champ incident sur l'objet. Prenons l'exemple du dièdre à angle droit (voir figure 9).

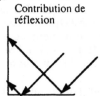

Contribution de
réflexion

Fig.9 : Contribution de
réflexion omise par l'OP

Le courant uniforme, c'est-à-dire obtenu sur un dièdre infini sur chaque face, est exactement, par la méthode des images, la somme du courant de l'Optique Physique due au champ incident et du courant de l'Optique Physique due au champ réfléchi par l'autre face. Par exemple, sur la face horizontale, en polarisation TE, pour une onde incidente d'amplitude unité, le courant uniforme de surface vaut

$$\vec{J} = (2exp\,(-ikx\,cos\,\theta) + 2exp\,(ikx\,cos\,\theta))\,\hat{x} \,. \tag{3}$$

Le premier (resp. second) terme est le courant d'Optique Physique dû au champ incident (resp. réfléchi). Une généralisation naturelle de la TPD consiste à remplacer le courant d'Optique Physique par le courant d'Optique Géométrique, incluant les réflexions multiples. Il faut également, dans ce cas, prendre en compte les courants de frange dus aux réflexions multiples, ainsi que pour assurer le respect de la réciprocité, les courants dus aux réflexions multiples des champs diffractés. On notera que des problèmes peuvent apparaître si les caustiques ou les frontières d'ombre de ces champs coupent l'objet diffractant. Il faudra alors avoir recours aux formules uniformes du chapitre 5 pour calculer le champ multiplement réfléchi sur l'objet. Une autre méthode consiste à calculer le champ rayonné par les courants de l'optique physique, à le considérer comme un champ incident, qui génère à son tour des courants et un champ. On obtient ainsi les courants dus aux réflexions doubles, puis en itérant le processus, les courants dus aux réflexions multiples [CB].
La généralisation de la TPD à des objets non convexes est donc théoriquement possible, mais sa mise en oeuvre pratique peut, dans certains cas, être lourde.
En conclusion, la TPD peut être améliorée et généralisée sur plusieurs points : extension à des obstacles décrits par une condition d'impédance (paragraphe 7.4.1.), remplacement du courant de l'Optique Physique par un courant plus réaliste (paragraphes 7.4.2. - 7.4.4.). Ces versions généralisées de la TPD fournissent une représentation intégrale du champ qui, évaluée asymptotiquement, redonne l'essentiel des contributions TGD, et reste finie dans toutes les zones à problèmes de la TGD. Toutefois, ce domaine reste encore un champ d'investigations, particulièrement en ce qui concerne la mise en oeuvre pratique et efficace de la prise en compte du "vrai" courant uniforme (paragraphe 7.4.3.) et la généralisation à des objets non convexes. De plus, ces généralisations ne sont que des exemples, et d'autres possibilités existent : on obtient une représentation intégrale de la solution en calculant les champs sur toute surface englobant l'objet. Enfin, il n'est pas nécessaire d'utiliser une représentation intégrale de tout le champ diffracté : certaines composantes

peuvent être calculées par la TGD ou la méthode des courants équivalents, d'autres par la TPD.

Nous allons maintenant donner quelques exemples d'applications de la TPD.

7.5   Exemples d'applications de la TPD

7.5.1. Le ruban

L'exemple le plus simple, mais qui permet de bien illustrer les avantages de la TPD par rapport à la TGD, est celui du ruban parfaitement conducteur éclairé par une onde plane en polarisation TM (voir figure 10)

$$\vec{E}^i = exp\,(-ik(x\,cos\,\theta + y\,sin\,\theta))\,\hat{z}\,. \tag{1}$$

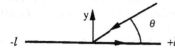

Fig.10 : Diffraction par un ruban

Le courant de surface "uniforme" sur le ruban est le courant de l'Optique Physique :

$$\vec{J} = 2\hat{n} \wedge \vec{H}^i = 2\,\frac{sin\,\theta}{Z_0}\,exp\,(-ikx\,cos\,\theta)\,\hat{z}\,. \tag{2}$$

A ce courant s'ajoutent les courants de frange lancés par les extrémités. Ces courants de frange sont les mêmes que sur le demi-plan (voir paragraphe 7.2.). La TPD remplace ces courants par des courants équivalents de frange, ou plus simplement, dans ce cas, par des ondes de frange dont l'amplitude est donnée par (12) du paragraphe 7.3.3. Le champ rétrodiffusé $\vec{E}^d = E^d\hat{z}$ est donc la somme

- du champ rayonné par les courants de l'Optique Physique

$$E_{po}^d = -\sqrt{\frac{k}{2\pi r}}\,e^{-i\pi/4} \int_{-\ell}^{\ell} sin\,\theta\,exp\,(-2ikx\,cos\,\theta)\,dx \tag{3}$$

- des ondes de frange des extrémités

$$E_f(\pm\,\ell) = \mp\,\frac{e^{-i\pi/4}}{2\sqrt{2\pi kr}}\,\frac{1\pm cos\,\theta - sin\,\theta}{cos\,\theta}\,. \tag{4}$$

(3) se calcule exactement

$$E_{po}^d = \frac{e^{i\pi/4}}{2\sqrt{2\pi k}}\,tg\,\theta\,\big(exp\,(2ik\ell\,cos\,\theta) - exp\,(-2ik\ell\,cos\,\theta)\big) \tag{5}$$

et, sous cette forme, on reconnaît le résultat de la TGD, avec les coefficients de diffraction approchés calculés par l'Optique Physique et donnés par (11) du paragraphe 7.3.3. : le premier (resp. le second) terme de (5) est un champ diffracté par l'extrémité $x = \ell$ (resp. $x = -\ell$). L'inconvénient de la TGD est de donner des champs diffractés infinis quand $\theta = \pi/2$. On notera que ces champs infinis se compensent par soustraction dans (5) ; en effet, (5) s'écrit aussi :

$$E_{po}^d = \frac{e^{-i\pi/4}}{2\sqrt{2\pi kr}}\,sin\,\theta\,\frac{sin(2k\,\ell\,cos\,\theta)}{2k\ell\,cos\,\theta}\,2k\ell\,. \tag{6}$$

(6) ne présente plus de singularités quand $\theta = \pi/2$.

Les ondes de frange (4), ajoutées à (5) redonnent le résultat de la TGD, cette fois avec les "bons" coefficients de diffraction.

La TPD donne donc une représentation du champ finie quel que soit l'angle d'incidence, et qui se réduit à la TGD, limitée aux diffractions simples.

Les diffractions multiples peuvent être, en rétrodiffusion, calculées par la TGD : elles ne présentent pas de singularités, sauf en incidence rasante.

Passons maintenant à un exemple plus compliqué d'application de la TPD généralisée.

7.5.2.   Diffraction par un cône à bord vif vérifiant une condition d'impédance

Le code 3DHF, réalisé par S. Vermersch et A. Pujols [PV] utilise la TPD, généralisée à des obstacles vérifiant une condition d'impédance. Il tient compte des diffractions doubles.

Pour tester la précision des résultats obtenus, nous utilisons le code équations intégrales SHF 89, réalisé par P. Bonnemason et B. Stupfel [BSt] .

Les figures 10 et 11 comparent les SER en rétrodiffusion, en fonction de l'angle d'incidence. On constate un très bon accord sauf :
- au voisinage immédiat de l'axe, où existe une caustique de rayons doublement diffractés,
- pour des incidences comprises entre 120 et 150° : 3DHF ne prend pas en compte les rayons rampants. Ils sont, pour cette valeur de l'impédance, de faible intensité, mais jouent un rôle aux angles où la SER est faible.

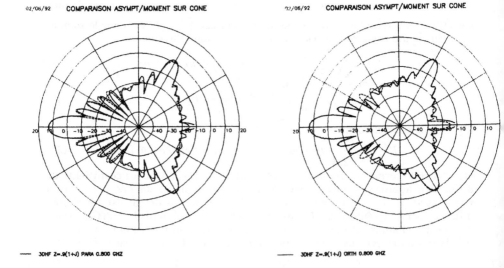

Fig. 10 Champ électrique
dans le plan d'incidence

Fig. 11 Champ magnétique
dans le plan d'incidence

7.6   Conclusions

La TPD est une méthode robuste de calcul du champ diffracté, qui présente l'avantage de donner partout des résultats finis. Elle a été et reste largement utilisée dans un cadre industriel. Elle présente toutefois quelques inconvénients par rapport à la TGD : nécessité de calculer une intégrale, "oubli" de certaines contributions au champ, comme les rayons rampants ou les réflexions multiples. Il est toutefois possible de la généraliser, ou de l'associer à la TGD pour pallier ces inconvénients. Elle permet alors de calculer avec une bonne précision la SER d'objets simples ou complexes.

Nous avons considéré, dans l'ensemble de cet ouvrage, des objets décrits par une condition d'impédance de surface. Nous allons maintenant expliquer comment calculer cette impédance et en préciser le domaine de validité.

RÉFÉRENCES

[BB] D. Bouche, J.J. Bouquet, M. Pierronne, R. Mittra, *Diffraction by low observable axisymmetric objects at high frequency*, IEEE AP, vol 40, n°10, pp 1165-1174, 1992.

[Bo1] D. Bouche, *La méthode des courants asymptotiques*, Ph.D Dissertation, University of Bordeaux, 1992.

[Bo2] D. Bouche , *Calcul du champ à la surface d'un obstacle convexe vérifiant une condition d'impédance par une méthode de développement asymptotique*, Journal d'Acoustique, 5, pp 507-530, 1992

[Bo3] D. Bouche , *Courant sur un obstacle cylindrique parfaitement conducteur présentant une discontinuité de courbure*, Annales des Télécomm, n°47, pp 391-399, 1992.

[Bor] V.A. Borovikov, *Diffraction by a wedge with curved faces*, Sov. Phys. Acoust. 25,n°6, Nov-Dec1979.

[BS] J.J.Bowman, T. B. A. Senior, P.L. Uslenghi, *Acoustic and electromagnetic scattering by simple shapes*, Hemisphere, 1987.

[BSt] P. Bonnemason, B.Stupfel, *Modeling high-frequency scattering by axisymetric perfectly or imperfectly conducting scatterers*, Electromagnetics 13, pp 111-129, 1993.

[CB] Exposé aux journées Maxwell, Bordeaux, mai 1993.

[CW] Choi, N. Wang and L. Peters, *Near-axial backscattering from a cone-sphere*, Radio Science, vol. 25, pp. 427–434, July-August 1990.

[Fo] V. Fock, *Electromagnetic Diffraction and Propagation Problems*, Pergamon Press, 1965.

[GB] I.J. Gupta and W.D. Burnside, *A PO correction for backscattering from curved surface*, IEEE Trans. Ant. Prop, Vol AP-35, pp 553-561, May 1987.

[KS] E. F. Knott , E.Shaeffer, M. Tuley , *Radar Cross section*, Artech House, 1992.

[Lee] S. W. Lee, *Comparison of Uniform Asymptotic Theory and Ufimtsev's Theory of Electromagnetic Edge Diffraction*,IEEE Trans. Ant. Prop, Vol AP-25, pp 162-170, March 1977.

[Mi] A. Michaeli, *Elimination of Infinities in Equivalent Edge Currents*, IEEE Trans. Ant. Prop, Vol AP-34, pp 912-918, July 1986 and PP. 1034-1037, Aug. 1986.

[Mit] K.M. Mitzner, *Incremental length diffraction coefficients*, report AFAL-TR

73-26, Northrop Corporation, Aircraft Division, April 1974.

[Mo] Molinet , *Contribution au benchmark* , JINA, Nov 1992.

[Oo] Orlova et Orlov , *Scattering of waves by smooth convex bodies of large electrical dimensions*, Radiotechnika et Electronika, pp 31-40, 1975.

[PV] A. Pujols, S. Vermersch, *La condition d'impédance dans le code 3DHF*, rapport interne CEA/CESTA.

[RP] C. E. Ryan, Jr. and L. Peters, Jr., *Evaluation of edge diffracted field including equivalent currents for the caustic region*, IEEE Trans. Antennas Propagat., vol. AP-17, pp. 292–299, May 1969.

[SY] R.A. Shore et A. D. Yaghjian , *Incremental diffraction coefficients for planar surfaces*, IEEE Trans. Ant. Prop, Vol AP-34, pp 55-70, Jan. 1988

[Uf] P. Ya Ufimtsev, *Elementary edge waves and the Physical Theory of Diffraction*, Electromagnetics, Vol 11, pp 125-160, 1991.

Chapitre 8

Calcul de l'impédance de surface
Généralisation de la notion d'impédance de surface

Nous avons donné, dans tous les chapitres précédents, les résultats pour un objet décrit par une impédance Z, c'est-à-dire vérifiant :

$$\vec{E} - \hat{n}\,(\hat{n}.\vec{E}) = Z\,\hat{n}\wedge\vec{H}.$$

La condition d'impédance permet de représenter, sous certaines conditions, un objet entièrement constitué de matériau, ou bien un objet conducteur recouvert de matériau dielectrique. Nous exposerons les fondements mathématiques de la condition d'impédance, ainsi que les formules permettant de calculer cette impédance, au paragraphe 8.1.

Dans certains cas, la condition d'impédance n'est pas valide. On peut alors tenter de traiter directement le matériau, comme nous le verrons au paragraphe 8.2, ou de généraliser, par diverses techniques, la notion d'impédance de surface, comme expliqué au paragraphe 8.3. Toutefois, ces méthodes sont actuellement moins bien étudiées et justifiées que la condition d'impédance. Nous nous limiterons donc à une brève présentation.

Dans ce chapitre, comme dans les chapitres précédents (à l'exception du paragraphe 7.4.1.), nous supposons que les matériaux constituant l'objet ont des pertes suffisantes pour que les ondes de surface soient négligeables.

8.1 Fondements mathématiques et calcul de l'impédance de surface

L'impédance de surface a été introduite par Rytov [R] et Léontovitch [L], pour traiter de la diffraction par des objets diélectriques à fort indice et à pertes. Rytov et Léontovitch utilisent un développement asymptotique où le petit paramètre est l'inverse de l'indice $n = \sqrt{|\varepsilon\mu|}$. Cette approche est globale et ne nécessite pas d'hypothèses sur la nature du champ : Optique Géométrique ou diffracté. Elle a été améliorée et mise sous une forme rigoureuse par Artola, Cessenat et Cluchat [AC, C]. Nous la présentons au paragraphe 8.1.1. Une autre approche consiste à se placer à haute fréquence. Dans ce cas, le petit paramètre est l'inverse $1/k$ du nombre d'onde k. L'impédance dépend alors de la nature physique du champ. Nous présentons cette approche au paragraphe 8.1.2.

8.1.1. Impédance de surface pour des matériaux fort indice à pertes

Dans le cas de matériaux fort indice à pertes, le champ ne pénètre dans le matériau que d'une épaisseur de peau.

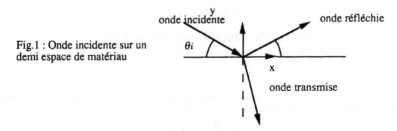

Fig.1 : Onde incidente sur un demi espace de matériau

Considérons par exemple une onde plane incidente avec l'angle θ^i sur un demi-espace de matériau ε, μ. L'onde transmise aura un vecteur d'onde (voir figure 1)

$$\vec{k}_t = k \cos \theta^i \ \hat{x} - k \ \sqrt{\varepsilon\mu - \cos^2 \theta^i} \ \hat{y} \qquad (1)$$

où la racine est déterminée pour que l'onde s'atténue vers les y négatifs. Si $n \gg 1$, $\vec{k}_t = \approx k \ \sqrt{\varepsilon\mu} \ \hat{y}$. L'onde transmise dépend donc de la variable étirée (ou variable "rapide") $Y = n \ y$, qui s'écrit aussi, posant $\eta = 1/n$, $Y = y / \eta$.

Artola, Cessenat et Cluchat ont montré que ce comportement restait vrai pour un obstacle général, soit en diélectrique massif, soit conducteur recouvert de couches diélectriques. Nous renvoyons à [C] pour la démonstration. La variable y est alors la distance à la surface de l'obstacle. La solution à l'intérieur de l'obstacle est donc recherchée sous la forme d'un développement asymptotique en puissances entières de η. En pratique, les calculs ont été faits avec trois termes. L'Ansatz pour le champ $\vec{E}$ s'écrit donc :

$$\vec{E} = \vec{E}_0(\vec{r}, Y) + \eta \ \vec{E}_1 (\vec{r}, Y) + \eta^2 \ \vec{E}_2(\vec{r}, Y) \ + o(\eta^2) \qquad (2.1)$$

et une expression similaire pour le champ $\vec{H}$

$$\vec{H} = \vec{H}_0(\vec{r}, Y) + \eta \ \vec{H}_1 (\vec{r}, Y) + \eta^2 \ \vec{H}_2(\vec{r}, Y) \ + o(\eta^2) \qquad (2.2)$$

$\vec{r}$ est la position du point dans l'objet. On utilise un système de coordonnées curvilignes adapté au problème. Les axes du système de coordonnées curvilignes utilisé sont, d'une part, un réseau de courbes orthogonales sur la surface S de l'objet (axes 1 et 2), et d'autre part, les courbes initialement normales à la surface (axe 3) telles que le système de coordonnées soit orthogonal. Dans le cas où les courbes de coordonnées sur S sont les lignes de courbure, les courbes normales sont simplement les droites normales à S (figure 2). Ce système de coordonnées est régulier dans un voisinage $0(min(R_1, R_2))$ de S.

Il sera donc régulier, y compris pour Y grand.

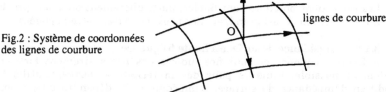

Fig.2 : Système de coordonnées
des lignes de courbure

lignes de courbure

(2.1) et (2.2) sont reportés dans les équations de Maxwell, écrites en coordonnées curvilignes. On ordonne ensuite, suivant la même démarche qu'au chapitre 3, en puissances de η , ce qui permet d'obtenir les équations vérifiées par les $\vec{E}_i$ et $\vec{H}_i$. Ces équations sont complétées par une condition de décroissance du champ pour l'obstacle en diélectrique massif, par la condition d'annulation du champ électrique sur le noyau conducteur, et les conditions de transmission aux interfaces, dans le cas revêtu. Les équations et conditions aux limites fournissent alors des relations entre les $\vec{E}_i$ et $\vec{H}_j$. En se limitant au premier terme non nul pour les champs $\vec{E}$ et $\vec{H}$, on montre que l'on obtient la condition de Léontovitch [L], avec une impédance égale à :

$$Z = \sqrt{\frac{\mu}{\varepsilon}} \ pour\ le\ diélectrique\ massif \tag{3}$$

$$Z = -i \sqrt{\frac{\mu}{\varepsilon}} \ tg\,(k\,\sqrt{\varepsilon\mu}\,d) \tag{4}$$

pour un conducteur recouvert d'une couche de diélectrique d'épaisseur d. On obtient donc l'impédance calculée pour une onde incidente, en incidence normale, respectivement sur un demi-espace de matériau (ε, μ) et sur un demi-plan recouvert d'une couche de matériau (ε, μ) d'épaisseur d. Ce résultat se conserve dans le cas où le conducteur est recouvert de plusieurs couches.

On démontre donc le résultat important suivant : en première approximation, l'impédance de surface sur un objet diélectrique fort indice, ou un objet conducteur recouvert de couches diélectriques est la même que celle du multicouche équivalent, en incidence normale. Ce résultat a été longtemps employé sans véritable démonstration. Cluchat [C] a calculé la correction, à l'ordre 1, à cette impédance. Il obtient une impédance anisotrope diagonale, dans le repère des lignes de courbure

$$Z = \begin{pmatrix} Z_1 & 0 \\ 0 & Z_2 \end{pmatrix} \tag{5}$$

avec $$Z_{1,2} = \sqrt{\frac{\mu}{\varepsilon}} \left(1 \pm \frac{h_1 - h_2}{2ik\sqrt{\varepsilon\mu}}\right) \tag{6}$$

pour le cas homogène. On retrouve la condition donnée dans [L], corrigée d'un facteur 1/2 .

Dans le cas d'une couche,

$$Z_{1,2} = -i \sqrt{\frac{\mu}{\varepsilon}} \ tg\,(k\,\sqrt{\varepsilon\mu}\,d)\left(1 \mp tg\,(k\,\sqrt{\varepsilon\mu}\,d)\frac{(h_1 - h_2)}{2k\sqrt{\varepsilon\mu}}\right) \tag{7}$$

dans (6) et (7) h_1 et h_2 sont les courbures suivant les directions 1 et 2.

Les corrections obtenues sont faibles, particulièrement dans nos problèmes haute fréquence, où k est grand, et elles peuvent souvent être négligées.

8.1.2.   Impédance de surface à haute fréquence

A haute fréquence et pour des indices pas nécessairement forts, il est également possible, toujours pour des matériaux à pertes, d'utiliser une condition d'impédance de surface. L'impédance Z dépendra du phénomène physique pris en compte. Il est en pratique possible de définir une impédance de surface pour des obstacles lisses. On distinguera la zone éclairée, où dominent les phénomènes de réflexion, et la zone d'ombre, où dominent les ondes rampantes. L'approche utilisée dans la littérature consiste à partir de la solution du problème canonique du cylindre, revêtu d'une ou plusieurs couches de diélectrique. b est le rayon extérieur du cylindre.

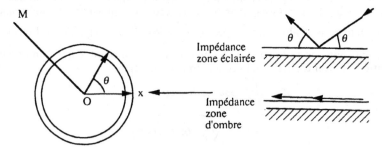

Fig.3 : Calcul de l'impédance à la surface d'un cylindre éclairé par une onde plane

La solution est exprimée sous forme intégrale. Pour un cylindre éclairé par une onde plane TE (figure 3), le champ total s'écrit, au point M (ρ, θ):

$$H(M) = \sum_{m=-\infty}^{m=+\infty} \int_{-\infty}^{+\infty} \left(J_v(k\rho) - \frac{J'_v(kb) + i Z_v J_v(kb)}{H_v^{'1}(kb) + i Z_v H_v^1(kb)} H_v^1(k\rho) \right) e^{iv\psi_m} dv \qquad (8)$$

où $\psi_m = |\theta + 2m\pi| - \pi/2$ et Z_v est l'impédance relative par rapport au vide du mode en $exp\,(iv\theta)$.

Z_v est obtenu en imposant à l'intégrand de vérifier les conditions de transmission aux interfaces et l'annulation de la dérivée normale sur le noyau conducteur.

Dans le cas d'une couche de diélectrique (ε_1, μ_1) d'épaisseur $(b-a)$ sur un cylindre conducteur de rayon a, on obtient par exemple :

$$Z_v = i \sqrt{\frac{\mu_1}{\varepsilon_1}} \, \frac{J'_v(k_1 a) N'_v(k_1 b) - N'_v(k_1 a) J'_v(k_1 b)}{J'_v(k_1 a) N_v(k_1 b) - N'_v(k_1 a) J_v(k_1 b)} \qquad (9)$$

Kim et Wang [KW] ont calculé le développement asymptotique de l'intégrale (8) dans le cas d'une couche. Dans la zone éclairée, ils obtiennent le résultat de l'Optique Géométrique, avec le coefficient de réflexion de Fresnel d'une plaque plane recouverte d'une couche de même épaisseur $e = b-a$, que celle recouvrant le cylindre. Dans la zone d'ombre, le champ est obtenu comme une série de modes rampants. Dans le cas où la couche est fine et composée de matériau à pertes, ces modes rampants ont des constantes de propagation v proches de kb. Si k_1 est suffisamment différent de k, les fonctions de Bessel de l'expression (9) peuvent être remplacées par leur développement asymptotique de Debye. On obtient alors, pour l'impédance Z_v :

$$Z_k \approx - i \sqrt{\frac{\mu_1}{\varepsilon_1}} \sqrt{1 - \frac{v^2}{k_1^2 b^2}} \; tg\left(k_1 e \sqrt{1 - \frac{v^2}{k_1^2 b^2}}\right) \qquad (10)$$

mais $v \approx kb$, donc $\sqrt{1 - \dfrac{v^2}{k_1^2 b^2}} \approx \sqrt{1 - \dfrac{1}{n^2}} = cos\,\theta_1$, où θ_1 est le sinus de l'angle dans la couche de matériau, pour une onde incidente en incidence rasante (voir figure 3).

On reconnaît donc dans (10) l'impédance obtenue sur un plan revêtu de la même couche que celle recouvrant le cylindre, éclairé en incidence rasante.

Dans le cas d'une couche d'indice pas trop proche de 1, avec des pertes, l'impédance est donc, en première approximation, la même que celle de la plaque plane, éclairée avec l'angle d'incidence local dans la zone éclairée, et en incidence rasante dans la zone d'ombre.

Des résultats analogues ont été obtenus pour le cylindre homogène par Langlois et Boivin [LB]. En première approximation, il est donc logique de supposer que, pour un objet recouvert d'un multicouche diélectrique à pertes, l'impédance est, en première approximation, la même que celle du multicouche plan, composé des couches de même épaisseur, éclairé avec l'angle d'incidence local dans la zone éclairée, et en incidence rasante dans la zone d'ombre. On notera au passage que, lorsque les indices des couches sont grands, l'onde dans la multicouche se propage quasiment en incidence normale, et que l'on peut prendre sur l'ensemble de l'objet l'impédance obtenue en incidence normale. On retrouve donc le résultat obtenu au paragraphe précédent par un développement en puissances inverses de l'indice.

8.1.3.   Traitement de la diffraction par des arêtes et des discontinuités

Nous avons considéré jusque là des obstacles lisses. Pour un obstacle général, nous saurons donc traiter, par la condition d'impédance, les contributions de réflexion et les rayons rampants. Le cas des arêtes, et plus généralement, des discontinuités de revêtement, est nettement plus délicat et ne se prête pas à une analyse rigoureuse. En pratique, on continue à postuler une condition d'impédance sur chaque face de l'arête, ou de part et d'autre de la discontinuité. Cette impédance est calculée comme si la surface et le revêtement étaient continus. On ne prend donc pas en compte la perturbation d'impédance apportée par la discontinuité. Cette approche est probablement valide pour des forts indices et des matériaux à pertes.

8.1.4.   Conclusion

En conclusion, l'impédance de surface s'applique à des obstacles lisses, soit revêtus de matériaux fort indice à pertes, quelle que soit la fréquence, soit revêtus de matériaux à pertes, à haute fréquence. Cela permet, dans la plupart des cas pratiques, de calculer les contributions de réflexion et de diffraction.

Toutefois, dans le cas de revêtement d'indice moyen, avec des pertes faibles, ou bien dans le cas de discontinuités, où les démonstrations précédentes ne s'appliquent plus, il peut être utile de recourir à des solutions plus précises. Nous allons présenter au paragraphe 8.2. une manière directe de traiter les matériaux, s'appuyant sur les problèmes canoniques du plan et du cylindre revêtu.

8.2   Traitement direct du matériau

La condition d'impédance donne, dans la plupart des cas d'intérêt pratique, une réponse satisfaisante au problème du calcul de la SER. Il est également possible de prendre en compte plus directement le matériau recouvrant une structure.

8.2.1.   Rayons réfléchis

Comme vu au paragraphe 8.1., on utilise comme coefficient de réflexion, celui du multicouche plan équivalent.

8.2.2.   Zone de transition et zone d'ombre d'un obstacle lisse

Il est possible de généraliser les fonctions de Fock, définies pour une impédance de surface (voir chapitre 3 et appendices), au cas d'un revêtement. Considérons un cylindre circulaire revêtu d'un multicouche diélectrique. Prenons par exemple le cas TE. Le champ total est donné par la formule (8) du paragraphe 8.1.2.. On suppose, ce qui est vrai pour le cas de matériaux à pertes, que l'essentiel de l'intégrale provient de la zone $v = kb + m\tau$, où $m = (kb/2)^{1/3}$, et où τ est de l'ordre de 1. Les fonctions de Bessel d'argument kb peuvent être alors remplacées par leurs développements de Watson, à l'aide des fonctions de Fock-Airy. On obtient, en suivant la même démarche qu'au chapitre 5, des développements asymptotiques uniformes de la solution. Ces développements sont analogues à celles obtenues avec l'impédance, à ceci près que les fonctions de Fock sont remplacées par des fonctions de Fock généralisées où l'impédance Z n'est plus une constante mais l'impédance Z_v du mode en $exp\,(iv\theta)$. Par exemple, dans le cas d'une couche de matériau, Z_v sera calculée à l'aide de la formule (9) du paragraphe 8.1.2., avec $v = kb + m\tau$. L'impédance Z_v dépendra donc de τ.

Prenons, pour fixer les idées, le cas de la fonction de Pekeris généralisée. Elle s'écrit :

$$P(\xi) = \frac{e^{-i\pi/4}}{\sqrt{\pi}} \int_{-\infty}^{+\infty} \frac{v'(\tau) - imZ(kb+m\tau)v(\tau)}{w_1'(\tau) - imZ(kb+m\tau)w_1(\tau)}\; d\tau \; . \qquad (1)$$

L'impédance constante de la fonction de Pekeris classique a été remplacée par une impédance variant avec le point d'intégration τ. Il en va de même pour les autres fonctions de Fock, donnant le champ de surface, ou bien le champ dans la couche limite.

Enfin, dans la zone d'ombre, ces fonctions de Fock s'expriment à l'aide de séries de résidus, qui s'interprètent comme des ondes rampantes. Ces séries de résidus permettent en particulier de calculer les coefficients de détachement D, ainsi que les constantes d'atténuation α des ondes rampantes.

En résumé, le problème canonique du cylindre revêtu se prête, exactement comme le problème canonique du cylindre avec impédance, à une interprétation de type Théorie Géométrique de la Diffraction. Les résultats pour un obstacle lisse s'obtiendront donc en remplaçant, dans les formules données au chapitre 1 (TGD ordinaire) les coefficients de détachement et constantes d'atténuation calculées pour une impédance de surface par leurs équivalents calculés pour le revêtement, et dans les formules du chapitre 5 (versions uniformes) les fonctions de Fock par les fonctions de Fock généralisées. On notera toutefois que cette approche est heuristique, puisqu'elle se fonde sur l'extrapolation de problèmes canoniques à des obstacles généraux. Le traitement direct du matériau présenté ci-dessus permet d'améliorer le calcul des contributions de réflexion et de rayons rampants.

Nous allons maintenant traiter le problème de la diffraction par une arête.

8.2.3.   Diffraction par un dièdre recouvert de matériau (Fig. 4)

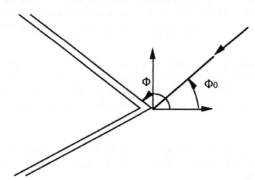

Fig.4 : Diffraction par
un dièdre revêtu

Le problème de la diffraction par un dièdre $-\Phi < \theta < \Phi$ d'impédance Z_+ (resp. Z_-) sur la face $\theta = \Phi$ (resp. $-\Phi$) a été résolu par Maliuzhinets en 1958 [Ma] . Il utilise une représentation de la solution sous forme d'un spectre d'ondes planes, le long du contour de Sommerfeld-Maliuzhinets D (voir chapitre 4)

$$u\,(r,\,\theta) = \frac{1}{2\pi i}\ \int_D s\,(\alpha + \theta)\,exp\,(-ikr\cos\alpha)\,d\alpha\ . \qquad (2)$$

Imposant à (2) de vérifier la condition d'impédance sur chacune des faces du dièdre, Maliuzhinets obtient deux équations fonctionnelles sur s :

$$s\,(\Phi + \alpha) = -R_+\,s\,(\Phi - \alpha) \qquad (3.a)$$

$$s\,(-\,(\Phi + \alpha)) = -R_-\,s\,(-\Phi + \alpha) \qquad (3.b)$$

où R_+ (resp. R_-) est le coefficient de réflexion sur la face $\theta = \varphi$ (resp. $\theta = -\varphi$), décrite par l'impédance de surface Z_+ (resp. Z_-) .

Soient $R_+ = \dfrac{\sin\alpha - Z_+}{\sin\alpha + Z_+}$ et $R_- = \dfrac{\sin\alpha - Z_-}{\sin\alpha - Z_-}$ dans le cas TE. Michaeli [Mi] suggère de prendre, au lieu des coefficients de réflexion pour une impédance constante, les coefficients de réflexion pour le revêtement recouvrant le dièdre. Il parvient alors, suivant la même méthode que Maliuzhinets, à calculer $s\,(\alpha)$. Il obtient, pour une onde incidente venant de la direction $\theta = \Phi_0$:

$$s\,(\alpha) = \sigma(\alpha)\,\psi(\alpha)\,/\,\psi\,(\Phi_0) \qquad (4)$$

où $\sigma(\alpha)$ est la fonction indépendante du revêtement

$$\sigma(\alpha) = \frac{1}{n} \cos \frac{\Phi_0}{n} \Big/ \left(\sin \frac{\alpha}{n} - \sin \frac{\Phi_0}{n} \right) \tag{5}$$

$$n = 2\Phi / \pi \tag{6}$$

et $\psi(\alpha)$ qui rend compte des propriétés du revêtement, est donnée par :

$$\psi(\alpha) = \psi_+(\alpha + \Phi) \, \psi_-(\alpha + \Phi) \tag{7}$$

avec

$$\psi_{\pm}(\alpha) = exp \left[-\frac{1}{2\pi} \int_0^\infty \ell n \left(\frac{\cos\left(\frac{y}{n}\right) + ch\left(\frac{y}{n}\right)}{ch\left(\frac{y}{n}\right) + 1} \right) \frac{R'_{\pm}(iy)}{R_{\pm}(iy)} \, dy \right]. \tag{8}$$

L'évaluation asymptotique de (8) par la méthode de la phase stationnaire permet d'obtenir le coefficient de diffraction du dièdre revêtu

$$D(\theta, \Phi_0) = \frac{\psi(\theta-\pi)\,\sigma(\theta-\pi) - \psi(\theta+\pi)\,\sigma(\theta+\pi)}{\psi(\Phi_0)} \; \frac{e^{i\pi/4}}{\sqrt{kr}} \, . \tag{9}$$

La solution de Michaeli est, a priori, plus précise que la solution avec une impédance constante. On notera toutefois qu'elle suppose que l'impédance du revêtement plan infini s'applique jusqu'à la partie du dièdre, ce qui n'est pas exact. En effet, près de la pointe du dièdre, l'impédance est perturbée par le coin.

8.2.4.   Conclusion sur le traitement direct du matériau

Il est donc possible de traiter directement le matériau de recouvrement en utilisant :
- le coefficient de réflexion sur le multicouche plan équivalent pour les rayons réfléchis,
- les fonctions de Fock généralisées, déduites du problème canonique du cylindre, recouvert du même multicouche que l'objet, pour les rayons rampants,
- la solution de Michaeli pour le dièdre recouvert pour les rayons diffractés par des arêtes.

Cette voie, encore assez peu explorée dans la littérature, est prometteuse. On notera toutefois que, pour l'instant, elle s'appuie sur une généralisation à un obstacle quelconque de la solution de problèmes canoniques, donc sur la démarche initiale de la TGD, exposée au chapitre 1, et reste donc heuristique.

D'autre part, le cas des arêtes n'est traité qu'approximativement puisque l'on suppose que l'impédance du revêtement sur un plan infini s'applique jusqu'à la pointe du dièdre, négligeant ainsi l'effet de la pointe sur l'impédance. Une autre approche possible pour traiter des objets revêtus, intermédiaire entre la condition d'impédance et le traitement direct du matériau, consiste à utiliser une condition de surface plus générale, appelée condition d'impédance généralisée. Nous allons exposer cette méthode au paragraphe suivant.

8.3   Impédance de surface généralisée (Fig. 5)

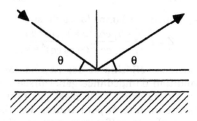

Cette notion a été introduite par Karp et Karal [KK], développée par Senior et Volakis [SV] et Rojas [Ro1] , en particulier. Ces auteurs partent en général d'un revêtement sur un plan conducteur. Plaçons-nous, pour simplifier, en bidimensionnel. Considérons une onde plane incidente sous un angle θ. L'impédance de surface, définie comme le rapport Etg / Htg à la surface du revêtement, dépend en général de θ , soit $Z = Z(\theta)$. Par symétrie $Z(\pi - \theta) = Z(\theta)$, donc $Z = Z(\sin \theta)$. Mais, pour $\theta \in [0, \pi]$, $\sin \theta = \sqrt{1 - \cos^2 \theta}$, et Z est donc une fonction de $\cos^2 \theta$. Supposons cette fonction analytique et développons-la en série entière

$$Z = a_0 + a_1 \cos^2 \theta \ldots + a_n \cos^{2n} \theta + \ldots \tag{1}$$

Il est possible d'obtenir cette impédance de surface dépendant de θ par une condition de surface locale. Considérons en effet la condition de surface suivante, pour $y = 0$

$$\frac{\partial u}{\partial Y} = b_0 u + b_1 \frac{\partial^2 u}{\partial X^2} + \ldots b_n \frac{\partial^n u}{\partial X^n} \tag{2}$$

où $X = kx$, $Y = ky$.

L'onde incidente vaut $u^i = exp \left(-ik(x \cos \theta + y \sin \theta) \right)$
et l'onde réfléchie $u^r = R \, exp \left(-ik(x \cos \theta - y \sin \theta) \right)$
où R est le coefficient de réflexion. Le champ total vérifie (2), donc

$$- i \sin \theta + R \, i \sin \theta = (b_0 - b_1 \cos^2 \theta + b_2 \cos^4 \theta \ldots) (1 + R) \tag{3}$$

soit

$$R = \frac{\sin \theta - i(b_0 - b_1 \cos^2 \theta + b_2 \cos^4 \theta + \ldots)}{\sin \theta + i(b_0 - b_1 \cos^2 \theta + b_2 \cos^4 \theta \ldots)} \quad . \tag{4}$$

Soit une impédance

$$Z = i \, (b_0 - b_1 \cos^2 \theta + b_2 \cos^4 \theta + \ldots) \tag{5}$$

et on peut donc simuler exactement le revêtement plan en prenant

$$b_0 = - i a_0 \ , b_1 = i a_1 \ ,\ldots b_n = (-1)^{n+1} \, i a_n \ . \tag{6}$$

La condition d'impédance usuelle consiste à ne garder que le premier terme de la série (5). La condition d'impédance généralisée revient à prendre un nombre fini de termes de la série.

D'autres possibilités existent : plutôt que d'écrire Z comme une série, on peut l'écrire comme une fraction rationnelle. On obtient alors d'autres formes de condition d'impédance généralisée : la condition aux limites

$$\frac{\partial}{\partial Y}\left(c_0 u + c_1 \frac{\partial^2 u}{\partial X^2} + c_2 \frac{\partial^2 u}{\partial X^4} + ...\right) = b_0 u + b_1 \frac{\partial^2 u}{\partial X^2} + b_2 \frac{\partial^2 u}{\partial X^4} + ... \qquad (7)$$

est, par exemple, équivalente à l'impédance de surface

$$Z = i \, \frac{b_0 - b_1 \cos^2\theta + b_2 \cos^4\theta + ...}{c_0 - c_1 \cos^2\theta + c_2 \cos^4\theta + ...} . \qquad (8)$$

Pour le calcul des rayons réfléchis et des rayons rampants par une méthode asymptotique, la condition d'impédance généralisée n'apporte rien par rapport au traitement direct du matériau : elle n'est pas plus simple et moins précise. Par contre, elle présente un intérêt pour traiter des discontinuités de matériau. Considérons, par exemple, la diffraction par un plan vérifiant la condition d'impédance généralisée suivante (figure 6) :

Fig.6

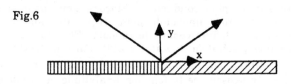

$$\frac{\partial u}{\partial y} = a_- u + b_- \frac{\partial^2 u}{\partial x^2} \quad pour \ x < 0 \qquad (9.a)$$

$$\frac{\partial u}{\partial y} = a_+ u + b_+ \frac{\partial^2 u}{\partial x^2} \quad pour \ x > 0 \qquad (9.b)$$

Le champ total vérifie, pour $y > 0$, l'équation des ondes

$$(\Delta + k^2) u = 0 . \qquad (10)$$

Multiplions (10) par une fonction test v et intégrons par parties, on obtient [Ly] (on a supposé v continue en 0)

$$- \int_{y>0} (\vec{\nabla} u . \vec{\nabla} v) \, dx \, dy + k^2 \int_{y>0} uv \, dx \, dy - \int_{-\infty}^{+\infty} a_{\pm} uv \, dx +$$

$$+ \int_{-\infty}^{+\infty} b_{\pm} \frac{\partial u}{\partial x} \frac{\partial v}{\partial x} \, dx - \left(b_+ \frac{\partial u}{\partial x}(0_+) - b_- \frac{\partial u}{\partial x}(0_-) \right) v(0) = 0 . \qquad (11)$$

Prenons $v = \overline{u}$ conjugué de u. Supposons $Im \ k^2 > 0$ ce qui est le cas si le milieu occupant le demi-espace $y > 0$ a des pertes. Le premier terme de (10) a une partie imaginaire nulle, le second a une partie imaginaire positive, le troisième a une partie imaginaire positive si $Im \ a_{\pm} < 0$, ce qui correspond à une impédance passive, le quatrième a une partie imaginaire positive si $Im \ b_{\pm} > 0$. Nous supposons ces deux conditions réalisées. Si le cinquième terme est également à partie imaginaire positive, la solution de l'équation homogène (10) avec condition aux limites homogènes (9) est unique. Pour cela, on fixe une relation linéaire, appelée condition de contact,

$$b_+ \frac{\partial u}{\partial x}(0_+) - b_- \frac{\partial u}{\partial x}(0_-) = c \, u(0) \qquad (12)$$

avec $$Im \ c > 0 . \qquad (13)$$

Le choix de c est, a priori, arbitraire, si (13) est satisfait, ce qui donne, par rapport à la méthode du paragraphe 8.2.3 un degré de liberté supplémentaire pour prendre en compte l'effet de la discontinuité. La méthode de l'impédance généralisée a notamment été appliquée au problème du dièdre revêtu par Bernard [Be] et à de nombreux problèmes de fonctions par Senior, Volakis et leurs élèves (par exemple [SV]) ainsi que par Rojas [Ro2] . Le problème du calcul des c reste un sujet de recherche.

8.4 Conclusions

L'impédance de surface permet de traiter les revêtements fort indice à pertes et également les revêtements à pertes à haute fréquence sur des obstacles lisses. Le calcul de l'impédance repose, notamment pour le cas fort indice, sur une démonstration mathématique rigoureuse. Il se réduit à calculer l'impédance à la surface d'un multicouche plan éclairé par une onde plane. L'impédance est donc une approximation fiable et commode dans la plupart des cas pratiques. Pour obtenir une meilleure précision, il est possible, pour les contributions de réflexion et d'ondes rampantes, de traiter directement le matériau, en extrapolant les résultats de problèmes canoniques. La diffraction par des discontinuités recouvertes de matériau reste un sujet de recherche. Diverses approximations sont possibles : condition d'impédance simple ou généralisée, prise en compte du coefficient de réflexion exact du revêtement. Toutefois, la perturbation due à la discontinuité n'est qu'imparfaitement prise en compte.

RÉFÉRENCES

[AC] M. Artola M. Cessenat, *Diffraction d'une onde électromagnétique par un obstacle à perméabilité élevée*, CRAS, t 314, série 1, pp.349-354,1992

[C] T. Cluchat, *Etude de validité de la condition d'impédance*, Ph.D Dissertation, University of Bordeaux, 1992.

[Be] J.M. Bernard, *Diffraction by a metallic wedge covered with a dielectric material*, J. Wave Motion, 9, pp 543-561, 1987.

[KK] S. Karp and F. Karal, *Generalized Impedance Boundary Conditions with applications to surface wave structures*, in E. Brown (Ed.) "Electromagnetic Wave Theory", Pergamon Press, 1965.

[KW] H. T. Kim, N. Wang, *UTD Solution for Electromagnetic scattering by a circular cylinder with a thin coating*, IEEE Trans. Ant. Prop, Vol AP-37, pp. 1463-1472, Nov. 1989

[L] M.A. Leontovich, *Investigation of radio wave propagation*, Partie II, Izd. AN SSSR. Moscou,1948

[LB] P.Langlois et A. Boivin, Can Journal of Physics, 61, pp. 332, 1983

[Ly] M.A.Lyalinov , *Electromagnetic scattering by coated surfaces*, Journées de diffraction, St Pétersbourg,1993.

[Mi] A. Michaeli, *Extension of Malhiuzinets solution to arbitray permittivity and permeability of coatings on a perfect conducting wedge*, Electronic Letters, 24, pp 1291-1294, Erratum p.1521, 198.

[Ma] Maliuzhinets Sov. Phys. Dokl. 3,pp.752, 1958.

[Ro1] R. Rojas, *Generalized Impedance Boundary Conditions for E.M. Scattering Problems*, Electronic Letters, vol 24, no.17, pp 1093-1094, 1987.

[Ro2] R. Rojas, L. Chou, *Diffraction by a partially coated PEC half–plane*, Radio

Science, vol 25, n°2, pp175-188, 1990.

[R]   S.M. Rytov, Zh. Eksp.Teor. Fiz.10,180,1940.

[SV]   T. Senior, S. Volakis , *Derivation and application of a classof GIBC*, IEEE AP, vol 37, pp 1566-1572, dec 1989.

Problèmes canoniques

Les problèmes canoniques ont constitué longtemps le fondement de la TGD. Il existe donc une abondante littérature sur ce sujet, essentiellement consacrée au cas conducteur parfait. Nous nous limiterons donc à trois problèmes canoniques représentatifs :
- le plan, représentatif de la réflexion,
- le cylindre, représentatif des ondes rampantes,
- le dièdre, représentatif des diffractions d'arête.

Le plan et le cylindre seront décrits par une condition d'impédance de surface. Pour le dièdre, nous commencerons pour simplifier, par le cas parfaitement conducteur. Nous traiterons ensuite le cas avec impédance.

Pour un champ incident TE (resp. TM) le problème se ramène à un problème scalaire sur $u = H$ (resp. E) avec la condition sur l'obstacle, pour le champ total

$$\frac{\partial u}{\partial n} + i\,k\,Z\,u = 0$$

$$\left(resp. \; \frac{\partial u}{\partial n} + i\,\frac{k}{Z}\,u = 0 \right).$$

A) Réflexion d'une onde plane par un plan (figure 1)

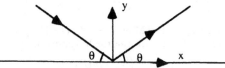

onde incidente   onde réfléchie

Fig.1 : Réflexion d'une onde plane par un plan

Considérons une onde plane TE incidente avec l'angle θ sur un plan vérifiant une condition d'impédance, donc

$$\frac{\partial u}{\partial n} + i\,k\,Z\,u = 0 \tag{1}$$

Recherchons la solution comme la somme de l'onde incidente

$$u^i = exp\,(ik(x\cos\theta - y\sin\theta)) \tag{2}$$

et d'une onde réfléchie

$$u^r = R\,exp\,(ik(x\cos\theta + y\sin\theta)) \tag{3}$$

où R est inconnu.

Reportons (2) et (3) dans (1). On obtient :

$$R = \frac{\sin\theta - Z}{\sin\theta + Z} \tag{4}$$

donc précisément le coefficient de réflexion R_{TE} (équation (1) du § 1.5.1.).

Pour une onde incidente TM, la condition d'impédance s'écrit $\dfrac{\partial u}{\partial n} + i \dfrac{k}{Z} u = 0$ et le coefficient de réflexion est $R_{TM} = \dfrac{Z\sin\theta - 1}{Z\sin\theta + 1}$.

Le problème canonique du plan permet de calculer les coefficients de réflexion. Passons au problème canonique du cylindre, qui va nous permettre de calculer les constantes de propagation des ondes rampantes et leurs coefficients de détachement.

B) Diffraction par un cylindre circulaire d'impédance de surface constante

1 - Solution générale du problème

On considère une source linéique de courant électrique ou magnétique d'intensité unité parallèle aux génératrices d'un cylindre circulaire infini de rayon a et d'impédance de surface constante Z (Fig.3). Le problème posé est le calcul du champ total dans l'espace extérieur au cylindre.

Soit $Oxyz$ un référentiel trirectangle dont l'axe Oz est confondu avec l'axe du cylindre. Soit ρ et θ les coordonnées polaires du point d'intersection de la source linéique avec le plan xy. D'après les remarques faites dans l'introduction, le problème posé se ramène à la résolution du problème scalaire suivant :

$$(\nabla^2 + k^2)\, U(r, \theta) = -\frac{1}{r}\, \delta(r-\rho)\, \delta(\theta)\,,\ r \geq a \qquad (1)$$

$$\frac{\partial U}{\partial r} + i\, k\, \zeta\, U = 0\,,\ r = a \qquad (2)$$

où $\zeta = Z$, $U = H_z$ pour une onde TM et $\zeta = 1/Z$, $U = E_z$ pour une onde TE.

Aux conditions (1) et (2), il faut ajouter la condition de Sommerfeld à l'infini

$$\lim_{r \to \infty} r^{1/2} \left(\frac{\partial U}{\partial r} - ikU \right) = 0 \qquad (3).$$

La résolution de ce problème est classique et conduit à l'expression suivante pour $r > a$:

$$U = \frac{i}{4} \sum_{m=-\infty}^{+\infty} e^{im\theta} \left[J_m(kr_<) - \frac{\Omega J_m(ka)}{\Omega H_m^{(1)}(ka)} H_m^{(1)}(kr_<) \right] H_m^{(1)}(kr_>) \qquad (4)$$

où on a posé :

$$\Omega = \frac{\partial}{\partial r} + ik\zeta$$

$$r_< = Inf(r, \rho)\,,\ r_> = sup(r, \rho)\,.$$

La série (4) converge très lentement lorsque $ka \gg 1$ et pour des points d'observation situés loin du cylindre. Elle peut être transformée en une série rapidement convergente, du moins dans la région de l'espace correspondant à l'ombre profonde, par la transformation de Watson, comme nous allons l'expliquer ci-dessous.

Soit S une série infinie donnée par :

$$S = \sum_{n=1}^{\infty} f(n) .$$

Chaque terme de cette série peut être considéré comme le résidu d'une intégrale le long d'un contour fermé dans le plan complexe. En effet, en désignant par $g(v)$ une fonction analytique telle que $g(n) = 0$ pour $n = 1,2,3,...$ alors

$$S = -\frac{1}{2\pi i} \int_C f(v) \frac{\frac{dg(v)}{dv}}{g(v)} \, dv$$

où C est un contour dans le plan complexe des v entourant l'axe Rev, comme cela est indiqué sur la figure 2 ci-dessous :

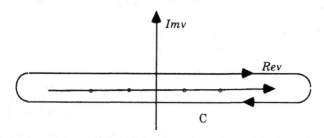

Fig.2 : Contour pour la transformation de Watson

En choisissant pour $g(v)$ la fonction $g(v) = sin\ v\pi$, le second membre de (4) peut se mettre sous la forme :

$$U = -\frac{1}{8} \int_C \frac{e^{iv(\theta-\pi)}}{sinv\pi} \left[J_v(kr_<)- \frac{\Omega J_v(ka)}{\Omega H_v^{(1)}(ka)} H_v^{(1)}(kr_<) \right] H_v^{(1)}(kr_>) \, dv . \qquad (5)$$

En remplaçant v par $-v$ sur la partie du contour C pour laquelle $Imv < 0$, et en tenant compte du fait que l'intégrant privé du terme $exp\ [iv(\theta - \pi)]$ est impair, (5) se met sous la forme :

$$U = -\frac{1}{4} \int_D \frac{cosv(\theta-\pi)}{sinv\pi} \left[J_v(kr_<)- \frac{\Omega J_v(ka)}{\Omega H_v^{(1)}(ka)} H_v^{(1)}(kr_<) \right] H_v^{(1)}(kr_>) \, dv \qquad (6)$$

où D est un contour dans le demi-plan supérieur, parallèle à l'axe réel des v. Lorsque le point d'observation se trouve dans l'ombre géométrique de la source, le contour D peut être fermé par le cercle à l'infini dans le demi-plan supérieur et l'intégrale peut être évaluée par la méthode des résidus. Les pôles v_n de l'intégrand sont les zéros de $\Omega H_v^{(1)}(ka)$.

En tenant compte de :

$$J_v(x) = \frac{1}{2} \left[H_v^{(1)}(x) + H_v^{(2)}(x) \right]$$

on obtient alors :

$$U = \frac{\pi i}{4} \sum_{n=1}^{\infty} \frac{cos\, v_n(\theta - \pi)}{sin\, v_n \pi} \; \frac{\Omega H_{v_n}^{(2)}(ka)}{\left[\frac{\partial}{\partial v} \Omega H_v^{(1)}(ka)\right]_{v=v_n}} \; H_{v_n}^{(1)}(k\rho)\, H_{v_n}^{(1)}(kr)\,. \qquad (7)$$

On a, d'autre part :

$$\frac{cos\, v_n(\theta - \pi)}{sin\, v_n \pi} = -\frac{e^{i v_n \theta} + e^{i v_n (2\pi - \theta)}}{1 - e^{2\pi i v_n}}\; i$$

et pour les grandes valeurs de $k\rho$ et kr, les fonctions de Hankel $H_{v_n}^{(1)}(k\rho)$ et $H_{v_n}^{(1)}(kr)$ peuvent être remplacées par leurs développements asymptotiques de Debye :

$$H_v^{(1)}(x) = \frac{\sqrt{2}}{\sqrt{\pi x sin\, \gamma}}\; e^{ix(sin\, \gamma - \gamma cos\, \gamma)}\; e^{-i\,\pi/4}\,, \; cos\,\gamma = \frac{v}{x}\,, \; |v - x| > 0\; (|v|^{1/3})\,.$$

En portant ces expressions dans (7) on trouve :

$$U = -\, i\, \frac{e^{ik[(r^2 - a^2)^{1/2} + (\rho^2 - a^2)^{1/4}]}}{2k(r^2 - a^2)^{1/4}(\rho^2 - a^2)^{1/4}}$$

$$\sum_{n=1}^{\infty} \frac{e^{i v_n \theta} + e^{i v_n (2\pi - \theta)}}{1 - e^{2\pi i v_n}}\; e^{-i v_n [Arc\, cos(v_n/k\rho) + Arc\, cos(v_n/kr)]} \times \frac{\Omega H_{v_n}^{(2)}(ka)}{\left[\frac{\partial}{\partial v} \Omega H_v^{(1)}(ka)\right]_{v=v_n}}\,. \qquad (8)$$

La raison pour laquelle (8) n'est valable que si le point d'observation se trouve dans l'ombre géométrique de la source tient au fait que les termes :

$$e^{i v_n [\theta - Arc\, cos(v_n/k\rho) - Arc\, cos(v_n/kr)]}\,, \; e^{i v_n [2\pi - \theta - Arc\, cos(v_n/k\rho) - Arc\, cos(v_n/kr)]}$$

ne sont évanescents que si :

$$Arc\, cos\left(\frac{v_n}{k\rho}\right) + Arc\, cos\left(\frac{v_n}{kr}\right) < \theta < 2\pi - Arc\, cos\left(\frac{v_n}{k\rho}\right) - Arc\, cos\left(\frac{v_n}{kr}\right).$$

Or, on verra par la suite que $ka \gg 1$, $v_n \approx ka$. La condition précédente s'écrit par conséquent :

$$\Phi_1 + \Phi_2 \; < \theta < 2\pi - (\Phi_1 + \Phi_2)$$

avec

$$\Phi_1 = Arc\, cos\left(\frac{a}{\rho}\right)\,, \; \Phi_2 = Arc\, cos\left(\frac{a}{r}\right).$$

Avec ces notations, le champ dans la zone d'ombre donné par (8) s'écrit comme une somme de termes

$$e^{i v_n [\theta - \Phi_1 - \Phi_2]}\,, \; e^{i v_n [2\pi - \theta - \Phi_1 - \Phi_2]}$$

interprétables comme des ondes rampantes. Plus précisément (8) devient

$$U = -\, i\, \frac{exp\, ik(\rho^2 - a^2)^{1/2}}{(2k)^{1/2}(\rho^2 - a^2)^{1/4}}\; \frac{exp\, ik(r^2 - a^2)^{1/2}}{(2k)^{1/2}(r^2 - a^2)^{1/4}}$$

$$\sum_{n=1}^{\infty} \frac{1}{1 - e^{2\pi i v_n}}\, (e^{i v_n [\theta - \Phi_1 - \Phi_2]} + e^{i v_n [2\pi - \theta - \Phi_1 - \Phi_2]})\; \frac{\Omega H_{v_n}^{(2)}(ka)}{\left[\frac{\partial}{\partial v} \Omega H_v^{(1)}(ka)\right]_{v=v_n}}\,. \qquad (9)$$

Nous allons interpréter cette formule en terme d'attachement, de propagation sur le cylindre, et de détachement de rayons rampants, à l'aide de la figure 3. Le premier terme de la formule (9) ci-dessus correspond à la propagation en espace libre. La source en S émet un champ incident. Soit P_1 un des points du cylindre où le rayon SP_1 est tangent . La distance SP_1 vaut $\sqrt{\rho^2 - a^2}$, le point P_1 est supposé situé à une distance suffisante de S pour pouvoir remplacer la fonction de Hankel donnant le champ de la source par le premier terme de son développement asymptotique, si bien que le champ incident est

$$U^i(P_1) = \frac{e^{i\pi/4}}{\sqrt{8\pi k}} \frac{expi(\rho^2 - a^2)^{1/2}}{(\rho^2 - a^2)^{1/4}}.$$ La propagation du point de détachement P_2 du

rampant au point d'observation donne de même un terme de phase $expik(r^2 - a^2)^{1/2}$ et un terme de divergence géométrique $(r^2 - a^2)^{1/4}$. L' angle $\theta_1 = [\theta - \Phi_1 - \Phi_2]$ correspond au parcours $P_1 P_2$ du rayon rampant passant au dessus du cylindre circulaire. L'angle $\theta_2 = [2\pi - \theta - \Phi_1 - \Phi_2]$ correspond au parcours $P'_1 P'_2$ du rayon rampant passant au dessous du cylindre circulaire. Les rayons rampants se propagent donc sur le cylindre avec une constante de propagation v_n/a, où v_n est un des zéros de $\Omega H^{(1)}{}_v(ka)$. Ces zéros seront déterminés au paragraphe 2. Enfin, le terme $\dfrac{1}{1 - e^{2\pi i v_n}}$, se réécrit comme une

somme $(1 + e^{2\pi i v} + e^{4\pi i v} + ...)$. On retrouve donc les ondes rampantes faisant un ou plusieurs tours du cylindre. On notera que ce terme est toujours très voisin de 1.

L'interprétation TGD du champ au point P est donc finalement

$$U = U^i(P_1) \sum_{n=1}^{\infty} \sum_{m=1}^{\infty} D_n^2 (exp\,(i\,m v_n\,\theta_1) + exp\,(i\,m v_n\,\theta_2))(expik(r^2 - a^2)^{1/2}(r^2 - a^2)^{-1/4} \quad (10)$$

La sommation porte sur l'indice n du mode rampant et sur le nombre m de tours. La comparaison de cette formule à (9) permet de déterminer le carré du

coefficient de détachement $D^2 = e^{-3i\pi/4}(2\pi/k)^{1/2} \dfrac{\Omega H_{v_n}^{(2)}(ka)}{\left[\frac{\partial}{\partial v} \Omega H_v^{(1)}(ka)\right]_{v = v_n}}$.   En

conclusion, la solution du problème canonique du cylindre circulaire illuminé par une source s'interprète en termes de rayons rampants. De plus, cette solution explicite nous permet d'identifier les constantes de propagation et les coefficients de détachement. Nous allons donner la valeur des constantes de propagation au paragraphe suivant, puis celle des coefficients de détachement au paragraphe 3.

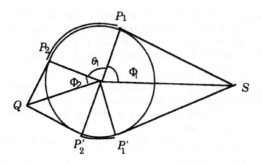

Fig.3 : Rayons rampants sur un cylindre circulaire

2 - Expression des zéros de $\Omega H_\nu^{(1)}(ka)$, constantes de propagation

Les zéros de $H_\nu^{(1)}(ka)$ et de $H_\nu'^{(1)}(ka)$ sont situés dans le premier et le qua-trième quadrant du plan complexe des ν. Si ka est réel, ce qui est toujours le cas lorsque le cylindre est plongé dans l'air, les zéros de $H_\nu^{(1)}(ka)$ par exemple sont situés sur les courbes indiquées sur la figure 4 ci-dessous.

Ces courbes qui sont symétriques par rapport à l'origine sont aussi appelées lignes de Stokes de la fonction $H_\nu(ka)$. Le contour D considéré précédemment est situé dans le demi-plan supérieur et passe en-dessous du premier zéro de $H_\nu^{(1)}(ka)$ situé dans le premier quadrant. Comme le contour est fermé à l'infini par un cercle situé dans le demi-plan supérieur, seuls les zéros ayant une partie imaginaire positive interviennent dans les séries (7) et (8). Par la suite on ne considère de ce fait que les zéros situés dans le premier quadrant.

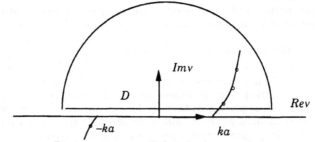

Fig.4 : ν_n et contour D dans le plan complexe

Les valeurs de ν_n intervenant dans les séries (7) et (8) sont les zéros de $\Omega H_\nu^{(1)}(ka)$. On a par conséquent :

$$\left[\frac{\partial H_{\nu_n}^{(1)}(k\rho)}{d\rho}\right]_{\rho=a} + ik\zeta H_{\nu_n}^{(1)}(ka) = 0$$

ou encore, en posant $ka = x$

$$\frac{\partial H_{v_n}^{(1)}(x)}{\partial x} + i\zeta H_{v_n}^{(1)}(x) = 0 \ . \tag{11}$$

Les développements asymptotiques (de Watson) des fonctions de Hankel valables au voisinage des lignes de Stokes et de leurs dérivées par rapport à l'argument et l'indice sont :

$$H_{v_n}^{(1)}(ka) = 2^{4/3} (v_n)^{-1/3} e^{-i\pi/3} Ai(y)$$

$$\left[\frac{\partial}{\partial x} H_{v_n}^{(1)}(x)\right]_{x=ka} = 2^{4/3} (v_n)^{-1/3} e^{-i\pi/3} Ai'(y) \left(\frac{\partial y}{\partial x}\right)_{x=ka}$$

$$\left[\frac{\partial}{\partial v} H_v^{(1)}(ka)\right]_{v=v_n} = 2^{4/3} (v_n)^{-1/3} e^{-i\pi/3} Ai'(y) \left(\frac{\partial y}{\partial v}\right)_{v=v_n}$$

avec

$$y = 2^{1/3} e^{-i\pi/3} x^{-1/3} (x - v)$$

$$\frac{\partial y}{\partial x} = -2^{1/3} e^{-i\pi/3} \ 1/3 \ x^{-4/3}(x - v) + 2^{1/3} e^{-i\pi/3} x^{-1/3} \approx 2^{1/3} e^{-i\pi/3} x^{-1/3}$$

$$\frac{\partial y}{\partial v} = -2^{1/3} e^{-i\pi/3} x^{-1/3}$$

où $Ai(y)$ est la fonction d'Airy définie par (voir Abramowitz et Stegun [AS] p. 447)

$$Ai(y) = \frac{1}{\pi} \int_0^\infty \cos\left(\frac{1}{3}\tau^3 + y\tau\right) d\tau$$

et vérifiant

$$Ai''(y) = yAi(y) \ .$$

Reportant ces développements dans (11), on obtient l'équation vérifiée par y

$$Ai'(y) - m\zeta e^{-i\pi/6} Ai(y) = 0 \ . \tag{12}$$

C'est l'équation (27) du paragraphe 1.5.4, donnant les coefficients d'atténuation de l'onde rampante. Dans cette formule, $y = -q_h^n(Z)$ en TE, et $y = -q_s^n(Z)$ en TM.

Pour $\zeta = 0$, on obtient un problème de Neuman. Tout zéro de la dérivée de la fonction d'Airy est solution de (12). Le premier zéro vaut environ $-1,019$.

Pour $\zeta = \infty$, on obtient un problème de Dirichlet. Tout zéro de la fonction d'Airy est solution de (12).

Il y a une infinité de zéros de la fonction d'Airy, comme de sa dérivée, donc une infinité de solutions. Chaque solution correspond à un mode d'indice n. Il en va de même dans le cas général, pour ζ quelconque.

Une fois connu $y(\zeta)$, la constante de propagation vaut $v/a = k - e^{i\pi/3}ym/a$, où $m = (ka/2)^{1/3}$ est le paramètre de Fock. Elle est la somme du nombre d'onde dans le vide k et du coefficient d'atténuation $\alpha_h^n(Z)$ introduit au chapitre 1 . Il vaut $\alpha_h^n(Z) = -e^{i\pi/3}ym/a = -e^{i\pi/3}q_h^n(Z) \, m/a$ en TE. On retrouve donc la formule (25) du 1.5.4 pour les coefficients d'atténuation. Le problème canonique du cylindre circulaire avec impédance de surface fournit donc les coefficients d'atténuation des ondes rampantes. Avant de conclure ce paragraphe, nous allons présenter brièvement la méthode de résolution de (10) et l'effet de l'impédance sur les constantes de propagation.

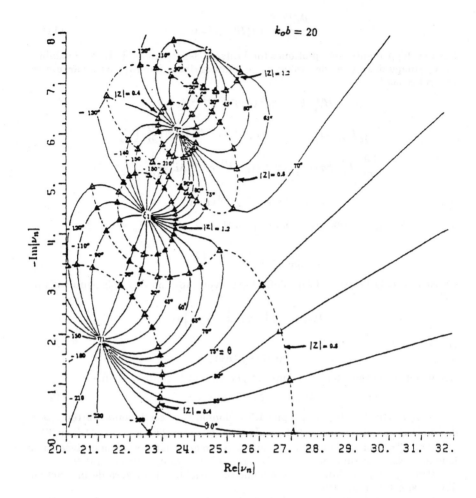

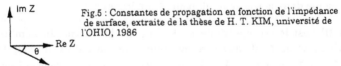

Fig.5 : Constantes de propagation en fonction de l'impédance de surface, extraite de la thèse de H. T. KIM, université de l'OHIO, 1986

La résolution de (11) se ramène à la résolution d'une équation différentielle dans le plan complexe [GB] , donnant l'évolution de $y(\zeta)$ en fonction de ζ . La solution initiale, prise en $\zeta = 0$, est un zéro de la dérivée de la fonction d'Airy. Il est aussi possible de résoudre directement l'équation (11) donnant les v_n par une méthode de Newton. La figure 5 donne l'évolution des $v_n(\zeta)$ dans le plan complexe. Chaque courbe est décrite par $v_n(\zeta)$ quand ζ parcourt une demi droite du plan complexe d'angle θ par rapport à l'axe réel. Pour des impédances de surface imaginaires pures négatives, l'atténuation décroît par rapport au conducteur parfait ; on a des phénomènes d'ondes de surface. Pour des impédances de surface avec une partie réelle suffisamment forte, l'atténuation est plus importante qu'en conducteur parfait. On constate donc que l'impédance de surface, est un moyen de moduler l'atténuation des ondes rampantes.

3 - Expression du coefficient de diffraction $D(n, \zeta, ka)$

Le coefficient de diffraction $D(n, \zeta, ka)$, que nous noterons simplement D, est obtenu au moyen du développement asymptotique de $D^2 = e^{-3i\pi/4}(2\pi/k)^{1/2}R_n$ avec

$$R_n = \frac{\Omega H_{v_n}^{(2)}(ka)}{\left[\frac{\partial}{\partial v} \Omega H_v^{(1)}(ka)\right]_{v=v_n}} = \frac{H_{v_n}'^{(2)}(ka)+i\zeta H_{v_n}^{(2)}(ka)}{\frac{\partial}{\partial v}\left[H_v'^{(1)}(ka)+i\zeta H_v^{(1)}(ka)\right]_{v=v_n}} . \tag{13}$$

Le wronskien entre $H_{v_n}^{(1)}$ et $H_{v_n}^{(2)}$ s'écrit :

$$- H_{v_n}^{(1)}(ka) H_{v_n}'^{(2)}(ka) + H_{v_n}'^{(1)}(ka) H_{v_n}^{(2)}(ka) = \frac{4i}{\pi ka}$$

d'où, en tenant compte de : $H_{v_n}'^{(1)}(ka) + i\zeta H_{v_n}^{(1)}(ka) = 0$

$$H_{v_n}'^{(2)}(ka) + i\zeta H_{v_n}^{(2)}(ka) = \frac{-4i}{\pi ka H_{v_n}^{(1)}(ka)}$$

et $$R_n = \frac{-4i}{\pi ka H_{v_n}^{(1)}[\tilde{H}_{v_n}'^{(1)}(ka)+i\zeta \tilde{H}_{v_n}^{(1)}(ka)]} \tag{14}$$

où $$\tilde{H}_{v_n}'^{(1)}(ka) = \left[\frac{\partial}{\partial v} H_v'^{(1)}(ka)\right]_{v=v_n} .$$

Dans (14) on remplace ζ par son expression donnée par (11) :

$$\zeta = \frac{iH_{v_n}'^{(1)}(ka)}{H_{v_n}^{(1)}(ka)} .$$

Ceci donne

$$R_n = \frac{-4i}{Q_n} \tag{15}$$

avec $$Q_n = \pi ka \left[H_{v_n}^{(1)}(ka) \tilde{H}_{v_n}'^{(1)}(ka) - H_{v_n}'^{(1)}(ka) \tilde{H}_{v_n}^{(1)}(ka)\right] . \tag{16}$$

En reportant dans (16) les développements asymptotiques des différentes fonctions de Hankel au voisinage des lignes de Stokes on obtient :

$$Q_n = \pi ka (2^{10/3} \, v_n^{-2/3} \, e^{2\pi i/3} \, (ka)^{-2/3} \left\{ [Ai'(y_n)]^2 - y_n [Ai(y_n)]^2 \right\} \tag{17}$$

et
$$R_n = -\frac{2i}{\pi \, 2^{7/3}} \, (ka)^{1/3} \, e^{-2\pi i/3} \, \frac{1}{[Ai'(y_n)]^2 - y_n \, [Ai(y_n)]^2} \; . \tag{18}$$

Le coefficient de diffraction D_n selon la notation de Levy et Keller adoptée dans cet ouvrage est alors :

$$D_n^2 = \frac{e^{i\pi/12}}{2^{5/6} \, \pi^{1/2} (ka)^{1/6}} \, \frac{a^{1/2}}{[Ai'(y_n)]^2 - y_n \, [Ai(y_n)]^2} \tag{19}$$

$$y_n = -2^{1/3} \, e^{-i\pi/3} \, (ka)^{-1/3} \, (v_n - ka) \; . \tag{20}$$

cette expression coïncide avec la formule correspondante du 1.5

L'interprétation en terme de rayons rampants du problème de la source en présence d'un cylindre circulaire permet de retrouver les constantes de propagation et les coefficients de détachement des rayons rampants. Les valeurs obtenues sont les même, au premier ordre, quelque soit le problème canonique considéré : cylindre circulaire ou elliptique ou sphère. Nous avons achevé la présentation du problème canonique du cylindre circulaire. Nous allons maintenant passer au problème de la diffraction par un dièdre parfaitement conducteur, qui nous permettra de calculer le coefficient de diffraction d'une arête.

C)   Diffraction par un dièdre.

Considérons un dièdre saillant, dont les faces font les angles $\pm \Phi$ avec l'axe des x, illuminé par une onde plane incidente.

$$u^{inc} = exp \, (-ik\rho cos(\varphi - \Phi_0)) = exp \, (-ikx cos\Phi_0 - iky sin\Phi_0) \tag{1}$$

u^{inc} désigne le champ électrique en polarisation TM, le champ magnétique en polarisation TE. Recherchons la solution de notre problème de diffraction en champ total

$(\Delta + k^2)u = 0$, pour $-\Phi < \varphi < \Phi$

$u = 0$ pour $\varphi = \Phi$ (TM) ; $\dfrac{\partial u}{\partial n} = 0$ pour $\varphi = \Phi$ (TE)

dans un espace d'énergie localement finie, sous la forme d'un spectre d'ondes planes (chapitre 4).

$$u(\rho, \varphi) = \frac{1}{2\pi i} \int_D exp \, (-ik\rho cos\alpha) \, p(\alpha + \varphi) d\alpha \tag{2}$$

où p est une fonction poids inconnue, D est le contour (de Sommerfeld ou de Malhiuzinets), représenté sur la figure 6.

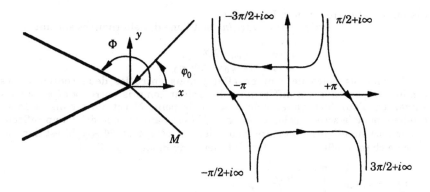

Fig.6 : Diffraction par un dièdre

La fonction poids $p(\alpha)$ est telle que $p(\alpha)-(\alpha-\varphi_0)$ soit régulière dans la bande $|Re\ \alpha|<\Phi+\varepsilon$. Nous verrons plus loin comment la présence de ce pôle fait apparaître le champ incident dans la solution.

L'application de la condition aux limites sur les faces $\varphi=\pm\Phi$ conduit à :

$$\int_D exp\ (-ik\rho cos\alpha)\ p(\alpha\pm\Phi)d\alpha = 0,\ en\ TM \tag{3}$$

$$\int_D exp\ (-ik\rho cos\alpha)\ (sin\alpha\ )\ p(\alpha\pm\Phi)d\alpha = 0,\ en\ TE\ . \tag{4}$$

Compte tenu de la symétrie du contour D par rapport à l'origine, on peut montrer [Ma] que (3) et (4) sont satisfaites si et seulement si :

$$p(\alpha\pm\Phi) = p(-\alpha \pm \Phi),\ en\ TM \tag{5}$$
$$et\ p(\alpha\pm\Phi) = -p(-\alpha \pm \Phi)\ en\ TE\ . \tag{6}$$

On peut donner une interprétation simple des équations précédentes : chaque onde du spectre se réfléchit, au signe près, avec le coefficient de réflexion des faces, égal à -1 en TM, et à +1 en TE , d'où le nom de "méthode de réflexion généralisée"[Va] .

Les équations fonctionnelles (5) et (6) admettent les solutions suivantes :

$$p(\alpha) =\frac{1}{2n}\ (cot\ (\alpha-\varphi_0)/2n+tg\ (\alpha+\varphi_0)/2n) = \frac{cos(\varphi_0/n)}{n(sin(\alpha/n)-sin(\varphi_0/n))}\ en\ TM \tag{7}$$

$$p(\alpha) =\frac{1}{2n}\ (cot\ (\alpha-\varphi_0)/2n-tg\ (\alpha+\varphi_0)/2n) = \frac{cos(\alpha/n)}{n(sin(\alpha/n)-sin(\varphi_0/n))}\ en\ TE \tag{8}$$

où $n = 2\Phi/\pi$, selon les notations du 1.5. On notera qu'il ne s'agit pour l'instant que de solutions particulières de (5) et (6). Nous allons maintenant évaluer asymptotiquement (2) pour un point $M(\rho,\varphi)$ avec $k\rho$ grand. Pour celà, nous déformons le contour D en le contour composé des deux chemins de descente rapide passant par $\pm \pi$. Le développement asymptotique de (2) comprendra donc d'une part les contributions des pôles de l'intégrand situés entre les deux contours et d'autre part les contributions des deux chemins de descente rapide, calculés par la méthode de Laplace (voir Méthode de descente rapide dans l'Appendice "Développements asymptotiques d'intégrales"). Les pôles des fonctions poids sont réels. Ne contribuent que les pôles situés entre les deux

contours, soit entre $-\pi$ et π. Ils vérifient
$$sin(\alpha+\varphi/n) = sin(\varphi_0/n) \text{ soit l'une des alternatives suivantes}$$
$$\alpha+\varphi = \varphi_0$$
$$\alpha +\varphi = n\pi-\varphi_0 = 2\Phi-\varphi_0,$$
$$\alpha +\varphi = -n\pi-\varphi_0 = -2\Phi-\varphi_0$$

Les autres pôles ne sont en effet jamais entre les deux contours. Les conditions pour que les différents pôles soient compris entre $-\pi$ et π sont les suivantes. Pour le premier pôle, $\varphi > \varphi_0-\pi$, le point M est alors dans la zone éclairée, pour le second pôle, $\varphi > 2\Phi-\varphi_0-\pi$, M est dans la zone de champ réfléchi par la face supérieure du dièdre, pour dernier pôle, $\varphi < \pi -2\Phi-\varphi_0$, M est dans la zone de champ réfléchi par la face inférieure du dièdre (voir Fig.7)

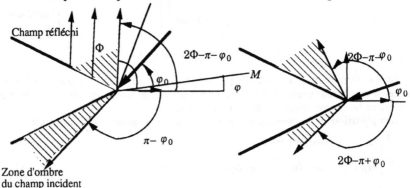

Fig.7 : Interprétation des contributions des pôles : champs incident et réfléchis

L'évaluation de la contribution u_p des différents pôles par la méthode des résidus conduit finalement au résultat suivant (H est la fonction de Heaviside)

$$u_p = H(\varphi-(\varphi_0-\pi))u^i + H(\varphi-(2\Phi-\varphi_0-\pi))\ u^r_{sup} + H(-(2\Phi+\varphi_0-\pi+\varphi))\ u^r_{inf} \quad (9)$$

où u^i, u^r_{sup}, u^r_{inf} sont respectivement l'onde plane incidente, l'onde plane réfléchie par la face supérieure du dièdre, l'onde plane réfléchie par la face inférieure du dièdre.

Ainsi, u_p est la contribution d'Optique Géométrique du champ total, comme illustré figure 7. Passons maintenant à l'évaluation de la contribution u_s des points selle $\pm \pi$. On applique la méthode de descente rapide (Appendice 3). On obtient :

$$u_s = -e^{i\pi/4} (p(\pi+\varphi) - p(-\pi+\varphi))\frac{e^{ikr}}{\sqrt{2\pi kr}} . \quad (10)$$

Cette formule se réduit, après quelques calculs , à

$$u_s = \frac{D}{\sqrt{r}} \quad (11)$$

où D est le coefficient de diffraction du dièdre donné au 1.5, pour un angle d'incidence $\Phi-\varphi_0$ et un angle d'observation $\Phi-\varphi$, ces deux angles étant mesurés par rapport à la face supérieure du dièdre. Le champ total en présence du dièdre est donc la somme du champ d'Optique Géométrique et du champ diffracté par l'arête. Cette séparation n'est valide que dans la mesure où les pôles ne sont pas trop près des points selle. Dans le cas contraire, il faut recourir à une évaluation asymptotique uniforme, comme expliqué dans le chapitre 5. Le problème canonique du dièdre, convenablement interprété, permet ainsi de calculer le coefficient de diffraction d'une arête.

Passons maintenant au cas plus complexe où le dièdre est décrit par une condition d'impédance de surface $\frac{\partial u}{\partial n}$ $+ikZ_{\pm}u = 0$, $Z_{+}(resp.$ $Z_{-})$ désignant respectivement les impédances de surface sur la face supérieure (resp. inférieure) du dièdre. On recherche toujours la solution sous forme d'un spectre d'ondes planes de type (2). La condition d'impédance impose alors, au lieu de (4)

$$\int_{D} exp\ (-ik\rho cos\alpha)\ (sin\alpha \pm Z_{+})\,p(\alpha \pm \Phi)d\alpha = 0 \qquad (12)$$

Cette équation est satisfaite si la fonction poids p vérifie l'équation fonctionnelle

$$p(\alpha \pm \Phi) = \frac{-sin\alpha \pm Z_{\pm}}{sin\alpha \pm Z_{\pm}}\ p(-\alpha \pm \Phi). \qquad (13)$$

On reconnaît maintenant le coefficient de réflexion du plan avec impédance de surface. L'équation fonctionnelle (13) a été résolue par Maliuzhinets [Ma]. La solution présentant un pôle en φ_{0} est :

$$p(\alpha) = p_{0}(\alpha)\,\frac{\Psi(\alpha)}{\Psi(\varphi_{0})} \qquad (14)$$

où $p_{0}(\alpha) = \frac{cos(\varphi_{0}/n)}{n(sin(\alpha/n) - sin(\varphi_{0}/n))}$ est la fonction poids du cas TM (7), et Ψ la fonction de Maliuzhinets. Le développement asymptotique de l'intégrale donnant la solution est obtenu comme précédemment. Le champ est la somme de la   contribution des points selle, qui donne le champ diffracté, avec le coefficient de diffraction du 1.5, et de celle des pôles de l'intégrand. Cette contribution comporte le champ de l'optique géométrique, dû aux pôles de $p_{0}(\alpha)$, comme dans le cas conducteur, auquelle il faut rajouter, dans certains cas, la contribution des pôles de Ψ, responsable des ondes de surface se propageant sur les faces du dièdre. Rappelons que nous avons traité, dans cet ouvrage, le cas où Re Z n'est pas négligeable par rapport à ImZ, pour lequel ces ondes sont rapidement atténuées.

La méthode des problèmes canoniques permet donc d'une part de mettre en évidence les phénomènes de diffraction, et d'autre part de calculer les coefficients nécessaires à la TGD. C'est la partie difficile de la TGD. De nombreux autres problème canoniques ont été (et seront) résolus. Nous nous sommes limités à un problème représentatif de chaque phénomène de diffraction. Nous renvoyons le lecteur intéressé par plus de résultats sur les problèmes canoniques en conducteur parfait, à l'ouvrage très complet de Bowman, Senior, et Ushlenghi [BS] .

REFERENCES

[BS]   J.J.Bowman, T. B. A. Senior, P.L. Uslenghi, *Acoustic and electromagnetic scattering by simple shapes*, Hemisphere, 1987

[Ma]   G.D. Maliuzhinets, *Excitation , reflection and emission of surface waves from a wedge with given face impedances*,Sov. Phys. Dokl. 3, pp.752, 1958

[Va]   V.G. Vaccaro, *The Generalized Reflection Method in Electromagnetism*, AEU Band 34, Heft 12, pp 493-500, 1980.

Appendice 2

Géométrie différentielle

La géométrie différentielle intervient surtout dans les chapitres 3 et 6, pour des applications diverses. Nous allons donner :
- quelques exemples de calcul des longueurs de rayons, avancés sans démonstration dans le chapitre 3 **(A)**
- l'expression de la phase d'une onde plane incidente en coordonnées (s, n) **(B)**
- quelques éléments sur les géodésiques et les systèmes de coordonnées géodésiques et le système de coordonnées (s, α, n) **(C)**
- quelques éléments sur le système de coordonnées des lignes de courbure, qui intervient dans les chapitres 6 et 8 **(D)** .

A - Exemples de calcul des longueurs de rayon

Prenons par exemple les coordonnées de rayon sur un cylindre, et démontrons la formule (36) du paragraphe 3.1.8. Pour cela, il est possible :
- soit de se placer sur un cylindre général et de faire des développements de Taylor,
- soit de remplacer le cylindre général par un cylindre circulaire et d'utiliser des formules de trigonométrie.

Figure 1

Les deux méthodes donnent les mêmes résultats. La deuxième, moins rigoureuse, est beaucoup plus courte. Considérons donc un cercle de rayon a (voir figure 1) et un point situé à la distance n de ce cercle. Traçons la tangente en ce point. La longueur de cette tangente est la longueur t du rayon diffracté

$$t^2 = (a + n)^2 - a^2 = 2an + n^2 \approx 2an \qquad (1)$$

donc
$$Y = \left(m \frac{t}{a} \right)^2 \approx 2 \frac{m^2}{a} n = \frac{2^{1/3} k^{2/3}}{a^{1/3}} n = v \ . \qquad (2)$$

Dans le cas du cercle, la première formule de (36) est exacte. Dans le cas général, on obtient t comme une série en $\sqrt{t}$, donc

$$t^2 = 2\rho n + 0(n^{3/2}) \qquad (3)$$

mais $n^{3/2} = 0(k^{-1})$, donc
$$Y = v + 0(m^2 k^{-1}) = v + 0(k^{-1/3}) \ . \qquad (4)$$

On peut d'ailleurs calculer explicitement le terme en $k^{-1/3}$ qui se trouve être proportionnel à la dérivée du rayon de courbure.

Démontrons maintenant la seconde formule de (36).

La différence $\ell - s$ est la différence entre la corde et l'arc de cercle, soit

$$\ell - s = a\,(tg\,\theta - \theta) = a\,\frac{\theta^3}{3} + 0(a\,\theta^5) \tag{5}$$

mais $\theta = \dfrac{t}{a} + 0(t^3)$, donc

$$\ell - s = \frac{t^3}{3a^2} = \frac{2}{3k}\,Y^{3/2}\,. \tag{6}$$

Les termes négligés sont, dans le cas du cercle $0(t^4)$ soit $0(k^{-4/3})$. On peut montrer que ce résultat reste vrai pour le cylindre quelconque.

Les autres formules de (36) s'obtiennent simplement en remarquant que s et s' ne diffèrent que d'une quantité $k^{-1/3}$. La différence de phase entre les deux rayons passant par un point au voisinage d'une caustique se calcule de la même manière. Considérons, pour simplifier, une caustique circulaire de rayon a (voir figure 2).

Figure 2

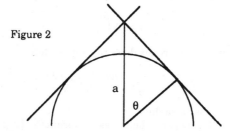

La différence de phase δ entre le rayon quittant la caustique et le rayon se dirigeant vers elle est le double de la différence entre la corde et l'arc calculée plus haut, soit

$$\delta = 2ka\,(tg\,\theta - \theta) \approx 2k\,\frac{t^3}{3a^2} \approx \frac{2^{5/2}}{3}\,k\,n^{3/2}\,a^{-1/2}\,. \tag{7}$$

Elle est donc d'ordre $k\,n^{3/2}$ et sera d'ordre 1 dans un voisinage d'ordre $k^{-2/3}$ de la caustique.

Passons maintenant au cas du rayon rasant, traité au paragraphe 3.7. Calculons la différence de phase entre le rayon direct, traversant le cylindre et le rayon rampant passant par le point de coordonnées (s, n) (voir figure 3). Prenons l'origine des phases au point de contact du rayon avec le cylindre.

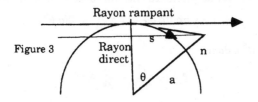

Figure 3

La phase de rayon direct est :

$$k(n+a)\sin\frac{s}{a} \approx k\left(s-\frac{s^3}{6a^2}+\frac{ns}{a}\right). \qquad (8)$$

La phase du rayon rampant est :

$$k(s - a\,\theta + a\,tg\,\theta) \approx k\left(s+a\,\frac{\theta^3}{3}\right) \qquad (9)$$

avec

$$\theta \approx \sqrt{\frac{2n}{a}}. \qquad (10)$$

La différence de phase δ entre les deux rayons est donc :

$$\delta \approx k\left(-\frac{s^3}{6a^2}+\frac{ns}{a}-\frac{2}{3}\,n\sqrt{\frac{2n}{a}}\right). \qquad (11)$$

Soit la formule (2) du paragraphe 3.7.

Les longueurs des rayons, donc les différences de phase entre rayons, s'obtiennent donc par des calculs simples de géométrie. Elles déterminent (voir chapitre 3) les extensions de coordonnées à réaliser.

Nous allons maintenant donner l'expression de la phase du champ incident en coordonnées (s, n).

B - Expression de la phase du champ incident en coordonnées (s,n) ou (s,α,n).

1 - Cas bidimensionnel

Le champ incident est une onde plane $exp\,(ikx)$. Il s'agit donc d'exprimer $x = \hat{x} \cdot \overrightarrow{OM}$ en coordonnées (s, n) au voisinage de O. Choisissons les axes de coordonnées comme indiqué sur la figure 4

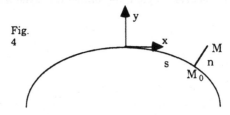

Fig. 4

M_0 est le point sur le cylindre à l'aplomb de M. Les dérivées successives de

$\overrightarrow{OM}_0$ par rapport à s au point O sont :

$$\frac{d\overrightarrow{OM}_0}{ds} = \hat{x} \;, \quad \frac{d^2\overrightarrow{OM}_0}{ds^2} = -\frac{\hat{y}}{\rho} \;, \quad \frac{d^3\overrightarrow{OM}_0}{ds^3} = -\frac{\rho'}{\rho}\,\hat{y} - \frac{\hat{x}}{\rho^2} \tag{1}$$

ce qui conduit au développement de Taylor de $\hat{x} \cdot \overrightarrow{OM}_0$.

$$\hat{x} \cdot \overrightarrow{OM}_0 = s - \frac{s^3}{6\rho^2} + 0(s^4) \tag{2}$$

$$\overrightarrow{M_0 M} = n\,\hat{n} \;. \tag{3}$$

Le développement de Taylor de $\hat{n}$ est

$$\hat{n} = \hat{y} + s\,\frac{\hat{x}}{\rho} + 0(s^2) \;. \tag{4}$$

On obtient donc

$$\hat{x} \cdot \overrightarrow{OM} = s - \frac{s^3}{6\rho^2} + \frac{ns}{\rho} + 0(s^4, s^2 n) \;. \tag{5}$$

On note que l'on retrouve l'expression (8) du A, obtenue à partir du cylindre circulaire. Les termes négligés sont $0(s^4, s^2 n)$, donc $0(k^{-4/3})$.

2 - Cas d'une surface générale dans R^3

La démarche est exactement la même que pour le cas bidimensionnel. L'origine est prise en un point 0 sur la séparatrice. L'analyse est faite au voisinage de 0, mais il y a cette fois deux coordonnées s et α sur la surface (voir figure 5).

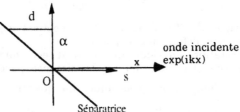

Fig.5

On écrit le développement de Taylor de $\hat{x} \cdot \overrightarrow{OM}$ en coordonnées s, α, n . Au point O, le vecteur d'onde $\hat{x}$ de l'onde incidente est dirigé suivant l'axe des s , $\hat{y}$ suivant l'axe des α, $\hat{z}$ suivant la normale à la surface . Les coordonnées s et α sont supposées $0(k^{-1/3})$ et la coordonnée n $0(k^{-2/3})$.

Les équations de Gauss-Weingarten, qui prennent une forme simple en coordonnées géodésiques (voir C de cet appendice), nous permettent d'exprimer les dérivées successives de $\overrightarrow{OM}$ par rapport à s et α . On fait ensuite un développement de Taylor analogue à celui du cylindre : jusqu'à l'ordre 3 en s et α pour $\overrightarrow{OM}_0$ et jusqu'à l'ordre 1 en s et α pour $\hat{n}$. Les calculs sont lourds, mais directs et nous ne donnons que le résultat final.

On obtient :

$$\hat{x} \cdot \overrightarrow{OM} \approx s - \frac{b_{ss}^2}{6} \left(s + \frac{b_{s\alpha}}{b_{ss}} \alpha \right)^3 + b_{ss} \left(s + \frac{b_{s\alpha}}{b_{ss}} \alpha \right) n . \tag{6}$$

Les termes négligés sont, comme pour le cas du cylindre $0(k^{-4/3})$. On voit que la variable significative est non pas s mais

$$s + \frac{b_{\alpha\alpha}}{b_{s\alpha}} \alpha .$$

Cette variable a une interprétation physique simple : écrivons l'équation de la séparatrice ombre-lumière $\hat{n} \cdot \hat{x} = 0$, au voisinage de O, toujours en faisant un développement de Taylor. On obtient :

$$b_{ss} s + b_{s\alpha} \alpha \approx 0 .$$

Introduisons la distance $d(\alpha)$ entre la séparatrice et un point de l'axe des α (voir figure 5). On obtient :

$$d(\alpha) \approx \frac{b_{s\alpha}}{b_{ss}} \alpha \tag{7}$$

Sur le dessin $d > 0$ pour $\alpha > 0$ et $d < 0$ pour $\alpha < 0$. $\frac{b_{s\alpha}}{b_{ss}} \alpha$, dans un voisinage de 0, peut donc s'interpréter comme la distance (suivant la géodésique ou en projection, ce qui, à l'ordre considéré, est la même chose) parcourue entre la séparatrice et l'axe des α, par le rayon rampant ou par le rayon direct (suivant le signe de h).

On obtient donc, compte tenu de (6) et de ce que $b_{ss} = 1/\rho$, rayon de courbure de la géodésique, en posant :

$$s' = s + d(\alpha) \tag{8}$$

$$\hat{x} \cdot \overrightarrow{OM} \approx s'^3 - \frac{s'}{6\rho^2} + \frac{s'n}{\rho} . \tag{9}$$

L'erreur est en $0(s'^4, s'^2 n)$, donc $0(k^{-4/3})$. On obtient donc le même résultat que pour le cylindre, en définissant s' par (8).

L'interprétation physique du résultat est immédiate : la quantité significative pour l'atténuation est la distance parcourue à partir de la séparatrice le long de la géodésique. La quantité $\frac{b_{s\alpha}}{b_{ss}}$ a une autre interprétation. En effet, $\frac{b_{s\alpha}}{b_{ss}} = -\tau\rho$, où τ est la torsion et ρ le rayon de courbure de la géodésique tangente à $\hat{x}$ en O. La fonction $d(\alpha)$ s'écrit donc $-(\tau\rho)\alpha$.

C - Système de coordonnées géodésiques et applications

1 - Les coordonnées géodésiques

Les coordonnées géodésiques sont utilisées dans le chapitre 3. Nous donnons quelques éléments sur ces coordonnées. Rappelons que les géodésiques sont définies comme les lignes qui minimisent la distance sur la surface entre deux points. Ces géodésiques vérifient un système d'équations différentielles d'ordre 2. Il existe une et une seule géodésique passant par un point de la surface, avec une tangente donnée en ce point. Un système de coordonnées géodésiques peut être défini dès que l'on se donne une famille à un paramètre de géodésiques sur une surface. Dans notre cas, cette famille est la famille des rayons rampants initiés à la frontière d'ombre. On définit les trajectoires orthogonales à cette famille de géodésiques. Parmi ces trajectoires, on choisit une courbe comme axe des α. La coordonnée α est l'abscisse curviligne suivant cette courbe. Entre deux trajectoires orthogonales, la longueur du segment découpé sur les géodésiques est constante (voir figure 14 du chapitre 1).

De ce fait, la longueur d'un arc de courbe $(ds, d\alpha)$ tracé sur la surface sera $ds^2 + h^2 d\alpha^2$, h mesure l'élargissement (si $h > 1$) du pinceau de géodésiques entre l'axe des α et le point courant de la surface.

2 -   La surface en coordonnées géodésiques

En coordonnées géodésiques, la première forme quadratique prend la forme suivante :

$$ds^2 + g_{\alpha\alpha} d\alpha^2 = d^2 s + h^2 d\alpha^2$$

h, qui est une fonction de s et de α, définit donc complètement la métrique de la surface.

Pour la deuxième forme quadratique nous utilisons la définition suivante (signe opposé à celui de Struik)

$$b_{ss} = \frac{\partial \overrightarrow{OM}}{\partial s} \cdot \frac{\partial \hat{n}}{\sigma s}, \ b_{\alpha\alpha} = \frac{\partial \overrightarrow{OM}}{\partial \alpha} \cdot \frac{\partial \hat{n}}{\partial \alpha}, \ b_{s\alpha} = \frac{\partial \overrightarrow{OM}}{\partial \alpha} \cdot \frac{\partial \hat{n}}{\partial s}$$

où $\hat{n}$ est le vecteur normal unitaire pointant vers l'extérieur de la surface. Ce choix permet d'avoir b_{ss} et $b_{\alpha\alpha}$ positifs pour un objet convexe. Les équations donnant la dérivée de $\hat{n}$ (dites de Weingarten) s'écrivent :

$$\frac{\partial \hat{n}}{\partial s} = b_{ss} \frac{\partial \overrightarrow{OM}}{\partial s} + \frac{b_{s\alpha}}{h^2} \frac{\partial \overrightarrow{OM}}{\partial \alpha}$$

$$\frac{\partial \hat{n}}{\partial \alpha} = b_{s\alpha} \frac{\partial \overrightarrow{OM}}{\partial s} + \frac{b_{\alpha\alpha}}{h^2} \frac{\partial \overrightarrow{OM}}{\partial \alpha}$$

$\hat{n}$, vecteur normal à la surface est aussi l'opposé du vecteur normal à la géodésique, $\frac{\partial \overrightarrow{OM}}{\partial s}$ le vecteur tangent, et $\frac{1}{h} \frac{\partial \overrightarrow{OM}}{\partial s}$ le vecteur binormal à la géodésique. Donc, on a également

$$\frac{\partial \hat{n}}{\partial s} = \frac{1}{\rho} \frac{\partial \overrightarrow{OM}}{\partial s} - \frac{\tau}{h} \frac{\partial \overrightarrow{OM}}{\partial \alpha}$$

où ρ est le rayon de courbure, τ la torsion de la géodésique au point M. Donc :

$$b_{ss} = \frac{1}{\rho}, \ b_{s\alpha} = - h\tau$$

$\frac{b_{\alpha\alpha}}{h^2}$ est l'inverse du rayon de courbure normal de la courbe orthogonale à la géodésique au point M, noté ρ_t.

Les symboles de Christoffel de la surface sont nuls, à l'exception de

$$\Gamma_{sa}^{\alpha} = \frac{1}{h} \frac{\partial h}{\partial s} \quad , \quad \Gamma_{\alpha\alpha}^{s} = - h \frac{\partial h}{\partial s} \quad , \quad \Gamma_{\alpha\alpha}^{\alpha} = \frac{1}{h} \frac{\partial h}{\partial \alpha} .$$

Ces symboles permettent de calculer en particulier les dérivées d'ordre 2, grâce aux équations de Gauss, qui s'écrivent, dans ces coordonnées

$$\frac{\partial^2 \overrightarrow{OM}}{\partial s^2} = - \frac{\hat{n}}{\rho}$$

$$\frac{\partial^2 \overrightarrow{OM}}{\partial s \partial \alpha} = \frac{1}{h} \frac{\partial h}{\partial s} \frac{\partial \overrightarrow{OM}}{\partial s} + h \tau \hat{n}$$

$$\frac{\partial^2 \overrightarrow{OM}}{\partial \alpha^2} = - h \frac{\partial h}{\partial s} \frac{\partial \overrightarrow{OM}}{\partial s} + \frac{1}{h} \frac{\partial h}{\partial s} \frac{\partial \overrightarrow{OM}}{\partial \alpha} - \frac{h^2}{\rho_t} \hat{n} .$$

Ces équations, associées aux équations de Weingarten, permettent de calculer les dérivées successives de $\overrightarrow{OM}$ et donc le développement de Taylor de $\overrightarrow{OM}$. Elles permettent d'établir la formule (9) de la partie B de cet appendice, donnant le développement de la phase de l'onde incidente.

Un point de l'espace est repéré par les coordonnées (s, α) de sa projection sur la surface et par sa distance n à la surface. Ce système de coordonnées curvilignes (s, α, n) n'est pas orthogonal. Nous allons donner la matrice métrique de ce système.

3 - Calcul de la matrice métrique du système de coordonnées (s,α,n)

Posons $\overrightarrow{OM} = \overrightarrow{OP} + n \, \hat{n}$ où P est sur la surface. $\overrightarrow{OP}$ est une fonction des deux coordonnées (s, α) du système de coordonnées semi-géodésique.

Nous allons calculer les coefficients métriques du système de coordonnées (s, α, n) qui sont les produits scalaires des dérivées partielles de $\overrightarrow{OM}$.

$g_{xy} = \dfrac{\partial \overrightarrow{OM}}{\partial x} \dfrac{\partial \overrightarrow{OM}}{\partial y}$, où x (resp. y) vaut s, α ou n, $\dfrac{\partial \overrightarrow{OM}}{\partial n} = \hat{n}$, si bien que $g_{sn} = g_{\alpha n} = 0$ et $g_{nn} = 1$. Les termes différents de 1 sont g_{ss}, $g_{\alpha\alpha}$ et $g_{s\alpha}$.

Calculons g_{ss} :

$$\frac{\partial \overrightarrow{OM}}{\partial s} = \frac{\partial \overrightarrow{OP}}{\partial s} + n \frac{\partial \hat{n}}{\partial s} = (1 + b_{ss} n) \frac{\partial \overrightarrow{OP}}{\partial s} + \frac{b_{s\alpha}}{h^2} n \frac{\partial \overrightarrow{OP}}{\partial \alpha} \tag{1}$$

où on utilise les notations du chapitre 3.

$$g_{ss} = \left(\frac{\partial \overrightarrow{OM}}{\partial s} \right)^2 = (1 + b_{ss} n)^2 + \frac{b_{s\alpha}^2}{h^2} n^2 . \tag{2}$$

Calculons $g_{\alpha\alpha}$:

$$\frac{\partial \overrightarrow{OM}}{\partial \alpha} = \frac{\partial \overrightarrow{OP}}{\partial \alpha} + n \frac{\partial \hat{n}}{\partial \alpha} = \left(1 + \frac{b_{\alpha\alpha}}{h^2} n \right) \frac{\partial \overrightarrow{OP}}{\partial \alpha} + b_{s\alpha} n \frac{\partial \overrightarrow{OP}}{\partial s} \tag{3}$$

$$g_{\alpha\alpha} = \left(\frac{\partial \overrightarrow{OM}}{\partial \alpha} \right)^2 = h^2 \left(1 + \frac{b_{\alpha\alpha}}{h^2} n \right)^2 + b_{s\alpha}^2 n^2 . \tag{4}$$

Calculons enfin $g_{s\alpha}$

$$g_{su}= \frac{\partial \overrightarrow{OM}}{\partial s} \quad \frac{\partial \overrightarrow{OM}}{\partial \alpha} = b_{su} n \,(1+ b_{ss}\, n) + b_{su} n \left(1+\frac{b_{au}}{h^2}\, n \right) \tag{5}$$

$$g_{su} = 2b_{su} n + b_{su} n^2 \left(b_{ss} + \frac{b_{au}}{h^2} \right). \tag{6}$$

La matrice métrique du système de coordonnées (s, α, n) est donc

$$g_{ij} = \begin{pmatrix} (1+b_{ss}\, n)^2 + \dfrac{b_{su}^2}{h^2}\, n^2 & 2b_{su}\, n + b_{su}\, n^2 \left(b_{ss} + \dfrac{b_{au}}{h^2} \right) & 0 \\[3mm] 2b_{su}\, n + b_{su}\, n^2 \left(b_{ss} + \dfrac{b_{au}}{h^2} \right) & h^2 \left(1+ \dfrac{b_{au}}{h^2}\, n \right)^2 + b_{su}^2\, n^2 & 0 \\[3mm] 0 & 0 & 1 \end{pmatrix}$$

mais nous avons vu au   paragraphe précédent que $b_{ss}= \dfrac{1}{\rho}$, $b_{su}= - h\tau$ et $\dfrac{b_{au}}{h^2}$
$= \dfrac{1}{\rho_t}$.

La matrice métrique s'écrit donc finalement :

$$g_{ij} = \begin{pmatrix} \left(1+\dfrac{n}{\rho}\right)^2 + \tau^2 n^2 & -h\tau\left(2n+n^2\left(\dfrac{1}{\rho} + \dfrac{1}{\rho_t}\right)\right) & 0 \\[3mm] -h\tau\left(2n+n^2\left(\dfrac{1}{\rho} + \dfrac{1}{\rho_t}\right)\right) & h^2\left(\left(1+\dfrac{n}{\rho_t}\right)^2 + \tau^2 n^2 \right) & 0 \\[3mm] 0 & 0 & 1 \end{pmatrix}$$

D · Système de coordonnées des lignes de courbure

Les lignes de courbure constituent un réseau de courbes orthogonales sur la surface. Le système de coordonnées des lignes de courbure est défini et régulier, sauf aux ombilics (c'est-à-dire aux points où les deux courbures de la surface sont égales). Les axes de coordonnées sont les deux lignes de courbure passant par l'origine. Les coordonnées sont les abscisses curvilignes, notées u et v sur les deux axes. Ce système de coordonnées peut être complété par la distance normale à la surface n . Le système de coordonnées obtenu est alors orthogonal, contrairement au système obtenu à partir des coordonnées géodésiques. En effet, si $\hat{n}$ est le vecteur normal intérieur à la surface, pour une surface convexe (Théorème de Rodrigues)

$$\frac{d\hat{n}}{du} = - \frac{1}{R} \quad \frac{\partial \overrightarrow{OM}}{\partial u} \tag{1}$$

donc $\qquad g_{uv}= \dfrac{d}{du} \, (\overrightarrow{OM} + n\, \hat{n}) \cdot \dfrac{d}{dv} \, (\overrightarrow{OM} + n\, \hat{n}) = 0 \, . \tag{2}$

Soit une surface rapportée à ses lignes de courbure. Soit Q l'origine des coordonnées sur la surface. Choisissons l'origine O des coordonnées d'espace comme le centre de courbure, associé à la ligne de courbure axe des abscisses

$$\overrightarrow{OQ} = -R\,\hat{n} \tag{3}$$

O est un des deux points de la surface caustique à l'aplomb de Q. Il est possible de calculer les dérivées partielles de $\overrightarrow{OM}\,^2$, utilisées au paragraphe 6.2 pour évaluer la phase de l'intégrale du champ sur un front d'onde. Nous allons donner le calcul des premières dérivées partielles. On notera, que, qu point Q :

$\dfrac{\partial \overrightarrow{OM}}{\partial u} = \hat{u}$ et $\dfrac{\partial \overrightarrow{OM}}{\partial u} = \hat{v}$ sont unitaires. La première forme quadratique au point Q est donc $Edu^2 + Gdv^2 = du^2 + dv^2$. De plus, u étant l'abscisse curviligne sur l'axe des u, cette propriété restre vraie si $v = 0$. On a donc $E = 1$ si $v = 0$, donc toutes les dérivées par rapport à u de E sont nulles. De même, les dérivées partielles par rapport à v de G sont nulles. Ces remarques facilitent le calcul des dérivées partielles de $\overrightarrow{OM}\,^2$. On obtient :

$$\frac{\partial \overrightarrow{OM}\,^2}{\partial u} = 2\,\overrightarrow{OM}\,.\,\hat{u} = -2R\,\hat{n}\,.\,\hat{u} = 0$$

$$\frac{1}{2}\,\frac{\partial^2 \overrightarrow{OM}\,^2}{\partial u^2} = \hat{u}\,.\,\hat{u} + \overrightarrow{OM}\,\frac{\partial \hat{u}}{\partial u}$$

$$= E - R\,\hat{n}\,\frac{\partial \hat{u}}{\partial u}$$

$$= 1 + R\,\frac{\partial \hat{n}}{\partial u}\,.\,\hat{u}$$

$$= 1 + R\left(-\frac{1}{R}\right)$$

$$= 0\,.$$

De même, on obtient :

$$\frac{1}{2}\,\frac{\partial^3 \overrightarrow{OM}\,^2}{\partial u^3} = -R\,\frac{\partial(1/R)}{\partial u}$$

$$\frac{1}{2}\,\frac{\partial^4 \overrightarrow{OM}\,^2}{\partial u^4} = -R\,\frac{\partial^2(1/R)}{\partial u^2}$$

$$\frac{1}{2}\,\frac{\partial^4 \overrightarrow{OM}\,^2}{\partial u^5} = -R\,\frac{\partial^3(1/R)}{\partial u^2}\,.$$

Pour les dérivées partielles par rapport à v on obtient :

$$\frac{1}{2}\,\frac{\partial^2 \overrightarrow{OM}\,^2}{\partial v} = \overrightarrow{OM}\,.\,\hat{v} = 0$$

$$\frac{1}{2}\,\frac{\partial^2 \overrightarrow{OM}\,^2}{\partial v^2} = \hat{v}\,.\,\hat{v} + \overrightarrow{OM}\,\frac{\partial \hat{v}}{\partial v}$$

$$= 1 - \frac{R}{R'} \ .$$

Les dérivées croisées sont données par :

$$\frac{1}{2} \frac{\partial^2 \overrightarrow{OM}^2}{\partial u \, \partial v} = \hat{v} \cdot \hat{u} + \overrightarrow{OM} \cdot \frac{\partial \overrightarrow{OM}}{\partial u \, \partial v}$$

$$= 0 \ .$$

De même,

$$\frac{\partial^2 \overrightarrow{OM}}{\partial u^2 \, \partial v} = 0 \ .$$

Par contre

$$\frac{\partial^3}{\partial u \, \partial v^2} \, \overrightarrow{OM}^2 = R \, \frac{\partial}{\partial u} \left(\frac{1}{R'} \right) \neq 0 \ .$$

Ces dérivées partielles permettent de calculer $\overrightarrow{OM}^2$, au paragraphe 6.2.

RÉFÉRENCE

Struik D.J. -   *Lectures on Classical Differential Geometry*, Dover, 1988.

Développements asymptotiques d'intégrales

Nous avons vu aux chapitres 6 et 7 comment obtenir une représentation intégrale du champ valide en particulier sur les caustiques. Au chapitre 4 nous avons vu comment représenter le champ sous forme d'un spectre d'ondes planes. Dans tous ces cas, le champ est obtenu comme une intégrale, simple ou double, de la forme :

$$I = \int A(x) \, exp \, (ikS(x)) \, dx \qquad (1)$$

où le domaine d'intégration est infini, ou bien fini.

$A(x)$ est une amplitude complexe. $S(x)$ est une phase, en général réelle. Il est, bien sûr, toujours possible de calculer numériquement des intégrales de type (1). Toutefois, cela peut être coûteux, car la présence du grand paramètre k dans la phase introduit des oscillations rapides de l'intégrand. D'autre part, l'intégration numérique ne donne pas d'éclairage particulier sur la physique du problème. Il est possible, dans la majorité des cas, d'écrire un développement asymptotique de (1) pour de grandes valeurs de k. La théorie des développements asymptotiques d'intégrales oscillantes a fait l'objet de nombreux travaux mathématiques et peut être expliquée de manière entièrement rigoureuse. Dans cet appendice, nous limiterons à donner les formules les plus utiles, en insistant sur l'interprétation physique des résultats.

Le développement asymptotique de (1) apparaîtra comme une somme de contributions de points critiques, c'est-à-dire de points où $\vec{\nabla} S = 0$, ou bien où S ou A a une singularité (pôle, point de branchement) ou une discontinuité. Nous commencerons par présenter les méthodes de calcul des contributions des points critiques isolés, valides quand ces points ne sont pas trop proches. Nous présenterons ensuite très brièvement le cas où les points critiques coalescent, c'est-à-dire se rapprochent jusqu'à se confondre.

1 - Evaluation des contributions de points critiques isolés

1.1. La méthode de la phase stationnaire

Traitons d'abord le cas d'une intégrale simple. Considérons l'intégrant de (1) en un point où $S'(x) \neq 0$. Au voisinage de ce point, la phase varie comme $k \, S'(x)$, donc très rapidement, alors que l'amplitude varie comme $A'(x)$, donc lentement. L'intégrand se comportera donc comme une fonction oscillante de module constant, si bien que son intégrale sera nulle. Ce raisonnement peut être formalisé de la manière suivante. Supposons que A est une fonction régulière à support compact, $S(x)$ une fonction régulière monotone, dont la dérivée S' ne s'annule pas. Intégrons (1) par parties :

$$I = - \frac{1}{ik} \int \left(\frac{A}{S'} \right)' exp \, (ik \, S(x)) \, dx . \qquad (2)$$

On a donc fait apparaître un facteur $1/k$. En intégrant n fois par parties, on obtient

$$I = \left(-\frac{1}{ik}\right)^n \int B(x) \, exp \, (ik \, S(x)) \, dx \tag{3}$$

donc
$$|I| < C_n k^{-n} . \tag{4}$$

I décroît donc plus vite que toute puissance de k.

Considérons maintenant le cas où S n'est plus monotone. Les contributions essentielles à I proviennent donc du voisinage des points où $S'(x) = 0$, appelés points de phase stationnaire. Supposons que le point de phase stationnaire x_s soit non dégénéré, c'est-à-dire que $S''(x) \neq 0$. Au voisinage du point de phase stationnaire

$$S(x) - S(x_s) \approx \frac{1}{2} \, S''(x_s) \, (x - x_s)^2 \tag{5}$$

$$A(x) \approx A(x_s) . \tag{6}$$

Si bien que

$$I \approx A(x_s) \, exp \, (ik \, S(x_s)) \int_{-\infty}^{+\infty} exp \, \frac{ik}{2} \, S''(x_s) \, (x - x_s)^2$$

$$I \approx \sqrt{\frac{2\pi}{k|S''(x_s)|}} \; A(x_s) \, exp \, (ik \, S(x_s) + i \, \frac{\pi}{4} \, sgn \, S''(x_s)) . \tag{7}$$

Cet argument n'a rien de rigoureux, mais (7) peut être démontré si A et S vérifient certaines conditions que nous préciserons à la fin de ce paragraphe. I est d'ordre $k^{-1/2}$, l'erreur relative commise en utilisant (7) est d'ordre k^{-1}. Il est également possible de donner un développement asymptotique complet de (1) en puissances de $1/k$. Nous renvoyons aux références pour ces compléments.

Passons au cas d'une intégrale double présentant un point de phase stationnaire x_s, i.e. tel que $\vec{\nabla} S(x_s) = 0$. Au voisinage de x_s

$$S(x) \approx {}^t(x - x_s) \, H(x_s) \, (x - x_s) \tag{8}$$

où H est la matrice des dérivées seconde de S (ou Hessien). On a donc

$$I \approx A(x_s) \, exp \, (ik \, S(x_s)) \int_{-\infty}^{+\infty} exp \left(\frac{ik}{2} \, {}^t(x - x_s) H(x_s) (x - x_s) \right) dx \tag{9}$$

$$I \approx \frac{2\pi}{k} \; |det \, H(x_s)|^{-1/2} \, A(x_s) \, exp \left(ik \, S(x_s) + i \, \frac{\pi}{4} \, sgn \, H(x_s) \right) \tag{10}$$

où $sgn \, H$ désigne la différence entre le nombre de valeurs propres positives et le nombre de valeurs propres négatives de H. Il vaudra 2, 0, ou –2 suivant les cas. Les formules (7) et (10) sont d'un usage constant. En particulier, elles permettent de retrouver le déphasage aux caustiques. Supposons en effet que l'on intègre sur un front d'onde convexe, en dimension 2, pour calculer le champ en un point M distant de r du front d'onde. Avant la caustique $r < R$, où R est le rayon de courbure du front d'onde à la projection de M sur ce front, si bien que $S''(x_s) > 0$. Après la caustique $r > R$ et $S''(x_s) < 0$. Le saut de phase au passage de la caustique est donc, d'après (7), de $-\pi/2$ dans le sens du rayon.

Un exemple d'application de (10) est donné au chapitre 7 : l'évaluation asymptotique du champ rayonné par les courants d'Optique Physique sur une surface à double courbure redonne les résultats de l'Optique Géométrique, avec le déphasage approprié aux caustiques.

De manière générale, l'application de la méthode de la phase stationnaire aux intégrales intervenant dans les problèmes de diffraction donne, lorsque cette méthode est valide, le résultat obtenu par une méthode de rayon. En fait, toute méthode de rayon peut être vue comme une application de la phase stationnaire à une représentation intégrale de la solution. Les limites de validité de la méthode de la phase stationnaire sont les mêmes que celles de la méthode de rayon. Nous allons les passer en revue :

- S a été remplacé par l'approximation (5) et les bornes d'intégration étendues de $-\infty$ à $+\infty$. Cela suppose que (5) est valide pour $k(x - x_s)^2 >> 1$, donc en particulier que S n'ait pas d'autre point stationnaire, pas de singularité, dans un voisinage $O(k^{-1/2})$ de x_s , et que l'intervalle d'intégration contienne un voisinage $O(k^{-1/2})$ de x_s .

- A a été remplacé par une constante. Cette approximation est erronée si A a une singularité, ou une discontinuité, dans un voisinage $O(k^{-1/2})$ du point de phase stationnaire.

De manière très globale, la méthode de la phase stationnaire ne donnera de bons résultats que si (5) et (6) sont bien justifiées dans un voisinage $O(k^{-1/2})$ de x_s, c'est-à-dire si les points critiques, i.e. les points de phase stationnaire, les singularités, les discontinuités de $A(x)$ et $S(x)$ sont séparés par des intervalles suffisants pour être traités indépendamment. Dans le cas contraire, il faudra recourir à des formules dites uniformes, que nous exposerons au paragraphe 2. Avant cela, nous allons achever la présentation des techniques de calcul des contributions des points critiques isolés.

1.2   La méthode de descente rapide

On peut avoir besoin, dans certaines situations, d'évaluer asymptotiquement des intégrales simples de type (1) sans point de phase stationnaire. Supposons que A et S soient des fonctions analytiques. I peut être considéré comme une intégrale dans le plan complexe, en choisissant comme contour d'intégration particulier l'axe réel. $S'(z)$ s'annule au moins en un point (si elle n'est pas constante), par le théorème de Liouville.

Soit z_s un tel point. Supposons $S''(z_s) \neq 0$. $u = Re(S - S(z_s))$ et $v = - Im(S - S(z_s))$ ont alors des points selle simples en z_s . La méthode de descente rapide consiste à déformer l'axe réel en un contour d'intégration D (dit de descente rapide) passant par z_s, où u est constante, et où $v < v(z_s)$. D a pour vecteur normal $\vec{\nabla} u$, donc pour vecteur tangent $\vec{\nabla} v$, si bien que D est le contour où v décroît le plus rapidement de part et d'autre de z_s . Le long de D , $exp(ikS) = exp(iku) \, exp(kv)$ aura donc une phase constante et décroîtra rapidement de part et d'autre de z_s . Le comportement de l'intégrale sera donc essentiellement piloté par le voisinage de z_s. Il est possible de déterminer D au voisinage de z_s. En effet

$$S(z) - S(z_s) \approx \frac{1}{2} \ S''(z_s) \ (z - z_s)^2 \tag{10}$$

$$u(z) \approx \frac{1}{2} \ |S''(z_s)| \ |z - z_s|^2 \ cos \ (Arg \ S''(z_s) + 2 \, Arg \ (z - z_s)) \tag{11}$$

u est donc constante au voisinage de z_s , pour

$$Arg \ (z - z_s) = \frac{\pi}{4} - \frac{1}{2} \ Arg \ S''(z_s) \ mod \left(\frac{\pi}{2} \right) \tag{12}$$

(12) définit deux droites orthogonales, faisant avec l'axe des x l'angle $\pi/4$ - 1/2 $Arg \ S''(z_s)$, à $\pi/2$ près.

Sur la droite d'angle $-\pi/4 - 1/2 \, Arg \ S''(z_s)$

$$v(z) \approx \frac{1}{2} \ |S''(z_s)| \ |z - z_s|^2 \tag{13}$$

donc $v \geq v \ (z_s)$. Ce n'est donc pas la tangente à D .

Sur la droite T d'angle $\pi/4 - 1/2 \, Arg \ S''(z_s)$

$$v \ (z) \approx - \frac{1}{2} \ |S''(z_s)| \ |z - z_s|^2 \ . \tag{14}$$

On a donc $u = cte$ et $v \leq v \ (z_s)$. T est donc la tangente à D en z_s . Le long de D, l'intégrale I_D s'écrit :

$$I_D = exp \ (ikS(z_s)) \int_D A(z) \ exp \ (-kv(z)) \ dz \tag{15}$$

ou encore, notant t l'abscisse curviligne sur D

$$I_D = exp \ (ikS(z_s)) \int_D A(t) \frac{dz}{dt} \ exp \ (-kv(t)) \ dt \ . \tag{16}$$

(16) n'est plus une intégrale oscillante et il est possible de la calculer numériquement. La méthode de Laplace fournit, d'autre part, une estimation explicite. Du fait de la décroissance rapide de l'exponentielle au voisinage de z_s, il est possible de faire les approximations suivantes :

$$v(t) \approx \frac{1}{2} \ |S''(z_s)| \ |t - t_s|^2 \tag{17}$$

$$A(t) \frac{dz}{dt} \approx A(z_s) \ exp \left(i \left(\frac{\pi}{4} - \frac{1}{2} \, Arg \, S''(z_s) \right) \right) \tag{18}$$

et d'étendre les bornes de (16) de $-\infty$ à $+\infty$. On obtient

$$I_D \approx A(z_s) \ exp \ (ikS(z_s)) \ \sqrt{\frac{2\pi}{kS''(z_s)}} \ exp \ i \ \frac{\pi}{4} \ .$$

(19)

Il reste à préciser le choix de $1/2 \, Arg \ (S''(z_s))$, c'est-à-dire le choix de la racine de $S''(z_s)$, ou encore le choix du sens d'intégration sur D (figure 1). Le choix du sens d'intégration sur D est imposé par le sens d'intégration sur l'axe réel : la tangente à D en z_s doit pointer vers les $x > 0$. $1/2 \, Arg \ (S''(z_s)) = Arg \ \sqrt{S''(z_s)}$ doit donc être compris entre $-\pi/4$ et $3\pi/4$.

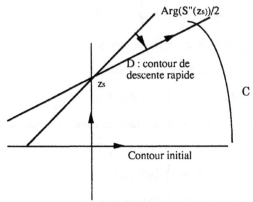

Fig. 1 : Contour de descente rapide

S'il n'y a pas de singularités entre l'axe réel et D et si on peut négliger les intégrales sur les "cercles à l'infini" de la figure 1, alors $I = I_D$ et (19) donne une approximation de I. S'il existe des singularités entre les deux contours, elles donneront des contributions supplémentaires.

On notera que la formule (19) redonne, pour z et $S(z)$ réels, la formule (7) de la phase stationnaire. En effet, si $S''(z) > 0$, $1/2\, Arg\, (S''(z)) = 0$, si $S''(z) < 0$, $1/2\, Arg\, (S''(z)) = \pi/2$. Quand on substitue ces résultats dans (19), on obtient (7). Toutefois, la philosophie des deux méthodes est différente. La méthode de la phase stationnaire utilise un contour où la partie imaginaire de la phase est constante, et où la partie réelle oscille rapidement, alors que la méthode de descente rapide utilise un contour où la partie réelle de la phase est constante, et où la partie imaginaire décroît rapidement de chaque côté du point de phase stationnaire. Ces deux contours font entre eux un angle de 45°. La méthode de descente rapide est plus générale, par certains côtés, que la méthode de la phase stationnaire : l'application de la méthode de descente rapide à une intégrale, de type 1, permet de retrouver non seulement les rayons réels, comme la méthode de la phase stationnaire, mais aussi les rayons complexes (voir Appendice "Rayons Complexes"). Par contre, elle oblige à supposer les fonctions A et S analytiques, ce qui n'est pas le cas pour la méthode de la phase stationnaire.

La méthode de descente rapide se généralise au cas d'une intégrale multiple [F]. On obtient, pour une intégrale double :

$$I \approx A(z_s)\, exp\, (ikS(z_s))\, \frac{2\pi}{k}\, (det\, S''(z_s))^{-1/2}\, exp\left(i\frac{\pi}{4}\right). \qquad (20)$$

Le choix de la racine dans (20) est toutefois délicat et n'est pas expliqué par Fedoriuk. Nous avons considéré des intégrales sur $\mathbb{R}$ tout entier. Nous allons maintenant traiter la contribution des bornes d'intégration, pour des intégrales sur des intervalles bornés.

1.3   L'intégration par parties

La méthode d'intégration par parties permet d'obtenir la contribution des bornes d'intégration, ou, plus généralement, des discontinuités de A. Soit

$$I = \int_a^b A(x) \exp (ikS(x)) dx \tag{21}$$

où $S'(x) \neq 0$ sur $[a, b]$. Supposons A et S définies sur $\mathbb{R}$.

$$I = \left(\int_a^{+\infty} + \int_{-\infty}^b - \int_{-\infty}^{+\infty} \right) \exp (ikS(x)) dx . \tag{22}$$

La dernière intégrale est sur $\mathbb{R}$ tout entier, et relève donc des techniques exposées plus haut. Evaluons la première intégrale, en supposant $S'(x) \neq 0$ pour $x \geq a$.

$$I_a = \int_a^{+\infty} A(x) \exp (ikS(x)) dx$$

$$I_a = \int_a^{+\infty} \left(\frac{A(x)}{ikS'(x)} \right) (\exp (ikS(x)))' dx$$

$$I_a = - \frac{A(a)}{ikS'(a)} \exp (ikS(a)) - \frac{1}{ik} \int_a^{+\infty} \left(\frac{A(x)}{S'(x)} \right)' \exp (ikS(x)) dx \tag{23}$$

(23) est une écriture purement formelle. Les conditions de validité sont données dans [B]. Le deuxième terme de (23) est le produit d'une intégrale de même type que (21) par $(ik)^{-1}$, donc d'ordre inférieur en k. On a donc

$$I_a \approx - \frac{A(a)}{ikS'(a)} \exp (ikS(a)) . \tag{24}$$

Le terme négligé est d'ordre $1/k^2$.

Si A ou S présente une discontinuité, la technique s'applique à chaque partie de I. La contribution est en $1/k$.

Si A est continu jusqu'à l'ordre $(n-2)$ et présente un saut de sa dérivée d'ordre $(n-1)$, on applique n fois la procédure et on obtient une contribution de la discontinuité en $1/k^n$.

Enfin, la méthode se généralise aux intégrales doubles. Si l'intégrale est sur un domaine borné, ou présente une ligne de discontinuité, l'intégration par parties donnera une contribution sous forme d'une intégrale sur le bord du domaine ou la ligne de discontinuité. Cette intégrale pourra à son tour être évaluée asymptotiquement.

Si, maintenant, le domaine d'intégration présente un coin, par exemple

$$I = \int_a^{+\infty} \int_b^{+\infty} A(x, y) \exp ik(S(x, y)) dx dy \tag{25}$$

on obtient une estimation de la contribution du coin avec deux intégrations par parties

$$I_c \approx \frac{1}{k^2} A(a, b) \left(\frac{\partial S}{\partial x} (a, b) \frac{\partial S}{\partial y} (a, b) \right)^{-1} \exp ikS(a, b) . \tag{26}$$

Ces résultats permettent de retrouver simplement les dépendances en k des champs réfléchis ou diffractés par un objet, calculés par l'intégrale de rayonnement des courants sur l'objet. Sachant que la fonction de Green est proportionnelle à k, dans $\mathbb{R}^3$, la contribution d'un point de réflexion spéculaire est d'après (10), en k^0, celle d'une diffraction par une discontinuité d'ordre n en $k^{-n-1/2}$, d'après (7) et les remarques précédentes, celle d'une pointe en k^{-2} d'après (25). Nous allons maintenant donner les limites de validité des méthodes d'évaluation exposées ci-dessus.

1.4   Limite des méthodes précédentes

Les méthodes précédentes vont donner un développement asymptotique d'intégrale de type (1) sous forme d'une somme de contributions, associées à des points critiques. Elles supposent que ces points critiques sont suffisamment éloignés et échouent lorsqu'ils sont trop proches. Par exemple, si un point de phase stationnaire coïncide avec un point d'extrémité, (24) va donner un résultat infini. Plus généralement, si deux points critiques sont séparés par une distance insuffisante (i.e. inférieure à $k^{-\alpha}$, où $\alpha > 0$), les formules précédentes ne s'appliquent pas. Ce point est particulièrement gênant lorsque les intégrales à calculer dépendent d'un paramètre, par exemple la distance entre deux points critiques, et que ce paramètre peut prendre toute valeur réelle positive. Il faut alors avoir recours à des méthodes d'estimation uniforme, que nous allons présenter.

2 - Coalescence de points critiques, développements uniformes

L'intégrale

$$J = \int_a^{+\infty} exp\,(ikx^2/2)\,dx \tag{27}$$

est un exemple simple illustrant le problème de coalescence de points critiques. Suivant les prescriptions des paragraphes 1.1 et 1.3 de cet appendice, on obtient
- une contribution de point de phase stationnaire, en $x = 0$, si $a < 0$, $S(0) = 0$, $S''(0) = 1$, $A(0) = 1$, (7) donne :

$$J_s \approx \sqrt{\frac{2\pi}{k}}\,e^{i\pi/4} \tag{28}$$

- une contribution de point d'extrémité : $S(a) = a^2/2$, $S'(a) = a$, $A(a) = 1$, (24) donne :

$$J_a \approx \frac{i}{ka}\,e^{ia^2/2}\,. \tag{29}$$

J_a devient infinie quand $a = 0$, alors que I est évidemment finie. Le problème vient de ce que $S'(a) = 0$: nous avons traité comme deux contributions indépendantes deux points critiques qui coalescent pour $a = 0$.

Les développements uniformes d'intégrales sont toujours obtenus de la même manière. On cherche une transformation régulière $x \to s$ du voisinage des points stationnaires sur un voisinage de l'origine qui transforme S en un polynôme $P(s)$ présentant la même configuration de points stationnaires que S. Plus précisément S est transformé en un des polynômes élémentaires de la théorie des catastrophes. I devient :

$$I = \int B(s)\,exp\,(ikP(s))\,ds\,. \tag{30}$$

La transformation étant régulière, $B(s) = A(x)\,dx/ds$ présente les mêmes singularités que $A(x)$. D'autre part, seul un voisinage de l'origine contribue à I . B sera donc remplacée par une fonction simple présentant les mêmes singularités. I sera donc ramenée à une intégrale "canonique".

Si l'idée sous-jacente aux développements uniformes est simple, il n'en va pas de même de l'obtention effective de ces développements. Nous nous limiterons donc à donner, dans chaque cas, l'intégrale canonique associée, uniquement dans le cas d'une intégrale simple.

Type de coalescence	Intégrale canonique associée
2 points stationnaires	fonction d'Airy
3 points stationnaires	fonction de Pearcy
4 points stationnaires	fonction queue d'aronde
1 point stationnaire et un pôle	fonction de Fresnel
1 point stationnaire et 1 point d'extrémité	fonction de Fresnel
2 points stationnaires et 1 point d'extrémité	fonction d'Airy incomplète

On reconnaît les fonctions permettant d'exprimer le champ sur les caustiques (Airy, Pearcey...) les frontières d'ombre (Fresnel), les caustiques tronquées (Airy incomplète). Ces zones correspondent en effet, comme on l'a vu aux chapitres 5 et 6, à des coalescences de points critiques.

Nous concluons par ces observations ce rapide exposé des méthodes de développements asymptotiques d'intégrales. Nous renvoyons le lecteur à la littérature sur le sujet, et notamment aux références ci-dessous, pour plus de résultats et plus de rigueur.

RÉFÉRENCES

[B]   Bleistein, Handelsman, *Asymptotic expansions of integrals*, Dover, 1986.

[F]   Fedoriuk, *Asymptotic methods in Analysis*, Springer, 1990, (Encyclopedia of Mathematical Science).

[F,M] Felsen, Marcuvitz, chap.4, *Radiation and Scattering of Waves*, Prentice Hall, 1973.

Appendice 4
Rayons complexes

Les applications les plus courantes des théories de rayon utilisent, comme on l'a vu au chapitre 1, des rayons réels. Dans certains cas, il est utile de généraliser la notion de rayons pour induire des rayons complexes. L'exemple de la solution du côté ombré de la caustique a été donné au paragraphe 1.6. La théorie des rayons complexes est encore aujourd'hui un sujet de recherche actif, et il est difficile de rendre compte de tous les résultats. Nous allons donc nous borner à expliquer les principales idées sous-jacentes à cette théorie et à donner une bibliographie sur ce sujet. Nous nous limiterons au cas bidimensionnel.

1 - Solutions complexes de l'équation eikonale, rayons complexes

Soit l'équation eikonale en milieu homogène

$$(\vec{\nabla} S)^2 = 1 . \tag{1}$$

Nous avons, au chapitre 2, considéré des solutions réelles de cette équation. Il est possible d'envisager des solutions complexes. Posons $S = R + iI$, (1) s'écrit

$$(\vec{\nabla} R)^2 - (\vec{\nabla} I)^2 = 1 \tag{2.a}$$

$$\vec{\nabla} R . \vec{\nabla} I = 0 . \tag{2.b}$$

Une solution type optique géométrique de l'équation des ondes s'écrit :

$$A \, exp \, ikS = A \, exp \, (ikR) \, exp \, (-kI) .$$

R rend compte de la phase, I de l'atténuation de la solution. (2.a) montre que $\vec{\nabla} R^2 > 1$, (2.b) montre, en dimension deux, que les équiphases $R = cte$ et les équiamplitudes $I = cte$ forment un réseau de courbes orthogonales. Si on cherche des solutions de (1) du type $\vec{k} . \vec{r} / k$, on obtient les ondes planes réelles, si $\vec{k}$ est réel, les ondes planes complexes abordées au chapitre 4, si $\vec{k}$ est complexe.

Pour une eikonale réelle, nous avons vu au chapitre 2 que (1), avec des conditions initiales sur une ligne, est soluble par la méthode des caractéristiques. Donnons-nous de même, dans le cas complexe, R et I sur une ligne L . Deux méthodes de résolution de (2) ont été proposées :
- soit une résolution dans l'espace réel. C'est l'*EWT* (**E**vanescent **W**ave **T**racking) de Felsen et ses élèves [E]. Cette résolution s'avère délicate dans le cas général,
- soit une résolution par la méthode des rayons complexes [W]. En chaque point M_0 de L , S , donc la projection $\hat{t} . \vec{\nabla} S$ de son gradient sur L est connue. Posons $\hat{t} . \vec{\nabla} S = cos \, \theta$. $\vec{\nabla} S$ est de norme 1, donc $\vec{\nabla} S = cos \, \theta \, \hat{t} + sin \, \theta \, \hat{n}$.

Si $cos\,\theta$ est réel inférieur à 1, $\vec{\nabla}S$ est réel, sinon $\vec{\nabla}S$ est complexe. On définit le rayon complexe R issu de M_0 comme l'ensemble des points M de $\mathbb{C} \times \mathbb{C}$

$$R = \{M \mid M = M_0 + \ell\ \vec{\nabla}S(M_0), \ell \in \mathbb{C}\}.$$

On notera que deux rayons complexes émanent en fait de M_0 puisque $sin\,\theta$ est défini au signe près.

Dans le cas réel, il était facile de distinguer la solution entrante de la solution sortante. Ce n'est plus vrai dans le cas complexe. Aucune méthode univoque et rigoureuse n'a été, à notre connaissance, proposée à ce jour. D'autre part, il faut considérer, non pas les seuls points M_0 de L , mais les points M_0 de l'extension complexe $\tilde{L}$ de L . Outre que le prolongement analytique n'est pas stable, des problèmes apparaissent lorsque L est une ligne avec deux extrémités [W] pour définir correctement $\tilde{L}$.

Supposons ces problèmes résolus. L est paramétré par son abscisse curviligne s . De chaque point de $\tilde{L}$ émane un rayon complexe de vecteur directeur

$$\hat{d} = cos\,\theta\,\hat{t} + sin\,\theta\,\hat{n}. \tag{3}$$

Comme pour un rayon réel, l'eikonale au point M d'abscisse complexe ℓ sur le rayon est donc

$$S(M) = S(M_0) + \ell\,(cos\,\theta\,\hat{t} + sin\,\theta\,\hat{n}). \tag{4}$$

2 - Solutions de l'équation de transport

Elle se résoud de la même manière que pour un rayon réel. On obtient, si R est le rayon de courbure de $\tilde{L}$ au point M_0,

$$A(M) = A(M_0)\left(\frac{-cos\,\theta}{-cos\,\theta + \ell\left(\frac{d\theta}{ds} + \frac{1}{R}\right)}\right)^{1/2}. \tag{5}$$

On obtient donc, par la méthode des rayons complexes, la solution des équations eikonales et de transport avec données initiales sur la ligne L . Ces solutions sont dans l'espace $\mathbb{C} \times \mathbb{C}$. Il faut maintenant en déduire le champ dans l'espace réel $\mathbb{R} \times \mathbb{R}$.

3 - Calcul du champ dans l'espace réel

Considérons un point M de l'espace réel. Le rayon complexe qui passe par ce point vérifie

$$M_0(s) + \ell\,\hat{d}(s) = M .$$

On a donc deux équations pour deux inconnues complexes, donc a priori un nombre fini de solutions. En un point M passe donc un ou plusieurs rayons complexes. Chaque rayon complexe donne en M un champ $A(M)\,exp\,(ikS(M))$, où S est défini par (4) et A par (5). Le calcul du champ par la méthode des rayons complexes comporte donc les étapes suivantes :
- Choix de la ligne L sur lequel le champ est donné et calcul du champ sur cette ligne. Pour un problème de diffraction, L est simplement l'objet

diffractant. Le champ sur L est calculé par l'Optique Géométrique (chapitre 2).

- Prolongement de L à $\tilde{L}$.
- Détermination des rayons complexes émanant de $\tilde{L}$.
- Calcul de l'eikonale le long d'un rayon par (4).
- Calcul de l'amplitude le long d'un rayon par (5).
- Détermination du rayon passant par le point où on calcule le champ.

Cette méthode, quoique apparemmant directe, peut être difficile à mettre en oeuvre. En particulier, le prolongement analytique peut être délicat. Dans un grand nombre de cas pratiques, il est possible de tourner cette difficulté en introduisant une classe d'objets dépendant d'un paramètre. L'objet diffractant correspond à une valeur du paramètre pour laquelle les rayons sont complexes, mais pour d'autres valeurs du paramètre, les rayons sont réels. On va donc calculer le champ dans le cas où les rayons sont réels, obtenir une formule explicite dans ce cas, et obtenir le résultat dans le cas où les rayons sont complexes par prolongement analytique direct de la formule. Un exemple sera donné au paragraphe suivant. Une autre manière de procéder, à notre avis plus sûre que la méthode des rayons complexes, consiste à passer par une représentation intégrale. Les rayons sont réels quand cette représentation comporte des points de phase stationnaire réels, complexes sinon. Dans tous les cas, le champ peut être calculé par descente rapide.

4 - Un exemple de calcul de champ réfléchi par la méthode des rayons complexes

Soit le champ électrique $exp\,(-iky)\,\hat{z}$ incident sur l'obstacle parfaitement conducteur $y = \dfrac{x^3}{3a} - bx$. Pour $b > 0$, cet obstacle présente deux points de réflexion spéculaire, situés à $x = \mp \sqrt{ab}$, $y = \pm\,4/3b\,\sqrt{ab}$ (figure 1). Le rayon de courbure de l'obstacle en ces points est $R_c = 1/2\,\sqrt{a/b}$. Le champ lointain $uexp(iky)/\sqrt{y}$ réfléchi par l'obstacle au point $(0,y)$ dans la direction $\hat{y}$ est dû à deux rayons réfléchis. Il se calcule par l'Optique Géométrique. On obtient

$$u = -\frac{1}{2}\left(\frac{a}{b}\right)^{1/4}\left(exp\left(-i\,\frac{4}{3}\,k\,b\,\sqrt{ab}\right) - i\,exp\left(i\,\frac{4}{3}\,k\,b\,\sqrt{ab}\right)\right). \qquad (6)$$

Le premier terme est dû au point S_1, le second au point S_2. Il est multiplié par $-i$ à cause du déphasage au passage de la caustique formée par les rayons réfléchis.

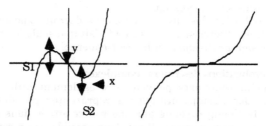

Fig.1

Pour $b < 0$, l'obstacle ne présente plus de point de réflexion spéculaire. Toutefois, la formule (6) peut être prolongée analytiquement aux valeurs négatives de b . Un problème apparaît à cause des racines : quelle détermination faut-il choisir pour $\sqrt{b}$ et $b^{1/4}$? $\sqrt{b} = \pm i \sqrt{-b}$ et $b^{1/4} = \pm (-b)^{1/4}$ ou $\pm i(-b)^{1/4}$. Avec ces différents choix possibles pour les racines, on obtient, en prolongeant (6) aux valeurs négatives de b , un terme exponentiellement croissant $exp\ (-4/3kb\sqrt{-ab})$, que l'on rejette puisqu'il ne satisfait pas la condition de radiation, et un terme exponentiellement décroissant, que l'on conserve

$$u = \frac{e^{-i\pi/4}}{2} \left(\frac{a}{-b}\right)^{1/4} exp\ (4/3\ k\ b\ \sqrt{-ab})\ . \tag{7}$$

(7) est défini à une multiplication par ± 1 ou $\pm i$ près. La détermination exacte de u par la méthode des rayons complexes demande un suivi précis des rayons dans l'espace complexe et de leur contact avec les caustiques complexes qui n'est pas trivial. Une autre manière de calculer le champ réfléchi consiste à passer par le champ de surface, et à calculer le champ rayonné. On obtient

$$u = -e^{-i\pi/4} \sqrt{\frac{k}{2\pi}} \int exp\ (2ik\ (\frac{x^3}{3a} - bx))\ sin\ \theta(x)\ dx\ . \tag{8}$$

$\theta(x)$ est l'angle entre la tangente à l'obstacle et le rayon incident. Pour b assez petit, nous prendrons $sin\ \theta(x) = 1$. On reconnaît une fonction d'Airy

$$u \approx -e^{-i\pi/4}\pi^{1/2}2^{1/6}\ k^{1/6}\ Ai(-(2k)^{2/3}a^{1/3}b)\ . \tag{9}$$

Pour $b > 0$, le développement asymptotique pour de grandes valeurs négatives de l'argument de Ai permet de retrouver (6). Pour de grandes valeurs positives de l'argument, correspondant à $b < 0$, on obtient

$$u \approx -\frac{e^{-i\pi/4}}{2} \left(\frac{a}{-b}\right)^{1/4} exp\ (4/3\ k\ b\ \sqrt{-ab})\ . \tag{10}$$

Soit la formule (9) mais cette fois sans ambiguité.

Cet exemple illustre les points les plus importants de la méthode des rayons complexes : les rayons complexes correspondent à des points de phase stationnaire complexes de l'intégrale de rayonnement des champs de surface, leur contribution peut être obtenue soit par prolongement analytique direct du résultat d'Optique Géométrique, soit par l'Optique Géométrique complexe, soit par évaluation asymptotique de l'intégrale de rayonnement. En pratique, cette dernière méthode paraît la plus sûre. Elle a, de plus, l'avantage de fournir un résultat uniforme, alors que la méthode des rayons complexes donne des résultats infinis sur la caustique.

La contribution des rayons complexes décroît exponentiellement avec la fréquence. Cette décroissance très rapide fait que seuls les rayons presque réels contribuent significativement à haute fréquence.

5 - Autres applications des rayons complexes

Les rayons complexes peuvent être également utilisés pour représenter simplement des champs difficiles à représenter par des rayons réels. En particulier, le champ rayonné par une source située dans l'espace complexe a la forme d'un rayon gaussien. Il est donc possible, si on connaît la solution du problème de diffraction d'une source ponctuelle par un obstacle, de calculer, par prolongement analytique, la diffraction d'un rayon gaussien par cet obstacle [F].

Il est également possible de traiter la diffraction par des cavités en utilisant les rayons complexes. Ruan [R] donne un grand nombre d'exemples d'applications.

RÉFÉRENCES

[E]   Einziger P.D. et Felsen L.B., *Evanescent waves and complex rays*. IEEE. Trans. Ant. Prop. AP-30, 4, 1982, pp.594-605.

[F]   Felsen L.B., *Geometrical Theory of Diffraction evanescent waves, complex rays and gaussian beams*. Geophys. J.R. astr. Soc., 79, 1984, pp.77-88.

[R]   Ruan Y., *Application of complex ray Theory in E.M. Scattering and RCS analysis*. Rapport FTD-ID(RS)T-0535-90, 1990.

[W]   Wang W.D. et Deschamps G.A., *Application of Complex ray tracing to scattering problems*. Proceeding IEEE, vol.62, n°11, Nov.74, pp.1541-1551.

Appendice 5
Fonctions de Fock

1 - Utilisation des fonctions de Fock

Les fonctions de Fock servent, comme on l'a vu au chapitres 3 et 5, à exprimer le champ rayonné par une source en présence d'une surface lisse. Plus précisément, elles décrivent la transition entre la zone éclairée, correspondant aux grands arguments négatifs de ces fonctions, et la zone d'ombre, correspondant aux grands arguments positifs. La référence la plus complète sur les fonctions de Fock est le très important travail de N. Logan, dont on trouvera une partie dans [Lo]. Ce travail n'est pas facile d'accès, et les démonstrations des résultats ne sont pas toujours explicitées. Le but de cet appendice est d'extraire de ce travail les formules les plus utiles, en donnant une idée des démonstrations.

Il y a trois types de fonctions de Fock :
- la fonction de Nicholson, ou fonction de couplage   (N)
- la fonction de Fock, ou fonction de radiation   (F)
- la fonction de Pekeris, ou fonction coefficient de réflexion   (P)

La position de la source et celle du point d'observation vont déterminer la nature de la fonction à employer, comme explicité dans le tableau ci-dessous

Tableau 1

Source	Observation	Fonction
sur la surface	sur la surface	Nicholson
sur la surface	à l'infini	Fock
à l'infini	sur la surface	Fock
à l'infini	à l'infini	Pekeris

Si un des points est situé à distance finie, il faut recourir à d'autres fonctions plus compliquées, en particulier la fonction de Fock V à deux arguments (formule (19) du 3.7) , pour les propriétés desquelles nous renvoyons à [Lo]. Nous allons d'abord définir les fonctions de Fock dans la section 2, puis nous en donnerons les développements asymptotiques pour de grandes valeurs positives (section 4) et négatives (section 5) de leurs arguments.

2 - Définition des fonctions de Fock

Elles sont définies pour $q = im\ Z = cte$, dans [Lo] , dont nous reproduisons les formules :

$$N(x) = \frac{exp(-i\frac{\pi}{4})}{2} \sqrt{\frac{x}{\pi}} \int_{-\infty}^{\infty} exp(ixt) \frac{w_1(t)}{w_1'(t) - qw_1(t)}\ dt \qquad (1)$$

$$F(x) = \frac{1}{\sqrt{\pi}} \int_{-\infty}^{\infty} exp(ixt) \frac{1}{w_1'(t) - qw_1(t)}\ dt \qquad (2)$$

$$P(x) = \frac{exp(i\frac{\pi}{4})}{\sqrt{\pi}} \int_{-\infty}^{\infty} exp(ixt) \frac{v'(t) - qv(t)}{w_1'(t) - qw_1(t)} \, dt \ . \tag{3}$$

où v et w_1 sont les fonctions d'Airy dans la notation de Fock. Si $q = \infty$, ce qui correspond au cylindre conducteur parfait en polarisation électrique, N et F, qui représentent alors le champ électrique de surface, sont nulles, et on définit deux fonctions, dites électriques (ou "soft" dans la littérature américaine) représentant le champ magnétique de surface U et f.

$$U(x) = \frac{x^{3/2} e^{-3i\pi/4}}{\sqrt{\pi}} \int_{-\infty}^{+\infty} exp(ixt) \frac{w_1'(t)}{w_1(t)}$$

et

$$f(x) = \frac{1}{\sqrt{\pi}} \int_{-\infty}^{+\infty} exp(ixt) \frac{1}{w_1(t)} dt \quad \text{(voir [Lo])} \ .$$

Toutes les fonctions précédentes font intervenir les fonctions d'Airy. Nous allons donner le comportement asymptotique de ces dernières dans la section ci-dessous.

3 - Comportement asymptotique des fonctions d'Airy

Toutes les fonctions de Fock sont (à un facteur constant près) des transformées de Fourier de rapport de combinaisons de fonction d'Airy et de leur dérivée, ce qui n'est pas surprenant, puisqu'on les obtient en faisant une transformée de Fourier (voir 1-1). Pour calculer les développements asymptotiques des fonctions de Fock, on va déformer dans le plan complexe le contour d'intégration initial, c'est-à-dire la droite réelle.

Le comportement asymptotique des fonctions d'Airy, v et w_1 donné par la figure ci-dessous, détermine les zones du plan complexe où l'on peut déformer le contour d'intégration. Les zones hachurées sont les zones où la fonction décroît en module, les traits en gras indiquent les directions de croissance les plus rapides.

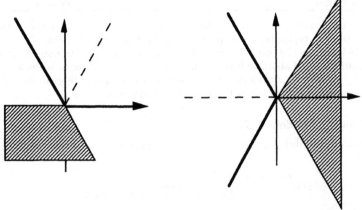

Fonction d'Airy w_1 Fonction d'Airy v

Fig. 1 Comportement asymptotique des fonctions d'Airy

Nous allons maintenant, connaissant le comportement asymptotique des fonctions d'Airy, évaluer les intégrales (1) à (3) définissant les fonctions de Fock pour de grandes valeurs positives de leur argument, i.e. dans la zone d'ombre.

4 - Comportement des fonctions de Fock pour $x > 0$ grand

a) Fonction de Nicholson

L'intégrant de la fonction de Nicholson se comporte, pour $|t|$ grand, comme $|t|^{-1/2} e^{ixt}$, donc l'intégrale converge pourvu que $Imt > 0$ si $x > 0$, et on peut refermer le contour dans le demi plan supérieur, donc calculer l'intégrale par la méthode des résidus.

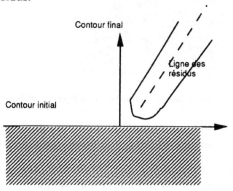

Fonction de Nicholson

Fig. 2 : Evaluation de la fonction de Nicholson

Le résidu R est simplement, puisque
$$w_1'(\xi_p + h) - qw_1(\xi_p + h) = h(\xi_p \, w_1(\xi_p) - qw_1'(\xi_p)) - 0(h^2) \quad \text{et} \quad w_1'(\xi_p) = qw_1(\xi_p) \, ,$$

$$R = \frac{exp \, i\xi_p x}{\xi_p - q^2}$$

et $N(x)$ vaut (voir [Lo])

$$N(x) = exp \left(i \frac{\pi}{4}\right) \sqrt{\pi x} \sum_{p=0}^{\infty} \frac{exp \, i\xi_p x}{\xi_p - q^2} \, , \text{ où } w_1'(\xi_p) = qw_1(\xi_p) \, .$$

La fonction $U(x)$ se calcule de la même façon, la formule est donnée au tableau 2.

b) Fonction de Fock

L'intégrant de la fonction de Fock F pour t grand se comporte comme $\frac{e^{i\xi t}}{w_1'(t)}$. Il est donc possible de déformer le contour d'intégration dans le secteur non hachuré, où cette quantité décroît pour $|t| \to +\infty$, donc en particulier dans le demi plan supérieur. L'intégrale est aussi obtenue comme une série de résidus. Il en va de même de f. Les formules sont données au tableau 2.

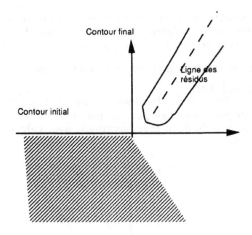

Fig. 3 : Evaluation des fonctions de Fock et de Pekeris

c) <u>Fonction de Pekeris</u>

L'intégrant de la fonction de Pekeris se comporte comme $exp(ixt)\dfrac{v'(t)}{w_1(t)}$ pour

t grand. Le secteur de décroissance pour $|t| \rightarrow \infty$ de l'intégrant est le même que pour la fonction de Fock (secteur non hachuré de la figure 3)

L'intégrale est calculée, comme pour la fonction de Fock, par la méthode des résidus. La formule est donnée tableau 2.

d) <u>Conclusions</u>

Pour $x > 0$, i.e. dans la zone d'ombre, toutes les fonctions de Fock se calculent comme une série de résidus. Chaque résidu correspond à une onde rampante. La convergence de la série de résidus est d'autant plus rapide que x est plus grand. En pratique, pour des valeurs de x de l'ordre de 2, on a une très bonne approximation de la fonction avec le premier terme de la série, i.e. avec la première onde rampante. Passons maintenant au comportement des fonctions de Fock en zone éclairée, i.e. pour de grands arguments négatifs.

5 - Comportement des fonctions de Fock pour $x < 0$ grand

a) <u>Fonction de Nicholson</u>
Sans objet, elle n'est définie que pour $x > 0$.

b) <u>Fonction de Fock</u>
L'intégrale (2) est calculée par la méthode de la phase stationnaire, en remplaçant dans l'intégrant les fonctions d'Airy par leur développement asymptotique.

Le point de phase stationnaire $t < 0$ n'existe que pour $x < 0$ et il est donné par $(-t)^{1/2} + x = 0$. L'application de la formule de la phase stationnaire donne alors

$$F(x) \approx \frac{2x}{x - mZ} e^{-ix^3/3}.$$

c) <u>Fonction de Pekeris</u>

L'intégrale (3) est calculée par la même méthode. Le point de phase stationnaire $t' < 0$ est, cette fois, donné par $2(-t')^2 + x = 0$. L'application de la formule de la phase stationnaire donne alors (voir [Lo]) :

$$P(x) \approx \frac{-x - 2mZ}{-x + 2mZ} \frac{\sqrt{-x}}{2} exp - i\frac{x^3}{12}. \tag{4}$$

d) <u>Conclusions</u>

Pour $x < 0$ et grand, on obtient les approximations axymptotiques des fonctions de Fock et Pekeris par la méthode de la phase stationnaire.

Ces expressions permettent de retrouver les résultats de l'optique géométrique dans la zone éclairée, comme vu au 5.5.

6 - Comportement des fonctions de Nicholson pour $x \approx 0$

On fait le changement de variable $xt = u$ dans l'intégrale (1). Les fonctions d'Airy ont des arguments $\frac{u}{x}$, grands si $u \neq 0$, et on les remplace par leurs développements asymptotiques. Nous nous limitons au cas conducteur parfait, pour lequel tout s'écrit simplement. On obtient

$$N(x) \approx \frac{e^{-i\pi/4}}{2} \sqrt{\frac{x}{\pi}} \int_{-\infty}^{+\infty} x^{-1/2} u^{-1/2} exp(iu) \, du \, \text{à } 1$$

et

$$U(x) \approx \frac{e^{-3i\pi/4} x^{3/2}}{\sqrt{\pi}} \int_{-\infty}^{+\infty} x^{-3/2} u^{1/2} exp(iu) \, du \, \text{à } 1.$$

7 - Conclusions

Le tableau 2 ci-dessous rassemble les approximations des fonctions de Fock passées en revue dans l'appendice.
ξ est le premier zéro de $w_1'(\xi) - imZw_1(\xi)$ et ξ_E le premier zéro de $w_1(\xi)$.

On n'a retenu que le premier terme de la série de résidus pour $x \gg 0$. En effet, dans la zone d'ombre profonde, il suffit en général d'une onde rampante pour représenter avec une bonne précision les fonctions de Fock. De même, dans la zone éclairée $x \ll 0$, le premier terme de la phase stationnaire donne une bonne approximation de ces fonctions. Dans la zone de transition, les formules précédentes ne s'appliquent pas et il faut avoir recours soit à un calcul numérique des intégrales définissant les fonctions de Fock, soit à des valeurs tabulées. On trouvera dans Logan [Lo], des tableaux de valeurs ainsi que des développements asymptotiques plus précis. Pour le conducteur parfait, les résultats sont disponibles dans d'autres références, par exemple.

Tableau 2

Fonction	$x \approx 0$ pour N et U $x \ll 0$ pour F et P	$x \gg 0$
$N(x)$	≈ 1 (pour $Z = 0$)	$\sqrt{\pi x}\, exp(i\frac{\pi}{4})\, \dfrac{exp\, i\xi x}{\xi + m^2 Z^2}$
U	≈ 1	$2x\, \sqrt{\pi x}\, exp(i\frac{\pi}{4})\, exp\, i\xi_E x$
F	$\dfrac{2x}{x - mZ}\, e^{-i\frac{x^3}{3}}$	$2i\sqrt{\pi}\, \dfrac{exp\, i\xi x}{(\xi + m^2 Z^2) w_1(\xi)}$
f	$2ix\, e^{-i\frac{x^3}{3}}$	$2i\sqrt{\pi}\, \dfrac{exp\, i\xi_E x}{w_1'(\xi)}$
P	$\dfrac{x + 2mZ}{x - 2mZ}\, \dfrac{\sqrt{-x}}{2}\, e^{-i\frac{x^3}{3}}$	$2e^{3i\pi/4}\, \sqrt{\pi}\, \dfrac{exp\, i\xi x}{(\xi + m^2 Z^2) w_1^2(\xi)}$

RÉFÉRENCES

[Lo]   N. Logan, K.Yee, dans *Electromagnetic waves*, R.E. Langer, Ed., 1962.

[BSU] J.J.Bowman, T. B. A. Senior, P.L. Uslenghi , *Acoustic and electromagnetic scattering by simple shapes*, Hemisphere, 1987.

Appendice 6

Principe de réciprocité

La forme générale du principe de réciprocité est

$$\int_V \vec{J_1}.\vec{E_2} - \vec{M_1}.\vec{H_2}\ dv = \int_V \vec{J_2}.\vec{E_1} - \vec{M_2}.\vec{H_1}\ dv \tag{1}$$

où $\vec{J_1}$ (resp. $\vec{M_1}$) sont les courants électriques (resp. magnétiques) générant le champ $\vec{E_1}$, $\vec{J_2}$ (resp. $\vec{M_2}$) les courants électriques (resp. magnétiques) générant le champ $\vec{E_2}$, V est un volume englobant les sources.

Le résultat (1) est obtenu à partir de l'égalité [FM]

$$\nabla.(\vec{E_1} \wedge \vec{H_2} - \vec{E_2} \wedge \vec{H_1}) = (\vec{J_1}.\vec{E_2} - \vec{M_1}.\vec{H_2}) - (\vec{J_2}.\vec{E_1} - \vec{M_2}.\vec{H_1})$$
$$+ \vec{D_1}.\vec{E_2} - \vec{D_2}.\vec{E_1} + \vec{B_1}.\vec{H_2} - \vec{B_2}.\vec{H_1}$$

qui se réduit, si les tenseurs de permittivité et de perméabilité sont symétriques, à :

$$\nabla.(\vec{E_1} \wedge \vec{H_2} - \vec{E_2} \wedge \vec{H_1}) = (\vec{J_1}.\vec{E_2} - \vec{M_1}.\vec{H_2}) - (\vec{J_2}.\vec{E_1} - \vec{M_2}.\vec{H_1}) \tag{2}$$

Intégrons (2) sur une sphère de rayon R, appliquons le théorème de la divergence au premier membre, puis faisons tendre R vers l'infini en appliquant la condition de radiation. Le premier membre s'annule et on obtient (1). On notera que l'intégration peut être limitée à un volume quelconque englobant les sources, puisque l'intégrand est nul hors des sources.

Le principe de réciprocité est en particulier valide pour des objets conducteurs recouverts de matériaux diélectriques et magnétiques isotropes, et donc pour les objets satisfaisant une condition d'impédance de surface étudiés dans cet ouvrage. Le principe de réciprocité n'est pas vérifié par exemple en présence de ferrites magnétisées, qui introduisent des tenseurs de perméabilité non symétriques. Une discussion très complète des conditions de validité du principe de réciprocité est donnée par Felsen et Marcuvitz [FM]. Le principe de réciprocité est également parfois appelé principe de réaction de Rumsey. Le résultat (1) s'interprète alors comme l'égalité des réactions du champ 2 (resp.1) sur les sources du champ 1 (resp.2).

Une forme du principe de réciprocité très utile dans les applications est obtenue en considérant le cas particulier de sources dipolaires ponctuelles, par exemple électriques, dans (1), qui devient :

$$\vec{J_1}.\vec{E_2} = \vec{J_2}.\vec{E_1} \tag{3}$$

La formule (3) permet notamment de calculer le champ électrique lointain rayonné par une source sur une surface dès que l'on connaît le champ électrique induit sur la surface par une source sur la surface (voir chapitre 1). On voit en particulier que, sur une surface parfaitement conductrice, où le champ électrique tangent est nul, le champ rayonné par une source tangente à la surface est nulle.

RÉFÉRENCE
[FM] L.B.Felsen, N. Marcuvitz, *Radiation and Scattering of waves*, P. Hall, 1973.

INDEX GENERAL

Déjà parus dans la même collection